Civilization of
PORT CITY
港口城市的文明

天津滨海新区
道路交通和市政基础设施规划实践

The Practices of Transportation & Infrastructural Planning
in Binhai New Area, Tianjin

《天津滨海新区规划设计丛书》编委会　编

霍　兵　主编

江苏凤凰科学技术出版社

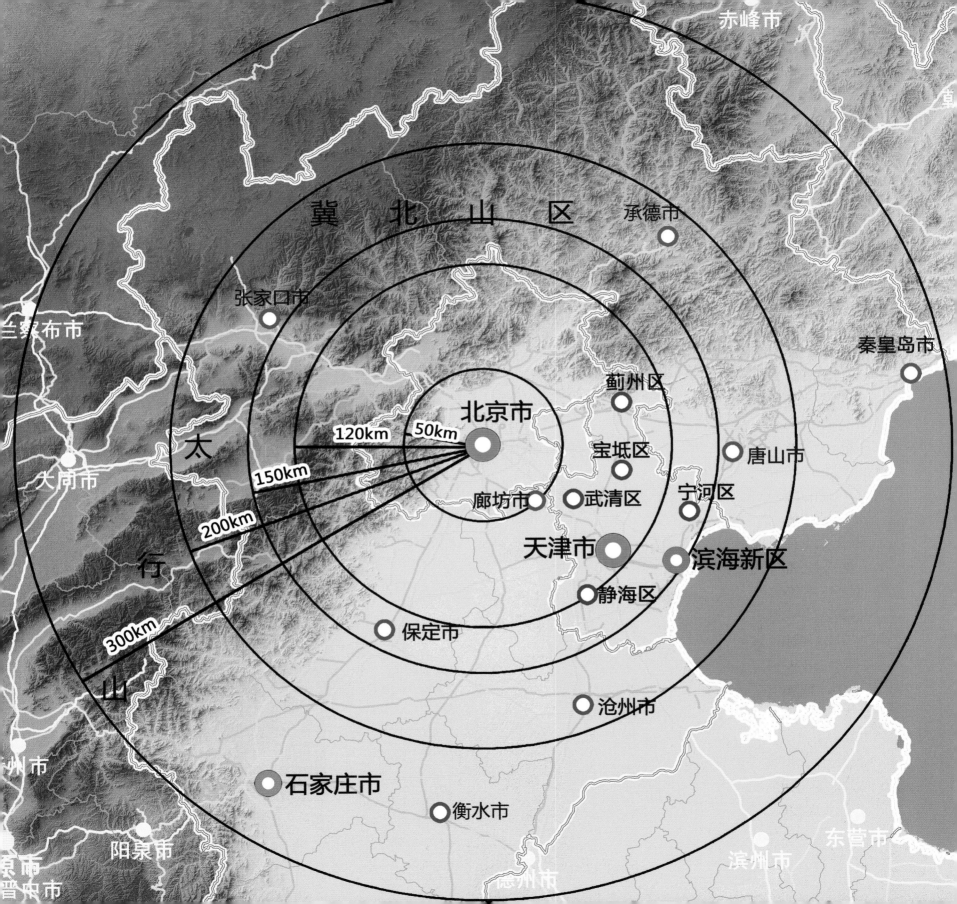

赤峰市

冀北山区

承德市

张家口市

秦皇岛市

兰察布市

太

120km   50km

北京市

蓟州区

大同市

150km

宝坻区

唐山市

行

200km

廊坊市   武清区   宁河区

天津市   滨海新区

300km

静海区

山

保定市

沧州市

石家庄市

衡水市

阳泉市

东营市

滨州市

晋中市   德州市

序
Preface

2006 年 5 月，国务院下发《关于推进天津滨海新区开发开放有关问题的意见》（国发〔2006〕20 号），滨海新区正式被纳入国家发展战略，成为综合配套改革试验区。按照党中央、国务院的部署，在国家各部委的大力支持下，天津市委市政府举全市之力建设滨海新区。经过艰苦的奋斗和不懈的努力，滨海新区的开发开放取得了令人瞩目的成绩。今天的滨海新区与十年前相比有了天翻地覆的变化，经济总量和八大支柱产业规模不断壮大，改革创新不断取得新进展，城市功能和生态环境质量不断改善，社会事业不断进步，居民生活水平不断提高，科学发展的滨海新区正在形成。

回顾和总结十年来的成功经验，其中最重要的就是坚持高水平规划引领。我们深刻地体会到，规划是指南针，是城市发展建设的龙头。要高度重视规划工作，树立国际一流的标准，运用先进的规划理念和方法，与实际情况相结合，探索具有中国特色的城镇化道路，使滨海新区社会经济发展和城乡规划建设达到高水平。为了纪念滨海新区被纳入国家发展战略十周年，滨海新区规划和国土资源管理局组织编写了这套《天津滨海新区规划设计丛书》，内容包括滨海新区总体规划、规划设计国际征集、城市设计探索、控制性详细规划全覆盖、于家堡金融区规划设计、滨海新区文化中心规划设计、城市社区规划设计、保障房规划设计、城市道路交通基础设施和建设成就等，共十册。这是一种非常有意义的纪念方式，目的是总结新区十年来在城市规划设计方面的成功经验，寻找差距和不足，树立新的目标，实现更好的发展。

未来五到十年，是滨海新区实现国家定位的关键时期。在新的历史时期，在"一带一路"、京津冀协同发展国家战略及自贸区的背景下，在我国经济发展进入新常态的情形下，滨海新区作为国家级新区和综合配套改革试验区，要在深化改革开放方面进行先行先试探索，期待用高水平的规划引导经济社会发展和城市规划建设，实现转型升级，为其他国家级新区和我国新型城镇化提供可推广、可复制的经验，为全面建成小康社会、实现中华民族的伟大复兴做出应有的贡献。

天津市委常委
滨海新区区委书记

2016 年 2 月

滨海新区用地规划图
资料来源：天津市城市规划设计研究院

前　言
Foreword

　　天津市委市政府历来高度重视滨海新区城市规划工作。2007年，天津市第九次党代会提出：全面提升城市规划水平，使新区的规划设计达到国际一流水平。2008年，天津市政府设立重点规划指挥部，开展119项规划编制工作，其中新区38项，内容包括滨海新区空间发展战略和城市总体规划、中新天津生态城等功能区规划、于家堡金融区等重点地区规划，占全市任务的三分之一。在天津市空间发展战略的指导下，滨海新区空间发展战略规划和城市总体规划明确了新区发展的空间格局，满足了新区快速建设的迫切需求，为建立完善的新区规划体系奠定了基础。

　　天津市规划局多年来一直将滨海新区规划工作作为重点。1986年，天津城市总体规划提出"工业东移"的发展战略，大力发展滨海地区。1994年，开始组织编制滨海新区总体规划。1996年，成立滨海新区规划分局，配合滨海新区领导小组办公室和管委会做好新区规划工作，为新区的规划打下良好的基础，并培养锻炼一支务实的规划管理人员队伍。2009年滨海新区政府成立后，按照市委市政府的要求，天津市规划局率先将除城市总体规划和分区规划之外的规划审批权和行政许可权依法下放给滨海新区政府；同时，与滨海新区政府共同组织新区各委局、各功能区管委会，再次设立新区规划提升指挥部，统筹编制50余项规划，进一步完善规划体系，提高规划设计水平。市委市政府和新区区委区政府主要领导对新区规划工作不断提出要求，通过设立规划指挥部和开展专题会等方式对新区重大规划给予审查。市规划局各位局领导和各部门积极支持新区工作，市有关部门也对新区规划工作给予指导支持，以保证新区各项规划建设的高水平。

　　滨海新区区委区政府十分重视规划工作。滨海新区行政体制改革后，以原市规划局滨海分局和市国土房屋管理局滨海分局为班底组建了新区规划和国土资源管理局。五年来，在新区区委区政府的正确领导下，新区规划和国土资源管理局认真贯彻落实中央和市委市政府、区委区政府的工作部署，以规划为龙头，不断提高规划设计和管理水平；通过实施全区控规全覆盖，实现新区各功能区统一的规划管理；通过推广城市设计和城市设计规范化法定化改革，不断提高规划管理水平，较好地完成本职工作。在滨海新区被纳入国家发展战略十周年之际，新区规划和国土资源管理局组织编写这套《天津滨海新区规划设计丛书》，对过去的工作进行总结，非常有意义；希望以此为契机，再接再厉，进一步提高规划设计和管理水平，为新区在新的历史时期再次腾飞做出更大的贡献。

天津市规划局局长　　　　　天津市滨海新区区长

2016年3月

滨海新区城市规划的十年历程
Ten Years Development Course of Binhai Urban Planning

白驹过隙，在持续的艰苦奋斗和改革创新中，滨海新区迎来了被纳入国家发展战略后的第一个十年。作为中国经济增长的第三极，在快速城市化的进程中，滨海新区的城市规划建设以改革创新为引领，尝试在一些关键环节先行先试，成绩斐然。组织编写这套《天津滨海新区规划设计丛书》，对过去十年的工作进行回顾总结，是纪念新区十周年一种很有意义的方式，希望为国内外城市提供经验借鉴，也为新区未来发展和规划的进一步提升夯实基础。这里，我们把滨海新区的历史沿革、开发开放的基本情况以及在城市规划编制、管理方面的主要思路和做法介绍给大家，作为丛书的背景资料，方便读者更好地阅读。

一、滨海新区十年来的发展变化

1. 滨海新区重要的战略地位

滨海新区位于天津东部、渤海之滨，是北京的出海口，战略位置十分重要。历史上，在明万历年间，塘沽已成为沿海军事重镇。到清末，随着京杭大运河淤积，南北漕运改为海运，塘沽逐步成为河、海联运的中转站和货物集散地。大沽炮台是我国近代史上重要的海防屏障。

1860 年第二次鸦片战争，八国联军从北塘登陆，中国的大门向西方打开。天津被迫开埠，海河两岸修建起八国租界。塘沽成为当时军工和民族工业发展的一个重要基地。光绪十一年（1885 年），清政府在大沽创建"北洋水师大沽船坞"。光绪十四年（1888 年），开滦矿务局唐（山）胥（各庄）铁路延长至塘沽。1914 年，实业家范旭东在塘沽创办久大精盐厂和中国第一个纯碱厂——永利碱厂，使这里成为中国民族化工业的发源地。抗战爆发后，日本侵略者出于掠夺的目的于 1939 年在海河口开建人工海港。

中华人民共和国成立后，天津市获得新生。1951 年，天津港正式开港。凭借良好的工业传统，在第一个"五年计划"期间，我国许多自主生产的工业产品，如第一台电视机、第一辆自行车、第一辆汽车等，都在天津诞生，天津逐步从商贸城市转型为生产型城市。1978 年改革开放，天津迎来了新的机遇。1986 年城市总体规划确定了"一条扁担挑两头"的城市布局，在塘沽城区东北部盐场选址规划建设天津经济技术开发区（Tianjin Economic-Technological Development Area—TEDA）——泰达，一批外向型工业兴起，开发区成为天津走向世界的一个窗口。1986 年，被称为"中国改革开放总设计师"的邓小平高瞻远瞩地指出："你们在港口和市区之间有这么多荒地，这是个很大的优势，我看你们潜力很大"，并欣然题词："开发区大有希望"。

1992 年小平同志南行后，中国的改革开放进入新的历史时期。1994 年，天津市委市政府加大实施"工业东移"战略，提出：用十年的时间基本建成滨海新区，把饱受发展限制的天津老城区的工业转移至地域广阔的滨海新区，转型升级。1999 年，时任中央总书记的江泽民充分肯定了滨海新区的发展："滨海新区的战略布局思路正确，肯定大有希望。"经过十多年的努力奋斗，进入 21 世纪以来，天津滨海新区已经具备了一定的发展基础，取得了一定的成绩，为被纳入国家发展战略奠定了坚实的基础。

2. 中国经济增长的第三极

2005 年 10 月，党的十六届五中全会在《中共中央关于制定国民经济和社会发展第十一个五年规划的建议》中提出：继续发挥经济特区、上海浦东新区的作用，推进天津滨海新区等条件较好地区的开发开放，带动区域经济发展。2006 年，滨海新区被纳入国家"十一五"规划。2006 年 6 月，国务院下发《关于推进天津滨海新区开发开放有关问题的意见》（国发〔2006〕20 号），滨海新区被正式纳入国家发展战略，成为综合配套改革试验区。

20 世纪 80 年代深圳经济特区设立的目的是在改革开放的初期，打开一扇看世界的窗。20 世纪 90 年代上海浦东新区的设立正处于我国改革开放取得重大成绩的历史时期，其目的是扩大开放、深化改革。21 世纪天津滨海新区设立的目的是在我国初步建成小康社会的条件下，按照科学发展观的要求，做进一步深化改革的试验区、先行区。国务院对滨海新区的定位是：依托京津冀、服务环渤海、辐射"三北"、面向东北亚，努力建设成为我国北方对外开放的门户、高水平的现代制造业和研发转化基地、北方国际航运中心和国际物流中心，逐步成为经济繁荣、社会和谐、环境优美的宜居生态型新城区。

滨海新区距北京只有 1 小时车程，有北方最大的港口天津港。有国外记者预测，"未来 20 年，滨海新区将成为中国经济增长的第三极——中国经济增长的新引擎"。这片有着深厚历史积淀和基础、充满活力和激情的盐田滩涂将成为新一代领导人政治理论和政策举措的示范窗口和试验田，要通过"科学发展"建设一个"和谐社会"，以带动北方经济的振兴。与此同时，滨海新区也处于金融改革、技术创新、环境保护和城市规划建设等政策试验的最前沿。

3. 滨海新区十年来取得的成绩

按照党中央、国务院的部署，天津市委市政府举全市之力建设滨海新区。经过不懈的努力，滨海新区开发开放取得了令人瞩目的成绩，以行政体制改革引领的综合配套改革不断推进，经济高速增长，产业转型升级，今天的滨海新区与十年前相比有了沧海桑田般的变化。

2015 年，滨海新区国内生产总值达到 9300 万亿元左右，是 2006 年的 5 倍，占天津全市比重 56%。航空航天等八大支柱产业初步形成，空中客车 A-320 客机组装厂、新一代运载火箭、天河一号超级计算机等国际一流的产业生产研发基地建成运营。1000 万吨炼油和 120 万吨乙烯厂建成投产。丰田、长城汽车年产量提高至 100 万辆，三星等手机生产商生产手机 1 亿部。天津港吞吐量达到 5.4 亿吨，集装箱 1400 万标准箱，邮轮母港的客流量超过 40 万人次，天津滨海国际机场年吞吐量突破 1400 万人次。京津塘城际高速铁路延伸线、津秦客运专线投入运营。滨海新区作为高水平的现代制造业和研发转化基地、北方国际航运中心和国际物流中心的功能正在逐步形成。

十年来，滨海新区的城市规划建设也取得了令人瞩目的成绩，城市建成区面积扩大了 130 平方千米，人口增加了 130 万。完善的城市道路交通、市政基础设施骨架和生态廊道初步建立，产业布局得以优化，特别是各具特色的功能区竞相发展，一个既符合新区地域特点又适应国际城市发展趋势、富有竞争优势、多组团网络化的城市区域格局正在形成。中心商务区于家堡金融区海河两岸、开发区现代产业服务区（MSD）、中新天津生态城以及空港商务区、高新区渤龙湖地区、东疆港、北塘等区域的规划建设都体现了国际水准，滨海新区现代化港口城市的轮廓和面貌初露端倪。

二、滨海新区十年城市规划编制的经验总结

回顾十年来滨海新区取得的成绩，城市规划发挥了重要的引领作用，许多领导、国内外专家学者和外省市的同行到新区考察时都对新区的城市规划予以肯定。作为中国经济增长的第三极，新区以深圳特区和浦东新区为榜样，力争城市规划建设达到更高水平。要实现这一目标，规划设计必须具有超前性，且树立国际一流的标准。在快速发展的情形下，做到规划先行，切实提高规划设计水平，不是一件容易的事情。归纳起来，我们主要有以下几方面的做法。

1. 高度重视城市规划工作，花大力气开展规划编制，持之以恒，建立完善的规划体系

城市规划要发挥引导作用，首先必须有完整的规划体系。天津市委市政府历来高度重视城市规划工作。2006 年，滨海新区被纳入国家发展战略，市政府立即组织开展了城市总体规划、功能区分区规划、重点地区城市设计等规划编制工作。但是，要在短时间内建立完善的规划体系，提高规划设计水平，特别是像滨海新区这样的新区，在"等规划如等米下锅"的情形下，必须采取非常规的措施。

2007 年，天津市第九次党代会提出了全面提升规划水平的要求。2008 年，天津全市成立了重点规划指挥部，开展了 119 项规划编制工作，其中新区 38 项，占全市任务的 1/3。重点规划指挥部采用市主要领导亲自抓、规划局和政府相关部门集中办公的形式，新区和各区县成立重点规划编制分指挥部。为解决当地规划设计力量不足的问题，我们进一步开放规划设计市场，吸引国内外高水平的规划设计单位参与天津的规划编制。规划编制内容充分考虑城市长远发展，完善规划体系，同时以近五年建设项目策划为重点。新区 38 项规划内容包括滨海新区空间发展战略规划和城市总体规划、中新天津生态城、南港工业区等分区规划，于家堡金融区、响螺湾商务区和开发区现代产业服务区（MSD）等重点地区，涵盖总体规划、分区规划、城市设计、控制性详细规划等层面。改变过去习惯的先编制上位规划、再顺次编制下位规划的做法，改串联为并联，压缩规划编制审批的时间，促进上下层规划的互动。起初，大家对重点规划指挥部这种形式有怀疑和议论。实际上，规划编制有时需要特殊的组织形式，如编制城市总体规划一般的做法都需要采取成立领导小组、集中规划编制组等形式。重点规划指挥部这种集中突击式的规划编制是规划编制各种组织形式中的一种。实践证明，它对于一个城市在短时期内规划体系完善和水平的提高十分有效。

经过大干 150 天的努力和"五加二、白加黑"的奋战，38 项规划成果编制完成。在天津市空间发展战略的指导下，滨海新区空间发展战略规划和城市总体规划明确了新区发展大的空间格局。在总体规划、分区规划和城市设计指导下，近期重点建设区的控制性详细规划先行批复，满足了新区实施国家战略伊始加速建设的迫切要求。可以说，重点规划指挥部 38 项规划的编制完成保证了当前的建设，更重要的是夯实了新区城市规划体系的根基。

除城市总体规划外，控制性详细规划不可或缺。控制性详细规划作为对城市总体规划、分区规划和专项规划的深化和落实，是规划管理的法规性文件和土地出让的依据，在规划体系中起着承上启下的关键作用。2007 年以前，滨海新区控制性详细规划仅完成了建成区的 30%。控规覆盖率低必然造成规划的被动。因此，我们将新区控规全覆盖作为一项重点工作。经过

近一年的扎实准备，2008年初，滨海新区和市规划局统一组织开展了滨海新区控规全覆盖工作，规划依照统一的技术标准、统一的成果形式和统一的审查程序进行。按照全覆盖和无缝拼接的原则，将滨海新区2270平方千米的土地划分为38个分区250个规划单元，同时编制。要实现控规全覆盖，工作量巨大，按照国家指导标准，仅规划编制经费就需巨额投入，因此有人对这项工作持怀疑态度。新区管委会高度重视，利用国家开发银行的技术援助贷款，解决了规划编制经费问题。新区规划分局统筹全区控规编制，各功能区管委会和塘沽、汉沽、大港政府认真组织实施。除天津规划院、渤海规划院之外，国内十多家规划设计单位也参与了控规编制。这项工作也被列入2008年重点规划指挥部的任务并延续下来。到2009年底，历时两年多的奋斗，新区控规全覆盖基本编制完成，经过专家审议、征求部门意见以及向社会公示等程序后，2010年3月，新区政府第七次常务会审议通过并下发执行。滨海新区历史上第一次实现了控规全覆盖，实现了每一寸土地上都有规划，使规划成为经济发展和城市建设的先行官，从此再没有出现招商和项目建设等无规划的情况。控规全覆盖奠定了滨海新区完整规划体系的牢固底盘。

当然，完善的城市规划体系不是一次设立重点规划指挥部、一次控规全覆盖就可以全方位建立的。所以，2010年4月，在滨海新区政府成立后，按照市委市政府要求，滨海新区人民政府和市规划局组织新区规划和国土资源管理局与新区各委局、各功能区管委会，再次设立新区规划提升指挥部，统筹编制新区总体规划提升在内的50余项各层次规划，进一步完善规划体系，提高规划设计水平。另外，除了设立重点规划指挥部和控规全覆盖这种特殊的组织形式外，新区政府在每年年度预算中都设立了规划业务经费，确定一定数量的指令性任务，有计划地长期开展规划编制和研究工作，持之以恒，这一点也很重要。

十年后的今天，经过两次设立重点规划指挥部、控规全覆

盖和多年持续的努力，滨海新区建立了包括总体规划和详细规划两大阶段，涉及空间发展战略、总体规划、分区规划、专项规划、控制性详细规划、城市设计和城市设计导则等七个层面的完善的规划体系。这个规划体系是一个庞大的体系，由数百项规划组成，各层次、各片区规划具有各自的作用，不可或缺。空间发展战略和总体规划明确了新区的空间布局和总体发展方向；分区规划明确了各功能区主导产业和空间布局特色；专项规划明确了各项道路交通、市政和社会事业发展布局。控制性详细规划做到全覆盖，确保每一寸土地都有规划，实现全区一张图管理。城市设计细化了城市功能和空间形象特色，重点地区城市设计及导则保证了城市环境品质的提升。我们深刻地体会到，一个完善的规划体系，不仅是资金投入的累积，更是各级领导干部、专家学者、技术人员和广大群众的时间、精力、心血和智慧的结晶。建立一套完善的规划体系不容易，保证规划体系的高品质更加重要，要在维护规划稳定和延续的基础上，紧跟时代的步伐，使规划具有先进性，这是城市规划的历史使命。

2. 坚持继承发展和改革创新，保证规划的延续性和时代感

城市空间战略和总体规划是对未来发展的预测和布局，关系城市未来几十年、上百年发展的方向和品质，必须符合城市发展的客观规律，具有科学性和稳定性。同时，21世纪科学技术日新月异，不断进步，所以，城市规划也要有一定弹性，以适应发展的变化，并正确认识城市规划不变与变的辩证关系。多年来，继承发展和改革创新并重是天津及滨海新区城市规划的主要特征和成功经验。

早在1986年经国务院批准的第一个天津市城市总体规划中，天津市提出了"工业战略东移"的总体思路，确定了"一条扁担挑两头"的城市总体格局。这个规划符合港口城市由内河港向海口港转移和大工业沿海布置发展的客观规律和天津城

市的实际情况。30 年来，天津几版城市总体规划修编一直坚持城市大的格局不变，城市总体规划一直突出天津港口和滨海新区的重要性，保持规划的延续性，这是天津城市规划非常重要的传统。正是因为多年来坚持了这样一个符合城市发展规律和城市实际情况的总体规划，没有"翻烧饼"，才为多年后天津的再次腾飞和滨海新区的开发开放奠定了坚实的基础。

当今世界日新月异，在保持规划传统和延续性的同时，我们也更加注重城市规划的改革创新和时代性。2008 年，考虑到滨海新区开发开放和落实国家对天津城市定位等实际情况，市委市政府组织编制天津市空间发展战略，在 2006 年国务院批准的新一版城市总体规划布局的基础上，以问题为导向，确定了"双城双港、相向拓展、一轴两带、南北生态"的格局，突出了滨海新区和港口的重要作用，同时着力解决港城矛盾，这是对天津历版城市总体规划布局的继承和发展。在天津市空间发展战略的指导下，结合新区的实际情况和历史沿革，在上版新区总体规划以塘沽、汉沽、大港老城区为主的"一轴一带三区"布局结构的基础上，考虑众多新兴产业功能区作为新区发展主体的实际，滨海新区确定了"一城双港、九区支撑、龙头带动"的空间发展战略。在空间战略的指导下，新区的城市总体规划充分考虑历史演变和生态本底，依托天津港和天津国际机场核心资源，强调功能区与城区协调发展和生态环境保护，规划形成"一城双港三片区"的空间格局，确定了"东港口、西高新、南重化、北旅游、中服务"的产业发展布局，改变了过去开发区、保税区、塘沽区、汉沽区、大港区各自为政、小而全的做法，强调统筹协调和相互配合。规划明确了各功能区的功能和产业特色,以产业族群和产业链延伸发展,避免重复建设和恶性竞争。规划明确提出：原塘沽区、汉沽区、大港区与城区临近的石化产业，包括新上石化项目，统一向南港工业区集中，真正改变了多少年来财政分灶吃饭体制所造成的一直难以克服的城市环境保护和城市安全的难题，使滨海新区走上健康发展的轨道。

改革开放 30 年来，城市规划改革创新的重点仍然是转换传统计划经济的思维，真正适应社会主义市场经济和政府职能转变要求，改变规划计划式的编制方式和内容。目前城市空间发展战略虽然还不是法定规划，但与城市总体规划相比，更加注重以问题为导向，明确城市总体长远发展的结构和布局，统筹功能更强。天津市人大在国内率先将天津空间发展战略升级为地方性法规，具有重要的示范作用。在空间发展战略的指导下，城市总体规划的编制也要改变传统上以 10～20 年规划期经济规模、人口规模和人均建设用地指标为终点式的规划和每 5～10 年修编一次的做法，避免"规划修编一次、城市摊大一次"，造成"城市摊大饼发展"的局面。滨海新区空间发展战略重点研究区域统筹发展、港城协调发展、海空两港及重大交通体系、产业布局、生态保护、海岸线使用、填海造陆和盐田资源利用等重大问题，统一思想认识，提出发展策略。新区城市总体规划按照城市空间发展战略，以 50 年远景规划为出发点，确定整体空间骨架，预测不同阶段的城市规模和形态，通过滚动编制近期建设规划，引导和控制近期发展，适应发展的不确定性，真正做到"一张蓝图干到底"。

改革开放 30 年以来，我国的城市建设取得了巨大的成绩，但如何克服"城市千城一面"的问题，避免城市病，提高规划设计和管理水平一直是一个重要课题。我们把城市设计作为提升规划设计水平和管理水平的主要抓手。在城市总体规划编制过程中，邀请清华大学开展了新区总体城市设计研究，探讨新区的总体空间形态和城市特色。在功能区规划中，首先通过城市设计方案确定功能区的总体布局和形态，然后再编制分区规划和控制性详细规划。自 2006 年以来，我们共开展了 100 余项城市设计。其中，新区核心区实现了城市设计全覆盖，于家堡金融区、响螺湾商务区、开发区现代产业服务区（MSD）、空港经济区核心区、滨海高新区渤龙湖总部区、北塘特色旅游区、东疆港配套服务区等 20 余个城市重点地区，以及海河两岸和历史街区都编制了高水平的城市设计，各具特色。鉴于目前城市设计在我国还不是法定规划，作为国家综合配套改革试验区，我们开展了城市设计规范化和法定化专题研究和改革试点，在城市设计的基础上，编制城市设计导则，作为区域规划管理和建筑设计审批的依据。城市设计导则不仅规定开发地块的开发强度、建筑高度和密度等，而且确定建筑的体量位置、贴线率、建筑风格、色彩等要求，包括地下空间设计的指引，直至街道景观家具的设置等内容。于家堡金融区、北塘、渤龙湖、空港核心区等新区重点区域均完成了城市设计导则的编制，并已付诸实施，效果明显。实践证明，与控制性详细规划相比，城市设计导则在规划管理上可更准确地指导建筑设计、保证规划、建筑设计和景观设计的统一，塑造高水准的城市形象和建成环境。

规划的改革创新是个持续的过程。控规最早是借鉴美国区划和中国香港法定图则，结合我国实际情况在深圳、上海等地先行先试的。我们在实践中一直在对控规进行完善。针对大城市地区城乡统筹发展的趋势，滨海新区控规从传统的城市规划范围拓展到整个新区 2270 平方千米的范围，实现了控制性详细规划城乡全覆盖。250 个规划单元分为城区和生态区两类，按照不同的标准分别编制。生态区以农村地区的生产和生态环境保护为主，同时认真规划和严格控制"六线"，包括道路红线、轨道黑线、绿化绿线、市政黄线、河流蓝线以及文物保护紫线，一方面保证城市交通基础设施建设的控制预留，另一方面避免对土地不合理地随意切割，达到合理利用土地和保护生态资源的目的。同时，可以避免深圳由于当年只对围网内特区城市规划区进行控制，造成外围村庄无序发展，形成今天难以解决的城中村问题。另外，规划近、远期结合，考虑到新区处于快速发展期，有一定的不确定性，因此，将控规成果按照编制深度分成两个层面，即控制性详细规划和土地细分导则，重点地区还将同步编制城市设计导则，按照"一控规、两导则"来实施

规划管理，规划具有一定弹性，重点对保障城市公共利益、涉及国计民生的公共设施进行预留控制，包括教育、文化、体育、医疗卫生、社会福利、社区服务、菜市场等，保证规划布局均衡便捷、建设标准与配套水平适度超前。

3. 树立正确的指导思想，采纳先进的理念，开放规划设计市场，加强自身队伍建设，确保规划编制的高起点、高水平

如果建筑设计的最高境界是技术与艺术的完美结合，那么城市规划则被赋予更多的责任和期许。城市规划不仅仅是制度体系，其本身的内容和水平更加重要。规划不仅仅要指引城市发展建设，营造优美的人居环境，还试图要解决城市许多的经济、社会和环境问题，避免交通拥堵、环境污染、住房短缺等城市病。现代城市规划 100 多年的发展历程，涵盖了世界各国、众多城市为理想愿景奋斗的历史、成功的经验、失败的教训，为我们提供了丰富的案例。经过 100 多年从理论到实践的循环往复和螺旋上升，城市规划发展成为经济、社会、环境多学科融合的学科，涌现出多种多样的理论和方法。但是，面对中国改革开放和快速城市化，目前仍然没有成熟的理论方法和模式可以套用。因此，要使规划编制达到高水平，必须加强理论研究和理论的指导，树立正确的指导思想，总结国内外案例的经验教训，应用先进的规划理念和方法，探索适合自身特点的城市发展道路，避免规划灾难。在新区的规划编制过程中，我们始终努力开拓国际视野，加强理论研究，坚持高起步、高标准，以滨海新区的规划设计达到国际一流水平为努力的方向和目标。

新区总体规划编制伊始，我们邀请中国城市规划设计研究院、清华大学开展了深圳特区和浦东新区规划借鉴、京津冀产业协同和新区总体城市设计等专题研究，向周干峙院士、建设部唐凯总规划师等知名专家咨询，以期站在巨人的肩膀上，登高望远，看清自身发展的道路和方向，少走弯路。21 世纪，

在经济全球化和信息化高度发达的情形下，当代世界城市发展已经呈现出多中心网络化的趋势。滨海新区城市总体规划，借鉴荷兰兰斯塔特（Randstad）、美国旧金山硅谷湾区（Bay Area）、深圳市域等国内外同类城市区域的成功经验，在继承城市历史沿革的同时，结合新区多个特色功能区快速发展的实际情况，应用国际上城市区域（City Region）等最新理论，形成滨海新区多中心组团式的城市区域总体规划结构，改变了传统的城镇体系规划和以中心城市为主的等级结构，适应了产业创新发展的要求，呼应了城市生态保护的形势，顺应了未来城市发展的方向，符合滨海新区的实际。规划产业、功能和空间各具特色的功能区作为城市组团，由生态廊道分隔，以快速轨道交通串联，形成城市网络，实现区域功能共享，避免各自独立发展所带来的重复建设问题。多组团城市区域布局改变了单中心聚集、"摊大饼"式蔓延发展模式，也可避免出现深圳当年对全区域缺失规划控制的问题。深圳最初的规划以关内 300 平方千米为主，"带状组团式布局"的城市总体规划是一个高水平的规划，但由于忽略了关外 1600 平方千米的土地，造成了外围"城中村"蔓延发展，后期改造难度很大。

生态城市和绿色发展理念是新区城市总体规划的一个突出特征。通过对城市未来 50 年甚至更长远发展的考虑，确定了城市增长边界，与此同时，划定了城市永久的生态保护控制范围，新区的生态用地规模确保在总用地的 50% 以上。根据新区河湖水系丰富和土地盐碱的特征，规划开挖部分河道水面、连通水系，存蓄雨洪水，实现湿地恢复，并通过水流起到排碱和改良土壤、改善植被的作用。在绿色交通方面，除以大运量快速轨道交通串联各功能区组团外，各组团内规划电车与快速轨道交通换乘，如开发区和中新天津生态城，提高公交覆盖率，增加绿色出行比重，形成公交都市。同时，组团内产业和生活均衡布局，减少不必要的出行。在资源利用方面，开发再生水和海水利用，实现非常规水源占比 50% 以上。结合海水淡化，大力发展热电联产，实现淡水、盐、热、电的综合产出。鼓励开发利用地热、风能及太阳能等清洁能源。自 2008 年以来，中新天津生态城的规划建设已经提供了在盐碱地上建设生态城市可推广、可复制的成功经验。

有历史学家说，城市是人类历史上最伟大的发明，是人类文明集中的诞生地。在 21 世纪信息化高度发达的今天，城市的聚集功能依然非常重要，特别是高度密集的城市中心。陆家嘴金融区、罗湖和福田中心区，对上海浦东新区和深圳特区的快速发展起到了至关重要的作用。被纳入国家发展战略伊始，滨海新区就开始研究如何选址和规划建设新区的核心——中心商务区。这是一个急迫需要确定的课题，而困难在于滨海新区并不是一张白纸，实际上是一个经过 100 多年发展的老区。经过深入的前期研究和多方案比选，最终确定在海河下游沿岸规划建设新区的中心。这片区域由码头、仓库、油库、工厂、村庄、荒地和一部分质量不高的多层住宅组成，包括于家堡、响螺湾、天津碱厂等区域，毗邻开发区现代产业服务区（MSD）。在如此衰败的区域中规划高水平的中心商务区，在真正建成前会一直有怀疑和议论，就像十多年前我们规划把海河建设成为世界名河所受到的非议一样，是很正常的事情。规划需要远见卓识，更需要深入的工作。滨海新区中心商务区规划明确了在区域中的功能定位，明确了与天津老城区城市中心的关系。通过对国内外有关城市中心商务区的经验比较，确定了新区中心商务区的规划范围和建设规模。大家发现，于家堡金融区半岛与伦敦泰晤士河畔的道克兰金融区形态上很相似，这冥冥之中揭示了滨河城市发展的共同规律。为提升新区中心商务区海河两岸和于家堡金融区规划设计水平，我们邀请国内顶级专家吴良镛、齐康、彭一刚、邹德慈四位院士以及国际城市设计名家、美国宾夕法尼亚大学乔纳森·巴奈特（Jonathan Barnett）教授等专家作为顾问，为规划出谋划策。邀请美国 SOM 设计公司、易道公司（EDAW Inc.）、清华大学和英国沃特曼国际工程公司（Waterman Inc.）开展了两次工作营，召开了四次重大课题的咨询论证会，确定了高铁车站位置、海河防洪和基地高度、起步区选址等重大问题，并会同国际建协进行了于家堡城市设计方案国际竞赛。于家堡地区的规划设计，汲取纽约曼哈顿、芝加哥一英里、上海浦东陆家嘴等的成功经验，通过众多规划设计单位的共同参与和群策群力，多方案比选，最终采用了窄街廓、密路网和立体化的规划布局，将京津城际铁路车站延伸到金融区地下，与地铁共同构成了交通枢纽。规划以人为主，形成了完善的地下和地面人行步道系统。规划建设了中央大道隧道和地下车行路，以及市政共同沟。规划沿海河布置绿带，形成了美丽的滨河景观和城市天际线。于家堡的规划设计充分体现了功能、人文、生态和技术相结合，达到了较高水平，具有时代性，为充满活力的金融创新中心的发展打下了坚实的空间基础，营造了美好的场所，成为带动新区发展的"滨海芯"。

人类经济社会发展的最终目的是为了人，为人提供良好的生活、工作、游憩环境，提高生活质量。住房和城市社区是构成城市最基本的细胞，是城市的本底。城市规划突出和谐社会构建、强调以人为本就是要更加注重住房和社区规划设计。目前，虽然我国住房制度改革取得一定成绩，房地产市场规模巨大，但我国在保障性住房政策、居住区规划设计和住宅建筑设计和规划管理上一直存在比较多的问题，大众对居住质量和环境并不十分满意。居住区规划设计存在的问题也是造成城市病的主要根源之一。近几年来，结合滨海新区十大改革之一的保障房制度改革，我们在进行新型住房制度探索的同时，一直在进行住房和社区规划设计体系的创新研究，委托美国著名的公共住房专家丹尼尔·所罗门（Daniel Solomon），并与华汇公司和天津规划院合作，进行新区和谐新城社区的规划设计。邀请国内著名的住宅专家，举办研讨会，在保障房政策、社区规划、住宅单体设计到停车、物业管理、社区邻里中心设计、网络时代社区商业运营和生态社区建设等方面不断深化研究。规划尝

试建立均衡普惠的社区、邻里、街坊三级公益性公共设施网络与和谐、宜人、高品质、多样化的住宅，满足人们不断提高的对生活质量的追求，从根本上提高我国城市的品质，解决城市病。

要编制高水平的规划，最重要的还是要邀请国内外高水平、具有国际视野和成功经验的专家和规划设计公司。在新区规划编制过程中，我们一直邀请国内外知名专家给予指导，坚持重大项目采用规划设计方案咨询和国际征集等形式，全方位开放规划设计市场，邀请国内外一流规划设计单位参与规划编制。自 2006 年以来，新区共组织了 10 余次、20 余项城市设计、建筑设计和景观设计方案国际征集活动，几十家来自美国、英国、德国、新加坡、澳大利亚、法国、荷兰、加拿大等国家和中国香港地区的国际知名规划设计单位报名参与，将国际先进的规划设计理念和技术与滨海新区具体情况相结合，努力打造最好的规划设计作品。总体来看，新区各项重要规划均由著名的规划设计公司完成，如于家堡金融区城市设计为国际著名的美国 SOM 设计公司领衔，海河两岸景观概念规划是著名景观设计公司易道公司完成的，彩带岛景观设计由设计伦敦奥运会景观的美国哈格里夫斯事务所（Hargreaves Associates.）主笔，文化中心由世界著名建筑师伯纳德·屈米（Bernard Tschumi）等国际设计大师领衔。针对规划设计项目任务不同的特点，在规划编制组织形式上灵活地采用不同的方式。在国际合作上，既采用以征集规划思路和方案为目的的方案征集方式，也采用旨在研究并解决重大问题的工作营和咨询方式。

城市规划是一项长期持续和不断积累的工作，包括使国际视野转化为地方行动，需要本地规划设计队伍的支撑和保证。滨海新区有两支甲级规划队伍长期在新区工作，包括 2005 年天津市城市规划设计研究院成立的滨海分院以及渤海城市规划设计研究院。2008 年，渤海城市规划设计研究院升格为甲级。这两个甲级规划设计院，100 多名规划师，不间断地在新区从事规划编制和研究工作。另外，还有滨海新区规划国土局所属的信

息中心、城建档案馆等单位，伴随新区成长，为新区规划达到高水平奠定了坚实的基础。我们组织的重点规划设计，如滨海新区中心商务区海河两岸、于家堡金融区规划设计方案国际征集等，事先都由天津市城市规划设计研究院和渤海城市规划设计研究院进行前期研究和试做，发挥他们对现实情况、存在问题和国内技术规范比较清楚的优势，对诸如海河防洪、通航、道路交通等方面存在的关键问题进行深入研究，提出不同的解决方案。通过试做可以保证规划设计征集出对题目，有的放矢，保证国际设计大师集中精力于规划设计的创作和主要问题的解决，这样既可提高效率和资金使用的效益，又可保证后期规划设计顺利落地，且可操作性强，避免"方案国际征集经常落得花了很多钱但最后仅仅是得到一张画得十分绚丽的效果图"的结局。同时，利用这些机会，天津市城市规划设计研究院和渤海城市规划设计研究院经常与国外的规划设计公司合作，在此过程中学习，进而提升自己。在规划实施过程中，在可能的情况下，也尽力为国内优秀建筑师提供舞台。于家堡金融区起步区"9+3"地块建筑设计，邀请了崔愷院士、周恺设计大师等九名国内著名青年建筑师操刀，与城市设计导则编制负责人、美国 SOM 设计公司合伙人菲尔·恩奎斯特（Philip Enquist）联手，组成联合规划和建筑设计团队共同工作，既保证了建筑单体方案建筑设计的高水平，又保证了城市街道、广场的整体形象和绿地、公园等公共空间的品质。

4. 加强公众参与，实现规划科学民主管理

城市规划要体现全体居民的共同意志和愿景。我们在整个规划编制和管理过程中，一贯坚持以"政府组织、专家领衔、部门合作、公众参与、科学决策"的原则指导具体规划工作，将达成"学术共识、社会共识、领导共识"三个共识作为工作的基本要求，保证规划科学和民主真正得到落实。将公众参与作为法定程序，按照"审批前公示、审批后公告"的原则，新区各项规划在编制过程均利用报刊、网站、规划展览馆等方式，对公众进行公示、听取公众意见。2009 年，在天津市空间发展战略向市民征求意见中，我们将滨海新区空间发展战略、城市总体规划以及于家堡金融区、响螺湾商务区和中新天津生态城规划在《天津日报》上进行了公示。2010 年，在控规全覆盖编制中，每个控规单元的规划都严格按照审查程序经控规技术组审核、部门审核、专家审议等程序，以报纸、网络、公示牌等形式，向社会公示，公开征询市民意见，由设计单位对市民意见进行整理，并反馈采纳情况。一些重要的道路交通市政基础设施规划和实施方案按有关要求同样进行公示。2011 年我们在《滨海时报》及相关网站上，就新区轨道网规划进行公开征求意见，针对收到的 200 余条意见，进行认真整理，根据意见对规划方案进行深化完善，并再次公告。2015 年，在国家批准新区地铁近期建设规划后，我们将近期实施地铁线的更准确的定线规划再次在政务网公示，广泛征求市民的意见，让大家了解和参与到城市规划和建设中，传承"人民城市人民建"的优良传统。

三、滨海新区十年城市规划管理体制改革的经验总结

城市规划不仅是一套规范的技术体系，也是一套严密的管理体系。城市规划建设要达到高水平，规划管理体制上也必须相适应。与国内许多新区一样，滨海新区设立之初不是完整的行政区，是由塘沽、汉沽、大港三个行政区和东丽、津南部分区域构成，面积达 2270 平方千米，在这个范围内，还有由天津港务局演变来的天津港集团公司、大港油田管理局演变而来的中国石油大港油田公司、中海油渤海公司等正局级大型国有企业，以及新设立的天津经济技术开发区、天津港保税区等。国务院《关于推进天津滨海新区开发开放有关问题的意见》提出：滨海新区要进行行政体制改革，建立"统一、协调、精简、高效、廉洁"的管理体制，这是非常重要的改革内容，对国内众多新

区具有示范意义。十年来，结合行政管理体制的改革，新区的规划管理体制也一直在调整优化中。

1. 结合新区不断进行的行政管理体制改革，完善新区的规划管理体制

1994年，天津市委市政府提出"用十年时间基本建成滨海新区"的战略，成立了滨海新区领导小组。1995年设立领导小组专职办公室，协调新区的规划和基础设施建设。2000年，在领导小组办公室的基础上成立了滨海新区工委和管委会，作为市委市政府的派出机构，主要职能是加强领导、统筹规划、组织推动、综合协调、增强合力、加快发展。2006年滨海新区被纳入国家发展战略后，一直在探讨行政管理体制的改革。十年来，滨海新区的行政管理体制经历了2009年和2013年两次大的改革，从新区工委管委会加3个行政区政府和3大功能区管委会，到滨海新区政府加3个城区管委会和9大功能区管委会，再到完整的滨海新区政府加7大功能区管委19街镇政府。在这一演变过程中，规划管理体制经历2009年的改革整合，目前相对比较稳定，但面临的改革任务仍然很艰巨。

天津市规划局（天津市土地局）早在1996年即成立滨海新区分局，长期从事新区的规划工作，为新区统一规划打下了良好的基础，也培养锻炼了一支务实的规划管理队伍，成为新区规划管理力量的班底。在新区领导小组办公室和管委会期间，规划分局与管委会下设的3局2室配合密切。随着天津市机构改革，2007年，市编办下达市规划局滨海新区规划分局三定方案，为滨海新区管委会和市规划局双重领导，以市局为主。2009年底滨海新区行政体制改革后，以原市规划局滨海分局和市国土房屋管理局滨海分局为班底组建了新区规划国土资源局。按照市委批准的三定方案，新区规划国土资源局受新区政府和市局双重领导，以新区为主，市规划局领导兼任新区规划国土局局长。这次改革，撤销了原塘沽、汉沽、大港三个行政区的规划局和市国土房管局直属的塘沽、汉沽、大港土地分局，整合为新区规划国土资源局三个直属分局。同时，考虑到功能区在新区加快发展中的重要作用和天津市人大颁布的《开发区条例》等法规，新区各功能区的规划仍然由功能区管理。

滨海新区政府成立后，天津市规划局率先将除城市总体规划和分区规划之外的规划审批权和行政许可权下放给滨海新区政府。市委市政府主要领导不断对新区规划工作提出要求，分管副市长通过规划指挥部和专题会等形式对新区重大规划给予审查指导。市规划局各部门和各位局领导积极支持新区工作，市有关部门也都对新区规划工作给予指导和支持。按照新区政府的统一部署，新区规划国土局向功能区放权，具体项目审批都由各功能区办理。当然，放权不等于放任不管。除业务上积极给予指导外，新区规划国土局对功能区招商引资中遇到的规划问题给予尽可能的支持。同时，对功能区进行监管，包括控制性详细规划实施、建筑设计项目的审批等，如果存在问题，则严格要求予以纠正。

目前，现行的规划管理体制适应了新区当前行政管理的特点，但与国家提出的规划应向开发区放权的要求还存在着差距，而有些功能区扩展比较快，还存在规划管理人员不足、管理区域分散的问题。随着新区社会经济的发展和行政管理体制的进一步改革，最终还是应该建立新区规划国土房管局、功能区规划国土房管局和街镇规划国土房管所三级全覆盖、衔接完整的规划行政管理体制。

2. 以规划编制和审批为抓手，实现全区统一规划管理

滨海新区作为一个面积达2270平方千米的新区，市委市政府要求新区做到规划、土地、财政、人事、产业、社会管理等方面的"六统一"，统一的规划是非常重要的环节。如何对功能区简政放权、扁平化管理的同时实现全区的统一和统筹管理，一直是新区政府面对的一个主要课题。我们通过实施全区统一的规划编制和审批，实现了新区统一规划管理的目标。同时，保留功能区对具体项目的规划审批和行政许可，提高行政效率。

　　滨海新区被纳入国家发展战略后，市委市政府组织新区管委会、各功能区管委会共同统一编制新区空间发展战略和城市总体规划是第一要务，起到了统一思想、统一重大项目和产业布局、统一重大交通和基础设施布局以及统一保护生态格局的重要作用。作为国家级新区，各个产业功能区是新区发展的主力军，经济总量大，水平高，规划的引导作用更重要。因此，市政府要求，在新区总体规划指导下，各功能区都要编制分区规划。分区规划经新区政府同意后，报市政府常务会议批准。目前，新区的每个功能区都有经过市政府批准的分区规划，而且各具产业特色和空间特色，如中心商务区以商务和金融创新功能为主，中新天津生态城以生态、创意和旅游产业为主，东疆保税港区以融资租赁等涉外开放创新为主，开发区以电子信息和汽车产业为主，保税区以航空航天产业为主，高新区以新技术产业为主，临港工业区以重型装备制造为主，南港工业区以石化产业为主。分区规划的编制一方面使总体规划提出的功能定位、产业布局得到落实，另一方面切实指导各功能区开发建设，避免招商引资过程中的恶性竞争和产业雷同等问题，推动了功能区的快速发展，为滨海新区实现功能定位和经济快速发展奠定了坚实的基础。

　　虽然有了城市总体规划和功能区分区规划，但规划实施管理的具体依据是控制性详细规划。在 2007 年以前，滨海新区的塘沽、汉沽、大港 3 个行政区和开发、保税、高新 3 大功能区各自组织编制自身区域的控制性详细规划，各自审批，缺乏协调和衔接，经常造成矛盾，突出表现在规划布局和道路交通、市政设施等方面。2008 年，我们组织开展了新区控规全覆盖工作，目的是解决控规覆盖率低的问题，适应发展的要求，更重要的是解决各功能区及原塘沽、汉沽、大港 3 个行政区规划各自为政这一关键问题。通过控规全覆盖的统一编制和审批，实现新区统一的规划管理。虽然控规全覆盖任务浩大，但经过 3

年的艰苦奋斗，2010 年初滨海新区政府成立后，编制完成并按程序批复，恰如其时，实现了新区控规的统一管理。事实证明，在控规统一编制、审批及日后管理的前提下，可以把具体项目的规划审批权放给各个功能区，既提高了行政许可效率，也保证了全区规划的完整统一。

3. 深化改革，强化服务，提高规划管理的效率

　　在实现规划统一管理、提高城市规划管理水平的同时，不断提高工作效率和行政许可审批效率一直是我国城市规划管理普遍面临的突出问题，也是一个长期的课题。这不仅涉及政府各个部门，还涵盖整个社会服务能力和水平的提高。作为政府机关，城市规划管理部门要强化服务意识和宗旨，简化程序，提高效率。同样，深化改革是有效的措施。

　　2010 年，随着控规下发执行，新区政府同时下发了《滨海新区控制性规划调整管理暂行办法》，明确规定控规调整的主体、调整程序和审批程序，保证规划的严肃性和权威性。在管理办法实施过程中发现，由于新区范围大，发展速度快，在招商引资过程中会出现许多新情况。如果所有控规调整不论大小都报原审批单位、新区政府审批，那么会产生大量的程序问题，效率比较低。因此，根据各功能区的意见，2011 年 11 月新区政府转发了新区规国局拟定的《滨海新区控制性详细规划调整管理办法》，将控规调整细分为局部调整、一般调整和重大调整 3 类。局部调整主要包括工业用地、仓储用地、公益性用地规划指标微调等，由各功能区管委会审批，报新区规国局备案。一般调整主要指在控规单元内不改变主导属性、开发总量、绿地总量等情况下的调整，由新区规国局审批。重大调整是指改变控规主导属性、开发总量、重大基础设施调整以及居住用地容积率提高等，报区政府审批。事实证明，新的做法是比较成功的，既保证了控规的严肃性和统一性，也提高了规划调整审批的效率。

2014 年 5 月，新区深化行政审批制度改革，成立审批局，政府 18 个审批部门的审批职能集合成一个局，"一颗印章管审批"，降低门槛，提高效率，方便企业，激发了社会活力。新区规国局组成 50 余人的审批处入驻审批局，改变过去多年来"前店后厂"式的审批方式，真正做到现场审批。一年多来的实践证明，集中审批确实大大提高了审批效率，审批处的干部和办公人员付出了辛勤的劳动，规划工作的长期积累为其提供了保障。运行中虽然还存在一定的问题和困难，这恰恰说明行政审批制度改革对规划工作提出了更高的要求，并指明了下一步规划编制、管理和许可改革的方向。

四、滨海新区城市规划的未来展望

回顾过去十年滨海新区城市规划的历程，一幕幕难忘的经历浮现脑海，"五加二、白加黑"的热情和挑灯夜战的场景历历在目。这套城市规划丛书，由滨海新区城市规划亲历者们组织编写，真实地记载了滨海新区十年来城市规划故事的全貌。丛书内容包括滨海新区城市总体规划、规划设计国际征集、城市设计探索、控制性详细规划全覆盖、于家堡金融区规划设计、滨海新区文化中心规划设计、城市社区规划设计、保障房规划设计、城市道路交通基础设施和建设成就等，共十册，比较全面地涵盖了滨海新区规划的主要方面和改革创新的重点内容，希望为全国其他新区提供借鉴，也欢迎大家批评指正。

总体来看，经过十年的努力奋斗，滨海新区城市规划建设取得了显著的成绩。但是，与国内外先进城市相比，滨海新区目前仍然处在发展的初期，未来的任务还很艰巨，还有许多课题需要解决，如人口增长相比经济增速缓慢，城市功能还不够完善，港城矛盾问题依然十分突出，化工产业布局调整还没有到位，轨道交通建设刚刚起步，绿化和生态环境建设任务依然艰巨，城乡规划管理水平亟待提高。"十三五"期间，在我国

经济新常态情形下，要实现由速度向质量的转变，滨海新区正处在关键时期。未来 5 年，新区核心区、海河两岸环境景观要得到根本转变，城市功能进一步提升，公共交通体系初步建成，居住和建筑质量不断提高，环境质量和水平显著改善，新区实现从工地向宜居城区的转变。要达成这样的目标，任务艰巨，唯有改革创新。滨海新区的最大优势就是改革创新，作为国家综合配套改革试验区，城市规划改革创新的使命要时刻牢记，城市规划设计师和管理者必须有这样的胸襟、情怀和理想，要不断深化改革，不停探索，勇于先行先试，积累成功经验，为全面建成小康社会、实现中华民族的伟大复兴做出贡献。

自 2014 年底，在京津冀协同发展和"一带一路"倡议及自贸区的背景下，天津市委市政府进一步强化规划编制工作，突出规划的引领作用，再次成立重点规划指挥部。这是在新的历史时期，我国经济发展进入新常态的情形下的一次重点规划编制，期待用高水平的规划引导经济社会转型升级，包括城市规划建设。我们将继续发挥规划引领、改革创新的优良传统，立足当前、着眼长远，全面提升规划设计水平，使滨海新区整体规划设计真正达到国内领先和国际一流水平，为促进滨海新区产业发展、提升载体功能、建设宜居生态城区、实现国家定位提供坚实的规划保障。

天津市规划局副局长、滨海新区规划和国土资源管理局局长

2016 年 2 月

目　录

港口城市的文明

——天津滨海新区道路交通和市政基础设施规划实践

Civilization of Port City

— The Practices of Transportation & Infrastructural Planning in Binhai New Area ,Tianjin

霍兵　孔继伟　何枫鸣　王峰

有历史学家说，城市是人类历史上最伟大的发明，是人类文明的诞生地，也是文明集中的展现地，还是科学技术助推文明进步的场所。《技术与文明》是著名城市规划理论家刘易斯·芒福德写就于 1934 年、描绘近千年来机器发展史的巨著，讲述了机器的历史，并对机器对于人类文明的影响进行了研究。城市的道路交通和市政基础设施是城市生存的基本支撑和物质保证，是城市文明的组成部分。一方面，城市的聚集促成自来水供应、雨污水排放、煤气、路灯、电力、供热、通信和火车、地铁、汽车、快速路、高速公路等技术的发明和发展，使人类生产生活方式更加文明；另一方面，道路交通和市政基础设施的进一步发展提高了城市建设运营管理的文明水平。同时，随着科技的进步，以及规划设计和建造水平的提升，城市的道路交通和市政基础设施成为城市文化的重要组成部分。汉·梅耶（Han Meyer）在《城市和港口——伦敦、巴塞罗那、纽约、鹿特丹的城市规划作为文化探险：城市公共开放空间与大型基础设施不断变化的相互关系》（1999）一书中指出，港口等道路交通和市政等大型基础设施左右着城市的产生和发展，甚至在一定程度上起着决定性的作用。从历史发展的过程看，港口等大型基础设施一旦建成，对城市的影响是巨大和深远的，而且难以改变，成为城市文化的一部分。因此，大型道路交通和市政基础设施的规划建设十分重要，需要规划设计和工程设计人员的高度重视，要从城市文明的角度提高认识，转变道路市政工程是单纯工程设计的观念。

港口是城市战略性核心资源，是重大基础设施。港口本身的布局及其配套的疏港交通等设施对城市的影响是巨大的，不仅仅体现在城市物质空间环境上。世界上许多著名的重要城市都是或曾经是港口城市。工业革命发生后，随着城市的扩展和航运大型化的发展，河港向海港转移，大型工业临近港口而建设，形成临港工业。21 世纪下半叶，随着产业的升级，大型工业从发达国家向发展中国家转移，海港从发达国家的中心城市逐步向其他城市和海外城市转移，海岸成为商贸、办公、旅游等服务业发展的聚集区，成为海滨城市重要的旅游景点。这是世界城市和港口发展的客观规律，天津也正在经历着这样的过程。

天津是港口城市，1404 年天津在三岔河口建城设卫，源于南粮北运的漕运。第二次鸦片战争之后，帝国主义列强在海河沿线建设码头货栈和租界，外来文化由此进入。到清末民初，海河沿岸民族工业发展，租界内遗老遗少汇集。1939 年，日本帝国主义出于掠夺的考虑，在大沽口规划建设天津新港，这是人工开挖的海港，开启了天津由内河港口向海港的转变。中华人民共和国成立后，1952 年天津新港正式开港。由于城市和航运的发展，以及海河上游来水减少，先后在海河口建立了防潮闸和船闸，海河中游建设了二道闸。1986 年国务院批准的天津城市总体规划确定海河"闸上保水，闸下通航"，同时明确了"工业东移"的发展战略是符合城市和港口发展规律的。经过 20 年的发展，到 2006 年滨海新区被纳入国家发展战略，天津港有了长足的进步，港口吞吐量从改革开放初期的

3000 万吨发展到 2006 年的 2.5 亿吨，在天津和我国北方的对外开放过程中发挥了巨大作用。但是，伴随着港口和开发区、保税区、塘沽区的发展，港城矛盾突显。港口后方城市的布局结构决定了大量疏港交通对城市中心的穿越，混乱的局面大大影响了城市的品质。因此，2008 年天津城市空间发展战略提出"双城双港"战略，在突出滨海新区核心区功能地位的同时，规划在大港开发建设南港区，以疏解老港区的部分港口功能，逐步缓解港城矛盾。

2008 版滨海新区城市总体规划实施以来，天津港发展迅速，2015 年港口吞吐量达到 5.4 亿吨，集装箱 1400 万标准箱（TEU）。同时，按照规划，启动了南港建设，但港口和航道建设速度与规划预期有较大的差距。2008 年以来天津港新增的 1.6 亿吨吞吐量几乎全部集中在老的北港区，港城矛盾没有缓解，反而更加突出。南港建设速度慢，有客观的因素，也有主观的因素。归纳起来看，主要原因是对港口的认识不到位，仍然停留在传统港口装卸的层次上，没有认识到港口之于城市文化的重要意义。要真正将滨海新区建设成国际一流的新区，必须彻底解决滨海新区港口和城市的矛盾，需要进一步分析港口和港口城市发展的客观规律，找到未来发展的正确路径。滨海新区的城市文化要从以装卸和运输为主的码头文化向以航运服务为主的现代港口文明和海滨城市文化演进。做到这一点，滨海新区才有可能成为 21 世纪现代化的港口和海滨城市。

除去港口之外，对城市道路交通等大型基础设施的认识同样

要转变。在过去的 100 年里，特别是第二次世界大战结束后的 50 年间，世界城市化进程加速，基础设施建设空前发展，高速公路、立交桥、高架桥如雨后春笋般涌现，改变了城市和区域的大地景观。许多大型基础设施规划建设以专业工程师为主导，单纯强调技术至上和经济可行性，出现了许多"工程师的规划"。市政基础设施条件在得到改善的同时，却对城市空间和历史文脉、生态环境带来负面影响。到 20 世纪 60 年代，整个社会对生态环境和城市文化越来越重视，即使是工程规划设计也开始考虑环境景观因素，如高速公路在选线时要考虑到驾驶人员的感受，给生物留出生态廊道，保持生态安全和多样性。对一些对于城市景观和环境有影响的高架桥等工程开始拆除，如波士顿"大开挖（Big Dig）"工程，将通过市中心的高架路全部拆除，转入地下，投入了 100 多亿美元，历时 20 年，是一个典型的实例，说明城市景观对城市的重要性。

自 2006 年滨海新区被纳入国家发展战略以来，我们一直十分重视天津港及城市道路交通和市政基础设施的规划，在满足城市快速发展基础设施的迫切要求的同时，针对我国普遍存在着"工程师规划"的情形，即过分强调工程设计，对城市空间和景观、生态环境及社会文化等方面考虑不足，造成整体城市环境建设水平受到很大的影响，形成建设性破坏，在规划设计过程中，转变观念，树立港口和大型基础设施建设就是城市文化重要组成部分的理念，树立以人为本、生态和历史人文环境优先的理念，努力使基础设施的规划建设不仅满足功能需求，更成为人居环境中一道亮丽的风景。十

年来，滨海新区加快基础设施建设，城市道路交通设施服务水平大幅提高，海空两港的服务辐射能力、区域对外通达能力、城区间的联系能力、滨海核心区的交通凝聚力，以及市政基础设施服务配套保障能力都得到了大幅提升，为新区社会经济快速发展、城市空间结构的不断优化提供了保证。

过去的十年，是滨海新区飞速发展的十年，是滨海新区综合交通和市政设施能力与服务水平大幅提升的十年。《港口城市的文明　天津滨海新区道路交通和市政基础设施规划实践》是"天津滨海新区规划设计"丛书中非常重要和特别的一册，是专门针对滨海新区作为港口城市和新兴的城市区域，在城市道路交通和市政基础设施专项规划方面系统的介绍、总结和反思，以及对具体的道路交通和市政项目规划上的创新思考。希望通过回顾、总结、反思和开创性的思考，可以在绿色道路交通和市政基础设施理念的基础上，强调和树立城市道路交通和市政基础设施作为城市文化重要组成部分的理念，在提升滨海新区道路交通和市政基础设施水平先进性的同时，进一步提升滨海新区城市文化的品质和城市文明的水准，为新区未来的规划和发展夯实基础，同时也为国内外城市提供经验借鉴。

一、道路交通和市政基础设施与城市文明的演进

纵观城市发展的历史，可以清楚地看出城市文明从低级向高级、从简陋向精致演进的过程。城市道路交通和市政基础设施作为城市的组成部分，也经历着同样的演进过程。从城市发展的历史看，城市道路交通和市政基础设施与城市的关系十分紧密，二者之间总是相互促进、相互影响、相互融合。道路交通和市政基础设施技术对于城市的产生及其随后的发展起着决定性的作用：城市发展程度

越高，越有利于技术的发明应用，技术的进步又促进了城市的发展，两者相辅相成、密不可分。从古代技术发展的历史概况中，我们同样可以发现这样的规律。

1. 人类城市发展和技术进步的时代划分

人类历史划分有很多种，比如可以分为石器时代、青铜器时代、铁器时代、大机器时代，也可以分为原始社会、奴隶社会、封建社会、资本主义社会、社会主义社会，还可以分为渔猎时代、农耕时代、工业时代、信息时代。回顾人类城市发展演进 5000 多年的漫长历程，芒福德针对人类技术进步的历史，在继承盖迪斯思想的基础上，提出了自己的观点。在《技术与文明》一书中，他重点讨论技术哲学的问题，即技术对人类文明的影响。书中很多的篇幅是关于技术史的内容。与一般认为工业革命是人类技术大发展的开端的观点不同，芒福德认为早在 10 世纪，人类就已经为技术进步做好了思想和制度上的准备。他把技术发展史划分为三个"互相重叠和渗透的阶段"，即：始技术时代（The Eotechnic Phase，1000—1750）、古技术时代（The Paleotechnic Phase，1750—1900）和新技术时代（The Neotechnic Phase，1900 年至今）。他认为，不同历史阶段会形成不同的"技术复合体"（The Technological Complex），而这种技术复合体形成的基础是社会所利用的能源和原材料，后者渗透和决定着整个社会文化的全部结构。他认为始技术时代是水和木材的复合体，古技术时代是煤和铁的复合体，新技术时代是电和合金的复合体。从技术对城市发展的影响程度看，自 20 世纪开始的新技术时代所受的影响最大。但是，这也是数千年城市和技术发展演进累积的结果。

2. 城市的产生和始技术时代的发展

城市文明是人类文明的集中体现，人类文明的起点可以说是

随着城市的产生而快速起步的（60亿年前银河系内发生的一次大爆炸，其碎片和散漫物质经过长时间的凝集，大约在46亿年前形成了太阳系，适合生命生存的行星地球诞生了。经过漫长的演变，200多万年前类人猿出现，由于类人猿具有语言和使用工具的能力，使其超越其他类人猿，开始了人和人类文明的演进）。水和食物是人类生存的必需品，最早人类泽水而居，以采摘果实、渔猎为生。50多万年以前，人类已经掌握了利用天然火种的能力，食用熟食对人的进化帮助极大。行动和静止，是人类的两种状态。行动是绝对的，直立行走是最基本的行动方式。静止，狭义上是指人的停止和休息状态，广义上是指人类的聚集和聚落。约一万年前的新石器时代，可能由最初的采集野生小麦发展为有意识的栽种，逐步到半定居等待收获的农耕生活方式，人类发明了农业、畜牧业。原始聚落的出现产生了对水井的需求，从现在的考古研究来看，世界上最早使用地下水（即挖井）的国家是中国，中国迄今发现的最早的水井在浙江余姚河姆渡遗址，大概是7000年前的水井。道路和水井等基础设施，作为人劳动的产品，同时也作为人的辅助工具，是随着人的技术进步而产生并发展的，也为城市的产生和发展奠定了基础。

城市的形成是伴随着生产力的发展，出现了剩余产品，随之就有了私有财产和交换，交换的场所就是市，围绕着市，居民集聚，成为初期的城市。因井为市，在我国早期文献中，经常出现市井的字样，古者未有市，若朝聚井汲水，便将货物于井边货卖，故言市井。相传伯益作井，伯益是一个跟随禹治水的人，说明我国用井历史的悠久。因为人口密集，商品交换、生活、生产都离不开水和交通，所以城市的选址首先就是水的条件和交通的便利。可以说，道路和水是城市产生和发展的必备条件。

（1）我国古代城市的产生、发展和技术进步。

我国古代城市的形成经历了一个漫长的过程，对于其具体的形成时间有不同的看法。有人认为，早在原始社会后期城市的雏形已经出现；有人认为，夏代是古代城市诞生的时期，因有"夏鲧作城"的传说；有人认为始于商代，"邑在殷末"；有人认为周代始有之；也有人认为，我国古代完全意义上的城市兴起，是从春秋初年开始。总体看，我国古代城市从萌芽到形成，主要经历了3个阶段：其一，乡村式城堡阶段，大约从原始社会末期到夏初，城的作用主要表现为军事及其他防御功能；其二，城、市分离阶段，大致从夏初到西周前期，城的政治功能与市的经济功能是各自分离、独立的；其三，城、市结合一体化阶段，从西周开始，城与市在逐渐有机结合以后所表现出的集合性特点与综合性功能日益显现。在中国古代城市形成的过程中，城与市自渐趋结合到最终合二为一成为真正意义上的城市，经历了几百年之久，在时间上大致包括西周至春秋时期。春秋战国之际，中国历史上具有真正意义的城市诞生。从《周礼》等早期经史中与市场相关的记载可知，在西周时城邑中已设有市场，拉开了中国古代早期城与市结合的序幕，表明中国古代史上具有真正意义的城市的形成。

我国古代城市的大量兴起，主要是因为在封建社会，农业经济的发展、社会的进步，包括引水、凿井、排水、筑城、道路建设等技术的发达，促进了城市的进一步发展。

江河湖等天然水体以及地下淡水资源为人类提供了水源。我国的古代文明发祥于黄河、长江中下游及水网密集区，城市几乎都是沿着河湖发展起来的。内陆的城镇有浅层地下水资源，许多山麓冲积、洪积扇地带或山前洪积冲积倾斜平原地带的潜水埋藏浅，一般为几米至十几米，水质好，挖浅井或围湖即可取水。随着人口的增长，以及生产力的发展，人们对水的需求也由跟随自然到遵循自然规律人为开发水源，外部引水和掘井技术的诞生为城市的发展提供了保障。东周早期古蓟城（今北京）的城市供水主要依靠井水。西汉武帝元狩三年（公元前 120 年）在京都长安城近郊修昆明池，引水供长安城宫廷园林及居民用水，并接济与城内相通的漕渠。从此，中国出现了较大规模的城市供水工程。汉武帝时曾穿渠引洛水至商颜山下，因"岸善崩，乃凿井，深者四十余丈，往往为井，井下相通行水"。在成都锡子山汉墓出土的汉代画像砖中，发现有几幅描写当时盐井的开采情况图，说明汉时凿井已有了一定水平的机械设备。凿井机械的发明，经过了秦以前的整个历史时期的酝酿，到西汉，出现深井钻掘机械，并一直沿用到明清，在宋代经过一次较大的改进。据考证，我国古代凿井技术在西汉初年已传入西域各国，对当地人民的生产生活产生的作用是很大的。公元前 256 年，秦国蜀郡太守李冰率众修建的都江堰水利工程，位于四川成都平原西部都江堰市西侧的岷江上，该大型水利工程现今依旧在灌溉田畴，是造福人民的伟大水利工程，其以年代久、无坝引水为特征，是世界水利文化的鼻祖。

关于"城"的概念，《说文解字》载："城，以盛民也。"《释名》也说："城，盛也。盛受国都也。"《墨子·七患》中说："城者，所以自守也。"在古代，为了防御敌人、保护自己，同时为了抵抗、预防自然界中野兽与洪水等侵害，人们开始在较为集中的居民点即驻地周围筑起简陋的夯土墙垣，或是在居住地周围挖出具有一定宽度和深度的壕沟，同时用沟里返到地面的土筑成一道坚固的土墙。另外，也有些较大的居民点或部落联盟中心在其周围修筑出质量更好、形式更复杂的城墙。在古代科学技术不甚发达的条件下，难以逾越的城墙，自然就成为城的主要的标志。只要有了城墙，城就有

了防御的屏障。城墙对于古代城市而言，是不可或缺的。它是在一定历史条件下维护城市生存、发展的必要条件之一，可以说，城墙是当时城市必需的基础设施。经已取得的考古发掘的材料证实，如山东章丘龙山文化中城子崖、河南登封王城岗、河南淮阳平粮台等遗址中，就发现有夯土城墙、城堡等距今 4200 年左右的遗迹。在这些城址中也发现城墙有南北城门和排水陶管等遗迹，说明城墙的技术已经比较发达，城市排水基础设施已经出现。

可以说自从人类诞生后，就有了路的历史。原始的道路是由人践踏而形成的小径。东汉训诂书《释名》解释道路为"道，蹈也，路，露也，人所践蹈而露见也"。早在公元前 2000 年的新石器时代晚期，中国已有可以行驶牛车、马车的道路，并出现了临时性的简单桥梁。据《古史考》记载："黄帝作车，任重致远。少昊时略加牛，禹时奚仲驾马。"据传黄帝发明了车轮，于是以"横木为轩，直木为辕"制造出车辆，故尊称黄帝为"轩辕氏"。《尚书·舜典》讲述舜登位后办的第一件大事就是"辟四门，达四聪""明通四方耳目"，巡泰山、衡山、华山、恒山。夏禹也是从"随山刊木，奠高山大川"（《尚书·禹贡》）入手的。他"陆行乘车，水行乘船，泥行乘橇，山行乘檋"（《史记·夏本纪》），足迹几乎踏遍黄河、长江两大流域。商朝重视道路交通，商汤的祖先"服牛乘马"，远距离经商，以畜力为交通运输动力。古代文献中有商人修筑护养道路的记载，当时已夯土筑路，并利用石灰稳定土壤。从殷墟的发掘中，发现有碎陶片和砾石铺筑的路面，并出现了大型的木桥。经过夏商两朝长期的开拓，西周时（前 1046—前 771）我国道路初具规模，修建了连接两京的大道——周道，出现了路政管理。在道路质量方面有"周道如砥，其直如矢"（《诗经·小雅·大东》）的记载。在我国古代交通发展史上，修建周道的意义重大。不仅周、秦、汉、

唐的政治经济文化中心都在这条轴线上，而且之后的宋、元、明、清时期，这条交通线也仍然是横贯东西的大动脉。

春秋争霸，战国称雄，道路的作用显得日益重要。大规模的经济、文化、军事、外交活动和人员物资聚散，都极大地推进了道路的建设。除周道继续发挥其中轴线的重要作用外，在其两侧还进一步完善了纵横交错的陆路干线和支线，加上水运的发展，把黄河上下游、淮河两岸和江汉流域有效地连接起来。秦惠王时，为了消除秦岭的阻隔，打通陕西到四川的道路，开始修筑褒斜栈道。这条栈道全长 200 多千米，是在峭岩陡壁上凿孔架木，在其上铺板而成的。这些工程极其艰巨，人们首先是采用古老原始的"火焚水激"的方法开山破石凿洞，插入木桩，铺板成路。远望栈道好像空中楼阁一般，煞是壮观。道路网的建设和完善为中国的进一步统一打下了基础。

秦朝时期，秦始皇吞并六国，统一中国，结束了中国自西周以后几百年的纷乱历史，结束了中国的奴隶社会，开创了封建社会的先河，促进了民族大融合。在对待匈奴问题上，派大将蒙田北击三千里，修建了万里长城，这一开天辟地的工程使北疆在一定时期内得以稳定。秦始皇在统一中国上功高至伟，虽然也做了焚书坑儒等许多荒唐事，但在国家治理上颇有建树，统一了文字、度量衡、货币等，取得巨大成绩。《史记》曰："车同轨，书同文。"

秦始皇在道路修建方面强调"车同轨"，并"为驰道于天下"(《汉书》)，修建车马大道，全国车辆使用同一宽度的轨距（宽 6 秦尺，折合 1.38 米），使车辆制造和道路建设有了法度。致力于修建以首都咸阳为中心、通向全国的驰道网，其工程历时十年，规模浩大，足可与同时代罗马的道路网媲美。公元前 212 年到公元前 210 年，秦始皇下令修筑一条长约 1400 千米的直道。这条大道沿途经过陕

甘等省，穿过 14 个县，直至九原郡（今内蒙古包头）。其沿途各支线星罗棋布。这条直道使用后，秦始皇的骑兵从云阳林光宫出发，三天三夜即可驰抵阴山脚下，出击匈奴。除了驰道、直道，还在西南山区修筑了"五尺道"，在今湖南、江西等地区修筑了所谓"新道"。这些不同等级、各有特征的道路，构成了以咸阳为中心、通达全国的道路网。《汉书·贾山传》载有："为驰道于天下，东穷齐、燕，南极吴、楚，江湖之上，濒海之观毕至。道广五十步，三丈而树，厚筑其外，隐以金椎，树以青松。"《史记》记载了秦始皇曾巡视全国，东至山东、东北至河北海滨、南至湖南、东南至浙江、西至甘肃、北至内蒙古，大部分是乘车，足见其路网范围之广。

汉朝在秦原有道路上继续扩建延伸，构成了以京城为中心向四面辐射的交通网。如自长安向西，抵达陇西郡（今甘肃临洮），为西北干线，自公元前 2 世纪开通河西、西域后，这条干线可经由河西走廊，延长到西域诸国，这就是闻名中外的"丝绸之路"，中国通往中亚细亚和欧洲的丝绸之路开始发展起来。丝绸之路不但在经济方面，而且在文化交流等方面，沟通了中国和中东与欧洲各国。此外，还有一些支线和水运干线通向全国。在邮驿与管理制度上，汉朝也继承了秦朝的制度，并使其更加完善。驿站按其大小，分为邮、亭、驿、传 4 类，大致上五里设邮，十里设亭，三十里设驿或传，约一天的路程。据《汉书·百官公卿表》记载，西汉时全国共有亭近 3 万个，估计当时共有干道近 15 万千米。

时间来到唐代，唐朝是公认的中国最强盛的时代之一。唐朝也是我国古代道路市政建设和城市发展的极盛时期，唐朝以后的城市发展与技术进步的内容我们在后面"古技术时代城市基础设施及相关技术的发展演变"中论述。

从以上的描述我们可以看到，早在我国中古时期，道路交通

和基础设施不是孤立存在的，在城市规划建设中是相互联系的，而且是城市规划建设重点考虑的内容。我国早期的建城理论以春秋战国时期的《管子》一书最为详尽，主要内容包括：城市的位置不要很高，因为取水困难；也不要很低，因为防洪任务重。城市的位置要最大限度地利用有利地形，节省防洪排水工程的投入。城市不仅要建在肥沃的土地上，还应当便于布置水利工程。所建城市应当水脉相通，便于取水，更应排水通畅，直注江河。在选择好的城址上，要建城墙，城外再建郭，郭外还有土坎。地高则挖沟引水排水，地低就要做堤防挡水。

《周礼·考工记》是战国时期记述官营手工业各工种规范和制造工艺的文献。《考工记·匠人》所载的王城规则制度，正是西周开国之初，以周公营洛为代表的第一次都邑建设高潮所制定的营国制度。《周礼·考工记》曰："匠人营国，方九里，旁三门。国中九经九纬，经涂九轨，左祖右社，面朝后市，市朝一夫。"除去城市布局的规则外，还对城市道路进行了规划。城内道路采用经纬涂制，按一道三涂之制，由九经九纬构成南北及东西各 3 条主干路，环城还置有"环涂"，结合而为纵横交错的棋盘式道路网。城外置有"野涂"，与畿内道路网相衔接。《周礼·考工记》形成了我国后来历代宫城规划建设的原型，它清楚地表明，城市规划建设中的道路交通和基础设施不仅具有功能的作用，而且具有文化的作用，是城市整体环境和整体美的一部分。

西周把道路分为市区和郊区，分别称为"国中"和"鄙野"，分别由名为"匠人"和"遂人"的官吏管理。《周礼·考工记》不仅规定了城市道路的体系，而且规定了各种道路的宽度，其单位为轨，每轨宽八周尺，每周尺约合 0.2 米。城市道路分为经、纬、环、野四种，各规定有不同的宽度。经纬道宽九轨，合周尺七丈二尺，

约 14.4 米；环涂宽七轨，合周尺五丈六尺，约 11.2 米；野涂宽五轨，合周尺四丈，约 8 米。郊外道路分为路、道、涂、畛、径五个等级，并根据其功能规定不同的宽度。"路"容乘车三轨，"道"容二轨，"涂"容一轨，"畛"走牛车，"径"为走马的田间小路。在路政管理上，朝廷设有"司空"掌管土木建筑及道路，而且规定"司空视涂"，按期视察，及时维护，如"雨毕而除道，水涸而成梁"，并"列树以表道，立鄙食以守路"，是以后养路、绿化和道路标志的萌芽。另外"凡国野之道，十里有庐，庐有饮食；三十里有宿，宿有路室，路室有委；五十里有市，市名侯馆，侯馆有积"，道路服务性设施齐备，足见西周的道路已臻相当完善的程度。

中国中古时期道路、桥梁、隧道、运河等技术和建设取得辉煌的成就，在世界道桥发展史上占有一定地位。前面提到后汉时期的"褒斜栈道"，在横亘于褒河南岸耸立的石壁上曾用火石法开通了长 14 米、宽 4 米、高 5 米左右的隧洞——石门，内有石刻《石门颂》《石门铭》记事。火石法先用柴烧炙岩石，然后泼以浓醋，使之粉碎，再用工具铲除，逐渐挖成山洞。这项技术在当时的条件下已经很先进。

在造桥方面，隋朝（581—618）匠人李春等在赵郡（今河北省赵县）洨河上修建了著名的赵州桥，首创圆弧形空腹石拱桥，是建桥技术上的卓越成就。另外，隋朝在道路建设中较巨大的工程有长数千里的御道。《资治通鉴·隋纪》载有"发榆林北境至其牙，东达于蓟，长三千里，广百步，举国就役，开为御道"，可见规模之大。

从先秦时期到南北朝，中国古代劳动人民开凿了大量运河，其分布几乎遍及大半个中国。西到关中，南达广东，北到华北大平原。这些运河与天然河流连接起来可以借由河道通达中国的大部分地区。这四通八达的水道为后世开凿隋唐大运河奠定了基础。605

年至 610 年，隋炀帝动用百余万百姓，利用之前众多王朝开凿留下的河道，修建隋唐大运河。隋唐大运河以洛阳为中心，北至涿郡（今北京），南至余杭（今杭州），后代通过浙东运河将其延伸至会稽（今绍兴）、宁波。至此，以洛阳为中心，北至涿郡（今北京），南至余杭（今杭州）的隋唐大运河开通。隋唐大运河纵贯中国最富饶的华北平原和东南沿海，地跨北京、天津、河北、山东、河南、安徽、江苏、浙江 8 个省市，是中国古代南北交通的大动脉，在中国的历史上产生过巨大的作用，是中国古代劳动人民创造的一项伟大的水利建筑工程，同时也是南粮北运的航道。南粮北运是中国古代历史中重要的经济和军事政治活动，大运河是中国古代经济的脊柱和交通的要道。

目前，研究中国城市规划史方面的书籍有很多，研究中国工程技术史方面的论著也不少，但探讨古代技术对城市规划影响的专门书籍却凤毛麟角。20 世纪 90 年代出版的李允鉌先生的《华夏艺匠》一书，虽然以中国古建筑为主，但其中也对城市规划和古代工程技术进行了论述，包括城墙和城楼、道路网和桥梁等。近期吴良镛先生的《中国人居史》，是一部鸿篇巨制，其中对人居工程建设有许多概括性的描述，对我国古代道路和水利等基础设施的发展与城市的演变都有论述。

（2）欧洲中古时期城市的产生、发展和技术进步。

城市是文明形成的一个重要标志。文明形成之初，作为文明的成果和体现，古代中西方都出现了许多城市。但中古西欧的城市与古代东方的城市在特点、作用和意义方面均有诸多的不同，西方文明在许多方面与东方文明存在着明显的差异，其原因有很多就是城市造就的。中国城市以木结构为主的建筑难以长久保存，加之历代皇帝总有烧毁前朝城市的做法，使我国古代城市的遗存不多，现发现最早的古建筑遗存是隋代的木建筑，大部分古代城市是靠考古发现和文字记载分析研究。与中国古代城市不同，中亚和欧洲古代城市的遗存比较多，从保留的城市和建筑遗存中，我们可以看到古代技术对城市发展的影响。

著名城市规划理论家刘易斯·芒福德的两部巨制《城市发展史》和《技术与文明》，是我们研究西方城市历史和技术演进及其相互影响关系的指引。与我国相同，西方从聚落到城市的演进经历了数百年漫长的过程。在城市形成之前，各种灌溉沟渠、运河、蓄水池、筑郭、壕堑、渡槽、供水排水管道等原型已经诞生。当然，这些技术的发展对城市的出现起到了重要的促进作用。但是，在芒福德看来，除去经济发展、技术进步外，人的想象力，包括对神话、宗教的精神需求是城市形成的更重要的因素。

根据现有的文献记载，谷物的栽培、犁的发明使用、制陶转轮、帆船、纺织机、炼铜术、抽象数学、天文观测、历法、文字记载以及能明确表达思想的其他各种手段的永恒形式等，大都是公元前 3000 年左右产生的。目前已知的最古老的城市遗址，除极少数外，大部分都起始于这个时期。这就构成了人类活动能力的一次异乎寻常的技术性大突破。

古埃及城市一般沿尼罗河布置，有统一的规划、形制较方整是其特点。城墙环绕，城市中有简单的功能分区，划分为贵族区、宫殿区和贫民区。古代埃及的典型城市有孟菲斯都城、卡洪城和底比斯都城。公元前 3100 年建设的孟菲斯城是最早的城市。十二王朝时期的卡洪城是古埃及典型城市布局的代表，较方正，有统一规划，是运用大量人力在短时间内建设而成的城市。城市有简单的功能分区，分为东西两部分，两部分用围墙隔开，反映了明显的阶级对立。城市道路是正南北东西的十字网格，除交通功能外，还有精神层面的功能。贵族的宅院平面是从临街的一个门进入，经过道到庭院，房门开向庭院，主房及院子都在中轴线上，这种类型的平面布置在一定程度上影响了城市的整体布局。

美索不达米亚是位于底格里斯河和幼发拉底河之间的地区，比较有名的城市有乌尔、亚述城和巴比伦城。城市一般有以下特点：城市形制多是不规则的，如乌尔、亚述城，反映了其发展成长的过程。城市多建于河边高地上，这是因两河流域的地理造成的。城内主要建筑为宗教建筑、帝王宫殿和观象台。城市有明显的防御作用。城市中有部分铺砌街道及导水管、下水道等公共设施。据说巴比伦空中花园灌溉用水，是人工架空水槽从幼发拉底河引水入城。建于公元前 2200 年的乌尔是美索不达米亚地区典型的城市，是两河流域最古老的城市之一。乌尔城市平面呈不规则卵形，城市由中间城寨和外城组成，城市防御作用明显。城市内城、外城都用围墙围起来，外城为一些农耕地和居民点，当时生活和农业是密不可分的。建于公元前 7 世纪末的新巴比伦城，面积达到 88 平方千米，人口多达五六十万人，横跨幼发拉底河两岸，城市略近长方形，布置不太规整，有两道城墙、9 个城门。城市防御作用明显，由两道城墙和护城河包围。市中心布置在主要干道和河流之间。城市其余部分为平民居住区，所有房屋向院子开门窗，使道路外观较闭塞。河流两侧有道路和码头。

古希腊典型的城市主要有克诺索斯城、迈锡尼城、雅典、米列特城。雅典原为古老堡垒，公元前 480 年被波斯军队所毁，后经扩建为雅典卫城。米列特城为希波特姆所建，城市由纯粹的棋盘式道路划分的街坊组成，道路中主次不分。市场和港湾附近将城市分为南北两个部分，城市设有和建筑结合的轴线。市中心由广场、露天剧院、运动场等组成，整个城市虽规整但建筑群艺术处理不够

理想。

古罗马代表城市有罗马城、庞贝城等。罗马最早是由拉丁人建立的，在台伯河左岸的小山上。罗马城在较长时间内自发形成，没有统一的规划。城市南北长约 6200 米，东西宽约 3500 米，包括帕拉蒂诺、卡皮托利、埃斯奎利诺等 7 个山丘，史称七丘之城。城墙跨河依山曲折起伏，整体呈不规则状。城市布局七丘之间对景处理得比较好。市中心及大型公共建筑布局比较完整，已有市政工程设施，如大型的石砌排污渠道。庞贝城位于维苏威火山下一条河流出口处，公元 79 年火山爆发，庞贝城被火山灰淹没，这也为后来的考古发掘提供了便利。北非提姆加德，是典型的罗马营寨城，是古罗马军队所建的设防的营寨，后来成为城市发展的基地。整个城市规整，有方正的城墙，城市由两条主干路呈丁字交叉形成。营寨城有很多，成为罗马大部分城市发展的基础。

维特鲁威著的《建筑十书》是古罗马时代留下来的唯一一部完整的西方建筑全书。因为它原是维特鲁威向罗马皇帝奥古斯都·恺撒呈献的十封谈论建筑的书信，所以后世就以《建筑十书》而命名。此书大约成书于公元前 1 世纪末，原用拉丁文写成，不久便遗失，留下的只是抄本。以后迭经战乱，连抄本也少见流传。到了中世纪，营造教堂的修道士偶然发现了《建筑十书》，便用来作为建筑营造的依据。文艺复兴时期，古典文艺复兴，《建筑十书》更受到人们的重视，被建筑师们视作建筑创作的规范。阿尔伯蒂根据维特鲁威的思想，创立了理性的巴洛克规划设计思想，其后发展成为古典主义，使得整个西方的城市面貌发生了很大变化。

《建筑十书》全书分十卷，内容包含建筑教育、城市规划和建筑设计原理、建筑材料、建筑构造做法、施工工艺、施工机械和设备等，包括筑港工程、水脉探测、输水道工程的论述，以及牵引机、

扬水机、攻城机械和城市防御机械的制造等。书中记载了大量建筑实践经验，阐述了建筑科学的基本理论，对城市相关的基础设施规划进行了大量的论述。《建筑十书》在第一卷谈及城市选址时说道："对于城市本身，实际上就是原则。首先选择最有益于健康的土地，即那里应当是高地，无雾无霜。注意到天空的风，随着太阳上升向市镇方向吹来，上升的雾霾随风在一起，沼泽动物的有毒气息，便与雾霾混成气流，要扩散到居民身上，这时那里就会成为不卫生的地方……如果城市临海，朝向西方或南方，那就是不卫生的。因为在夏季，南方天空在日出时就如正午般灼晒……"由此可见，《建筑十书》是从理性、功能和技术的角度来考虑城市规划和建筑设计的。

西方最早的城镇供水工程约于公元前 2900 年在埃及出现，以后不断发展。罗马城于公元前 4 世纪至公元前 3 世纪先后建立了 11 条向城内供水的输水道。公元前 312 年建成阿匹亚输水道，水源为泉水，从水源到城市配水点为长约 16 千米的地下暗渠。罗马帝国时期建设了完善的道路网络，对古罗马的扩张和城市的发展发挥了重要作用，俗话说"条条大路通罗马"，从宏伟的古罗马输水道的遗迹中我们可以感受到城市基础设施的重要功能。

西罗马帝国灭亡后，法兰克王国仍保存了罗马时代的一些城市，只是经济活动有不同程度的衰落。东罗马帝国的主要城市有君士坦丁堡、雅典、亚历山大、尼西亚古城等。君士坦丁堡是东罗马帝国的首都，是罗马皇帝君士坦丁将原来的城市拜占庭扩建而成的城市。它三面环河，地势陡峭，便于据守，仿古罗马建筑建造。查理帝国分裂后，西欧各国处于封建割据状态，城市进入所谓的衰落期。随着社会生产的发展，在 10 世纪后期，特别是 11 世纪，西欧各国步入旧城复苏和新城产生的历史过程。新兴的城市规模都不太

大、一般只有 1000 ~ 2000 居民。这些城市，有因手工业发达应运而生，有因国内外贸易而兴盛，有因政治、军事、宗教地位重要而形成。由商业、宗教活动发展起来的城市，如德国的威林根、意大利的威尼斯。由封建城堡发展而来的城市，城堡和市区形成两个不同的单元。由古罗马营寨城发展起来的城市，如法国的巴黎、意大利的佛罗伦萨。有一定防卫功能的新城，如法国的卡卡松。中世纪城市布局的特点是形式灵活自由。除罗马营寨城较规则外，其他城市大多自发发展，平面多不规则，多是灵活自由的形式，道路弯曲，街道狭窄。城市都有城墙，城墙上高耸着望塔，城市防御功能突出。市民住宅大多为 3 ~ 5 层的多层住宅，比较简陋，使街道显得狭窄阴暗。城市往往是以教堂为中心，结合市政厅、市场而成，其中教堂往往位于最突出的位置或地形制高点的山丘上。当时建筑风格盛行罗马风和哥特式。

总体看，中世纪的城市在西方城市发展历史上是低潮期。除去军事战争的原因，城堡的防卫和建造技术有较大的提高外，许多古代城市已经发明应用的城市技术，如城市给排水陶管，反而消失了。城镇的道路狭窄曲折，便于防卫和战斗。当然，战争在推动技术进步上发挥了重要作用。城市的聚集发展为科学技术和发明创造提供了舞台，做好了准备，此外还促进了农业生产力的进一步提高。

3. 古技术时代城市基础设施及相关技术的发展演变

（1）文艺复兴时期的科学技术进步。

文艺复兴（Renaissance）是盛行于 14 到 17 世纪的一场欧洲思想文化运动。文艺复兴最先在意大利各城市兴起，之后扩展到西欧各国，于 16 世纪达到顶峰，带来一段科学与艺术革命时期，拉开了近代欧洲历史的序幕。

　　意大利最早产生资本主义萌芽且较多地保留了古希腊、古罗马的文化，所以文艺复兴起源于此。文艺复兴的城市规划建设改变了中世纪中期城市中心以教堂为主的做法，教堂退居次要位置，城市公共建筑群和广场建设成为主流，巴洛克布局构图是主要特征。欧洲城市的主要广场有：威尼斯圣马可广场、罗马市政广场、佛罗伦萨的西诺拉广场等。期间，出现了理想城市的理论与实践。1460年德国的费拉锐特曾著《理想的城市》一书，他认为应当有理想的国家、理想的人、理想的城市，并做出了一个以佛罗伦萨侯爵命名的理想城市方案。完全按此理想建造的是威尼斯王国边界的帕浪曼诺伐城，该城主要为防御而布置。另外，阿尔伯蒂《论建筑》及斯卡莫奇也做出了一些理想城市的方案。理想城市虽然是整个城市的规划方案，但有的重防御，有的着重美丽的构图，没有把城市看成一个社会经济范畴去进行全面有机的规划。但这种理想的城市方案，对后来一些形式主义城市规划构图有一定的影响。

　　从 17 世纪开始，新生资本主义迫切需要强大的国家机器提供保护，资产阶级与国王联盟，反对封建割据势力，建立了一批中央集权的绝对君权国家。随着资本主义经济的发展，这些城市的改建、扩建的规模超过了以往的任何时期。在这些城市改建中，法国巴黎的影响最大。在古典主义思潮的影响下，爱丽舍田园大道等轴线放射的街道、凡尔赛宫等宏伟壮丽的宫殿花园以及协和广场等公共广场是那个时期的特色和典范。1661 年动土建设的凡尔赛宫，其王宫、园林、放射大道三部分古典主义布局的规划模式对许多城市产生了深刻的影响。

　　伦敦是早期资本主义典型的城市。早在 12 世纪，诺曼人的统治开始。这个时期王权逐步巩固，基督教会的权力也在扩大。伦敦也在这个时候逐渐发展，演变为双城模式。东面，在古罗马人的古

伦敦城的基础上建立起伦敦市（City of London）。西面，威斯敏斯特市（City of Westminster）成为王室和政府的所在地。伦敦不少著名建筑物的前身就是在这个时期兴建的，其中包括著名的伦敦桥，它是在 1176 年开始修建，到 1209 年完工，其后屡经拆建。在 14 到 17 世纪伦敦和欧洲大陆一样受到瘟疫的侵袭，致命的黑死病瘟疫大流行让伦敦的人口急剧减少。16 世纪后，随着大英帝国的快速崛起，伦敦的规模也急速扩大。在这个时期，王室陆续在伦敦修建王宫，而教会也修建了不少教堂和修道院，伦敦市的商业发展迅速。1666 年，伦敦发生了历史上最严重的一场大火，大约 13 200 座房屋被大火所毁，80 万人流离失所、无家可归。这次大火几乎烧掉伦敦全部建筑，但是都市建设却因此有机会重新开始。建筑师克里斯道弗·仑提出了重建伦敦规划，这个方案有 3 个主要特征。①城市分为市中心区、码头区和市区。②市中心区以皇家交易所为中心。③市区与码头区方便联系。这个规划改变了绝对君权时期以皇宫为中心的规划布局，资本主义城市萌芽。到 18 世纪，伴随着工业化的进程，这时期的城市规模扩大，大工业城市出现，城市的功能结构和布局产生了变化，西方进入了高速城市化的世纪。

　　（2）中国唐宋元明清时期的技术进步和城市的发展。

　　按照芒福德的划分，1750 年以后西方才算进入古技术时代，但是，在我国历史上，从唐朝开始，便进入全盛发展时期，因此，我们将唐朝作为中国古技术时代的开始。

　　唐朝（618—907）是我国古代城市和科学技术及城市基础设施发展的极盛时期。唐朝历代皇帝励精图治，开创了经济繁荣、四夷宾服、万邦来朝的盛世。唐朝是版图最大，亦是唯一未修建长城的大一统中原王朝。唐代科技进步，中国四大发明中的印刷术和造

纸术出现在唐朝。唐代文化、经济、艺术具有多元化的特点，在诗、书、画各方面涌现了大量名家，如诗仙李白、诗圣杜甫，颜筋柳骨的颜真卿、柳公权，画圣吴道子等。唐朝文化兼容并蓄，接纳海内外各国民族进行交流学习，形成开放的国际性文化。唐朝长安城墙的规模是空前的。它周长 36.7 千米，南北长 8651 米，东西宽 9721 米，面积相当于今天西安城的 10 倍。城内道路网呈棋盘式，有 11 条南北大街、14 条东西大街，把全城划分为 100 多个整齐的坊市。各条大街车水马龙，熙熙攘攘，非常热闹。街道两侧多植树，加上错落其间的清池溪水、众多的园林、盛开的牡丹，使整个城市非常整齐美观。位于中轴线的朱雀大街宽达 147 米，把长安城划分为东西两部分。街西管区叫长安县，街东管区叫万年县。朱雀大街路面用砖铺成，道路两侧有排水沟和行道树，布置井然，气度宏伟，这种形制影响远及日本。

唐太宗即位不久就下诏书，在全国范围内要保持道路的畅通无阻，对道路保养也有明文规定。当时，京城长安不仅有水路运河与东部地区相通，而且是国内与国际的陆路交通的枢纽，已经成为世界上最大的都市之一。出了长安城，向东、向南、向西、向北，构成了四通八达的陆路交通网。不仅通向全国各地，而且中外交通往来也比较频繁。此外，像洛阳、扬州、泉州和广州等城市，随着唐朝政治、经济和文化的发展，也相继成为国内外交通的重要中心。唐朝重视驿站管理，传递信息迅速。唐朝时已出现了沿路设置土堆，名为堠，以记里程，即今天的里程碑的滥觞。

到了宋（960—1279）和辽金时期，我国的道路和市政建设进入一个新的发展阶段，特别是在城市规划、道路建设与交通和里巷管理方面，与隋唐时代有着明显的区别。这一时期的城市建设，实现了街和市的有机结合。城内大道两旁，第一次成为百业会聚之区。

城里居民走出了周、秦、汉、唐那种以封闭分隔为特征的坊里高墙，投入空前活跃的城市生活。酒楼茶肆勾栏瓦舍日夜经营，艺人商贩填街塞巷。北宋的都城汴京（今开封）经过改建，已成为人口超过百万人的大都会，城中店铺达 6400 多家。北宋画家张择端的《清明上河图》，反映了北宋汴梁市井风情，从中可以看到桥梁的发达和河运的繁荣。汴京中心街道称作御街，宽 200 步，路两边是御廊。北宋政府改变了周、秦、汉、唐时期居民不得向大街开门、不得在指定的市坊以外从事买卖活动的旧规矩，允许市民在御廊开店设铺和沿街做买卖。为活跃经济文化生活，还放宽了宵禁。御街上每隔二三百步设一个军巡铺，铺中的防隅巡警，白天维持交通秩序，疏导人流车流；夜间守卫官府商宅，防盗、防火，防止意外事故的发生。这恐怕是历史上最早的巡警了。唐代已有公共交通车，当时称之为油壁车。到了南宋，在京城临安（今杭州）这种油壁车有了新的改进。车身做得很长，上有车厢，厢壁有窗，窗有挂帘，装饰华美。车厢内铺有绸缎褥垫，很是讲究，可供六人乘坐观光。这是最早的公交车，临安在世界上也算是出现公交车最早的城市了。苏轼在《蜀盐说》一文中所描述的筒井也在 11 世纪左右传入西方。

1260 年忽必烈决定在金中都附近新建都城，命汉人刘秉忠主持规划及建设。于 1267 年开工，1271 年完成。元大都城的城市规划恪守传统儒家的都城设计以及《周礼·考工记》提出的面朝后市、左祖右社的原则，规模宏伟，规划严整，设施完善。元大都是自唐长安之后，平地起家新建的最大的都城，它继承和发展了我国古代都城规划的优秀传统，留存至今。经过明清的完善，达到了我国古代城市规划的顶峰。在工程技术上许多方面在当时也处于领先地位，如北京城的水系。莲花池水系是北京城最早开发的地面水源，是古代蓟城、唐幽州、辽南京、金中都城池和园囿倚仗的重要水源。

莲花池水源水量小，无法满足日益发展的帝都需要，因此，建元大都城时，将城址由莲花池水系迁至东北郊水源相对充足的高粱河水系。刘秉忠在规划设计元大都时，除依托积水潭的水泊确定大都城的中轴线及东西、南北城垣的位置，并将皇宫（大内）建在中轴线之上，又将圈入皇城的原积水潭的南部改名为太液池。这不仅解决了城市供水问题，而且在太液池上，根据古代神话传说营造了蓬莱、方丈、瀛洲三山，强化了太液池神秘的仙境氛围。

古代北京城在市政建设和管理方面也比较完善。一是规划兴建了水资源与城市的供排水体系，包括河道、明沟、引水渠、污水管道等，对设施的修葺与管理也很到位。元代、清代北京城的供水系统又有较大发展，解决了城市用水、航运、灌溉、园林等部门的供水需要；二是道路交通体系完备，包括戒内街巷道路与桥梁，进出北京城的主要道路、桥梁，以及主要交通工具的规划建设、维修与管理；三是能源供给方面，包括煤炭、木炭、柴草的采办、储存与基地的设置等；四是通信，包括驿站、急递铺的设置与邮驿马匹的繁殖、饲养等；五是环境建设，包括城市绿化与环境卫生管理等；六是城市防灾，包括城市防洪、防火等。这些方面的主管部门主要是工部、兵部及京师地方政府，即元大都路、明清顺天府等。元代禁止人们在金水河洗手，购买大量芦苇编成苇箔披挂在城墙上以防雨水冲刷城墙。清代二月淘浚京城水沟。清雍正、乾隆年间将朝阳门至通州、广安门至卢沟桥、西直门至清漪园等主要道路都改铺为石路。有些衙门组织相关人员负责京城街道卫生，严禁民居、商棚侵占街道等，都是古代北京市政管理的典型事例。

宋代、元代、明代对驿道网的建设和管理也有所发展。元、明时期建成了以北京为中心的稠密的驿路交通网。驿路干线辐射到我国的四面八方。特别是元代，综合拓展了汉唐以来的大陆交通网，进一步覆盖了亚洲大陆的广阔地区，包括阿拉伯半岛。蒙古族各部在成吉思汗等领袖统率下东征西略，兵锋所至，驿站随置，道路贯通，运输不绝。在蒙古军军事势力的极盛时期，道路直通东欧多瑙河畔，南下攻灭金政权和南宋政权后，把宋朝的大片疆土也纳入自己的版图。同汉唐时期的丝绸之路比较起来，元明时期道路规模更大，效率更高，发挥着更为直接的作用。

清朝（1616—1911）奠定了近代中国的基本疆域。虽然就交通工具、交通设施、交通动力、交通管理来说，比起之前朝代，除了量的变化外，没有什么质的突破，但是经过清朝政府的多次整顿，全国道路布局比以往任何时候都更加合理而有效。清代的道路网系统分为三等：一是"官马大路"，由北京向各方辐射，通往各省城，分成东北路、东路、西路和中路四大干线，共长 4000 余华里；二是"大路"，自省城通往地方重要城市；三是"小路"，自大路或各地重要城市通往各市镇的支线。在各条道路的重要地点设驿站，在京城东华门外设皇华驿，作为全国交通的总枢纽。清政府正是通过这些道路，实现了对全国各省、各市、各县、各乡镇乃至自然村落的政治控制与经济榨取；全国各地各民族人民为了生存和发展，也通过这个庞大的交通网络，实现了经济、文化等各方面的对外交流。

清朝时还利用原有驿道修建了长达约15万千米的"邮差路线"。在筑路及养路方面也有新的提高。在低洼地段，出现高路基的"叠道"，在软土地区用秫秸铺底筑路法。清朝的茶叶之路，是丝绸之路衰落之后在清朝兴起的又一条陆上国际商路。它始于汉代，鼎盛于清道光时期。但中国的道路建设发展至清朝末年，已是驿道时代的尾声，代之而起者是汽车公路的逐渐兴起。从此，近代道路市政的发展史，如同其他方面，重点由东方而转移到西方。

4.19 世纪以来城市的发展演变

19 世纪，英国工业革命完成后，科学技术的发展进入爆发时期，新的交通和市政基础设施的发明和使用对城市的发展产生了巨大的影响，城市化伴随着工业化浪潮蓬勃发展，也改变了城市发展的模式和形态。这期间最显著的是西欧与北美因工业革命促成的技术与经济上的进步，各种自然科学学科，如物理、化学、生物学、地质学等皆逐渐成形，并影响到社会科学的诞生或重塑，在艺术上 18 世纪流行的古典艺术逐渐被浪漫主义替代又开始向写实主义发展，这其中又以印象派最为著名。

火车的普及使交通运输大众化了，工业化得到了进一步的发展。大型企业和城市居民的集中使城市数量和规模快速扩展。电力工业开始出现，发电机、电动机、电灯、电报、无线电通信相继问世。许多化学元素被发现，化学工业开始出现，化学理论日益完善。牛顿体系达到其完美的顶峰，电学和热学理论化。达尔文发表进化论，开创了生物遗传学新时代。

（1）巴黎改造中现代市政技术的应用。

巴黎城市的历史悠久。伴随着工业化和人口过度聚集，18 世纪初巴黎已经很拥挤，城市环境很差。为了将巴黎建设成为一个"清洁、安全、方便"的城市，政府以道路交通和城市环境为重点，改造了广场、道路交叉口，维修了古建筑和桥梁，美化了塞纳河两岸，开辟了公共绿地，限制了建筑高度。另外根据 1724 年的法令，划定了巴黎的界限。为了限制农民随意进城，建立了入城收税墙。由于工业革命的影响，特别是铁路的修建，到 19 世纪初，巴黎的人口迅速增长到 50 万人，城市非常拥挤。拿破仑一世决定将巴黎建成世界上最美丽的城市，并着手实施 1793 年的规划，开辟道路，建造桥梁、改造河岸和广场，开挖运河，建设引水渠、给水站和下水道，修建卢浮宫和油房花园，开辟公共绿地，为疏解市中心的拥挤，另建行政和大学区。

真正令巴黎脱胎换骨的，是拿破仑三世在位时期实施的巴黎改建，使旧城形成了今日的面貌。巴黎行政长官奥斯曼男爵主持的改建基本遵循了 1793 年的规划思想。奥斯曼巴黎改造计划的核心，是干道网的规划与建设。当时数量庞大的马车已经彻底使巴黎的交通瘫痪。奥斯曼拆除了巴黎的外城墙，建设环城路，在密集的旧市区中，征收土地，拆除建筑物，开辟出一条条宽敞的大道，这些大道贯穿各个街区中心，成为巴黎的主要交通干道。奥斯曼在这些大道的两侧种植高大的乔木，人行道上的行道树使城市充满绿意，巴黎的林荫大道开世界风气之先。奥斯曼的都市计划严格地规范了道路两侧建筑物的高度和形式，并且强调街景水平线的连续性，这些规范统一了同时期新建的巴黎的街景，造就了一个典雅又气派的城市景观。1853 到 1870 年的 17 年中，巴黎除修通了长 400 千米的城市道路外，还完成了几项重大工程，如修通了巴黎通往凡尔赛的铁路，开辟了广场，建设了布龙涅等公园。奥斯曼利用大型空地以及保留资源地景的方法开辟出好几个大型公园，成为巴黎的"城市之肺"。改善了城市通风，基本上解决了巴黎拥挤和不卫生问题。在豪斯曼重建时期，兴建了香榭丽舍大街等街道，形成了巴黎城市中心的轴线和放射性的道路骨架，同时兴建了凯旋门、巴黎歌剧院等建筑，与巴黎原有的许多著名的历史建筑，如巴黎圣母院、圣心教堂、卢浮宫、爱丽舍宫等一起，构成了巴黎 19 世纪的城市中心的基本骨架。

城市的改建不仅包括道路的建设，而且必须包括基础设施。地下工程耗资巨大，不仅拿破仑三世不支持，提供贷款的大财团也非议、质疑。因为大规模拆迁，大批底层贫困市民被赶到郊区，奥斯曼也遭受了猛烈的指责、谩骂。在领导不关注、不关心，群众不理解、不支持的情况下，奥斯曼仍旧凭着坚韧不拔的毅力一意孤行，倔强地啃着艰巨的地下工程，近似于偏执，以至于有人怀疑他是偏执狂。他启用著名的城市建筑师欧仁·贝尔格朗德等一批城建专家，利用巴黎地下纵横交错的旧石矿，设计建造了巴黎的地下排供水系统。贝尔格朗德们利用巴黎东南高、西北低的地势特点，设计了四通八达的下水道系统，将废水排到郊外野地集中处理，并为下水道系统的清理、维修创立了一套完整的技术。在没有电力的时代，贝尔格朗德发明了许多"借力于水"的技术，通过集中沉淀、木球提速等方法，借助水的力量清除下水道里的垃圾、沉沙。今天来看，这些技术是真正低碳、绿色的。17年间，奥斯曼带领贝尔格朗德们铺装了800千米长的给水管、500千米长的排水道，而郊外的5000公顷污水净化场也成为当时的"模范花园"，一派郁郁葱葱。从此，塞纳河清澈透亮，千百年来困扰巴黎的污水、垃圾和瘟疫成为历史。100多年来，巴黎下水道按照奥斯曼的思路不断扩展、延长，并且运用现代化的技术手段和设备进行改造、管理，成为世界上最先进、最现代化的下水道，由雨果描绘的"可怕的大地窖"变成"可爱的大地宫"。巴黎的下水道像一个地下城市，每条街道地下都有宽敞的下水道，也设有街名，成为令后来无数市民引以为傲的下水道系统。100多年来，下水道为巴黎节省了无以计数的人财物力，今后还将继续节省下去。当年攻击、批判奥斯曼的人没有算这笔大账！现在，所有的法国人都认为，巴黎的下水道、引水工程、整理运河等，是奥斯曼最富有远见和最没有争议的贡献。法国大作家雨果有一句名言："下水道是城市的良心。"城市地下工程是城市建设有远见的最佳指标。

奥斯曼的城市规划不只注意到整体的层面，还包括街边的家具设计，巨细无遗。街头的每一件街具都是城市设计的经典之作，不仅实用而且美观，为巴黎都市增添了风采。最令人佩服的是这些超过一世纪之久的街道家具，至今仍然非常好用。在21世纪的今天，不但毫无过时的感觉，反而成为代表巴黎的象征。到19世纪末，为迎接世界博览会的召开，又兴建了一批著名的现代建筑。320米高的埃菲尔铁塔成为巴黎最著名的制高点和象征，巴黎的建设由此达到了一个高潮，并形成了世界上最富有魅力的城市中心。

1845年巴黎市政府即开始与铁路公司讨论兴建地铁的可行性，双方争执数十年，到最后由于巴黎人口增多、交通问题层出不穷，当局采用巴黎市政府的构想兴建地铁。1896年，巴黎当局核准由费尔杰斯·比耶维涅拟定的路网计划。1898年，巴黎地铁开始动工兴建，工程由巴黎城铁公司负责。1900年7月19日巴黎地铁首条路线随巴黎世界博览会开幕启用，车站新艺术（Art Nouveau）样式出入口由建筑师吉马赫（Hector Guimard）设计建造。直到今日，86个吉马赫建造的出入口仍旧处于街道上。尽管建设了较完善的地铁网络，20世纪初，小汽车的出现，给巴黎带来更为严重的环境污染和交通拥挤问题。巴黎面临着过度集中、人口增加、市中心人口外迁、通勤距离加大、税收减少、流动人口增加、交通负担加重、城市用地紧张、郊区配套差、城市绿地消失等一连串的问题，特别是陈旧的巴黎市中心面临着巨大的压力。

（2）新大陆的科学技术的应用和城市的发展。

伴随着新大陆的发现，北美的城市建设逐步进入高潮。虽然最初的城市建设主要是采用中世纪欧洲城镇建设的做法，但后期，特别是美国南北战争后，城市规划采取了全新的以现代技术为主的模式，纽约、华盛顿、芝加哥是典型代表。

1492年，哥伦布发现美洲大陆后，欧洲各国殖民者纷纷涌来建立殖民贸易点，逐渐形成自由港，这就是纽约的前身。1626

年，荷兰从当地人手中买下曼哈顿岛，在岛上开始兴建贸易城，并以荷兰首都的名字将这个地方称作"新阿姆斯特丹"（Nieuw Amsterdam）。18 世纪开始，在贸易的持续发展和欧洲移民的推动下，纽约开始发生巨大的变化。北美大陆早期的很多规划都是测量师在测量图上调整的，包括纽约、芝加哥等城市的规划。城市由纵横相交的道路组成整齐的小方格网街坊，为了增加沿街建筑面，方格网一般在百米左右。为了方便联系，方格网道路中往往加上数条对角线道路。道路宽度均匀，无明显分工。

1790 年美国确定新的首都选址。1791 年由法国人劳方和测量师艾里芬负责首都华盛顿的规划。他们学习借鉴巴黎和凡尔赛的轴线规划，结合具体的地形环境，进行了全新的大胆的规划布局。将国会、白宫、林肯纪念堂等重要的建筑布置在恰当的位置上，用大的绿化轴线和放射性道路进行联系，在方格网道路系统上增加了一层结构骨架，成为景观的中心和城市的灵魂。

纽约的城市规划 1811 年公布，称为"1811 年委员会计划"或"1811 年的纽约城市格网规划"，这个规划当时也是测量师为代表的规划师做的，城市的街道覆盖至整个曼哈顿，被认为是"美国城市规划的历史标志"。这个规划就是一个简单的网格，没有华盛顿那种古典主义巴洛克式的放射路，曼哈顿上的道路桥梁向外延伸，纽约成为电力时代一个开放城市的先锋。1819 年伊利运河开通，将纽约港与北美内陆市场通过哈德逊河和五大湖连接起来。1835 年 12 月 16 日，纽约发生大火，持续了 1 天时间。当时刮强风，火势蔓延很快。冬季严寒的天气又导致城市供水管道结冰，消防员无法获得足够的消防用水，不得不到附近的东河打水。但是东河同样结冰，给救火工作带来了极大的困难。这场大火烧毁了大量英国殖民时代遗留下来的历史建筑，华尔街附近成了重灾区，纽约证券交易所也在火灾

中被烧毁。火灾总计烧毁了 17 个街区的 700 栋建筑物，两人被烧死。这场大火促成了纽约市的建筑全面告别木质结构，城市供水设施进一步完善。1857 年中央公园建立起来，成为全美国第一个景观公园。事实上，在中央公园建成的 19 世纪 50 年代，纽约等大城市正经历着前所未有的城市化。大量人口涌入城市，不断被压缩的公园绿化等公共开敞空间使得 19 世纪初确定的城市格局的弊端暴露无遗。包括传染病流行在内的城市问题突现使得满足市民对新鲜空气、阳光以及公共活动空间的要求成为政府的当务之急。1851 年纽约州议会通过了公园法。1853 年中央公园的位置及规模大致确定。1957 年公园初步建成开放。为了进一步提高水平，1858 年中央公园设计竞赛公开举行，设计方案应征的人很多，奥姆斯特德及沃克斯二人合作的方案在 35 个应征方案中脱颖而出，成为中央公园的实施方案。奥姆斯特德被任命为公园建设的工程负责人。当时的中央公园用地及其周围地区尚远在纽约市的郊外。高低不平的土地、裸露的岩石、散布的低收入者的棚户足以让任何一个房地产商望而却步。当时奥姆斯特德即预料到，将来一定有一天公园的四周发展起来，这里将是居民唯一可以看到自然风光的地方。奥姆斯特德预料纽约人口将达到两百万人，而这个公园将成为他们游览的中心。他的设计中有山有水，拟布置出一派乡村风光。他们的预料是有远见的，但是客观的城市发展很快，他于 1903 年去世，那年纽约人口已达到四百万人，而中央公园周围摩天大楼已经林立。中央公园于 1873 年全部建成，历时 15 年。纽约市于 1868 年首次建成高架铁道并投入客运，后因噪声及污染严重，除保留少量郊区线路作为以后兴建地铁的延伸线外，其他陆续予以拆除。布鲁克林大桥（Brooklyn Bridge）是纽约历史最久最有名的桥梁，连接曼哈顿与布鲁克林。这座桥于 1869 年由约翰·A·罗夫林设计，在测量中罗夫林遇难

身亡。之后，其子华盛顿继承父亲的遗志，学习欧洲的先进技术，于 1883 年设计完成，花了 16 年时间。1904 年，纽约的第一条地铁开始运营。美国纽约中央车站（Grand Central Station），是世界上最大，也是美国最繁忙的火车站，由美国铁路大王廉姆·范德比尔特出资建造，始建于 1903 年，1913 年 2 月 2 日正式启用。中央火车站是纽约重要的历史地标建筑。

另一个重要的例子是芝加哥。1803 年建址，1837 年设市，1848 年伊力诺斯—密歇根运河建成，1850 年铁路通车，芝加哥开始快速发展。1881 年建成的 10 层的住宅保险公司大楼是世界第一座钢筋水泥高楼，标志着高层建筑运动和 "芝加哥学派" 的开端。1893 年，芝加哥承办世界博览会。著名建筑师丹尼尔·H·伯恩汉姆（Daniel H. Burnham）主持拿出了一套以新古典主义为主题、以密集的市中心公共设施和多功能摩天大楼为特色的市区改造方案，并将之从蓝图落实到地面。在此期间，芝加哥涌现了一大批风格统一、现代的公共建筑，包括政府机关、银行、学校、商业设施等，美国都市里最早的一批现代摩天大楼开始涌现。

1909 年，芝加哥市政府委托伯恩汉姆领衔成立与奥姆斯特德和詹姆斯·麦克米兰组成的 "三人小组"，正式开展以 "城市美化运动" 为主题的芝加哥规划，即所谓芝加哥 "伯恩汉姆规划"。伯恩汉姆提出了 "做大规划" 的新古典主义 + 巴洛克城市规划蓝图。在这份蓝图里，就 6 个方向提出了纲领性指导：围绕湖滨地带建设地标式设施；发展城市高速交通系统以解决人口和流量剧增问题；建立客货分流的新型高效运输系统；在整个城市规划范围内创建区域性的公园和绿地系统；有规划、有系统地构建城市街道网络；有规划地合理配置和建设公共活动文化设施及政府办公楼。芝加哥规划的影响力遍及全美乃至全球，成为所谓 "城市美化运动" 的代表。

芝加哥规划出台后，以密歇根大道—湖滨公园—区域森林保护区为中轴，贯穿市中心和郊区的城市区域分割带，也在其影响下落实。这项规划中对城市功能区的划分，对城市建筑、交通、市政服务容量未雨绸缪的前瞻性设置，都是至今不过时的考量。

芝加哥于 1855 年落成全美大城市里第一个完备的污水排放系统。城市地铁 L 线早在 1892 年就开始投入运营，之所以设计成高架道，是为了避开当初泥泞路面蜂拥混乱的马拉车辆。那时候美国工业开始发展，借助于最新的钢架结构，芝加哥不仅盖出了世界上最早的摩天大楼，而且高架的地铁也全面采用了同样的技术，只不过高楼是纵向发展，地铁是横向扩张，从两个空间里使芝加哥成为现代都市。1900 年，彻底改变城市水系的芝加哥河闸门系统落成。

20 世纪初是美国历史的转折期，工业化和城市化相继完成，同时，纽约逐步赶超伦敦，成为全球首屈一指的大城市，人口迅速增长，并通过与周边县市的合并扩大了地域面积。虽然纽约作为世界第一大都市，拥有许多最新的技术、最高的摩天楼、最大的火车站，但据芒福德的论述，当时纽约的大部分地区还是多层建筑为主的状况，城市亲切宜人。当然，也存在许多问题，如住房短缺、交通不便、环境不佳等。城市需要整体上提升城市道路交通和市政基础设施能力。这时，罗伯特·摩西出现了，他身兼数职、权倾一时，在纽约大都市区兴建公园，建造桥梁，清理贫民窟，开发公共住房，策划大型公共建筑，并成功举办了两次世界博览会，对纽约大都市的发展影响甚为深远。1924 年摩西出任纽约州立公园委员会主席后，大力推进公园建设，在长岛建立起琼斯海滩州立公园等一系列公园和游泳池。从 20 世纪 20 年代到 60 年代，摩西最初利用州政府用于建设公园的经费，继而利用新政拨款，最后依靠路桥费和联邦政府高速公路资助，建设了连通整个纽约大都市区的园林大道、高速公路和桥梁。虽然他致力于缓解交通压力，但不断新建高速公路的方法并没有达到预期效果，甚至在一定程度上加重了交通拥堵。1949 年直至 20 世纪 70 年代中期联邦政府资助改造中心城市，通过摩西的努力，使得纽约市在开建工程数量、利用资金等方面走在美国城市更新运动的前列，并将焦点集中在为中产阶级提供住房、推动高等教育发展和兴建大型文化设施上，如林肯艺术中心等。

摩西时代的大规模建设使纽约具有了现代化的基础设施：高速公路、隧道和桥梁，还有公园、海滩、游泳池、高层住宅和大型公共建筑。摩西主持规划设计建造的道路交通和市政基础设施给纽约留下深深的烙印。当然，摩西不是神。对摩西的批评不绝。有人说他构建了美国版的柯布西耶的理想城市，专注于汽车而不是人。跨布朗克斯的高速公路毁掉了原本繁华的街区，让成千上万的人无家可归，成为一场灾难。由于忽视公共交通系统，新建的桥梁、隧道和高速公路加剧了交通堵塞。摩西成为一切现代主义城市规划错误的象征：充满敌意的街头，毫无凝聚力且彼此冷漠的社区，迷信地将汽车作为小康生活的标志，等等。摩西与简·雅各布斯、芒福德的论战是《美国大城市的死与生》一书产生的背景。1968 年，摩西最终被迫下台。不管人们如何评价摩西的功过是非，摩西所主持修建的城市道路桥梁和大量的基础设施一直存在于那里，成为城市和人们生活的一部分，成为城市文明的一部分。

5.19 世纪以来城市基础设施及相关技术的发展演变

按照芒福德的划代，19 世纪是新技术时代，是现代技术发展的高峰期。特别是 1870 年以后，科学技术的发展突飞猛进，各种新技术、新发明层出不穷，并被迅速应用于工业生产，大大促进了经济的发展，这就是所谓的第二次工业革命（Second Industrial Revolution）。当时，科学技术的突破主要表现为电力的广泛应用、内燃机和新交通工具的创制、新通信手段的发明和化学工业的建立等 4 个方面，以电力的广泛应用为显著特点。1831 年，英国科学家法拉第发现电磁感应现象，在进一步完善电学理论的同时，科学家们开始研制发电机。从 19 世纪六七十年代开始，出现了一系列电气发明。1866 年德国人西门子（Siemens）制成发电机。1870 年比利时人格拉姆（Gelam）发明实际可用的电动机，电力开始用于带动机器，成为补充和取代蒸汽动力的新能源。电动机的发明，实现了电能和机械能的互换。随后，电灯、电车、电钻、电焊机等电气产品如雨后春笋般地涌现出来。这一时期，也是欧洲城市化快速发展时期，现代城市依托的基础设施绝大部分是在这一阶段发明的，或者有了本质上的升级。人类跨入了电气时代，城市也进入电气时代。

（1）城市水系统：水源、给排水系统、污水处理和水环境。

人类文明与水息息相关，城市作为人类文明的集中地，与水的关系最密切，城市的供水排水技术应该说历史最为悠久。但是，在电力发明之前，城市选址和规划建设必须依据当地水资源的特点，因地制宜。长期以来，虽然人类发明了长距离输水、城市供水和排水的一些技术，也发明了水车作为提升水的动力，但局限性很大。

16 世纪后欧洲的城镇供水开始有较大发展，伦敦首先使用了水泵抽水。17 至 18 世纪欧洲城市开始使用铸铁管。19 世纪初英国首创水处理设施——沉淀池和沙滤池。19 世纪末至 20 世纪初，城镇供水的消毒措施在欧洲陆续出现，城镇供水的主要设施相继齐备。1842 年，通过建造克罗顿蓄水库和输水管网，纽约是第一个享用充足干净自来水的城市。1852 年，世界上第一座自来水厂在美国建成。法国的威立雅水务公司成立于 1853 年。其后，英国、德国等相继建立了自己的自来水公司。当然，这些只是属于近代的自来水工程，而现代的自来水厂应当是在电力普及应用之后，因为没有电作动力，任何复杂的制水设备都无法运转。何况现代的自来水厂并不仅仅是利用水泵把水输送到终端那么简单，而是此前还要经过抽水、沉淀、循环、消毒、过滤、加压等工艺处理。虽然 1840 至 1850 年，美国的沃辛顿发明由蒸汽直接作用的活塞泵，1851 至 1875 年，带有导叶的多级离心泵相继发明，使发展高扬程离心泵成为可能，但是，在 1888 年美国发明家特斯拉发明交流电动机之后，电力才真正得到大范围使用。由此可以推断，真正具有现代特征的、有一定规模的、商业化的自来水厂，至少是在 1888 年之后才有可能诞生。工业革命后，蒸汽、电力等动力首先被投入工业生产，自来水属于生活消费领域，要实际应用于自来水设备，还应当有一个过程。因此它的诞生稍晚于生产领域也是合乎情理的。

1853 至 1870 年间，奥斯曼利用巴黎地下纵横交错的旧石矿空间，设计建造了巴黎的地下排供水系统，将废水排到郊外野地集中处理，并为下水道系统的清理、维修创立了一套完整的技术。1859 至 1875 年因霍乱的爆发而使得现代下水道系统在欧洲普及。污水的排放也考虑减少对水源地污染的可能性。从此以后，传染性疾病的病死率大为降低。随着城市污水排放量的不断增加，污水处理成为必然要求。1881 年，法国科学家发明了第一座生物反应器，也是第一座厌氧生物处理池，拉开了生物法处理污水的序幕。1893 年，第一座生物滤池在英国威尔士投入使用，并迅速在欧洲、北美等地区推广。1897 年世界上第一座污水处理厂在英国建成。技术的发展，推动了标准的诞生。1912 年，英国皇家污水处理委员会提出以 BOD5 来评价水质的污染程度。1914 年，在英国曼彻斯特市开设了世界上第一座活性污泥法污水处理试验厂。两年后，美国正式建立了第一座活性污泥法污水处理厂。活性污泥法的诞生，奠定了未来 100 年间城市污水处理技术的基础。城市污水处理技术，历经数百年变迁，从最初的一级处理发展到现在的三级处理，从简单的消毒沉淀到有机物去除、脱氮除磷再到深度处理回用。其中，活性污泥法的问世更是具有划时代的意义。

我国的近代城市供水肇始于 1879 年旅顺市龙引泉引水工程。在我国建立的最早的自来水厂是上海市自来水公司的杨树浦水厂。1880 年，英商上海自来水公司在伦敦组织起来。1881 年在上海正式筹建，1883 年 6 月供水。上海前法租界于 1896 年组织自来水公司，垄断法租界的自来水事业。同年我国筹设上海内地自来水公司，至 1902 年完工放水。此外，我国较早建立自来水厂的城市还有大连（1901 年）、天津（1903 年）、青岛（1905 年）等地。1921 年上海建成第一座污水处理厂，标志着我国污水处理事业的起步。

1949 年全国共有 60 个城市有供水设施。中华人民共和国成立后，城市供水事业发展迅速。建国初期苏联专家在技术上给予了很大的帮助。1958 年苏联专家撤走，我国给水工作者通过技术革新、技术革命，开始全面学习各国给水经验，完成了上海、广州和天津等几个日产 30 万吨规模大型水厂的设计，为今后我国的给水建设打下了基础，城市供水已经普及。改革开放后，我国城市供水事业进一步发展，不少城市如天津、上海、青岛、西安、济南、大连等出现了长距离引水工程。江苏江阴、南通、锡山，广东深圳、开平，浙江黄、椒、温和上虞等城市，开始组织区域供水。城市排水管网随着城市建设逐步完善。从 20 世纪 80 年代起开始大规模建设污水处理厂。

20 世纪 50 年代以后，全球人口急剧增长、工农业生产活动和城市化急剧发展，人们的生活条件和生存环境得到改善的同时，对有限的水资源及水环境产生了巨大的冲击，城市水环境问题越来越突显。在全球范围内，水质的污染、需水量的迅速增加以及不合理利用，使水资源进一步短缺，水环境更加恶化，严重地影响了社会经济的发展，威胁着人类的福祉。水环境的污染和破坏已成为当今世界主要的环境问题之一。

水环境是指自然界中水的形成、分布和转化所处空间的环境。狭义上是指相对稳定的、以陆地为边界的天然水域所处空间的环境。广义上是指围绕人群空间及可直接或间接影响人类生活和发展的水体，以及各种自然因素和有关社会因素的总体。在地球表面，水体面积约占地球表面积的71%。但其中海洋水占到97.28%，陆地水只有2.72%，所占比例很小，且所处空间的环境十分复杂。按照环境要素的不同，水环境可以分为：海洋环境、湖泊环境、河流环境等。按照空间层次分，水环境主要由地表水环境和地下水环境两部分组成。地表水环境包括河流、湖泊、水库、海洋、池塘、沼泽、冰川等，地下水环境包括泉水、浅层地下水、深层地下水等。水环境是构成环境的基本要素之一，是人类社会赖以生存和发展的重要场所，也是受人类干扰和破坏最严重的领域。

当前我国城市水环境都不同程度地存在问题，许多城市资源性或水质性缺水，城市居民生活和生产受到影响，河流水体水质不达标，污水处理和再利用水平不高。造成这种状况的原因是多方面的，客观的需求是主因，"九龙治水"的体制机制造成政府难以发挥有效的管理作用，在城市水系统的规划设计上，除没有把水资源、供水、排水、污水处理与再利用、水生态环境等统筹考虑之外，还存在认识上的问题。今天，在解决了基本需求的基础上，人们对水有了更高层次的需求，如水环境质量的改善、水生态系统的修复、水景观的重塑、亲水空间的增多、人与自然的和谐等。因此，如何

改变人类自身的行为、尊重自然规律、合理利用城市水资源、保障城市水环境是人类面临的新的紧迫问题。

（2）城市的能源：电力、煤气、供热。

火的使用、蒸汽机的发明、电能的应用及原子能的利用，是人类利用能源历史上的4次重要的突破。火的利用使人类走向了文明。蒸汽机的发明开启了工业革命的道路。电能的应用改变了人类生活生产的方式。原子能的利用开拓了人类能源使用新途径。能源是城市的基本保障，特别是对现代城市来说，不可以停止一时一刻。城市能源供应主要有电力系统、燃气系统、供热系统等。

城市最早使用的能源是木材和煤，用于炊事和取暖，都是分散的灶台和煤炉，烟囱是城市中随处可建的构筑物。工业革命早期，工业生产主要的能源是煤炭，锅炉房产生蒸汽，作为工厂车间的动力。19世纪电力的发明和产业化改变了锅炉房与工厂在空间上相邻的限制，发电厂的建设规模不断增大，提高了效率。

城市电力供应始于19世纪80年代。城市电力的发展源于照明，照明用电为电力的发展提供了广阔的市场。城市最初的室内照明是蜡烛和油灯，街道路灯从15世纪才开始出现。1417年，为了让伦敦冬日漆黑的夜晚明亮起来，伦敦市长亨利·巴顿发布命令，要求在室外悬挂灯具照明。后来，他的倡议又得到了法国人的支持。16世纪初的时候，巴黎居民住宅临街的窗户外必须安装照明灯具。路易十四时期，巴黎的街道上出现了许多路灯。最早的路灯应该是油灯，后改为煤气灯。1879年美国发明家爱迪生发明了实用的电灯，这彻底改变了数千年来人类照明的历史。1882年，爱迪生在纽约建立了美国第一个火力发电站，把输电线连接成网络，这是城市电力供应的雏形。电力的发明和应用，成为人类18世纪以来，世界发生的三次科技革命之一，从此科技改变了人们的生活。电产生的

方式主要有火力发电（煤、油等可燃烧物）和水力发电等。20 世纪出现的大规模电力系统是人类工程科学史上最重要的成就之一，是由发电、输电、变电、配电和用电等环节组成的电力生产与消费系统。它将自然界的一次能源通过机械能装置转化成电力，再经输电、变电和配电，将电力供应到各用户。

城市燃气主要是指城市中居民用气、公共建筑用气和工业用气，包括人工燃气、天然气、液化石油气、沼气等。人工燃气有干馏煤气、气化煤气、油制气和高炉煤气等，天然气又包括液化天然气和压缩天然气。从 1790 年开始，煤气成为欧洲街道和房屋照明的主要燃料，得到大量使用。英国是煤气发起国，1812 年初即创立了煤气公司，开始生产煤气，先用于照明。1870 年出现发电机后，煤气转向工业和民用。第二次世界大战后，伴随着经济快速恢复和城市大规模重建，煤气也迎来大发展。

天然气历史悠久，但由于难以输送，因此城市利用天然气比较晚。公元前 2000 年，伊朗首先发现了从地表渗出的天然气。渗出的天然气可用作照明。中国利用天然气是在约公元前 900 年。在公元前 211 年钻了第一个天然气气井。天然气用作燃料来干燥岩盐。后来钻井深度达到 1000 米，至 1900 年我国已有超过 1100 口钻井。直到 1659 年在英国发现了天然气，欧洲人才对它有所了解。在北美，天然气的第一次商业应用是 1821 年在纽约，通过一根小口径导管将天然气输送至用户，用于照明和烹调。由于还没有合适的方法长距离输送大量天然气，天然气在整个 19 世纪只应用于局部地区。工业发展中的应用能源主要还是煤和石油。1890 年，燃气输送技术发生了重大的突破，发明了防漏管线连接技术。然而，材料和施工技术依然较复杂，以至于在离气源地 160 千米的地方，天然气仍无法得以利用。因而，当生产城市煤气时，伴生气通常烧掉，非伴生气则留在地下。由于管线技术的进一步发展，20 世纪 20 年代长距离天然气输送成为可能。第二次世界大战之后，建造了许多输送距离更远、更长的管线。

1873 年，德国工程师林德在德国慕尼黑制造了世界第一台压缩制冷机。1912 年，世界第一座液化天然气（LNG）厂在美国西弗吉尼亚州建成，并于 1917 年开始投入使用。1941 年，世界第一座商业液化天然气厂建于美国俄亥俄州克利夫兰市。1959 年，世界第一艘液化天然气运输轮船携带着货物从美国路易斯安那州的查尔斯湖驶向英国肯维岛。液化天然气开始大规模使用。

城市集中供热是以热水或蒸汽作为热媒，由热源集中向一个城镇或较大区域供应热能的方式。目前集中供热已成为现代化城镇的重要基础设施之一，是城镇公用事业的重要组成部分，是现代化的标志之一。集中供热的优点是给城市提供稳定的、可靠的、高品质的热能，改善人民生活环境、节约能源、减少城市污染、美化城市环境，具有重要的社会效益。集中供热系统由热源、热网、热用户三大部分组成。

在人类发展的历史长河中，如北京原始人化石发源地龙骨山和欧洲安得塔尔化石发源地，都发现过烧火取暖的遗迹。但直到蒸汽机发明后，促进了锅炉制造业的发展，在欧洲才开始出现以蒸汽或热水作为热媒的集中供热系统或供暖系统。集中供热方式开始于 1877 年，在美国纽约，建成了世界上第一个区域锅炉房向附近的 14 家用户供热。20 世纪初，一些工业发达国家，开始利用发电厂内汽轮机的排气，供给工业生产和居民生活用热，其后逐步演化成为现代意义上的热电厂，也称热电联产。特别是第二次世界大战后，城镇集中供热事业得到了前所未有的蓬勃发展，其主要原因是集中供热，特别是热电联产，具有明显的节约能源、改善环境、提高人民生活水平和保证生产用热等优点。地处寒带的北欧国家，如瑞典、丹麦、芬兰等国家，第二次世界大战后，城市集中供热发展非常迅猛，普及率较高。

我国在远古时代，就有钻木取火之说，西安半坡遗址出土的新石器时代仰韶时期的房屋中，就发现了方形灶坑，屋顶有小孔用来排烟。夏商周时期就有供暖火炉，从出土的古墓中可知，汉代就有带炉箅子的炉灶和带烟道的局部供暖设备。火地是我国宫殿中常用的取暖方式，至今在北京故宫和颐和园还完整地保存，这些利用烟气供热的方式，如火墙、火炕、火炉，在我国北方农村还在广泛使用。在旧社会，只有在大城市很少的建筑物内装设了供热系统，当时被认为是最高贵的建筑设备，需要小心使用和爱护。在工厂中，对于生产用热，只装设了简陋的锅炉设备和供热管道，供热事业基础非常薄弱。中华人民共和国成立后，随着城市的发展，城市供热从分户煤炉供暖，逐步过渡到小锅炉、集中大锅炉，到热电联产。城市供热管网逐步完善，供热普及率不断提高。

（3）道路交通系统：铁路、水运、道路、公共汽车、地铁、汽车、高速公路、快速路、港口、机场、火车站和管道运输。

人和物的流动是城市基本的功能。古代，大宗货物的运输走水运成本最经济，依靠水流和人力，船是人类最早发明的运输工具。帆的发明，可以借用风力。路陆运输除人力外，牛车、马车是主要工具，由于车轮为木制，道路质量不高，运输困难。17 世纪，马车的车轮转向等技术有了很大的提高，但随着马车的增加，马的排泄物给许多城市带来困扰。1776 年瓦特制造出第一台有实用价值的蒸汽机，在工业上得到广泛应用，使人类进入"蒸汽时代"。从 1776 到 1790 年，瓦特完成了对蒸汽机的整套发明创造。经过他的一系列重大的发明和改进，使蒸汽机的效率、性能和实用性大大

提高。很快地，瓦特蒸汽机在纺织、采矿、冶炼和交通运输等方面得到了广泛应用，极大地推动了英国和欧洲的第一次工业革命。直到 20 世纪初，它仍然是世界上最重要的原动机，后来才逐渐让位于内燃机和汽轮机等。

铁路早于蒸汽机的发明。早在 16 世纪中叶，英国的钢铁工业兴起，采矿业发达，为了提高运输能力，铁路出现，并在 18 世纪末相对成熟。1810 年，斯蒂芬森开始制造蒸汽机车。1817 年，他主持修建从利物浦到曼彻斯特的铁路线，制造出了性能良好的"火箭号"机车。利物浦—曼彻斯特铁路因此成为世界上第一条完全靠蒸汽机运输的铁路线。1828 年美国开始建设铁路，历时 88 年建成世界最大的路网，成为铁路王国，东部铁路密如蛛网，将城镇连接起来。在 19 世纪末，许多科学家转向研究电力和燃油机车。1879 年，德国西门子电气公司研制了第一台电力机车。1903 年，西门子与通用电气公司研制的第一台实用电力机车投入使用。1894 年，德国成功研制了第一台汽油内燃机车，并将它应用于铁路运输，开创了内燃机车的新纪元。1924 年，德、美、法等国成功研制了柴油内燃机车，并在世界上得到广泛使用。

蒸汽机的发明使轮船有了新的动力。第一次使用蒸汽机的轮船是 1783 年在英国下水的。1807 年罗伯特·富尔顿建造了一种在河流上使用的轮船，它在纽约和奥尔巴尼之间用为摆渡船。渡轮是纽约市最早发展的公共交通之一。纽约地区海岸线曲折，岛屿众多，早期又没有建造大桥的技术，因此渡轮对纽约来说便显得很重要。在海上贸易的鼎盛时期，纽约港内的渡轮航线亦十分多，自曼哈顿有前往新泽西州、史泰登岛及长岛之间的航线。

古代的道路多为夯土、石子或石板路。据有关考古资料，印加帝国在 15 世纪已采用天然沥青修筑沥青碎石路。随着工业革命

和石油化工业的发展，沥青开始用于筑路。英国在 1832 至 1838 年，用煤沥青在格洛斯特郡修筑了第一条煤沥青碎石路。法国于 1858 年在巴黎用天然岩沥青修筑了第一条沥青碎石路。自发明汽车以后，为保证汽车快速安全行驶，城市道路建设发生了新的变化。除了道路布置有了多种形式外，路面也由土路变为石板、块石、碎石以至沥青和水泥混凝土路面，以承担繁重的车辆交通，并设置了各种控制交通的设施。到 20 世纪，使用量最大的铺路材料为石油沥青，其次为混凝土路面。1868 年，苏格兰首次在因弗内斯通往堆货场道路上铺筑混凝土路面。19 世纪末该项技术传入美国和德国。早年混凝土路面大多用素混凝土按单层就地浇筑而成，少数也有做成双层式或配设钢筋的。20 世纪 20 年代，欧美各国在公路、城市道路和飞机场跑道上大量发展混凝土路面，美国还开始试铺装配式预制块混凝土路面和连续配筋混凝土路面。至于预应力混凝土路面，美、法两国分别于 20 世纪 30 和 40 年代中期开始试铺。

公共交通的起源至少可追溯至 1826 年，在法国西北部的南特（Nantes）市郊的一个浴场出现了提供接驳市中心的四轮马车服务。随后，开办了穿梭于旅馆之间的公共马车路线，让乘客和邮件于沿途自由使用。1829 年，英国人乔治·施里比尔（George Shillibeer）的公车（Omnibus）出现于伦敦街头，沿新建的"新路"（New Road）往返柏丁顿与银行地带，经停约克郡，每日每个方向 4 班。1830 年，英国人斯瓦底·嘉内制造了一辆蒸汽公共汽车。1831 年，世界上最早的公共汽车开始运营。不久，德国奔驰汽车公司制造出以汽油发动机为动力的公共汽车，代替了蒸汽机公共汽车。不到十年，这一服务在法国、英国及美国东岸各大城市，如巴黎、里昂、伦敦、纽约得到普及。公车对社会影响巨大，公车使市民体验到彼此间前所未有的接近，也缩短了城市和邻近村镇间的距离。

至 20 世纪初，绝大部分公车以柴油引擎为动力，有些使用石油气、天然气、电力驱动。长途公共汽车源于美国，1910 至 1925 年，美国开辟了许多长途公共汽车路线，连接没有铁路的地区。

有轨电车的发明使公车遇上了面世以来的第一个劲敌。1879 年，德国工程师维尔纳·冯·西门子在柏林的博览会上首先尝试使用电力带动轨道车辆。此后俄国的圣彼得堡、加拿大的多伦多都进行了开通有轨电车的商业尝试。匈牙利的布达佩斯在 1887 年创立了首个电动电车系统。1888 年美国弗吉尼亚州的里士满也开通了有轨电车。路面电车在 20 世纪初的欧洲、美洲、大洋洲和亚洲的一些城市风行一时。随着私家汽车、公共汽车及其他路面交通从 20 世纪 50 年代起开始普及，不少路面电车系统于 20 世纪中叶陆续拆除，路面电车网络在北美、法国、英国、西班牙等地几乎完全消失。但在瑞士、德国、波兰、奥地利、意大利、比利时、荷兰、日本及东欧等国，路面电车网络仍然保养良好，或者被继续现代化。

1863 年 1 月 13 日，世界上第一条地下铁路在伦敦建成并通车，它的成功运行为人口密集的大都市如何发展公共交通提供了宝贵的经验。城市轨道交通的发展历程是曲折的。19 世纪 60 年代至 20 世纪 30 年代，欧美的城市轨道交通发展速度很快，有 13 个城市相继建成了地铁。当时，旧式的有轨电车仍是主要的公共交通设施。不过，相比于地铁，其运行速度低、噪声大、正点率低等缺点已经显露出来。20 世纪 30 至 50 年代，由于第二次世界大战，导致了城市轨道交通停滞不前，而汽车凭借它便捷灵活的特点得到快速发展。这一时期，世界上只有 5 个城市发展了城市地铁。而有轨电车则渐渐被淘汰。20 世纪 50 至 70 年代，由于汽车制造业的高速发展，使得城市交通逐渐拥挤，严重时会导致交通瘫痪。再加上空气污染、噪声大等缺点，使得人们重新认识到轨道交通的重要性。轨道交通也从欧美国家扩展到亚洲的日本、中国、韩国、伊朗等国家，逐步普及。从此，城市交通进入轨道交通时代。

从 1769 年开始，就有人研究蒸汽汽车。1879 年，德国工程师卡尔·本茨首次试验成功了一台二冲程试验性发动机。1883 年戴姆勒和迈巴赫发明了汽油内燃机。1885 年，戴姆勒在曼海姆制成了第一辆发动机三轮汽车。1885 年末，他将马车改装，发明了第一辆四轮汽车。19 世纪末这种车传到美国后，也只有纽约、费城等少数大城市中的富人才有资格享用。1896 年亨利·福特试制出第一台汽车。1903 年建立福特汽车公司，立志要让美国人都能够买得起汽车。1908 年，福特及其伙伴将奥尔兹、利兰以及其他人的设计和制造思想结合制作出一种新型汽车——T 型车，这是一种不加装饰、结实耐用、容易驾驶和维修、可行于乡间道路、满足大众市场需要的低价位车，车身由原来的敞开式改为封闭式，其舒适性、安全性都有很大提高。大批量流水生产的成功，不仅使 T 型车成为有史以来最普遍的车种，而且使家庭轿车的神话变为现实。福特发明的流水线生产方式的成功，不仅大幅度降低了汽车成本，扩大了汽车生产规模，创造了一个庞大的汽车工业，而且使当时世界上的大部分汽车生产从欧洲移到了美国。

汽车的普及对城市道路提出了新的要求。作为科幻小说的开山鼻祖之一，赫伯特·乔治·威尔斯（Herbert George Wells，1866—1946）对未来的许多奇想，在今天都已经成为现实，其中即包括他对快速路和高速公路的预测。他预测未来将出现封闭、分向、分车道行驶、中间有隔离的公路，与今天的高速公路非常接近。1925 年，横跨整个美国大陆，从纽约直达旧金山的林肯高速公路贯通，这是世界上第一条公路（Freeway）。1932 年，为了战时需要，德国修建了世界上第一条标准的高速公路（Expressway），从科

隆至波恩。随后西方一些国家开始修建高速公路，以美国州际高速公路技术为代表，20 世纪 60 年代以来世界各国高速公路发展迅速。与火车严格的线路和坡度要求相比，汽车具有更大的机动性和适应性，以及门到门运输的优点。随着技术和产业的快速发展，汽车已成为人类社会必不可少的交通工具。高速公路的出现适应了汽车时代工业化和城市化的发展要求。城市是产业与人口的集聚地，成为汽车的集聚中心，因此高速公路的建设多从城市的环路、辐射路和交通繁忙的路段开始，逐步成为以高速公路为骨干的城市道路交通网络。同时，随着汽车特别是私人小汽车的普及，也带来了严重的后果。虽然城市内部出现了快速路和交通控制等技术，但大量的停车场破坏了城市的景观和空间，交通拥堵、汽车尾气污染成为城市病的主要症状之一。

人类使用船舶作为运输工具的历史，几乎和人类文明史一样悠久。从远古的独木舟发展到现代的运输船舶，大体经历了舟筏、帆船、蒸汽机船和柴油机船四个时代。码头港口是船舶的基地和目的地，也是物流集散的地方，许多城市依托港口形成和发展。最原始的港口是天然港口，有天然掩护的海湾、河口等场所供船舶停泊。在西方，地中海沿岸有许多古代的重要港口。今希腊克里特岛南岸就有梅萨拉港的遗址。腓尼基人于公元前 2700 年在地中海东岸兴建了西顿港和提尔港（今黎巴嫩）。此后，在非洲北岸建了著名的迦太基港。古希腊时代在摩尼契亚半岛西侧兴建了比雷克斯港。马其顿国王亚历山大于公元前 332 年在埃及北岸兴建了亚历山大港。罗马时代在台伯河口兴建了奥斯蒂亚港。随着商业和航运业的发展，天然港口已不能满足经济发展的需要，须兴建具有码头、防波堤和装卸机具设备的人工港口，这是港口工程建设的开端。工业革命后，开始了大规模的港口建设。

19 世纪初出现了以蒸汽机为动力的船舶，于是船舶的吨位、尺度和吃水日益增大，为建造人工深水港池和进港航道，需要采用挖泥机具，之后现代港口工程建设才发展起来。陆上交通尤其是铁路运输将大量货物运抵和运离港口，大大促进了港口建设的发展。20 世纪，伴随着船舶大型化、专业化、高速化的发展，港口码头逐步由河港向海港转移，这成为世界港口城市的发展规律。

1903 年，美国莱特兄弟制造出了第一架依靠自身动力进行载人飞行的飞机 "飞行者一号"，并且获得试飞成功。1942 年，德国 23 岁的奥海因经过千辛万苦的努力，制造出了第一架喷气式飞机。其后，经过不断的探索试验，包括第二次世界大战的检验，飞机取得了质的飞跃。20 世纪 20 年代飞机开始载运乘客，第二次世界大战结束初期美国开始把大量的运输机改装为客机。20 世纪 60 年代以来，世界上出现了一些大型运输机和超音速运输机。随着航空业的发展，飞机日益成为现代文明不可缺少的交通工具。而符合标准的民用机场成为现代化城市必需的基础设施。

世界上第一个真正的铁路车站是 1830 年为开通的英国利物浦至曼彻斯特铁路而建的。美国纽约中央车站（Grand Central Station），是世界上最大也是美国最繁忙的火车站，始建于 1903 年，1913 年启用。车站位于纽约曼哈顿中城，建筑面积 19 万平方米，有 44 个站台和 67 条铁轨，分上下两层，上层有 41 条铁路线，下层有 26 条铁路线。20 世纪北美和欧洲大部分城市市中心都有铁路车站，一般在车站周围会形成城市热闹的商业中心。

管道运输是利用管道将原油、天然气、成品油、矿浆、煤浆等介质送到目的地。管道运输始于 19 世纪中叶，1865 年美国宾夕法尼亚州建成第一条原油输送管道。20 世纪，随着第二次世界大战后石油工业的发展，管道的建设进入了一个新的阶段，各产油国开始竞相兴建大量石油及油气管道。20 世纪 60 年代开始，输油管道的发展趋于采用大管径、长距离，并逐渐建成成品油输送的管网系统。同时，开始了用管道输送煤浆的尝试。全球的管道运输承担着很大比例的能源物资运输，包括原油、成品油、天然气、油田伴生气、煤浆等，其完成的运量大大高于人们的想象，在美国接近于汽车运输的运量。管道运输也被进一步研究用于散状物料、成件货物、集装物料的运输，以及发展容器式管道输送系统。管道运输也是国际货物运输方式之一，具有运量大、不受气候和地面其他因素限制、可连续作业以及成本低等优点。随着石油、天然气生产和消费速度的增长，管道运输发展步伐不断加快。

19 世纪我国正处在清朝末期，闭关锁国政策导致我国科学技术远远落后于世界发达国家水平，帝国主义的坚船利炮打败了清军的大刀长矛，使得国家社稷饱受外国列强蹂躏。1860 年第二次鸦片战争之后，伴随着帝国主义的侵略，现代科学技术及新的城市工程技术逐步进入我国。随着港口的开埠，近代交通工具火车、轮船、汽车的相继兴起，我国城市的现代道路交通和市政基础设施建设逐步展开。

我国在汉代就建立了广州港，同东南亚和印度洋沿岸各国通商。后来，建立了杭州港、温州港、泉州港和登州港等对外贸易港口。到唐代，还有明州港（今宁波港）和扬州港，由明州港可渡海直达日本。扬州港处于大运河和长江的交汇点，为当时水陆交通枢纽，出长江东通日本，或经南海西达阿拉伯。宋元时期，又建立了福州港、上海港等对外贸易港口。1840 年鸦片战争后，英国强迫清政府签订《南京条约》，开放广州、福州、厦门、宁波、上海五港为通商港口。此后帝国主义列强强迫清政府开辟的通商港口有天津、青岛、汉口等港，在这些城市划定租界，在各自占据的租界区内修建码头，开展城市建设。西方当时的城市道路交通和市政设施等新技术随之进入我国。

1876 年，英帝国主义擅自修筑了吴淞到上海的铁路，这是我国领土上的第一条铁路。随后，清政府出银 28.5 万两，分 3 次交款赎回这条铁路并予以拆除。而 1881 年建成的唐山到胥各庄的铁路，则是我国出资修建并延存下来的第一条铁路。唐山站成为中国第一座火车站。1894 年，清政府在中日甲午战争中战败后，八国联军攫取中国的铁路权益，一万多千米的中国路权被吞噬和瓜分，形成帝国主义掠夺中国路权的第一次高潮。随后，他们按照各自的需要，分别设计和修建了一批铁路，标准不一，装备杂乱，造成了中国铁路的混乱和落后局面，直到中华人民共和国成立前夜。

20 世纪初，汽车输入中国以后，通行汽车的公路开始发展起来，从推翻清朝建立中华民国肇始，但发展缓慢，并屡遭破坏，原有的马车路和驮运道仍是多数地区的主要交通设施。我国最初的近代公路是 1908 年苏元春驻守广西南部边防时兴建的龙州到那堪公路。清末和北洋政府时期（1912—1928）是中国公路的萌芽阶段。一般是从军路开始，以地方发动、民间集资或商人集资方式修建。当时东南沿海各省处于军阀割据和混战情况下，大都各自为政，互不联系。上海在 20 世纪 20 年代开始铺设沥青路面。国民党政府时期公路开始被纳入国家建设规划。国民政府的交通部和铁道部草拟了全国道路规划及公路工程标准。全国经济委员会筹备处督造苏、浙、皖等省联络公路。抗日战争时期，几条主要铁路（如平汉、粤汉等）运输干线，几乎全被日本侵略军切断，上海、广州等口岸也被封锁，公路成为陆上交通的主要通道。抗战胜利后，由于进行解放战争，公路交通以军用为主。公路建设，包括城市道路建设进展不大。

1908 年，上海出现第一辆有轨电车。1922 年，上海租界内第一条公共汽车线路通车。1934 年中国公共汽车公司从英国进口的双层公共汽车进行试车。抗战时期重庆已经广泛使用天然气汽车，俗称气包车。中华人民共和国成立前，我国一些主要城市上海、天津等已经形成初步的公交线路。

我国第一个机场可以说是 1910 年开始航空活动的北京南苑机场。1920 年北洋政府首开京沪航线，首飞从北京南苑到天津佟楼跑马场。经过 30 年的发展，到中华人民共和国成立前，我国共有航站 30 多处。

我国的地铁建设起步比较晚，1965 至 1976 年建设了北京地铁一期工程，是我国第一条地铁。随后建设了天津地铁、哈尔滨人防隧道等工程。20 世纪 80 年代末至 90 年代初，我国仅有上海、北京、广州等几个大城市规划建设轨道交通。进入 20 世纪 90 年代，一批省会城市开始筹划建设轨道交通项目，纷纷进行地铁建设的前期工作。1993 年地铁 1 号线部分路段试运行，拉开了上海轨道交通高速建设的帷幕。由于要求建设的项目较多且工程造价高，1995 年 12 月国务院发布国办 60 号文件，暂停了地铁项目的审批。1999 年以后，国家的政策逐步鼓励大中城市发展城市轨道交通，目前全国建有轨道交通的城市达 20 多个。

管道运输业是中国新兴的运输行业，是继铁路、公路、水运、航空运输之后的第五大运输业，它在国民经济和社会发展中起着十分重要的作用。

（4）信息系统：邮政、电报、电话。

人类社会除存在人流、物流之外，还有就是信息流。信息的交换是人类发展的重要内容。原始的信息交流是蜜人、声音和视线。最初的形式是军队的通信兵、喇叭、军号等，以及连成网络的烽火台。邮政在古代是邮驿，中国古代官府设置驿站，利用马、车、船等传递官方文书和军情，可上溯到三千年前，是世界上最早的邮政雏形。驿站，保证了人和马的通信连续。

邮政系统的建立使人类信息交换上了一个台阶。英国于 19 世纪前期在主要城市设置邮政机构，采用邮票形式作为邮资（寄递费用）已付的凭证，为大众寄递各种邮件，是现代邮政的开始。1896 年 3 月 20 日清朝光绪皇帝在"兴办大清邮政"的奏折上御笔朱批，正式批准开办大清邮政官局，中国近代邮政由此诞生。

电报是 19 世纪 30 年代在英国和美国发展起来的。电报信息通过专用的交换线路以电信号的方式发送出去，该信号用编码代替文字和数字。1837 年，英国人库克和惠斯通设计制造了第一个有线电报设备，且不断加以改进，发报速度不断提高。这种电报很快在铁路通信中获得了应用。塞缪尔·莫尔斯在 1835 年研制出电磁电报机的样机，后又于 1838 年发明了由点、画组成的"莫尔斯电码"。1843 年，莫尔斯建起了从华盛顿到巴尔的摩之间长达 64 千米的电报线路，翌年 5 月，他在华盛顿国会大厦最高法院会议厅里，向巴尔的摩发送了世界第一封电报，电文内容是《圣经》中的一句话：上帝啊，你创造了何等的奇迹！自此之后，这种"闪电式的传播线路"迅速发展，形成了巨大的通信网络。中国的电报是西方国家入侵时带来的，早在 1871 年，丹麦大北电报公司擅自把设在长崎（日本）至上海间海底电缆接至吴淞口外的大山岛，并与上海英租界的电报局相连，收发国际电报。

早在 18 世纪欧洲已有"电话"一词。虽然穆齐于 1860 年首次向公众展示了他的发明，并在纽约的意大利语报纸上发表了关于这项发明的介绍，但电话的出现要归功于亚历山大·格拉汉姆·贝尔，他于 1876 年 3 月申请了电话的专利权。最初的电话机（终端）是

由微型发电机和电池构成的磁石式电话机，打电话时，使用者用手摇微型发电机发出电信号呼叫对方，对方启机后构成通话回路。后来，1877 年爱迪生发明了碳素送话器和诱导线路后通话距离延长了。同一年他又发明了共电式电话机。1891 年终于发展到自动式电话机，电话开始普及。

（5）综合技术：共同沟、地下空间开发利用。

城市地下管道综合走廊，即共同沟，是指将设置在地面、地下或架空的市政、电力、通信、燃气、给排水等各类公用类管线集中容纳于一体，并留有供检修人员行走的通道、专门的检修口、吊装口和监测系统的隧道结构。通过实施统一规划、设计、建设和管理的共同沟，改变以往各个管道各自建设、各自管理的混乱局面，既便于维修，减少对城市道路交通的影响，又节省地下空间资源和投资。

在发达国家，共同沟已经存在了一个多世纪，在系统日趋完善的同时，其规模也有越来越大的趋势。早在 1833 年，巴黎为了解决地下管线的敷设问题和提高环境质量，开始兴建地下管线共同沟。至目前为止，巴黎已经建成总长度约 100 千米、系统较为完善的共同沟网络。此后，英国的伦敦、德国的汉堡等欧洲城市也相继建设地下共同沟。1926 年，日本开始建设地下共同沟，到 1992 年，日本已经拥有共同沟长度约 310 千米，而且处于不断增长的过程中。1933 年，苏联在莫斯科、列宁格勒（今圣彼得堡）、基辅等地修建了地下共同沟。1953 年，西班牙在马德里修建地下共同沟。其他如斯德哥尔摩、巴塞罗那、纽约、多伦多、蒙特利尔、里昂、奥斯陆等城市，都建有较完备的地下共同沟系统。日本阪神地震的防灾抗灾经验说明，即使受到强烈的地震、台风等灾害，城市各种管线设施由于设置在共同沟内，因而也就可以避免过去由于电线杆折断、倾倒，以及电线折断而造成的二次灾害，有效增强城市的防

灾抗灾能力。共同沟建设的一次性投资常常高于管线独立铺设的成本，但综合节省出的道路地下空间、每次的开挖成本、对道路通行效率的影响以及对环境的破坏，共同沟的成本效益比是比较高的。

北京早在1958年就在天安门广场下铺设了1000多米的共同沟。1994年，上海市政府规划建设了大陆第一条规模最大、距离最长的共同沟——浦东新区张杨路共同沟。该共同沟全长11.1千米，共有一条干线共同沟、两条支线共同沟，其中支线共同沟收容了给水、电力、信息与煤气等4种城市管线。2006年在中关村西区建成了我国大陆地区第二条现代化的共同沟。该共同沟主线长2千米，支线长1千米，包括水、电、冷、热、燃气、通信等市政管线。目前，上海还建成了松江新城示范性地下共同沟工程（一期）和"一环加一线"总长约6千米的嘉定区安亭新镇共同沟系统。中新苏州工业园的地下管线走廊也已初具规模。

西欧国家在管道规划、施工、共用管廊建设等方面都有着严格的法律规定。如德国、英国因管线维护更新而开挖道路，就有严格的法律规定和审批手续，规定每次开挖不得超过25米或30米，且不得扰民。日本也在1963年颁布了《共同管沟实施法》，解决了共同管沟建设中的资金分摊与回收、建设技术等关键问题，并随着城市建设的发展多次修订完善。中国地下管线的相关法规滞后，除了《城乡规划法》中关于地下管线的指导性意见外，至今仍无全国性的地下管线管理办法，各地方政府在2005年才开始陆续出台相关法规。

开发利用城市地下空间是将城市空间发展向地表下延伸，将建筑物或构筑物部分或全部建于地表以下。人类开发利用地下空间历史源远流长，中国原始社会人类居住的洞穴、西北黄土高原的窑洞、古代君主的地下陵墓，包括在浙江省发现的古代藏兵洞等，都

是有效利用地下空间的案例。城市地下商业空间是指为商业和市场需要而开发建设的处于地表以下的建筑，亦称地下工程。按工程建设结构分为单独修建的地下工程和结合地面建筑修建的地下工程。按防护功能分为地下防护建筑和非防护地下建筑。按建筑形式用途分为地下商业街、地下商场、娱乐、餐饮、休闲场所等。地下建筑工程类型包括：应付战争或灾害修建的地下防护工程，如人员掩蔽部、指挥首脑工程、战略物资储备库、地下医院、疏散干道等；地下交通工程，如地铁、隧道、交通快速道；城市基础设施，如地下过街通道、地下停车库、地下管线综合管廊共同沟等；物资仓储工程，如油库、物资库等；商业地产工程，如地下商业街、购物广场、娱乐场等；文化体育工程，如博物馆、图书馆、体育馆等；医疗卫生工程，如地下医院等。开发利用地下空间，已成为21世纪城市发展的必然趋势。

地下空间开发要注重立体开发，充分利用地下空间，建设多功能四通八达的地下城。从地铁交通工程、大型建筑物向地下的自然延伸发展到复杂的地下综合体，形成与地下快速轨道交通系统相结合的地下城。市政设施从地下供、排水管网发展到地下大型供水系统、地下大型能源供应系统、地下大型排水及污水处理系统、地下生活垃圾的清除、处理和回收系统，以及地下综合管线廊道。公共建筑转向地下发展，如部分现有公共图书馆、大学图书馆、美术馆的改扩建工程，为保护建筑的原貌，扩建部分放在地下。地下建筑的内部空间环境质量、防灾措施以及运营管理都达到了较高的水平。

6. 20世纪中叶以来道路交通和市政基础设施规划对城市的影响

（1）20世纪道路交通和市政设施新的发展：计算机、无线移动通信、互联网。

　　发生在 20 世纪上半叶的两次世界大战，给人类社会带来了惨痛的灾难，但战争同时推动了科学技术的进步。第二次世界大战结束后，军用技术转向民用，用于西方国家城市战后大规模重建，技术和资本推进了快速和大规模的城市化。城市道路交通和市政基础设施的技术在不断完善，数量急剧增长，以满足不断增长的需求，如民航的发展、高速铁路的投用、地铁网络的完善、多种公共交通方式的出现、高速公路的完善和技术材料的进步等。20 世纪 70 年代初，美国和荷兰开始试铺钢纤维混凝土路面。除此之外，一些革命性的技术不断出现，以计算机、系统论为代表，迎来了工业革命之后新的技术革命——信息革命。

　　1946 年美国宾夕法尼亚大学研制出人类历史上第一台真正意义的电子计算机。计算机是 20 世纪最先进的科学技术发明之一，对人类的生产活动和社会活动产生了极其重要的影响。它的应用领域从最初的军事科研应用扩展到社会的各个领域，已形成了规模巨大的计算机产业，带动了全球范围的技术进步，由此引发了深刻的社会变革和信息革命。

　　20 世纪的一项重大发明是系统论。1945 年 L·V·贝塔朗菲（L. Von. Bertalanffy）发表了他的论文《关于一般系统论》，奠定了这门科学的理论基础。系统论的基本思想方法，就是把所研究和处理的对象当作一个系统。世界上任何事物都可以看成一个系统，系统是普遍存在和多种多样的。系统论的任务，不仅在于认识系统的特点和规律，更重要的还在于利用这些特点和规律去控制、管理、改造或创造系统，使它的存在与发展合乎人的目的需要。也就是说，研究系统的目的在于调整系统结构，协调各要素关系，使系统达到优化目标。系统论的出现，使人类的思维方式发生了深刻的变化。人类在许多规模巨大、关系复杂、参数众多的复杂问题面前，传统分析方法束手无策、无能为力的时候，系统分析方法却能高屋建瓴、综观全局，为现代复杂问题提供有效的思维方式。因此系统论，连同控制论、信息论等其他横断科学一起提供的新思路和新方法，为人类的思维开拓了新路，它们作为现代科学的新潮流，促进了各门科学的发展。系统论反映了现代科学发展的趋势，反映了现代社会化大生产的特点，反映了现代社会生活的复杂性，所以它的理论和方法能够得到广泛的应用。系统论不仅为现代科学的发展提供了理论和方法，而且也为解决现代社会中的政治、经济、军事、科学、文化等方面的各种复杂问题提供了方法论的基础。系统观念渗透到每个领域，包括城市规划，提出了全新的规划程序和方法，特别是在道路交通规划等方面取得了很好的进展。在计算机的帮助下，能够对复杂的城市道路交通系统进行定性和定量的分析模拟和实时控制。

　　移动电话即手机，最早是由美国贝尔实验室在 1940 年制造的战地移动电话机发展而来。1973 年，美国摩托罗拉公司的工程师马丁·库帕发明了世界上第一部商业化手机。1975 年，美国联邦通信委员会（FCC）确定了陆地移动电话通信和大容量蜂窝移动电话的频谱，为移动电话投入商用做好了准备。1979 年，日本开放了世界上第一个蜂窝移动电话网。1982 年，欧洲成立了 GSM（移动通信特别组）。1985 年，第一台现代意义上的可以商用的移动电话诞生。与现代形状接近的手机，则诞生于 1987 年。1987 年，广东为了与港澳实现移动通信接轨，率先建设了模拟移动电话，意味着中国步入了移动通信时代，迄今为止已发展至 4G 时代。在历史上，网络运营商通常都拥有全国性的垄断。近年来，随着全球电信市场的开放和集成以及技术的发展，逐渐出现多家运营商在同一市场竞争的局面。

　　互联网始于 1969 年的美国，是美军在 ARPA（阿帕网，美国国防部研究计划署）制定的协定下，首先用于军事连接，后将美国西南部的加利福尼亚大学洛杉矶分校、斯坦福大学研究学院、加利福尼亚大学和犹他州大学的 4 台主要的计算机连接起来。互联网的出现进一步改变了世界的经济社会格局，成为信息社会必备的基础设施。目前互联网及其应用已经有了非常强大广泛的功能，包括通信（即时通信、电邮、微信、百度）、社交（Facebook、微博、人人、QQ 空间、博客、论坛、朋友圈等）、网上贸易（网购、售票、转账汇款、工农贸易）、云端化服务（网盘、笔记、资源、计算等）、资源的共享化（电子市场、门户资源、论坛资源等，媒体如视频、音乐、文档、游戏、信息）、服务对象化（互联网电视直播媒体、数据以及维护服务、物联网、网络营销、流量等）。

改革开放以后，中国计算机用户的数量不断攀升，应用水平不断提高，特别是互联网、通信、多媒体等领域的应用取得了巨大的进步。1996 至 2009 年，计算机用户数量从原来的 630 万台增长至 6710 万台，联网计算机台数由原来的 2.9 万台上升至 5940 万台，互联网用户达到 3.16 亿，无线互联网有 6.7 亿移动用户，其中手机上网用户达 1.17 亿，十年内跃居全球第一位。截至 2016 年 12 月，中国网民规模已经达到了 7.31 亿，相当于欧洲人口总数，互联网普及率为 53.2%，其中手机网民达到了 6.95 亿，占比高达 95.1%。

（2）道路交通和市政设施对城市内外部空间结构形态的影响。

在城市内外部空间结构和形态的塑造中，城市政治经济社会等上层建筑起着主导作用，同时作为城市的物质基础，道路交通和市政设施一直以来也发挥着关键性作用。在以马车为代表的传统交通时期，城市的空间形态因距离城市中心的远近呈现出明显的同心环状。以铁路、公路为主导的工业革命时期，人口、工业沿铁路线逐渐向远离中心的方向发展，同心环状的城市空间形态格局被打

破、代之以星形或扇形模式，出现早期的郊区化。随着城市边缘区道路网的不断分异与完善，主要放射线间可达性较差的区域得以填充，地域活动的均质性逐渐形成，此时城市空间形态又呈现出同心环状结构。城市空间形态在交通系统影响下经历了由"步行城市"到"轨道城市"直至"汽车城市"的过程，有学者把城市空间形态划分为传统步行城市、公交城市和汽车城市 3 个阶段。

自 19 世纪以来，城市交通工具和交通设施与城市空间形态经历了 5 次演变：马拉有轨车时代（1832—1890），城市星状形态的出现以及环形结构的重建；电车时代（1890—1920），城市形态扇形模式的出现；市际和郊区铁路发展阶段（1900—1930），城市形态扇形模式的强化以及串珠状郊区走廊的生长；汽车阶段（1930年至今），郊区化的加速与同心环状结构的再次重建；高速公路与环形路快速发展时期（1950 年至今），城市结构和形态呈现出多核心的模式。

城市交通不但对城市外部空间形态的塑造发挥着重要的作用，它对城市内部空间结构，即城市土地利用也有着重要的影响。相关研究发现，交通条件的改善提升了地区的可达性，而可达性对提高劳动力市场密度、生产效率、集聚经济等有着相当大的影响，进而对土地的价值、房屋的价格、办公楼租金等产生着正面作用。轨道交通的发展助力了大城市多中心规划结构的实现。

20 世纪大地景观最大的改变是私人小汽车的普及、交通量的增长和高速公路网的建设，导致了对传统老城区的冲击和城市蔓延发展，以美国最为突出。为解决城市交通拥堵问题，一些高速公路深入城市中心，对城市景观环境造成严重破坏，如波士顿等城市。同时，交通的发展助长了郊区化，促进了旧城人口外迁，加速商业中心迁移，最终导致城市中心的衰败、城市向外扩张和郊区化，

以及多中心化发展。与私人小汽车抗衡的是轨道交通的规划建设，使城市空间形态相对聚集。轨道交通或大容量道路网对沿线的土地利用具有强烈的空间吸引和分异效应，对居住用地、公共用地的吸引符合距离衰减规律。骨干轨道能够起到对城市结构形态的重塑作用，如美国旧金山湾区的 BART 快速轨道线路的建设，很好地优化了旧金山城市区域的城市结构和形态，以及交通出行模式。

（3）城市发展对道路交通和市政设施的影响。

城市道路交通和市政设施影响城市空间结构和形态的发展，反过来，城市空间结构和形态也对交通和市政设施产生着重要影响。比如，传统密集紧凑的城区，能较好地适应以轨道交通为主的公共交通系统，而无法满足私人小汽车的随意发展，对小汽车的使用必须进行限制。紧凑的布局和一定的密度也促使大型集中市政设施的建设。郊区化蔓延发展的区域，由于缺乏足够的人口密度，因此难以支撑轨道交通的建设和运营。而分散的布局，与集中式大型市政设施也难以匹配，只适应分散的水处理和分户供热等技术。因此，不同的城市空间结构和形态为不同的交通和市政设施提供了相应的空间，促进了适宜技术的发展进步。研究发现，城市空间对城市交通和市政的发展方向、发展规模和发展模式、速度等有着重要的影响。因此，在城市进行交通和市政发展战略制定时，需要根据城市的空间布局及未来发展方向，分析不同的问题，有针对性地制定相应的发展战略，包括模式的选择、设施的设置等。目前，城市空间结构一般分为单中心、多中心和网络型 3 种类型，城市形态分为紧凑高密度、中密度和低密度，不同类型对城市交通影响不同。单中心和多中心高密度的城市结构都容易造成城市中心区交通拥挤，而网络化中低密度的结构，由于平衡了居住与就业的关系，能有效解决城市交通拥挤的问题，随着信息技术的发展正逐步成为主流的空间模式。

另外，城市内部空间结构和形态，即城市内部土地利用的密度和开发规模，包括设计、布局模式等都会对交通市政需求、交通流和出行方式及出行距离产生影响。研究表明，居住密度越高，出行可能越少，交通服务相对也较好，更有利于公共交通的发展。当土地开发规模和密度达到一定程度时将会促进轨道交通的发展，但密度超过一定阈值时，会造成轨道交通都难以承受的状况，如北京的地铁是典型案例。紧凑型、小规模和混合开发模式则鼓励自行车与步行等交通方式，降低私家车使用水平。

（4）交通市政设施和城市规划建设的新的导向：生态 + 智能。

第二次世界大战后，以美国为代表的发达国家采用凯恩斯主义思想，政府对许多新兴的工业部门、重大科研项目、现代化公共设施进行大量的投资，拉动了经济，包括城市建设的快速发展。20 世纪 70 年代，石油危机爆发，造成严重的世界经济危机。同时，对资源的过度开发也造成严重的生态问题。1972 年罗马俱乐部发表了震撼世界的研究报告《增长的极限》一书，对人类 19 至 20 世纪以来的发展模式提出反思。20 世纪 70 年代在联合国教科文组织发起的 "人与生物圈（MAB）" 计划研究过程中提出了生态城市的概念，是指趋向尽可能降低对于能源、水或食物等必需品的需求量，也尽可能降低废热、二氧化碳、甲烷与废水的排放的城市。1980 年国际自然保护同盟《世界自然资源保护大纲》指出："必须研究自然的、社会的、生态的、经济的以及利用自然资源过程中的基本关系，以确保全球的可持续发展。"1981 年，莱斯特·R·布朗（Lester R. Brown）出版《建设一个可持续发展的社会》，提出以控制人口增长、保护资源基础和开发再生能源来实现可持续发展。1987 年，世界环境与发展委员会编写《我们共同的未来》报告，将可持续发展定义为："既能满足当代人的需要，又不对后代人满足其需要的能力构成危害的发展。"系统阐述了可持续发展的思想。1992 年，联合国在里约热内卢召开"环境与发展大会"，通过了以可持续发展为核心的《里约环境与发展宣言》《21 世纪议程》等文件。随后，中国政府编制了《中国 21 世纪人口、环境与发展白皮书》，首次把可持续发展战略纳入我国经济和社会发展的长远规划，受到全球的广泛赞誉。

20 世纪 90 年代以来，很多科学家、政治家、社会学家和有识之士，陆续提出了人类文明的低碳生态发展方向，城市发展的模式面临着转型的抉择。毫无疑问，转型的方向就是发展生态城市。生态城市作为对传统的以工业文明为核心的城市化运动的反思、扬弃，体现了工业化、城市化与现代文明的交融与协调，是人类自觉克服"城市病"、从灰色文明走向绿色文明的伟大创新。它在本质上适应了城市可持续发展的内在要求，标志着城市由传统的唯经济增长模式向经济、社会、生态有机融合的复合发展模式的转变。生态城市中的"生态"，已不再是单纯生物学的含义，而是综合的、整体的概念，蕴含社会、经济、自然的复合内容，实际上包含了生态产业、生态环境和生态文化 3 个方面的内容。生态城市建设不再仅仅是单纯的环境保护和生态建设，内容涵盖了环境污染防治、生态保护与建设、生态产业的发展（包括生态工业、生态农业、生态旅游）、人居环境建设、生态文化等方面，涉及城市的方方面面。通过生态城市建设才能改善城市的生态环境质量，最大限度地推动城市的可持续发展。

随着信息技术的进步，智能化可以大幅度提高资源的利用效率。因此，生态智能的城市道路交通和市政基础设施是实现生态城市的必然要求和保证，其中水环境、可再生能源、绿色智能交通是

当前的热点。树立整体水环境的概念，就是把人工水的控制及处理、再生水和海水淡化与自然水体统筹考虑。如绿色暴雨基础设施（GSI: Green Stormwater Infrastructure），是指一个相互联系的绿色空间网络，由各种开敞空间和自然区域组成，包括绿道、湿地、雨水花园、森林、乡土植被等，这些要素组成一个有机统一的网络系统。该系统可为野生动物迁徙和生态过程提供起点和终点，系统自身可以自然地管理暴雨，减少洪水的危害，改善水的质量，节约城市管理成本。新加坡在这方面有非常成熟的经验。

20 世纪是电力的世纪，火力发电是电产生的主要方式，用于燃烧的基本可燃烧能源是煤、石油、天然气等矿物质，燃烧后排放的碳、硫等化合物气体对大气产生严重污染，并影响地球的臭氧层。水力发电作为清洁能源，在 20 世纪获得较大的发展，但对河流生态也造成了一定的影响。进入 21 世纪，二次再生能源，包括太阳能、风能、生物质能等成为研发的重点领域。太阳能发电技术、大容量风力发电技术等获得突破，进入商业应用，21 世纪能源科学将为人类文明再创辉煌。当然，目前可再生能源利用还面临一个大的问题，包括生产太阳能核心原材料硅所带来的能源消耗和污染问题、风能发电对区域和城市大气流的影响，以及废气电池处理等问题。

绿色交通是指不产生排放的交通设施，传统的以电力为动力的地铁、轻轨和电动机车等就是绿色交通设施。目前，以电力和氢为动力的新能源汽车发展迅速。随着信息技术、大数据、云计算的进一步发展，智能交通会是交通设施的基本选项。智能交通系统可以减少不必要的出行，降低交通拥堵程度，使居民更便捷、舒适地出行。

（5）城市道路交通和市政基础设施对城市文明的影响：效率、

公平、绿色、人文精神、质量、安全。

从茹毛饮血到现代文明，人类经历了漫长的演进过程。城市是文明的发源地，是文明的集中体现地。城市产生以来5000年的历史，就是人类文明进步的历史。城市对人类文明的进步起到关键的作用，人类大部分的发明创造、文学艺术都是在城市中产生的。历史悠久、特色鲜明的城市本身也是人类文明的重要组成部分。城市文明不仅包含城市的上层基础，也包括城市的物质形态，包括城市道路交通和市政基础设施。先进完善的城市道路交通和市政基础设施除对城市的发展和正常运转提供保障外，也对城市文明的进步发挥着重要作用，这是被历史证明的真理。

19世纪以来的百余年是人类文明突飞猛进的时期。工业革命后，机器大工业和社会化大生产的出现，产业经济飞速发展，城市数量和规模爆发式增长。由于忽视了城市道路交通和市政基础设施的超前规划建设，中世纪城市的基底难以承受史无前例的大发展，城市由此产生了住房短缺、交通拥挤、环境污染等严重的城市问题。虽然这一时期科学技术日新月异，但城市道路交通和市政基础设施整体上的落后和短缺是产生城市病的重要原因之一。面对城市环境恶化、社会分化等严重问题，19世纪末，西方有志之士先后提出了田园城市、工业城市等城市规划理念，试图通过合理的社会经济组织模式和理想的城市空间布局来解决上述问题，现代城市规划得以产生。在这些设想中，也有依靠工程技术来解决城市问题的方案。1882年西班牙工程师索里亚·玛塔提出线形城市的概念，他认为有轨运输系统最为经济、便利和迅速，通勤耗时最少，因此城市应沿着交通线绵延地建设。这样的线形城市可将原有的城镇联系起来，组成城市的网络，不仅使城市居民便于接触自然，也能把文明设施带到乡村，既可享受城市型的设施又不脱离自然。1892

年，索里亚为了实现他的理想，在马德里郊区设计了一条有轨交通线路，把两个原有的镇连接起来，构成一个弧状的带形城市。1901年铁路建成，1909年改为电车。到1912年约有居民2000人。后来由于土地使用等原因，这座带形城市横向发展，面貌失真。但是，线形城市理论影响却深远。可以说，线形城市理论就是以交通和市政设施为基础的规划学说。除去城市规划理论学说外，19世纪集中发明了公共汽车、地铁、城市电力照明、电报和电话通信、城市水处理厂、污水处理厂、集中供热等现代交通和市政技术及设施，为20世纪城市的大发展和人类文明的进步奠定了物质基础，提供了技术保证。

20世纪上半叶，两次世界大战和1929年爆发的经济危机，是人类历史上的空前浩劫，人类文明经受了考验。技术的进步、经济的发展不仅能推动人类文明的进步，也给人类带来很大的伤害。但是，尽管在这样的情形下，20世纪仍然是城市化的高峰期。从整个世界看，1800年，世界城市人口只有3%，发展到1900年，也只有14%。而经过1900至2000年这一百年的时间，城市人口达到了55%，人类历史上第一次出现了城市人口超过了农村人口的情况。虽然城市还存在许多的问题和矛盾，可以说，技术的进步对全球城市化的发展起到了决定性的作用。今天的城市，正如柯布西耶1935年在其《光辉城市》一书中期许的城市原型一样，是以现代化的道路、轨道交通、飞机场和市政管线设施组成的一架庞大的机器，消耗着水、燃气等资源，以石油、煤等能源推动着，高效运转，一刻不得停歇。而人，作为万物的主宰，依附在这一庞大的机器上，逐渐迷失了自我。

20世纪70年代，中东争端导致全球石油危机，进而是全球经济危机、环境危机。进入20世纪后期，后现代主义理论思潮和可持续发展理论兴起，人类社会开始对 19 世纪以来的工业化、城市化进行反思，包括对现代城市的道路交通和市政基础设施规划建设运营模式问题的反思，更加注意新的规划理念：效率、公平、绿色、人文精神、质量、安全。

效率和公平是现代城市规划经常谈及的话题，但今天应该有新的寓意。聚集是城市最基本的功能，聚集产生了规模效益。工业革命后，技术进步促进工业化大规模生产，生产效率不断提高。时间就是金钱，效率就是生命。对于资本主义来说，追求效率和效益是唯一目的。随着城市规模的不断扩大，追求城市的效率成为保障城市正常高效运转的核心。功能主义的城市规划把追求效率和公平作为同等重要的一个标准，这也是道路交通和市政基础设施规划建设的标准。今天，随着经济发展和社会进步，以及物质产品的极大丰富，公平问题在城市基础设施方面已经得到比较好的解决。20世纪 50 年代美国黑人反对乘坐公交车种族歧视的斗争取得了全球的胜利，政府一般也会对最困难的人群提供基本的保障。然而，历史证明，效率是城市非常重要的特质，但不是最高的唯一的追求，效益也不应该是城市经济的全部内容。一方面，单纯某个系统效率的提高不能提高城市整体的效率、解决城市的问题。如北京市曾大幅降低地铁和公交的票价，公共交通效率大为提高，但并没有解决北京的交通问题，地面交通依旧拥挤不堪。另一方面，提高城市的效率应有前提和约束条件。20 世纪上半叶，为提高小汽车在城市中心的通行能力，纽约、波士顿等城市将高速公路修进城市中心，拆除了历史街区，高架的道路破坏了城市肌理和景观环境，后来不得不拆除，改入地下。因此，追求效率要有整体的观念。道路交通和市政工程按照总体规划的要求增加必要的投资、损失部分效率是必要的。城市空间结构形态与道路交通和市政设施相互作用、

相互影响。道路交通和市政设施方式的变革会对城市空间的进一步演化产生引导作用，城市空间文明的演化不断对城市基础设施提出更高的要求。两者要不断调整和变化，实现相互促进和共同发展。

进入 21 世纪，可持续发展观念已经深入人心。寻求一个良好的、可持续发展的城市空间环境并配合良好的道路交通和市政基础设施保障成为生态城市规划建设尤为关注的问题。绿色环保、智能化、信息化的道路交通、市政基础设施是一个生态城市的重要标准。精明增长、紧凑城市、新城市主义等城市规划理念接踵而至，希望通过创造一个集约的城市空间结构，来达到提高城市经济活力、消除社会差别、减少环境污染等目的，同时，通过现代技术的保障，走入生态城市绿色发展新时代。

19 世纪以来的工业化和城市化使人类文明跨上了一个巨大的台阶，但也遇到了前所未有的挑战。城市最大的问题就是忽视了人，忽视了人的精神需求，弱化了人文精神。从 20 世纪初开始，芒福德就认识到这一问题，写了《城市发展史》《城市文化》《技术与文明》等一系列著作。通过对人类城市历史和技术发展史的研究，芒福德发现，在一些历史时期，如古希腊、古罗马，在某些工程技术方面已经很发达，城市的某些位置或某种类型的建筑已经很精彩，但由于整体的不协调，城市总体文明程度还是不够。比如，虽然罗马已经建有大的排污道，但并没有连通到街道居住区，多层的住宅建筑内没有下水设施，粪坑位于楼梯下面，气味难闻。虽然粪便可以用于城郊的农业施肥，但缺乏相应的处理，城市文明程度受到影响。工业革命后，大规模机器生产和对经济效益无限制的追求，忽视了人文精神，是造成城市问题和文化衰败的主要原因。今天，我国的交通拥堵、环境污染、城市景观混乱等城市问题愈发突出，过去单纯依靠技术解决问题的方法难以奏效，因此，需要根本的转

变。城市发展理念中传统的功能主义向理性的人本主义的转变，在认识与处理人与自然、人与机器关系上取得突破，使城市发展不仅仅追求物质形态的发展，更追求文化、精神上的进步。目前，我们在道路交通和市政基础设施方面仍然习惯性地以技术为先导，如地铁的技术越来越先进，但我们对地铁车站建筑的设计却十分简陋，几乎不能算是一个真正的建筑，周围一般也缺乏配套换乘设施。市政停车场站点常常位于街角原本应该放置雕塑景观等显著的位置，非常突兀、不协调。因此，必须要树立道路交通和市政基础设施是城市文化和城市文明重要组成部分的理念。

先进的城市道路交通和市政基础设施不仅体现在技术先进性上，而且体现在其质量和安全上。这个质量不仅是工程质量，还包括设计质量。百年大计，质量第一。要改变节省为上的习惯思维，为了保证质量，应该保证投入，在德国没有物美价廉这样的说法。城市安全是至高无上的，历史上有许多城市因为自然或人为灾害而毁灭，教训惨痛。近些年来，仍然有许多案例发生，如2006年卡特里娜飓风咆哮而过美国路易斯安那州沿岸时，暴风摧毁了庇护新奥尔良地区的防洪堤，使整个城市约80%的区域被洪水吞没，至少1836人丧生，直接损失约1250亿美元。2011年日本近海发生9级特大地震和海啸，造成2414人死亡、3000多人失踪，同时福岛第一核电站损毁极为严重，大量放射性物质泄漏，形成严重的次生灾害。因此，技术越发展，越要注意安全。特别是核能发电等技术的应用，更应特别慎重。

回顾城市与技术的历史，我们越来越清楚地认识到城市的道路交通和市政基础设施是城市文明非常重要的组成部分。一个文明的城市，其道路交通和市政基础设施一定是先进的、文明的。所谓文明的城市基础设施，不仅能够满足城市和人类社会未来的需要，

具有效率、公平、绿色、品质和安全等特性，而且应具有人文和美的内涵，在未来城市文化的发展及空间结构塑造的过程中，道路交通和市政设施将发挥越来越重要的作用。概括地讲，城市道路交通和市政设施要有文化。

以上花了大量的篇幅论述技术与城市的发展进步的关系。作为《港口城市的文明——天津滨海新区道路交通和市政基础设施规划实践》主旨文章，还是非常有意义的。通过这部分的学习思考，能够使我们站在更高的层次上，来总结回顾滨海新区过去十年在城市道路交通和市政基础设施规划建设方面取得的成绩和存在的问题，探索未来的发展方向和重点，并以滨海新区为案例，扩展到全国的范围。我国5000年的文明历史，记载着不同历史时期城市规划建设和科学技术发明的辉煌业绩。四大发明、唐长安城的规划建设等影响着人类世界的文明进步。只是19世纪以来，随着清朝的闭关锁国，我们在科学技术和城市规划建设上落后了。第二次鸦片战争以来的近代百年，正是世界科学技术和城市发展最快速的一百年，也是中国饱受帝国主义欺凌、剥削、压榨的一百年。经过无数仁人志士的浴血奋斗，在中国共产党的带领下，终于结束了半殖民地半封建社会。中华人民共和国成立后，特别是经过改革开放40年的快速发展，追赶上了西方发达国家发展的步伐。今天，我国的科学技术在许多方面达到国际领先水平，全国城市化率超过50%。快速的城市化，助推了社会经济的发展，改善了人民的生活水平和文明程度，但也积累了大量的城市问题。面对这些问题，城市规划唯有深化改革，包括城市道路交通和市政基础设施的规划，要学习借鉴人类成功的历史经验，改变传统观念和习惯做法，改革创新，为中华民族伟大复兴的中国梦、为城市及区域更健康的发展做出更大更重要的贡献。

二、滨海新区道路交通和市政基础设施的发展演进

1.滨海新区的自然条件和历史沿革

滨海新区位于渤海湾、海河流域冲击地带。海河是我国七大河流之一，历史上由于黄河入海口的不断变化，海河和海岸线的形态一直在变化。伴随着隋朝南北大运河的建设，为了防洪，修建了一些水利工程，海河位置、形状和海岸线基本固定下来。据有关研究，到元代，天津滨海地区的陆地基本形成现在的样子。由于滨海地区大部分是退海形成的土地，淤泥质海滩，十分平缓，又位于九河下梢，历史上河网纵横，坑洼湿地密布，盐田面积近 400 平方千米，滩涂 300 多平方千米，具有良好的生态和自然条件。按照有关研究，元代的文献资料有"临海捕鱼""置灶煮盐"的记载，说明该地区在元代时期就有人居住和从事生产活动。

如果说天津因海河而兴、因卫而发达，则滨海地区也是因海河而兴、因海运和海港而发展。隋朝修通南北大运河，天津为南北运河交汇处，直沽寨兴盛。元金定都北京，天津作为京畿卫辅开始发展。明永乐年间（1404 年），在海河上游三岔河口建城设卫，天津因此兴起。清末开始，随着局势变化和京杭大运河淤积，南北漕运主要改为海运，从天津大沽口进入海河，再到市区的三岔河口，进入北运河通达北京。随着海运的开通，大沽口海域成为漕运的必经之路，助推了滨海地区商贸的发展。实际上，早在 1276 年，元兵攻破南宋都城临安（杭州），将所得库藏图书令朱清、张瑄二人由崇明岛沿海北上，经大沽口至天津，转运到元大都，开辟了这条天津与江浙沪地区的海运航线。1403 年前后，也就是明永乐初年，大沽、宁车沽、邓善沽、北塘、新河等村落先后形成。明嘉靖年间，为防倭寇，在大沽口南岸驻守重兵，建炮台。万历年间，大沽、北塘成为沿海军事重镇。清末南北漕运改为海运后，大沽逐步成为河、

海联运的中转站和货物集散地，也成为我国近代史上重大事件的发生地。

第二次鸦片战争就发生在大沽炮台。战争结束后，中国政府与西方列强签订不平等条约，天津被迫成为通商口岸，海河两岸及下游的滨海地区逐步成为民族工业的摇篮。1900 年八国联军入侵后，帝国主义列强在海河上游两岸开辟租界，西方的许多科技发明和现代文明从天津登陆。从 19 世纪中叶到 20 世纪中叶百年间，许多中国第一都在天津出现。近代中国看天津，滨海新区在我国近代发展的历史上也有重要的一笔，包括在城市道路交通和市政基础设施建设方面。

2.滨海新区的基础设施与城市的发展

（1）滨海新区的水资源、水工程和水环境。

天津位于九河尾闾，滨海地区是河海交汇处。发达的水系、富饶的渤海湾孕育了天津和滨海地区的发展，既享水之利，也饱受水之害。历史上防洪一直是主要的问题，而水资源短缺和水环境污染、退化是天津和滨海新区当前面临的主要生态问题。

海河是天津的母亲河，孕育了天津的成长，同时，海河洪水一直给天津和滨海地区带来影响。据历史文献和洪水调查分析，自 1368 年（明洪武年间）到 1948 年的 580 年间，海河流域共发生洪灾 387 次。16 世纪以来，以 1569 年、1801 年特大洪水灾情最为突出。流域有水文记载以来，大洪水年有 1917 年、1924 年、1939 年等。中华人民共和国成立后，为防止海河泛滥，1954 年国家提出根治海河。海河治理后，有效防止了洪水。同时，为防止海水上溯、河水和两岸土地盐化，1958 年建设了海河防潮闸。1963 年海河流域发生特大洪水，在国家统一调度和各地方支持下，保住了天津市和津浦铁路的安全。此后的 50 多年间，通过加强独流减河和永定新

河的行洪能力和堤防建设，天津中心城市形成了外围防洪圈，分流了海河的洪水流量。海河也完成了两岸堤防的建设，虽然发生了几次洪水、风暴潮顶托造成的内涝，但一直没有发生大的洪涝灾害。现在海河常年水位1.5米，泄洪流量减少到800立方米/秒。塘沽区基本标高为大沽高程2米左右，沿海河是一道连续的5.3米左右高的防洪墙。

海河曾经是天津城区的水源。据有关记载，清光绪二十三年（1897年）前，天津的水源是流经城北的南运河和城东的海河，其次是为数不多的水井。1898年英商仁记洋行在英租界内创办天津自来水厂，天津开始有了自来水供应。1949年后，进行了自来水厂的整合，从20世纪50年代起先后改造和扩建了一批水厂，包括塘沽水厂。由于海水的上溯，下游海河水偏咸，无法作为城市水源，除少量水井外，塘沽当时的水源主要是其他河水，缺水严重。

海河治理后，上游修建了大量水坝，来水减少，除汛期外，没有来水，只有污水下泄，海河等水源水无法饮用，天津成为资源性缺水城市。居民生活和生产用水主要依靠地下水，造成地面沉降严重。地下水含氟高，给人们健康带来不利影响。1982年，为了缓解天津地区供水困难，国家决定实施引滦入津工程，由唐山大黑河水库引滦河水入津，年供水10亿立方米。工程由输水隧洞、明渠、暗渠蓄水库和4座大型泵站组成引水系统，长234千米，是我国第一个长距离输水工程，投资11.34亿元。工程于1983年9月竣工投产，效益显著，1984年获国家质量金质奖和优秀设计奖。引滦入津后，实施了引滦入塘、引滦入开发区等工程，改变了滨海地区缺水和居民长期饮用高氟地下水的局面。

滨海地区由于是退海成陆，淤泥质海滩，十分平缓，土地盐碱含量高，靠水来压碱。历史上河网密布，水面、盐田等湿地众多。

随着上游来水减少，加上蒸发量大于降雨量，土地盐碱化严重。同时，伴随着上游污水排放，新区水环境逐步恶化，几乎所有河道水均为劣五类，水无法流通循环。改革开放以来，开始加快了城市污水处理能力的建设。1984年天津城区建成纪庄子污水处理厂，1993年建成东郊污水处理厂。天津开发区污水处理厂于1999年建成投产，是滨海新区第一个污水处理厂。随后塘沽等区也建设了新河污水处理厂。近年来污水处理厂建设加快，但由于整体生态环境没有改善，水环境恶化的局面没有改变。

（2）滨海新区的道路交通。

历史上海河具有航运功能，随着时间推移情况不断变化。1860年第二次鸦片战争结束后，帝国主义列强在海河上游两岸开辟租界，当时3000吨海船可乘潮直接达到天津市区赤峰桥码头。塘沽地区因其独特的地理优势和通航能力成为天然的内河良港、交通枢纽和码头仓库区。1885年（光绪十一年），清直隶总督李鸿章为完善他一手建立的北洋水师舰队，在于家堡河对岸的大沽海神庙东沽、西沽一带购地创建"北洋水师大沽船坞"，把大沽作为北洋舰队的补给大本营。1878年，李鸿章创办中国近代第一个机械化煤矿——开平矿务局。1886年，开平煤矿"积煤日多，欲运煤而路不畅"。1888年，清末洋务运动中，李鸿章以"便商贾，利军用"为由，奏准组建开平铁路公司，把中国第一条标准轨铁路唐胥铁路从芦台延伸到天津，在于家堡西北海河岸边建塘沽车站，即现塘沽南站，形成铁路与海河的联运。19世纪末，海河淤塞，"塘沽以上三十英里的河道几乎不能航行"，中外航商，如美孚石油、东印度公司、亚细亚公司等世界企业纷纷在大沽海河沿岸建立码头、仓库、油库、办公基地。为利用铁路交通条件，码头都建在海河北岸。1914年海河上有小型班轮在市区和塘沽间每日往返，载运客货。

抗战爆发后，日本侵略者出于掠夺的目的于 1939 年在海河口开建人工海港。将塘沽南站由京山线上剔除，正线不再绕行塘沽南站，只剩下进港支线和工厂仓库的专用线。天津港通航后，滨海地区港口集散中心的地位、物流交易中心的重要作用得以加强。1949 年左右，为了保证 3000 吨船只不受落潮的影响可进入海河，修建了海河船闸。

中华人民共和国成立初期，滨海地区的发展主要集中在海河治理、港口基础设施的建设和油田的开发。1952 年天津新港重新开港。1966 年"文化大革命"开始，滨海地区的发展停滞。1970 年天津港压船、压货、压港问题严重。为适应国际贸易的发展，1973 年，周恩来同志向全国发出"三年改变港口面貌"的号召。当年 3 月，天津市成立了建港指挥部，天津港第三期大规模扩建工程开工。至 1976 年，建成 8 个万吨级泊位，改造两个 5 千吨级泊位及部分库场、铁路、公路等。天津港第三期建港工程的建设使天津港面貌得到改观。1973 年 9 月，天津港成功开辟了我国第一条国际集装箱航线。1980 年，天津港建成中国第一个集装箱码头。这一时期，天津港的疏港铁路一直是京山铁路。疏港的公路也仅有津塘公路、津北公路（今杨北公路）、津沽公路等。

塘沽区的城区道路一直比较落后。1965 年，渤海石油勘探开始。大批石油工人来到塘沽，在东沽一带建立渤海石油公司生产生活基地，新建的一条长 2100 米的柏油路被命名为滨海路，在当时的塘沽是道路建设的大工程。滨海地区的公共交通不发达，虽然早在 1906 年天津城区就开通了公共电车，但塘沽公交发展缓慢。从塘沽到中心城区主要依靠市郊铁路"塘沽短儿"和长途汽车。由于通航的要求，除海河口船闸外，海河下游没有桥梁。于家堡岛上的三块板—东沽、水线—西沽等渡口成为海河两岸群众跨河的主要交通方式，往来渤海基地都要通过渡口，高峰时年通过 320 万人次。1985 年海门开启桥建成通车，海河南北交通大大改善，渡船交通作用日渐减弱。

（3）滨海新区的能源。

历史上，滨海新区除植物能源外，没有煤炭。外来煤炭、油一直是天津和滨海地区的主要能源。从 19 世纪末开始，天津港就发挥着北煤南运和煤油进口的作用。1904 年，比利时"天津电灯电车公司"在奥租界成立，开始向部分城区供电。1920 年塘沽永利碱厂自办发电厂，除工厂使用外，也向周围供电。1935 年开始塘沽逐步向供电联网发展。1937 年，坐落在天津市河东区的天津第一电厂建成投产，天津电力发展进入普及的时期。1941 年，由天津第一电厂至塘沽变电站的 77 千伏津塘线连通。1943 年塘沽至唐山电厂线路开通。1944 年塘汉线开通。77 千伏塘沽变电站投入运营，成为京津唐电网枢纽站。1966 年位于海河中游的军粮城电厂第一台机组投产发电。1974 年 12 月大港电厂一期工程动工，共安装两台燃油发电机组。首台机组 1978 年 10 月并网发电，是当时全国单机容量最大的火力发电机组。1987 年，天津泰达热电公司成立。1988 年大港电厂二期工程动工，是国家"七五"工程重点项目，由意大利继续引进了两台 328.5 兆瓦燃煤发电机组，其中锅炉为亚临界强制循环、平衡通风、辐射再热燃煤汽包炉，燃烧方式为半直吹式，采用高效静电除尘系统，技术水平在国内处于领先地位。

20 世纪 60 年代开始大港油田和渤海石油会战。70 年代天津炼油厂等企业建成投产，天津有了液化天然气气源，液化气用户逐步发展。70 年代中期，大港油田形成一定供气能力，开始向天津城区供应天然气。80 年代气源紧张，天津开始开发煤制气作为城市气源。1984 年建成第一煤制气厂。1987 年建成第二煤制气厂，大港油田同时向天津增供天然气，天津市实现三年民用煤气化的目标。

20世纪80年代以前，天津市集中供热处于空白状态。除少数单位企业靠自建小型锅炉房供热和个别大厂利用工业余热取暖外，城市居民均采用小煤炉取暖。1980年，塘沽区政府在大连道建成集中供热锅炉房，1981年投入运行，这是天津全市第一座集中供热锅炉房。1982年，天津第一发电厂改建为第一热电厂，铺设蒸汽和热水管网，利用热电联产方式发展集中供热。滨海地区依托大企业多的优势，依靠企业生产余热进行供热，城市供热在天津全市走在前列，但气源比较分散。

（4）滨海新区的信息基础设施。

天津是国内最早发展邮政的城市。清光绪四年（1878年），天津海关在天津设立海关书信馆总办事处，于北京、天津、烟台、牛庄、上海五处分别成立海关书信馆，开始办理国际邮件业务，标志着中国近代邮政由此发端。海关书信馆总办事处是中国第一所邮政管理局，"海关大龙"邮票是中国历史上发行的第一套邮票。中国第一条电报线是北塘—大沽—天津军用电报线。清光绪三年（1877年），直隶总督李鸿章自总督衙门（今金钢桥西）至天津机器局（今贾家沽）试通电报成功。1879年，天津建成从北塘炮台—大沽炮台—天津之间的中国第一条军用电报线。1880年，在天津成立电报总局，为中国第一家电报局。1881年，电报总局从天津、上海两端同时动工，架设津沪电报线，线路长3075千米。津沪电报正式向公众开放营业，为中国民用电报通信之始。清光绪十年（1884年），直隶总督李鸿章架设了自总督行馆到津海关、北塘、大沽、保定等处的电话线，是我国第一条自建长途电话线。光绪二十六年（1900年），丹麦人璞尔生趁八国联军侵华之际，从市区租界架设电话线至北塘和塘沽，这是我国第一条自建长途电话线。1949年，塘沽电信业

处于全国领先，但由于时局动荡，业务萧条。1949年后，特别是改革开放后，滨海电信业务发展快速。1986年，为满足港口和天津经济技术开发区的发展，引进安装了万门程控交换机，缓解了装机困难。从此，滨海电信发展进入快车道。

从以上的分析看出，虽然滨海地区很早就开始了近代的城市化过程，但一直非常缓慢。中华人民共和国成立后，城市发展揭开新的篇章。特别是改革开放后，在天津经济技术开发区等开发区域和天津港开放辐射功能的带动下，滨海地区才真正迎来城市高速发展的好时期，城市道路交通和市政基础设施建设提速，水平提升，为2006年滨海新区被纳入国家发展战略奠定了坚实的基础。但是，由于海河、大沽河、京山铁路及其进港铁路的分割，滨海新区核心建成区现状非常凌乱，塘沽城区、开发区、天津港，以及海河南岸的渤海石油基地、大沽化地区等没有形成整体，道路网不成体系。铁路南站和货场、港口码头、仓库、厂区用地等，如天津港港务局第三作业区码头、901油库占据海河沿岸。市政设施缺少统一规划，各自独立分散建设，难以发挥综合优势。总体看，滨海新区道路交通和市政基础设施水平不高。

3.滨海新区城市道路交通和基础设施规划的发展

实际上，20世纪初，现代城市规划传入中国，天津是较早进行城市规划的城市。作为天津市的组成部分和东部濒临渤海的区域，滨海地区的城市规划一直是在天津这个大的概念下进行的，而且港口和工业、基础设施一直作为重点的规划内容。事实上，交通和市政基础设施对滨海城市的发展有决定性的影响。

（1）中华人民共和国成立前滨海新区的城市规划涉及城市交通等基础设施规划的内容。

从现有的资料看，从1930年开始，天津就开始编制现代的城

市规划了。作为天津的一部分，特别是沿海地区，滨海地区就成为规划的重要内容，有许多版本，如1930年梁思成、张锐主持的《天津特别市物质建设方案》。1937年抗战全面爆发后，日本侵略者出于掠夺的目的在滨海地区建设工厂，1939年在海河口开建人工海港。日占时期，"华北建设总署"编制了《天津都市计划大纲》《大天津都市计划》，也独立编制了《塘沽都市计划大纲》。抗日胜利后，1945年，天津临时议会编制了《扩大天津市计划》。所有这些规划共同的特点是都提出在天津滨海地区规划新的港口和城区，在这些规划中，非常明显的特征体现在对港口、道路交通和市政基础设施的重视。如梁思成、张锐主持的《天津特别市物质建设方案》中，就明确了城市道路的走向原则和宽度、断面等内容。日占时期编制的《天津都市计划大纲》《大天津都市计划》提出了天津港布局、飞机场布局、铁路与公路规划布局，以及开挖人工运河等方面的规划内容。

（2）中华人民共和国成立后滨海新区的城市道路交通等市政规划。

中华人民共和国成立初期，滨海地区的规划基本是照抄照搬苏联的规划模式和经验。虽然滨海地区城市规划人员少，经验不足，但在天津市有关部门的指导下，城市规划开始起步。最初的城市规划是局部的，与市政规划经常在一起研究工作，是结合大型工程建设项目的规划设计。这一时期滨海地区道路交通和市政基础设施规划的内容主要是结合海河治理、港口建设及配套基础设施建设开展的。从1953年开始，天津市组织编制天津市城市总体规划方案，塘沽也多次组织编制了多版城市总体规划。在这些规划中，都包括道路交通和市政基础设施专项规划。在城市总体规划的研讨和编制中，提出了城市的不同分区，按照国家颁布的《城市规划暂行定额》

对用地进行核查等，同时也提出了取消区内沿河码头仓库区、集中开辟胡家园仓库区、增设景观河道岸线、津塘公路东延至新港以减少区内过境交通、预留跨河桥位、建立地区城市路网等道路交通方面的规划内容。我们从塘沽规划志对道路交通和市政基础设施规划的回顾中可以寻找到一些痕迹。

1966年"文化大革命"开始，滨海地区的发展停滞。1970年天津港第三期大规模扩建工程开工，同步建设了铁路、公路等。天津港第三期建港工程的建设使天津港面貌得到改观的同时，集疏港能力也得到提升。自1964年大港油田会战、1965年渤海石油勘探开始，同步建设了各种工业管线。

1976年唐山大地震对天津和滨海地区造成严重影响，汉沽最为严重。灾后重建规划是这一时期的重点工作。

（3）改革开放后滨海新区的城市道路交通等市政规划。

1978年改革开放后，天津市首先面临的任务是震后重建。国家专家组帮助天津进行灾后重建规划和城市总体规划编制。由于历史上九国租界各自独立规划建设，天津城区的路网不成系统，而且市政基础设施欠账比较多，因此，城市总体规划中特别重视城市道路交通和市政基础设施规划建设。在国家的支持下，天津震后重建取得很大的成绩，"三环十四射"路网形成骨架，引滦入津建成通水，三年煤气化完成，"老龙头"火车站实施改造。一批城市基础设施项目建成，城市道路交通和市政基础设施服务水平大大提高，城市面貌和环境得到很大改善，天津成为当时国内学习的样板。这里面城市规划发挥了重要的作用，尤其是城市道路交通和市政基础设施规划。1984年国家确定14个沿海开放城市规划建设经济技术开发区。经过多方案比选，最终选址在塘沽东北盐田上，规划建设天津经济技术开发区。道路和市政基础设施先行，拉开了天津改革开放和滨海地区规划建设的序幕。

1985 年，在 1953—1985 年间先后编制完成的 21 稿的基础上，天津市城市总体规划方案上报国务院。1986 年，国务院批复天津市城市总体规划，这是天津历史上第一个经国务院批准的城市总体规划，规划确定了"工业东移"的发展战略和"一个扁担挑两头"的城市总体格局。这个规划符合港口城市由内河港向海口港转移和大工业沿海布置发展的客观规律以及天津城市的实际情况，明确发展以塘沽为中心的滨海地区。在总体规划中，有完善的城市道路交通和市政基础设施的专项规划，天津目前大的道路交通格局，以及大型市政基础设施骨架网络在这个规划中基本确定。

滨海新区作为一个整体开始编制总体规划始于 1994 年。1994 年，天津市委市政府提出用十年时间基本建成滨海新区。1995 年设立滨海新区领导小组办公室。天津市规划局开始组织编制了多版滨海新区城市总体规划。1999 年版滨海新区城市总体规划于 2001 年获得市政府批复。规划提出以天津港为中心，由塘沽、汉沽、大港和海河中游工业区组成的组团式结构。这个规划中，也包括完善的道路交通和市政专项规划的内容。期间，在领导小组办公室组织下，天津市规划院编制了滨海新区第一个道路交通和市政基础设施专项规划。

1994 年，天津市启动了城市总体规划修编工作，1999 年获得国务院批复。在延续 1986 版规划大的格局的基础上，强调提升滨海新区的作用，提出"双心轴向"的规划布局。值得一提的是，1999 年清华大学吴良镛院士主持的京津冀北城乡空间发展规划研究启动，开始从区域的进度探讨京津冀空间发展问题，其中区域交通、水环境等是重点研讨的问题。我们天津作为分课题组，对京津冀整体和天津的规划进行了系统的研究，提出了京津共建世界城

市、形成双中心交通枢纽和加快滨海新区开发开放等思路，包括规划建设京津之间高速铁路、京津第二高速公路通道等具体建议，获得采纳和实施。事实证明，道路交通对于区域协调发展具有十分关键的作用。

（4）被纳入国家发展战略后滨海新区城市道路交通和市政基础设施规划。

2005 年 10 月，党的十六届五中全会在《中共中央关于制定国民经济和社会发展第十一个五年规划的建议》中提出：继续发挥经济特区、上海浦东新区的作用，推进天津滨海新区等条件较好地区的开发开放，带动区域经济发展。2005 年，天津市规划局组织编制了新一轮滨海新区城市总体规划。规划提出"一轴一带三城区"的规划结构。2006 年初经过市政府常务会议审议，原则通过。考虑到天津城市总体规划正在修编的关系，没有正式批复。在总体规划指导下，同期编制了《滨海新区三年道路交通和市政基础设施建设规划》，经市政府常务会议审议通过后，滨海新区开始了基础设施的大规模建设。

2006 年 3 月，全国人大十届四次会议审议通过国家"十一五"规划，滨海新区正式被纳入国家发展战略。2006 年 6 月，国务院下发《关于推进天津滨海新区开发开放有关问题的意见》（国发〔2006〕20 号），即 20 号文件，明确天津滨海新区作为国家级新区，批准天津滨海新区为全国综合配套改革试验区。2006 年 7 月 27 日，国务院批复同意修编后的《天津市城市总体规划（2005—2020）》，明确了天津是国际港口城市、北方经济中心和生态城市的城市定位。天津和滨海新区迎来加快发展的新的历史时期。

滨海新区被纳入国家战略之后，发展速度加快，空客 A320、大火箭、大乙烯等大项目聚集。市政府组织开展了滨海新区城市总

体规划、功能区分区规划、重点地区城市设计等规划编制工作。为了适应发展形势的需要、全面提升规划水平，我们开展了一系列专题研究和战略空间规划、总体规划修编等工作。委托对深圳和曹妃甸、黄骅规划熟稔的中国城市规划设计研究院开展了《深圳特区、浦东新区开发对天津滨海新区的借鉴》《渤海湾视野下滨海新区产业功能定位的再思考》《滨海新区交通研究》等3个专题。委托易道设计公司开展了《天津滨海新区生态系统研究》。《滨海新区交通研究》从区域的角度，对滨海新区现状和原有规划道路交通系统进行了梳理，得出了许多有意义的结论和建议，比如滨海新区疏港交通过于集中于京津塘走廊，提出了应在南部建设港区，结合新产业走廊的建立，强化南部交通通道建设，带动河北南部的发展等有益的建议。

2007年，天津市第九次党代会提出了全面提升规划水平的要求。2008年，天津市成立了重点规划指挥部，开展了119项规划编制工作，其中新区为38项，占全市任务的1/3。38项规划中除包括滨海新区空间发展战略规划和城市总体规划、中新天津生态城等分区规划，于家堡金融区等重点地区城市设计和控制性详细规划全覆盖之外，有铁路、轨道等许多道路交通和市政专项规划。规划编制改变了过去习惯的先编制上位规划再顺次编制下位规划的做法，改串联为并联，压缩了规划编制审批的时间，促进了上下层规划之间、总体规划与专项规划之间的互动。经过大于150天的努力和"五加二、白加黑"的奋战，38项规划成果编制完成。在天津市空间发展战略指导下，滨海新区空间发展战略规划和城市总体规划明确了新区发展大的空间格局。在总体规划、分区规划和城市设计指导下，近期重点建设区的控制性详细规划先行批复，特别是京津城际铁路延伸线与于家堡高铁车站、津秦客专铁路滨海车站等规

划确定，满足了新区实施国家战略伊始、加速建设的迫切要求。可以说，重点规划指挥部38项规划的编制完成保证了当前的建设，更重要的是明确了滨海新区的空间发展战略和城市总体规划，夯实了新区建立完善规划体系的根基。

30年来，天津几版版城市总体规划修编一直坚持城市"工业东移"和"一个扁担挑两头"的大的格局不变，城市总体规划一直突出天津港口和滨海新区的重要性，这是天津城市规划非常重要的传统。同时，结合新的形势对规划不断完善充实，保证了规划的连续性和时代性。正是因为多年来坚持了这样一个符合城市发展规律和城市实际情况的总体规划，没有"翻烧饼"，才为多年后天津的再次腾飞、为滨海新区开发开放奠定了坚实的基础。在这个大的框架下，滨海新区的城市道路交通和市政基础设施规划不断进行完善。一是作为总体规划的组成部分，随着总体规划修编进行；二是编制了一系列专业规划，如天津市发改委牵头，与滨海新区管委会、市规划局共同编制了滨海新区供热规划等；三是保障了一批重大基础设施项目的实施；四是注重夯实规划基础，比如1/2000地形图测绘、高、快速路和轨道控制线定线，以及道路定线等工作。

三、滨海新区城市道路交通规划的主要内容、特色和创新

在规划编制过程中，按照科学发展观的要求，结合新区的具体实际，学习借鉴国内外先进经验，努力提高规划水平。不论是滨海新区城市总体规划中的道路交通专项规划，还是综合交通、轨道等专业规划，都充分考虑新区布局特点和发展要求，构建科学合理的城市道路网络和综合交通支撑体系，引导和促进滨海新区实现科学发展。

1."转型"下的交通战略选择

（1）滨海新区城市发展转型。

转型一：从天津的新区到国家的新区。2006 年，随着滨海新区被纳入国家发展战略，滨海新区迎来历史性的发展阶段，由天津的新区转变为国家的新区，国务院确定的天津滨海新区的功能定位是：依托京津冀、服务环渤海、辐射"三北"、面向东北亚，努力建设成为我国北方对外开放的门户、高水平的现代制造业和研发转化基地、北方国际航运中心和国际物流中心，逐步成为经济繁荣、社会和谐、环境优美的宜居生态型新城区。上述国家定位，重点体现在以下几个方面：对外开发、区域带动、自主创新、科学发展，与交通均有着十分紧密的联系。对外开放：构建服务北方的国际航运和物流中心，突出门户职能。区域带动：通过对外开放带动区域共同发展，实现国家区域空间的统筹协调。自主创新：建设"高水平的现代制造业和研发转化基地"，通过自主创新引领国家战略性新兴产业发展。科学发展：注重资源节约，强化宜居环境建设，实现区域与城乡统筹发展，积极开展综合配套改革，成为贯彻落实科学发展观的排头兵。

转型二：从工业聚集区到综合性城区。进入 21 世纪以后，随着"科学发展观""构建社会主义和谐社会""自主创新""包容性增长"等战略思想的提出和现实中经济增长的环境约束强化、投资与消费关系失衡、城乡区域发展不协调等问题的日益严重，传统发展模式受到了严峻挑战。因此，必须通过内生增长、创新驱动等途径，实现转型发展，这成为国家现阶段的迫切需要。

按照国务院对滨海新区建设"高端产业的集聚区、科技创新的领航区、和谐社会的首善区、生态文明的示范区、改革开放的先行区"的新发展要求，由工业产业聚集区向高品质综合型城区的转

型，这成为滨海新区带动区域发展和功能提升的必然要求。

转型三：从分散式发展到一体化发展。长期以来，滨海新区的空间布局表现为以产业发展为导向的功能区模式，各功能主体独立发展，独立配套，相互竞争。由于缺乏区域统筹，难以形成科学合理的城市空间结构和秩序。塘沽、汉沽、大港三区和各个功能区的城市建设系统性不强，区域层面的统一部署和规划难以实施，在城市交通方面，由于塘沽、汉沽、大港及各功能区在交通设施建设时缺乏整体统筹，各自为政，造成新区路网拼贴痕迹明显，路网缺乏系统性，相邻主城区或功能区之间同一道路在红线宽度、等级、横断面等方面不统一，相互之间衔接困难。2010 年 1 月中旬，滨海新区管理体制改革完成，由过去的条块分割、功能区和行政区交叉的管理体制，转变为统一的行政管理体制。由此，滨海新区面临着由多个独立发展的工业区，向有机组合的城市综合系统转变的空间结构重组。

（2）三大转型对交通发展的要求。

国家级新区的交通发展要求。滨海新区由天津的新区发展为国家级新区，成为对外开放的门户、现代化研发转化基地、北方国际航运中心与国际物流中心，对交通发展提出了新的、更高的要求。要求具有强大的海空港功能及配套集散交通系统、发达的对外交通网络、突出的区域交通枢纽地位、畅达的货运交通网络及通勤客运系统，体现先进的交通理念。

综合性城区的交通发展要求。滨海新区适应国家发展战略要求，由传统的工业集聚区向综合型城区的转型，对新区的综合交通发展提出了新的要求：在工业集聚区发展阶段，新区的综合交通发展主要考虑满足以工业发展为核心的货流畅达及客流通勤的需要；在综合型城区发展阶段，要统筹协调新区的各种交通方式，提高综

合交通的整体运行效率，体现低碳、绿色、可持续的交通理念。

一体化发展的交通发展要求。滨海新区由过去的分散式发展转变为一体化发展，对交通设施在规划、建设、管理、政策等各个层面上均提出了新的发展要求。在规划上需注重系统性，在建设上需突出衔接性，在管理与政策上需体现统一性。

2. 滨海新区交通发展战略路径选择

（1）交通战略分类。

交通战略是宏观把握城市发展方向，关注城市交通发展大局，对交通系统规模、交通服务水准、交通方式结构、交通管理体制、交通投资与价格、交通环境等一系列重大问题进行宏观性、安全性、前瞻性的判断与决策，制定科学合理的交通政策和规划措施。陆锡明老师在《城市交通战略》(2006 年)中将交通战略的类型分为四种，分别为综合交通协同战略、公共交通优胜战略、交通发展先导战略、机动交通畅达战略。

综合交通协同战略，适用于交通系统发展相对不完善，各种交通方式之间缺乏有效整合、难以形成合力，无法发挥交通系统的综合效率的城市及区域。从城市发展阶段来看，该战略主要适用于交通网络系统及枢纽设施建设尚有较大缺口的城市发展阶段。公共交通优胜战略，适用于公共交通发展相对滞后，出行比例不高，与个体机动车、出租车、非机动车等其他出行方式的竞争中处于劣势的城市及区域。通常面临两种情况：一种是城市交通发展到相对成熟的阶段，以小汽车为主的个体出行在交通出行中占据明显优势，从而带来城市交通拥堵的不断加剧，而不得不考虑通过发展公共交通来缓解小汽车过度发展造成的交通拥堵问题；另一种是在城市交通发展的初期阶段，各种交通方式之间尚无明显的主导方式，从城市交通未来发展的引导角度来讲，为防止未来小汽车交通的肆意蔓

延而提前采取的交通引导措施。交通发展先导战略，适用于城市形态尚未形成，交通设施建设相对滞后、欠账较多，交通设施整体容量明显不足的城市及区域，需要以交通设施的提前建设来引导城市空间的合理拓展。机动交通畅达战略，适用于城市快速机动化的发展背景下，机动车交通出行畅达性明显下降，而影响出行效率的城市及区域，该战略针对的对象主要是相对成熟的城区。

（2）新区交通发展所处的阶段。

滨海新区正处于加快建设阶段，城市形态与布局结构尚未成型，交通设施建设欠账较多。这一阶段新区的交通发展具有以下几个方面的特点：

一是整体处于交通设施建设相对滞后的阶段。由于交通设施建设相对滞后，造成滨海新区交通的系统性不强，虽然滨海新区具有海港、空港、铁路、公路、城市道路、轨道等各种交通方式，但相互之间缺乏有效衔接，难以形成合力，多种交通方式的综合效能未能得到有效发挥。

二是双城及区间交通联系亟待加强。在滨海新区行政体制改革以前，各功能区相互独立、各自建设，缺乏系统的协调，新区交通网络的系统性较差，区间交通设施建设十分匮乏，区间联系十分不便捷。

三是片区内部交通设施建设具有差异性。在片区内部，由于发展的侧重点不同，造成区内交通设施建设进度不一致，滨海新区核心区发展相对较快，交通设施建设明显优于汉沽、大港等其他城区。

四是交通设施建设正全面推进，交通发展方向亟待确定。随着滨海新区"十大战役"的全面推进，滨海新区正以前所未有的速度加快建设，城市布局不断拓展，交通设施建设"大干快上"，全面

推进，需尽快确定其适合的交通发展方向，以指导新区交通的发展。

（3）新区综合交通发展战略选择。

滨海新区所处的发展阶段及特殊的城市空间布局特征决定了其交通发展战略选择的多样性，在新区整体交通发展、对外交通发展、双城及区间交通发展、区内交通发展等不同层面应采取适合的交通发展战略与理念。

首先，滨海新区总体交通应采用综合交通动态协同战略。针对滨海新区交通设施建设滞后、各种交通方式缺乏有效衔接的特征，在新区总体交通发展方面采取综合交通动态协同战略。全面高效地整合滨海新区各种交通系统，持续动态地协调交通与经济社会、生态环境、城市空间的繁杂关系，最大限度地发挥综合交通的整体效应。适应对外交通、区间交通、内部交通等不同层次、不同方式的交通需求，加大交通设施整合，强化各种交通方式的衔接，实现内外交通分离、长短交通分开、快慢交通分流、客货交通分行。

其次，新区对外交通采用机动交通畅达战略。针对新区对外交通尚需加强、对外快速机动化出行有待提升的特征，对外交通实施机动交通畅达战略。提升滨海新区的区域交通枢纽地位，通过建设发达的对外高速路、普通公路系统，提高区域可达性。铁路方面，则主要通过客货运通道的完善，实现与区域腹地的便捷连通，从而强化滨海新区的区域交通地位。

第三，双城及区间交通采用交通发展先导战略。针对滨海新区双城及区间交通设施建设滞后、区间联系不够便捷的特征，双城及区间实施交通发展先导战略。结合新区城市组团式的城市空间布局，针对现状区间交通设施建设相对滞后的现象，充分发挥交通建设对城市发展的引导与支撑作用，大力推进区间复合式走廊与枢纽设施建设，强化区间联系，带动各功能区发展，促进城市布局的合理拓展。

第四，滨海核心区交通采用公共交通持续优胜战略。针对滨海新区公共交通发展滞后、出行比例较低、未来小汽车将会急剧增长的特征，滨海核心区实施公共交通持续优胜战略。超前建成轨道系统，实现与小汽车竞争，稳定中长距离大客流；通过优先发展快速公交系统，实现与个体交通竞争，吸引更多客流；通过提高出租车服务质量，实现与私家车竞争，缓解交通拥挤；通过整合公共交通体系，全面提高公共客运效率。

第五，重点片区交通采用实践低碳、绿色交通理念。在生态城、滨海旅游区等新开发的重点功能区，积极倡导低碳、绿色交通理念。生态城提出区内绿色出行比例不小于90%的发展目标，确立了公交主导、慢行优先的绿色交通模式。采用TOD模式，大力发展以轨道交通为主、大运量公交为辅的公交体系。设置公交专用道和路权优先制度，建设智能交通系统，保证公交畅通。合理布局公交站点和换乘枢纽，结合公共交通站点建设城市公共配套设施，形成覆盖全城的安全、便捷、舒适的公交网络，引导居民将公交作为出行的首选方式，减少对私人汽车的依赖。严格执行机动车排放标准，公交车辆全部使用清洁能源，减少排放。同时，结合绿化景观建设，创造安全、舒适的慢行空间环境，形成贯穿全城的慢行交通网络，实施无障碍设计，实现人车友好分离，满足居民的健康出行。

第六，港城协调交通采用实践集约、可持续理念。在滨海核心区、重点功能组团外围，利用生态隔离带，打造由高速公路、普通公路、城市道路、货运铁路等多种方式组成的复合疏港廊道，一方面减少了对城区的干扰，另一方面实现了疏港通道的集约、节约化土地使用，避免分散布置带来的土地资源浪费及对城市的分割与干扰。

3. "多中心布局"下的交通模式选择

（1）城市空间布局与交通发展模式。

在目前的城市布局模式中，单中心集聚与多中心分散为两类较为常见的城市布局模式，其演变的过程通常是单中心集聚—多组团放射的逐层递进，而推动这一演变的核心因素正是交通。

城市区域（City Region），是介于城市群（Megalopolis）和单一城市之间的重要形态。艾伦·斯科特（Allen Scott）指出，城市区域有两种典型的形态，一种是以一个强大的核心城市为主的大都市聚集区，如伦敦、墨西哥城等；一种是多中心的城市网络，如荷兰兰斯塔德和意大利艾米利亚 - 罗曼涅（Emilia- Romagna）。由于具有通信、资本、公司和消费者等方面的优势，在全球化的情形下，城市区域将是未来最佳的空间发展模式。

帕兹·赫丽（Patsy Healey）对城市地区的定义是：城市区域是指这样一个地区，在这个地区内日常生活的相互作用延伸开来，与商务活动相互联系，表现出"核心关系"，如交通和市政公用设施网络、土地和劳动力市场。它可以是指一个大都市（Metropolis）、一个都市节点的密集聚居城市综合体，或者一个通勤、休闲的腹地，它或与行政界限不一致。拉维兹（J.Ravetz）以城市区域的概念对2020 年英国大曼彻斯特的发展前景进行深入研究，认为大曼彻斯特城市区域是一个以曼彻斯特为核心的"城市—腹地"地域系统，内部具有行政、产业、通勤、流域等联系，可以成为一个有效的功能区域。

单中心集聚的城市布局模式下，交通体系的构建基本是围绕着核心区展开，城市交通系统为典型的环—放式的结构，这一结构将大量交通流引向城市核心区，造成大城市核心区的交通高度拥挤。因此，随着城市规模的不断扩大，单中心集聚发展的必然结果就是城市的无序蔓延与扩张，俗称"摊大饼"，对城市的交通、环境、居住的适宜性等均带来较大影响。

为避免城市单中心集聚发展带来的人口密度过大、用地紧张、交通拥挤和环境恶化等一系列城市病，许多国家和地区政府及城市规划专家提出了"多中心"组团式的城市布局发展模式。多中心组团式布局的城市将大城市中心区过分集中的产业、人口和吸引大量人流的公共建筑分散布置在中心区外围的各个组团之中，组团之间以绿带分隔，此布局模式使城市各部分都能自由地扩展，其新的发展部分不会对原有城市产生破坏和干扰。因而，多中心布局被认为是大城市扩张的主要发展趋势。多中心、多组团城市布局的交通效率的关键在于各组团间的交通运转效率，如何通过发达的交通系统将分散的组团布局整合起来，形成整体，是多组团布局模式下交通发展的关键所在。

总结国内外大城市交通的发展经验，在长期的发展过程中，均根据自身的社会经济水平、区位、空间布局、交通设施水平等形成了特有的发展模式，大体分为以下三类：

一是以小汽车为主导的发展模式。该模式的机动化程度较高，个体机动车出行比例占出行总量的 50% 以上。该模式与弱中心、低密度的城市用地布局，高标准、高密度的城市道路网络，以及相对滞后的公共交通服务网络密切相关。比较典型的是北美城市，如洛杉矶。

二是小汽车和公共交通并重的发展模式。该模式体现了交通方式的均衡性，公共交通和个体机动出行比例均达到 30%～40%。该模式与强中心、有序拓展的城市用地布局，发达的城市道路网络，以及发达的公共交通服务网络密切相关。比较典型的是欧洲城市，如伦敦。

三是以公共交通为主导的发展模式。该模式体现了公共交通的主导性，公共交通出行比重高达 50% 以上，而个体机动车比重小于 20%。该模式与强中心、高密集的城市用地布局，高度发达的公共交通服务网络，以及通达的城市道路网络密切相关。比较典型的是亚洲城市，如中国香港、日本东京、韩国首尔、新加坡等。

城市空间布局是城市交通模式选择的重要影响因素，城市空间布局与交通模式之间具有相互导向作用，城市空间布局特征与交通工具发展及出行方式结构的变化密切相关，主导交通方式影响着城市形态的拓展速度及其形式，同时城市空间布局反作用于城市交通方式的选择。单中心集聚的城市空间模式比较常用的交通出行模式为公共交通为导向的出行模式，该模式可以避免将大量机动化交通引入核心区域，加剧核心区域的交通压力。多中心布局的城市空间模式则体现在交通模式选择的多样化。在各中心城区内部，可能较宜采用公共交通为主导的发展模式，类似于单中心集聚，而在各中心之间则可以根据不同的要求，采取公交主导、公交与小汽车并重、小汽车主导等多种模式。

（2）滨海新区城市空间布局特征及对交通的要求。

近年来，国际特大城市已向多中心城市区域的模式发展，这种转型是功能扩散和疏解的过程，而现代化的科学技术和城市生活空间的新理念对这种模式的成功实践起到有力支撑。滨海新区天生具备"城市区域"的特征与潜质。目前滨海新区城市空间发展的核心特征是沿南北向 90 千米岸线面海带状展开，具有鲜明的海湾型城市地区特征，为典型的超大型城市尺度、多极核生长状态、多区域舒展格局。

滨海新区"多中心、多组团、网络化海湾城市区域"空间布局规划改变了单中心聚集、"摊大饼"式蔓延发展模式，改变了传统的城镇体系规划和以中心城市为主的等级结构，适应了产业创新发展的要求，呼应了城市生态保护的形势，顺应了未来城市发展的方向，符合滨海新区的实际。

首先，超大空间尺度要求构筑区别于传统的交通组织模式。滨海新区区别于传统的城市区，是一个城市区域的概念，各片区之间的空间距离普遍在 30 千米左右，组团之间的超大尺度决定了传统的城市交通组织模式无法实现理想的时空通达目标，必须探求新的适应这种超大尺度空间布局的交通组织形式。

不同交通方式出行指标分析

交通方式	运营速度（千米/时）	线路长度（千米）	出行距离（千米）
地铁、轻轨	35～40	25～30	8～10
常规公交	15～18	15～20	5～7
快速公交	22～25	15～25	8–10
快速路	40～60	—	—

其次，"前港后城"布局要求有效协调港城交通、客货交通的关系。滨海新区作为一个港口城市，是典型的前港后城、港城紧邻的布局模式，港区面海带状展开，以多级生态廊道分隔城市组团与片区；同时天津港本身是比较典型的腹地型港口，绝大部分集疏港交通来自内陆腹地，而水水中转不足 2%，疏港交通为尽端式、扇形发散通往腹地，与城市直接发生矛盾，导致滨海新区港城交通混杂的必然性与严重性。

滨海新区规划空间布局要求体现交通组织的层级性。在天津"双城双港，相向拓展，一轴两带，南北生态"空间战略的指导下，《滨海新区总体规划（2009—2020）》提出未来滨海新区将构筑"多组团、网络化"城市区域的空间发展模式，形成"一城双港三区五组团"的城市空间结构，支撑新区轴带式发展格局。

滨海新区不是传统的城市集聚区，是由多个功能组团组合而成的多中心、网络化的"城市区域"，这就决定了其交通系统组织与交通模式选择的多层级性。主要体现在：

对外交通：滨海新区与周边其他港口、城市之间，要有强大的区域枢纽功能，以及发达的对外交通网络，以充分发挥滨海新区的区域服务、辐射与带动功能。

双城交通：中心城区与滨海新区核心区之间，要求双城间交通通畅、便捷，满足高效、快捷通勤的需要。

区间交通：中心城区、滨海新区核心区与各功能组团之间，要求联系顺畅，具有较好的可达性。

区内交通：滨海新区各片区内的空间布局多样化，具有明显的差异性，既有集中发展的城市区（城区型，圈层式发展结构，滨海新区核心区），又有多组团围合而成的片区（片区型、北部片区、南部片区、西部片区），不同类型的区内空间布局，对于交通组织模式、交通网络布局等的要求具有较大的差异性。

滨海新区应根据其特殊的空间布局，合理组织对外交通、双城交通、区间交通、内部交通等不同层次、不同方式的交通需求，同时要协调与疏港交通之间的关系，加大交通设施整合，强化各种交通方式的衔接，实现内外交通分离、长短交通分开、快慢交通分流、客货交通分行。

（3）滨海新区综合交通发展模式设想。

滨海新区超大的空间尺度、多极核的生长状态、多样的自然历史特征、多元的行政及空间区划、不平衡的经济发展状况，决定了其不是一般意义上的城市，而是一个城市区域。这就要求我们以新的规划理念，探索适应新区发展要求的空间布局模式、结构和形态，引导滨海新区的科学发展。随着滨海新区国家发展战略的全面推进，必须高效地整合滨海新区各种交通系统，持续动态地协调交通与经济社会、生态环境、城市空间的繁杂关系，最大限度地发挥综合交通的整体效应。

由于自身特殊的空间布局形态与发展特征，滨海新区的交通出行模式不仅仅局限于某一种模式，而应是在不同层面体现不同的交通出行模式。因此，滨海新区在总体发展思路方面，提倡以公共交通为主导的出行模式，但分片区、分层次又具有差异性，从而充分体现滨海新区的布局特点，打造属于滨海新区自身的特有的交通发展模式。

区间出行：提供公交与小汽车出行比例相对均衡的出行结构（小汽车模式与公共交通模式并重）。在为区间公共交通提供便捷出行条件的同时，考虑区间交通对出行的机动性要求。

片内出行：整体鼓励以公共交通、自行车、步行等为主导的绿色交通出行方式，但各片区又有差异性。

滨海核心区，绿色出行比例近80%，为典型的公共交通发展模式。滨海核心区以轨道交通为主导，应通过分区域差异化停车、交通拥挤收费等措施适度限制小汽车出行。

其他片区则根据发展要求，鼓励多样化公交出行方式，不同的功能定位与发展要求，所提倡的出行模式会有一定的差异性，比如中新生态城，则是积极打造以公共交通为主的绿色交通系统，而临港经济区等产业园区，其机动化出行的比例会明显高于公共交通出行的比例。

滨海新区交通出行结构设想

出行方式	区间（2030）			片区内（2030）			
	双城	塘沽—汉沽	塘沽—大港	核心区	北片区	西片区	南片区
公交	60%	55%	55%	40%	35%	35%	36%
自行车	0	0	0	25%	20%	20%	20%
步行	0	0	0	12%	10%	10%	12%
小汽车	40%	45%	45%	23%	35%	35%	32%

（4）滨海新区规划对职住平衡的考虑。

改革开放初期，我国各种各样的开发区涌现，成为城市发展的重点地区。当时，认为开发区应该以工业为主，因此，在规划中生活配套缺乏。农民工绝大部分住在工厂内，条件较差。而城市户口的工人、管理人员大部分仍然住在老城区，造成长距离的通勤。目前，虽然人们的生活水平和居住条件有极大的改善，但规划中对产业工人的居住问题、通勤问题考虑得还是不够。

天津滨海新区面临着同样的问题，而且更加突出。虽然有塘沽城区作为依托，但天津经济技术开发区距中心城区 40 千米，许多管理人员和技术工人仍然住在中心城区，每天 10 多万人的长距离通勤成为影响滨海新区企业发展的一个主要问题。交通成本高，而且有时受气候影响，造成高速公路封路或堵车，会严重影响到企业生产线的正常运转。一些外来工人，经过多年的努力，已经成为企业的技术骨干，结婚生子。由于房价高，许多人在开发区买不起住房，在房价合适的地方置业，又造成长距离通勤，成为影响骨干职工稳定的不利因素。

针对新区多组团布局，在规划中认真考虑职住平衡问题，每个组团努力做到职住相对平衡，一些特殊的工业组团不宜居住，也

在其附近规划居住为主的组团与之配套，尽量减少大量长距离通勤。对传统的产业区，如开发区、开发区西区、空港加工区、滨海高新区等，在保证产业发展用地、蓝白领住宅用地的前提下，尽可能多地安排居住用地，提高配套标准，营造良好的自然环境。同时在其周边布置城市生活区，与产业区功能互补，弥补住宅量的不足。另外，在以生活居住用地为主的中新天津生态城和滨海旅游区，规划了一定比例的产业用地，为区域的发展提供产业的支撑，也取得职住平衡。即使在于家堡、响锣湾中央商务区，也规划了一定比例的住宅和公寓用地，又避免晚上形成"鬼城"，保证城市中心夜间的繁华。

（5）滨海新区产业布局与交通的关系。

滨海新区按照高端高新高质的产业发展方向和集聚集约发展的原则，规划建立由航空航天、石油化工、装备制造、电子信息、生物医药、新能源新材料、轻工纺织、国防科技等八大支柱产业以及以金融、物流和旅游为重点的现代服务业所构成的产业体系。在产业布局上，一方面，在新区范围内按照南重化、北旅游、西高新、中服务、东港口的格局进行产业发展布局；另一方面，从区域协同发展的角度进行考虑，沿主要交通轴线布局产业功能区。滨海新区

总体产业发展轴线比较明确，一条是从天津中心城区到港口、东西向的京津塘高新技术发展轴，一条是南北向的沿海发展带，与北京、河北省黄骅和曹妃甸在产业发展上形成联动。在此基础上，按照国务院国办 20 号文件中提出的"建设各具特色产业功能区"的要求，规划形成产业布局相对集中、各功能区分工明确、布局合理的九大产业功能区的空间格局，明确了各功能区产业发展的方向。

在京津塘高新技术发展轴和沿海发展带两轴带的交会处是滨海新区核心区和天津港。滨海新区核心区，作为天津市双城区之一，重点建设中心商务区、海港物流区、临港工业区、先进制造业产业区。中心商务区范围 53 平方千米，其中于家堡响螺湾建成以金融创新功能为主的商务办公区；开发区商务区建成以生产者服务业为主的现代服务区，形成"双核"格局。海港物流重点发展集装箱运输，将以煤炭集散的散货物流区调整到南港工业区，减少对环境的污染。整合原临港工业区和临港产业区形成新的临港工业区，打造临港重型装备制造业高地。

西部片区重点建设滨海高新区、临空产业区、先进制造业产业区等三个功能区，构成高新技术产业集聚区，引领区域产业升级。临空产业区重点发展航空运输、航空设备制造和维修、物流加工、民航科技等。滨海高新区重点发展生物技术和创新药物、高端信息技术、纳米和新材料、新能源和可再生能源。开发区西区重点发展航天设备制造、汽车制造、电子信息等，建成高水平的现代制造业基地。

南部片区重点建设南港工业区。将重化工业向南港工业区集聚，建成世界级重化工业基地。南港工业区为港口和重化产业的复合体。配合南港工业区建设，大港城区向东侧盐田拓展，形成与南港工业区配套的生活区。南港工业区与大港城区之间建立生态及产

业隔离带，实现重化产业与城区的分离。以南港工业区为核心，以大港民营经济园、纺织工业园为节点，依托龙头企业，延伸下游产业链，做大做强精细化工、化纤、橡胶、塑料等行业。

北部片区重点建设中新生态城和滨海旅游区，建设成为以宜居旅游为特色的环渤海地区休闲旅游基地、国际生态示范城市。海滨旅游区建设成以世界级主题公园和海上休闲总部为核心的国际旅游目的地、京津共享的海洋之城。中新天津生态城规划定位为国家级生态宜居的示范新城。汉沽城区利用盐田和填海向东拓展。配合功能区建设，推进汉沽天津化工厂和开发区现代产业区化工企业的南迁和产业结构调整。

通过以上产业布局规划调整，为滨海新区的产业发展提供了空间，为产业升级提供了有力的支撑。首先，优化了传统的京津塘高科技走廊，突出了机场和港口对航空航天等高新技术企业的比较优势，配套完善了生产性服务业、企业经营和研发总部以及生活服务设施的建设，为企业发展和创新提供更好的环境。其次，强化了沿海发展带，更加合理地利用岸线资源，在发展港口和港口工业的同时，为生态和旅游留出空间。通过南港工业区的规划，在新区南部增加了产业发展向西的第二通道，也能更好地与河北内地衔接。

（6）滨海新区大项目布局和产业链建设与交通的关系。

尽管有了功能区和产业用地的布局规划，但要实现这样的规划，还需要解决产业发展深层次的问题，比如一个产业龙头企业用地的条件、产业链的形成、创新环境的培养等。密歇尔·波特教授在 1998 年发表的《产业链和新竞争经济》以及 2001 年发表的《区域和新竞争经济》等文章中指出，产业链和产业簇群需要专业化和高品质，包括劳动力、资本市场、技术基础和基础设施等，需要当地市场，需要有竞争力的对手，需要有高水准的相关配套行业。同

时，政府的角色定位要准确，要把经济政策和社会政策结合起来。经验表明，产业链和产业簇群是自主创新的源泉。滨海新区以空客 A320 天津总装线为龙头的航空产业，在短时间内形成了从机翼、发动机等部件到总装、物流、航空金融租赁、航空运营、航空研发的产业链，形成新区新的支柱产业且具有良好发展的形势。

一个产业的龙头项目对产业的发展和产业链的形成十分重要，而且龙头企业对项目用地规模和区位、交通条件一般都有严格的要求，这样的资源十分紧缺，属于战略资源，规划中必须控制预留，并给予特殊需求的交通、市政基础设施和环境的保障。如航空航天产业，天津空客 A320 总装线要求试飞跑道和空域，超长超宽大部件需要从国外海运、港口上岸，需要从港口到工厂的大件路运输通道。我国新一代运载火箭，超长超宽大部件需要从港口外运。风力发电、海水淡化等大件设备也需要与港口和内地市场的大件路运输通道。汽车工厂大量成品需要运输，最经济的也是海运，也需要靠近港口。电子行业的龙头企业，如芯片、液晶平板、模组等则对空气、震动、地磁场等有严格的要求，而且以航空运输为主，要靠近空港。

4. 滨海新区交通发展战略

（1）提升两港功能。

将海空两港打造成为国际化区域性交通枢纽，发挥滨海新区对区域的服务、辐射与带动作用。海港方面，优化功能，打造综合性大港，凸显天津港的区域引擎作用。实施双港区战略、拓展空间、优化港区布局；同时实施功能整合，散货南移，优化港区功能，将北港区打造成为国际航运贸易、金融服务中心。空港方面，提升规模，向综合性门户枢纽转变。一方面加快机场设施建设，改善集疏交通条件，构筑海—空、空—铁联运系统，提升区域职能；另一方面搬迁杨村机场，优化空域环境，同时预留环渤海海上商务机场。

（2）强化对外大通路。

通过打造发达的对外铁路、公路网络，扭转滨海新区在区域交通中被边缘化的趋势，提升新区的区域交通枢纽地位。铁路方面，在客运上打造以滨海新区为核心的区域快速客运系统，连接渤海湾主要港口城市，增强滨海新区的服务辐射功能；在货运上强化对港口的支撑，对外打通直通区域腹地（尤其是西部）的大通道，构成距欧亚大陆桥最近的通道，对内提高铁路集疏港比例，将铁路在天津港集疏运中的比例由现状的 20% 提高至 35% 以上，并在滨海新区核心区域外围实现铁路绕城，以减少对城区的干扰。公路方面，打通与周边港口、城市、产业区的通道，构筑以滨海新区为核心的环渤海地区网络化高速公路布局。

规划形成"1 环 11 射"的高速公路网布局，1 环为滨海新区高速环线，11 射为新区 11 条对外辐射通道，其中京津方向 3 条通道，北部方向 3 条通道，南部方向 3 条通道，西部方向 2 条通道。

（3）实施客货分离。

货运方面，形成由高速公路、普通公路、城市干道、普通铁路组成的多方式、多层级的集疏港货运网络。构筑对外集疏港复合走廊，在各主城区外围形成保护壳，减少对城市交通的干扰。核心区内划定货运通道，禁止货运车辆随意穿行，减少对城区交通、环境的干扰。高速公路直达区域腹地，形成高速疏港通道，普通公路与市干线公路网相连，形成通往市域及周边城市的非收费疏港道路系统。

客运方面，形成以区间快速通道为客运主骨架，城区内部差异化道路网络为补充的新区客运路网系统。规划新区客运主骨架结合三个城区布局，形成城区外围交通保护环，以合理组织内外交通、客货交通；强化双城、滨海新区沿海发展带的联系，兼顾中心区对滨海南北片区的辐射。

（4）公交优先。

打造以轨道交通与快速公交为骨架的多层级公共交通系统，突出公共交通先导的地位，引导城市空间布局合理拓展。轨道交通，构建快慢结合、长短有序、层级分明的4级轨道网络，实现差异化服务。其中，高速轨道服务长距离、主城区之间的联系，利用城际（高速）铁路开行双城之间通勤客运，实现主城区15分钟内快速直达；快速轨道服务于中距离、重要组团之间的联系，实现30分钟内快速通达；城区轨道服务于短距离、高强度开发的主城区内的交通联系；接驳轨道服务于城区轨道未覆盖地区，以有轨电车为主，实现与快速轨道的接驳，服务组团内部。常规公交方面，形成由区间快线、快速公交、城区公交组成的公交线网系统，同时强化综合客运枢纽建设，以客运枢纽为依托，带动用地形态与布局的调整，有效衔接内外客运方式。

5. 港口发展和新的城市区域交通方式

港口是天津和滨海新区的核心资源和竞争力所在。要建设国际航运中心和物流中心，成为对外开放的门户，必须加快天津港的发展，完善疏港交通，延伸腹地。同时，必须处理好港口与城市的关系，建设综合交通体系，大力发展公共交通，保证"多中心、多组团、网络化海湾城市区域"理想的空间布局模式的实现。

（1）滨海新区港口与疏港交通和客运交通规划。

港口是城市重要的资源，是重大基础设施。港口本身的布局及其配套的疏港交通等设施对城市的影响是巨大的。历史上天津港作为海河口开挖的人工港，与塘沽区的发展重叠，形成港后城市的格局，形成港城矛盾。随着开发区、保税区的建设和发展，这一矛盾变得更加突出。天津港吞吐量从1990年2400万吨达到2007年

3亿吨，疏港道路交通基本没有大的变化。港口后方城市的布局决定了大量疏港交通从城市中心穿越，交通拥挤、环境污染、混乱的局面大大影响了城市的品质。因此，天津城市空间发展战略和城市总体规划提出建设南港区、疏解部分港口功能，可以逐步改变港后城市这一矛盾。

滨海新区城市总体规划和道路交通专项规划落实天津市空间发展战略、天津港总体规划和海洋功能区划，结合"双城双港"战略和"一港八区"港口布局，按照"港兴城兴"的原则，破解港城矛盾，提高疏港功能。针对对外交通特别是疏港交通，规划沿城市组团和片区边缘，结合生态廊道构筑由高速公路与普通铁路组成的复合疏港通道直接入港，尽端式疏港交通、扇形发散通往腹地的疏港模式，形成疏港绕城的格局。在城市外围规划疏港专用通道和城区保护圈，既提高了疏港能力，满足天津港远期7亿吨吞吐量的疏港需求，又避免港口与城市直接发生矛盾，进一步减小对城市的影响，城市环境和疏港交通都得到改善，形成港城交通及内外交通有效分离、客货运输协调有序的现代港口城市交通体系。

（2）滨海新区轨道交通规划。

为实现滨海新区"生态宜居城市"的发展目标，结合"多中心、多组团、网络化海湾城市地区"的空间布局，构筑以大运量轨道交通为骨干，以常规公交为主体，以出租车等为补充的公交系统，统筹交通体系，打造畅达新区，使中心城区与滨海新区、滨海新区核心区与各功能区组团之间快速通达。

轨道交通分为铁路和城市轨道两种类型，随着高铁技术的发展，城际铁路和城市轨道紧密结合，形成一个整体。结合不同轨道的交通特征，滨海新区形成快慢结合、长短有序、层级分明的轨道交通布局结构体系。规划将京津城际铁路延伸到新区中心商务区于

家堡，与 3 条地铁无缝衔接，形成新区的公共交通枢纽，从枢纽步行可到达商务区的核心和海河岸边。城际铁路从北京南站到于家堡枢纽只需要 45 分钟，而且与天津滨海国际机场、远期与北京首都国际机场相连，方便与北京和世界的联系。考虑到滨海新区对外交通联系，经过努力，将原规划从新区外通过的津秦客运专线引入新区，在新区核心区设站，成为新区对外客运的高铁车站，也成为天津沟通东北、华北和华东的铁路客运枢纽。规划 3 条地铁线与津秦高铁站无缝衔接，形成换乘枢纽。同时，优化确定环渤海城际铁路线位和车站，使一城三片区都有城际高铁车站和公共交通枢纽。布局利用城际铁路线，开行公交化城铁，服务城区之间长距离点对点客运出行，实现 15 分钟直达。

滨海新区确立了比较高的城市轨道交通规划目标。滨海新区要建设成为体现生态、节能、环保的公交城市，2020 年公共交通占总交通出行的比例达到 40% 以上，其中轨道交通承担新区核心区 60% 以上的公共交通客流；服务于中距离、重要组团的客运出行要求，建设市域快线，实现新区核心区至中心城及多个主要功能区之间 30 分钟快速通达。实现滨海核心区 60% 以上居民步行 10 分钟内到达轨道交通车站。同时做好各组团站点规划和组团内喂给线的连接，提高公共交通的效用，真正形成公交为导向的城市区域。考虑滨海新区地质条件较差的情况，轨道线尽量沿生态廊道采用地面或高架形式建设，减少工程造价，保证安全。做好站点、喂给线路、步行系统规划，与轨道线网共同构成新区完善的公共交通网络。

根据新区城市组团型布局特点，轨道线路分为市域线、城区线两级线网。其中，市域线服务新区及市域内长距离交通出行，运行速度达到 80 千米 / 时以上。通过市域骨干线串联各组团、对外交通枢纽及城市中心，带动城市外围地区发展。城区线主要在滨海

核心区布设，规划形成结构完整的线网。通过枢纽与市域线衔接，为骨干网收集客流，并满足城区内居民出行需要。其他功能区内设置接驳线通过换乘枢纽与市域骨干网衔接，满足城区内居民对外出行需要。区内线根据各片区需求选取地铁、轻轨、有轨电车等多种模式。根据功能及服务范围，轨道交通枢纽分为二级，其中 3 条及 3 条以上轨道线路相交的轨道车站为轨道交通一级枢纽站。

4 条市域线规划构成的"两横两纵"布局结构。其中两横为 Z1、Z2 线，与城市发展主轴一致，分别位于海河南北两岸；两纵为 Z3、Z4 线，Z3 线沿城市南北中轴方向布设，拓展城市未来发展空间，Z4 线有效促进沿海城市发展带的发展。Z1 线连接南部新城及双城区，形成海河南岸的快速客运主通道，在新区内经过响螺湾、于家堡、开发区 MSD 等重点发展区域，线路可实现新区与中心城区天钢柳林副中心、友谊路行政文化中心直达联系，全长 115 千米。Z2 线沿京津塘发展主轴布设，串联了双城区之间北侧产业组团，新区内经过机场、航空城、高新区、开发区西区、滨海西站、滨海海洋高新区、北塘、生态城、滨海旅游区、中心渔港、汉沽新城等重点发展区域，可实现新区与中心城区西站副中心的连通，全长 115 千米。Z3 线线路连接了重要的旅游宜居组团、新城与海河中游地区，构成城市中轴线，新区内经过东丽湖、航空城、军粮城城际站、大港新城、南港生活区等地区，全长 170 千米。Z4 线沿海发展带布设的南北向线路，促进南北两翼与滨海核心区之间的协调发展，沿线主要经过北塘、开发区、于家堡、南部盐田新城、大港新城及南港等重要地区，全长 65 千米。

滨海新区核心区范围内，以市域线及现状津滨轻轨为基础，以于家堡城际站、高铁站、北塘站等综合换乘枢纽为核心，布设核心区区域线网，形成覆盖核心区的轨道交通网络，实现核心区

60% 的居民步行 10 分钟到达轨道车站的目标。在核心区范围内规划轨道线路总规模 220 千米，三线以上的一级换乘枢纽 4 座，两线换乘枢纽 24 座，各个换乘枢纽均位于核心区各城市功能板块的中心地区。随着规划工作的深入，将在生态城、空港经济区、高新区及旅游区等功能区内规划布设区内线路，结合实际情况选取有轨电车及快速公交系统（BRT）等模式，通过枢纽车站纳入市域快线和城区线轨道交通网络。

根据预测，新区近期轨道交通线网将承担 100 万人次的轨道客流量，直接服务沿线 130 万的居民及工作岗位。按照满足新区城市居民出行需求、支持城市重点地区建设的原则，考虑到轨道交通建设投资大、周期长等特点，安排滨海新区范围内轨道交通近期建设线路 Z1 线中心城区文化中心至于家堡段、Z2 线滨海机场至汉沽段、Z4 线于家堡城际枢纽至北塘段以及 B1 线全线，共计 152 千米，争取在 2015 年形成滨海新区轨道交通基本骨架。配套建设区内接驳线，生态城正在组织编制区内轨道环线规划建设方案，将实现与市域 Z4、Z2 线的换乘，确保生态城与滨海核心区和市中心城区的快速通达。

在各组团中心设置轨道枢纽，以枢纽组织市域线和城区线，实现多种交通方式"零换乘"。规划了于家堡城际站、滨海西高铁站、胡家园和东海路站等多处综合交通换乘枢纽。结合京津城际延伸线于家堡站的建设，同步编制了站区 3 条轨道交通线路预留工程方案；结合津秦客专高速铁路滨海西站的建设，同步编制了站区 3 条轨道交通线路预留工程方案，实现城市轨道交通与高速铁路、常规公交、出租车等多种交通方式的"零换乘"。新区轨道的建成投入使用，将改善交通环境，使市民切实享受到轨道交通为工作生活带来的便利，拉近新区各组团空间距离，实现宜居的滨海生活。更重要的是

改变传统上以机动车拉动城市发展的旧模式，从开始就让人们习惯公交出行、绿色出行。

（3）海河下游通航标准。

按照原有规划，海河下游段是天津港海河港区，海河下游通航标准为 3000 ~ 5000 吨，桥梁下净空要达到 35 米左右。如果采用高架桥，不仅造价高，桥梁坡道势必很长，对城市空间环境影响大。建设隧道也面临造价高、坡道太长难以处理的问题。建设开启桥不仅造价太高，而且经常开启，严重影响两岸交通通行。各方面专家一致认为海河在滨海新区核心区段不适合大吨位海轮通航，应该以中心商务区发展作为前提，仅满足公共交通中通勤船只和旅游观光船只的航行需要即可。经过专题研究，对沿河企业的运输要求进行详细调研，考虑降低通航标准为内河航道 1000 吨为宜，跨河大桥的净空就可以降低到不小于 10 米，较好地协调了海河通航标准与城市发展的关系。

四、滨海新区城市市政基础设施规划的主要内容、特色和创新

"基础设施（Infrastructure）"，源自拉丁文"Infra"，义为"基础""下部（底层）结构""永久性基地（设施）"。随着经济和社会的发展，经济学家将"基础设施"一词引入经济结构和社会再生产的理论研究中，以"基础设施"来概括那些为社会生产提供一般条件的行业。广义的基础设施分为生产性基础设施和社会性基础设施两大类。本部分谈及的主要对象是市政设施为主的生产性基础设施。

十年来，滨海新区在市政基础设施规划方面做了大量的工作，满足了新区完善各项市政配套系统的需要和工程项目的建设要求，构筑了绿色高效的配套设施网络，为新区的高速发展提供了保障。

1. 滨海新区生态型市政基础设施规划的思路和原则

（1）树立生态型基础设施的观念。

生态城市和绿色发展理念是新区城市总体规划的一个突出特征，也是市政基础设施规划的主要思路。近年来，我国人居环境总体得到改善，城市市政配套设施水平得到不断提升，但普遍存在水资源短缺、水体污染、大气污染、垃圾围城等环境问题。许多城市，虽然给排水包括污水处理水平和能力越来越好，但区域水环境不断恶化。尽管城市供热普及率不断提升，但大气污染和雾霾天气不断恶化。城市中公园绿地逐步增加，市政管线入地，但是在城市外围垃圾围城，污水横流，市政管线对土地随意切割。大的环境不改善，小的环境从何谈起。另外，滨海新区作为一个城市区域，就不得不突破城市的小圈子，统筹考虑整个城市区域生态环境的改善。由于自然条件原本比较恶劣，生态环境底子较差，加上多年来的积累，滨海新区形成了许多非常棘手的生态环境问题。要成为实践科学发展观的排头兵，滨海新区必须在资源节约、环境友好的发展方式转变上取得突破，必须使整个城市区域的生态环境，包括区域内流域的河流水体和海水水质、区域空气质量、绿化水平、固体废弃物无害化处理、动植物生态多样性、生态安全等得到根本改善。要做到这一点，首先城市市政基础设施的规划建设必须树立生态绿色的理念，结合新区自身的特点和问题进行提升。

生态型基础设施是指在节约利用资源的基础上，能够最大限度地支撑和保障城市发展，同时在建设及使用过程中不产生污染，或对其产生的污染能够进行妥善处置，最终实现经济效益、社会效益、生态效益三者和谐统一的安全、高效、可持续运转的基础设施。以目标为导向挖掘生态型基础设施的内涵，可将其分解为4个特征目标：集约高效、循环再生、低碳生态、安全智能。

（2）滨海新区生态型基础设施规划的原则。

从工作伊始，在滨海新区市政基础设施规划建设上，我们就强调要采取新的观念和方法，除了在技术上学习应用国内外先进技术和经验外，一直倡导树立新的规划理念，除去生态型基础设施的理念外，我们还针对新区的特点，强调了以下几方面的规划原则。

首先，强调统筹的原则，改变过去水资源专项、给水专项、排水专项分别编制规划的习惯做法，将以上专项及水处理、河道规划、水环境规划等整合为水专项。将电力、燃气、供热等整合为城市能源专项。城市供水是现代城市的重要基础设施，解决城市水资源短缺的问题，一方面要积极开源节流，另一方面要协调城市发展规划与当地水资源可持续利用之间的关系，使城市发展规模、产业结构、可容纳人口数与当地水资源承载能力相适应。城市要提倡分质取用水，即根据用水对象的不同，合理确定供水水质级别，使居民饮用水与环境用水、景观用水、清洁用水分开。同时加快城市中水回用、雨水资源化、海水淡化利用的步伐，这样不仅可大大减少城市清洁水的使用量，同时可减轻污水处理的负担，使得污水排放量有所减少，有利于水环境的改善。

其次，集中布置市政廊道，节约土地和空间资源，减少对大地景观的破坏。滨海新区是港口城市，不单是一个集中的城市，而且是一个城市区域，所以有很多大型基础设施，包括高、快速路，高速铁路，高压走廊和长输管线穿越这个地区，由于一直缺少规划，特别是缺少生态型基础设施的观念，使得这个地方非常混乱。高速公路、电力走廊、化工管线等怎么经济怎么走，造成的问题非常多。在总体规划阶段，道路交通和市政基础设施就必须与土地利用和城市总体设计紧密结合，土地利用、城市总体设计与大型基础设施是相互配合的整体，也是大型基础设施取得最佳效益的前提。高速公路、铁路、高压走廊及运输管线对城市和区域的分割作用是巨大的。结合多中心组团式布局，将大量长距离的道路和市政基础设施与绿化和生态廊道结合，从组团外围通过，既不穿越城市，又为城市组团提供方便的服务。

第三，强调市政基础设施是城市文化组成部分的观念，各种设施、管线布局要考虑城市景观。在总体结构确定的情况下，大型基础设施具体的规划设计也十分重要，要在注重工程设计的同时，对城市空间环境和景观给予足够的重视。在城市中心区取消高架路和立交桥。重要交通和市政走廊的选线，除地质、场地等条件外，历史遗迹、生态环境和景观作为选线的重要考虑因素，使得其既是交通走廊，同时也是景观走廊，是展示城市美的通道。

港口的设计也很重要，不应单纯作为一个满足作业要求的码头，还要有良好的形象，因为码头是城市面向世界的门户。在天津东疆港的规划设计中很好地考虑了这项内容，效果明显。另外，随着位于海河口的天津新港船厂搬迁到临港工业区新址，在海河口规划设计中，老厂址拥有城市功能，形成城市港湾，使滨海新区的核心区真正成为看得到海的滨海城区。

大型基础设施的规划设计与景观设计同步进行、同步建设。大型热电厂、污水处理厂、垃圾处理厂和垃圾发电厂等选址尽量放在城市边缘，具体设计方案要考虑尽量减少对环境的负面影响。市政场站等设施不容许选址在道路交口等显著位置，停车设施也要隐蔽在建筑之中，避免临主要街道设置。城市内部重要河道的建设不仅要满足防洪、排水等功能要求，更要成为城市景观的中心。大型河道、水库、大坝、大堤等，应该与城市区域郊野绿化结合，成为绿色环境的整体组成部分。

第四，注重城市及工业管线安全。滨海新区作为一个石油化工产业发达的港口地区，历史上形成的许多化工厂、石油化学品仓库和各种工业、管线，毗邻城区，随着城市的扩展，安全问题突出。因此，天津市空间发展战略提出"双城双港"战略，确定在新区最南端填海新建南港和南港工业区，规划将现在的化工企业、石化仓库向南港搬迁聚集，减少对城市安全的影响。在城市总体规划实施过程中，我们也要十分注意新区的城市安全问题。2012 年规划部门会同新区安监局开展新区工业管线及危险场站点普查工作。2013 年，共获取 3076 千米化工类、油类、燃气等工业管线，以及82 个危险场站点数据，涵盖了新区 90% 以上工业管廊带及重要石化产业园区。就项目管理对一些化学危险品管线在规划选线方案审批前要求安监部门和环保部门提出明确意见。地铁规划选线时请天津市勘察院进行了滨海新区地铁规划建设地质条件分析课题研究。

2. 滨海新区生态型基础设施的发展策略

（1）滨海新区水资源综合利用。

水资源综合利用是指在特定的流域或区域范围内，以水资源的可持续利用和社会、资源、环境三者协调发展为目标，遵循公平、高效和可持续的原则，依照市场经济规律和资源配置准则，通过各种工程措施以及行政、经济、科技等非工程措施，合理抑制用水需求、有效增加供水量、积极保护水生态环境，对各种有限的可利用的水资源在区域之间和各用水部门之间进行合理的调配，使水资源在保持水质和水量协调统一的基础上，在经济、社会和环境等各方面产生最大的综合效益。

滨海新区是资源型缺水地区，为了提高水资源承载能力，规划坚持"节流、开源、保护水源并重"的方针，以"总量控制、统筹配置"为原则，安全、有效地利用水资源。构筑以本地水资源和外调水为主，再生水、淡化水、雨洪水等非传统水源为补充的多种水资源综合利用体系，形成优水优用、一水多用的水循环系统。

首先，滨海新区作为高水平的现代制造业和研发转化基地以及宜居生态型新城区，再生水应优先用于集中工业用水和生态环境用水，其次用于生活杂用。滨海新区再生水利用宜采用以集中型再生水利用为主，辅以分散型再生水利用的方式。一般来说，再生水用水量大，或者水质要求相近的用水，且邻近城市污水处理厂的，宜布置集中型再生水系统；再生水用户分散、用水量小、水质要求存在明显差异的用水，且远离城市污水处理厂的，宜布置分散型再生水系统。

其次，滨海新区东临渤海，拥有丰富的海水资源。一方面可以根据沿海工业区的低质冷却水需求量较大的特点，进行海水直接利用；另一方面可以打造以海水梯级利用和浓缩海水为重点的"海水淡化—制盐—化工产品提取"循环经济产业链。海水淡化厂应尽量结合热电厂、热源厂设置，利用生产过程中产生的廉价低品位余热造水，可大幅度降低淡化水制水成本。

第三，利用人工或自然水体、池塘、湿地或低洼地集蓄雨水，通过雨洪水厂净化后将雨水作为城市低质用水水源，主要可用于道路、绿地浇洒等市政杂用水，也可作为景观水体的补充水源。这种集中式的雨水利用在一定程度上可以增加水资源供给量，缓解城市水资源紧缺的现状，同时可以减轻汛期雨水管网的排水压力，并且有助于改善城市水生态环境。

（2）滨海新区的低影响开发。

低影响开发（Low Impact Development，简称LID）是基于模拟自然水文条件原理，以分散式小规模措施对雨水径流进行源头控制，从而使开发区域尽量接近于开发前的自然水文循环状态的一种雨水利用方法。从雨水处理模式的角度来讲，其核心是通过合理的方式，模拟自然水文条件，并通过综合性措施，从源头上减少城镇开发建设所导致的水文条件的显著变化和雨水径流对生态环境的影响。从城市设计和建筑设计的角度来讲，其核心是通过各种设计技术，按照水文功能等效原则，通过洼地贮存、渗透、地下水补给、降雨径流流量和容积控制等措施，维持和再现开发前的场地环境，减少开发带来的径流污染，并强调雨水处理措施与景观设计的结合，使景观设计和排涝、减少温室效应、节能结合起来，造就生态和谐的生活环境。低影响开发技术措施主要包括绿色屋顶、透水铺装、植草沟、生物滞留池等。

滨海新区结合城市景观设计因地制宜地开展低影响开发设施建设，具体包括以下几种形式：结合区内道路两侧景观设计设置植草沟，形成地表沟渠排水系统；在海河景观带、郊野公园、生态居住区利用自然形成或人工挖掘的浅凹绿地，集聚雨水，形成"雨水花园"；广场、停车场、小区甬路采用透水铺装替代硬化路面，降低径流系数，提高雨水渗透量；结合建筑单体设计设置绿色屋顶，在屋顶种植特定植被，形成立体绿化，消减屋面雨水径流量，去除雨水径流中的污染物，并储存部分雨水。

（3）滨海新区可再生能源和新能源利用。

可再生能源是指在自然界可以循环再生的能源，主要包括太阳能、风能、水能、生物质能、潮汐能、海洋温差等。新能源是指刚开始开发利用或正在积极研究、有待推广的各种能源形式。可再生能源和新能源的利用能够有效减少煤炭、石油等化石能源的消耗，减少污染物排放，改善城市大气环境。经过多年努力探索，目前滨海新区可再生能源和新能源发展的方向是完善多元化能源供应体系，提高可再生能源和新能源在能源消费中的比重，以优化能源结构为出发点，充分利用地区资源条件和现有基础，推进新能源的产业化发展。大力发展风能、太阳能等清洁能源，稳步推进地热利用，积极支持和引导生物质发电供热，加快开展科学研究，不断壮大新能源产业。

首先是智能电网的应用。电网智能化发展，有利于增强电网对可再生能源的消纳能力，推动包括风能、太阳能、生物质能等在内的可再生能源的开发利用，对于建设资源节约型、环境友好型社会，有效应对全球气候变化带来的挑战具有举足轻重的意义。建设统一的智能电网，有利于提高电网运行控制的自动化、智能化水平，提高电网的安全稳定性，有利于推动电网科技进步和自主创新，提升电网运行管理水平、供电安全可靠性和电能质量。优化电网结构，推动可再生能源接入技术的研究和应用，实现可再生能源的有序并网和"即插即用"，满足多样化的电力接入需求。

其次是太阳能综合利用。为积极落实国家要求，进一步加大滨海新区太阳能光伏利用，今后几年，新区将按照国务院《关于促进光伏产业健康发展的若干意见》，大力推动太阳能光伏开发利用，积极推进分布式光伏发电应用示范区建设。发展的重点区域主要包括工业园区以及公共建筑的屋顶（及侧面），以及在适宜地区发展光伏农业，可以结合农业大棚设置，可以利用鱼塘及湖泊设置。从滨海新区目前的发展情况来看，工业园区多以平屋顶的建筑类型为主，现有屋顶绝大部分没有考虑到光伏发电的要求。从目前的形势来看，太阳能光伏系统在多种可再生能源形式中具备较为良好的发展条件，包括自然资源条件及政策条件。鼓励适宜的待建产业园区采用光伏系统，将是缓解能源问题的有效手段之一。

第三是风力发电。风力发电也是在滨海新区具备良好发展前景的可再生能源形式之一。目前滨海新区风电发展规划的重点方向为积极发展海上风电。滨海新区沿海滩涂风力资源条件好，适于规

模化开发，"十三五"期间应加快发展，并对前期工作开展情况较好的风电项目给予政策扶持，重点支持已有风电场的后续扩建工程，保障其稳步扩大规模。随着我国风电产业迅速发展，技术水平不断提高，建设成本不断降低，风能资源技术可开发范围不断拓展。海上风电具有风资源持续稳定、风速高、发电量大、不占用土地等特点，已成为风电发展的一个重要方向。作为国家级示范区，滨海新区具有开发海上风电场的天然优势，应高度重视海上风电发展，鼓励风电投资商积极开展海上风电项目前期工作，给予政策上的倾斜。考虑到我国海上风电开发处于起步阶段，与陆上风电相比技术尚不成熟，应按照试点先行、逐步推进的原则发展海上风电，不宜"大干快上"。滨海新区风电发展重点区域为：沙井子水库周边、独流减河、子牙河、马棚口村等陆上区域及近海区域；汉沽北部与河北交界地带的盐田，滨唐公路、芦堂公路沿线区域及近海区域。

第四是地热资源。地热资源是高效、节能、环保的可再生能源。目前滨海新区地热资源被广泛用于供暖、生活热水、温泉洗浴以及康乐旅游等领域，开发利用规模位于中国各地区前列。地热资源已成为新区集中供热的辅助热源，为滨海新区蓝天工程做出了积极的贡献。滨海新区地热资源的利用原则是以资源可开采能力为前提，在保护中开发，在开发中保护。利用目标是尾水排放温度小于15摄氏度；用于供热的对井系统回灌率达80%以上。地热资源作为可再生能源之一，属于复合型矿产资源，其开发利用主要体现在提升地区品牌和社会、环境效应上。开发利用中应结合总体规划，将地热资源用于具有重大意义的项目中，如休闲旅游等，注重梯级开发，体现地热资源的复合优势。地热井取水供热遵循灌采平衡、同层回灌原则。

第五是其他可再生能源形式。滨海新区土地资源紧张，大规

模开发利用单一资源代价过高，应加大科技研发投入，积极探索多种资源综合开发利用技术。垃圾发电既能解决城市生活垃圾的处理难题，又节约土地，还能发电供热，是典型的循环经济。积极发展垃圾焚烧发电，扩大处理规模，提升处理工艺，拓展服务范围，充分发挥滨海新区生活垃圾综合处理示范带动作用。生物质沼气同样来自于生活垃圾，除上述的优点之外，可以与近年来新兴的天然气汽车产业结合发展，使新能源得到有效的利用。对地热资源的利用，技术较为成熟，但从目前滨海新区的资源条件来看，深层地热资源较为有限，适宜保持稳步发展的趋势，不宜急剧增加使用的规模。对于海洋能、氢燃料电池等新能源，近期主要以技术研究为主。

（4）滨海新区智能化通信。

随着城市化进程的不断加快，城市发展过程中存在的资源短缺、环境污染等一系列问题日益突出。为了摆脱当前城市发展所面临的困境，提高城市运行效率，2009 年 IBM 提出了"智慧地球"的概念，随后又推出了"智慧城市"的概念。智慧城市是以物联网、互联网等通信网络为基础，利用信息感知、自动控制、网络传输、智能处理等现代化通信技术，提高信息传递、交互和共享能力，实现城市智能化运行和管理。由此可见，智慧城市建设需要现代化的通信基础设施提供载体平台。

考虑到滨海新区信息传递量较大，要求信息传递更加快捷、更加智能，因此，在完善通信网络建设、提高通信系统传输能力的基础上，应当结合区内国际交流中心、核心商务区、国际企业总部基地等现代化功能区建设，进一步提升通信系统的智能化水平。具体措施包括：推进骨干光纤网络建设，实现通信基础设施与区域开发同步规划、同步建设、同步使用；加速网络宽带化进程，扩大出口带宽，减少至国际接口的节点，减少网络延迟；完善移动通信系统，优先使用电信新技术、拓展新业务；推进电信网、广播电视网、互联网三网融合，完成广播电视网络的数字化、双向化改造。

3. 滨海新区生态型市政基础设施的创新点

（1）滨海新区海水淡化和水环境改善。

天津是严重缺水城市，人均水资源占有量仅为 160 立方米，而且为水质性缺水，滨海新区目前所有河流都是劣五类水质。要改善滨海新区的生态环境，改善水环境是前提。规划采取节流与开源并重的策略，采用南水北调、雨水收集、中水深处理等系统的方法，来解决缺水问题，改善水环境，其中海水淡化是新区一大特色。

海水淡化目前逐步成为一项成熟的技术，经济上也具有可行性。20 世纪 70 年代，世界上一些沿海国家由于水资源匮乏而加快了海水淡化的产业化。例如，沙特阿拉伯、以色列等中东国家 70% 的淡水资源来自于海水淡化。美国、日本、西班牙等发达国家为了保护本国的淡水资源也竞相发展海水淡化产业。目前，海水淡化已遍及全世界 125 个国家和地区，淡化水大约养活世界 5% 的人口。随着成本下降，估计全世界的淡化水产量在未来 20 年里将增加一倍。

随着滨海新区的开发开放，大力发展海水淡化产业已成为解决水资源短缺的必然途径。伴随着北疆电厂 20 万吨 / 日、大港新泉 10 万吨 / 日等一批海水淡化及综合利用项目的建成投产，滨海新区淡化海水产量将达到 30 多万吨 / 日，约占全国每天淡化海水产量的 1/3 以上。滨海新区将成为全国海水淡化领域的"巨无霸"，为实现可持续发展打下坚实基础。

与海水淡化相比，对已经污染河流、水体的治理是一个更加困难艰巨的任务，也是滨海新区无法回避的挑战。中新天津生态城位于永定新河、蓟运河和潮白河三河交汇处，区内有蓟运河故河道和已形成几十年的容留天津化工厂等企业污水的污水库。中新天津生态城对汉沽污水库投入巨资开展了治理。而 3 条河流的治理则是流域治理的问题，需要上游的区县截流，建设完备的污水处理厂，这会是一个相对长期的过程。

同时，规划加快污水处理厂的建设，达到国家要求的每个开发区域必须有污水处理厂的标准。通过对污水处理厂规模的论证，结合滨海新区城市区域的特点，规划采用集中与分散相结合的布局，也便于中水的回用。学习新加坡的经验，对中水进行深处理，生产新生水，达到饮用水的标准，为滨海新区的水资源提供一个新的渠道和保证措施。

（2）滨海新区循环经济和节能减排。

因地制宜，发展循环经济，是转变经济增长方式、节能减排最有效的途径。利用海水、盐田等自然资源，综合解决滨海新区缺水和需要大规模发展空间等关键问题，滨海新区在发展"发电—海水淡化—浓海水制盐"这一循环经济方面已经取得了初步成效。

被列入国家第一批循环经济试点的北疆发电厂，位于汉沽蔡家堡汉沽盐场盐田中，临海岸布置，是国内首家采用世界最先进的"高参数、大容量、高效率、低污染"的百万千瓦等级超超临界发电机组，采用目前国际最高标准的除尘和脱硫装置，各项环保指标均高于国家标准，废弃物全部资源化再利用并且全面零排放。在发电的同时，采用"发电—海水淡化—浓海水制盐—土地节约整理—废弃物资源化再利用"循环经济项目模式，建设 4 台 100 万千瓦燃煤发电超临界机组和 40 万吨 / 日海水淡化装置，年发电量将达 110 亿千瓦时。建设年产 115 万吨真空制盐项目和年产 23 万吨盐化工

产品的苦卤综合利用项目。海水制盐将采用工厂化制盐方式，节约盐田用地。通过粉煤灰再利用，电厂每年还可生产 150 万平方米建材，成为资源利用最大化、废弃物排放最小化、经济效益最优化、符合节能减排要求的循环经济示范项目。北疆发电厂 1 号发电机组已投产发电，海水淡化水输出管道已建成，海水淡化水已进入城市水厂，与天然水混合后向城市供水管网供水。海水淡化所产生的浓盐水用于制盐生产，避免了排海对海洋的污染，同时也提高了盐田的生产效率，为减少盐田面积用于城市建设提供了保证。

（3）滨海新区空气质量和大气环境的改善。

煤炭和矿石一直是天津港的主要货类，盐化工和石化是传统支柱工业，多年来，滨海新区的空气质量和大气环境一直是老大难问题，历史上出现过严重的空气扬尘和飘尘污染，人们形象地称之为"黑白红"污染，黑是煤炭，白是碱渣，红是矿石。20 世纪 90 年代，为了治理空气污染、改善大气环境，长期以来，各方面付出了极大的努力。为治理煤炭污染，对天津港码头布局进行重大调整，将原位于北港区的煤炭矿石码头调整到南疆，在海河南岸规划建设散货物流中心，将煤炭矿石储运集中在一起，建设了皮带运输长廊，采取隔网喷淋等措施，减少污染。这些措施对塘沽和天津经济技术开发区大气环境的改善十分明显。

天津碱厂位于塘沽城中心，几十年生产排放的碱渣形成了碱渣山，在大风天气对城市的污染十分严重。塘沽区在 20 世纪 90 年代下决心对碱渣实施了综合治理，成效显著，获得了国家人居环境奖。2006 年，又对位于塘沽城中心的天津碱厂进行了搬迁改造。虽然投入了大量的财力治理空气污染，并取得了很大的成绩，但像大沽化工厂、天碱热电厂和一批锅炉房等污染源依然存在。

为了改善滨海新区的空气环境质量，首先，规划建设南疆、

北塘等热电厂，替代天碱等小机组热电厂。规划拆除位于滨海新区中心商务区的天碱热电厂，同时拆除 50 个左右的小锅炉房，在实现节能减排的同时，极大地改善滨海新区的空气质量和环境质量。其次，将有空气污染、位于城市中心的大沽化工厂，位于汉沽城区的天津化工厂，以及位于海河南岸的散货物流中心适时搬迁到南港工业区。第三，大力发展公共交通，减少汽车尾气排放。规划近期建设汉沽、大港垃圾焚烧厂，做好垃圾等固体废弃物处理，包括污水处理厂污泥的焚烧处理，做好污水处理厂气味的处理。通过以上规划的实施，力争使滨海新区的大气环境和空气质量得到根本改善。

（4）滨海新区盐田利用、围海造陆与自然环境保护。

滨海新区有大面积的盐田，是"长芦盐"的主要产地，有1000 余年的历史。20 世纪 80 年代，天津经济技术开发区就是在一片盐田上建立起来的。20 多年来，已经有 80 平方千米的盐田为城市占用。另外，随着经济的发展，城市和大型基础设施建设占用的盐田越来越多。目前，滨海新区还有现状盐田 338 平方千米，其中塘沽盐场 204 平方千米，汉沽盐场 134 平方千米，年产原盐 225万吨，是天津化工企业的主要原料来源。结合海水淡化、浓盐水制盐技术的发展，规划针对盐场利用效益低下、不利于城市整体协调发展等问题，将盐场纳入城市建设用地范围统筹考虑，进行整体规划、分步开发。

盐田区位条件优越，与围海造地相比建设成本低廉，是不可多得的建设空间。塘沽盐场，整合南部城市空间结构，主要职能是为南港和临港 80 万人口提供生活和生产配套，为大港城区和滨海核心区提供城市拓展空间。南部结合海水淡化厂和制盐业，形成循环工业区。汉沽盐场西南部规划为汉沽城区东拓和海滨旅游区建设

用地，东北部结合北疆电厂海水淡化和浓盐水制盐，规划保留 54平方千米盐田，继续盐业生产，延续历史。

滨海新区是滨海城区，有 153 千米的海岸线，但由于是淤泥质海岸，沿海全部为滩涂，坡度只有 1‰，海水含沙量也很大，因此环境景观条件较差，一直有"临海不见海"的说法。天津港作为我国最大的人工港，通过挖港池航道和造陆形成，随着航道加深，特别是东疆港区的建设，水质得到很大的改善，除码头岸线外，还建设了生活旅游岸线，有景观平台、人造沙滩等景区，充分展现海湾城市魅力，改变了天津传统临海不见海的遗憾。目前，临港工业区、中心渔港和滨海旅游区都开始填海造陆，海水在变蓝变清，近海的生态环境也在改善。

海岸线是体现滨海新区城市魅力和特色的重要资源。针对岸线资源利用不充分、缺乏生活岸线、岸线质量和环境比较差等问题，规划根据海洋功能区划和海域使用规划，结合港口布局调整，对岸线利用规划进行调整，在满足港口工业岸线需求的前提下，优化海滨旅游区岸线形态，逐渐将海河入海口两侧的北疆港区和南疆港区的部分岸线转变为生活岸线。规划海岸线总长度达到 325 千米，其中港口工业岸线 160 千米，生活岸线 80 千米，其他岸线 85千米，比例为 2：1：1。同时，结合海洋保护区，考虑填海成本，在水深-2～-3 米处形成一条连绵优美并具有成长秩序的海湾轮廓线。包括现有和规划填海共计 400 平方千米。尽量采取岛式填海，留出通海的生态廊道，结合围挡建设生态林带。

以上盐田利用和填海造陆两项工作，可以为滨海新区提供新的建设用地约 600 平方千米，而且完全不占用农田、湿地等自然资源。规划既满足了人口增加、产业发展对用地的需求，又保持了生态环境用地在 2270 平方千米陆地中的比例不少于 50%。当然，

对盐田利用和填海造陆造成的影响，除按照正常的行政许可程序完成各种评估和论证外，还需要长期的观测和评估，并进行相应的规划和政策调整。

（5）滨海新区的绿化和土壤环境的改善。

绿化是宜居环境的必要条件，乔木和灌木等植被对改善小气候环境也起着很重要的作用。由于是退海成陆，所以滨海新区土壤的盐碱度非常高。历史上，滨海新区有众多的河流坑淀，年均降雨量大于蒸发量，同时上游有大量的来水，能够起到冲咸压碱的作用。随着 20 世纪 50 年代根治海河，上游来水逐步减少，直至断流。坑淀水面不断减少，气候也逐步改变，现在天津的年均降雨量远小于蒸发量。因此，土壤的盐碱化程度很高，树木难以成活，即使成活也难以长大，所以绿化十分困难。30 多年来，通过不断的探索，天津经济技术开发区成功研发了在盐碱地上绿化的成熟技术，虽然成本较高，但开发区的整体绿化已经达到较高水平。因此，总体规划在滨海新区沿高速公路和主要的道路、河道等规划了大规模的绿化，包括规划建设森林公园等。

在滨海新区一些有淡水水面的区域，绿化相比要好一些，如官港森林公园，湖面周边由于水体起到压盐碱的作用，树木生长相对较为茂盛。应用这一经验，在面积达 200 平方千米的塘沽盐场规划中，确立延续天津水面众多的空间特质，规划结合生态体系构建、土方平衡、水管理等因素，在盐田中沿中央大道开挖河道连通海河和独流减河形成生态景观廊道，结合城市组团开挖面积数平方千米的主题湖面，滨湖形成城市活力中心，河、湖和水库相连形成完整的水系。利用北大港水库，储蓄丰水年的雨水和外调水，使水系循环起来，通过长期的冲咸压碱，逐步改善土壤环境。国内外的实践证明，只要长期坚持下去，城市区域的绿化和土壤环境是可以改善的。

五、滨海新区城市道路交通和市政基础设施规划的实施和规划管理

十年来，按照城市总体规划，滨海新区在城市道路交通和市政基础设施规划实施以及规划管理方面做了大量的工作，构筑了快速、高效、绿色、环保的道路交通和市政基础设施网络，满足了新区经济发展、社会进步对道路交通和各项市政配套的需求，为新区的高速发展提供了保障，同时，树立起道路交通和市政基础设施作为城市文化、城市文明重要组成部分的理念。

1. 建立了道路交通和市政基础设施规划体系和规划管理机制

（1）城市总体规划明确了道路交通和市政设施专项内容。

总体规划是城市建设的龙头。在城市总规的编制中，包含对外交通、水资源、能源、生态、防灾等专项规划，明确了一些关键的问题和战略，为总体规划提供专项支撑，同时为下一步专项规划编制提供依据。具体内容可参见"天津滨海新区规划设计"丛书中已出版的《走向科学发展的城市区域——天津滨海新区城市总体规划发展演进》一书。

（2）建立了较完善的专项规划体系。

以 2008 版城市总体规划为基础，滨海新区推动各项规划的编制，完成了一批重要的道路交通、市政基础设施专项规划，保证了城市总体规划的落地和重大基础设施项目的规划实施。

在总体规划和综合交通发展战略及发展模式的指引下，滨海新区先后编制完成了《滨海新区综合交通规划》《滨海新区公交系统规划》《滨海新区货运系统规划》等一系列道路交通专项规划。在总体规划和节约型资源型发展模式的指引下，滨海新区先后编制完成了《滨海新区供水专项规划》《滨海新区排水专项规划》《滨海新区再生水专项规划》《滨海新区供热专项规划》《滨海新区高

压电力专项规划》等一系列市政规划。专项规划为重大项目的规划设计提供了依据和边界及相关条件。

新区各功能区也都依据新区总体规划、专项规划和功能区分区规划，编制了各自的专项规划。如中心商务区编制了电力专项规划，临港工业区编制了排水专项规划，中新天津生态城按照生态城市的要求编制了系统的专项规划。这些专项规划为功能区基础设施建设和园区开发提供了保证。

（3）建立了道路交通和市政设施规划管理机制。

要保证滨海新区城市总体规划、专项规划确定的城市道路交通和市政基础设施高水准的实施建设，需要城市规划管理部门高水准和有效的管理，需要结合新区行政管理体制的实际完善规划管理的机制，需要坚实的基础规划资料数据做支持。

滨海新区面积达 2270 平方千米，原本由塘沽、汉沽、大港三个行政区和东丽、津南部分区域构成，包括天津经济技术开发区、天津港保税区等功能区，还有由天津港务局演变来的天津港集团公司、大港油田管理局演变而来的中国石油大港油田公司、中海油渤海公司等正局级大型国有企业，在规划编制和管理上一直是各自为政，这是造成新区道路交通和市政基础设施诸多问题的主要原因之一。滨海新区被纳入国家发展战略后，按照国务院《关于推进天津滨海新区开发开放有关问题的意见》提出的滨海新区要进行行政体制改革，建立"统一、协调、精简、高效、廉洁"管理体制的要求，新区建立了统一、高效的规划管理体制。新区城市总体规划、功能区分区规划由市政府审批，新区专项规划、控制性详细规划全覆盖由新区政府审批。在控规以上层面规划统一管理的前提下，具体项目的审批依然放权给各功能区。

十年来，结合行政管理体制的改革，新区的规划管理体制一直也在调整优化中，其中对道路交通和市政基础设施的规划管理也秉承了统一规划和精简、高效的要求。对于功能区内部的道路和市政设施、管线由功能区规划管理部门审批，对于新区内跨区的项目由新区规国局审批，对于超越新区范围的跨区项目由市规划局审批，保证了规划的统一和行政审批的高效。

从 2007 年起，滨海新区规划分局组织规划院开展了滨海新区高快速和铁路定线，使新区历史上第一次有了全区统一、全覆盖道路铁路规划控制线网。新区控规全覆盖编制工作之所以能够有序进行，归功于前期的充分准备、详细的工作方案、统一技术标准等，其中一项非常重要的前期工作就是高快速路、铁路、主干路和轨道线的定线。除塘、汉、大老城区和开发区之外，新区道路没有系统的定线，因此全新区范围的定线工作量大，难度也很大。特别是地铁轨道交通，由于当时轨道线网规划刚开始，深度不够，但如果不控制，近期城市建设非常快，未来问题会很多。经过规划人员的努力，全新区高快速路、铁路、主干路和轨道线的定线先期完成，确保了控规编制工作的开展，也保证了各种定线在控规单元中得到落实。近年来，新区高速铁路、公路和道路交通建设取得很大进展，可以看到控规发挥的作用。随着近期轨道交通建设的启动，这一点更加明显。2010 年以来，我们安排进行了包括次干道在内的道路正式定线和竖向规划工作，共涉及 4 个片区 152 个控规单元，覆盖面积 2540 平方千米，定线道路长度约 4300 千米，道路定线网更新维护已作为一项常态化工作，纳入每一年度的工作中，做到新区道路规划定线"严格管理，动态更新"。从 2014 年开始编制白皮书《滨海新区道路交通发展年报》，使新区道路交通规划基础工作不断深入。

保证规划管理的科学性也十分重要。这需要做好相应的基础和科研工作。考虑到新区特殊的地质条件，为做好新区轨道专项规划，新区规划部门委托天津市勘察院开展了《滨海新区轨道交通建设地质安全性评价研究》。考虑到新区是一个资源和工业城区，2012 年规划部门会同新区安监局开展新区工业管网普查工作。随后，针对新区市政地下管线数据量大、管理部门分散、权属情况复杂、基础薄弱的特点，2014 年开始，按照天津市规划局统一部署，新区组织开展了全区市政管线普查及信息化建设工作。通过一年多的普查，共获得市政管线数据 22 978 千米，形成了较全面完整的新区地下市政管线数据信息系统，为新区地下管网规划建设及城市规划管理提供了基础数据。在管线的保护、应急抢险保障以及城市规划建设中发挥重要作用。

在规划的编制审核和项目审批管理上，为了提高规划管理效率和科学性，新区规划部门不断完善规划审核和项目审批流程，召集相关部门和专家审查会，做好重大规划审核和项目审批。

2. 重大项目的规划实施和取得的成就

从 2006 年被纳入国家战略以来的十年，滨海新区经济高速发展。航空航天等八大支柱产业初步形成，各片区、功能区产业布局得以优化，滨海新区作为高水平的现代制造业和研发转化基地的功能初步形成。规划建设了北三河、官港、独流减河三大郊野公园，实现了城区万米内有大型郊野公园的规划目标。实施美丽滨海一号工程，持续进行城市环境综合整治，有效改善新区空气环境质量。中新天津生态城起步区基本建成，形成可复制、可推广的经验。滨海新区生态建设成效显著。十年来，滨海新区的城市规划建设也取得了令人瞩目的成绩，城市建成区面积扩大了 130 平方千米，人口增加 130 万人。加速功能区域开发，核心区建设初见成效。一个既符合新区地域特点又适应国际城市发展趋势、深有竞争优势、多组

团网络化的城市区域格局正在形成。

以上成绩的取得都离不开城市道路交通和市政基础设施等重大工程的规划实施，重点区域的进展离不开道路交通和市政基础设施的支撑。十年来，滨海新区本着道路交通和市政基础设施先行的思路，投资建设了一大批重要基础设施项目，使滨海新区初步形成了较为完善的城市道路交通和市政基础设施骨架，作为北方国际航运中心的功能初步建立。先进的道路交通和市政基础设施是滨海新区十年来取得成绩的重要支撑和不可分割的组成部分。

（1）对外交通体系逐步完善，区域道路交通骨架基本形成。

为实现北方国际航运中心和国际物流中心的功能定位，滨海新区加快了港口、机场、高速铁路等道路交通基础设施的建设，实施了一系列重大项目。按照天津市"双城双港"总体战略和天津港"一港八区"总体规划，天津港加大航道和码头建设，实施了25 万吨级航道升级，建设了 30 万吨原油码头和邮轮母港等设施，2015 年，天津港吞吐量达到 5.4 亿吨，集装箱 1400 万标准箱，邮轮母港的客流量超过 40 万人次。临港工业区大沽沙航道达到 10 万吨级，吞吐量逐步增长。南港工业区作为全市"双城双港"重要战略的载体，已完成填海成陆 90 平方千米，5 万吨航道已经通航，具备了承接北港区功能转移的条件。天津滨海国际机场实施了二期航站楼和交通枢纽建设，轨道 M2 线引入机场，京津城际引入机场线开工建设。结合空客 A320 组装项目，建成第二跑道，成为国内少数几个具有两条跑道的机场，2015 年旅客吞吐量突破 1400 万人次。

加快铁路建设，在货运方面，通过扩建进港二线复线，拆除了影响于家堡金融区建设的进港一线。进港三线铁路和集装箱港铁联运中心建成投运，南港铁路开建。在客运方面，规划建设了京津塘城际高速铁路延伸线、津秦客运专线。津秦客运专线作为天津

沟通东北和华东的重要通道，已于 2013 年 12 月 1 日正式通车，强化了天津和滨海新区作为区域铁路枢纽的地位。2008 年 9 月，京津城际延伸线于家堡高铁站启动建设。经过 6 年的建设，2015 年 9 月 20 日这里发出了第一辆开往北京南站的高速列车，抵达目的地仅需 45 分钟。

于家堡高铁站是国内第一个建成的地下高铁车站，是高铁与 B1、Z4、Z1 三条轨道换乘的城市交通枢纽。它是世界最大、最深的全地下高铁站房，也是全球首例单层大跨度网壳穹顶钢结构工程。SOM 公司提出的贝壳建筑设计理念由铁三院等国内设计单位很好地贯彻实施，这颗光彩夺目的明珠已经在于家堡熠熠生辉。京津城际延伸线于家堡高铁的开通，不仅发挥了吸引北京客流的辐射带动作用，而且成为在津滨轻轨基础上，新的双城之间的快速轨道联系通道，从于家堡到天津东站只需要 15 分钟。另外，B1、Z2、Z4 三条贯穿核心区、联系周围区域的轨道线均已开工建设。津泰客运专线滨海高铁车站站房面积 8 万平方米，预留了环渤海城际铁路位置，也是新规划的京滨高铁的终点站。滨海高铁车站作为综合交通枢纽，同步建成了轨道 B2、B3 和 Z2 线车站及公交、出租、公共停车场地等设施，成为滨海新区主要的铁路车站。

同时，新建和拓宽了天津大道、港城大道、津滨、津港等多条高、快速路，强化了中心城区与滨海新区核心区双城之间的交通联系。为了加强与区域沟通，规划建设了沿海的海滨大道高速公路和高度达 80 米的海河大桥，北接曹妃甸，南连黄骅。为了加强汉沽、大港与滨海核心区的联系，实现客货分离，规划建设了中央大道、西中环、西外环、津汉、港塘路等高、快速路和主要道路，建成我国北方第一条大型沉管施工的海河隧道，新区五横五纵的城市快速交通体系已经形成。

（2）窄路密网区域道路系统建立，以轨道为主体的公共交通体系逐步完善。

要创造宜人的交通环境，解决城市道路交通拥堵问题，不是靠马路的宽度，越宽越堵，而是靠道路网的密度。除去高快速路系统外，城市路网是城市的基本骨架，滨海新区许多功能区域形成了完善的窄路密网区域道路系统。中心商务区于家堡金融区、响螺湾商务区、开发区 MSD、空港商务区、高新区渤龙湖地区、北塘等区域的规划建设都体现了国际水准，均以完善的窄路密网道路系统为支撑。窄路密网是表象，窄路密网的基础是大力发展公共交通，形成以公交为主的综合交通系统。要做到交通顺畅，需要完善的公共交通系统，合理地组织和限制机动车，需要舒适便捷的步行网络和地下空间交通系统给予支撑和配合，才能满足现代交通不断增长的需求。

于家堡金融区是一个最典型的案例。于家堡金融区占地 3.8 平方千米，未来总建筑面积 950 万平方米，需要综合的交通解决方案。在路网规划上，于家堡金融区采用方格网布局，路网间距平均在 100 米左右。同时，道路划分为城市快速路、主干路、次干道和支路 4 级系统，包括中央大道在内的南北 3 条、东西 3 条主干路系统，与现状和规划桥梁相通。中央大道过境交通从地下通过，避免对区域内部交通的干扰。主干路负责对外联系，疏解对外交通。次干路系统以及格网状地区支路系统，起到组织岛内交通的作用。高密度的路网可以结合城市交通管理，设置单行道路，减少左向转弯的交叉干扰，显著提高交通通行效率。

显然，单纯依靠地面路网是无法解决于家堡的交通问题的。于家堡规划公共交通出行占比高达 80%，形成以公共交通为导向的综合交通体系。规划建成人行与车行、城市道路与轨道，以及水路、地面与地下相结合的交通网络，整合城际铁路、地铁、常规公交、有轨电车、出租车、水上巴士等多种公交方式，合理设置交通枢纽，构建一个高效、便捷的公交运输网络。

于家堡未来会有 50 万个工作岗位，虽然岛上有一定的居住人口，但还是会有大量的通勤。于家堡高铁站交通枢纽是金融区和滨海新区的门户。作为京津城际铁路的终点站，这个交通枢纽成为不同运输方式的交会中心，包括 3 条地铁线、公交站、出租车和私家车，优越的地理位置使其成为地区的交通功能核心。通过地铁可以快速到达于家堡，也可以到达于家堡内部的每个角落。城际车站有 3 条地铁线：一条东西向的 Z1 线，连通中心城区文化中心和开发区 MSD；两条南北向的 Z4 线和 B1 线，市域地铁快线 Z4 线连通中新生态城，可使高铁快捷连通塘汉大地区，B1 线连接临港产业区、滨海高铁站和南部新城。

高密度的轨道线网规划支持公交都市和 TOD 的发展理念，同时，精心设计的轨道网、车站和重要交通节点，可以更好地服务于家堡金融区。于家堡全岛规划有两横两纵 4 条地铁线路和 11 个地铁站，组成包括于家堡高铁站在内的 5 个换乘枢纽。于家堡半岛东西宽 1200 米，有设计单位提出在之间布置一条南北向地铁线路即可，满足规范要求。一方面考虑到中央大道隧道已经施工，再规划实施地铁会存在许多问题和矛盾，更主要的是要提高于家堡金融区的轨道服务水平，发挥枢纽作用，因此，规划还是保持了于家堡地区两横两纵的规划线路格局。强化公交导向原则，把土地利用强度高的地块优先安排在交通枢纽附近。通过大运量轨道疏解区内交通，提高公交和步行出行比例，倡导健康绿色出行。

为了减轻地面交通压力、创造舒适的步行环境，结合起步区和轨道车站建设，于家堡规划地下步行系统，连通地下交通枢纽和

办公区域。起步区有南北长 700 米、东西长 400 米的十字步行街和地下商业街，再下面是新区地铁南北向的 B1 线和东西向的 B3 线，以及十字换乘的地铁车站，地下 3 层。

（3）地下空间综合开发利用——先进技术的尝试。

地下空间综合开发利用是现代城市发展的方向之一，特别是在城市中心区，如滨海新区的于家堡金融区和开发区 MSD。开发区 MSD 规划建设了集中的地下车行和停车系统。除去于家堡高铁车站是全地下车站外，于家堡金融区起步区地下空间的规划集地铁车站、地下人行系统、商业街、地下车库等于一体。目前，连接高铁站的地下步行系统已经建成，地下商业街环球购已经开街，共同沟、地下车行路部分建成，成为于家堡规划设计的一大亮点，是滨海新区对新技术的有益尝试。

于家堡半岛规划了双 C 形布局的地下共同沟。建成了西侧位于郭庄子路下起步区内的共同沟，长 800 米，断面尺寸 5 米高、9 米宽，分成左右两个箱体。规划的管线有电力、通信、供热等，排水管线没有结合进入。目前，从建成的共同沟看，于家堡的标准高于国内一些城市的共同沟。

考虑到于家堡金融区可能产生的地面交通拥堵，规划建设了地下车行路。于家堡金融区规划采用了窄马路、密路网、小街廓的布局，地块大小为 100 米见方，所以道路交叉口比较多。在起步区 "9+3" 地块中，有南北向道路 4 条，东西向道路 7 条，共有 27 个路口。虽然停车标准采用城市中心区的标准并进行了进一步折减，但起步区 "9+3" 地块中共有地下停车位 5000 个，每个地块均超过 500 个，需要两个出入口。这样会有 24 个地下机动车出入口接入地面城市道路。虽然最初规划中考虑了地下二层建立地下通车库的联络通道，但过多的地下车库出入口势必对地面交通产生影

响。因此，借鉴国外有关案例和国内北京金融街、中关村西区的经验，在于家堡新华路地下规划车行系统，解决进出地下车库交通组织，包括货运交通，以缓解地面交通压力。结合起步区建设，利用新华路两侧的建筑地下都已经实施了维护结构、地下空间的开挖比较容易、节约围护投资的优势，建成了起步区段地下车行路，双向四车道。通过细化竖向设计和交通组织，妥善解决了地下车行路与地下商业街、地铁设备用房等竖向和平面上的冲突和矛盾，对地下车行路左转和调头问题也进行了深入设计。

可以说，于家堡金融区是新区地下空间综合开发利用新技术的实验场，取得了许多成功的经验。地下共同沟、车行路由于还没有形成系统，设备投入使用需要今后经过实际运行的检验。

（4）生态型基础设施超前建设，配套完善。

按照基础设施适当超前的原则，十年来，滨海新区建设了一批重要的市政基础设施，这些设施都尽可能做到规模化、技术先进和生态环保。项目的实施全面提升了新区基础设施承载能力，为新区发展奠定了良好的基础。

在能源方面，在现有大港电厂的基础上，新规划建设了汉沽北疆电厂、北塘热电厂、临港华能电厂等。正如前文提到的，北疆电厂是国家级循环产业示范项目，采用"高参数、大容量、高效率、低污染"的百万千瓦等级超临界发电机组和目前国际最高标准的除尘和脱硫装置，各项环保指标均高于国家标准，废弃物全部资源化再利用并且全面零排放。华能电厂是IGCC绿色煤电。北塘热电厂一期是煤电，二期改为燃气。建设了北环和黄港高压天然气输气管道等重点项目。同时，建设了大神堂和马棚口风电场，并已实现并网发电，同时在开发区西区、滨海高新区等功能区形成了以太阳能光伏、风力发电、地热利用为龙头的新能源产业群，推动了区域新能源利用和产业发展。

在水资源和水处理方面，建成北疆电厂海水处理厂和新泉海水淡化厂，处理后的海水用于民用和重大工业项目。配合南水北调，建成津滨水厂。根据规划，新区还建成北塘污水处理厂、大港污水处理厂、河南污水处理厂和再生水利用、北塘雨洪水利用等项目。开展了汉沽和大港垃圾填埋场改造，建成汉沽垃圾焚烧发电厂、大港垃圾焚烧发电厂。实现了垃圾、污废水资源化利用，起到示范和带动效应。新规划建设了海河口泵站，发挥了很好的排涝功能。

于家堡金融区是APEC框架内的首个低碳城镇。作为高强度开发的中心商务区，于家堡金融区完成了绿色低碳规划，建设了绿色基础设施。在能源规划方面，采取能源中心集中供应的方式，与传统的各个建筑单独配建相比有许多优势。能源中心削峰填谷的特性对整个电力系统起到良好的节能作用，有效缓解中心商务区高能耗与低碳发展的矛盾，也解决了传统直燃机防火防爆的安全问题，冷却塔集中设置有效提升了第五立面的品质。于家堡金融区规划了12个能源中心，起步区建设了3个，每个服务规模120万平方米，最大服务半径500米。能源中心结合地下车库、变电站等设施，全地下布置。

中新天津生态城作为生态城镇，建立了生态城指标体系，包括水资源综合利用，可再生能源占比达到20%等，建设了一批生态基础设施和配套制度。中新天津生态城扩建升级了汉沽污水处理厂，实施了污水库治理，建成清水湖。以节水为核心，生态城形成了"污水处理、雨水收集、中水回用、海水淡化"的水资源利用体系，尤其是充分收集雨水，利用率达100%。居民生活垃圾实现资源化回收利用、垃圾回收利用率不小于60%、无害化处理率达到100%的目标。鼓励居民垃圾分类，可回收垃圾通过小区智能垃圾回收平台投放，居民可以此换取积分，在社区兑换店直接抵用柴米油盐消费。厨余垃圾在经过微生物分解后，将残渣制作成绿化基肥，实现生态反哺，其他垃圾会被送到垃圾场焚烧。作为我国首个智能电网综合示范区，生态城近年来围绕智能电网建设，从可再生能源并网、新能源公共交通，到智能家居、分布式发电，有计划地向前推进，成效显著。智能电网不仅实现了智能家电的实时、远程控制，还能通过手机随时掌握自家用电情况，从而合理安排电器使用进而"智慧用电"。生态城内的清洁能源来源也在不断丰富和稳定。建设了集中的太阳能光伏项目。生态城内的公用建筑都安装了太阳能光伏和地源热泵系统。所有新建住宅 100% 使用太阳能热水。生态城国家动漫园二号能源站集成了地源热泵、光伏发电、水蓄能、燃气三联供等清洁能源和节能技术，并辅以电制冷、市政热源等传统能源技术，实现了可再生能源、清洁能源和传统能源的充分高效耦合。

（5）文化型基础设施的概念初步建立，发挥很好的示范作用。

道路交通和市政基础设施作为城市文化的理念，初见成效。滨海新区的道路交通和基础设施，不论是在城市总体规划专项规划阶段，还是在具体项目实施阶段，一直强调其重要的文化性及对城市文化进步所起的作用。城市道路交通和市政基础设施规划设计与城市设计重要建筑设计密切结合，以创造优美宜居的城市空间环境为目标，取得显著效果。

今天置身于滨海新区核心区，置身于于家堡高铁站，回想当时铁路、道路和市政规划设计不断修改完善的历程，我们可以深深体会到一个具有文化思考的重大基础设施项目对城市景观和文化的影响。现在来看，为了城市的景观和文化遗存的保护，在基础设施规划设计建设上多花一些精力、多花一些投资是非常必要的。

京津城际延伸线从天津中心城区东站延伸到滨海新区核心区于家堡金融区。最初，铁路部门提出进入塘沽站后延伸线路和车站能否做成高架，这样不但节省造价、减小工程难度，而且旅客可以看到沿线景观。经过综合分析，为了保证城市景观和道路交通，大家意见趋于一致，还是采用了地下方案，并将解放路优先给高铁线路，使铁路线形更合理。虽然做地下线路和车站投入增加，技术难度大，但最终的效果说明这个决策是正确的，是有文化层面的考量的。京津城际延伸线实现了北京、天津中心城区到滨海新区核心区快速通达，但没有对地面交通和城市景观造成不利的影响，作为地下车站，于家堡高铁车站与 3 条轨道线衔接，不仅实现零换乘，而且成为位于公园内的车站，其地面上贝壳的造型为城市增添了新的景观，成为于家堡金融区的标志之一。

在线性的市政基础设施项目中，经常遇到历史街区和历史建筑的问题。中央大道是滨海新区贯穿南北的城市准快速路，连通汉沽、开发区、于家堡和大港，线位从于家堡金融区正中间位置通过，采用隧道形式穿越海河。按照最初的规划选线，中央大道在于家堡的线位很直，过河隧道线位基本位于半岛南端的正中，这样的选线规划路径最短，但正好穿越了海河南岸的大沽船坞遗址，沉管施工会对文化遗产造成破坏。在规划部门的坚持下，在天津大学、文物保护和规划部门的建议下，同时由于两岸的企业难以拆迁，有关领导同意将中央大道的过河线位重新选线。新线位将原线位在过河段向西移动了 200 多米，这样完全躲避开了大沽船坞遗址，较好地解决了保护与发展的问题，没有造成建设性的破坏。尽管增加一部分长度，但线形弯曲后，也使交通的体验产生变化。

桥梁不仅具有交通功能，而且是城市非常重要的景观，是城市特色的组成部分，天津中心城区海河上多种多样的桥梁成为天津的特色。滨海新区海河两岸的桥梁设计也努力体现景观和文化性，如滨河南路桥设计方案。滨河南路桥连接新港二号路，将于家堡高铁站与响螺湾商务区和极地海洋馆等联系起来，是重要的交通主干路，也是重要的人行通道，而且与南站历史街区比邻。学习借鉴土耳其伊斯坦布尔桥的做法，桥梁的设计一直强调舒适的人行功能，包括可能的观光等功能，成为一个景点以及观景的地方。我国历史上的廊桥和意大利威尼斯、佛罗伦萨的廊桥都是非常好的例子。法国著名桥梁设计师马克·米姆拉姆非常赞同把桥梁作为城市一部分的想法，做出了一个功能完备、有特色的桥梁方案。

文化性城市基础设施不仅体现在大项目上，细微之处更为关键。习惯上，出于各种理由，功能需要、进出线方便、投资少、不用拆迁、易于管理等，有许多市政设施建在了城市的道路交叉口等非常显眼的地方。虽然事情不大，但反映出一个城市规划建设管理的水平，反映出城市的文化修养。作为一个新规划建设的区域，于家堡金融区内部道路口没有突兀的变电站等市政设施。许多市政设施放入地下，或与建筑结合，成为建筑群的一部分，如为于家堡起步区配套的雨水泵站。而天碱海河边的泵站建于地下，地面要求作为绿化使用。

（6）道路交通和市政基础设施成为影响总体规划、城市设计和建筑设计的关键因素，细节决定成败。

随着城市的发展和城市基础设施技术水平的不断进步，一些重大基础设施项目成为影响城市规划的重要因素，如港口、机场、邮轮母港、轨道线网等，都对城市总体规划和布局结构产生重要影响。天津市空间发展战略、天津城市总体规划和滨海新区总体规划明确的"双城双港"空间结构，即是以天津港作为城市重要的战略资源和空间因素。滨海新区总体规划确定的产业功能区布局，紧密

结合大型基础设施，如依托天津港，设立东疆保税港区和临港工业区、南港工业区；依托滨海国际机场，设置临空产业区和滨海高新区。市域轨道和高、快速路系统使滨海新区组团式布局成为可能。所以说，道路交通和市政基础设施不是城市规划的配角，道路交通和市政基础设施规划要参与和影响城市的总体规划。

同样地，在城市设计包括建筑设计中城市基础设施发挥着越来越重要的作用。比如，在于家堡金融区城市设计中，城际铁路车站选址、海河通航标准、道路桥梁设置和防洪与竖向设计是城市设计首先要解决的关键问题，需要各专业自始至终的参与和合作。

城际铁路作为交通运输技术新的发展，对城市乃至区域的发展产生非常重要的作用。于家堡金融区的发展需要借助首都的优势，因此，京津城际铁路的引入是至关重要的，关键点就是城际铁路与城市的接口，即车站的选址是否合适。高铁车站也是多种交通方式密切衔接的综合交通枢纽，车站位置的变动会带来轨道交通很大的调整，可谓牵一发动全身。由于高铁和地铁有非常严格的技术规范和标准，因此，从城市设计工作一开始就请规划院交通和市政专业以及铁三院参与到城市设计工作中。

城际铁路对城市发展的影响是通过影响城际铁路目标旅客的分布来实现的。旅客是否选择城际铁路作为交通方式，与城际铁路对他的综合效用能否比其他交通方式强有着直接关系。经过分析发现，京津城际铁路目标旅客是高端的商务人士。因此，城际车站的选址应尽可能地靠近目标旅客的目的地——商务区。同时，通过分析国外城际铁路与城市发展的关系，可以得出结论：城际车站建设往往成为车站地区商务发展的催化剂。车站从单纯的交通枢纽转向城市综合体，成为城市区域开发的引擎。新建的城际铁路枢纽地区具有极强的"经济势能"，以铁路枢纽车站建设为契机，构筑面向

区域的、多功能、综合性的城市中心或副中心，已经成为国际高速铁路枢纽周边地区建设的主流趋势。

基于以上分析，滨海新区城际站的综合定位为滨海新区城际枢纽站，是城市商务中心的重要组成部分和区域开发的先导官，应位于滨海新区中心商务区内并统一规划建设。从铁路系统角度看，滨海城际应成为京津冀城市群的主要核心枢纽站，是滨海新区的重要对外交通枢纽。城际铁路交通作为专用的客运系统，承担周边主要城市之间的客流输送，就像是城际间的"点对点"的客运公交车。不同于城市轨道交通以收集沿线客流为主，城际交通客流主要是通勤、商务和旅游客流，客流运输要求高密度、小编组，因此，城际站应与城市中的公共交通方式共同构筑成一个综合交通枢纽站。从功能的角度，它应更多地结合城市的功能，除了作为交通枢纽外，还要做成综合性的商业中心。

在滨海中心商务区海河两岸规划国际咨询的初期，规划提出了滨海新区城际枢纽站的 3 个选址方案。从服务半径、车站技术参数及与地区交通的衔接、土地可供性、投资费用、景观分析、工程地质条件几方面做出了选址的分析比较论证，各方意见一致希望滨海新区城际枢纽站落户于家堡金融区内，促进于家堡金融区国际一流、全国领先发展愿望的实现。在国际咨询后期，随着工作的深入，又提出于家堡起步区内的两个方案。最后，将京津城际于家堡综合交通枢纽选定在天碱站和于家堡中心站之间的一个位置，即中央大道和新港路交口的西南角，这里既位于于家堡金融区内，又兼顾考虑了中国铁路车站大都略显混乱的国情。虽然拆迁量比较大，但最后得到各方面特别是铁路主管部门的认可，启动实施。

高铁站选址确定后，按照新的位置，对于家堡内 Z1、Z4 和 B1 三条轨道线路进行调整，更好地与高铁车站衔接。高铁车站是尽端站，规模是三台六线，站台长度 450 米。市域地铁快线 Z1 线与城际铁路为垂直的关系，相交位置有 T 形和十字形两个选择方案。端头 T 形方案是 Z1 线放在城际车站南部尽端，这样既有利于灵活组织换乘的公共大厅空间，将换乘大厅与城际站台平面一体化，形成交通到达于家堡的门户形象，又使得换乘大厅更接近于商务办公地标建筑，但缺点是换乘平均距离长。十字形方案换乘距离最短，带来真切的行动便利。最初，考虑地铁线路在于家堡岛内较均匀地覆盖，B1 线、城际线和 Z4 线平行布置，相互间隔约 180 米，这样轨道线不切割地块，不影响办公楼地下空间的施工建设。在设计研讨过程中，我们一直致力于将 B1 线、Z4 线局部向城际站台靠拢，让人们尽可能地缩短换乘距离，哪怕是减少 10 米。因为人流量巨大，即使是只减少 10 米，大量人流长期的累积，会节约无法计算的时间和能量。通过优化设计，尽管 Z4 线还有跟中央大道的交叉等各种小问题，最终确定的方案是 B1 线和 Z4 线的局部线路完全贴近于城际车站，形成了更紧密的交通枢纽。

对于家堡金融区城市设计有重要影响的另一个因素是中央大道。中央大道是于家堡金融商务区规划建设的重要基础设施之一，它既是于家堡金融区内的主干路，也是一条连同新区南北的准快速路，具有重要的过境功能。为了实现于家堡过境交通与地区交通的有效分离，中央大道在于家堡也延续了海河隧道形式。中央大道隧道要先期实施，实施前必须处理好与规划轨道的关系以轨道交叉部位、人行通道等施工预留问题，包括与于家堡规划地下车行路连通的可行性。由于交通枢纽选择了 B1、Z4 线紧贴城际线路的规划方案，这势必将 Z4 线压深至中央大道隧道下方，会带来工程实施的难度和费用的激增。为了尽量缓解这种矛盾，我们提出将中央大道隧道尽量上浮的建议。通过隧道设计单位天津市政设计院的努力，最终得以实现，采用了规划隧道上方仅覆土 0.5 米的设计方案。于家堡规划将整个基地抬高到大沽高程 4.5 米，而在中央大道及其隧道实施时地面竖向还没有提高，这也需要做到设计和实施过程很好地衔接。另一个较重要的问题是中央大道隧道在于家堡半岛北端的出入口位置。按原中央大道规划方案，其出入口正好位于城际车站选址的东面，也就是新港路的南面，这对本已紧张的车站交通组织又提出了新的挑战。因此，在规划深化中，我们提出将中央大道隧道出入口向北推移 400 米，也就是新港路的北侧。由于中央大道由开发区至新港路这一段已经修建完毕，其中新港路北刚好又在天津碱厂排污河上新修建了一座小桥，建设方担心如此调整需要拆改刚建完的小桥，会带来损失和不好的社会影响。城市设计单位和市政院共同合作、精心计算设计，避免了对小桥的影响，最终各方同意了出入口北移的调整。以上实例说明，道路交通和市政基础设施不仅影响城市设计，而且细节很重要，决定成败。

城市基础设施的影响同样体现在一些重要建筑的建筑设计上。于家堡高铁站占地面积 9 万平方米，总建筑面积 27 万平方米，地下 3 层，28 米深，相当于一般建筑的 4 层。城际车站三台六线，车辆最大 16 节编组，站台 450 米长，与 3 条地铁线换乘，另外包括配套的地下出租车场、社会停车场和地面公交首末站，是一个地下综合交通枢纽。作为全地下高铁站和交通枢纽，地下平面和立体的功能设计非常关键。由于地铁在高铁启动设计时还未立项，我们组织新区建投地铁建设公司、铁三院、新区建交局和中心商务区管委会开展相关地铁线路在于家堡半岛及海河周边的设计工作，包括确定地铁盾构跨海河的深度等，为高铁站的设计提供参数条件。在深化设计和施工图方案审查过程中，与高铁站实施设计单位铁三院不断研究、沟通、调整、修改，增加了通向车站南边 600 米高标

志性建筑的通道宽度；调整理顺了通向起步区地下商业街的人行通道的线形，以及与西侧建筑地下空间的关系；进一步深化了与地铁车站的换乘组织和方便旅客的细部设计，做好预留。

高铁站地上只有一个穹顶，180 米长、80 米宽、30 米高，其余均为绿化广场。地下高铁站，有大量的设施要升到地面上来，出入口、疏散口、新风口、散热口、机动车出入口等，这些内容在方案设计时一般不会反映出来。铁三院和市政设计院完成施工图设计时，我们发现在高铁公园 9 万平方米的范围内，共有各类不同高度的设施 100 多个，对城市地面景观造成很大的影响。经过景观设计单位与铁三院和市政设计院的配合和努力，通过集中归集，最后剩下 30 余组，都尽可能掩映在绿化中，达到了既满足功能要求又美观的效果。

完善的交通组织是交通枢纽的核心功能，每天有大量人流通过，换乘距离哪怕减少 10 米，就会节省大量的距离和时间，效率明显提高。最初，考虑到车站公园的完整性，原规划公交首末车站位置在西侧绿楔地块内，为保证视线通廊，要求公交首末站放在地下。作为一个占地 6000 平方米、三台四线的公交首末站，如果全部放在地下，面临着净空要求高、坡道长、尾气排放处理难度大等问题，不仅一次性投资大，而且长期的维护运营费用高。建设单位和设计单位为此提出了半地下的方案，但还是面临坡道长、排水等问题，而且对视廊视线产生遮挡，关键问题是横跨马路与高铁车站分隔，虽然有地下通道连接，但距离有 100 米远。因此，在深化设计时，决定将公交首末站位置调整到高铁车站公园用地内，可以减少距离和交通相互干扰，极大地方便旅客换乘。虽然占用了一部分绿化广场用地，但功能更加合理。通过合理的布局，也保护了高铁车站公园整体的景观。靠近城市次干道，便

于公交首末站交通组织。

于家堡金融区起步区内的十字步行街建筑设计是另一个实例。地下步行街的建筑设计与地铁线路和车站设计紧密结合，与周边地块建筑地下空间的设计紧密结合。尽可能地将地铁、地下商业街的出入口、风亭等与建筑裙房结合，以保证步行街空间的完整和干净。为了减少埋深、降低工程难度，地铁车站采用侧式站台，设备用房与建筑结合。随着设计的深入，为增加地下采光通风、取消地面排风口，同时满足必须保留的一部分疏散和排风口功能，采取了下沉庭院的方式。在东西向步行街上采用边厅的方式，即下层庭院在路侧靠近建筑；在南北步行街上采用了中庭的方式，排风口位于下沉庭院侧墙上，取消地面上的风亭。为保证无障碍设计，设计了垂直电梯；为方便游客，增加了室外自动扶梯。于家堡步行街成为一个位于地下、功能完善、环境优美的建筑综合体。

滨海新区的实践证明，道路交通和市政基础设施越来越成为影响城市总体规划、城市设计和建筑设计的重要因素，城市规划和城市设计包括建筑设计有时需要解决许多重大问题，需要城市规划师、城市设计师、建筑师与各项工程规划设计人员密切配合衔接，也需要工程规划设计人员积极参与到城市规划、城市设计和重大建筑设计、景观设计中，发挥更大的作用。

3.滨海新区城市道路交通和市政设施规划建设的不足之处

在过去的基础上，经过十年的努力奋斗，滨海新区的道路交通和市政基础设施规划建设，取得了显著的成绩和质的飞跃，有许多创新的思路和成功的做法。虽然奠定了比较好的基础和骨架，但与国内外的发达城市相比，在许多方面还有一定的差距，需要不断提升完善。由于许多问题比较复杂，客观上也需要时间的积累，逐步解决，需要有耐心和毅力。

（1）总结城市道路交通规划建设的不足之处。

港城关系一直是滨海新区规划要解决的首要问题，十年来，有一定改善，但进展不大。南港建设取得进展，但慢于规划预期。天津港新增吞吐量仍然在老港区，港城矛盾没有缓解，反而加剧。虽然进港三线建成通车，港铁联运通路打通，但铁路运输占比依然很低。疏港交通依然以公路货运为主，造成对滨海核心区道路交通、景观和大气环境的不良影响加重。天津港一港八区的规划布局过于分散，管理体制没有理顺。天津港转型慢，国际航运中心建设未能取得突破性进展。

京津塘城际高速铁路延伸线、津秦客运专线没有发挥更大的作用，车次密度低，开通的线路比较少。虽然轨道B1、Z4已开工建设，但远远慢于预期，没有能够发挥公共交通的引领作用。受海河通航标准调整程序的影响，海河上桥梁建设没有按期完成，影响了西外环的贯通和核心区道路网的建设。

（2）总结市政设施规划建设的不足之处。

由于历史的原因，滨海新区的市政基础设施如同道路交通一样，道路交通和市政基础设施比较分散，不成系统。经过新区政府的努力，整合了塘沽公交，收购了私人运营的公交，整顿成统一的泰达公交，取得了较好的效果，但其他许多方面还没有实现统筹。自来水供应有多家水厂，没有形成统一的区域供水，老城区管网老化。中新天津生态城实现了污染水体治理、再生水回用和雨水回收利用，但新区的许多污水处理厂运营上还存在不少问题。实施了北塘热电厂供热切换，拆除了天碱热电厂，但滨海核心区还有许多小锅炉房。老城区的许多供热管线高架，影响景观。

虽然逐步建立文化型基础设施的观念，在于家堡金融区、开发区MSD、中新天津生态城起步区都取得了不错的效果，但老城区的大部分区域，包括部分新建区，许多道路交叉口还是布置了一些市政设施，影响景观。于家堡金融区起步区建设了部分地下共同沟，但没有形成系统。共同沟也没有将排水管线结合在一起，而且没有设置共同沟支沟，一些道路上还有直埋管线。在后期对共同沟的规划研究中，需要考虑将排水纳入的可能性，与地下车行路共同建设，节约投资和空间，而且要探讨研究共同沟支沟系统的可能性，彻底取消直埋管线。

六、滨海新区城市道路交通和市政基础设施的未来展望

展望未来，滨海新区道路交通和市政基础设施规划建设任重道远，未来的任务还很艰巨，还有许多重大课题需要解决，如港城矛盾依然十分突出，综合交通枢纽功能还没有形成，轨道交通建设刚刚起步，水资源、水环境和生态环境建设任务依然艰巨，交通市政智能化规划管理水平需进一步提高。最重要的是要转变观念，要站在国际视野、国家视角将滨海新区城市道路交通和市政基础设施作为城市文明和文化的一部分来思考和规划设计。

1. 积极融入京津冀协同发展与大滨海新区

著名城市规划理论大师刘易斯·芒福德在20世纪30年代就指出：真正的城市规划是区域规划。在21世纪的今天，城市与区域已经成为一体，而且区域的范围扩展到跨国和大陆的尺度，如欧盟的空间规划。滨海新区所处的京津冀城镇群是我国新型城镇化最重要的区域之一。在新的历史时期，中央审时度势，提出"一带一路"倡议和京津冀协同发展战略。滨海新区要在国家对新区原有定位的基础上，从国家战略高度、从区域协同发展的角度，按照国家对北京、天津和河北的定位，积极融入"一带一路"和京津冀协同

发展大局，进一步明确大滨海新区的区域发展战略和基础设施规划格局。

（1）大滨海新区。

京津冀协同发展规划符合城市和区域发展的客观规律，更加注重发挥滨海地区的重要作用。京津冀滨海地带，包括天津滨海新区、河北曹妃甸、黄骅和秦皇岛等沿海地区，海岸线长度约500千米，陆域面积约2万平方千米，占京津冀22万平方千米的10%。这片区域沿海有许多滩涂、荒地可以加以利用，发展空间很大，是承接产业转移、人口疏解、城市发展任务的主要区域。近年来，天津滨海新区作为国家战略，取得了长足发展，河北省也将沿海作为重要的发展战略，曹妃甸和黄骅港快速发展。总的来看，投入已经比较大，形成了加快发展的基础。《京津冀协同发展规划纲要》提出"一核、双城、三轴、四区、多节点"的规划结构，"四区"之一明确为东部滨海发展区，即天津滨海新区、河北曹妃甸、黄骅等沿海地带，也就是我们所说的大滨海新区。

（2）谋划大滨海新区道路交通和市政基础设施规划建设。

按照惯例，海岸线向内陆延伸50千米左右为滨海地区。所谓"大滨海新区"是指环渤海湾之京津冀的滨海地区，从目前的发展形势看，大滨海新区将成为我国新时期发展最为快速的前沿区域。对于大滨海新区，多年来，进行了一些初步的研究。在《京津冀协同发展规划纲要》指引下，要进一步加大对天津滨海新区、河北曹妃甸和黄骅等地的协同力度，编制区域空间规划和专项规划，加快推进实施环渤海城际铁路线建设，进一步强化沿海高速公路大通道功能。开通海上快速客运，提升沿海高速公路服务水平，加大区域基础设施建设力度，加大区域生态环境保护和渤海湾保护治理力度，促进更加合理的港口分工协作。通过跨区域的大型道路交通和市政

基础设施建设，促进大滨海地区的发展，使大滨海地区成为京津冀协同发展的突破点。

2. 树立港口城市文明的理念

滨海新区因港而生，自 1952 年新港重新开港至今，半个多世纪以来，港兴城荣，港城的相融共生促进了天津港的不断发展，也造就了滨海新区的城市繁荣。到今天，天津港发展成为北方第一大港，成为天津的核心战略资源和最大优势，是建设北方国际航运中心核心区的根本依托与核心载体，是天津参与区域发展的核心引擎。

天津市"双城双港"战略和 2008 版滨海新区城市总体规划实施以来，天津港发展迅速，2015 年港口吞吐量到达 5.4 亿吨，集装箱 1400 万标准箱，完成了规划预定的目标。同时，按照规划，南港启动建设，但目前港口和航道建设速度与规划预期有较大的差距。虽然临港经济区港口发展比较快，2015 年港口吞吐量达到 2000 多万吨，但规模有限。天津港 2008 年以来新增加的 1.8 亿吨吞吐量仍然几乎全部集中在老的北港区，港城矛盾反而更加突出。要真正将滨海新区建设成为国际一流的新区，必须彻底解决滨海新区港口和城市的矛盾关系，需要进一步分析港口和港口城市发展的客观规律，找到未来发展的正确路径。

《文明中的城市》是彼得·霍尔众多论著中最具高度的一部著作，全书由"作为文化熔炉的城市""创意环境之城""艺术与技术的联姻""城市秩序的建立"以及"艺术、技术和机构的结合"五篇三十章构成，作者从古到今，旁征博引，从理论和实践两个层面回答了"文化、创新和城市秩序"3 个核心问题，几乎无所不包，具有极高的学术价值，对当下我国城市化进程遇到的诸多问题具有指导、警示和借鉴意义，对滨海新区这座由港口工业区向现代化海滨城市转型的城区，更有指导意义。我们在规划工作中，特别是在城市道路交通和市政基础设施规划中要树立城市文明的理念，这点至关重要。

（1）港口和大型基础设施作为城市文化。

汉·梅耶（Han Meyer）在《城市与港口——港口城市的转变：伦敦、巴塞罗那、纽约、鹿特丹》一书中分析了世界主要港口城市的发展演变过程，揭示了港口城市转型升级与城市文明共同发展的经验。

港口是城市的门户，是重要的战略资源，是重大基础设施。港口的发展对城市的影响是巨大的，港口本身的布局及其配套的疏港交通等设施对城市的影响也是巨大的。历史上天津港作为海河口开挖的人工港，从 1952 年重新开港至今，取得了巨大的成绩，不仅体现在吞吐量的增长，更重要的是体现在促进天津和滨海新区的发展和对外开放上。而港口后方城市的布局结构决定了大量疏港交通对城市中心的穿越，大大影响了城市的品质。因此，天津市空间发展战略提出，规划建设南港区，疏解部分港口功能，可以逐步缓解港后城市这一矛盾。此外，在城市外围规划疏港专用通道，减少对城市的影响，提高疏港能力，城市形象环境和疏港交通形象都会得到改善。

南港建设速度慢，"双城双港"战略没有按期实现，有客观的因素，也有主观的问题。客观上，新规划建设的南港距老的北港近 30 千米，距离过远，无后方依托；南港工业区项目建设慢，需求不足；渤西管线切改慢，影响航道建设；后方疏港铁路和高速公路进展相对比较慢等。主观上，虽然天津港总体规划确定了"一港八区"的布局，但管理体制不顺，天津港依然以北港作为自己的大本营，对南港建设重视不够；另外，天津老的北部港区转型升级缓慢。虽然汽车进出口发展迅速，但煤炭、矿石等传统货类仍然占很大比重。前几年钢铁大发展，曾经出现红色矿石围城的局面，在新区核心区周边主要道路两侧，到处是矿石堆场，严重污染环境。运输煤炭和矿石的超载大货车严重影响城市交通安全，对道路交通设施造成损坏。同时，港口新兴的物流产业没有发展起来，港区的房地产因港口对环境的影响没有消除而难以发展。归纳起来看，造成这样结果的原因主要是对港口的认识不到位，仍然停留在传统港口装卸的层次上，没有认识到港口之于城市文化的重要意义。天津城市的文化，随着海河的综合开发改造，中心城区越来越看不到所谓码头文化的痕迹；滨海新区的城市文化也要从以装卸和运输为主的码头文化向以航运服务为主的现代港口城市文明进步。做到这一点，滨海新区才有可能成为 21 世纪现代化、国际化的港口和海滨城区。

（2）港口和岸线规划的再调整——海滨城市和滨河空间。

通过实施评估和分析，我们发现天津市空间发展战略和 2008 版滨海新区城市总体规划在港口和岸线规划上存在几方面的不足。一是对港口发展规模预测过于乐观，2020 年港口吞吐量 7 亿吨，集装箱 2800 万标准箱，由此规划了太多的码头岸线和用地。二是对南北港区关系分析不充分，对北港区转型升级缺乏深入研究，对南港建设难度考虑不够。三是虽然认识到天津港"一港八区"的问题，也曾经试图调整，但最后还是承认了现实，没有深入研究港口管理体制的问题。四是岸线利用上，虽然考虑尽可能多地提供生活岸线，但规划没有落实。这些问题经过几年发展后开始暴露。

新一轮城市总体规划修编要深入研究港口规划和岸线布局，在坚持"双城双港"战略的基础上，研究近期实施的策略和可行性。要进一步发挥进港铁路三线的作用，改变疏港运输模式结构，根据

疏港通道的能力确定北港区的吞吐量。研究启动北疆港区散杂货码头向临港搬迁的计划，腾出空间，发展汽车、进出口商品贸易和物流，发挥自贸区的作用。要进一步发展邮轮经济，发展服务海洋经济的港口服务业。要使北港区转型升级，发挥天津港在京津冀港口群中的核心作用。要研究多航道和港区布局的经济性，理顺港口管理体制，明确港城关系。通过北港区的转型推动南港区加快发展。对散货物流中心搬迁提出明确要求，制定时间表和路线图，保证未来 5～10 年滨海核心区港城矛盾、矿石煤炭污染问题和货车超载问题得到根本解决，实现港口城市的文明进步。对于航道和港区过多的问题，当断则断，避免形成更大的问题。

港口和岸线的规划设计也很重要。港口不应单纯作为一个满足作业要求的码头，也要有良好的形象，因为码头是城市面向世界的门户。在天津东疆港的规划设计中很好地考虑了这项内容，效果明显。随着位于海河口的天津新港船厂全部迁到临港工业区新址，老厂址拥有城市功能，在海河口规划设计形成城市港湾，使滨海新区的核心区真正成为看得到海的滨海城区。规划修编要进一步对岸线利用深入设计，特别是北部，要规划建设成为服务京津冀和三北地区的黄金海岸，使滨海新区成为著名的海滨城区。

（3）滨海新区大型基础设施规划设计的新原则。

滨海新区是港口城区，不仅是一个集中的城市，更是一个区域，所以有很多大型基础设施，包括高速公路、高速铁路、快速路、高压走廊、化工管线等穿越这个地区。过去由于一直缺少统筹的规划，造成对城市和区域的分割。在 2008 版新区城市总体规划中，结合多中心组团式布局，将大量长距离的道路和市政基础设施与绿化和生态廊道结合，从组团外围通过，既不穿越城市，又为城市组团提供方便的服务，取得一定效果。在新一轮总体规划修编中，要进一

步树立大型基础设施是城市文化的观念，要在城市总体规划中予以体现。

要实现大型基础设施建设作为城市文化重要组成部分的目标，使时髦的口号成为真实的行动，要在城市总体规划中制定新的规划设计原则，在具体规划设计工作过程中贯彻执行。首先，在总体规划阶段，道路交通和市政基础设施必须与土地利用和城市总体设计紧密结合，土地利用、城市总体设计与大型基础设施是相互配合的整体，也是大型基础设施取得最佳效益的前提。快速路和轨道交通沿绿化廊道布置，要注意线形设计，使其都有良好的视野和景观。滨海新区大型河道、水库、大坝、大堤等，应该与城市区域郊野绿化结合，成为绿色环境的整体组成部分。城市内部重要河道的建设不仅满足防洪、排水等功能要求，更要成为城市景观的中心。河上的桥梁设计不仅满足使用功能和结构要求，更应体现设计的艺术和文化水平。其次，在总体规划结构确定的情况下，对大型基础设施具体的规划设计也十分重要，要在注重工程设计的同时，对城市空间环境给予足够的重视。规划在城市中心区取消高架路和立交桥。重要交通走廊的选线，除地质、场地等条件外，历史遗迹、生态环境和景观作为选线的重要考虑内容，使其既是交通走廊，又是景观走廊，是展示城市区域美的通道。

大型基础设施的规划设计与景观设计同步进行、同步建设。大型热电厂、污水处理厂、垃圾处理厂和垃圾发电厂等的选址尽量放在城市边缘，具体设计方案要考虑尽可能减少对环境的负面影响。市政场站等设施不容许选址在道路交口等显著位置，停车设施也要隐蔽在建筑之中或者绿化后面，避免临主要街道。一些变电站、泵站等设施要放在地下。这样做，可能会增加规划设计的复杂程度，增加少量的投资，但为了城市的美，这一切都是值得的。世界上有

许多成功的范例，如19世纪豪斯曼实施巴黎改造时，建设了完备的下水道系统，今天，它仍然在发挥着作用，其中一部分的下水道被规划成为下水道博物馆，在隧道似的空间里，展示出下水道的系统设计与各种设备，这里已经成为巴黎的观光景点之一，成为城市历史文化的一部分。

目前，我国对城市空间和景观、生态环境及社会文化等方面的考虑不足，造成整体城市环境建设水平受到很大的影响，形成建设性破坏。因此，必须转变观念，树立港口和大型基础设施建设就是城市文化重要组成部分的理念，树立以人为本和生态环境、美学的理念，才能使基础设施的规划建设不仅满足功能需求，更成为人居环境中一道亮丽的风景。

3. 发展愿景——基于港城协调发展的交通设想

天津与滨海新区、天津港的快速发展，主要得益于多年来港城之间的唇齿相依、互相促进。但随着港口与城市的不断发展，港城矛盾已逐步显现，并逐步加剧。港城之间能否协调发展，是未来滨海新区能否落实转型升级的决定性因素。

（1）"前港后城"相互挤压式的空间布局模式引发了港城交通矛盾的持续加剧。

天津港与滨海新区核心区属于典型的"前港后城、港城紧邻"的空间布局模式，天津港与滨海新区核心区仅"一路之隔"，中间缺乏缓冲带。在港城的不断发展过程中，空间的挤压与侵占现象日趋突出。一方面，随着城市的发展，原有疏港通道两侧布置了大量的生活、商务用地，城市对新港二号路、四号路等原有疏港通道进行了限行，侵占了疏港通道空间；另一方面由于滨海核心区紧邻港口，而港区又缺乏足够的仓储用地，造成大量仓储、物流点分布在滨海核心区，与城市生活用地混杂，给城市发展带来较大影响。

港口与城市空间的不断挤压造成港城交通矛盾的日益突出，出行条件和环境质量的不断恶化，严重制约了天津港与滨海新区区域辐射功能的发挥。目前天津港 5.4 亿吨的吞吐量全部集中于北部老港区，88% 的疏港交通需要穿越滨海核心区，主要靠京津高速及辅道、泰达大街等有限的几个通道疏解，压力较大，原有的新港四号路、第九大街、泰达大街等传统疏港通道先后被禁行、限行，而许多疏港车辆甚至利用新北路、五大街等城市道路通行，对城市交通干扰较大。港城交通通道的相互侵占造成主要通道的客货混杂、交通混乱、效率低下，交通拥堵日趋严重，海滨高速 10 小时以上的长时间拥堵现象时有发生，高峰时段京津高速辅道货车排队 3 千米以上，对城市的日常交通出行条件及环境产生了极大的影响。

（2）区域协同发展及国际航运中心建设需求为港城协调发展指出了新的发展方向。

从目前天津港主要货类在区域港口群中的地位来看，大宗干散货与周边秦皇岛、唐山、黄骅等港口同质化竞争现象严重，但其仅占津冀港口群区域总量的 20%，这一比例在未来将进一步下降至 10% ~ 15%；而占天津港总量仅 26% 的集装箱在区域港口群中的份额却高达 88%，天津港集装箱在津冀港口群中的优势地位十分突出。近期批复的《京津冀协同发展规划纲要》提出构建现代化的津冀港口群，推进天津北方国际航运核心区建设，提升航运中心功能，河北省港口以能源、原材料等大宗物质运输为主。该规划明确了天津港在津冀区域港口中的核心地位，要求其突出自身优势，增强核心竞争力，从而带动津冀港口群的发展。

纵观英国伦敦、中国香港、新加坡等国际公认的航运中心的发展不难看出，航运服务指数和集装箱运输量是其核心指标。滨海

新区在依托港口发展集装箱的同时，需要对港城空间的产业功能进行进一步优化，为航运贸易、航运金融、航运保险等港航服务业预留发展空间，而港航服务业的发展又与城市产业发展息息相关。随着天津自贸区的建设，依托于家堡中心商务区的金融服务功能，在北部港城交汇的空间区域着力拓展航运功能，对实现北方国际航运核心区的定位尤为重要。

因此，进行滨海新区空间结构优化、调整"前港后城"布局模式、实现港口航运服务和港口运输功能的南北分工、港城交通客货分离，势在必行。

（3）区域视野下港城空间协调发展的交通发展对策。

着眼区域，面对新的发展形势和环境，结合滨海新区新的城市空间布局研究，提出 3 点实施策略与建议。

第一，着眼区域，找准定位，实现港口转型发展。以京津冀协同发展为契机，以北方国际航运中心核心功能区为定位，实现港口转型发展。抓主放次，调整运输货类，优化港口功能。分流煤炭、矿石等干散货至秦皇岛港、唐山港、黄骅港；集中力量发展集装箱运输，强化集装箱内贸运输支线，成立区域短途集装箱驳运运输公司，收集周边港口集装箱货流，建设京津冀区域集装箱综合转运枢纽；利用自贸区政策优势，积极发展航运金融、航运保险、航运交易等港航服务。

第二，重塑港城空间，北港南迁，实现港城空间"北融合、南分离"。加快实施北港南迁，优化北部区域港城空间关系。除干散货以外，将集装箱适度南迁，实现近期南北均衡（南、北部港区吞吐量比例 1：1)、远景南重北轻(南、北部港区吞吐量比例 1：2)。北部区域：将北疆港区的干散货、件杂货全部南迁，仅保留部分集装箱运输功能，将南疆的煤炭、矿石、钢铁全部南迁，仅保留部分

石油、天然气。搬迁后，北疆、南疆与核心区邻近区域，依托中心商务区及自贸区，重点发展航运金融、贸易、保险等港航服务功能，同时拓展部分生活居住功能，增加亲水岸线，强化轨道交通、公交等客运服务功能，实现北部区域的港城空间融合发展。南部区域：承接北部港区迁移的大宗散货运输功能，其中南港北区充分利用大港 30 万吨级航道，预留集装箱发展空间，南港南区重点发展煤炭、矿石、钢铁及石化等。在南部港区的西侧，与城市之间预留发展缓冲带，避免产生新的港城矛盾，实现南部区域的港城空间分离发展。

第三，优化集疏运系统，结合城市布局，打造复合疏港廊道。结合滨海新区未来"多中心、网络化"的城市空间布局，利用核心城区、主要功能区之间的生态隔离带，打造复合集疏港廊道，一方面减少对城区的干扰，另一方面实现了疏港通道的集约、节约化土地使用，避免了分散布置带来的土地资源浪费及对城市的分割与干扰。复合疏港廊道由高速公路、普通公路、城市干道、普通铁路组成，在滨海新区各主城区外围形成货运保护壳。复合廊道中，高速公路、铁路直达区域腹地，普通公路通往市域及周边城市；保护壳内划定货运通道，禁止货运车辆随意穿行，减少对城区交通、环境的干扰。

30 年前，跳出中心城区看天津，天津确定了"工业东移"的空间发展战略，滨海新区成为天津城市发展的处女地。10 年前，跳出天津看天津，天津融入区域协调发展，滨海新区建设上升为国家战略。今天，要跳出滨海新区，从大滨海新区和京津冀协同发展、东北亚合作发展的角度，完善滨海新区的城市总体规划和城市道路交通基础设施专项规划。

4.绿色生态智能人文——滨海新区市政基础设施的未来发展
鉴于滨海新区在天津和京津冀协同发展中所处的重要地位，

应当以生态城市建设理念为核心，将水资源综合利用、低影响开发、新能源利用、智能化通信等技术应用到基础设施特别是大型基础设施建设中，最终建立起集约高效、循环再生、低碳生态、安全智能的生态型市政基础设施系统，以更好地服务城市发展、改善居民生活，为建设美丽城市提供支撑和保障。

（1）滨海新区的绿色生态基础设施建设。

滨海新区位于九河下梢和河海交汇处，历史上曾有大面积的湿地，自然本底良好但十分脆弱。近现代以来，随着人类活动和干预的增加，特别是上游来水减少、污水增加，滨海地区的环境整体上退化。在过去的 30 多年中，伴随着社会经济的快速发展，加大了环境保护和修复的力度，在局部区域生态环境取得了明显的改善，比如自 2008 年以来，中新天津生态城的规划建设已经提供了在盐碱地上建设生态城市可推广、可复制的成功经验。但整体看，建设生态城市、实现绿色发展的任务还十分艰巨。要做到生态重建，一方面，需要明确绿色发展的思路和途径，包括空间规划的考虑；另一方面，需要绿色生态基础设施的支撑。

首先，要继续贯彻可持续发展的理念，依托技术进步和产业创新，大力发展循环经济、低碳经济，发展新能源、新材料，严格执行节能减排，不再形成新的污染。其次，实现空间上的绿色发展。通过对未来 50 年甚至更长远发展的考虑，结合滨海新区"多中心、多组团、网络化海湾城市地区"的空间布局结构，确定城市增长边界，划定城市永久的生态保护控制范围。结合新区自然特征，构建多层级网络化的生态空间体系，新区的生态用地规模确保在总用地的 50% 以上。环境是一个整体，滨海新区要依托京津冀和天津整体生态系统，形成新区"两区七廊"的生态网络，生态区与生态廊道结合形成主骨架，构建生态与城市互动的安全可持续发展格局。

严格保护农田、河流湿地等自然环境，通过合理利用盐田和填海造陆，满足城市发展的空间需求，实现城市高水平建设与生态环境持续改善的统一。第三，要建立绿色生态的城市基础设施。强化资源节约和节能减排，应用海水淡化和中水深处理等新的技术，提高水资源综合利用水平，实现非常规水源占比 50% 以上。鼓励开发利用地热、风能及太阳能等清洁能源，结合资源优势推动天然气利用，淘汰燃煤锅炉房和小型热电机组，减少二氧化硫排放，实现节能减排。在绿色交通方面，除以大运量快速轨道交通串联各功能区组团外，各组团内规划电车与快速轨道交通换乘，提高公交覆盖率，增加绿色出行比重，形成公交都市。同时，组团内产业和生活均衡布局，产城融合，职住平衡，减少不必要出行。

滨海新区河流密集，水体比较多，但目前大部分是劣五类水质，污染比较严重。由于地处九河下梢，要解决新区水污染问题，必须从整个流域做起，从城市水生态的修复抓起。京津冀协同发展国家战略，目前先期开展的大气联防联控取得了一定进展，区域空气质量和大气环境得到改善。区域水污染的系统治理正在展开。新区要结合自身实际，在中新天津生态城局部区域水环境治理取得成绩的基础上，进一步开展规划研究论证，将区域内水系连接成网络，实现水资源统筹。通过海河流域和环渤海湾的区域协调，使整个城市区域的水环境和渤海的海洋环境不再恶化，并开始逐步改善。在具体的细部做法上，也要体现生态的理念。当前我国许多城市的河道被人工化、渠道化，这样不仅不利于地表水和地下水之间的交换，而且阻断了河道内水与生态系统其他成员之间的沟通和交流，容易造成河道水环境功能质量下降、生态系统功能降低、景观功能丧失。因此，应对城市河道进行生态修复，尽量恢复城市河道的自然形状，采用利于河道生态功能修复的建筑材料，建设与生态环境友好的水

工建筑物，积极为水生生物创造良好的生活空间，如中新天津生态城中污水库的治理和蓟运河故河道的修复等。另外针对新区填海造陆比较多的情况，我们组织开展了人工岸线生态修复的科研工作，试图逐步恢复生态海岸。城市水生态修复的最终效果将是城市水安全功能的加强、水环境质量的提高、水生态功能的改善、水景观功能的重塑。

真正的绿色是天蓝水清的绿色，是植物茂盛和动植物多样性的绿色。要从根本上改善新区人居环境，最终还是要绿化。根据新区河网密集、水库众多和土地盐碱的特点，规划疏通、清理现状河道水库与开挖河道、湖泊水面相结合，通过水系连通、完善水网系统，起到存蓄雨洪水和再生水的作用，在促进湿地恢复自然属性的同时，通过水流排咸起到改良土壤的作用。要大力持续地绿化植树，形成海岸线绿带，围绕大型湿地周边绿化，沿公路、河流绿化，逐步实现成片绿化，形成郊野公园和森林公园，在城市内部与边缘因地制宜地密植乔灌木，改善植被，提高新区整体的绿化水平。

当然，要完成以上的工作，任务是艰巨的，而且是长期的，需要公众生态环境意识的提升、管理体制和制度的完善、技术和资金的支持等，统筹的总体规划和专项规划设计也是非常必要的。

（2）滨海新区的智能化基础设施建设。

第二次世界大战结束后，半导体、集成电路、计算机的发明，数字通信、卫星通信的发展形成了新兴的电子信息技术，使人类利用信息的手段发生了质的飞跃。人类不仅能在全球任何两个有相应设施的地点之间准确地交换信息，还可利用机器收集、加工、处理、控制、存储信息。机器开始取代了人的部分脑力劳动，扩大和延伸了人的思维、神经和感官的功能，使人们可以从事更富有创造性的劳动。这是前所未有的变革，是人类在改造自然中的一次新的飞跃。

由于信息生产、处理手段的高度发展而导致的社会生产力、生产关系的变革，被视为第四次工业革命——信息革命，以互联网全球化普及为重要标志。

信息技术革命不仅为人类提供了新的生产手段，带来了生产力的大发展和组织管理方式的变化，还引起了产业结构和经济结构的变化。这些变化将进一步引起人们价值观念、社会意识的变化，社会结构和政治体制也将随之而变。例如计算机的推广普及促进了工厂自动化、办公自动化和家庭自动化。计算机和通信技术融合形成的信息通信网推动了经济的国际化。跨国公司控制着很大部分的生产与国际贸易。同时，这种系统还扩展了人们受教育的机会，使更多的人可以从事更富创造性的劳动。信息的广泛流通促进了权力分散化、决策民主化。随着人们教育水平的提高，将有更多的人参与各种决策。这一形势的发展必然带来社会结构的变革，包括城市生产生活方式的变革。总之，现代信息技术的出现和进一步发展将使人们的生产方式和生活方式发生巨大变化，引起经济和社会变革，使人类走向新的文明。

城市是一个复杂的巨系统。计算机的发明，运筹学、控制论的发展，使人类开始通过定量的方式来研究城市的发展、运作，用数学模型进行模拟预测。20 世纪 50 年代开始，这一运动达到高峰，特别是城市交通和市政基础设施方面取得很好的进展。我国在 20 世纪 80 年代也开展了这方面的研究，取得了一定的效果。由于数据的不完整，影响了进一步的推广应用。今天，信息技术飞速发展，大数据、云计算等新技术，使得对城市的定量分析迎来了新的机遇。在道路交通和市政基础设施系统规划、智能化基础设施建设上滨海新区应做更多的工作。这要求我们在传统的工程项目规划的基础上，进一步扩展规划的范畴，比如要了解交通控制、交通经济学、交通政策等公共政策，掌握更多的知识。

我们可以以交通信号灯控制为例，说明技术的进步。在近百年的发展中，道路交通信号控制系统经历了无感应控制到有感应控制、手动控制到自动控制再到智能控制、单点控制到干线控制再到区域控制和网络控制的过程。早在 1850 年，城市交叉口处不断增长的交通就引发了人们对安全和拥堵的关注。1868 年，英国工程师纳伊特在伦敦威斯特敏斯特街口安装了一台红绿两色的煤气照明灯，用来控制交叉路口马车的通行，但一次煤气爆炸事故致使这种交通信号灯几乎销声匿迹了近半个世纪。自 1914 年开始，美国的克利夫兰、纽约和芝加哥等城市才重新出现了采用电力的交通信号灯。1917 年，在美国盐湖市开始使用联动式信号系统。1922 年，美国休斯敦市建立了一个同步系统。1928 年，上述系统经过改进，形成"灵活步进式"定时系统，很快在美国推广普及。这种系统之后不断改进、完善，成为当今的协调控制系统。

计算机技术的出现为交通控制技术的发展注入了新的活力。1952 年，美国科罗拉多州丹佛市首次利用模拟计算机和交通检测器实现了对交通信号机网的配时方案自动选择式信号灯控制。而加拿大多伦多市于 1964 年完成了计算机控制信号灯的实用化，成为世界上第一个具有电子计算机城市交通控制系统的城市。这是道路交通控制技术发展的里程碑。

国外对城市区域交通控制的研究，始于 20 世纪 60 年代初。1967 年，英国运输与道路实验室成功开发出 TRANSYT（Traffic Network Study Tools）交通控制系统。澳大利亚在 20 世纪 70 年代末开发了基于配时方案实时选择方法来实现路网协调控制的 SCAT（Sydney Coordinated Adaptive Traffic Method）系统。这些系统已经在西方国家的城市交通控制中获得了成功的应用。

进入 20 世纪 80 年代后期，随着城市化进程的加快和汽车的普及，城市交通拥挤、阻塞现象日趋恶化，由此引发的事故、噪声和环境污染已成为日益严重的社会问题，交通问题成为困扰世界各国的普遍性难题。人们对交通系统的复杂性和开放性特征有了更深一层的认识，并开始意识到单独考虑车辆或道路方面很难从根本上杜绝交通拥挤现象，只有把路口交通流运行与信号控制的耦合作用综合考虑，且赋以现代的各种高新技术方可彻底消除有关问题。于是，智能交通系统应运而生，并得到迅猛发展，新一代城市交通控制系统相继推出并投入应用。

目前城市交通控制研究的新发展主要体现在城市交通网络的各个方面，具体包括：区域交通信号灯和城市快速公路匝道口的新的控制方法，实现区域和快速公路的集成控制，采用动态路由导航与交通网络控制结合，以实现先进车辆控制系统为主的智能交通系统（ITS），以实现先进交通管理系统 ATMS 和先进驾驶员信息系统为主的城市多智能体交通控制系统，以及一些辅助的交通策略，如道路自动计费、公共交通优先等。

（3）关于城市基础设施新技术的思考和储备。

除去用绿色生态和智能化的思想方法规划建设城市及其基础设施外，技术的进步和工程的设施仍然是城市道路交通和市政基础设施发展进步的关键环节。目前，世界上一些最新的城市道路交通和市政基础设施的技术和工程还在不断涌现，并建成投入使用，如新加坡水资源综合利用管理系统、日本东京"首都圈外围排水系统"、美国波士顿地下高速公路"大开挖"计划等，可供我们开阔眼界，进行思考，并做相应的储备。同时，21 世纪新的科学发明和科技创造不断，需要我们及时了解学习，丰富我们的思想和想象力。

新加坡水资源综合利用技术和系统工程有许多可借鉴的经验，

有许多值得学习的地方。作为一个岛国，新加坡陆地面积狭小，人均水资源占有量居世界倒数第二位，一直面临着淡水资源严重匮乏的问题，超过 50% 的供水来自马来西亚。为改变这种状况，经过几十年的持续努力，通过开源与节流并举、保护和扩大地表集水区、利用高科技生产新生水并降低成本、淡化海水等，新加坡成为世界上在水资源利用方面领先的城市，建成了以四大"国家水喉"计划，即天然降水、进口水、新生水和淡化海水为主的系统工程。

作为一个赤道型气候的国家，年降雨量高达 2350 毫米，但降雨密度高、持续时间短、分布面积小。为了避免洪涝，同时积蓄雨水，新加坡将一半土地作为集水区和水道。这些集水区大致可以分为受保护集水区、河口蓄水池以及城市骤雨收集系统等三类。2005 年，新加坡政府耗资上亿美元，开工建造横跨滨海水道的滨海堤坝，堤坝长 350 米，由 9 个冠形闸门组成，把滨海湾围合成一个大型河口蓄水池，这是新加坡的第 15 个蓄水池，拥有全国最大及最城市化的集水区，面积达 1 万公顷，相当于新加坡国土面积的 1/6。这些蓄水池不仅存蓄雨水，而且也存蓄新生水和淡化海水，各种水源混合使用。

新加坡十分重视"新生水"的开发与利用，将其视为缓解水资源紧缺的主要增长点。新加坡从 20 世纪 70 年代就开始研发污水再生技术，即回收生活废水加以循环利用。2000 年，新加坡政府建造了一个试验性的新生水厂。2002 年 8 月，新加坡新生水（Newater）技术的研发正式宣告成功。政府同时宣布，今后新加坡人的饮用水将是新生水和自来水的混合水。目前，新加坡有 4 座新生水厂。除了可供饮用，新生水在商业层面的广泛应用，既减少了水量消耗，又摊低了水价成本。新加坡政府动用储备金从 1998 年开始实施"向海水要淡水"计划。2005 年 9 月，新加坡第一座海水淡化厂新泉海水淡化厂投入使用，每天提供 13.6 万立方米的净水，满足本地约 10% 的需求量，海水淡化也成为非传统水源之一。

近年来，随着城市扩展，新加坡原有的污水处理厂越来越靠近市区。为了节省土地和扩大污水处理规模，新加坡提出未来污水收集和处理体系采用深层隧道系统，将现有的 6 座污水处理厂通过深层隧洞系统连接起来，将污水送至东、西两端的樟宜和大士两座新建的大型污水处理厂。污水处理达到排海标准后，由排海口向深海排放。由于用两个大型污水处理厂取代众多小型污水厂，运行、维护更为高效和经济，规模效应更为明显，污水厂尾水也便于引到更远的深海排放。原有的 6 座污水处理厂逐步淡化其作用其至最终取消，从而提升周围物业的发展价值，污水处理厂本身的地块也可以另寻新的用途。整个系统修建分两期工程，一期工程新建樟宜污水处理厂和连接 4 座污水处理厂的隧道，于 2005 年完工并投入使用。二期工程于 2016 年开工，新建大士污水处理厂和连接其余两座污水处理厂的隧道，计划于 2022 年投入运行。深层隧道采用重力非满流形式，混凝土浇筑，直径为 3.5～6.5 米，掩埋深度 30～70 米，设计使用年限为 100 年。隧道设计使用期内无需维修，最长距离达 40 千米。污水厂采用地下式，分为 3 层，泵站扬程 80 米，污泥消化后主要用于海洋填埋，污泥消化能量用于场区发电。最近，新加坡的水务机构（PUB）和国家环境局（NEA）合作推出一项颇具环境创造力的环保工程规划，使再生水厂和垃圾处理厂协同合作，在各自的固体废弃物处理和污水处理过程中最大限度地实现能源和资源回收，实现水—能源—废弃物的循环。

新加坡的水管理单位只有一个，就是新加坡公用事业局(PUB)，从水的净化供应，到输配水管网、管道检查维修，再到废水处理和新生水生产推广，均由公用事业局负责。这有助于对水资源的统一调度及管理。

日本东京"首都圈外围排水系统"，又称"G-Cans 计划"，建造于 1992 至 2006 年，共耗资 30 亿美元，是目前世界上最大的地下排水系统。整个系统处于地下 50 米深处，由全长 6.4 千米、直径 10.6 米的巨型隧道连接 5 个高 65 米、宽 32 米的巨型竖井组成。前 4 个竖井里导入的洪水通过下水道流入最后一个竖井，集中到由 59 根高 18 米、重 500 吨的大柱子撑起的巨大蓄水池中。日本人将这个长 177 米、宽 78 米的蓄水池称作"地下神庙"。系统全程使用计算机遥控，并在中央控制室进行全程监控，堪称世界最先进的排水系统。

美国波士顿"大开挖（Big Dig）"工程，官方名称为"波士顿中心干道、隧道工程"（CA/T，Central Artery/Tunnel Project），是一项历时长久、耗资巨大的特大型地下通道工程项目，也是美国历史上最大、最复杂和最具技术挑战的工程项目。工程的建设目的是将 1959 年建成的、穿越波士顿市中心、长约 13 千米的双向六车道的高架 93 号州际高速公路（Interstate 93）转变为一条长约 5.6 千米、八到十车道的地下隧道。将过境交通引入地下，并修建特德·威廉姆斯隧道（Ted williams tunnel），以及跨越查尔斯河（Charles River）的列尼·扎金彭加山大桥（Leonard P.Zakim Bunker Hill Memorial Bridge），将 90 号洲际公路延长至洛根国际机场，建设处于原 93 号高架公路下的露丝·肯尼迪绿廊（Rose Kennedy Greenway）。在最初的规划中，工程计划还包括连接波士顿两个主要列车终端站点的铁路线。波士顿"大开挖"工程于 1991 年 9 月启动，2006 年完工之后，波士顿南部及西部居民，在交通高峰时段前往该市机场平均耗时减少了 42%～74%。其预算在 1985 年时为 25 亿美元，至 2004 年已花费约 146 亿美元，算上 70 多亿美元的利息在内，该工程总费用达到 220 亿美元，政府还清全部欠款得等到 2038 年。波士顿"大开挖"工程在美国广受非议。有批评者认为，这一工程代价过于高昂，工程的存在让政府官员忽视了新的地铁等轨道交通建设。也有人评论说，一个 66 万人的城市，花费 220 亿美元进行大改造，从经济角度上来说的确不值得，但是除了经济之外还有更重要的东西——城市文化和历史文脉。波士顿是具有 300 多年建城史的美国著名海滨城市，但是高架路就像匕首一样插进了城市的心脏，粗暴地破坏了原先完整的城市景观和肌理，使"海滨之城"的美誉名存实亡。这样的破坏性建设非但没能解决交通问题，还把市中心变成了巨大的停车场。当时这条高速路刚开通时，日均通行量是 7.5 万车次，后来增长了两倍多，成为全美最拥挤的高速路，事故发生率是全美城市州际高速路平均水平的 4 倍。另外在这条路产生诸多问题的同时，波士顿为建造新的行政中心，还拆掉了一整片老街区，遭到了当地市民的一致抗议。对城市文化和历史建筑的破坏已让波士顿居民忍无可忍，正是基于此，在 20 世纪 80 年代，政府才下决心进行"大开挖"工程。工程历时 25 年，期间遭遇技术、机制、腐败等各种问题，尽管项目完工后还遇到漏水、交通事故等问题，但总体看，通过"大开挖"工程解决了长期以来困扰波士顿的地面交通问题，将地面空间还给城市生活，开发为居住、商业和绿化相结合的综合城市廊道，形成了面积约 100 公顷的城市绿地和开放空间，重新建立了城市与海滨地区的空间联系。

我们今天经常谈论起波士顿"大开挖"工程，其一是谈及工程的浩大，更多的是要吸取教训，避免重蹈 20 世纪 50 年代所谓城市更新、将高速公路直插市中心、将小汽车交通引入市中心的覆辙，强调城市道路交通和市政基础设施要充分考虑城市的文化。

以上我们谈到的三个大的跨世纪的工程项目，只是一些典型的案例。21 世纪的今天，科学技术突飞猛进，还有许多的新技术处于研究试验的过程中，一些已经开始普及，如污水生态处理技术；一些已经进入实际验证阶段，如单人公共交通系统、智能物流管道、无人驾驶汽车、能飞的汽车、垂直起降电动飞机等，以及 500 千米以上更高速度的管道交通和新能源技术，其中包括美国人马斯克支持研究的、时速达到 1000 千米的地下真空胶囊列车等。2013 年 7 月，美国特斯拉电动汽车公司（Tesla）和美国科技公司 ET3 相继公布了"超级高铁"设想和"胶囊列车"计划。虽然名称不同，二者的核心原理一样，利用"真空管道运输"的概念，建造一种全新的交通工具。这种列车车行速度是飞机的两倍、高铁列车的 3～4 倍。置身"胶囊"车厢，像炮弹一样从车站发射，逐渐加速至每小时 6500 千米，从纽约至北京只需 2 小时，环球旅行也仅需 6 小时。ET3 公司正在美国建造一个长达 4.8 千米、时速为 6500 千米的模拟系统，试验"胶囊"旅行的概念。而特斯拉公司则将"超级高铁"形容为"协和式飞机、轨道炮和空气曲棍球台的结合体"。

有人说，21 世纪是新能源的世纪，3D 打印技术和新能源会带来新的工业革命。除传统的再生能源如水电、风电、光电和核裂变等，还有许多新技术研究的领域。据外媒报道，美国通用电气公司联合美国能源部正在研发一种新型的汽轮机，书桌大小，却足以满足一个小城市的电力需求。这台汽轮机由处于 700 摄氏度高温环境下的"超临界二氧化碳"驱动。在这种条件下，二氧化碳会进入一种介于气相和液相的状态即"超临界状态"，用这种方式驱动汽轮机将使热能转化成电能的效率提高到 50%。这台机器可以帮助能源公司重复利用废气，进行高效而清洁的发电。另外，还可利用其他发电方式，如太阳能和核能发电产生的余热溶解熔融盐，将二氧化碳转化为"超临界流体"，这或许比加热水来产生水蒸气要容易。研究人员已经确定，当使用太阳能时，这套发电系统中的二氧化碳可以持续循环，并且不会产生废物。这些新技术一定能够进一步提高城市的功能和服务水平。

为了使未来世界的生活过得更理想，必须配合大量的基建工程。世界未来学会的科学家，根据目前人类所掌握的科技和知识，做出一些规划和设想，预计 21 世纪将会出现的十大工程，包括环球导航系统、喜马拉雅山水库、超级高速公路、直布罗陀大桥、鞑靼海峡填海、白令海峡大坝、乍得海、卡特拉湖、人造岛及天空之城。专家预测，以目前的发展形势，21 世纪末，将有近 1 亿居民生活在人造岛屿上。这种岛建在海岸几千米处的海中浮动结构上，岛上的建筑物会使用一种柔韧而富有弹性的材料建造，以适应海浪的波动，使之坚固稳定，此举亦可解决人口不断增加的问题。科学家相信，只要再过 50 年，现在的太空轨道将变成有人居住的真空太空城市。这种微型浮动城市是新式的居住状态，真正是"太空之城"，建筑物料使用地球以外的材料，于太空城市中再现地球上的景色。那里的气候将受到控制，井井有条，城市规划良好，城中不会有汽车，估计能够容纳 1 万人。以上这些设想不管能否实现，都反映出人类科学技术进步的强大能力。

中华人民共和国成立后，我国屹立在东方。改革开放后，科学技术迎来了发展的春天，通过引进及消化吸收，我国城市道路交通和市政基础设施经过几轮升级换代，迅速赶上发达国家水平，而且在一些新技术探索方面勇于尝试，走在世界前列。如 2002 年底世界第一条磁悬浮轨道线在上海浦东开始试运行。从 2008 年京津城际铁路通车后我国高速铁路快速发展，成为世界上高速铁路普及

度最高的国家。进入 21 世纪，我国实施了许多重大工程，包括三峡工程、京沪高铁、南水北调工程、西气东输工程、青藏铁路、北京奥运会场馆、上海世博会场馆、武广铁路客运专线、港珠澳大桥和杭州湾跨海大桥等。投资 3000 多亿元的南水北调工程是缓解北方水资源严重短缺问题的一项重大工程。20 世纪 50 年代国家提出"南水北调"的设想，后经过科研人员几十年勘察测量研究，最终确定南水北调的总体布局为三线工程，即南水北调西线工程、南水北调中线工程和南水北调东线工程，分别从长江上、中、下游调水，以适应西北、华北各地的发展需要，与长江、淮河、黄河、海河相互连接，将构成中国水资源"四横三纵、南北调配、东西互济"的总体格局。南水北调工程通过跨流域的水资源合理配置，大大缓解了中国北方水资源严重短缺的问题，促进南北方经济、社会与人口、资源、环境的协调发展。2014 年，南水北调工程中线如期通水，东线运行平稳。

目前我国在一些领域已经进入世界先进行列，一些新技术已经开始进入实施阶段，如 1000 千伏特高压输变电线路和变电站、三网融合、网约车、无人机、共享单车等。作为预见性的城市规划，要及时了解学习这些新技术的发展动向和对城市可能产生的影响，及早做好准备。前面提到的胶囊火车，我国也正在积极研发试验类似的技术，即时速 600 ~ 1000 千米的真空管道高速交通。从北京到广州 2300 千米的路程，可以用 2.5 小时甚至 1 小时到达。未来两三年内，实验室将推出时速 600 ~ 1000 千米的真空管道高速列车小比例模型，预计 10 年后实现运营。而根据现在的理论研究，这种真空磁悬浮列车时速可达到 2 万千米，不知人在胶囊列车中是什么感受。

杰里米·里夫金在 2011 年出版的《第三次工业革命》一书中，为我们描绘了一张宏伟的蓝图：数亿计的人们将在自己家里、办公

室里、工厂里生产出自己的绿色能源，并在"能源互联网"上与大家分享，这就好像现在我们在网上发布、分享消息一样。能源民主化将从根本上重塑人际关系，它将影响我们如何做生意，如何管理社会，如何教育子女和如何生活。我们正处于第二次工业革命和石油世纪的最后阶段。这是一个令人难以接受的严峻现实，因为这一现实将迫使人类迅速过渡到一个全新的能源体制和工业模式，否则人类文明就有消失的危险。杰里米·里夫金敏锐地发现，历史上数次重大的经济革命都是在新的通信技术和新的能源系统结合之际发生的。新的通信技术和新的能源系统结合将再次出现——互联网技术和可再生能源将结合起来，将为第三次工业革命创造强大的新基础设施。第一次工业革命催生了大量垂直的、高耸入云的高楼大厦，第二次工业革命催生了分散郊区的发展，这种发展是线性的外延式发展。第三次工业革命催生的结果却是截然不同的。现有的城市和郊区空间将纳入封闭的生物空间内。得益于第三次工业革命催生的能源、通信和运输系统，数以千计的生物空间地区被连接成一个网络，这个网络覆盖多个大陆。我们即将步入一个"后碳"时代。人类能否可持续发展，能否避免灾难性的气候变化，第三次工业革命将是未来的希望。

（4）城市基础设施和城市安全。

城市存在的主要目的是为广大人民群众提供宜居的生活环境，城市安全是前提，城市道路交通和市政基础设施与城市安全密切相关。历史上城市的一个最重要的功能就是防卫，而城墙是当时最重要的基础设施。随着人类科学技术的进步，城市道路交通和市政基础设施高度发达，在带给城市便利和文明的同时，可能造成的安全问题会更严重，因此，要高度重视。

在新区城市总体规划中有城市防灾的专题内容，包括防洪、

防海潮、抗震、消防、人防等。滨海新区所处的区位决定了防洪、防涝和防海潮是重点；地质条件复杂，抗震防灾是重点；化工企业多、防火和消防是重点；战略地位重要，人防是重点。滨海新区作为一个石油化工产业发达的港口城市，历史上形成的许多化工厂和石油化学品仓库，随着城市的扩展，毗邻城区，安全问题突出。因此，天津市空间发展战略提出"双城双港"战略，确定在新区最南端填海新建南港和南港工业区，规划将现有化工企业、石化仓库向南港搬迁聚集，从布局上进行调整，减少对城市安全影响的可能。

作为位于河口的滨海城市，水安全，即城市防洪排涝防风暴潮是城市发展和人民生命财产安全的基本保障。虽然在中心城市，包括中心城区和滨海新区核心区，建立了天津市城市防洪排涝圈，但是，随着城市的快速扩展、地面的硬化、汇流条件的变化、海堤的升高、地势低洼等状况的出现，滨海新区还是面临着防洪排涝及防风暴潮问题。解决的办法，除去传统的通过加固河道堤防、疏浚河道、修建水库、建立蓄滞洪区等方式来提高城市的防洪除涝标准之外，滨海新区也进行了许多有益的尝试和创新的做法。比如，用生态城市和海绵城市的方法调蓄雨水。新区大部分功能区开挖了湖面和河渠，在取得土方平衡的同时，建立了区内雨水存蓄和调蓄缓存功能，提高了区域内防洪和防内涝的能力。同时，通过优化土地资源配置，增加地表的渗透能力，减少地表径流的形成。

海河是天津和滨海新区的母亲河，均从城区中心流过，是城市的宝贵财富，也是防洪排涝的重点。一般情况下，有河流的城市，随着河底淤积和清理不及时，两岸堤防就需要不断增高，所以大部分城市河道堤岸高于城市地坪。海河是天津的一级河道，按照规划，按 200 年一遇洪水设防。虽然通过周围水系的分流，海河的通过能力从 2000 多立方米 / 秒降到 800 立方米 / 秒，但海河仍然具有

行洪排涝功能。在闸的控制下，目前海河常水位在1.5米（大沽高程）左右，设计洪水位3.6米，超高计为0.9米，海河防洪堤顶标高定为4.5米。2002年中心城区海河综合开发改造已经按照这个标准实施。通过采取退台式堤岸设计，既保证了人们的亲水，又符合了海河防洪的标准。

2007年开始编制于家堡金融区规划时，海河防洪和地区排涝是需要解决的几个重大课题之一。于家堡半岛平均高程约2.6米，响螺湾平均高程约2.8米。海河两岸4.5米的堤顶标高已经比上版规划5.36米下降了86厘米，但堤顶与陆地现在的标高还是相差近2米，不利于景观，也不利于排涝。对于如此重要的中心商务区，海河边2米高防洪墙的做法不妥。经过反复的论证，决定整体将于家堡半岛抬高，基地竖向高程整体提升至4.5米。对于所需土方，经过初步计算，地下空间的开挖可以基本实现平衡。实践证明，这一做法非常成功，不仅从根本上解决了海河堤防问题，提升了城市景观，同时彻底解决了内涝问题。此外，在于家堡排水管网设计时，尽可能地增加了重现期系数，加大管径。在进行海河景观规划设计时还提出了亲水堤岸和生态防洪的构想。降低岸边高度，堤防后移，形成滨河亲水绿化带。当洪水来临时，可以允许部分非重要地区被淹没，加大行洪宽度，减小洪水的势能，可在一定程度上减小洪水的破坏能量。规划将蓝鲸岛公园作为生态防洪区，可淹没区跟生态绿地紧密相连。另外，为了确保安全，借鉴英国、新加坡等国经验，在海河口新建了230立方米/秒流量的大型泵站，在遇到上游来水、海水高潮等最不利因素叠加时，进一步提高城市抵抗内涝的能力。

在城市总体规划实施过程中，我们也十分注意新区的城市安全问题。2012年规划部门会同新区安监局开展新区工业管网普查工作。对于一些化学危险品管线在审批前要求安监部门和环保部门提出明确意见。地铁规划选线时天津市勘察院进行了地质条件分析研究。天津港瑞海公司"8·12"特别重大火灾爆炸事故说明在城市安全方面的努力没有终点。通过对危险源和规划审批项目的检查，发现许多工业企业，包括高科技企业和科研单位，都存在危险源，说明我们对城市安全的认识还不够全面。因此，在新一轮城市总体规划修编中，城市防灾专章在突出石化产业布局调整、城市反恐等内容的同时，要更加重视城市道路交通运输和市政设施造成的城市安全问题及次生灾害可能性的防范，包括对加油加气站的规划选址，也应该远离生活居住区布置，使城市越来越安全。

5. 海滨城市新的社会方式和城市文明

（1）滨海新区的科技进步与生活方式。

你工作正忙的时候，桌上的电话响了，刚接起来说了几句，手机微信又响了，与此同时邮箱里收到了几封邮件，电脑屏幕上还有QQ的几个对话窗口弹出，都在提醒你尽快做出答复。这种情形如今上班族都并不陌生，每个人每天的时间，都不断被打断和切成许多的零碎片段，不知不觉中渐渐感到莫名烦躁，听到手机响就心惊肉跳，更不必说进行连续深入的思考了。这个现代场景典型地揭示了一个普遍的矛盾：人类发明技术本来是为了便利，但最终自己的生活却被技术无情地改变甚至主宰了。

1934年，芒福德出版《技术与文明》一书。那个年代，手机、网络等现代通信工具还未发明，但本着一种对时代变迁和文化的深刻把握，他在很早之前就道出了现代人那种无法摆脱的困境，这使得他的洞察力在今天看来仍具有常读常新的意义。他一针见血地指出，以电话为代表的即时交流常不可避免地带有狭隘和琐碎的特性，"有了电话以后，个人的精力和注意力不再由自己控制，有时要受某个陌生人自私的打扰或支配"。电话发明之后，想要把一些讨厌鬼拒之千里之外再也不可能了。这种实时通信造成时间的断断续续和经常被打扰，人们接受的外界信息异常频繁和强烈，甚至会大大超过他们的处理能力，这使得人的内心越来越弱，只能被动应对。芒福德在书中对技术与文明的那种思考，很多人近年来才逐渐能够体会。贯穿《技术与文明》全书的是一种对工业文明的反省。虽然人类发明了机器，带来一定程度的社会进步，但在芒福德看来，这并不仅仅是文明进步那么简单，倒不如说是一把双刃剑——技术并不只是技术而已，它实际上也深深地改变甚至有时候控制了人类自己。

城市规划不能决定人的生活方式，但城市规划设计、城市道路交通和市政基础设施却对人的生活方式、文明程度产生影响。"美国梦"，由洋房、汽车和体面的工作构成，引导美国社会高水平发展了近百年，以汽车为主的交通方式和州际高速公路是"美国梦"的基础设施，造就了美国的城市和区域形态，以及美国人的生活方式。英国人大部分住在公寓住宅中，以公共交通作为主要出行工具，不失绅士的生活方式，恬雅宁静。在英国出生、成长的著名城市规划师彼得·霍尔爵士，经过在美国加州伯克利十年的工作生活，认为客观比较起来，英国中产阶层的生活质量不如美国中产阶层的高。当然美国人的生活也面临许多困惑，如经济危机周始、医疗保险的难题，包括城市扩张的代价，使得生活不便利，比如买一只牙膏都需要开车的状况，以及人均汽油消耗量是欧洲3倍的事实。由此，一些有志之士发起了新都市主义运动，试图按照传统城镇的密度和街道广场模式来规划建设美国的社区。美国和英国的经验表明，住宅和城市道路交通基础设施的规划设计可以在改变人的生活方式、决定城市的生活质量上发挥很大的作用。

根据马斯洛人的需求层次理论，人的基本温饱需求满足后，就有更高层次的精神需求和社会交往。住宅的多样化、居住环境的美化和交往空间的创造、生活配套设施的完善、社区的民主管理、社会公平与和谐、节约型社会等是我国城市规划建设当前要考虑的重点问题，是提高我们生活质量的必备条件。只有生活质量和环境提升了，才能促使人们思想的进一步解放、科技人文的进一步创新、城乡的进一步繁荣，实现广大人民群众诗意地、画意地栖居在大地上的理想目标。要做到这一点，道路交通和市政基础设施规划设计也必须进行相应的改革创新。

目前，我国在城市规划特别是居住区规划设计和规划管理上存在比较多的问题，路网密度低、超大的封闭小区是造成交通拥挤、环境污染等城市病的主要根源之一。小区内普遍存在停车难、邻里交往少、物业管理差等问题，大众对居住质量和环境不十分满意。近期，中央提出要推广"窄马路、密路网"和开放社区，抓住了问题的关键。近几年来，结合保障房制度改革，我们在进行新型住房制度探索的同时，一直在进行"窄街廓、密路网"新型社区规划设计体系的创新研究，开展和谐社区的规划设计探索，统筹道路交通和停车、城市空间和绿化环境、公共服务配套和社会管理等方面的规划设计，从开放社区规划、围合式布局、社区公园、街道和广场空间塑造、住宅单体设计到停车、物业管理、集中的社区邻里中心设计、网络时代社区商业运营和生态社区建设等方面不断深化研究。邀请国内著名的住宅专家，举办研讨会。目的是通过规划设计的提升，来提高社区的品质，满足人们不断提高的对生活质量的追求，解决城市病。通过实践探索和理论研究，我们发现，要采用"窄马路、密路网"和开放社区的布局模式，需要许多方面的改革，包括规划管理的技术规定、相关行业管理部门的各种规定和管理方法，如国家标准《城市道路规划设计规范》《城市道路交叉口设计规范》等。

窄路密网新型社区和住宅类型的多样化是提高我国居住水平和生活质量的要求，也是城市文化发展的要求。我国传统民居的多种多样，造就了各具特色的城市和地区，也成为地方文化的重要代表。天津老城区具有尺度亲切宜人和建筑多样性的优良传统，滨海新区开发区生活区在最初的规划时，继承了这样的传统。塘沽区老城区的尺度历史上也是宜人的，包括街道和建筑。我们希望将天津亲切宜人的城市尺度和居住建筑多样性的优良传统在滨海新区延续下去，这需要"窄街廊、密路网"开放社区的布局模式和以公共交通为主导的便捷交通系统，以及相应的道路交通和市政设施的规划设计新模式。

（2）生态绿化的海滨城市——郊野公园和海滨花园路。

滨海新区城市总体规划一直将生态环境建设作为一个重点，这是因为生态文明是新的发展目标，而滨海新区当下的生态本底比较差。经过十年来持续的努力，实施美丽滨海建设，新区的生态环境目前取得了很大的进展，规划建设了官港等 3 个郊野公园，对原有绿化环境进行了提升。中新天津生态城起步区基本建成，完成了对严重污染水库的治理，到处绿意盎然，成为在盐碱荒地上实施生态城市建设的样板，形成可以推广的成功经验。2013 年起，京津冀协同发展成为国家战略后，中央率先在区域大气污染治理方面形成国家和区域齐抓共管的局面，新区大气环境质量有很大的改善。下一步应该抓紧对海河流域环境和渤海湾的治理。滨海新区作为我国北方新兴的海滨城市，过去的规划在统筹改善新区整体环境上考虑不足，特别是在生活岸线和滨海的景观、基础设施方面，要加大对渤海湾的污染治理。渤海海洋环境的治理是一项宏伟的系统工程。渤海面积 8 万平方千米，作为内海，水体交换非常困难。长期以来，沿岸省市污染大部分直接排海，造成渤海污染严重、赤潮频发、生态退化。从 21 世纪初开始，国家环保部推动"碧海行动计划"，但见效缓慢。2008 年，国家发改委组织编制了《渤海环境保护总体规划（2008—2020）》并下发。2009 年，国务院批准建立了"渤海环境保护省部级联席会议制度"，由发改委、环保部、水利部、海洋局等 11 个部委和津冀辽鲁三省一市政府组成，确定了阶段工作目标。重点工作：一是陆源截污，搞好工业点源治理；二是加快污水、垃圾处理设施建设；三是进一步加大农业面源污染治理力度，减少水产养殖污染；四是加强海岸工程污染防治与滨海区域环境管理；五是控制海洋工程污染风险；六是加强近海生态修复；七是加强入海河流水量调控；八是加强科技攻关；九是加强海洋监测、执法力度；十是建立健全机制，合力治污。渤海环境保护是我国在新时期治理海洋污染的一项重大工程，只有渤海的海水和生态环境得到恢复和改善，滨海新区才能真正实现建设海滨城市的目标，京津冀生态环境才能得到真正改善。

滨海新区虽然在生态建设方面取得了许多的成绩，但距离国际一流、生态绿色的海滨城市还有巨大的差距，以建设海滨城市为目标的生态环境保护和建设将依旧是未来的长期工作。除开展对渤海海洋环境的治理和对河流水体的系统治理外，加大区域绿化和生态岸线的建设力度是规划的一个重点。从国外发达国家城市发展的历史看，许多城市，如巴黎、纽约等，通过在城市郊区建设大型的公园，包括海滨公园，使得城市生态环境得到很大的改善，也成为市民周末休闲的好去处。滨海新区生态本底比较差，要在城市周围和滨海规划大的郊野公园和国家公园，通过国家公园建设改善绿化水平。要结合新的填海成陆和防海潮，建设集海防和休闲旅游于一体的生态堤岸和滨海林带。通过长期持续的努力，从根本上改变新区海滨的生态环境。要争取国家的退耕还林政策支持，将城市周边不适合耕作的一般农用地调整为绿化用地和林地。可以尝试建立公园园区管委会等机制，推动绿化和旅游发展。同时，要发挥国家公园的作用，还必须有匹配的道路基础设施。

纽约市有着一系列的特别公路系统，即纽约州公园游览路系统（New York State Parkway System）。第一条公园游览路在1908年对公众开放，最初的设计构想是为纽约市居民提供通往郊区的汽车道路，因此公园游览路也特别注重流畅线性和景观方面的设计，即小汽车在公园中悠闲地行进，同时满足人的观景视线。今天公园游览路系统仍在使用中，不过是经过了许多次的改善以更加符合汽车快速行驶的需求。根据纽约州的规定，公园游览路只允许自用小客车行驶。由于更加注重景观，所以降低了一些道路行驶设计标准，例如较短的加速减速道与较低的限高限速。纽约州共有24条公园游览路。新泽西州与康涅狄格州亦有称为公园游览路的公路，分别为花园州公园大道（Garden State Parkway）与莫利特公园大道（Merritt Parkway）。这两条公园大道只限小客车行驶。这种以游览作为主要目的、道路设计与景观设计密切配合的做法，对于滨海新区海岸带沿线很值得我们学习借鉴，满足人们生活水平提高后对近郊特别是海滨出行的要求。

（3）亲切宜人、充满活力的滨河城市——滨水步道。

海河全长72千米，从三岔河口蜿蜒流过中心城区和滨海新区核心区。海河上游水面宽80~100米，到了下游，海河水面逐步变宽，为200米左右，在宁静中又增加了一种气势。海河是天津城市文化之魂，也必然成为滨海新区城市之魂。要提高对海河文化性的认识，不管是在堤岸水利建设，还是沿岸道路、桥梁设计中。河上的

桥梁设计不仅满足结构要求，更应体现设计的文化象征意义。

关于海河通航一直是一个具有争论性的话题。是否通航应服从城市发展的总体需要。随着城市发展，沿岸产业已经转型，两岸用地以中心商务区功能和居住、休闲为主，因此海河的货运功能理应取消，明确以城市使用功能为主，大力发展海河旅游观光功能，使其成为展示城市文化和形象的窗口。人类喜欢临水而居的天性一定程度上使得水边是城市的诞生地，也是人们愿意经常光顾的地方。海河两岸规划了连续的亲水平台、滨水步道和游船码头，使更多的居民和游客可以到水边活动。同时，结合滨海新区水网的连通规划，步道系统可以结合河道进一步延伸，形成网络，延伸到城市的内部。

现代城市是政治、经济、社会生活、文化教育、科学信息与生态环境等因素交织在一起的巨大系统，随着不断发展，除去中心城市中的建筑、人文景观和自然景观外，还应当将城市区域内的大地自然景观协调地纳入城市区域统一体，包括大面积的农田、河流、湿地、湖泊、山麓等，并设计出人能够融入其中的基础设施。步道，是指在自然环境中的旅行道路。步道一般是跨区域的，美国的规定长度至少要50千米，最长的有数千千米；欧美各国的国家步道都是多用途的，即步道、直排轮滑道、马道和自行车道、山地车道多用途合一，设计有专门的地图和标识系统，部署在步道每处重要节点，不允许各种机动车上路。自从1968年美国制定国家步道体系法以来，美国一共命名了11条国家级风景步道，组成了美国国家风景步道（US National Scenic Trail）系统。其中纵贯美国本土的3条风景步道最为热门，即东海岸的阿巴拉契亚小径（AT）、位于西海岸的太平洋山脊小径（PCT），以及大陆分水岭小径（CDT），它们的历史悠久。我国部分省市近年来开始了绿道的建设。随着京

津冀协同发展，在这个区域建立国家步道系统是必要的，而且具有良好的条件，特别是在北部山区地带。滨海新区作为京津冀滨海地区，应该将密布的河流水系和湿地及海岸线作为步道规划建设的重点地区，形成滨水的、富有特色的连续数万米的步道系统，可以命名为滨海新区滨水步道（BWT， Binhai Waterfront Trail）。

6. 滨海新区城市基础设施美的创造

城市发展的主要目标是塑造优美的人居环境，除去城市社会经济发展外，城市建设在满足功能要求的基础上，主要的作用同样是塑造美的城市。同建筑的功效一样，道路交通和市政基础设施对城市美的塑造也发挥着巨大的作用。虽然伴随着城市的快速发展，城市越来越复杂，规划要考虑的问题越来越多，技术含量越来越多，但不能因此忽视了城市建设最重要的内容。随着经济社会的发展、人类文明程度的提升，未来社会对城市基础设施的要求也越来越高。城市的道路交通和市政基础设施的规划设计不仅需要专业知识，也要求规划设计人员掌握城市规划、城市设计、景观、美学、生态、人文、心理学、经济、土地利用、法律法规等相关知识。我们要在滨海新区的规划中，进一步强调美丽滨海的规划设计，特别要体现在城市道路交通和市政基础设施的规划设计和建设上，包括道路桥梁、地铁、水环境和岸线等。

（1）人居环境科学和城市美学理想。

30年前，针对当时国内对天津城市环境整治的议论，吴良镛先生发表了《城市美的创造》一文，指出：美好的城市应具备舒适、清晰、可达性、多样性、选择性、灵活性、卫生等要素，人在其中生活，要有私密感、邻里感、乡土感、繁荣感。城市美包括城市自然环境之美，城市历史文物、环境之美，现代建筑之美，园林绿化之美，城市中建筑、雕塑、壁画、工艺之美等诸多方面。城市美的

艺术规律包括整体之美、特色之美、发展变化之美、空间尺度韵律之美等方面。这里面当然包括城市基础设施。

20世纪初，由伯恩汉姆、奥姆斯蒂德推动的美国"城市美化运动"，对世界各国的城市规划产生重要影响。它并非始于北美，而是从欧洲舶来，其理论上的代表作是奥地利人卡米洛·西特1889年推出的《城市建设艺术》一书，而实践上的代表作则是19世纪英国的"公园运动"和奥斯曼主持的巴黎城市改建。对城市建筑、景观环境的美化，包括对城市基础设施的美化是这些城市相同的经验。

美是人居环境建设的最终目标，也是手段。美是人类最高的精神体验之一，人居环境是美学的物质和空间体现。人们建设了城市，城市环境改变着人们。要创造美好的人居环境，除经济发展、生活水平提高、社会进步和环境改善外，还需要人居环境美的设计和创造。有人说我们的规划是传统工艺美术的规划，过于注重物质形体空间的创造。实际上，国际经验和最新的理论研究表明，城市和城市区域物质环境的创造越来越重要，这也是从我国近几十年城市规划建设的深刻经验教训中得来的结论。城市总体规划，包括道路交通和市政基础设施规划应该而且必须把城市美的塑造作为规划的重点内容之一。

（2）区域美学和道路交通、市政基础设施规划设计。

新区域主义理论倡导者、加利福尼亚大学伯克利分校的斯蒂芬·M·威勒（Stephen M. Wheeler，2002）认为，近几十年来，区域规划过于注重经济地理和经济发展，以忽略区域科学的其他内涵作为代价，损失很大。21世纪城市区域物质形体快速演进，区域在可居住性、可持续性和社会公平方面面临更大的挑战。未来的区域规划因此需要更加整体的方法和观点，除考虑经济发展

外，新区域主义（New Regionalism）应该包括城市设计（Urban Design）、物质形体规划（Physical Planning）、场所创造（Place Making）、社会公平（Equity）等主要内容，并作为研究的重点。不仅有定量分析，还有定性分析，要建立在更加注重直接的区域观察和区域经验的基础上。之所以这样，根本的原因是要重新评价区域发展的重要目标，找到经济发展目标、社会发展目标和优美人居环境的平衡点。

如何克服城市千城一面的问题，避免城市病，提高城市总体规划、城市设计、控制性详细规划水平是一个重要课题，而提高城市道路交通和市政基础设施的规划设计和建设管理水平会事半功倍。比如，城市道路是城市景观最重要的组成部分，从城市道路的铺装、路灯等城市家具、沿路绿化景观这些细节中能够反映出城市的文明程度。要改变单纯道路工程设计的做法，要把景观设计、街道家具设计的艺术与道路工程设计紧密结合。将城市设计作为提升城市美的主要抓手，将道路交通和市政基础设施美的设计作为一个突破点，使城市道路交通和市政基础设施规划设计工作在深度和广度上都取得很大的进展，共同探讨城市美的课题。

地铁越来越成为人们最频繁使用的交通工具之一。20 世纪至今，不同国家的地下铁道建设具有鲜明的城市特色。比如莫斯科的地铁车站被称为欧洲的"地下宫殿"，天然的石料配以欧洲传统灯饰，俨然一座艺术博物馆。伦敦和巴黎地铁各具特色，是世界上最方便的地铁，运行线路与换乘地点一目了然，成为城市文化的组成部分。而国内目前地铁的规划设计过于简单，缺少文化和美的考虑和设计。此外，如果将美作为规划设计追求的目标，也会改变目前许多城市地铁内部过度拥挤、不文明的状况。

（3）滨海新区城市道路交通和市政基础设施关于城市美塑造

的主要思路——历史观、自然观、美学观。

对滨海新区城市美的创造一直是我们考虑的课题和目标，不管是在城市空间发展战略、城市总体规划、城市设计、控制性详细规划上，还是在具体的建筑设计，包括道路桥梁和市政配套设施的位置选择上，对于美和景观的考虑从未停止。在 2007 年，为城市总体规划修编做准备，我们邀请清华大学建筑学院开展滨海新区总体城市设计研究。在现状情况和历史遗产保护的基础上，考虑从整个区域的结构、艺术骨架、形态、城市肌理、城市文化、城市历史风貌特色、心理认知等方面，寻找城市发展的愿景和规划控制引导的城市区域艺术骨架。

滨海新区城市区域设计范围 2600 平方千米，超过了传统几平方千米或几十平方千米的城市设计尺度，也超过了城市总体规划阶段所谓总体城市设计的范畴。清华大学设计团队经过研究认为，通常意义上的城市设计以人可感知空间为研究范围，关注空间品质的提升、特色元素的呈现、艺术骨架的创造。而城市总体设计的研究范围超出感知空间的界限，要求在超大空间尺度层面上，提出艺术骨架、整合空间元素、创造整体特色。依据抽象的整体空间艺术架构划定识别区，成为城市总体设计的一般方法。分级识别区体现了城市总体设计与城市设计的本质区别。通过确定分级识别区中的识别点、识别线和识别面，形成各分级识别区之间的空间形态关系。由此，提出了通过制定滨海新区城市设计导则，创造由分级识别划定、主导元素指引，以及量化指标体系构成的城市总体设计理论和方法。

按照天津市空间发展战略和滨海新区空间发展战略，项目组提出"海河城"的设计构思，以及"一城两带多中心"的城市空间架构、"一河一海多通廊"的开敞空间架构，两者相互叠加，形成滨海新区整体空间结构和"两轴两边"的钻石总体设计意象。进而，以钻石意象为导向，构筑滨海新区空间艺术架构。结合城市主干路路网，形成滨海新区"两轴两边"的空间识别架构。空间识别架构控制和引导体现滨海新区特色的空间位置，形成滨海新区既均衡又重点突出的空间走势。根据滨海新区空间艺术架构，将滨海新区划分为 8 个形态元素分区，形态元素分区控制和引导滨海新区各分区的色彩、风格和类型，形成滨海新区既具有整体风貌又体现各自特色的城市区域形态。

不管滨海新区尺度多大、设计构思如何，城市的美最终还是要由人来体验、来观察。随着技术的进步，人体验的方式方法可以扩展，包括人自身认识能力的提升等。而人的体验，是在物质空间中进行的，在街道、广场、建筑观景台、公园中。回顾历史，人类城市一直有着良好的建筑、城市空间与城市道路交通等基础设施的关系，街道、广场、花园这些外部空间既是人的室外活动空间，又是城市景观、城市美的展示场。20 世纪的现代主义运动，打破了这个悠久的传统。勒·柯布西耶技术至上的汽车道和高层花园住宅的城市模型，让城市成为孤独塔楼的停车场、汽车的天堂；而美国郊区的低密度住宅和"棒棒糖式"的道路系统让城市空间消失了。而冲入城市中心区的高架高速公路则彻底破坏了城市的统一和谐。《寻找丢失的空间》（Roger Tracik，1986）一书的相关描述成为20 世纪城市发展中技术文明与城市文明冲突的真实写照。20 世纪60 年代后期，通过对战后西方城市重建的反思，开始强调城市的文脉，强调规划要延续城市的历史，重视人文精神，避免单纯以功能主义和工程技术为主导的规划建设。

在过去的十年中，我们在滨海新区道路交通和市政基础设施的规划建设中一直强调城市文化的理念，做了一些工作，取得了一些成绩，但还存在许多不足和差距。未来，要进一步明确和树立城市基础设施作为城市文化和城市美塑造重要内容的理念，树立城市基础设施的历史观、自然观和美学观，统筹做好规划设计工作。

滨海新区虽然名义上是个新区，但实际上是个老区，是我国近代历史上非常重要的城市之一。因此，规划上对传统街区和工业遗产的保护非常重要，包括道路交通和市政基础设施历史遗存的保护。塘沽区拥有约 700 年的历史，随着京杭大运河的淤积，南粮北运由河道改为海道，塘沽作为集散地发展起来，也成为军事要塞，像大沽炮台、北塘炮台。第二次鸦片战争后，随着开埠，一些民族工业开始在塘沽发展，像北洋水师大沽船坞，塘沽碱厂是中国第一个化工厂。塘沽铁路南站是我国最早的铁路车站之一。目前，对历史文化遗产的保护已经形成共识，包括具有历史价值的基础设施，它们会成为现代化滨海新区中最令人心动的一道风景。同时，在具体的道路交通和市政设施项目规划设计时，要对历史街区和历史建筑足够尊重。比如，滨海新区贯穿南北的中央大道，在海河隧道选线时，考虑到对大沽船坞的保护，进行了避让，尽管增加了一部分长度，线形弯曲后，也使交通的体验发生变化。这个好的成功做法要成为制度，推广下去。

要进一步贯彻绿色生态基础设施的理念，绿色生态也是美。滨海新区 2270 平方千米，加上填海成陆部分，达到 2700 平方千米。规划长短结合，考虑到新区处于快速发展期，有一定的不确定性，规划具有一定弹性，确定城市长远发展的边界，划定了 50% 的用地作为农田、湿地等生态用地。在统筹城乡发展的同时，强调大地景观的塑造，包括区域大型基础设施的规划建设要集中沿廊道布局、集约用地，避免对土地的随意切割，造成土地和生态系统碎片化。同时，在高速公路等选线上，要考虑对生态环境的影响，预留动物通道，也要考虑驾驶者的视觉体验。规划设计展现自然景观的公园游览路（parkways），这些道路的线形更要结合自然、优美飘逸，就像纽约的公园路如丝缎般蜿蜒穿行在曼哈顿运河流域，成为大地艺术的组成部分。

道路交通和市政基础设施的规划设计本身就是美的。国内外有许多道桥工程师、结构工程师也同时是艺术家。对于一些具有重要区位的标志性项目，如主要河流上的桥梁，要把桥梁的结构艺术之美充分展示出来，成为城市的景观标志。有一些设施具有文化内涵，要采取相应的寓意形式，比如在阿房宫的建筑群中，采用高架道的形式筑成"阁道"，自殿下直抵南面的终南山，形成"复道行空，不霁何虹"的壮观。对于一个整体性比较强的区域，基础设计要与之相匹配，如"小桥流水人家"的意境。而一些不具备美感的设施要尽可能隐藏起来。要改变单纯以节约投资、省事、经济效益为首的观点，把规划的重点集中到城市美、公共空间的品质上去，强调城市空间和城市文化的塑造。

（4）文化型基础设施规划实施的保障措施。

对于历史文化的保护和延续，对绿色生态基础设施的规划建设目前已经形成共识。如何更好地推进文化型基础设施规划建设、将追求美的创造作为基础设施规划建设的主要目标，还应从技术层面、政策层面提供支持，保障规划的编制和顺利实施，具体包括以下内容。一是明确文化型基础设施的具体标准以及建设要求，形成一整套能够指导规划和设计的标准体系，使文化型基础设施规划设计更加规范、可操作性更强。可以借鉴城市设计导则的做法，对重点基础设施提出城市规划的要求。二是对于文化型基础设施规划建设项目予以鼓励引导，在城市规划项目评优中，可以增加一类文化型基础设施项目的奖项，除满足技术质量等评奖要求外，对项目的艺术性进行评比。同时，对文化型基础设施在政策上予以支持。由

于文化型基础设施一般会增加一部分费用，所以在项目预算上可以建立相应科目，使文化型基础设施建设能够顺利推行下去。三是加强公众参与和宣传普及，通过网络、电视、广播、报纸，宣传文化型基础设施，建立起公共交流的平台，鼓励公众参与到文化型基础设施的规划、设计的讨论中来，引起公众的关注。目前，国内对重要的城市规划和建筑设计项目会采用公示的方法，征求各方面的意见。对重要的基础设施项目也可以增加相应的公示程序。另外，城市基础设施项目一直是以工程性内容为主，单纯靠工程手段解决城市存在的问题，缺少公共政策的研究，如交通、水资源和能源政策与价格等。今后也要更加重视公共政策的内容。规划设计行业的文化氛围增加了，必然会使城市基础设施具有更多的文化内涵。

要使城市道路交通和市政基础设施的规划设计达到高水平，还需要理论的指引。要努力开拓国际视野，加强理论研究，总结国内外城市实例的经验教训，应用先进的规划理念和方法，探索适合自身特点的城市发展道路。坚持高起步、高标准，以新区城市道路交通和市政基础设施的高水准，为新区整体规划设计达到国内领先和国际一流水平做出贡献。

7. 加强道路交通和市政工程的规划编制和管理队伍建设

通过十年来开展的各项道路交通和市政规划管理工作，我们深深地体会到，一个城市的道路交通和市政基础设施的规划，如同城市总体规划一样，需要时间的检验和经验的累积，是城市共同的宝贵财富，更是各级领导干部、专家学者、规划编制技术人员和规划管理人员的时间、精力、心血和智慧的结晶。维护规划的稳定性和延续性，保证规划的高品质、具有先进性，是城市规划的历史使命。一个城市需要一支高水平、长期从事城市总体规划编制和管理的队伍，也需要一批长期从事城市道路交通和市政基础设施规划的人才。要加强人才培养，保证人才的延续和不断档。特别是结合总

体规划修编、专项规划编制和重点工程项目实施等机会，大胆培养年轻同志。

城市规划，包括道路交通和市政基础设施规划，是一项长期持续和不断积累的工作，需要本地规划设计队伍的支撑和保证。滨海新区有两支甲级规划队伍长期在新区工作。天津市城市规划设计研究院及其滨海分院一直负责新区的城市总体规划编制和交通专项规划，渤海城市规划设计研究院负责市政基础设施专项规划。两个甲级规划院近百名规划师中，持续从事滨海新区道路交通和市政基础设施规划工作的有 20 人左右，已经形成比较稳定的队伍和机制，这是非常宝贵的。经过数年的工作实践，他们对新区的现实情况、存在的问题和国内现行技术规范比较清楚，对滨海新区特有的诸如海河防洪、通航、港口、道路交通等方面的问题不断研究，具备了很好的基础，目前缺乏的是人才的迅速成长，以及对新的理论方法的学习研究，并在实践中尝试探索。因此，下一步，要继续投入实践，学习掌握新的知识。要结合新的新区城市总体规划修编，强化新技术的学习和应用。要建立城市文化的理念，培养具有崭新的工作思路和宽阔视野、掌握多门学科知识的复合型人才。

七、结语

当前，我国经济社会发展和人居环境建设进入新常态，在这一新的历史性关键时期，提升城市和区域规划建设的整体质量和水准成为一个命运攸关的问题。这个问题解决得好，既可以形成优美的人居环境，又可以促进我国产业结构转型升级和自主创新的发展；解决得不好，即便经济保持快速发展，大规模的建设会留下巨大的历史遗憾，也会影响经济建设和城市建设的质量和水平。要实现这样的目标，需要进一步提升城市规划设计的整体水平，更需要提升城市道路交通和市政基础设施规划工作的水平。

城市作为当代人赖以生存的空间环境，作为政治经济社会文化发展的空间载体，是由建筑、绿化环境和城市道路交通市政基础设施组成的物质实体和空间环境。高品质的建筑，高水准的绿化景观，加上高标准、具有文化内涵的城市道路交通和市政基础设施，城市的文明水准一定可以提升。要做到这一点，首先要转变观念，树立和强化基础设施是城市文明和文化的重要组成部分的理念，用高水平的规划设计引导新区道路交通和市政基础设施的转型升级。

"十三五"期间，在京津冀协同发展和"一带一路"倡议及自贸区的背景下，在我国经济新常态形势下，要实现由速度向质量的转变、由工业开发区和传统的港口城市向现代化港口和海滨城市的转变，滨海新区正处在提升城市品质和文明水准的关键时期。要达成这样的目标，任务艰巨，唯有改革创新，勇于探索，突出文化引领。不论经济社会如何变化，城市区域内在的灵魂、精神是永恒的。21 世纪科学技术日新月异，不断进步，在使用新的技术的时候要有统筹、综合、平衡的观念，城市文化的观念，塑造城市文明的观念。城市道路交通和市政基础设施是百年大计，对城市和区域未来发展的布局和品质有重大影响，因此，规划设计必须具有科学的预见性和技术的先进性。同时，作为城市运营的保障，技术体系必须高质量、安全、稳定，为滨海新区成为一个科学发展的城市区域提供城市道路交通和市政基础设施的保障。更加重要的是，城市道路交通和市政基础设施作为居民日常使用的载体和城市空间环境的组成部分，要讲究人文精神，讲究艺术性，要展开人居环境的诗篇，追求完美。城市道路交通和市政基础设施能够为全面建成小康社会、实现中华民族的伟大复兴做出更大的贡献。

第一部分　港口城市与交通市政设施的发展演变

Part 1　Port City and the Development of Transportation Facilities

第一章　城市与交通市政设施的发展关系

交通市政设施与城市发展紧密关联，城市交通市政基础设施是城市的血脉，十分重要。

19世纪末，现代城市规划产生，工程技术发挥了重要作用。工业革命发生后，城市飞速发展，出现城市病。面对城市环境恶化、社会分化严重等问题，西方学者们先后提出了田园城市、光辉城市、线形城市、工业城市等城市规划理念，试图通过合理组织城市空间布局，来解决上述问题。

进入20世纪以来，可持续发展观念逐渐深入人心，寻求一个良好的或可持续的城市空间结构成为学者们尤为关注的问题。新城市主义、精明增长、紧凑城市等城市规划理念接踵而至，希望通过创造一个集约的城市空间结构，来达到提高城市经济活力、消除社会差别、减少环境污染等目的。

进入21世纪，绿色环保、智能信息化、安全的道路交通、市政基础设施是一个好的城市的重要标准和支撑。

纵观城市发展的历史与交通市政设施的关系，不难看出，二者之间是不断相互促进、影响、发展融合的过程。在城市的发展及空间结构的塑造过程中，交通市政设施发挥着非常重要的作用。

一、交通市政设施对城市外部空间形态的影响

在城市外部空间形态的塑造中，交通设施一直以来都发挥着关键性作用。在以马车为代表的传统交通时期，城市的空间形态因距离城市中心的远近呈现出明显的同心环状；以公路、铁路为主导的新型交通时期，人口、工业、商业逐渐向远离中心的方向发展，同心环状的城市空间形态格局被打破，代之以星形或扇形模式；最后随着城市边缘区道路网的不断分异与完善，主要放射线间可达性较差的区域得以填充，地域活动的均质性逐渐形成，此时城市空间形态又呈现出同心环状结构。城市空间形态在交通系统影响下经历了由"步行城市"到"轨道城市"直至"汽车城市"的过程，有学者把城市空间形态划分为传统步行城市、公交城市和汽车城市3个阶段。

自19世纪以来，城市交通工具和交通设施与城市空间形态经历了5次演变：马拉有轨车时代（1832—1890）——城市星状形态的出现以及环形结构的重建、电车时代（1890—1920）——城市形态扇形模式的出现、市际和郊区铁路发展阶段（1900—1930）——城市形态扇形模式的强化以及串珠状郊区走廊的生长、汽车阶段（1930年至今）——郊区化的加速与同心环状结构的再次重建、高速公路与环形路快速发展时期（1950年至今）——城市形态多核心模式的出现。

二、交通市政设施对城市内部空间结构的影响

城市交通不但对城市外部空间形态的塑造发挥着重要的作用，还对城市内部空间结构即城市土地利用有着重要的影响。相关研究发现，交通条件的改善提高了地区的可达性，而可达性与提升劳动力市场密度、生产效率、集聚经济等有着相当大的联系，

这进而对土地的价值、房屋的价格、办公楼租金等产生正面影响。

另外，交通的发展还促进了旧城人口外迁，加速商业中心迁移，最终导致城市向外扩张与多中心化发展。其中轨道交通或大容量道路网对沿线的土地利用具有强烈的空间吸引和排斥效应，对居住用地、公共用地的吸引符合距离衰减规律，而对工业用地产生排斥。

三、城市空间对城市交通市政设施的影响

交通市政设施影响城市空间的发展，城市空间也对交通市政设施产生着重要影响。研究发现，城市空间对城市交通的发展方向、发展规模和发展速度等有着重要的影响。城市空间结构可分为单中心、多中心和网络型3种类型，不同类型对城市交通影响不同。单中心和多中心城市结构都容易造成城市中心区交通拥挤，而网络化结构由于平衡了居住与就业的关系，能有效解决城市交通拥挤的问题。因此，在城市进行交通发展战略制定时，需要根据城市的空间布局及未来发展方向，分析不同的交通问题，有针对性地制定交通发展战略，包括交通模式的选择、交通设施的设置等。

另外，城市内部空间利用结构特征，即城市土地利用的密度和开发规模、设计、布局等都会对交通需求、交通流和出行方式及出行距离产生影响。研究表明，居住密度越高，出行频率越低，交通服务相对也较好，更有利于公共交通的发展，当土地开发规模和密度达到一定程度时将会促进轨道交通的发展。而紧凑型、小规模和混合开发模式则鼓励自行车与步行等交通方式，降低私家小汽车使用水平。

四、交通市政设施导向下的城市空间规划

城市空间和交通市政设施相互作用、相互影响。一方面，城市空间演化不断对城市交通提出更高的要求，为城市交通发展提供相应的条件；另一方面，交通可达性的提高和交通方式的变革又会对城市空间的进一步演化产生引导作用，它们之间通过可达性这一关键因素的不断调整和变化实现相互促进和共同发展。

因此，对城市交通规划和土地利用规划进行有效的协调统一，就可以创造一个良好的城市空间结构，解决城市发展中出现的一些问题。于是，城市经济学、城市规划学、城市交通学等学科的许多学者纷纷把研究的焦点转向城市交通与土地利用的一体化研究上。

第二章　　滨海新区城市与交通市政设施关系的演变历程

第一节　　港城关系演变

一、依港而生

天津港历史源远流长，最早可以追溯到汉代，唐代以来形成港口（内河），1860 年对外开埠，成为通商口岸。1949 年以前，港口各种设施损坏严重，港口几乎瘫痪。1949 年中华人民共和国成立之后，经过三年恢复性建设，天津新港于 1952 年重新开港。1952 年 10 月 17 日，随着万吨巨轮"长春"号驶入天津新港，嘹亮的汽笛声宣告了天津港的新生。

自 1952 年天津港重新开港至 2000 年以前，天津港发展相对平稳，城市依托港口逐渐发展壮大。滨海新区城市发展以一港三区（天津港、开发区、保税区、塘沽区）为核心区，向外辐射汉沽城区、大港城区、海河下游城区，形成一心三点组合型布局结构。

滨海新区依靠港口发展，沿着海岸线和海河两岸逐步发展起来，城市受地理地形的影响较为明显，道路网由自由式和方格网两种形式构成，其中，塘沽老城区和汉沽区呈自由式布局，开发区、大港区、海河下游城区及天津港区以方格网为主。

新区由于受河流、铁路的阻隔，城市布局分散，港区与城区间有较大的缓冲地带，港城空间矛盾并不明显。但由于集疏运通道集中在海河以北（新港四号路、泰达大街），已经出现了集疏运通道穿越城区的情况。

1997 年塘沽城区路网现状图

二、港城并进

进入新世纪以后，天津港进入发展快车道，港区不断拓展，吞吐量大幅增加。天津港主体港区为北疆港区和南疆港区，临港经济区开始填海造陆。天津港 2001 年吞吐量突破 1 亿吨，2005 年吞吐量达到 2.4 亿吨。

与此同时，滨海新区城市获得快速发展，开发区与塘沽城区联系日趋紧密。核心区内存在大量企业与物流用地，城市与港区间功能结合紧密，但城区与港区间缓冲地带逐渐减少，港城矛盾日渐突出。

三、港城扩张

2006 年滨海新区被纳入国家发展战略，港城进入快速发展阶段。港口持续拓展，主体为北疆、南疆港区，临港、东疆初具规模，南港完成部分围海。天津港 2009 年吞吐量达到 3.8 亿吨。

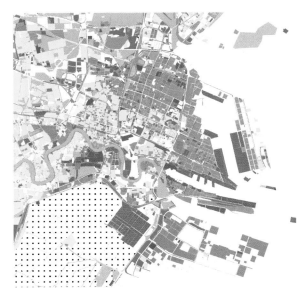

2005 年滨海新区城镇建设用地现状图

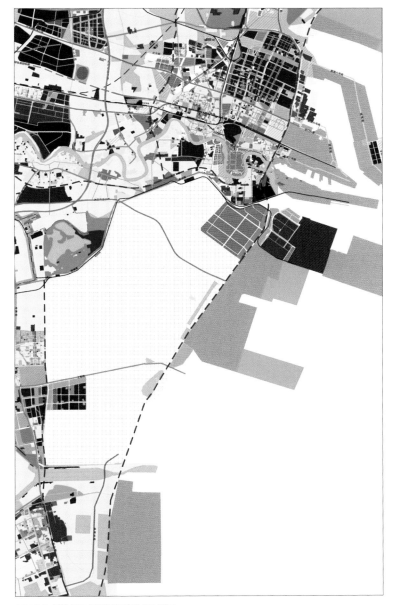

2009 年滨海新区城镇建设用地现状图

滨海新区城市功能不断加强，居住、商业用地范围扩展，工业、仓储用地与城市争地的现象逐渐突出，城市发展空间受到限制。同时，城市发展逐渐影响集疏运通道，新港四号路、泰达大街两侧用地的居住、商业功能与集疏运功能矛盾突出，新港四号路取消集疏运功能。

四、港城分离

2009 年《天津空间发展战略》获得批复，提出"双城双港"的空间布局模式，港区功能开始分离。

新区居住、商业用地进一步向北、向西、向东扩展，城区内企业用地（天碱、新河船厂等）、物流用地（散货物流园区等）开始向临港、南港搬迁；港城相接区域出现居住、商业用地。

主体港区仍然集中在北疆、南疆港区，临港、东疆基本建成，南港完成围海。天津港 2013 年吞吐量达到 5 亿吨，主要由北疆、东疆、南疆港区承担，造成北部地区集疏运压力较大，第九大街、泰达大街、津沽公路等集疏运通道路面桥梁损坏时有发生，港城矛盾十分突出。

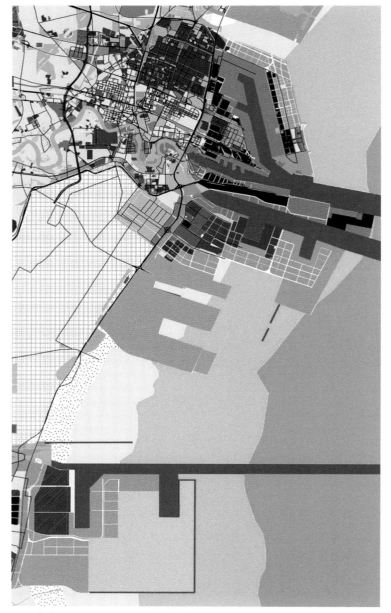

2013 年滨海新区城镇建设用地现状图

第二节　功能定位与空间布局演变

一、滨海新区功能定位演变（产业与交通市政设施）

1. 工业聚集区

天津滨海新区历史上，特别是近代以来，以港口、物流化工和修造船为主，是现代工业的模范基地之一和北方港口物流集散地。中华人民共和国成立后，虽然由于国际形势的变化，天津港口对外功能变弱，但港口和工业基地的作用仍在加强。

改革开放后，天津滨海新区迎来发展机遇。1984 年天津经济技术开发区成立，一大批外贸型企业建立，天津港口功能日益加强。

1994 年 3 月，天津市人大十二届二次会议通过决议，决定在天津经济技术开发区、天津港保税区的基础上"用十年左右的时间，基本建成滨海新区"，将滨海新区定位为"中国北方的浦东"，成为中国北方最有增长力的经济重心和高度开放的标志性区域，形成与上海浦东新区南北呼应的格局。此后，天津市便开始工业等产业的战略东移，举全市之力打造滨海新区，这也是天津东部沿海的开发区域第一次以"滨海新区"这一整体区域的概念出现。同时，天津市成立了滨海新区建设领导小组。1995 年，又增加了滨海新区领导小组办公室的设置，2000 年正式组建了滨海新区工委和管委会。天津市政府指定将这片未开发的区域建设成工业发展的热点，并给予其特殊政策和激励机制去达到此项目标。随着发展，滨海新区被期望不断提升整个渤海湾地区及更广区域的经济发展。

进入 2000 年以来，新区经济社会发展延续了 20 世纪 90 年代的良好态势，新区国内生产总值由 2000 年的 571.74 亿元上升至 2005 年的 1633.4 亿元，年均递增 23.3%，高出全市平均增长率 5 个百分点，国内生产总值占全市的比例由 33.6% 提高至 41.8%。经过十年的自主发展，滨海新区部分经济数据已经实现对浦东新区的赶超：2005 年 1 至 4 月份，滨海新区实现工业总产值 1147.22 亿元，同比增长 34.9%，上海浦东新区同期实现工业总产值 1139.49 亿元，同比增长 5.2%；2005 年一季度，滨海新区实现工业增加值 235.83 亿元，同比增长 21.1%，浦东新区实现工业增加值 202.40 亿元，同比增长 6.2%。

2. 综合性城区

2004 年，天津市着手编制城市总体规划，并于 2006 年 5 月获得国务院审批通过，规划明确提出，滨海新区核心区为城市"副中心"，提出要打造宜居生态新城区，滨海新区从传统的工业集聚区向综合性城区转变。

2005 年 10 月召开的中共十六届五中全会将"推进滨海新区开发开放"写进国家"十一五"规划建议，标志着滨海新区首次被纳入国家整体发展战略，也被解读为中央对天津滨海新区的肯定。2006 年 5 月，国务院批准天津滨海新区为国家综合配套改革试验区，支持天津滨海新区在企业改革、科技体制、涉外经济体制、金融创新、土地管理体制、城乡规划管理体制、农村体制、社会领域、资源节约和环境保护等管理制度以及行政管理体制等 10 个方面先行试验重大的改革开放措施。

2006 年 6 月 6 日，国务院下发《国务院关于推进天津滨海新区开发开放有关问题的意见》（国发〔2006〕20号），其指出："天津滨海新区的功能定位是：依托京津冀、服务环渤海、辐射'三北'、面向东北亚，努力建设成为我国北方对外开放的门户、高水平的现代制造业和研发转化基地、北方国际航运中心和国际物流中心，逐步成为经济繁荣、社会和谐、环境优美的宜居生态型新城区。"

2010年10月，中共十七届六中全会再次将天津滨海新区写进国家"十二五"规划建议，将在国家"十二五"期间"更好发挥天津滨海新区在改革开放中先行先试的重要作用"。

3. 双城之一

2009年，天津城市空间发展战略编制完成，提出"双城双港、相向拓展、一轴两带、南北生态"，明确提出将滨海新区核心区打造成为与中心城区同等重要的"双城"之一。

二、城市空间布局演变

1.1986版天津市城市总体规划及1994年滨海新区城市总体规划

1994年，《天津市滨海新区城市总体规划（1994—2010）》制定了依托中心城区发展的思路，提出以塘沽地区（包括塘沽城区、天津经济技术开发区、天津港、天津港保税区）为中心，向汉沽城区、大港城区和海河下游工业区辐射，形成"一心三点"组合型城市布局结构。

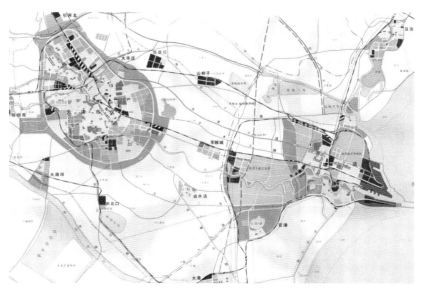

1986版天津市城市总体规划

1996版天津市城市总体规划

2. 2005 版天津市总体规划

2005 年，《天津市城市总体规划（2005—2020）》规划了城市内部空间结构，运用了轴带发展空间理念，提出以沿海河和京津塘高速公路为城市发展主轴，以东部滨海为城市发展带，以滨海新区核心区、汉沽新城和大港新城为三大城区，简称为"一轴、一带、三城区"的城市空间结构。

2006 年，《天津滨海新区国民经济和社会发展 "十一五"规划》进行产业功能分区，提出沿京津塘高速公路和海河下游建设"高新技术产业发展轴"，沿海岸线和海滨大道建设"海洋经济发展带"，在轴和带结构中建设 3 个生态城区，通过产业集聚，规划建设 7 个产业功能区，简称为"一轴、一带、三个城区、七个功能区"的功能分区结构。

3. 2009 年天津市空间发展战略

2009 年，根据《天津市空间发展战略》，滨海新区在符合天津市"双城双港"空间发展战略的同时，自身实施"一核双港、九区支撑、龙头带动"的发展策略。 "一核"指滨海新区核心区，包括于家堡金融区、响螺湾商务区、泰达 MSD 以及解放路和天碱商业区、蓝鲸岛生态区等；"双港"指天津港和天津南港；"九区支撑"是指通过先进制造业产业区、临空产业区、滨海高新技术产业开发区、临港工业区、南港工业区、海港物流区、滨海旅游区、中新天津生态城、中心商务区等九大产业功能区，打造航空航天、石油化工、装备制造、电子信息、生物医药、新能源新材料、轻工纺织、国防科技等八大支柱产业；"龙头带动"指通过加快"一核、双港、九区"的开发建设，突显滨海新区作为新的经济增长极的带动作用。如今，这一发展战略正在通过"十大战役"加速实施。

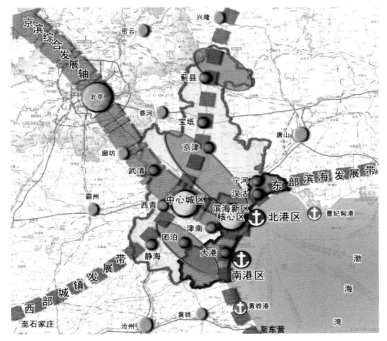

2009 年天津市空间发展战略规划

第三节　道路交通与市政设施演变

一、中华人民共和国成立至改革开放以前（1949—1978）

1949 年中华人民共和国成立后滨海地区焕发了生机，兴修水利、发展盐业、建设工业、建城兴市。虽然帝国主义对我国实施封锁，津港口和对外贸易功能受到影响，而且期间大的运动影响经济发展，但塘沽作为天津市和我国重要的工业基地，作用得到加强。

中央领导十分关心塘沽建设，多次莅临塘沽视察和指导过工作。海盐、纯碱、造修船、海洋石油等工业门类支柱作用明显，渔业生产发达，商业不断繁荣，文化事业、旅游业等新兴产业得到发展。

中华人民共和国建立之初，国家百废待兴、百业待举。1949 年和 1950 年，国家对新港采取积极维护措施，1951 年，中央政务院决定修建塘沽新港，成立了以交通部长为主任委员的"塘沽建港委员会"。当家做主的港口工人仅用一年多的时间，就圆满完成了第一期建港工程，使几乎淤死的港口重新焕发了生机，并于 1952 年 10 月 17 日正式开港。天津新港重新开港仅一周后，中央领导就来到天津新港视察，并留下了"我们还要在全国建设更大、更多、更好的港口"的历史回音。

这个阶段，塘沽依靠港口、海洋发展相关产业，交通与市政基础设施建设基本围绕港口开展。

二、滨海新区成立以前（1979—1993）

1978 年，党的十一届三中全会召开，明确把工作重点转移到经济建设上来，实施了拨乱反正，做出了改革开放的决策部署。滨海地区作为重要的港口城区，由现代工业港口发祥地向现代化区域经济中心转变。从 1984 年天津经济技术开发区设立到 1994 年的十年可以说是滨海新区发展的起步期。

1984 年天津港实行改革开放，开启了中国港口企业改革的先河，成为我国沿海港口改革开放的领头雁。同年，国家为推动沿海经济发展，探索中国式港口管理和发展路径，批准天津港成为改革试点，实行"双重领导，地方为主""以港养港、以收抵支"的管理体制和财政政策。1986 年 8 月 21 日，邓小平同志视察天津港，要求积极实施"集装箱枢纽战略""深水港战略""科教兴港战略"等，为天津港跨越式发展积蓄了后劲和能量。

随着发展的需要，天津港开始围海造陆，拓宽发展领域，并将目光瞄准南疆港区，开始了浩大的"北煤南移"。"北煤南移"是将天津港北疆港区的煤炭作业全部转移到专业化的南疆港区。北港区重点发展集装箱和杂货运输，南疆港区重点发展煤炭、原油、矿石等能源运输，形成大宗散货新港区，实现"南散北集，两翼齐飞"的新格局。20 世纪 90 年代，天津港在国内港口企业中首创了"上市融资"的模式。

三、滨海新区建成阶段（1994—2005）

1994 年 3 月，天津市第十二届人民代表大会第二次会议通过了"三五八十"的奋斗目标，到 1997 年实现国内生产总值提前三年翻两番；用五至七年时间，基本完成市区成片危陋平房改造；用八年左右时间，把国有大中型企业嫁接、改造、调整一遍；用十年左右时间，基本建成滨海新区。其中，"用十年左右时间基本建成天津滨海新区"，拉开了滨海新区开发建设的序幕。滨海新区开发建设的总体构想是：以天津港、开发区、保税区为骨架，现代工业为基础，外向型经济为主导，商贸、金融、旅游竞相发展，形成一个基础设施配套、服务功能齐全的面向 21 世纪的高度开放的现代化经济新区。

1994 年，滨海新区成立，由天津港、天津开发区、天津保税区和塘沽、汉沽、大港 3 个行政区以及东丽、津南部分区域组成，并设立天津滨海新区开发开放领导小组，下设办公室。新区统筹建设进入新阶段。进入 20 世纪 80 年代末 90 年代初，天津经济发展面临了困难。1992 年邓小平同志南方谈话发表后，我国改革开放进入新阶段。

1994 年，随着工业战略东移，天津市政府提出用 10 年左右时间建成滨海新区，一直到 2005 年 10 余年的时间，为新区成立初期快速发展阶段，在发展过程中，滨海核心区依托港口逐步发展成为一个产业、物流、运输综合区。

2000 年疏港通道图

尤其是进入新千年以来，滨海新区港口与城市均进入发展快车道，港口吞吐量突破亿吨，成为北方第一个亿吨大港。这一发展时期，滨海新区的交通以货运及集疏港货运交通为主，交通围绕港口展开，方便集疏港，兼顾城市交通。随着港口的发展，其周边建成一批仓库、工厂。

通道体现：海河北侧——新港路、新港二号路、新港四号路、泰达大街、第九大街、京津塘高速；海河南侧——津沽一线、津晋高速、津港高速。客运方面建成津滨轻轨，实现双城快捷连通。

市政：市政基础设施布局复杂分散、规模小（在多个区域内多次重复建设）。一批大型工业管线相继建成。

四、滨海新区快速发展阶段（2006 年至今）

2006 年以来，滨海新区开发开放被纳入国家发展战略，提出建设北方国际航运中心与国际物流中心，滨海新区港口和城市进入发展快车道。2006—2010 年的"十一五"期间，滨海新区加大了交通市政设施投入。先后新增京津高速、海滨大道等重要疏港通道，疏港通道能力大幅提升。城市交通方面，建成塘汉快速、天津大道、港城大道等重要区间主要干道，城市交通能力得到大幅提升。

该阶段是疏港交通与城市交通大发展的重要阶段，通道上客货交通发展混合特征明显。

而市政基础设施规划、布局、建设尚未从系统性上统一考虑，之前分散布局的情况未获根本改观。

"十二五"期间，新区城市发展迅速推进，而港口集疏运交通也在加速发展，港口与城市空间的相互挤压现象日趋突出，通道相互侵蚀，用地混杂分布。

2010 年疏港通道的情况

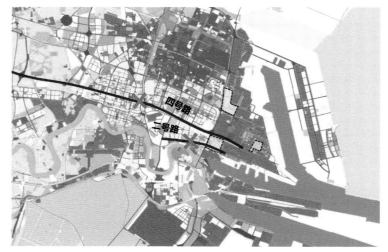

2015 年港城用地分布图

通道体现：海河北侧——新港路、新港二号路、新港四号路（货运取消）、泰达大街、第九大街（货运限行）、京津高速（新增）、京港高速（规划货运通道取消）；海河南侧——津沽一线、津晋高速。

此时的滨海交通，主要体现在城市交通为主、集疏港货运交通为辅，港城交通客货分离迫在眉睫。

市政基础设施已逐步从滨海新区整体角度统一规划，正经历着向集约转型的过渡过程。同时，将海水淡化、LNG、分布式能源站、智能电网等工程技术应用到城市规划过程中。

2015 年疏港通道分布图

第二部分　绿色可持续发展的滨海新区交通

Part 2 Green and Sustainable Transportation of Binhai New Area

第三章　滨海新区综合交通前期研究及规划成果

第一节　前期重要研究

专题研究一：北方国际航运中心、国际物流中心专题研究

一、研究背景

（一）把滨海新区建设成为"我国北方国际航运中心与国际物流中心"是党中央和国务院的重要指示

振兴环渤海区域经济，是党中央、国务院早已明确的战略任务。1992 年党的十四大就做出了"加速环渤海湾地区的开放和开发"的重大战略决策。1995 年党中央进一步提出形成"以辽东半岛、山东半岛、京津冀为主的环渤海经济圈"。2001 年，全国人大九届四次会议强调，要发挥环渤海地区等沿海经济区域在全国经济增长中的作用。2005 年 6 月 26 日，温家宝同志考察天津滨海新区时指出："加快振兴环渤海区域经济的时机已经成熟"，要"充分发挥滨海新区集港口、出口加工、保税功能于一体的优势"。党中央和国务院的一系列重要指示，为滨海新区的建设和发展指明了方向。坐落在滨海新区的天津港具有独特的地理环境和区位优势，如果再给予其特殊的功能和政策，将其建设成为保税港，集港口、出口功能、

保税功能于一体，将进一步强化天津的港口优势，使其成为滨海新区新一轮大开发的经济增长点、大建设大发展中的新亮点。

（二）打造北方国际航运中心和国际物流中心，是开创扩大我国北方开放新局面以及发挥滨海新区在我国北方开发开放过程中龙头作用、窗口作用、示范作用的重要环节和重要载体

随着经济全球化发展趋势的加强，港口已经成为一个国家或地区参与国际分工合作和竞争的重要战略资源和比较优势。港口经济具有强大的辐射功能和带动功能，据有关部门测算，以港口为节点的产业发展中，港口本身收益为 8%，航运业收益为 17%，社会收益为 75%。世界各国和地区都高度重视发展港口，都积极建设国际化航运中心和国际物流中心。如韩国的金山港实行自由贸易政策，力保其枢纽港地位；我国台湾省的高雄港正在建设"自由贸易港区"，以巩固其国际枢纽大港的地位。国内沿海几大主要港口也在积极谋求不同领域和范围的国际航运中心地位，促进地区开发开放。滨海新区位于京津冀经济圈和环渤海城市群的交汇点，依托天津，背靠西北、华北，面向东北亚，连接中西亚、远及欧洲大陆，

与日本、韩国隔海相望，是京津冀、华北、西北地区最重要、最便捷的海上通道，是东北亚地区通往欧亚大陆桥距离最近的起点之一，是从太平洋到达欧亚大陆的主要岸点，也是中亚、西亚等邻近内陆国家的出海口，具有强烈的对内吸引和向外输出的双重有利条件，具备建设成为国际航运中心和国际物流中心的区位优势，在我国北方和环渤海地区经济发展中具有重要的战略地位。把滨海新区打造为我国北方国际航运中心和现代化国际物流中心，将进一步发挥滨海新区的临海优势和港口优势，并把其区位优势、产业优势、交通优势和保税政策优势结合起来，完善天津港的政策环境，实现迈向自由港的跨越，全面提升天津港的国际航运、国际贸易功能，开拓和吸引国际航运中转业务以及大陆桥运输业务，加快北方国际航运中心和国际物流中心的建设，开创我国北方地区扩大开放的新局面。

（三）我国北方国际航运中心、国际物流中心的"两个中心"建设是滨海新区的重要功能定位，也是滨海新区开发开放的建设目标

2006 年 5 月国务院常务会议审议通过了《天津市城市总体规划》，明确了要把滨海新区建设成为"现代化制造和研发转化基地、北方国际航运中心和国际物流中心、宜居的生态城市"。天津市委、市政府提出了要把天津港建设成为一流大港的宏伟目标。规划 2010 年天津港吞吐量要实现 3 亿吨，集装箱要实现 1000 万标准箱。2010 年以后，天津港还要继续实现更大的发展。两个中心的开发建设将以天津港建设为载体，也为天津港提供未来的发展空间，将在更高标准、更高起点上完善天津港的港口功能，以及港口装卸、国际中转、国际贸易、出口轻加工和现代物流等主要功能，使其成为世界一流大港的标志性区域和现代化港口的功能

示范区，向全世界展现出高度开放的现代化国际港口风貌，并带动北方经济中心、与北京共同构建的北方国际金融中心、国际贸易中心等功能的建设与发展，实现国家开放开发的总体战略布局。

二、建设两个中心的必要条件与发展内涵
（一）国际航运中心和国际物流中心的发展过程
1. 第一阶段，形成于 19 世纪初的第一代国际航运中心

第一代国际航运中心基本上属于运输中转型国际航运中心，其主要功能是被动而不是主动地从事国际货物的集散和中转。当时，伦敦、鹿特丹凭借其优越的地理位置和所在区域的经济繁荣成为第一代国际航运中心的先行者。二战前夕，纽约、汉堡等一批新兴的港口城市也跻身其中。

2. 第二阶段，形成于 20 世纪中叶的第二代国际航运中心

第二代国际航运中心属于加工增值型的国际航运中心，其主要功能除了进行货物的国际运输、仓储和集散外，还添加了加工增值服务。20 世纪 50 年代至 80 年代，随着东亚经济的崛起以及集装箱运输的兴起，纽约、东京、中国香港、新加坡、鹿特丹等港城通过设立或引进自由港、自由贸易和加工区等政策，对运输货物实现就地或就近的加工、组合、分类、包装，主动配送和分拨货物，使货物的运行态势更符合目标市场的需求，更符合企业经济效益的需求。

3. 第三阶段，形成于 20 世纪 80 年代并仍在继续发展和完善的第三代国际航运中心

20 世纪 80 年代以来，国际航运中心向综合资源配置型转型。第三代国际航运中心集有形商品、资本、信息、技术的集散于一体，主动参与资源与生产要素在国际间的综合流动与配置。因此，第三代国际航运中心是世界经济运行中生产一体化、资本一体化、技术

一体化、信息一体化、市场一体化的发展产物，其所在的城市也必然是经济中心、贸易中心、金融中心和信息中心。目前，中国香港、新加坡、鹿特丹、伦敦、纽约、东京等港城正在向第三代国际航运中心转型，一些新兴的城市如上海、釜山也正在奋力直追，竞争十分激烈。

世界典型国际航运中心均是以面向海洋、航运业发达的国际大都市作为依托，并且这些国际航运中心也是国际物流中心，研究这些典型的港口城市对于充分认识国际航运中心与国际物流中心建设与发展的内涵具有重要的意义。

（1）鹿特丹。

鹿特丹位于莱茵河口，有广阔的腹地，是典型的流域型港口。鹿特丹也是欧亚及大西洋两大航线的端港。近二十年来，莱茵河流域 3/4 的货物通过鹿特丹港转运。鹿特丹港近几年的货物吞吐量超过 3.5 亿吨。2004 年鹿特丹港的集装箱吞吐量为 800 多万标准箱左右，居世界第 7 位。19 世纪初由于莱茵河口淤塞，鹿特丹港曾经濒于瘫痪。自 19 世纪 60 年代起，经过一百多年来不断的整治，目前上游来水全部经新水道入海，航道水深达 23.6 米，可保证 50 万吨级油轮、35 万吨级散货船、13 万吨级集装箱船（6000 标准箱以上）全天候进出港，成为无与伦比的世界大港。鹿特丹港同时还实行了比自由港还要宽松的政策，吸引了众多的外国公司到此储存、加工、转口货物，极大地刺激了吞吐量的增长。

（2）新加坡。

新加坡扼守马六甲海峡航道，是欧亚航线的必经之地。新加坡利用这一得天独厚的有利条件，采取自由港政策，大力发展港口业，为东南亚国家的对外贸易提供转口服务。目前新加坡是印尼、马来西亚、泰国、印度等东南亚国家集装箱的主要中转港，其集装箱吞吐量的 70% 与这些港口有关。近几年来新加坡的集装箱吞吐量一直紧随中国香港之后，是亚太地区又一个重要的航运中心。

新加坡在港口建设上采取提前规划、超前建设的战略，以期尽早形成规模优势，压制邻近国家集装箱码头的上马。即便如此，新加坡目前仍旧面临泰国、印度等周边国家集装箱码头建设的压力，可见枢纽港地位的竞争是非常激烈的。

（3）中国香港。

香港是亚欧、太平洋航线的枢纽港。近几年香港的集装箱吞吐量一直超过 1000 万标准箱，是世界几大港之一。2004 年香港的集装箱吞吐量达 2200 多万标准箱，居世界第一位。香港港口业的发展得益于两个方面的因素，一是自由港的特殊经济形态，二是祖国内地经济的持续高速发展。

香港在其整个行政区划范围内均实行自由港政策，对进出口商品不设关税或非关税壁垒。自由港政策使香港成为转口贸易中心，同时带动了航运业及与之相关的港口业的发展。宽松的经济环境以及贸易、航运业的发展促使香港成为全球金融中心之一。贸易、航运、金融三者在香港已经形成了一个良性互动的整体。外来商品的自由进出给当地的加工工业带来了活力，反过来也促进了贸易与港口业的发展。20 世纪 80 年代以来祖国内地的对外开放是香港近二十年来经济增长的主要动力，廉价的劳动力成本也极大地增强了香港产品的国际竞争力。在此期间香港的贸易额以年均 15% 以上的幅度递增。目前华南地区是香港集装箱港口的直接腹地，进出香港的集装箱有将近 75% 与内地有关。

（4）神户。

神户是日本第一大港，它与大阪共同组成阪神航运中心。阪神航运中心是日本的三大航运中心之一，另两个航运中心分别是京滨航运中心，包括东京湾中的东京与横滨，以及以名古屋为主体的伊势湾航运中心。

日本位于太平洋航线的中点。1986 年起中远的美西航线将神户作为中转基地，之后中远挂靠神户的班次年年增长，神户港也为此填海造地 9.5 公顷，建造集装箱泊位。至 1994 年，神户港中转的集装箱约有一半与中国有关。

近年来日本方面选择神户作为中转港可能是在中国建立自己的枢纽港之前的权宜之计。为了保住神户对中国的中转地位，日本已研制出适合长江流域航行的江海直达船，拟在武汉与横滨、神户之间航行，沿途挂靠包括上海在内的长江各港。为配合船舶运行，神户还将建设 62 公顷的中日交易港区，以期吸引长江流域的集装箱中转货物。

（5）长滩—洛杉矶港。

长滩—洛杉矶港是"双子座"港口模式和大陆腹地型集装箱枢纽港的典型代表。洛杉矶港与长滩港是美国西海岸两个并肩而立的港口，两港的陆域、岸线相连，水域、航道相通。洛杉矶港属加利福尼亚州政府所有，而长滩港则为私有企业。两港虽然企业性质不同，但在面对共同腹地的市场竞争中，通过共同制定发展规划，建立了协调发展的良好关系。

西海岸地区是美国新的制造业中心。由于亚洲经济的持续高速发展，美国与亚洲的贸易往来急剧增加，相比之下美欧之间的贸易增长缓慢，目前跨太平洋航线的箱量几乎是跨大西洋航线的 3 倍。长滩—洛杉矶港凭借其广阔的腹地范围、与亚洲港口隔洋相望的地理优势及美国东西大陆桥便捷的交通联系，成为目前美国的第一、第二大集装箱港。2004 年洛杉矶港吞吐量为 730 万标准箱，长滩港近几年在吞吐量上与洛杉矶港的差距越来越大。

跨越太平洋的美西航线是太平洋西岸港口与美国大陆联系的最便捷通道。以上海至洛杉矶为例，美西航线的航次时间仅 13 天，即使运往美国东部的集装箱走美西航线接美国大陆桥运输，一般也不会超过 20 天，而美东航线却需要 35 天。这也是大量的美国东部集装箱弃东取西，造成美东航线长期疲软的重要原因。

为了适应不断增长的集装箱运输需求，长滩—洛杉矶港致力于大规模现代化集装箱码头的建设。新建的洛杉矶 APL 公司码头和长滩韩进公司码头均已投产，码头水深 15.2 米，可接纳积载 18 列集装箱的超巴拿马型船到港作业。

纵观国际上的著名航运中心，它们都有以下特点：①有强大的运输需求做支撑，从而吸引国际上各大航运公司将其作为挂靠港；②港口基础设施位于货物自然流向的交汇点，使国际贸易与运输得以自然衔接；③依托综合性城市为其提供信息、管理及商务联系的一切便利；④遵循市场经济的普遍规律，在航线开辟、投资决策及日常经营管理等方面注重市场分析；⑤具备 15 米以上的航道及泊位水深条件，以期适应船舶大型化的要求。

（二）建设国际航运中心和国际物流中心的必要条件

国际航运中心总是与国际经济、贸易中心密切相关，世界典型的国际航运中心均是以面向海洋、航运业发达的国际大都市作为依托。同时，随着物流业的兴起与发展，世界主要国际航运中心也都成为国际物流中心。这是由国际航运与国际物流的关系决定的。由于国际贸易主要依赖国际海运来实现货物转移，国际贸易的80% 以上是通过海运完成的，所以国际贸易的发展必须依靠国际物流支撑其货物的运输、仓储、包装装卸和加工等服务，同时也需要国际物流商提供报关、报检等国际通关服务，从而提高资金使用效率、物资转移效率等。因此，现代国际航运中心无一例外地是国际物流中心。特别是以港口为依托和载体的国际航运中心，其物流与航运的发展更是紧密地联系在一起。因此，从国际航运中心与国际物流中心城市来看，成为国际航运中心与国际物流中心的必要条件是：

①必须拥有一个发达的国际航运市场，航班密集，航线众多，众多的航运公司和航运机构在此注册落户。其中包括：拥有国际运输船舶、提供运输劳务的供给方；拥有国际运输货源、需要运输劳务的需求方；拥有供需双方的代理人、经纪人。它们在公平竞争的环境中实施各种形式的航运交易行为。

②拥有强大的腹地经济。腹地经济是成为国际航运中心的另外一大特征。在众多的港口城市中，一个城市要在激烈的竞争中脱颖而出，成为举世瞩目的国际航运中心，同腹地经济的发展是密不可分的。无论是伦敦、纽约、鹿特丹等欧美国际航运中心的形成和发展，还是东京、中国香港、新加坡等亚太国际航运中心的崛起，都充分证明国际航运中心的形成离不开腹地经济的发展。

③拥有充沛的集装箱物流。集装箱物流量已成为代表当代物流水平的重要标志，因此，全球性和洲际性国际航运中心都拥有巨大的集装箱物流，即拥有巨大的集装箱枢纽港。著名的国际航运中心中国香港、新加坡、鹿特丹、纽约等港口集装箱吞吐量都处于世界前列。

根据对航线挂靠条件的分析，一艘 8000 标准箱的全集装箱船在一个港口的临界装卸量应达到 1600TEU，即装卸各 800TEU。对于一个成熟的枢纽港，远洋航线的航班密度应达到天天班的水平，对于我国港口而言，则为美西、美东、欧洲、大洋洲每天各一班。根据对我国外贸进出口国别结构进行的分析，我国的近洋与远洋箱量之比大致为 5.5：4.5。在枢纽港总吞吐量中，周边港口的内支

线喂给箱量也应达到一定水平（10%）。据此估算国际航运中心集装箱枢纽港的吞吐量至少应具备 800 万标准箱 / 年的水平。

④成为国家或区域性进出口贸易的航运枢纽。国际航运中心一般都依托经济发达的港口城市，是国家或地区的进出口贸易中心和国际经济中心城市，其地理位置一般位于国际主干航线上，或者本身就是国际主干航线的起点。国际航运中心所在的港口，有上亿吨、几百万标准箱的物流进出，必然有众多的航线航班联系世界各国几百个港口。

⑤拥有良好的港口条件和一流的港口设施。随着集装箱船舶大型化趋势加剧，大型船舶的舱位利用率也在不断提高，航运中心作为最高级别的枢纽港，必须具备全天候接纳大型集装箱船舶的能力，包括拥有深浅配套且功能齐全的码头泊位、相应的装卸设备和堆存设施，以及适应现代船舶大型化趋势的深水航道。这不仅是国际集装箱枢纽港的现实需要，也是衡量一个港口基础设施先进性的重要标志。

预计未来集装箱运载船的结构吃水一般在 16 米左右，加上 1 米的富余水深，航运中心枢纽港必须具备 17 米的航道条件及相应的泊位水深。

⑥拥有完善的后方集疏运和物流服务系统。国际航运中心必须拥有畅通的后方集疏运系统，航运中心的特征不仅表现在它拥有一套完善的海运系统，而且必须具有高度发达的集疏运网络系统，包括铁路、公路、沿海、内河及航空等集疏运系统。国际航运中心除了具备完善的硬件设施以外，还需要完善高效的物流服务系统不断改进物流作业及通关效率，包括能够提供一流服务的海关、边检、卫检、动植检和港务监督等口岸检查检验机构，修造船服务、海难救助、保险、邮电通信、航运信息与咨询机构、航运经纪与中介机

构等。此外，国际航运中心还必须拥有电子数据交换（EDI）系统。

　　⑦拥有积极扶植的政策和良好的法律环境。国际航运中心一般设立有利于航运业发展的各种特别经济区域（如保税区、自由贸易区）和按国际惯例办事的法规制度，为旅客、货物、船舶的进出

和资金融通提供最大的方便。如新加坡和中国香港整个地区实行低税的自由港政策，在通关手续、海关商检、转运手续和监督、作业程序、库场存储等方面均给予最大限度的方便，并在各种收费项目方面实行减免政策。

世界著名港口主要指标情况

指标	鹿特丹	上海	中国香港	新加坡	釜山	纽约	天津
港口性质	腹地型河口海港、保税港、基本港	腹地型河口海港、保税港、基本港	中转型海峡港、自由港、基本港	中转型海峡港、自由港、基本港	中转型海峡港、基本港	腹地型河口海港、基本港、保税港	腹地型河口海港、保税港
吞吐量（亿吨）	3.5	4.5	2.3	4.1	1.4	1.2	2.41
集装箱吞吐量（万TEU）	828	2200	2202	2133	1143	500	480
集装箱吞吐量比重（%）	25%	37%	90%以上	54%	70%	45%	20%
腹地通过量比重	77%转口	—	—	—	60%来自国际中转	全美1/2进口货物，1/3出口货物	天津的80%，北京的70%，山西的66%，河北的55%
最大航道水深（米）	22.5	外高桥：17	20	22	21	15	17.3
万吨级泊位数（个）	—	—	—	—	—	—	53
集疏运系统	—	京沪、沪杭、沪通等铁路线等5个方向、7条公铁干线以及黄浦江东、西连为一体的通过式特大型环行枢纽	—	—	—	200条水运航线，14条铁路，3个现代化航空港，15条洲际高速公路，5条海底隧道	4条高速公路通道，3条铁路通道
航运、金融服务系统	—	75%来自长三角腹地	70%来自大陆	80%来自国际中转	—	380家大银行	—
物流服务系统	—	京沪、沪杭、沪通等铁路线等5个方向、7条公铁干线	—	—	—	—	—

三、 国内外港口航运业与物流业发展趋势分析

据北欧专业杂志的资料统计显示，全球集装箱港未来十年，会跟随世界经济成长而快速增长，亚洲区港口集装箱吞吐量所占全球市场份额，会由 2000 年的 47.5% 上升至 2010 年的 56.9%。而欧洲地区港口集装箱吞吐量在 2000 年是 4679 万 TEU，到 2010 年时达到 8770 万 TEU，占全球市场份额的 16.7%。北美地区港口集装箱吞吐量到 2010 年时是 4910 万 TEU 或 4926 万 TEU，占全球市场份额的 9.4%。其他地区港口则占全球市场份额的 17%。

未来世界港口的建设将朝着港口建设深水化、港口布局网络化、港口业务物流化、港城格局一体化、管理信息化、经营民营化等方向发展。

1. 世界港口竞争态势

目前世界枢纽港的发展特点主要表现为：泊位和航道深水化、码头规模和装卸设备大型化、港口生产高科技化、信息化和网络化，以及港口功能多元化与民营化趋势。由于船舶大型化趋势加快，导致能接纳干线船舶的港口数目越来越少，从而导致近几年的世界港口的竞争尤其是集装箱港口的竞争日益加剧，其竞争的态势，即竞争的目标、动力与手段都出现了新的变化。

①竞争目标。目前，世界港口竞争的主要目标是争取成为枢纽港。集装箱船舶的大型化和经营联盟化是促使集装箱运输干线化的必然结果，从而也使集装箱枢纽港之争进一步白热化，一般而言，船公司在一个地区只会有一个枢纽港。因为航运公司一旦选择了超大型船舶，干线船舶挂靠港口的布局将更加合理地调整，而经贸发展的变化和船公司经营战略的转变将使目前许多挂靠的干线港成为支线港。哪个港口将是最终的幸运儿，必将有一番激战。其中港口的腹地货源之争将是竞争的焦点。

②竞争动力。港口竞争的动力主要有以下 3 点。一是推动城市乃至地区经济的发展。集装箱运输正向综合物流过渡，港口也正随之向综合物流中心转化。集装箱港口如果能以此为依托，建立船舶服务业和货物的增值服务业，并在此基础上建立起外向型加工中心，那将成为城市经济的重要增长点。二是提高城市的声誉。声誉是城市竞争力的重要组成部分，也是城市吸引外资的重要因素。三是形成经济规模、获取利润。集装箱港口由于竞争的加剧而不得不扩大规模，以吸引更多的船舶挂靠，从而获得规模经济效益。

③竞争手段。目前世界集装箱枢纽港竞争的手段通常有 3 种：一是扩建深水港口，加强硬件建设；二是提高服务质量，包括扩大服务范围和提高效率，并提升全面的信息服务；三是降低费用和价格以及政府给予优惠政策，提高集装箱港口的竞争力。

2. 世界港口发展态势

（1）港口建设深水化。

世界跨国企业为提高市场份额、位次及其在竞争中的应变能力，必须努力减少包括运输、仓储、包装等流通成本在内的生产总成本，从而大大促进国际运输业向集装箱多式联运以及以"门到门"运输为主要特征的现代运输和物流体系发展，加上散装船舶的大型化趋势出现以来兴起的陆、岛客货滚装快船运输等运输工艺的不断革新，向港口建设提出了更新、更高的要求。当今世界港口面临着数量乃至质量上的挑战，现代港口不再以一般的货物吞吐量为衡量标志，集装箱吞吐量将成为现代港口作用与地位的主要标志。2000 年集装箱船平均载箱量为 3200TEU，预计

2020 年为 5500TEU。目前，4000 ～ 6000TEU 船舶订造正处于高峰时期，载箱量为 8000TEU 的船舶已经投入运营，10 000TEU 的船舶已经设计完成。而超巴拿马型（6000TEU）集装箱船以及在未来 10 年中将会出现的 15 000TEU 超大型集装箱船，其满装吃水均在 14 米以上，这就必然要求集装箱主干线上的枢纽港航

道、泊位水深超过 15 米。如果 80% 的杂货最终都将进箱运输，那么没有集装箱深水泊位，就没有现代国际大港的位置。因此，优先发展集装箱深水码头是世界现代化港口不可避免的发展趋势。

各时期的顶级船吃水及码头航道水深表

顶级集装箱船特征					码头前沿及进港航道水深（米）
第几代	型式	大约风行年代	载箱量（TEU）	满载吃水（米）	
第四代	巴拿马型	1990 年前后	4000	-12	-13.2
第五代	—	1990—1995 年	5000 ～ 6000	-14	-15.4
第六代	超巴拿马型	1995—1997 年	6000 ～ 8736	-14.5	-16.0
第七代	—	1997—2005 年	9000 ～ 13 000	-15.2	-16.7
第八代	—	2005—2010 年	14 000	-17.1	-18.8
第九代	马六甲型	2010—2015 年	>18 000	-21	-23.1

（2）集装箱国际航线发展趋势。

当前关于国际航运中心的代表性观点有 3 种：①以"环球航线"为研究对象的国际航运中心即一级枢纽港；②"赤道环球航线"理论；③"长摆线航线"理论。

"环球航线"理论片面强调"快"，减少设立枢纽港，并且

片面强调水水中转，忽视水陆中转，过分理论化，脱离实际，并且认为全球只有 4 个枢纽港，北美、西欧、东北亚都没有枢纽港，所有的集装箱都需要中转，15 000TEU 只需要吃水 14 米，显然与实际不符合，对我国起了误导作用。"赤道环球航线"理论认为全球枢纽港将达到 7 个（地中海西部、东南亚、巴拿马运河西岸、加勒

比海、美国西南、印度洋、东北亚），认为枢纽港水深需要 15 米。我国一些文件上也称东北亚国际枢纽港中心只有一个，水深 15 米。这个理论对我国也有误导作用。切合实际的是"长摆线航线"理论。因为如今巨型集装箱船通不过巴拿马运河，2030 年前可以不考虑环球航线。在巨型集装箱船无法实现全球航线的情况下，目前航线分为洛杉矶经新加坡等港至鹿特丹等港的主摆线以及鹿特丹至纽约的纯大西洋航线。洛鹿线在东北亚又一分为二，一是经日本太平洋沿岸和我国台湾的港口，二是经日本海挂靠韩国釜山港、光阳港和我国台湾高雄港。因航行的气候影响，釜山港将洛鹿线一分为二，一是从釜山经日本太平洋主港至洛杉矶的东北亚—美西航线，二是釜山经北仑港、我国台湾高雄港到鹿特丹等港的东北亚—西欧航线。因此现在的主流是长摆线一分为三：大西洋穿梭航线；西欧—东北亚航线；东北亚—美西航线。新形势是竞争后两区间干线上的枢纽港，应是各时期最大顶级船的挂靠站。枢纽港还应是地区各国支线港的中转依托处，称为国际航运中心。国际航线分解后，出现了终端港即起讫点港，对水深要求有所下降，可以亏载或乘潮出入港，所以许多港口都想做第一站，但第一站对货源的要求比较高，理论上终端站最好有船舶载箱能力的100% 的货源，而中间站仅需 20% 左右即可。

早在 1996 年，Drewry 航运咨询公司就指出，在充分利用箱容量的条件下，1 艘 8000TEU 的船舶比 1 艘 4000TEU 的船舶可以多得 20% 的利润。为了获得规模经济，使用超大型的集装箱运输船是大势所趋。即使是以目前已经知道的历史情况看，这一点也是相当明显的。预计 5000TEU 以上的第五代、第六代集装箱船将逐渐成为国际干线航运的主流船型。

国际港协甚至预测，在这种追求规模经济的动力驱动下，全球海运的模式将逐渐演变为由 15 000TEU 以上的超大型快速集装箱船舶唱主角，在钟摆式航线上运行，挂靠离岸港口（所谓"世界顶尖港口"）也将压缩到只剩下四五个，全部从事中转业务，再由大小支线船队连接区域性的枢纽港及支线港。

（3）港口业务物流化。

大多数重要港口均位于海、陆、空三位一体运输方式的交汇点上，其商品原材料从开采到生产加工、配送营销，直至废物处理可形成一条典型的"物流"供应链。这是一种全新的业务运作、经营模式。这种新模式的应用给港口发展注入了新的生机和活力，并使港口在现代物流中的核心作用越来越明显：港口是国际物流供应链的主要环节，能够提供快速、可靠、灵活的综合物流经营服务，同时现代港口便于海关对集装箱的监管以及货物分拨等功能的实施。现代港口已不再是传统意义上的水陆交通枢纽，它已经成为支持世界经济、国际贸易发展的国际大流通体系的重要组成部分，成为连接全世界生产、交换、分配和消费的中心环节。现代物流逐步成为现代港口的重要发展方向。

（4）港城格局一体化。

集装箱运输的迅猛发展，打破了原来相对狭小的港口与腹地进行经济联系的格局，使得世界各地的港口越来越处于同一个国际化的网络中运作。20 世纪 90 年代以来，港口腹地进一步向周边扩大，小港成为大港的腹地，在内陆也出现了为集装箱运输服务的"旱港"，这就使得港口与腹地关系所涉及的范围必须从更大的空间结构中去考量。港口功能的扩展使其在国际贸易和地区经济发展中发挥巨大的作用，同时，港口功能的实现也需要以强大的港口城市功能及港口腹地经济的发展为支持和依托。现代港口已从一般基础产业发展到多元功能产业，从单一陆向腹地发展到向周边共同腹地扩展，并且向社会经济各系统进行全方位辐射，从城市社区发展到港城经济一体化，从国家的区域经济中心发展到世界区域经济中心，这一系列过程说明港口的战略区位中心作用在日益突显。世界上大多数港口城市都十分重视港口的发展，制定了港城相互促进、共同发展的战略，并采取各种措施积极鼓励和扶持港口的发展。港口对腹地经济的发展具有带动作用，同时腹地经济的发展是港口发展的支撑和保障。

（5）管理信息化。

一个港口的现代化程度如何以及发展水平的高低，在很大程度上取决于信息化管理。因为大型船舶的营运成本很高，其接卸港口必须具备全天候进出、快速装卸、通关，以及集疏储运与配送等综合能力。而这一切都要以现代化的信息技术作为后盾。

（6）经营民营化。

港口经营民营化是将码头设施出租经营或完全出售，交由个人、私营企业或半公共组织进行经营管理。由于全球经济正在逐步走向自由化、市场化，未来10年内，港口经营必然会出现民营化趋势。因为港口建设必须投入大量资金，才能实现快速滚动发展。这客观上迫使港口采取承包、租赁、参股、合资、独资、产权转让等方式，吸引民间人士来港投资经营。目前，各国政府在推进民营化方面有两种基本的做法：一种是在部分民营化的港口组织中，政府以一定的深度参与；另一种是出租、出让或完全出售港口资产和港口服务。

3. 我国港口发展目标

为了改善目前我国沿海枢纽港公用码头超负荷运行、大型专业化深水码头短缺、集装箱码头吞吐能力不足、沿海主要港口航道不能适应船舶大型化要求的现状，交通部于2003年2月公布了我国港口建设目标。

到2010年，沿海港口总吞吐能力达30亿吨，集装箱码头总吞吐能力达1亿标准箱，基本形成干线港、支线港、喂给港层次分明、布局合理的港口集装箱运输体系。远洋运输集装箱直达率达到70%；大型专业化原油、铁矿石等码头建设布局基本形成，进口原油20万吨级以上大型泊位接卸能力达1.6亿吨，采用大型泊位接卸原油的比重达到95%；进口矿石15万吨以上大型泊位接卸能力达1.65亿吨，采用大型泊位接卸矿石的比重达到90%。主枢纽港航道与大型深水码头的建设相匹配，基本适应到港船舶的要求。

到2020年，沿海港口吞吐能力达44亿吨，集装箱码头总吞吐能力达1.7亿标准箱。远洋运输集装箱直达率达到80%；进口原油20万吨级以上大型泊位接卸能力达2.2亿吨，采用大型泊位接卸原油的比重达到95%；进口矿石15万吨级以上大型泊位能力达2.1亿吨，采用大型泊位接卸矿石的比重达到90%以上。主枢纽港航道基本满足大型船舶到港的要求。临港工业和商贸活动成为沿海港口的重要功能。

重点建设上海国际航运中心，建设上海、宁波、大连、天津、青岛、深圳等主要港口第四代以上集装箱码头；相应新建和改造支线港及喂给港；在东北、华北、华东地区分别布局建设大型原油接卸码头；在大连和华北地区分别布局建设大型专业化矿石码头；加快主要现有港口基础设施的大规模技术改造，结合部分新建项目形成一批专业化的木材、粮食、钢材、水泥、化肥及滚装运输码头，加快上海、大连、青岛、广州等老港码头功能调整和城市化改造的步伐；有计划地安排天津、烟台、湛江、防城港等主枢纽港航道的升级。

我国港口需求情况

沿海港口供需能力预测情况	2005 年需求能力	2010 年需求能力
沿海主要港口码头能力（亿吨）	20	30
外贸吞吐能力（亿吨）	10	15
集装箱（万 TEU）	5000	9000
煤炭（亿吨）	5	6
金属矿石（亿吨）	2	4
钢铁（万吨）	6000	8000
原油（亿吨）	2	4
粮食（万吨）	8000	10 000
化肥（万吨）	3000	3500
木材（万吨）	2000	3000

沿海港口的市场份额情况（2005 年）

地区与港口城市	货物吞吐量比重	外贸货物吞吐量比重	集装箱吞吐量比重
全国沿海地区	100.0%	100.0%	100.0%
环渤海地区主要港口	33.7%	39.46%	20.7%
天津	6.26%	9.27%	6.52%
青岛	4.8%	10.65%	8.49%
大连	4.33%	4.74%	3.58%

沿海港口的市场份额情况（2005 年）（续表）

地区与港口城市	货物吞吐量比重	外贸货物吞吐量比重	集装箱吞吐量比重
长江三角洲	30.45%	28.63%	34.2%
上海	11.30%	13.82%	24.33%
连云港	1.56%	2.99%	—
宁波	6.99%	9.72%	6.97%
珠江三角洲	22.4%	18.38%	33.2%
深圳	3.91%	7.85%	21.82%
广州	6.21%	4.57%	6.22%
厦门	1.21%	2.41%	4.51%

2005 年全国港口国际标准集装箱吞吐量前 10 名排序

序号	港名	2005 年 12 月份（万 TEU）	2005 年 1—12 月累计（万 TEU）	同比增幅（%）
1	上海	155.90	1808.40	24.30
2	深圳	141.50	1619.70	18.60
3	青岛	56.10	630.70	22.70
4	宁波	48.60	520.80	30.02
5	天津	38.50	480.10	25.80
6	广州	48.70	468.30	40.74
7	厦门	29.17	334.23	16.39
8	大连	23.10	265.50	20.00
9	中山	9.52	107.59	12.00
10	连云港	8.72	100.53	100.20

四、建设两个中心的必要性与可行性

（一）建设两个中心的必要性分析

1. 建设北方国际航运中心、国际物流中心是区域经济一体化和国家对外开放战略的需要

区域经济一体化是 20 世纪 90 年代以来世界经济发展的最明显的特征。从我国的对外开放格局来看，长三角、珠三角地区已经率先走出去，起到直接的示范和带动作用，而北方地区对外开放程度相对较低。作为中国北方的主要港口城市，天津在对外开放总体布局中的作用还远远没有发挥出来。随着经济全球化趋势的强化以及我国国际地位的提高，我国对外开放布局将会进一步拓展，这就为天津滨海新区发挥在中国对外开放中的战略作用提供了一个千载难逢的机遇。如何抓住这个机遇，把天津滨海新区的对外开放提高到一个新层次，并发挥天津滨海新区在整个北方地区对外开放中的"龙头"作用，已经成为国家对外开放战略布局的重要内容。而要实现这个战略决策，就必须以国际航运中心、国际物流中心建设为依托，如果没有强大的现代化航运、现代物流做支撑，国家的整体战略布局将难以实现。

2. 建设北方国际航运中心、国际物流中心，是实施国家西部大开发战略、促进整个北方地区经济发展的需要

天津港位于华北平原东北部、渤海湾西侧、天津市东部，是东北亚地区海上贸易的重要港口之一。随着我国加入 WTO 以及区域战略布局的进一步展开，腹地内的资源与人力优势将逐渐显现，腹地内部外向型经济将会迅速发展，天津港在北方经济的国际化过程中和西部经济开发开放中将处于更加重要的位置，将对地区流通与资源配置起到巨大的集散、转换、流通的作用。因此，两个中心

的建设将会极大地促进国家区域经济发展战略的实现。

3. 北方国际航运中心的建设是提高我国航运竞争力的需要

自 20 世纪 90 年代以来，世界经济中心逐渐向东亚转移，世界航运中心的地位竞争也形成了两大热点：一是在北美，一是在东北亚。东北亚集装箱枢纽港的竞争呈现出新格局，日本神户正在逐渐失去东北亚枢纽港的地位，而我国台湾的高雄港和韩国的釜山港发展速度却明显加快。因此，建立和完善我国的国际航运中心体系以应对激烈的东北亚港口的竞争，具有重要的战略意义。建设以腹地经济为支撑、以现代化物流服务为基础的北方国际航运中心，将对完善我国国际航运中心体系具有重要的促进作用。

4. 建设北方国际航运中心、国际物流中心，是促进经济社会发展的需要

两个中心的建设，将会对天津市的经济社会发展起到巨大的推动作用。一方面，航运中心、物流基地及深水港为引进外资、培育市场，以及发展金融、物流和贸易等第三产业提供了强有力的保障；另一方面，通过港区联动，不仅可以带动港务管理、货运代理等物流业的发展，同时也可带动建筑、制造等相关产业的发展，从而可以大大提高经济增长速度，并为社会提供大量的劳动就业岗位。

（二）建设两个中心的可行性分析

作为天津港发展依托地的滨海新区，包括天津港、天津经济技术开发区、天津港保税区 3 个功能区，塘沽区、汉沽区、大港区 3 个行政区，以及东丽区、津南区的部分区域。与周边地区和沿海地区主要城市相比，滨海新区的主要优势表现在：

①天津港邻近东北亚地区的日本、韩国、朝鲜和蒙古，是这

一区域内的重要港口，也是中国对东北亚地区开放引资和经贸合作的前沿，近年来吸引了大量的日资和韩资，与东北亚地区的相互贸易规模也比较大，有希望、有条件建成一个类似于深圳、浦东那样的北方地区对外开放的窗口。目前，天津港已与160多个国家和地区的300多个港口有业务往来，集装箱班轮航线达350班，吸引了大量的物流、人流、资金流和信息流，大批国际资本通过港口进入腹地。

②滨海新区处于京津冀城市群的核心区内，依托京津、背靠三北、面向世界，这使天津港具有向外输出和对内吸引的双重有利条件，为未来成为中国北方国际航运中心奠定了坚实的基础，对京津冀其至环渤海城市群的发展及新的空间格局的形成具有重要的带动和促进作用。作为对内、对外的双向开放型港口，天津港70%以上的货物量和55%的口岸进出口货物来自腹地的各省区。2005年上半年，天津市外贸进出口总额238亿元，北京出口额的26.8%、河北的61.1%、山西的70.1%、内蒙古的44.6%都是从天津港出海。

③滨海新区近期可以依托天津市的力量，培植发展基础与实力，加快成长步伐。从远期来看，将反过来成为增强天津市经济实力的重要力量，进一步将整个天津市提高为我国东北亚地区对外经济合作的前沿、京津塘发展轴上的重要节点城市、环渤海地区的战略性带动力量。而天津港是滨海新区的核心战略资源和最大比较优势，对促进滨海新区的经济社会发展、提升滨海新区的战略地位发挥着不可替代的作用。近年来，天津港吞吐量迅猛增长，2004年突破2亿吨，同年滨海新区完成GDP1250亿元。近10年来，天津港吞吐量年均增长达16.5%，集装箱吞吐量年均增

长达20%，滨海新区生产总值年均递增20.8%，港口吞吐量与滨海新区经济总量同步增长、互相带动,形成了港区相融、良性循环、共同发展的统一体。

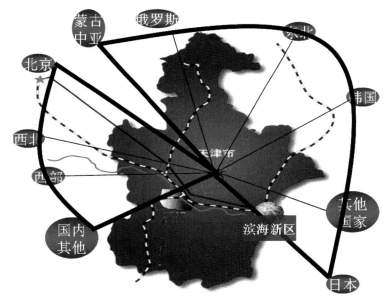

天津港货物进出口地分布

④已形成海陆空兼备的综合运输体系，交通优势明显。目前天津港已成为我国北方第一大港。天津滨海国际机场也是我国华北地区最大的航空货运中心，目前已经开辟39条国际国内航线，同时发挥着首都第二国际机场的作用。在公路方面，滨海新区内贯通12条骨干公路，路段总长410千米，已经初步形成扇状辐射的高速公路网，环渤海公路（海防路）与环渤海各港口相连接。在北京与天津滨海新区之间，除了京津塘高速公路外，还有快速铁路连通。

中国两大铁路动脉京哈铁路、京沪铁路路经新区，新区内地方铁路运输系统与国家铁路网直接沟通，货物运输通达全国各地，并可经蒙古转口欧洲，是通往欧洲大陆运输距离最短、最便捷的通道。此外，还有管线连接陕西的煤气，在天津港与大港油田之间也有管道运输。突出的交通优势增强了新区在北方地区的辐射力和吸引力，并衍生和带动了相关产业的发展。

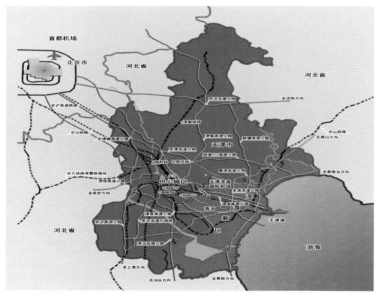

滨海新区区域位置

五、 建设两个中心的形势分析

（一）形成中转货源的区位条件不足，航运中心的形成严重依赖腹地经济发展

世界主要的国际航运中心，其形成的基本模式主要有以下3种。第一，以市场交易和提供航运服务为主，这种模式比较特殊，是靠悠久的历史传统和人文条件而形成的，在世界国际航运中心中仅有个例，即伦敦国际航运中心。第二，以为腹地货物集散服务为主，即腹地型的国际航运中心，如鹿特丹国际航运中心和纽约国际航运中心。第三，以中转为主，即中转型的国际航运中心，如中国香港国际航运中心和新加坡国际航运中心。从这些国际航运中心的比较中可以看出，国际航运中心基本模式的选择随着历史的变迁，呈现一定的稳定性，如鹿特丹和纽约始终是以腹地型为主，而中国香港和新加坡又始终以中转型为主。

这一事实说明，在国际航运中心模式的选择上，所在港口的区位条件是重要的决定因素之一。另外，中转型的国际航运中心除了拥有地理位置上的优越条件外，发达的转口贸易和自由港政策也是重要的促进因素。

天津港由于地处渤海湾，虽然有广阔的腹地资源，但是远离主航线，在吸引中转货源的能力方面存在明显的劣势。如果腹地生成的货源不够大，将很难形成枢纽港。另外，从当前的形势看，环渤海地区港口之间的竞争大于合作，争夺腹地的货源成为竞争的主要手段。天津口岸腹地广阔，但是，腹地外贸等经济发展还不强。

（二）形成落地货源或集装箱的港口产业功能强大

国际航运中心是一个发展的概念，随着时代的变迁，国际航运中心的功能也在从第一代向第二代、再向第三代演变。第一代航运中心的功能主要是航运中转和货物集散。第二代国际航运中心的功能是货物集散和加工增值。第三代国际航运中心除了货物集散功能外，还具有综合资源配置功能。

以集装箱为例，落地的集装箱量反映了港口产业与腹地经济之间的联系强度。如果落地量小，则说明港口承担的是流通中转功能，而高级的加工增值服务和资源配置功能少，港口产业与腹地经济之间的联系不强，那么这样的港口功能效益将非常低。只有港口产业系统发达完善、港口物流服务能力强，才能吸引腹地货物在港口进一步加工增值，从而既为腹地经济发展服务，也增强港口的竞争力，形成港腹双赢的良性发展。如作为腹地型的港口鹿特丹，2003 年集装箱吞吐量为 714 万 TEU，而落地集装箱约占 40%。又如我国沿海港口厦门港，2005 年集装箱吞吐量为 334 万 TEU，落地集装箱占 60%。港口加工服务能力带来了稳定的货源和巨大的效益。

（三）集疏运基础设施能力和软件科技能力与发达港口存在很大的差距

形成国际航运中心的集散传输条件是随着科技的进步不断发展的，从目前来看，国际航运中心的集散传输条件包括发达的海陆空内河集疏运条件、邮电通信、卫星通信、全球互交网络、区域性或行业性互交网络。北疆港区铁路的布局不适应集装箱运输发展，且运力已基本饱和；以铁路集疏运为主的南疆港区大宗散货中转基地铁路运输能力严重不足，港外铁路配套设施不完善，相当多数量的煤炭需经公路倒运进港。北疆港区后方滨海地区公路网络不健全，港区内、外缺少南北向干线，主要高等级公路未接入港区，东西向交通集中在京津塘高速公路，交通压力过大，港、城间交通的瓶颈现象严重；南疆港区对外公路等级低、通道少，集疏运能力不足。

（四）集装箱市场发展还较慢

与集装箱吞吐量的增长相比，近、远洋航班的增长速度相对较慢，远洋航班仅占航班总数的 20% 左右，承运的远洋箱量有相当大的部分在境外港口中转；集装箱陆路多式联运必需的设施条件、运输能力、换装节点、联运组织、口岸服务等仍不完善，不能适应干线港发展的需要。

（五）物流等现代化服务能力与技术水平还很低

国际航运中心的技术条件主要是指支持中心高效率运作的技术条件，但在第三代国际航运中心中，其技术条件还包括支持把技术作为一项商品有效转移、配置的技术。在国际航运中心中，要将海上运输及相关的理论成果转化为实用技术，将高技术含量生产工艺分拆改造成适用技术，将创新的管理技巧一般化并转移扩散等。直接发挥转换、中介功能的技术在国际航运中心相当密集。

（六）还缺乏具有竞争力的体制与政策条件

国际航运中心的集散调配功能的辐射面至少是一个区域性的国际市场，所以在其市场体系、法律制度环境、政策状况方面就体现为 3 个基本要求，那就是国际化、自由化和稳定性。国际化是指在形成完整的市场体系的基础上，市场的组织、运作规范应当同国际接轨，能在体现本国本地特色的基础上从容处理国际性事物。自由化是国际航运中心共同和重要的条件，这是保证航运中心追求集散效率的关键因素。稳定性也是国际航运中心的必要标志和号召力所在。国际航运中心的稳定性包括政治经济体制的稳定、法律规范的稳定、政策的稳定以及经济运行状况的稳定。

从国际航运中心的发展来看，有一个趋势是鲜明的，那就是由依靠自然条件到依靠体制的推进。第一代国际航运中心的形成更有赖于自然条件及内陆腹地的经济发展水平。进入第二代国际航运中心时代以后，体制构建、政策推动的作用开始增强，一些硬条件上的缺陷往往通过借助体制与政策的推动加以弥补。从中国香港、新加坡这两个航运中心来看，完善的市场体系、自由港政策等强调软环境构建的措施有效地弥补了其内部市场狭小等硬条件的不足。当前，国际航运中心地位的确立对国民经济、地区经济的重大推动作用已得到充分认识，有关第三代国际航运中心的竞争必将更趋激烈。显然，这场竞争将是全方位的，政策和体制的因素将成为竞争的关键，尤其是机制保障和稳定性更将倍受关注。

国际航运中心在体制及政策上要体现国际化、自由化和稳定性。比较世界上主要的国际航运中心，它们在体现自由化方面所采取的管理运作模式是有区别的，有的是运用自由港或自由贸易区政策来体现自由化，但也有的不是。因此，自由港、自由贸易区是国际航运中心实现自由化的重要手段，但国际航运中心的自由化并不能与自由港、自由贸易区画等号。自由化的关键要素是要求便利与秩序的结合。航运中心的各环节有序并符合国际惯例本身就是提供了自由，而各环节程序的便利简易更强化了"自由"的信号。当然，我们不能否定自由港或自由贸易区政策在国际航运中心形成中的作用，自由港或自由贸易区的政策无疑会增强国际航运中心的吸引力，尤其有助于国际航运中心的起步。

（七）面临周边港口的激烈竞争

伴随着世界经济中心向亚洲特别是东亚的转移，中国大陆已经成为世界集装箱海运的主要货源生成地。同时在中国内部，国家区域发展战略布局进一步展开，环渤海将成为中国经济增长的"第三极"也已突显出来。环渤海一些港口城市开始瞄准这一趋势，纷纷提出以港兴市的战略目标。在东北亚经济圈内，能建成重要的国际航运中心的港口城市是比较多的。这些都是天津滨海新区的竞争者，主要有中国的大连、青岛，以及韩国的釜山和日本的

神户等。在东北亚地区，目前关于建成东北亚国际航运中心的竞争已经变得非常激烈，据统计，目前东北亚地区各港口已建和在建的深水泊位将近 40 个，韩国釜山、日本神户等的港口建设计划都十分宏大，并且这些港口都盯着中国大陆的集装箱货源。中国北方各大港口也纷纷提出自己的发展计划，大连提出要建设"东北亚国际航运中心"，青岛也提出要建设"中国北方国际航运中心"。因此，天津滨海新区要想成为中国北方国际航运中心，必须发挥自己的优势，应对这些挑战。

在渤海湾上，邻近港口的建设和发展与天津港形成激烈竞争。天津港的北面有唐山曹妃甸港和京唐港、秦皇岛港，天津港的南面有黄骅港。从目前来看，各港口都有自己的特色和优势，如黄骅港主要以煤炭为主，曹妃甸港以铁矿石和钢材为主，秦皇岛港以煤炭、大型设备和农产品为主，但都计划向综合港方向发展，竞争大于合作，对天津港的竞争远大于青岛和大连。如果说天津、大连和青岛的国际航运中心建设取决于与日本神户和韩国釜山的竞争优势，那么天津滨海新区国际航运中心的建设取决于渤海湾各港口的合作。没有各港口的合作，其国际航运中心的建设将十分艰难。

港口腹地范围对比

口岸	紧密腹地	竞争腹地
天津	津、冀、豫、晋、陕、甘、内蒙古、宁、青、新	京、冀、豫、晋、陕、甘、内蒙古、宁、青、新
青岛	鲁、豫、晋、宁	晋、豫、徽
大连	辽、吉、黑、内蒙古、甘	辽、吉、黑

六、建设两个中心的发展战略与目标

（一）发展战略

为了贯彻中央的战略部署，把滨海新区建设成为北方国际航运中心、国际物流中心，根据滨海新区的现实情况和面临的机遇与挑战，我们确定了滨海新区建设两个中心的"三步走"的战略目标，发展的关键是"枢纽港、保税港、专业港、国际航运交易市场、国际物流服务基地"的"三港、一个市场、一个基地"3个方面的建设，而枢纽港是最为重要的基础设施项目之一，是关系到滨海新区能否成为国际航运中心、国际物流中心的关键。为此，从全局上需要从综合配套的角度，着力解决相互关联的"三种能力"的关系：一是改善基础设施，提高对发展港口航运业的适应力；二是加快航运市场培育，提高对船东、货主的吸引力；三是完善集疏运系统功能、综合物流配套服务功能和相关产业联动功能的复合力。因此，建设滨海新区国际航运中心、国际物流中心的战略可以概括为"实施三步走的发展目标"，加快三港、一个市场、一个基地的"三个方面建设"，以及适应力、吸引力、复合力的"三种能力提高"。

①充分利用保税港政策，积极争取自由港政策，获得先发优势。

由于自由港的设立给自由港所在的国家和城市带来巨大的经济和社会效益，因此，各种形式的自由港遍布世界各主要港口城市。世界各主要航运中心都在不同程度上采用了自由港政策。天津应充分利用保税区和自由港试点的政策，并利用滨海新区被纳入国家发展战略的历史机遇积极向国家争取更加开放的政策，以更开放、更具活力和吸引力的自由港政策，吸引国际物流企业、金融服务企业、大型航运企业和跨国制造企业来港，不仅可以吸引国际中转货物，也可以争取成为环渤海地区、西北地区、华北地区乃至东北亚地区最具活力的国际交易中心和国际资源配置中心，从而获得充沛的货源，成为东北亚枢纽港的起讫点。

②建立航运交易所，增强我国北方沿海港口航运资源和信息的协调发展。

世界上一些航运大国和著名的海港城市之所以成为世界性或地区性的航运中心，除了具有特定的地理位置和历史原因外，还因为有一个特殊的组织：航运交易所。如伦敦的波罗的海海运交易所、纽约航运交易所、香港航运交易所等。在滨海新区建立的国际航运交易所，能充分发挥环渤海地区的区域经济和港口群的优势，增强中国在东北亚地区的国际竞争力，也是滨海新区发展定位的体现。

③积极发展金融保险服务，为贸易、航运和物流企业提供优越的金融保险和信用服务。

金融服务是贸易、航运和物流企业进行国际业务往来的重要需求。从伦敦等航运中心的发展历程来看，国际航运中心是与金融中心、贸易中心紧密联系的。滨海新区要充分利用中心城区金融服务飞速发展及紧邻北京的优势，通过天津与北京共同建设国际金融中心，服务滨海新区的金融发展需要。通过积极筹建北方证券交易中心，以及石油、稀有金属能源等期货交易中心等方式，促进滨海新区金融贸易发展，为国际航运中心和物流中心的发展创造良好的市场和贸易环境。

④整合滨海新区物流资源，建立综合性物流中心，提高物流市场集中度和资源利用效率，形成以国际物流为主导、区域物流为基础、城市配送物流为补充的物流布局体系。

目前滨海新区拥有集装箱物流中心和散货物流中心，但是作为第三方的物流服务企业都规模较小，服务能力比较单一，难以提供系统化、全方位的运输组织、资源配置和控制的集成化服务。迫切需要根据国际航运中心的发展需求建立综合性的物流中心。建议充分依托航空城、保税区、港区等，发展国际物流业务。依托公路枢纽、铁路枢纽和产业园区、工业区等，发展区域物流。结合区域物流，选择重要的商贸物资交易市场，发展本地配送物流。

⑤依托港口与机场等高强度物流作业区，规划和调整临港、临空产业区的物流布局，强化临港、临空产业与物流产业的配套和联系，提高物流配套服务功能和相关产业功能的复合力。

2000年国家经济进行战略性调整，重点部署西部大开发，为天津港的发展带来新的机遇。中西部地区物资进出口历来与天津港关系密切，每年有大量的煤炭、石油、各种矿产品、机电产品、农副产品进出天津港。目前，天津港进出口货物中70%以上来自中西部地区。临海工业区是工业与港口、海运业相结合的产物，也是港口功能的拓展和延伸。下一步发展要对区域产业发展进行调整，加强与腹地产业的联系，形成港口对腹地和临海产业的加工、流通以及资源和原材料的流通、配置的纽带和通道作用，促进腹地经济发展以及货源的派生需求和引致需求增加。

建议调整散货物流中心布局，结合临港工业区，将散货物流中心与南疆港区的渤海石油非生产区进行置换，将矿石、石油、粮食、煤炭等大宗散货物流集中规划与组织。改善南疆港区、现有散货物流中心的生态环境与交通组织。调整铁路运输线路和海铁换乘枢纽，使铁路运输在大宗散货运输中发挥主要作用。

⑥完善港口、机场等重要物流结点的集疏运系统，提高航空、航运、物流服务功能和区域辐射力。完善综合运输结构，大力发展多式联运，提高物流作业效率，提高港口航运业的适应力和综合物流的竞争力。

天津市和天津港位于环渤海湾的中心，距中西部地区陆运最近，具有很大的区位优势，是其最佳的出海口之一。滨海新区需要围绕两个中心建设，加强与腹地的通道建设以及港口机场疏运道路建设。

以2010年实现货物吞吐量3亿吨、集装箱1000万标准箱，2020年实现货物吞吐量4亿吨、集装箱2000万标准箱甚至更大的需求，为第六代和第七代集装箱船全天候进出港口服务为目标，加快港口航道设施和港口物流作业设备建设，为成为东北亚地区国际枢纽港提供坚实的基础。

从世界航运中心来看，无论是哪一个航运中心，都必须拥有充沛的物流，尤其是集装箱物流，从而必须是一个巨大的物流中心。因此，滨海新区需要以第三方物流发展为支撑点，综合多式联运运输、仓储配送、加工服务、金融、通关等物流服务企业和部门，引进集成性物流服务企业，打造综合性物流服务中心。

⑦积极推进制度与管理创新，加强政策、法律与国际惯例的接轨，吸引国内外航运物流企业的投资与经营。

⑧发挥港口企业的主导性，通过资本运作协调与青岛、大连等港口的发展及经营合作，同时加强与唐山、曹妃甸、黄骅、秦

皇岛等周边港口的分工及合作，促进环渤海港口群的竞争与合作关系的健康发展。

（二）发展路径和政策建议

1. 产业选择

国际航运中心同国际经济、金融、贸易中心是紧密相连、相辅相成的。要建设成中国北方国际航运中心，必须依托航运，发展以航运业为核心的集装箱运输、航运服务、现代物流等港口业以及一大批关联产业。

首先，围绕新区功能定位确定重点产业。滨海新区要实现从产业基地到城市新区的转型，进而发展成为现代化国际港口大都市的标志区，一方面要建成国际性的现代化制造业基地的示范区，另一方面要建成国际物流基地的中心区。新区的产业发展必须围绕这一功能定位展开。

其次，发挥区位与资源优势，发展比较优势产业。要把滨海新区作为首都门户、国际港口的优势充分地发挥出来，必须大力发展以港口为基础、服务首都的产业经济。应发挥资源优势，开发石油、海洋和盐碱滩涂等资源，形成以资源优势为基础的产业群体。对于重点产业的选择，起点要高，成长性和带动性要好，对周边区域要有一定的示范性和带动性。也就是说，周边地区的经济发展是国际航运中心的重要支撑。

最后，从构建产业集群的角度来选择产业。从目前的经济发展趋势来看，今后的市场竞争正在演变为区域之间的竞争。

在这种竞争中，产业集聚效应以及产业链的形成将在很大程度上决定着一个区域竞争力的强弱。而这种产业集聚和产业链所形成的竞争力又是动态的，即各类生产要素会自动选择更具竞争优势的区位进行投资和生产经营。因此，产业集聚所产生的吸引力是区域竞争优势中的一个重要组成部分。新区选择重点产业时不能局限在个别优势产品和优势企业上，以构建具有国际竞争力的优势产业集群从而形成优势产业区为目标，紧紧抓住优势产业，深入研究产业关联关系，延伸产业链，培育优势集群，形成良好的产业生态。

2. 港口配套设施的建设

第一，要加快天津港建设进度，实施"南散北集"的空间布局结构调整。突出抓好深水化和大型专业码头建设，积极发展集装箱运输，使天津港逐步成为我国北方现代化深水大港。搞好货类结构调整，组织好港口生产，确保货物吞吐量和集装箱吞吐量能够满足内地的运输需求。加快完成15万吨级深水航道和深水码头建设，做好外海25万~30万吨级原油岛式码头的建设工作，完成东突堤北侧集装箱泊位改造工程，进一步提高天津港码头深水化等级。

第二，加快天津港北煤南移战略的实施步伐，继续完善南疆散货物流中心建设，提高配套能力，建设专业化物流服务区；加快北大防波堤工程建设，拓展港口未来发展的空间；加快启动和建设天津港北疆集装箱物流中心。开展集疏港大通道的研究和规划，为天津港的进一步发展提供外部条件。从长远来看，天津港应减少直至放弃煤炭的运输，将运力运量用于增加其他散货运输，而将煤炭运输转移至黄骅港和秦皇岛港。

第三，京津冀地区组合港功能建设。组合港是指各港之间有机结合，形成一个网络，而非过去那样一点一线经营，各港统筹规划、优势互补、层次分明、功能明确。它是站在国家层面上对整个经济区域进行协调，综合各种因素对各港口进行的分工。发展组合港模式可以避免重复建设以及防止无序竞争。京津冀地区的组合港应以天津港集装箱运输为重点，加强相互之间的合作，避免恶性竞争，以保证在各自发展的基础上维护天津港的中心地位，即先保证以天津港为中心的港口群的整体利益，在此基础上取得各自的利益。

3. 加快建设北方国际航运中心的政策建议

第一，完善自由港政策，建成符合国际惯例的自由港。

按照国际惯例，国际航运中心城市为了提升国际竞争力、分享全球自由贸易利益，一般都采取自由港的运作模式，为旅客、货物、船舶的进出和资金融通提供最大的方便。如新加坡和中国香港整个地区都实行低税的自由港政策。而天津港目前的保税区政策，监管手续烦琐，物流不畅；自由度不高，功能不完善；出口功能受出口退税政策影响，效果不佳；加工功能受企业出口经营权限制，制约企业的发展。随着我国加入 WTO，保税区的政策与世界贸易组织所遵循的关税减让、取消数量限制和统一实施的透明贸易政策等基本的法律原则相冲突，滨海新区要建成中国北方国际航运中心，从长远的角度看，建设自由港是势在必行。

第二，加强京津冀地区港口协作，形成以天津港为龙头的港口组合体系。

天津滨海新区要建设成北方国际航运中心，需要京津冀地区组合港体系的支撑。天津港应充分利用国家区域战略布局展开时机，利用滨海新区在国家区域布局中的独特位置，发挥自身的优势，建立与环渤海港口配套、分工明确、技术管理先进、功能装备完善、集疏运畅通的组合港。建议建立渤海湾或环渤海港口协会，协会设办公室，负责实施协会通过的决议和宣言，协调各港口的分工。交通部和各港口城市政府应支持协会的工作并进行指导。

第三，完善产业调整政策，形成功能一流的国际物流区。

区域经济一体化的进展使得物流业成为当今产业发展的一大热点，未来运输市场的竞争将主要集中于物流业发展领域。港口的投资和经营理念将发生重大变化，注重对物流网络的投资和管理将成为港口发展的主流。为此，天津港应该借鉴世界港口发展物流业的成功模式，运用高新技术改造传统产业，推动产业升级，实现港口运输业生产力的跨越式发展。

根据国际航运中心建设的具体要求和天津港的实际情况，天津港现代物流中心建设的战略目标应为：充分发挥天津港优势，大力发展港口物流经营主体，加快港口和以港口为中心的集疏运网络、仓储、信息网络等物流基础设施建设，健全物流法规，培育物流市场，形成良好的物流环境，努力把物流中心建设成为面向国际、联系内地、以国际物流为重点、兼顾城市区域物流的世界一流的现代化国际物流中心。

第四，加强人才建设，为北方国际航运中心建设储备合格的应用型人才。

建设国际航运中心，人才是关键。然而与建设国际航运中心的"高目标"相比，滨海新区乃至天津市的高级航运应用型人才却相当缺乏。国内外区域发展实践表明，知识、技术与人才是区域发展的战略性资源，是区域创新能力的重要体现，是天津港在未来的发展中赢得竞争优势的重要因素。

建议天津滨海新区认真落实国家和天津市高新技术产业政策，一方面，要大力吸引一大批熟悉和精通港口规划、远洋运输业务、国际惯例、国际航运市场运作、海事法律与海事处理业务等方面的专业人才；另一方面，也必须加强以实践性和技能型为特点的高职教育，及时为北方国际航运中心的建设储备和输送合格的应用型人才。

专题研究二：区域发展与对外交通专题研究

一、研究背景

（一）研究目的

结合滨海新区发展目标，明确它的区域服务范围，分析区域经济发展背景下滨海新区存在的主要交通问题，展望未来的区域城市和产业空间布局，对滨海新区对外交通提出要求和建议。

（二）研究范围

本次研究将滨海新区的主要服务区域的范围界定为"三北"地区：华北地区（北京、天津、河北、山西、内蒙古）、西北地区（陕西、甘肃、宁夏、青海、新疆）、东北地区（辽宁、吉林、黑龙江）。

"三北"地区总面积 540.42 万平方千米，占全国土地总面积的 56.29%；2005 年"三北"地区的生产总值为 55 023.34 亿元，占我国经济总量的 30.18%；2005 年"三北"地区的总人口数为 4.46 亿人，占我国人口的 27.07%。

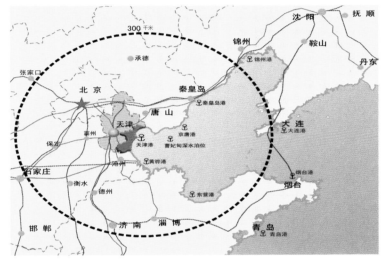

滨海新区的优越区位

二、区域发展状况

（一）华北地区发展现状

华北地区面积为 155.74 万平方千米。2005 年，人口 1.52 亿人，地区生产总值 2.85 万亿元。2000—2005 年，华北地区的地区生产总值年均增长速度、进出口贸易额年均增长速度分别在全国六大地区（六大地区分别指华北地区、东北地区、西北地区、华东地区、西南地区、中南地区。华东地区包括上海、江苏、浙江、安徽、福建、江西、山东；西南地区包括重庆、四川、云南、贵州、西藏；中南地区包括河南、湖北、湖南、广东、广西、海南。不含港澳台地区）中排名第一、第三。2000—2005 年，华北地区各省（区）市的地区生产总值均以超过 15% 的速度增长。进出口贸易集中在北京、天津、河北。

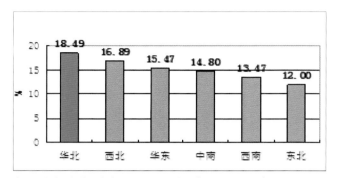

中国六大地区的地区生产总值年均增长速度（2000—2005）

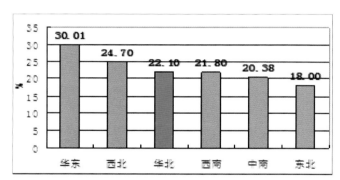

中国六大地区进出口贸易年均增长速度（2000—2005）

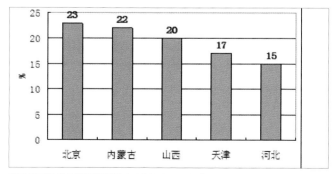

华北地区各省市经济增长速度（2000—2005）

天津港历来是北京的外港和河北省的重要出海口，京津冀地区进出口值占天津口岸进出口总值的79.28%，天津、北京是天津港主要的集装箱货源。山西省的煤炭多由天津港运输。

华北地区煤炭资源占全国保有储量的49.25%，位居全国首位。现有矿区集中分布在山西、内蒙古。华北地区沿环渤海地区分布着较集中的石油资源，为能源原材料工业提供了丰富的原料。内蒙古矿产资源极为丰富。

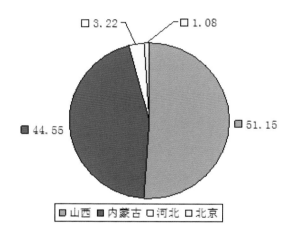

华北地区各省市煤炭探明储量的区域比重

除了北京的产业结构为"三、二、一"，华北地区其余各省市产业结构都是"二、三、一"结构。按照钱纳里的工业化阶段划分理论，北京已进入工业化后期，天津处于工业化中期，河北、内蒙古、山西均处于工业化初期。

京津两市高新技术产业发展具备较好基础，已经形成了京津塘高新技术产业带，能源原材料工业作为京津冀地区的传统优势产业，基础雄厚。山西省的产业结构则主要以能源原材料工业为主，2005年山西全省煤炭产量达到5.5亿吨，其中外调出省4亿吨。内蒙古已经初步形成能源、化工、冶金、装备制造、农畜产品加工、高新技术产业六大支柱产业。

（二）西北地区发展现状

西北地区面积 305.54 万平方千米。2005 年，人口 0.95 亿人，地区生产总值 0.94 万亿元。2000—2005 年，地区生产总值、进出口贸易的年均增长值均位于全国六大地区的第二位。各省（自治区）市的地区生产总值均以超过 14% 的速度增长，进出口贸易集中在新疆、甘肃、陕西。

目前，西北各省（自治区）从天津口岸的进出口值占本地进出口总值的整体比例还较低，天津港对西北地区的辐射能力还不够，有待进一步加强。西北地区是我国重要的畜牧业基地以及煤炭、石油、稀土材料、有色金属生产基地。西北地区的煤炭资源储量占全国的 40%，集中分布在宁夏、陕西、新疆。新疆的石油资源最为丰富，准噶尔、塔里木两盆地的石油远景储量占全国的 40%，克拉玛依油田的陆上原油产量居全国第四位。

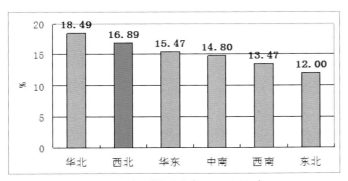

中国六大地区的地区生产总值年均增长速度（2000—2005）

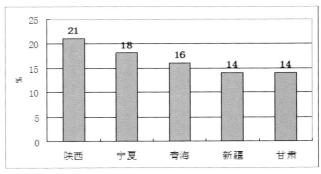

西北地区各省区经济增长速度（2000—2005）

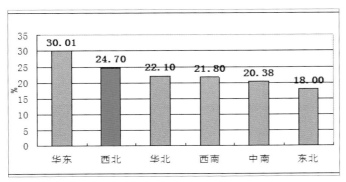

中国六大地区进出口贸易年均增长速度（2000—2005）

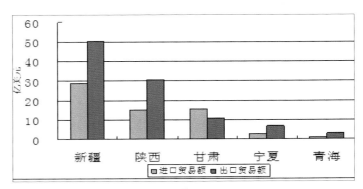

2005 年西北地区各省区进口、出口贸易情况

（三）东北地区发展现状

2000—2005 年，东北地区在全国六大地区中，地区生产总值年均增长速度、进出口贸易的年均增长速度均处在末位，各省的地区生产总值以年均11%以上的速度增长，进出口贸易均集中在辽宁。

东北地区的煤炭资源储量占全国的 2.97%。东北地区有大庆、辽河、吉林三大油田，石油资源丰富，该地区也是全国三大林业基地之一。东北地区各省市都是"二、三、一"产业结构，处于工业化初期阶段。东北地区是资源密集经济区，是重要的重化工基地（设备和原料生产尤为重要）和农业基地。高新技术产业则集中分布在哈尔滨等主要大城市。

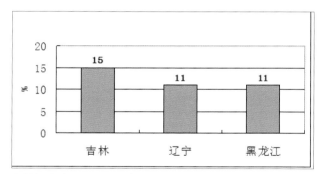

东北地区各省经济增长速度（2000—2005）

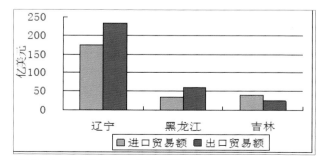

2005 年东北地区各省进口、出口贸易情况

（四）主要研究结论

华北、西北地区的经济总量和进出口贸易增长速度较快，东北地区经济增长速度、进出口贸易额相对落后。华北、西北地区进出口贸易集中分布在京、津、冀、新、陕、甘。今后，华北、西北地区还会保持较快的发展速度，是天津滨海新区的主要腹地。

煤炭资源集中分布在华北地区西部、西北地区。山西、内蒙古、陕西、新疆和宁夏的煤炭保有储量分别位居全国的第一、二、三、四、六位，是天津滨海新区重要的能源腹地。

除山西之外，各省区均有石油开采或炼油工业分布（黑龙江、辽宁、新疆三省区位于"三北"地区前三位，是重要的能源基地）。

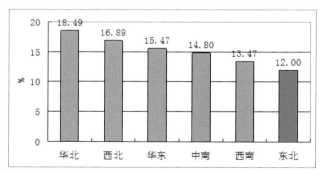

中国六大地区地区生产总值年均增长速度（2000—2005）

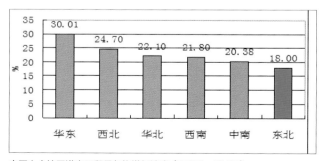

中国六大地区进出口贸易年均增长速度（2000—2005）

除京津两市，其余各省处于工业化初期，资源、能源消耗较大的重工业占主导地位，制造业集中分布在华北地区东部沿海地区、东北地区。"三北"地区的产业分工多数局限在各省（自治区）内，区域间的产业协作程度较低。目前，华北、西北作为天津港的腹地范围，与滨海新区的经济联系还主要是依托天津港进行货物进出口。东北地区作为大连港的腹地，与滨海新区的经济联系相对薄弱。

三、滨海新区对外交通存在的问题

（一）对外交通不适应京津冀地区经济一体化要求

1. 滨海新区对外交通不便捷，不利于实现对京津冀地区的龙头带动作用

滨海新区没有建成与京津冀地区各主要城市和产业区直通的快速通道网络，不利于京津冀地区更好地进行产业分工协作和参与国际经济活动。滨海新区沿渤海湾缺乏直通黄骅港、京唐港的高速公路，不利于港口之间开展临港产业的分工协作，不利于形成沿渤海湾的物流网络，不利于形成合理分工的港口群。

2. 滨海新区对外交通不便捷，不利于实现与京津冀地区的区域旅游合作

与长三角地区、珠三角地区相比，京津冀地区的区域旅游合作还处在起步阶段。2004 年京津冀两市一省的生产总值为 1.6 万亿元，尚不及长三角地区的一半，原因之一是长期以来，京津冀区域旅游合作不畅。

可进入性、可畅通性是区域旅游的合作基础。滨海新区与京津冀主要旅游城市之间的城际交通网络不够发达，难以充分满足游客迅速、便利、安全、经济的要求。

（二）西部通道不足不适应辐射中西部地区的要求

1. 滨海新区西部通道不足阻碍了腹地资源的输出

除了津保高速公路之外，天津滨海新区还没有直接连通山西、西北的高速公路（津晋高速正在建设中）、铁路，从天津必须绕经北京走丰沙大铁路才能到西部各省，西部通道严重不足。

中西部地区仍然处于工业化初期，主要输出高运量、低附加值的产品，需要尽量降低运输成本，迫切需要更便捷的出海通道。

2. 西部通道不足不利于缩小区域经济差距

东、西部区域经济差异较大，会影响到全国统一市场的形成，影响区域产业结构调整和升级，不利于西北地区的社会稳定。

缩小区域经济差距，需要华北、东北地区加大对西部地区的资源开发、投资、产业合作、人才培养和技术推广，这些活动将在东、西部之间产生大量的交通流，对于出海通道的需求更为迫切。

3. 西部通道不足不利于滨海新区提高港口的区域竞争力

近年来，环渤海各大主要港口都非常重视港口建设和腹地的占领，都在积极加强港口基础设施建设，秦皇岛港、青岛港、黄骅港建立了连接港口与腹地的专用铁路运输通道。天津至今没有铁路运输直通通道，极大地制约了天津港在环渤海区域港口群中的竞争力。

四、滨海新区对外交通发展建议

（一）加强枢纽建设，促进京津冀都市圈经济一体化

1. 京津冀都市圈的产业和城市空间格局预期

国家发改委组织编制的《京津冀都市圈区域规划城镇空间格局》专题研究报告提出，京津冀都市圈（包括北京、天津、石家庄、唐山、秦皇岛、廊坊、保定、沧州、承德、张家口）的城镇空间结构是：①优化包括北京、天津在内的"两核"；②保护张家口和承德组成的生态保护区；③构筑京津塘高速沿线城镇发展带、京—保—石城镇发展带和沿海城镇发展带。

本研究认为，有必要增加一条"津—霸—保"城镇发展带，形成"京津双核"的区域城镇空间格局。

京津冀都市圈城镇空间结构规划示意图

2. 京津冀地区进出口贸易额预期

通过对 2000—2005 年北京、天津、河北的地区生产总值和进出口贸易额进行线性回归，结合京津冀各省市的"十一五"规划纲要，预测出各省市 2020 年的进出口贸易额。

京津冀地区进出口贸易额预测

省市	2005 年（亿美元）	2010 年（亿美元）	2020 年（亿美元）
北京	1255.7	2053.43	4898.58
天津	533.87	1177.87	3650.73
河北	160.7	317.35	1025.87

3. 以滨海新区为中心构建"1 小时交通圈"

以单一中心城市为核心的"日常都市圈"，是以日常往返通勤范围为主形成的生活、生产都市圈，"1 小时距离法则"对其地域范围有明显的制约作用。

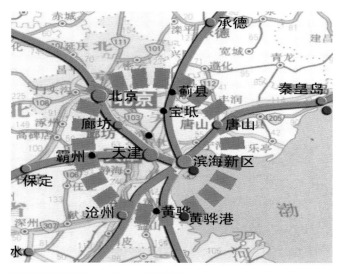

以滨海新区核心区为中心的 1 小时交通圈

应当尽快构建以滨海新区核心区为中心、单程1小时车程覆盖范围形成的"1小时交通圈"。在此范围内，沿京津塘高速沿线城镇发展带方向，滨海新区应当重点加强与廊坊、北京方向的高速公路网络和城际快速客运轨道的建设。沿海城镇发展带方向，滨海新区应当加强与唐山、沧州、黄骅、唐海、青县等沿海主要城镇的交通联系，形成直通通道。此外，滨海新区还应当加强与天津市域北部宝坻区的交通联系，建立直通通道。

4. 以滨海新区为中心构建"3小时交流圈"

区域中城镇之间联系的紧密程度，在很大程度上取决于这两个城镇是否可以一日往返，按照国际间经济商贸发展的趋势，一般认为一日往返的单程时间最佳方案为3小时。基于一日往返的理念，日本人提出"一日交流圈"（即3小时交流圈）。

应当尽快构建以滨海新区核心区为中心、单程3小时车程覆

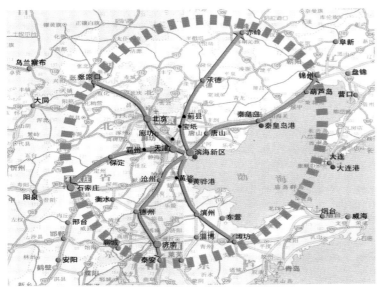

以滨海新区核心区为中心的3小时交流圈

盖范围形成的"3小时交流圈"。在"3小时交流圈"内，沿海城镇发展带方向，滨海新区应当加强与秦皇岛及其港口、京唐港、东营等沿海主要城镇的交通联系，形成沿海高速公路网。京—保—石城镇发展带，滨海新区应当加强与保定、石家庄的交通联系，形成直通通道。此外，滨海新区还应当加强与德州、济南方向的交通联系，加强与河北省北部的承德和张家口方向的交通联系。

（二）加强交通圈建设，促进环渤海经济圈发展

1. 环渤海地区区域合作的发展现状

环渤海地区已成为国内外关注的重要增长极，它的发展还处在初级阶段，京津冀、辽东半岛、山东半岛自成体系，行政壁垒严重，在产业、港口、旅游等方面都没有形成良好的区域合作关系。

2. "天津倡议"成为环渤海地区加强区域经济合作的重要契机

2006年4月，环渤海地区经济联合市长联席会上，32个城市市长共同签署开展区域合作的"天津倡议"，内容涵盖市场、能源、产业、科技、区域交通等多方面，重点提出要形成环渤海地区互联式、一体化交通网络体系，加强港口与港口、港口与腹地之间的分工与协作。

3. 天津港应与周边港口开展分工及合作

经国务院审议通过的《长江三角洲、珠江三角洲、渤海湾三区域沿海港口建设规划（2004—2010）》提出：以大连、天津、青岛港为主，相应发展营口、丹东、锦州、秦皇岛、京唐、黄骅、烟台、日照等港口的集装箱运输系统，由大连、青岛、日照港和京唐港、曹妃甸港区组成的深水、专业化进口铁矿石中转运输系统，以大连、青岛、天津等港口组成的深水、专业化进口原油中转运输系统，由秦皇岛、天津、黄骅、京唐、青岛、日照港等组

成的煤炭装船运输系统。

由于西部腹地的产业升级和经济水平提高还需要相当长的一段时间，出口产品还会以附加值较低的散货为主，耐用品消费市场还较小，集装箱生成量和需求量都不占优势。因此，天津港的集装箱腹地仍然集中在沿海的京津冀以及西部的主要大城市。在近期，天津港的货类应兼顾集装箱、散货；在远期，天津港应逐步转向集装箱为主、散货为辅的方向发展。天津港与秦皇岛港、黄骅港、京唐港的分工与合作，今后可以从主要货类的区别上形成差异性发展，从国际贸易、国内贸易侧重点的不同上寻求合作关系。

4. 构建以滨海新区核心区为中心的 6 小时产业圈

滨海新区应当主动承担起促进区域各港口开展分工与合作的重要责任，尽快构建以滨海新区核心区为中心，单程 6 小时车程

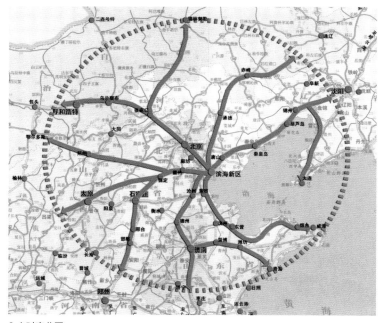

6 小时产业圈

覆盖范围形成的"6 小时产业圈"，建立与环渤海地区主要城市和港口的便捷交通通道，促进环渤海地区综合交通网络的完善，加速各类生产要素在区域内的流动，推动区域内的产业分工与协作，推动港口之间的分工与合作。

（三）加强出海通道建设，促进中西部地区经济崛起

1. 交通经济带理论和典型案例

交通经济带是以交通干线或综合运输通道作为发展主轴，以轴上或其吸引范围内的大中城市为依托，以发达的产业特别是二、三产业为主体的发达带状经济区域。

日本东海道交通经济带是典型的交通经济带，以东京和大阪两大都市为端点，由铁路、公路、航线和电信通信线等交通通信网络相连接，连接着日本三大经济地域，即京滨、中京和阪神三大经济地域。它是在多种交通干线建设的条件下，沿线城镇不断加强区域经济交流而逐步形成的。

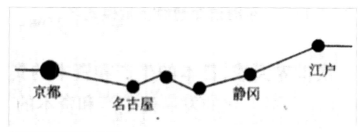

东海道交通经济带模式阶段一

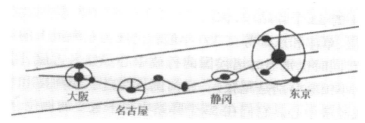

东海道交通经济带模式阶段二

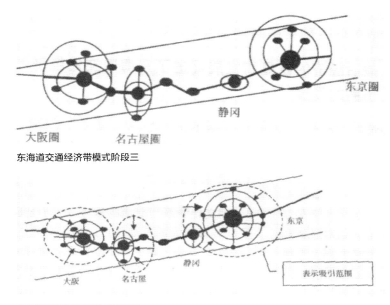

东海道交通经济带模式阶段三

东海道交通经济带模式阶段四

2. 中西部七省区的城市和产业空间格局预期

中西部七省区包括山西、内蒙古、陕西、甘肃、宁夏、青海、新疆。随着东部沿海发达地区参与全球经济一体化程度的加深，消费结构不断升级，同时带动了产业结构升级，在开放条件下生产要素的重新组合会给低劳动力成本、能源重工业为主的中西部地区的发展带来前所未有的机遇，该地区应当成为天津滨海新区今后积极拓展的重要腹地。

依据《全国城镇体系规划》和各省"十一五"规划纲要，对中西部七省区的货物输出输入情况进行预期：

中西部七省区的货物输出输入情况预期

省区名	能源输出	非金属矿产输出	铁矿石输入	特色农产品输出	集装箱输出输入
山西	●	—	●	—	●
内蒙古	●	●	●	●	●
陕西	●	—	—	—	●
甘肃	—	—	●	●	●
宁夏	●	●	—	●	●
青海	—	●	●	●	●
新疆	●	●	—	●	●

注：●代表有，—代表无。

3. 中西部七省区的进出口贸易额预期

通过对 2000—2005 年山西、内蒙古、陕西、甘肃、宁夏、青海、新疆的地区生产总值和进出口贸易额进行线性回归，结合各省区的"十一五"规划纲要，预测出各省区 2020 年的进出口贸易额，可以发现，中西部七省区有巨大的发展潜力，滨海新区应积极为它们提供出海通道。

4. 建立滨海新区直通中西部七省区的运输走廊，推动西部大开发

《全国城镇体系规划》提出的城镇空间结构中，与滨海新区有紧密空间关联的包括：①京津冀大都市连绵区；②沿渤海、东海、黄海和南海的沿海城镇带；③京—呼—包—银—兰（包括西宁）城镇发展轴。

中西部七省区的进出口贸易额预测

省市	2005 年 （亿美元）	2010 年 （亿美元）	2020 年 （亿美元）	2020 年与 2005 年的比值
山西	55.5	118.95	301.96	5.44
内蒙古	51.62	97.32	222.84	4.32
陕西	45.77	82.12	197.01	4.30
甘肃	26.33	55.14	152.30	5.78
宁夏	9.67	18.97	46.54	4.81
青海	4.13	12.89	35.82	8.67
新疆	79.42	171.12	477.11	6.01
合计	272.44	556.51	1433.58	5.26

滨海新区作为京津冀都市圈重要的组成部分，应当结合全国城镇空间结构，积极建立直通西北的运输走廊，加强京津冀都市圈对中西部七省区的经济辐射能力。建立直通中西部七省区运输走廊的具体方案有两种：

①加强滨海新区与京—呼—包—银—兰（包括西宁）城镇发展轴依托交通走廊的联系，增加联系通道和运能，促进该城镇发展轴上交通经济带的成长。

②加强滨海新区与太原—中卫铁路的联系。太原—中卫铁路是国家中长期铁路网规划的一条重要干线，该线路于2011年建成，使西部地区到华北主要城市的运输距离缩短100～500千米。天津滨海新区应当抓住这个机遇，建立天津—霸州—保定—太原的铁路联系通道，直通西部腹地。

（四）加强区域交通衔接，促进东北和华东地区经济沟通

1．东北和华东地区交通不便捷

东北地区作为全国重要的重工业、商品粮和林业基地，有着较强的经济实力和丰富的自然资源，每年都有大量的原材料、粮食和重工业产品需要绕道京山、京沪、胶济等铁路长距离运输到关内。

随着振兴东北老工业基地战略的推进、胶东半岛经济的不断发展、以上海为龙头的长三角地区区域辐射能力的不断提升，东北、华东地区的经济联系将更加紧密，对于交通的需求也会不断加强，急需加强东北地区和山东、华东地区的交通联系。

2．强化滨海新区沟通东北、华东地区的交通枢纽地位

烟大铁路轮渡项目已经启动，这将对天津已有的交通枢纽地位带来一定影响。滨海新区仍然应抓住建设国际航运中心、国际

物流中心的契机，促进环渤海沿海铁路和高速公路的建设，以增强对外交通能力，为华东、东北地区的经济往来提供更便捷的通道。

结合国家高速公路网布局方案和国家中长期铁路网规划，提出两个方案：①西线方案为哈尔滨—长春—沈阳—锦州—唐山—天津—沧州—济南—徐州—南京—上海；②东线方案为哈尔滨—长春—沈阳—锦州—唐山—天津—黄骅—东营—临沂—连云港—盐城—南通—上海。

（五）加强国际通道节点建设，促进东北亚、中西亚国际经济交往

东北亚地区包括中、日、韩、俄、朝、蒙等国家和地区，是当今世界经济的重要组成部分和最具活力与潜力的地区，其GDP占亚洲的70%、世界的1/5。

1．天津参与东北亚地区合作的前景预期

（1）天津是中、日、韩合作的重点地区。

中国、日本、韩国新的开发计划同时集中于三国邻近地区，由于经济发展的不平衡性、自然资源的差异、劳动力成本的差异、消费市场的差异，使三国的相近城市在经济上存在着垂直分工和水平分工交叉的依存关系。因此，地处中、日、韩之间的环渤海地区在国际经济合作方面具有广阔前景。天津与日、韩的经济合作关系紧密，日本、韩国已是天津的主要投资伙伴和国际贸易伙伴，天津参与中日韩经济合作具有优势。

（2）天津与俄罗斯、蒙古经济合作不断加强。

随着中俄贸易、中蒙经济合作进程的推进，天津与俄罗斯、

蒙古的经济合作也逐渐增强。俄罗斯在天津的投资企业已有30家，俄方投资额1000多万美元，2005年天津与俄罗斯的贸易总额达7.91亿美元。蒙古已经把天津港定为其出海口岸。

2．滨海新区应促进东北亚、中西亚国际经济交往

天津滨海新区在吸纳日韩产业转移中具有更多的机会和优势，是中国参与东北亚区域合作的前沿阵地。天津滨海新区是东北亚地区通往欧亚大陆桥距离最近的起点之一，是从太平洋彼岸到欧亚内陆的主要陆路通道，是中国北部、蒙古及中亚地区最重要、最便捷的海上通道。毫无疑问，天津滨海新区具有启东开西、承外接内，辐射中国华北、西北地区以及东北亚、中亚的强大战略功能。

因此，滨海新区应加强与日、韩等东北亚地区和港口的联系与合作，开通快速旅游客运专线，增加直飞日、韩等国的航线，尽快形成海上快速客运通道。滨海新区应完善与二连浩特、阿拉山口等两条亚欧大陆桥的运输通道，扩大运输规模，促进与中西亚地区的商贸流通。

专题研究三：交通与土地利用结合发展专题研究

一、研究概述

（一）研究背景与理论

城市系统作为一个巨系统，具有高度复杂性，交通与城市之间存在非常密切的关系，互相影响、互相联系。然而传统城市规划是以土地利用规划为核心的，城市交通规划往往作为一种配套性规划依附于土地利用规划。单纯的土地利用规划难以保证交通的合理性，而城市交通规划又难以理解规划布局的意图，致使土地利用与交通系统脱节，现在城市中许多交通困境正是因此而产生的。

可持续发展的交通是目前国际大都市普遍采用的发展理念，它注重城市交通系统和土地利用的整合、污染和拥挤的减少、交通成本的降低、非机动化交通的可达性、合理的交通方式的选择、土地的高效利用，以及给予不同群体交通公平等。

国外关于交通与土地利用结合理论的相关研究，认为二者为一种互相影响的、复杂的、动态的共生关系， 交通的供给、需求与土地利用的位置、密度、性质、价值是二者互相影响的主要方面，如下图所示。

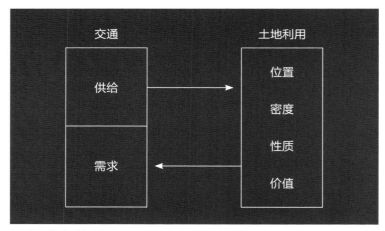

交通与土地利用关系图

（二）研究范围

本次研究的范围为整个滨海新区，根据土地利用对交通的不同影响，从宏观到微观分为以下3个层面：滨海新区的总体城市形态、滨海新区主要组成部分之间的关系、滨海新区3个城区和

8 个功能区内部。

（三）研究目的

分析滨海新区当前在城市与交通之间存在的矛盾和问题；

分析滨海新区既有城市规划，判断将来城市与交通之间的相互影响；

协调滨海新区土地利用与交通的相互关系，提出使二者互相促进、共同成长的城市规划建议；

使滨海新区综合交通规划成为一个交通与土地利用密切结合的创新规划。

本专题研究的初衷是使该规划不局限于提高交通系统自身的服务水平，亦提高对城市规划和土地利用影响因素的重视。

二、滨海新区城市发展现状和已有规划

（一）滨海新区的城市发展历程

1986 年 8 月 21 日，邓小平同志在视察滨海新区时指出："你们在港口和城市之间有这么多荒地，这是个很大的优势，我看你们潜力很大，可以胆子大点、发展快点。"他还在视察天津经济技术开发区时题词"开发区大有希望"。

由此可以看出，那时的滨海新区刚刚起步建设，大部分还是乡村和荒地，滨海新区的城市主体是塘沽城区。到 1990 年底，塘沽城区面积才扩大到 63.9 平方千米，总人口 43.05 万人，经济技术开发已开发面积 4.2 平方千米。

1994 年天津市人大十二届二次会议上提出"用十年左右的时间基本建成滨海新区"的阶段性目标。其基本构想是，以天津港、开发区、保税区为骨架，现代工业为基础，外向型经济为主导，

形成一个面向新世纪的高度开放的现代化经济特区。

经过近 9 年的努力，这个目标于 2002 年提前实现。到 2004 年，滨海新区城镇建设用地规模 360 平方千米，常住人口 135 万人。其中塘沽城区现状城镇建设用地约 109 平方千米，汉沽城区现状城镇建设用地约 24 平方千米，大港城区现状城镇建设用地 33 平方千米。

（二）滨海新区发展现状存在的问题

1. 现状整体城市形态是围绕塘沽一点集中的，依托主要交通轴线的城市建设的规模很小

在中心城区和塘沽城区之间，现状交通基础设施发达，围绕京津塘高速公路、津滨高速公路、津塘公路、京山铁路、津滨轻轨形成了主要的交通走廊。但沿津塘交通走廊的航空城、新立镇、军粮城镇、冶金工业基地、开发区西区等城市建设规模很小，交通走廊只具有单纯的交通功能，没有对沿线的土地利用产生很大的带动作用，其带动作用更多地体现在沿线的零散建设上，而这显然是不能和发达的交通基础设施相称的。

2. 已有开发互相之间缺乏联系

现状已有开发建设多为封闭独立的工业园区或传统形成的城镇，其路网自成体系，互相之间缺乏联系。由于现状建设规模不大所以这一点并没有突显出来，但在将来的发展建设中会成为很大的制约因素。

3. 交通节点周围的现有土地开发类型不当、强度很低，大运量公共交通系统利用率低、经济性差

现状内部结构不合理，土地利用与交通系统没有结合甚至有矛盾。沿主要交通走廊的航空城、冶金工业基地、开发区西区等

城市建设主要是工业建设，其交通需求有限，而会产生大量交通需求的公共设施用地开发的很少。这就造成交通节点尤其是轨道交通节点周围多是工业用地或者小居民点，缺乏高密度的开发，就使得沿线轨道交通系统利用率较低，难以支撑轨道交通的健康

运行，既不利于其发展，也是对基础设施投资的巨大浪费。

另外主要交通通道带来人流的同时，也是对城市建设的分割和干扰。天津港疏港通道从塘沽城区中心区穿过，对城市生活产生很大干扰。

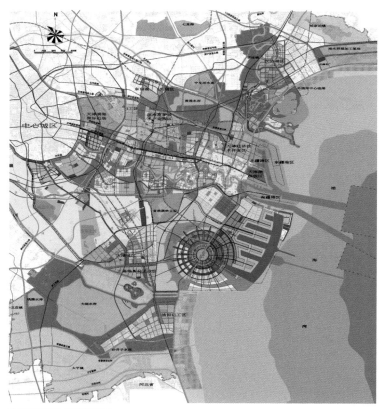

滨海新区用地现状图

滨海新区已有规划汇总图

（三）滨海新区已有规划评述

1. 已有规划城市形态是缺乏分隔、满铺式的，容易导致变相摊大饼式的城市蔓延，不利于形成主要交通轴线

已有规划中各个城区、功能区的规模普遍较大，其间的分隔被规划建设用地占据，基本连成一片。这种不留余地的满铺式建设，容易形成变相摊大饼式的城市形态，会导致各地区中心呈无规律的分布，形成无规律的交通流向，难以形成主要交通轴线，降低通行效率和公共交通的可行性。

规划方向为：以交通轴为导向，城区有机疏散、小城镇适度集中，使整个滨海新区共同发展。城市形态为交通轴＋城市组团＋生态绿地。重点发展地区为交通枢纽和交通重要节点。

2. 三个城区、八个功能区之间，在发展方向、空间布局和路网格局方面缺乏协调，难以互相衔接统一发展

规划建设用地所属行政区划不一，各城区、功能区发展各自为政，同时对高速发展难以预见。受之影响，在发展方向、产业空间布局方面缺乏协调，难以相互衔接、统一发展。按照现有规划，各城区、功能区发展空间接近饱和，需要向外拓展，然而在主要发展方向上受到阻碍。

中心城区与塘沽城区之间主要交通走廊沿线的航空城、开发区西区、现代冶金工业区、塘沽城区等组团衔接方向都受到工业用地、仓储用地的阻碍，使各组团难以相向发展。大港与塘沽之间、汉沽与塘沽之间陆地通道狭窄，交通通道单一、联系不便，存在与津塘之间同样的问题。

规划方向为：各城区、组团之间，沿交通轴预留足够的城市发展用地，为不可预期的将来留下发展余地，降低可持续发展成本。一方面以交通强化各城区、功能区之间的联系，一方面带动

地区经济发展。

3. 部分功能区内部用地功能单一

以航空城、冶金工业基地、开发区西区为代表的部分功能区，其工业用地占绝大多数，用地功能单一，将对交通系统产生较大影响。其通勤人流、所需服务等都依赖外部解决，这必然会带来很大的交通流。

规划方向为：在功能区内部倡导用地功能的多样化，同时通过交通系统将功能单一的各功能区充分联系起来，以达到大范围的用地功能的多样化。

4. 功能区内部用地性质与交通系统结合较少

规划中各个城区、功能区公共建筑中心与交通系统有所结合，但为了更高效地利用交通基础设施，还需要加强其用地布局、用地性质等与交通的结合程度。

规划方向为：发挥交通的主导作用，进行土地利用布局和城市建设，围绕城市交通节点提高土地利用强度，进行土地利用优化。

三、滨海新区总体城市形态

基于总体规划，分析滨海新区城乡结构、城市形态与交通系统的相互影响和要求，对城市形态的优化提出建议，并以交通系统为支撑，实现城市总体发展目标。

城市的扩展与新城区、功能区的形成，导致沿主要交通轴线土地的全面城市化，其间的分隔绿地被侵蚀，弱化了天津市总体规划中城市呈带状组团式发展的清晰的发展结构。需要生态绿地对组团之间进行分隔，一方面使各组团保持适度的规模，另一方面使各组团形成清晰的中心，从而使主要交通轴线的形成成为可能。

强化天津市总体规划中的空间结构，沿津塘交通轴线形成以

生态绿地进行分隔的"带状组团"城市形态，才能形成清晰的地区中心，进而形成清晰的主要交通轴线，引导沿线交通流，提高大运量公共交通的经济可行性。

四、基于滨海新区总体规划，对交通系统和土地利用进行双向优化

在滨海新区各城区、功能区的核心功能保持不变的前提下，

协调各城区、功能区之间的关系，对交通系统和土地利用进行双向优化，以促进重点地区开发并使各城区、功能区协调发展。

（一）就业岗位、居住人口特征分析

从上表中可以看出，塘沽城区成为规划居住人口最多的居住组团，其次为大港城区、航空城居住区，以及汉沽城区。而滨海新区第二产业从业人口主要分布在天津中心城区到塘沽城区的东

滨海新区各组团居住与就业岗位

区域	现状建设用地（平方千米）	现状常住人口与城镇人口的比值	规划建设用地（平方千米）	规划人口（万人）	规划工业用地（平方千米）	就业岗位——第二产业（万个）
—	—	—	500 ~ 550#	300 ~ 350#	—	124 ~ 146
塘沽城区	109	56 : 47	166	160	27.1	34.8#
大港城区	33	37 : 16	69	45	22.9	6.8#
三角地石化基地	—	—	24	—	18.3#	1.0#
油田组团	—	—	39	19#	9.2#	0.5#
汉沽城区	24	18 : 11	37	25	8.8	2.7#
海滨休闲旅游区组团	—	—	31 ~ 38*	5 ~ 10*	—	3.5*
航空城	50*	3.0* : 1.5*	71	15 ~ 30*	27.6#	30.6#
东丽湖休闲度假区	0.3	0.2	10	10	—	—
（海河下游）现代冶金工业区组团	—	—	18	5	18.2#	20.2#
开发区西区及滨海高新技术产业园区组团	—	—	41	5	41	46.6#
葛沽镇	5.2*	5.1* : 1.2*	10 ~ 18*	10 ~ 15*	5.1*	5.7*#
临港工业区	—	—	22#	—	22#	1.1#

注：1. 表中 * 为各组团独立规划数据，# 为测算数据，其余为根据滨海新区总规分解数据。
　　2. 由于滨海新区第三产业就业岗位与居住人口的空间分布存在比较大的相关性，因此第二产业就业岗位的空间分布是造成居住与就业不均衡的主要原因，因此本表主要对第二产业就业岗位和居住人口进行了对比。

西向产业带上，集中分布于航空城组团、现代冶金工业区组团、泰达西区工业组团、海洋高新技术产业组团以及天津经济技术开发区组团中。大港石化基地和汉沽工业组团从业人员较少。从规划居住人口与从业人口的地域分布来看，主要存在以下 3 个方面的不均衡。

东西方向：泰达西区与现代冶金工业区从业人口远大于规划居住人口，而塘沽城区居住人口又远大于第二产业从业人口，会引发东西方向大规模的交通通勤人流。

南北方向：大港城区和汉沽城区居住人口大于第二产业从业人口，就业与居住的不均衡分布会引发南北方向大规模的交通通勤人流。

组团内部：大港、汉沽组团作为较独立组团，城市功能不完整，造成就业吸纳能力不够，导致大量就业人口流向滨海新区其他各组团。

（二）轨道交通调整建议

1. 调整横向轨道以从功能区的核心区域穿过

规划津汉轻轨主要从航空城、泰达西区、塘沽城区北侧边缘穿过，因为轻轨主要承载客运人流，而其所经路线大多为工业区，建议改线从以上组团的核心区域穿过，以更好地满足从业人员与居住地之间的交通需求。

2. 调整纵向轨道以串接工业和生活功能区，促进轨道沿线的就业和居住相融合

规划南北向轻轨主要串接南北向几个居住组团，考虑到各个居住组团之间并无大量的通勤人流，建议线路向东偏移，用以串接泰达西区、现代冶金工业区组团、葛沽镇，以及大港城区，作为滨海新区南北向就业交通的一条主要路径。

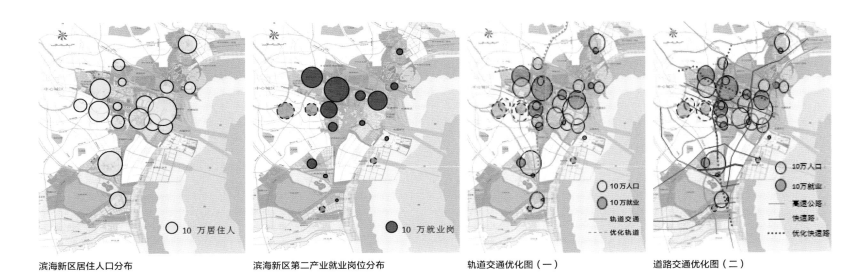

滨海新区居住人口分布　　　　滨海新区第二产业就业岗位分布　　　　轨道交通优化图（一）　　　　道路交通优化图（二）

（三）土地利用优化建议

1. 指导思想

在滨海新区的未来城市发展中，确定了以大众运输为导向的带状组团式的用地布局结构，优先发展公共交通。二战后，发达国家在利用大运量的轨道交通、促进城市土地的开发，以及旧城的复兴方面，做了积极的尝试，并取得了良好的效果。大运量的轨道交通在整体交通系统中居于主导地位，对于引导城市发展、塑造城市整体布局形态，将产生结构性的影响。

未来的滨海新区，将是一个为"人"的生活而建造的城市。宜进一步完善公共交通体系，将大运量轨道交通和次一级公交体系相结合，完善各种公共交通方式的换乘，创建舒适、美观、方便的步行系统和步行环境，实现"以人为本"的交通规划理念。同时，进一步加强对于公交节点，特别是轻轨站点周边土地利用的整体规划，通过控制土地的使用性质、规模、开发强度和开发时间，最大限度地发挥土地的经济价值，使土地开发与交通设施互相促进、集约利用、可持续发展。

轨道交通引导土地利用的核心在其轨道站点与土地利用的联合开发。发达国家经验表明，结合轨道站点开发房地产，尤其是商业、贸易、旅馆或者高密度住宅区等，往往能够带来持续的收益，活跃城市经济，给城市带来活力。联合开发既包括轨道站点与其周边综合区域的一体化设计，也包括与单栋建筑的结合。

在微观层面，车站出入口的位置、与建筑物的结合方式，对发挥联合开发的最大潜力起着至关重要的作用。例如对于零售业来说，直接连接到商场内部的出入口是最有效的。此外，轨道站点应规划良好的交通换乘系统，以及足够的停车场地，以支持轨道交通和地产开发。

2. 案例研究：美国奥润柯和日本多摩新镇

美国奥润柯和日本多摩新镇的案例，都是政府为了实现其对城市发展的控制，而采取的以 TOD 的方式，来引导城市发展的案例。

奥润柯车站社区项目：开发的背景是政府为了减少私人汽车的出行，防止城市低密度的蔓延，促进土地集约利用和可持续发展，而采取的利用大众运输工具——轻轨，来引导城市的土地开发，提倡土地高强度、混合使用的一个案例。虽然项目获得了很好的口碑，但是轻轨本身的带动作用很小，主要表现在以下几个方面：

①轻轨本身的运量小，而且轻轨与其他公交系统的衔接没有到位。费时的换乘和线路的拥挤，导致了轻轨的吸引力下降。只有11%的通勤者选择乘坐轻轨，而且这部分通勤者也大多开车去轻轨车站，很少乘坐公交车。轻轨的修建并没有显著减少私人汽车的流量。

②轻轨的修建并没有带动站点周边土地的开发。吸引物业开发的依然是公路沿线。奥润柯车站社区能够成功，大多归因于其规划和建筑设计的精良。

③高强度的开发未能达到预期。虽然政府希望实现社区高密度、混合使用，但居民渴望的是私人庭院和宁静的街道，不会考虑轻轨和交通导向开发对他们生活的重要性。相对高强度的开发在当地居民的反对下，不得不进行调整。

日本多摩新镇：位于东京新宿副都心西南方向 19 ~ 33 千米处，距离横滨市中心西北部约 25 千米，是日本最大的新镇。

由于经济活动和就业迅速向东京都的中心区域集中，导致地价飞涨，住房需求向郊区转移。为了应对这种状况，日本政府采用了以铁路为导向的新镇发展计划，多摩就是在这种情况下发展起来的。

关于多摩新镇的以下几点经验可供借鉴：

①通过限制私家车的发展和鼓励铁路捷运系统的使用，实现交通需求的有效管制，增强社会对公共捷运特别是快速铁路的依赖性。比如大部分的公司承担所有员工的通勤费用，并且政府给予公司在税收方面的优惠。

②以铁路捷运系统为中心的交通网络和节点整合来保证 TOD 站点的强大辐射力和吸引力。除了运输网络和能力的改善，围绕站点的多种物业发展也大大改善了东京都的铁路系统，包括重要商业服务中心的修建、车站广场的建设、行人友好氛围的营造，以及公交、出租车站等换乘站点的建设。

③开发时机放在经济发展初期，一方面为铁路的修建筹集资金，另一方面为高速铁路的运营提供足够的客源，使地产开发与大型基础设施的修建相互促进。

对比以上两个案例可以看出，在日本多摩，政府居于强势地位，使得高强度的发展原则得以贯彻；政府通过经济与政策的杠杆来限制私家车的发展，鼓励人们乘坐公交，并建成了发达的以轨道交通站点为核心的公共交通体系；同时，重要的商业服务设施都围绕站点布置，增加了站点的人流量，也间接地促进了人们对于轻轨的使用。而在美国奥润柯，居民对于规划有很大的发言权，使得高强度的发展规划在当地居民的反对下，不得不进行调整；轻轨的运输能力有限，并且没有建立起以站点为核心的公交系统；同时，美国的汽车普及率居世界首位，使得私家车依然是出行的首选。

3. 总体布局

天津市中心城区、滨海新区核心区的城市经济倾向于以服务及行政功能为主，功能的集聚导致人口的密集，同时也为城市带来了商业、贸易、办公、娱乐以及居住等开发机会。而大运量的

轨道交通，为城市带来大规模的通勤人流，以及因人流所制造出来的市场。因此，如果把客运交通和房地产开发结合起来，则能最大效率地发展城市经济，达到交通与土地利用的有效整合。

滨海新区 3 个功能区、8 个组团在区域中的功能分工与地位是不同的，因此其围绕轨道交通节点的土地开发类型也是不同的。由于中心城区和滨海新区核心区是区域性的经济、行政、服务等活动的集中地区，以及第三产业的就业中心，其轨道交通节点周围土地的开发宜集中商业、零售、金融、办公，以及体育馆、展览馆和会议中心等集中大量人流的设施。由于中心城区和滨海新区核心区的交通的便利性、大量的客流，以及市场的良好潜力，导致其周边土地价格上涨，只有高密度的土地开发模式才能取得理想的投资收益。

位于 8 个组团中的轨道交通枢纽，其功能是滨海新区的核心产业区、居住组团或休闲旅游度假区等，轨道交通的作用是便于与城市中心连接，满足通勤人员的工作、居住、购物、旅游等需求。因其土地价格较城市中心低，且用途不同，通常并不密集。商业功能对城市中心的商业具有辅助作用，与其存在关联关系。这些地点的主要用途包括组团级的商业零售、办公、高密度的住宅开发等。

4. 用地优化

通过对规划居住人口与从业人口的地域分布关系进行分析，使居住用地与产业用地在总量平衡的条件下，对个别居住与就业功能内部失衡的组团进行调整。例如泰达西区组团，宜将部分产业用地调整为居住用地与公共设施用地，来缓解就业与远距离居住的矛盾。而大港则主要通过发展石化下游产业来增加就业人口，从而实现内部的平衡。

基于各城区、组团的总体规划等，分析滨海新区各组团内部的城市土地利用与交通系统的相互影响和要求，从土地使用性质

和土地使用强度两个方面着手，对土地利用进行优化和调整。

（1）对于土地使用性质的优化和调整。

①优化原则。在对交通系统优化调整的同时，通过对土地利用性质的调整，最大限度地减少交通的需求，使交通行为尽可能在本组团或者相邻组团内部完成，来减少因为土地利用的不合理、不均衡而导致的大量跨区间的人流、车流、货流。

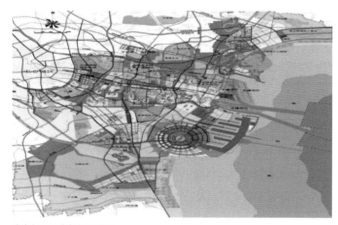

滨海新区已有规划汇总图

用地性质优化——公共设施中心类型

②土地利用优化建议。在滨海新区范围内，结合交通设施和公共交通节点，建立相对独立的副中心。基于轨道、道路两大重要交通设施系统的考虑，副中心重点选择地区为交通枢纽和交通重要节点。

通过整合交通设施和公共交通节点周围的经济活动和居民活动，也就是通过土地使用性质的调整，将公共活动引导到交通设施发达的地方，以此来减少交通需求，并鼓励公共交通方式的使用。在此基础上，完善与次一级公交系统的换乘，并预留足够的停车位，方便各种交通方式之间的转换。此外，建立完善的步行系统，使步行环境连续、便捷，利于各种交通方式的换乘。最后，使沿街建筑具有最大的可进入性，通过各种建筑元素的运用，为行人提供一个轻松、有趣的步行环境。

③调整举例。津汉轻轨南移之后，主要穿越航空城、泰达西区、海洋高新技术区、天津经济技术开发区、海滨休闲旅游区，两端连接中心城区和汉沽城区，主要客流为工作在产业区的职员以及去中心城区和海滨休闲旅游区购物休闲的人群。建议增加航空城、泰达西区、天津经济技术开发区在轻轨站点附近的公共设施用地，例如管理、办公、展销、贸易、餐饮、旅馆设施等，作为产业区的公共活动中心和滨海新区的重要节点。

津滨轻轨连接中心城区和滨海核心区，中途经过新立组团、海河新城、无暇街。主要客流为两个核心区和在轻轨沿线工作的通勤人员，以及旅游、购物的消费人流等。现有轻轨站点尚没有对其周边用地产生结构性的影响。津滨轻轨作为未来连接两个核心区的主要客运走廊，将对沿线的土地开发产生积极的影响。建议增加各个组团在轻轨站点周围的公共设施用地，布置商业、零售、娱乐、餐饮等设施，并结合公共绿地进行一体化设计，形成宜人的公共中心，公共设施的规模可视其服务的人口而定；亦可进行高品质的住宅小区的开发建设，发挥交通对地产的带动作用。

津滨二线穿越双港组团、津南新城、葛沽镇，两端连接中心城区和滨海新区核心区。主要客流为在各个功能区工作的通勤人员，以及旅游、购物的消费人流等。作为津滨大通道的南线，起着活跃南线经济、促进其地产开发和城市结构形成等作用。在规划中，宜合理安排公共设施、居住区、工业区与轻轨站点的关系，使其组团结构良性发展。

规划用地开发强度

（2）对于土地使用强度的优化和调整。

①交通设施除了对土地利用性质有重要影响，对土地利用强度的影响也很显著。通常交通设施节点特别是轨道交通节点的可达性极佳，是人流大量汇集的场所。故而其土地的成本较高，并随之带来相对高强度的开发模式。因此，交通枢纽所在地域的合理的土地使用强度，对于实现交通设施与土地利用的双重价值具有重要的意义。

②现状分析。滨海新区各组团的规划土地容积率分为0.5 ~ 1.0、1.0 ~ 1.5、1.5 ~ 2.0、2.0 ~ 2.5、2.5 ~ 3.0、3.0以上共6个等级，从交通设施与土地开发强度的角度对现有规划与交通系统的关系进行评估。

滨海新区总体容积率偏低，尤其是航空城组团和泰达西区组团，总体容积率平均在0.5 ~ 1.5之间。虽然交通设施节点与土地利用强度关系存在一定的关联性，但是土地利用强度仍有进一步提升的空间。宜适当提升轻轨站点及附近的土地开发强度，使高密度的土地使用离站点最近，以实现通勤的便利最大化。另外，宜控制站点周边的土地开发时序，为进一步提高土地开发强度预留空间。

③调整建议。对于航空城组团，轻轨南移之后，从其中间穿过，沿线土地尤其是轻轨站点附近，宜调整用地性质，同时土地利用强度宜相应提高，公共中心向轻轨沿线靠近。对于无暇街、现代冶金组团，轻轨站点附近土地利用强度偏低，没有形成一个集中的公共中心，可以提高其沿线开发强度。对于胡家园新区组团，轻轨从组团边缘通过，土地利用强度较低，存在进一步调整轻轨线路的可能性，使之接近组团开发强度最高区域。

第二节　滨海综合交通发展规划

一、交通发展目标和战略

1. 交通发展目标与战略任务

依托海、空两港，充分发挥欧亚大陆桥的优势，建设北方国际航运中心和国际物流中心。努力构筑与周边及"三北"地区紧密联系的区域一体化现代交通网络，促进区域大型交通基础设施的共享。建设以公共交通为主导的高标准、现代化城市综合交通体系，引导城市空间结构调整和功能布局的优化，支持经济繁荣和社会进步。以"高效便捷、公平有序、安全舒适、节能环保"为发展方向，2020 年交通结构趋于合理，公共交通成为主导客运方式，出行的选择性增强，出行效率提高，交通拥堵状况得到缓解和改善，交通发展步入良性循环。

①交通发展战略的核心是充分发挥北方国际航运中心和国际物流中心的优势，为京津冀都市圈和"三北"腹地全面参与经济全球化服务。

②突出交通先导政策。根据新区城市空间结构，加大城市发展带的交通引导力度，积极推动滨海新区综合交通运输走廊的建设，构筑以轨道交通、高速公路、区间快速路以及交通枢纽为主体的交通支撑体系。

③全面落实公共交通优先政策，大幅提升公共交通的吸引力，实施区域差别化的交通政策，引导小汽车合理使用，使公共交通成为城市主导交通方式。

④优化完善 3 个城区路网体系，全面整合既有交通设施资源，挖掘现有设施潜力，大幅度提高现有道路的通行能力。加大路网密度，完善路网"微循环"系统，促进客货交通分离。

2. 时空通达目标

依据国务院对滨海新区 "依托京津冀，服务环渤海，辐射三北，面向东北亚，建设北方国际航运中心和国际物流中心"的发展定位，形成"畅达京津冀、通达环渤海、沟通全国、联系世界"的对外交通系统，实现"13136-1224"的时空通达目标。

"1"——滨海新区核心区内 10 分钟上快速路或公交站点；

"3"——滨海新区主城区与中心城区之间实现 30 分钟通达；

"1"——滨海新区核心区与京津冀北主要城市之间实现 1 小时到达，形成 1 小时通勤圈；

"3"——滨海新区核心区与京津冀及相临腹地城市群之间实现 3 小时到达，形成 3 小时都市圈；

"6"——滨海新区核心区与环渤海主要城市及产业区之间实现 6 小时到达，形成 6 小时经济圈；

"12"——滨海新区核心区与国内主要城市实现 12 小时到达；

"24"——滨海新区核心区与国际主要城市实现 24 小时到达。

3. 交通发展指标

港口：至 2020 年，天津港年货物吞吐量达 7 亿吨，年集装箱吞吐量达 2800 万标准箱，航道等级达到 30 万吨级。

空港：至 2020 年，天津滨海国际机场年旅客吞吐量 3000 万人次、年货邮量 270 万吨。

铁路：2020 年铁路总长 1390 千米，其中高铁 236 千米，城际 230 千米，年货运量 48 845 万吨，年客运量 4482 万人。

公路：2020 年干线公路总里程 3226 千米，其中高速公路 1304 千米，一般干线公路 1812 千米；客货汽车出行总量达到 240 万 PCU/ 日，路网平均饱和度保持在 0.7 以下。

道路：2020 年城区道路总长度 2450 千米，道路网密度 7 千米 / 平方千米，道路面积率为 20% ~ 25%；其他组团、功能区道路总长度 1500 千米，道路网密度 5 千米 / 平方千米，道路面积率 15% ~ 20%。

管道：2020 年形成 1300 千米的渤海湾石油、成品油及 LNG 管道网。

车辆：2020 年全区民用机动车拥有量达到 120 万 ~ 150 万辆，全区出行总量将达到 1168 万人次 / 日（含流动人口），为 2005 年的 3.25 倍。

公交：3 个城区公共交通出行占客运出行总量的比例提高到 40% 以上，其中轨道交通及地面快速公交承担的比重占公共交通的 30% 以上。

4. 交通发展战略

①强化海、空港功能，提高区域服务、辐射能力，促进大型交通基础设施区域共享。建设北方国际航运中心和国际物流中心。

②完善对外综合运输通道，强化与区域腹地的联系，构筑区域一体化综合交通网络，促进区域协调发展。

③加强综合枢纽建设，优化内外换乘系统，提高综合换乘服务水平，使区域交通运输枢纽布局与城市交通系统良好衔接，实现区域交通与城市交通一体化，引导城市空间与区域空间结构协调发展。

④突出公交先导政策，加大交通对城市空间结构调整的带动和引导力度，积极推动滨海新区综合交通走廊建设，构筑以轨道交通、高速公路、区间快速路以及交通枢纽为主体的交通支撑体系。

⑤大力发展公共交通，积极推广以公共交通为导向的城市开发模式（TOD），全面落实公共交通优先政策，大幅提升公共交通的吸引力，实施区域差别化的交通政策，引导小汽车合理使用，使公共交通成为城市主导交通方式。

⑥优化完善 3 个城区路网体系，全面整合既有交通设施资源，挖掘现有设施潜力，大幅度提高现有道路的通行能力，加大路网密度，完善路网"微循环"系统，促进客货交通、港城交通分离。

二、对外交通的发展与规划

1. 对外交通现状

目前，滨海新区对外交通已初步形成以海港为龙头，空港为依托，铁路、公路、管道为骨架的综合运输系统。

海港：2007 年天津港货物吞吐量达到 3.1 亿吨，集装箱吞吐量达到 710 万标准箱。

空港：2007 年天津滨海国际机场旅客吞吐量 386 万人次、货邮吞吐能力 12.5 万吨。

铁路：现有京山线、津浦线、京九线、津霸联络线和津蓟线 5 条干线，形成通往北京、唐山、沧州、霸州和蓟州区 5 个对外通道，枢纽内除上述干线外，还有 3 条国家铁路及 5 条地方铁路，拥有客货运业务车站 26 个。新区铁路总长度 278 千米。

公路：滨海新区的公路网络主要由国家主干线和市域放射线组成，新区公路网总里程 931 千米，公路网密度 0.41 千米 / 平方千米，新区高速公路 198 千米。

2. 存在的主要问题

（1）对外综合运输系统不完善，港口经济辐射力尚需加强，新区现状对外通道覆盖范围小，通达度低，能力不足，尤其是对外集疏运通道能力不足，极大地制约了新区对区域的服务、辐射和带动作用的发挥。

① 对外货物运输结构失衡，导致整体运输效率低下。

目前在滨海新区的对外货物运输中，铁路运输比例偏低，仅占 21%；公路运输压力过大，达 68%。集装箱运输中，铁路仅占 2%，90% 以上的集装箱要靠公路运输，从而导致公路压力过大、港城矛盾突出，集疏港的整体效率低下。

② 既有通往区域腹地的通道能力不足。

环渤海区域是天津港的主要集装箱生成腹地，三北地区是滨海新区的主要能源、原材料腹地。目前与区域西北、西部、东北、华东方向的通道能力不足、通行不畅，缺乏通往北部、西部、华东等方向的直通通道。此外，欧亚大陆桥快速运输通道尚未形成，难以充分发挥新区作为欧亚大陆桥东部最近起点的优势，以及辐射中国华北、西北以及东北亚、中亚的强大战略功能。

（2）京津冀都市圈内未形成城市间高速便捷的交通网络，一体化交通体系尚不完善。

滨海新区与京津冀地区各城市的联系不紧密，没有形成与京津冀地区各主要城市和产业区的高速、快捷的交通网络。主要表现在以下几方面：一是京津之间通道能力不足，目前只有京津塘高速公路、京山铁路等，能力均已饱和；二是通向京津冀主要城市和产业区的网络不完善，与西部、北部能源基地之间以及环渤海各港口、城市之间缺乏快捷的铁路、公路通道；三是滨海新区至京津冀主要城市的快速客运系统尚未建立。目前滨海新区与京

津冀主要城市之间除天津至北京的城际铁路以外，与唐山、秦皇岛、石家庄、保定、沧州、黄骅等城市之间尚未形成快速联系通道，从而导致大量客流集中到普通铁路上，造成普铁运能紧张，现状津浦铁路饱和度已达 0.9，接近饱和状态。

（3）综合枢纽建设滞后，内外交通之间、各种交通方式之间的衔接尚需加强。

① 综合枢纽建设滞后。

民航运输发展滞后，与新区地位不符。机场规模较小、航线少、密度低，干、支线尚未形成有机整体，集散、辐射能力较弱，与机场功能定位不相适应。2007 年天津滨海国际机场客流量为 386 万人次，仅列全国各机场的第 27 位，航空业务量明显偏低。

综合的铁路、公路客货枢纽尚未形成，现有场站设施布局过于分散、效率低下。铁路方面，客运站主要为塘沽站，规模小、车次少，能力不足；货运场站布局不合理，大部分货场位于城区，对城市干扰大，与城市布局、土地利用规划矛盾突出。公路方面，长途客运布局过于分散，没有形成规模，且设施简陋，与长途客运枢纽在社会客运中的主导地位不相匹配；货运场站布局与周边用地不协调，临近居住区，对周边交通和环境干扰较大。

② 各种交通方式的衔接有待加强。

机场的集散能力不足，与城市公共交通衔接不紧密，旅客进出机场不便捷。目前城市轨道交通还没有通至滨海机场，旅客疏散的主要交通方式为私家车、机场大巴、出租，由于受机场大巴的开行时间限制，许多旅客不得不选择出租，使出行成本大幅提高。铁路客运站与部分长途客运站分散布局，且二者之间缺乏便捷的公交联系，造成旅客换乘困难。

（4）区域交通基础设施在规划、建设、管理中的政策、体

制有待进一步完善。

由于区域交通基础设施的规划和发展受到不同区域的政策、体制等多方面因素的影响，缺乏统一的建设和管理，造成规划按统一标准实施的难度增大。另外，在运输管理和政策方面的差异性，以及一定程度上存在的地方保护主义，也影响了区域运输效率的发挥。

3. 对外交通发展目标与战略

（1）对外交通发展目标。

①总体目标。

依托海、空两港，努力构筑与周边及"三北"地区紧密联系的现代综合交通体系，强化区域综合交通枢纽功能，成为联系南北方、沟通东西部的综合交通枢纽，积极建设北方国际航运中心和国际物流中心。

②时空通达目标。

根据综合交通发展战略确定的"13136"的时空通达目标，滨海新区对外交通时空通达发展目标是：

"1"——滨海新区核心区与京津冀北主要城市之间实现1小时到达，形成1小时通勤圈；

"3"——滨海新区核心区与京津冀及相临腹地城市群之间实现3小时到达，形成3小时都市圈；

"6"——滨海新区核心区与环渤海主要城市及产业区之间实现6小时到达，形成6小时经济圈；

滨海新区核心区与国内主要城市实现朝发夕至，滨海新区核心区与国际主要城市实现当日到达。

（2）对外交通发展战略。

①以强化海、空两港枢纽功能为核心，积极建设北方国际航

运中心和国际物流中心。

②以完善对外综合运输通道为重点，努力构筑区域一体化对外交通运输体系。

③加强综合枢纽建设，通过优化内外换乘系统，提高综合换乘服务水平，实现内外交通的有机衔接。

4. 对外交通发展规划

（1）海港规划。

规划将天津港建成现代化国际深水大港，面向东北亚、辐射中西亚的国际集装箱枢纽港，我国北方最大的散货主干港，国际物流和资源配置的枢纽港，京津冀现代化都市圈和华北腹地。全面参与全球经济分工，充分发挥天津枢纽港的带动作用。统筹协调周边港口的规划建设，形成合理分工、有序竞争的港口群。在天津港保税区的基础上，建设我国北方最大的自由贸易港区。2020年，天津港年货物吞吐量达7亿吨，年集装箱吞吐量达2800万标准箱。

①优化港区布局。

合理调整天津港的空间布局和结构，实施"一港多区"布局，重点形成北港区、南港区两大港口区。

北港区由东疆、北疆、南疆等港区组成，将其打造为综合商港，重点发展集装箱、液体件杂货。

南港区由南港工业区与临港产业区组成，近期发展为工业港区，远期发展为综合性港区。临港产业区主要货类为件杂货及其他。南港工业区主要货类为石油及其制品、煤炭、矿石及其他。

②加强港口基础设施建设。

加强生产设施建设，提高港口吞吐能力。重点实施深水航道、深水码头及配套设施等工程。建设深水泊位，加快25万吨级深

水航道和 30 万吨级原油码头的建设。结合填海造陆工程，建设国际客运码头以及相应配套设施，争取国际邮轮停靠天津港。

③进一步加强港口软环境建设。

建设内地"无水港"及货物分拨中心，实现与三北地区省会城市的口岸直通。

发挥保税物流园区和出口加工区优势，用好"保税港"政策，在天津港保税区和东疆港保税区的基础上建设我国北方最大的自由贸易港区。

积极与世界主航线接轨，大力拓展国际集装箱运输。进一步加强天津与釜山、横滨、新加坡、中国香港等港口的联系。

强化内贸运输，增加与曹妃甸、京唐、黄骅、秦皇岛等港口的分工与协作，共同建设津冀组合港，完善港口的航线、航班密度，形成发达的内贸支线网络。

加强与青岛、大连等环渤海主要港口的合作，实现优势互补，与环渤海其他中小型港口建立内贸支线，逐步发展为天津港的喂给港。

强化与长三角、珠三角港口群的联系，重点加强南北方的内贸运输，以促进南北贸易往来与交流。

（2）空港规划。

充分发挥天津滨海国际机场作为国内主要干线机场、国际定期航班机场的作用，并将其发展为中国北方航空货运中心及东北亚航空货运集散地。加强天津滨海国际机场与京津冀区域其他机场的分工与协作，与首都机场共同构筑东北亚地区的国际航空枢纽。规划到 2020 年，天津滨海国际机场客流量达 3000 万人次，货邮吞吐量达 270 万吨。

①加强机场基础设施建设，提高机场设施规模。

规划新建第二跑道，预留第三条跑道，将杨村军用机场迁至静海，减少对滨海机场的影响，做大做强既有滨海国际机场。

提高航线航班密度。积极争取民航总局对天津机场的支持，采取有效措施，改善服务质量吸引航空公司增加航线、航班密度。下大力量研究政策，扩大机场航权，对既有的第五航权充分利用。把争取国内资源（含港澳）作为战略重点，建立枢纽型、放射性航线航班结构，完善国内干、支线网络，吸引国内各地机场的支线飞机、包机和公务飞机在天津滨海国际机场的起降中转，提高机场利用效率、航空公司飞行效率及旅客的通行效率。

以机场为依托，大力发展与航空港相适应的综合产业，建设中国民航科技产业化基地。规划建设具有航空客货运输、仓储物流、航空工业、综合贸易、商务会展等功能，以航空产业为特色的航空城。

②预留渤海湾海上商务机场。

综合考虑天津航空发展的整体战略，在汉沽一带预留渤海湾海上商务机场，作为天津第二机场的备选厂址，以克服滨海机场的发展局限。

③建设静海军民合用机场。

结合杨村机场迁至静海，利用静海机场良好的区位与空域条件，预留其发展为军民合用机场的可能性，为天津航空运输预留发展空间。

（3）通过优化内外换乘系统，提高综合换乘服务水平，实现内外交通的有机衔接。

①铁路。

普通铁路：规划新建进港三线、临港线、南港一线、南港二线、提高疏港通道能力。逐步取消进港一线、进港二线；将李港铁路大港城区段调至城区外围，远期弱化滨海核心区内京山铁路的货运功能。

高速铁路：规划将津秦高速铁路引入滨海新区，并设滨海站、滨海北站。

城际铁路：将京津城际铁路延伸至于家堡并设站；新建环渤海城际线，在塘沽站与京津城际铁路实现换乘，并设大港站、汉沽站。

②公路。

规划在滨海新区形成"8横4纵"的高速公路网结构。8横由北至南分别为：112高速公路、津宁高速、京港高速、京津高速公路、京津塘高速公路、津晋高速公路、京石高速公路、穿港高速公路。4纵由西向东分别为：蓟汕高速公路联络线、唐津高速公路、塘承高速公路、海滨大道高速公路。

规划在滨海新区形成"一主五辅"的客运枢纽系统，其中在滨海新区核心区塘沽站，结合城际站的建设，布设一个主客运枢纽，在核心区的胡家园、军粮城、汉沽的滨海休闲旅游区、大港城区等规划5个辅助客运枢纽。

三、综合交通网络规划

（一）城市道路网络系统

1. 规划目标

城市交通要建设以公共交通为主导的高标准、现代化城市综合交通体系，引导城市空间结构调整和功能布局的优化，支持经济繁荣和社会进步。以"高效便捷、公平有序、安全舒适、节能环保"为发展方向，实现道路交通的时空通达目标。城市道路交通建设

以"双快"（快速路、快速轨道）为骨架的城市综合交通运输体系。构筑与周边及"三北"地区紧密联系的区域一体化现代高速公路网络，发挥北方国际航运中心和国际物流中心作用。

2. 规划原则

在加强高速公路通道建设的同时，加快滨海新区快速道路系统的建设，构建与滨海新区城市布局形态和功能结构协调的交通主通道，快速集散对外及跨区域机动车交通出行。保持快速通道与城区（组团）出入口道路、中心城区与滨海新区各组团联系道路的紧密衔接，缩短主要发展地区与中心城区之间的时空出行距离。保持快速通道与滨海新区核心区内部主次干道道路系统的紧密衔接，加强滨海三城区的联系，提升滨海新区核心区对外辐射、服务功能。为推进城市发展向走廊和组团的战略转移提供交通系统的保障条件。

滨海新区道路网络系统规划原则需要考虑以下要素：

- ·滨海新区高标准建设的总体思路；
- ·滨海新区总体城市发展模式（目标）；
- ·客运和货运系统；
- ·与公共交通系统的协调；
- ·与土地利用的整合；
- ·现实存在的局部规划；
- ·相邻地区的发展。

3. 规划策略

①坚持建设组团、城区、功能区独立的对外道路系统，形成滨海新区开放的对外道路系统。

②坚持客、货运系统分离。货运系统对发挥天津国际航运中心和物流中心的作用、提高滨海新区的战略地位具有重大作用，

因此在道路网调整规划中对客运系统高度关注的同时，加强对货运道路的关注，减少货运对城市的干扰，特别是减少大型货运车辆的噪声、尾气等对居民生活区产生较大负面影响的情况。

③强化并合理提升滨海新区与中心城区之间的交通联系。天津中心城区和滨海新区是天津发展的两个最重要的区域，两者之间的协调发展尤为关键。中心城区为天津城市发展的主中心，要调整城市功能布局与产业结构，提升金融、商贸、科教、信息、旅游等现代服务职能，适当发展都市型工业，突出城市文化特色，改善生活环境。滨海新区要以科技研发转化为重点，大力发展高新技术产业和现代制造业，增强为港口服务的职能，积极发展商务、金融、物流、中介服务等现代服务业，提升城市的综合功能。与中心城区相比，滨海新区的配套生活设施还十分不发达。因此，人们在工作之余，生活、休闲、娱乐等还是依赖于中心城区的公共场所。这就从一定程度上为两者之间的联系通道带来了不必要的交通压力。在今后滨海新区的发展中，应当在新区内部形成"有机疏散"的城市结构，沿轨道交通站点进行有序开发，形成区域商业、娱乐中心，从而减少不必要的交通出行，有效减轻津滨间的交通压力。

④形成与功能区特征相适应的道路结构，建设快速路系统，形成层次分明的等级路网系统。

⑤完善规划道路网系统。改善主次干道系统，加强系统之间的相互衔接，最大限度地发挥各级道路的功能。

⑥针对天津港、滨海新区等重点地区的交通问题，优化交通组织，调整和加密路网，缓解港城交通矛盾。

⑦加强关键通道的建设。规划建设主要快速路两侧的分流干道，将快速路上机动车通道和客运通道进行有效剥离；在完善规划路网基础上增建跨海河通道，加强两岸地区的交通联系。

⑧以高速公路、快速路为交通主通道和路网主骨架，强调功能区的快速联系和对城市中心区的保护，形成快速机动交通与客运交通在系统上的分离。同时快速路的规划建设要促进和引导城市扩展及外围组团的发展。

4. 道路网络系统构成

滨海新区的道路系统由高速公路、快速路（含准快速路）、主干路、次干路和支路组成。

高速公路：是指在城市外修建的具有单向多车道（双车道或以上）的封闭公路，具有中央分隔、安全与管理设施，车辆出入全部控制并需要花费一定的费用，是为机动车提供长距离、连续流服务的交通设施，是城市快速大运量的客货对外交通干道。

快速路：是指在城市内修建的具有单向多车道（双车道或以上）的城市道路，具有中央分隔、安全与管理设施，车辆出入全部控制并控制出入口间距，是为机动车提供连续流服务的交通设施，是城市中快速大运量的交通干道。快速路的服务对象为中长距离的机动车交通，与城市主要的高速公路进出口连通，快速集散出入境及跨区的机动车出行。

主干路：是指构成城市主要骨架的交通性干道，主要承担中心城区各功能分区之间的交通，与快速路共同分担城市的主要客货交通。

次干路：作为与主干路衔接的区级集散路，主要为各分区的交通服务，在分区内起干线道路的作用，并承担非机动车主通道的作用。

支路：作为集散道路，直接服务于不同土地利用上的交通集散，是非机动车交通的主要承担道路。

各类道路功能及建设控制指标

道路类别	高速公路	快速路	主干路	次干路	支路
道路功能	中长距离的机动车交通，是大货车的主要通道	中长距离的机动车交通，非机动车交通禁行	机动车交通，非机动车交通禁行	机动车交通为主，非机动车交通为辅	非机动车交通为主，集散机动车交通
行车速度（千米/时）	80～120	60～80	40～60	30～40	20～30
道路红线（米）	100	50～80	40～50	30～40	15～30
车道条数（条）	4～8	6～8	6～8	4～6	2～4
交叉口形式	立交	立交	部分立交，平交，渠化	平交，渠化	平交
分隔设施	连续中央分隔带，控制出入口	连续中央分隔带，两侧分隔带断口间距大于400米	分隔带断口间距不小于250米	分隔带断口间距不小于150米	—

5. 道路网络发展指标

（1）路网的总体规模。

衡量路网总体规模的指标主要有道路面积率、道路网密度、人均道路面积等指标。

道路面积率：《城市道路交通规划设计规范》（GB 50220—1995）规定特大城市的道路面积率为15%～20%，国际上各大城市推荐的道路面积率为20%～30%，考虑到该规范是1995年制定的，当时对私人小汽车的发展估计不足，本次规划结合交通需求预测和滨海新区城市布局特征，提出城区的规划道路面积率的指标为20%～25%，其他组团、功能区的规划道路面积率的指标为15%～20%。

道路网密度：国标为5～7千米/平方千米，国际推荐的大城市道路网密度为10～15千米/平方千米。本次规划提出城区道路网密度为7千米/平方千米，其他组团、功能区的规划道路网密度为5千米/平方千米。

人均道路面积：国标为6～13.5平方米/人，发达国家人均道路面积为15～25平方米，目前我国城市人均道路面积为8.2平方米（塘沽城区现状为5.5平方米/人），本次规划结合交通需求预测和滨海新区城市布局特征，提出城区的人均道路面积为20平方米，其他组团、功能区的人均道路面积为25平方米。

（2）功能级配结构。

城市交通总体发展战略对道路网提出的主要要求是快速、

可达。满足快速机动性要求的等级道路与满足可达性要求的等级道路的级配比例是影响道路网容量的关键因素之一。

综合国标及国际同类城市的经验指标，提出天津市滨海新区各等级路网的级配比例为：快速路：主干路：次干道及支路 =10：18.3：71.5。

各级道路主要规划指标一览表

规模	快速路	主干路	次干道	支路
线网密度（千米/平方千米）	0.65	0.56	0.67	3 ~ 4
道路长度（千米）	458.8	1270	1520	—
红线宽度（米）	50 ~ 80	40 ~ 50	30 ~ 40	15 ~ 30

城市道路设施规划指标对比表

名称	国际推荐	国标	上海	北京	南京
道路面积率（%）	20 ~ 30	15 ~ 20	16	21.2	17
路网密度（千米/平方千米）	10 ~ 15	5 ~ 7	5.5	4.6	7
快速路比例	5 ~ 10	7.2	8.3	13.3	11.1
主干路比例	10 ~ 15	16	16.7	19.3	20.7
次干道及支路比例	75 ~ 85	76.8	75	67.4	68.7

6. 道路网络系统规划重点

城市主城区之间：以高速路、快速路为骨架，各主城区之间至少布设1条高速路或1条快速路，以保证通达性与可靠性。

城市功能区对外：以快速路和主干路为骨架，功能区与主城区之间至少有1条快速路及2条主干路相接，保证其快速通达。

7. 道路网络规划方案

（1）区间快速路。

区间快速路主要是建立中心城区、海河中游与塘沽城区、汉沽城区与大港城区，以及塘汉大3个城区之间的联系，以及作为新区内主要功能区与城区、对外高速公路及相互之间的联系道路。区间快速路为8 ~ 10条车道，红线控制宽度为60 ~ 80米，设计车速为80 ~ 100千米/时。区间快速路与快速路、主干路与流量较大的次干道相交时均应设置立体交叉，快速路与主次干道构成干道系统。

新区区间快速路呈"五横五纵"的布局，总长度458.8千米。

津汉快速路：连接中心城区和汉沽城区，中间串联了航空城、东丽湖休闲度假区、滨海高新技术产业园区、滨海休闲旅游区、主题公园等地区。

津滨快速路：连接中心城区和塘沽城区，中间串联了航空城、开发区西区。

津塘二线快速路：海河北侧连接中心城区与滨海新区核心区的快速路，带动海河北侧用地开发。

天津大道快速路：连接中心城区和塘沽城区，中间串联了双港组团、咸水沽组团、葛沽组团、塘沽商业商务区。

津港快速路：连接中心城区和大港城区。

机场大道：连接机场和海河中游。

汉港快速路：连接汉沽、海河中游与大港。

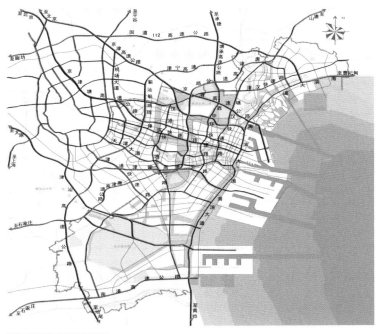

滨海新区道路网络规划图

西中环及其延长线：连接塘沽城区和大港城区。

塘汉快速路：连接汉沽城区和塘沽城区。

海滨大道：将城区段调整为快速路，承担城区交通。

（2）区间主干路。

加强主要城区与外围主要发展组团的联系，在规划快速路联系通道基础上，增加主干路的连通，分散单一通道的压力；完善平行于快速路两侧的主干路；提高滨海新区三城区的主干路网的密度。

共规划区间主干路 525 千米。规划红线控制宽度为 40～60 米，双向六车道设计车速 40～60 千米 / 时。

（3）次干道。

完善平行于快速路及主干路两侧的次干路；提高城区次干路网的密度；围绕中心商务区、中心商业区的建设，增加其与外部地区的次干通道。新区规划次干道总长 1520 千米。

（4）塘沽城区路网。

塘沽城区路网的形成以城市快速路与主干路为骨架，次干道与支路为补充，是功能完善、快捷、方便的城市道路系统。

快速路在于家堡外围形成快速保护壳，通过快速环向外辐射，强化与中心城区及各功能区的联系，形成"三横三纵"的布局结构。

主干路形成核心辐射、区间联系、疏港骨架 3 个层次的区间主干路系统。以于家堡为核心，形成对外辐射的区间主干路，强化与各功能组团的联系；结合空间布局调整，强化产业区、生活区、重点功能区之间的区间联系；在核心区域内部形成干道级疏港网络骨架。

道路面积率 20%，干道密度 3.75 千米 / 平方千米，人均道路面积 20 平方米。

（5）汉沽城区路网。

强化对外交通建设，加强汉沽与港口、机场、高铁车站、城际车站的联系，扩大基地示范效应。

拉开城市发展骨架，实现与滨海核心区良好对接，并支撑城市空间东向拓展。

汉沽区路网形成方格网布局，区间快速路主要有塘汉快速路、津汉快速路，区间主干路主要有中央大道、汉蔡路、大丰路等。道路面积率达到 17.9%，干道密度达到 4.2 千米 / 平方千米，人均道路面积 16 平方米。

（6）大港城区路网。

对外交通方面重点突出疏港交通以及通往中新生态城、滨海新区核心区及其他新城的区间对外交通。其中疏港交通由高速和快速组成的"双C"通道组成，"高速C"主要承担区域对外疏港交通，"快速C"则主要承担区内疏港交通。通往重点地区的区间交通由快速路＋区间主干路组成，其中快速路主要连接中心城区与滨海新区核心区两个核心增长极，同时强化海河中游、团泊新城、静海新城等之间的联系，增强对中部及南部城镇发展带的辐射。

城区交通方面，主骨架由快速路、主干路、次干道组成。其中快速路形成"C形＋三纵"通道的布局结构，主干路形成"五横五纵"的区间主干路布局。重点加强"一城四区"之间的区间联系，强化跨河通道能力。

城区道路建设道路面积率17%，干道密度4千米／平方千米，人均道路面积18平方米。

8. 交叉口控制规划

规划立交主要围绕快速路系统设置，为保证快速路的快速、安全、畅通，快速路与快速路、主干路与流量较大的次干道相交时均应设置立体交叉；两条流量较大的主干路交叉路口应设置立体交叉；根据交叉口等级确定不同的立交形式，快速路（或准快速路）与其他道路相交尽量采用地下或半地下的形式。次干道以上等级的平交路口按渠化要求规划为平面扩大路口。滨海新区城区共规划互通式立交近百座。

9. 跨河通道规划

滨海新区范围内共涉及三条河流，分别为海河、永定新河、独流减河，成为滨海新区南北向交通瓶颈，规划重点强化跨河通道能力。

海河滨海新区核心区的跨河通道平均间距为1.2千米，外围地区跨河通道平均间距为2.8千米。永定新河跨河间距为1.9千米。

独流减河跨河间距为2.5千米。

针对跨越河流的关键界面通道紧张的状况，考虑跨河交通以穿越交通为主，规划增加桥头立交，减少与沿河交通的干扰，确保穿越交通快速通过，同时为保证两岸之间的密切联系，分流交通量特别集中的主通道上跨河桥梁的压力，根据需要在其两侧增加非机动车和人行桥。

（二）轨道交通系统

1. 概况

（1）天津市轨道交通现状。

目前，天津轨道交通运营路线共有6条，包括地铁1、2、3、4、5、6号线及9号线（津滨轻轨）。

①轨道交通发展速度与城市发展水平不相适应。

天津地铁建设起步虽然较早，但多年来一直停滞不前，已远远落后于城市的发展，20世纪90年代初期国内主要大城市轨道交通建设已步入快速发展期，北京、上海、广州等城市目前轨道线路长度均在100千米以上，天津市与其他城市相比轨道交通的建设要落后大约10年，现有轨道交通的规模已落后于天津市城市社会经济发展水平，与天津市的城市地位不相适应，更无法满足交通需求，致使地面交通紧张状况日趋严重。

②津滨轻轨缺乏与城市其他规划的有效衔接。

津滨轻轨沿线土地利用规划没有随着津滨轻轨的开通进行适应性调整，体现不出轨道交通刺激城市土地升值、带动地区发展的作用；城市常规公交系统与津滨轻轨衔接不够紧密，不能起到为轨道交通输送客流的作用。

③既有运营轨道线路运营规模小，限制了其优势的发挥。

轨道交通与常规公共交通相比有运量大、安全、快速等优势，津滨轻轨一期日均客流量不足 4.5 万人次，虽然对于缓解沿线地面交通拥挤状况、繁荣沿线经济、方便居民出行发挥了一定作用，但发挥不了其客运干线的作用。这主要是因为轨道交通与地铁 1 号线没有实现换乘，轨道交通系统自身不能形成一定规模的运营网络。而轨道交通只有达到一定的规模，形成网络，并与其他交通方式之间实现方便的换乘，才能发挥其自身优势。

（2）滨海新区轨道交通线网规划回顾。

在 1990 年有关部门已对连接滨海新区与中心城区的轨道交通进行了专项研究，在《天津城市综合交通规划（2003—2020）》《天津市城市快速轨道交通线网规划（2003—2020）》《天津市城市总体规划（2005—2020）》等规划中对含滨海新区在内的天津市市域范围轨道交通系统布局做了专项规划编制。

天津市现行规划线网为 2005 年城市总体规划确定的轨道线网。

①结构与规模。

2005 年城市总体规划确定的市域轨道交通线网以中心城区线网为基础，沿城市主要发展方向、客运走廊向外延伸，形成以中心城区为核心，串联全部新城、重要功能组团的放射式线网结构。市域内总规模 980 千米。

②线网特征。

2005 年城市总体规划确定的市域轨道线网特征如下：

· 以中心城区为核心向外放射；

· 市域范围内均衡布设；

· 线网覆盖了所有新城；

· 预留了与区域其他重要城市的连接通道。

总体规划中对滨海新区轨道交通走廊做了初步安排，主要强化津塘间的轨道交通联系，设置了沿滨海发展轴的轨道交通走廊，并预留了中心城区通往汉沽城区、大港城区线路。在滨海新区形成五纵五横的轨道交通走廊。

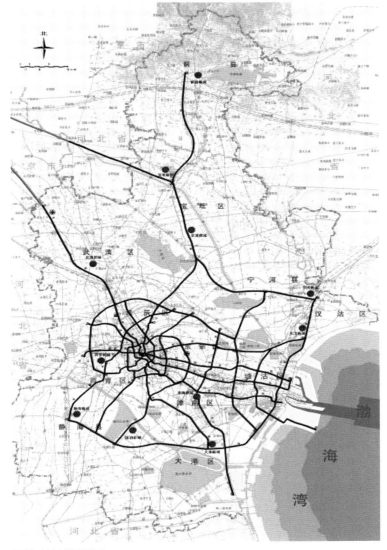

总体规划市域轨道线网

2. 滨海新区发展轨道交通的必要性

（1）滨海新区建设为国际港口大都市的需要。

良好的城市交通条件是城市发展的基础，城市社会经济的发展、城市规模的不断扩大，对城市客运系统提出了更高的要求，居民需要"安全、舒适、快速、环保"的出行方式。国内外大城市一般都以发展大容量的快速轨道交通作为解决城市交通问题的主要手段，而轨道交通不仅是城市客运系统重要的组成部分，而且已融入城市之中，成为现代化城市的重要标志。

不同规模城市的主要公共交通方式

城市人口规模	公共交通方式
500 万人以上	大运量轨道交通为主体，中运量及多层次普通运量公交为基础
300 万-500 万人	大运量轨道交通为骨干，中运量及多层次普通运量公交为主体
100 万-300 万人	大中运量公共交通为骨干，普通公交为基础
50 万-100 万人	中运量公共交通为骨干，普通公交为基础
50 万人以下	步行和自行车交通为主体，普通公交为基础

（2）轨道交通是促进滨海新区城市总体规划实施的有效手段。

轨道交通不仅提供一种客运服务，而且为城市结构和土地利用的调整及完善带来新的动力，促进城市向多中心、组团化都市型发展。轨道交通的特点是大容量、快速、安全，其运行速度可达每小时 100 千米以上，极大缩短地区间的时空距离，为城市空间扩展创造了条件。通过轨道交通的建设可以强化滨海新区与中心城区、滨海新区各组团与其他地区间的联系，发挥滨海新区的辐射、带动作用，有利于滨海新区沿轨道交通走廊发展，是滨海新区发展为多中心、组团式布局的国际港口大都市的重要交通条件之一。

（3）轨道交通可以促进城市旧区的改造和新区的建设。

滨海新区的进一步发展不仅需要对已有的塘沽城区、大港城区、汉沽城区进行改造，形成滨海新区的中心，更要建设航空城、泰达西区等新的城市功能区，为滨海新区发展注入新鲜血液。轨道交通可以为滨海新区的发展提供适宜的交通条件，因为轨道交通对土地利用的作用就体现在对车站周围土地利用的影响上，推动在轨道车站附近进行高强度的土地开发，加快旧城改造的步伐。在城市新区轨道交通利于城市新中心的形成，为城市人口、就业布局有序调整提供条件。

（4）轨道交通的建设是城市经济增长的动力。

经济增长加快了城市化进程，随着城市辐射力的增强，带来了大量的人流和物流，对城市交通提出了更高的要求，轨道交通就是城市发展到一定水平而出现的，虽然投资巨大，但轨道交通的建设反过来对拉动城市经济增长、市民交通消费水平有着推动作用。轨道交通的发展不仅提升沿线土地价值，而且带动车辆、基建等相关行业的发展。同时发达的城市交通与城市经济发展密不可分，经济发达地区的城市居民交通支出率远大于经济落后地区的城市，例如美国城市居民的交通支出是我国的 4 倍。

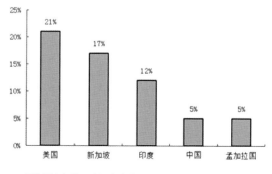

部分国家与地区交通支出占居民总支出的比重

3. 滨海新区发展轨道交通的条件

（1）发展轨道交通的相关政策及规定。

根据国内城市轨道交通规划建设的趋势，国办发〔2003〕81号文件就建设轨道交通提出了相应的基本条件。

国办发[2003]81号文件：

现阶段，申报发展地铁的城市应达到下述基本条件：地方财政一般预算收入在100亿以上，国内生产总值达到1000亿以上，城区人口在300万以上，规划线路的客流规模达到单向高峰小时3万人次以上；

申报建设轻轨的城市应达到下述基本条件：地方财政一般预算收入在60亿以上，国内生产总值达到600亿以上，城区人口在150万以上，规划线路的客流规模达到单向高峰小时1万人次以上；

对经济条件较好，交通拥堵问题比较严重的特大城市，其轨道交通项目予以优先支持。

（2）滨海新区城市经济发展。

2004滨海新区年GDP总量1250亿元，占天津市生产总值的42.6%，占环渤海地区的3.1%，12年间年平均增长率为20.3%。新区GDP在京津冀地区已经接近唐山市和石家庄市，成为京津冀地区中的第三极。户籍人口人均GDP达到1.29万美元，常住人口人均GDP达1.12万美元，三大产业结构为0.7：69.4：29.9。2005年初步测算滨海新区地区生产总值达到1500亿元。

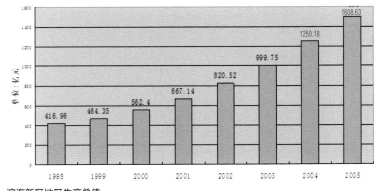

滨海新区地区生产总值

过去8年滨海新区人均GDP平均增长率达到17%左右，经济的发展促进了交通基础设施的建设，为部分高收入人群选择交通出行方式的灵活性提供了更好的条件。2020年，地区生产总值预计（GDP）达到10 000亿元；第三产业比重超过42.0%，第二产业比重保持在57.6%左右，第一产业比重降到0.4%以下。

（3）适宜轨道交通发展的社会经济条件。

2020年，地区生产总值（GDP）预计达到10 000亿元，滨海新区城市社会经济的快速发展孕育着对城市交通基础设施的巨大需求。根据国内城市轨道交通建设的经验，当城市国内生产总值（GDP）达到500亿元时，已经具有了轨道交通建设的经济实力。经考察国外城市轨道交通发展进程发现，一般在人均收入达到2000～2500美元时进入城市轨道交通发展时期，滨海新区城市社会的经济发展为轨道交通的建设提供了充分条件。

4. 规划范围和期限

（1）规划范围。

本次规划的范围为天津市滨海新区2270平方千米范围内，系统规划与中心城区及城市其他组团的衔接，并对京津冀都市圈远景发展提出设想。

（2）规划期限。

近期：2010年。

远期：2020年。

远景：提出2020年后轨道交通发展方向。

5. 规划原则

①轨道交通系统由市域线和城区线两级线网构成，在构筑市域线框架的基础上规划城区线线网。

②构筑与滨海新区战略地位相适应的轨道交通系统。

③促进滨海新区作为国际港口大都市的城市布局结构和土地利用规划优化调整。

④利于全面落实公共交通优先的政策，大幅提升公共交通的吸引力，实施区域差别化的交通政策，引导小汽车合理使用，使公共交通成为城市主导交通方式。

⑤注重与其他交通方式的衔接，利于在滨海新区建立一体化交通系统。

⑥满足城市各功能片区间的交通需求，强化滨海新区与中心城区间的轨道交通服务。

6. 规划目标

依据滨海新区城市交通总体发展目标提出轨道交通系统规划目标为：

至 2020 年在滨海新区形成与国际化港口大都市相适应的，与中心城区之间联系便捷、布局均衡、层次齐全、功能相对完善、规模合理的轨道交通网络，使其与快速公共汽车运营系统共同发展成为城市客运交通的骨干系统。

远景建立与市域内各新城连通，遍及滨海新区各组团的轨道系统，形成以滨海新区为中心的"1 小时交通圈"，大幅提高公共交通的服务水平，使轨道交通在城市公共交通系统中的主体地位得以确立。

具体目标：

①轨道交通直接服务范围覆盖 50% 以上的人口及工作岗位。

②除个别节点外，城市各功能片区核心、大型交通枢纽、大型居住区等客流集散点实现全覆盖。

③形成滨海新区核心区半小时通勤圈、1 小时交通圈。

④轨道交通所承担客流量占公共交通的 50% 以上。

7. 布局方法

以枢纽为核心，以覆盖人口、岗位为目标，以可实施性为保障，编织市域线、城区线两个层次的轨道交通线网。

具体步骤如下：

①明确层次——构筑市域线系统，支撑城市空间发展框架，形成中心城区、滨海新区核心区相对独立的城区线网。

②确定枢纽——以城市对外客运主枢纽、城市中心作为市域级枢纽；以城市活动中心、城市重点发展地区、城市主要客流节点作为城区级枢纽。

③划定走廊——与城市空间发展方向、客流空间分布特征一致，并预留市域线对外联系通道。

④完善网络——以提高线网整体覆盖水平为目标，衔接城市客流节点。

⑤选择线位——与土地利用相协调，构建以轨道交通为轴线的复合型土地利用模式，确保线路的可实施性。

市域线选线充分考虑现状及规划铁路的综合利用；城区线线位走向尽量选择"S""L"形线路，以增加线路间换乘节点数量，提高线路的关联性。

⑥预留场站——为轨道交通预留足够的附属设施用地。

8. 轨道交通线网布局规划

规划充分考虑了滨海新区核心区地位的提升以及滨海新区与中心城区双核联动的发展态势，与立足于区域辐射的"天"字形城市空间结构相协调，促进城市"三轴、两带、六板块"的城镇、产业布局结构的形成，构建轨道交通系统网络。

通过对外综合客运枢纽锚固市域线网络，充分考虑对现状铁路的利用，构成市域轨道交通整体框架，引导城市空间结构的发展；

　　根据滨海新区核心区城市布局、客流特征，以综合枢纽为核心，形成城区线与市域线有机契合的滨海新区核心区轨道交通网络；

　　在海河中游地区，应针对其南北两岸的土地利用模式和交通需求，形成市域线、城区线并存的多层次轨道交通网络。

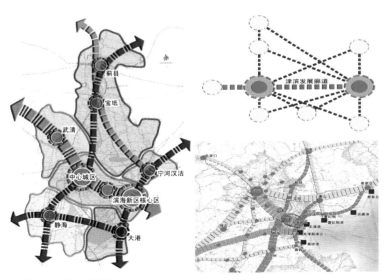

远景城市空间布局示意图

（1）市域线网。

①构建独立的市域线系统。

　　本次规划建立了独立的市域线系统，根据市域层面的客流出行特征，规划在滨海新区内形成由Z1—Z4 4条连接市域各个新城的市域线构成的"两横两纵"线网布局。

　　市域线服务于市域内长距离的快速交通需求，包括中心城区、

滨海新区核心区之间的快速直达客流、外围新城、功能组团与两个核心之间的客流、外围新城、组团之间的长距离客流，以及部分市域对外联系客流。

　　市域线运行速度120 ～ 160千米/时，平均站间距在2千米以上，线路敷设形式以地面和高架为主，在城区段可以采用地下敷设形式，并考虑利用既有铁路开辟市郊铁路。

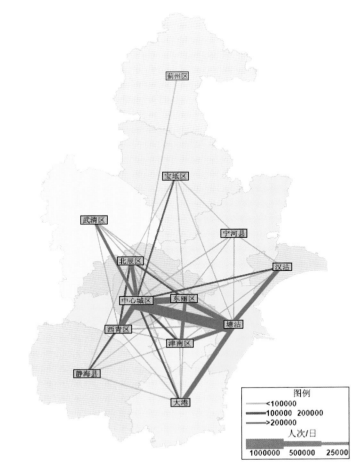

2020年市域客流空间分布图

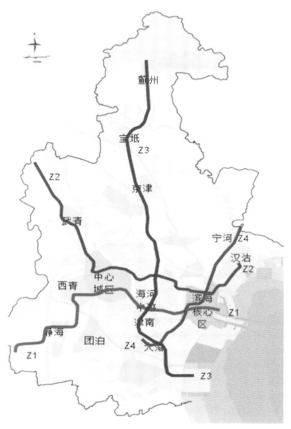

市域线规划图

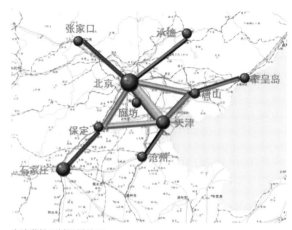

京津冀地区城际铁路网

②以城市对外交通枢纽、城市发展中心作为市域线的重要联系节点，形成轨道交通枢纽组织市域线网络。

规划考虑通过设置与城市发展方向及客流主通道一致的线路，与城市对外客运枢纽及城市发展中心衔接，确定整个市域的市域线网络构架。

根据相关铁路专项规划，天津市将形成以高速铁路、城际铁路为主，普速客运铁路为辅的多层次客运铁路系统，构建4主8辅的客运枢纽布局。

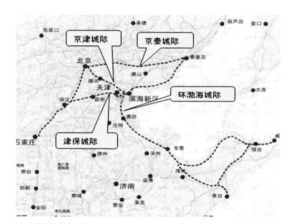

京津冀地区城市布局图

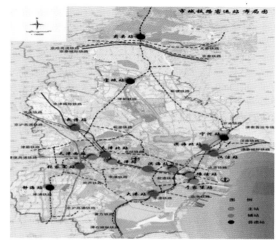

市域铁路客运站布局图

市域铁路客运站规划一览表

序号	客运站名	等级	所属区域	通过线路
1	天津站	客运主站	中心城区	高速铁路、城际铁路、普速铁路
2	天津西站		中心城区	高速铁路、城际铁路、普速铁路
3	滨海站		滨海新区	高速铁路、城际铁路
4	塘沽＋于家堡站		滨海新区	城际铁路
5	天津北站	客运辅站	中心城区	普速铁路
6	军粮城站		海河中游	城际铁路
7	张家窝站		西青新城	高速铁路
8	滨海北站		滨海新区	高速铁路
9	汉沽站		汉沽新城	城际铁路
10	大港站		大港新城	城际铁路
11	武清站		武清新城	城际铁路
12	蓟州区站		蓟州区新城	高速铁路、城际铁路

滨海新区对外客运枢纽与市域线关系

编号	名称	市域轨道线路
1	城际塘沽站	Z4
2	城际于家堡站	Z1
3	城际军粮城站	Z3
4	高铁滨海站	Z2
5	大港城际站	Z3、Z4
6	高铁滨海北站	Z4
7	城际汉沽站	Z2
8	滨海国际机场	Z2

在对各个枢纽的实际情况及其重要性进行综合分析的基础之上，考虑以天津西站、天津北站、张家窝高铁站、城际塘沽站和于家堡站、城际军粮城站、高铁滨海站、大港城际站、高铁滨海北站、汉沽城际站及滨海国际机场等作为市域线路枢纽。其中滨海新区对外客运枢纽与市域线关系如下：

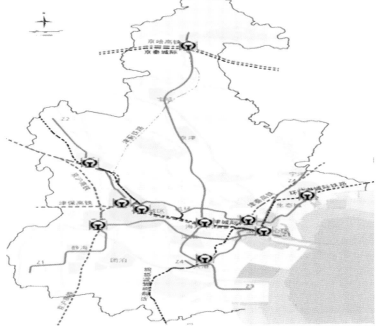

对外客运枢纽与市域线关系示意图

③市域线总体布局。

规划方案以对外客运枢纽为核心，锚固整体线网，形成"两横两纵" 4 条市域线组成的市域线网络，线网总里程 460 千米。

其中两横为 Z1、Z2 线，两纵为 Z3、Z4 线。

Z1：衔接南部新城、中心城区与滨海新区核心区，沿线自西向东连接了子牙环保产业园、静海新城、团泊新城、张家窝高铁站、大学城、奥体中心、宾馆地区、智慧城、双港新家园、高职中心、津南新城、葛沽镇、响锣湾、于家堡，满足南部新城与城市核心之间、中心城区与滨海新区核心区之间的长距离快速出行需求，中心城区与滨海新区核心区间的线路在海河以南布设，形成海河南岸的快速客运主通道，带动海河南岸生活组团发展。全长 115 千米。

Z2：沿京津塘发展主轴设置，沿线连接武清、双街、京津路地区、天津西站、天津北站枢纽、机场、航空城、高新区、开发区西区、高铁滨海站、开发区、休闲旅游区、城际汉沽站、汉沽新城。津滨间线路沿津滨主轴北侧产业带设置，可以有效地促进产业区组团中心的形成。全长 115 千米。

Z3：市域中部南北向线路，自北向南由蓟州区新城途经宝坻新城、京津新城、九园工业区、七里海、东丽湖、航空城、军粮城际站、海河中游、津南新城、天嘉湖地区、大港新城至南港区，线路沟通了天津市重要的旅游及宜居组团与海河中游高端区的联系，构成城市中轴线，引导城市南北向发展，拓展了城市未来的发展空间。全长 150 千米。

Z4：沿海南北向线路，连接宁河新城、汉沽新城、生态城、滨海新区核心区、大港新城。满足南北两翼与核心区之间客运出行需求，促进滨海新区沿海两翼的城市发展廊带形成。全长 80千米。

对于线路具体线位选择以集约利用土地为原则，在建成区沿客运主干路布设，部分地区采用地下形式，在非建设区则沿公路或铁路设施布设，以减少对土地的切割。

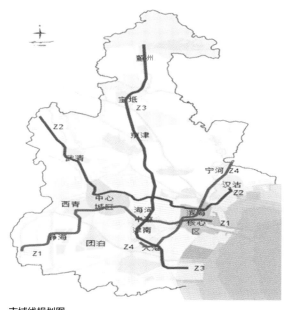

市域线规划图

（2）城区线网。

在滨海新区内构筑滨海新区核心区与海河中游相对独立的城区线网。

①滨海新区核心区地铁线网。

滨海新区核心区线网规划通过于家堡地区对外辐射，以与中心城区、海河中游地区、生态城有效衔接为基本出发点，结合自身客流特征进行布设。

核心区内随着高铁站、城际站、于家堡等重点地区的建设，将形成多个出行强核心：高铁站、海洋高新区、开发区、开发区商业金融中心、塘沽解放路地区、西沽居住区、胡家园居住区、临港工业区等。未来主要出行均集中在各功能区之间的交流，出行空间分布结构以节点放射为主。主要客运走廊为：滨海高铁站—塘沽老城区—滨海城际站—于家堡，开发区—开发区金融中心—于家堡—西沽居住区等。

核心区主要客流节点分布如下：

滨海新区核心区客流节点分布

结合出行分布特征及滨海新区核心区城市布局结构，可以确定滨海新区核心区线网结构为以于家堡为中心的"中心放射"式结构。

规划方案以通过核心区的市域线及津滨轻轨为基础，以城市核心区于家堡地区为中心编织网络。规划的地铁线路主要起到强化于家堡城市中心地位，支持核心区各板块中心发展，加强核心区与周边功能组团的联系功能。

规划方案包括两条通过核心区的市域线、津滨轻轨以及核心区内城区轨道线路 5 条，核心区范围内轨道线路总规模 180 千米，三线以上换乘枢纽 3 座（分别位于于家堡站、塘沽站和胡家园），两线换乘枢纽 22 座（其中市域线两线相交节点两处），其中在于家堡地区有 4 条轨道交通线路通过，构成以于家堡城际站为核心的三角形综合枢纽，有效地支撑于家堡商务中心区的开发建设。

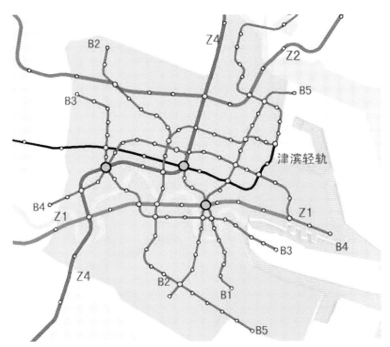

滨海新区核心区规划轨道交通线网

滨海新区核心区规划轨道线路明细

线路名	里程（千米）	途经地区
津滨轻轨	52（核心区范围内 22 千米）	胡家园、车站北路、洋货市场、洞庭路、市民广场、会展中心、滨海大学、休闲娱乐区
B1	43	汉沽新城、生态城、北塘、开发区、塘沽老城区、于家堡商务区、南部新城
B2	27	滨海高铁站、塘沽解放路地区、于家堡城际站、于家堡商务区、南部新城、官港森林公园
B3	26	西沽、胡家园、响锣湾、于家堡商务区、蓝鲸岛、南疆港区
B4	23	保税港、开发区金融中心、塘沽老城区、胡家园
B5	25	东疆港、开发区、塘沽老城区、西沽、南部新城、临港工业区

②海河中游线网。

海河中游地区作为城市新兴发展地区，该地区线网强调与两个城市核心及对外交通枢纽的联系。

规划方案以 3 条经过中游地区的市域线及津滨轻轨为基础，规划 2 条中游地区内部地铁线与市域线、两个核心区地铁线在中游地区的延伸共同构成海河中游地区轨道交通线网。各级线路在海河中游地区形成 3 线换乘枢纽 1 处（位于津南新城），2 线换乘枢纽 13 处（其中市域线两线相交节点 1 处）。线网布局呈网格式结构，适应该地区土地利用的不确定性，并体现以轨道交通带动开发的 TOD 规划理念。

海河中游地区城区轨道线路明细

线路名称	里程（千米）	途经地区
C1	42	双港、高职中心、海河中游、军粮城站、开发区西区、高新区、东丽湖
C2	25	机场、航空城、海河中游、津南新城、小站

该方案滨海新区轨道系统线网总长度约 400 千米，线网密度 0.17 千米 / 平方千米。

海河中游线网

轨道交通线网规划方案

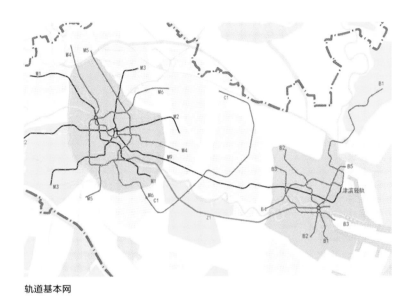

轨道基本网

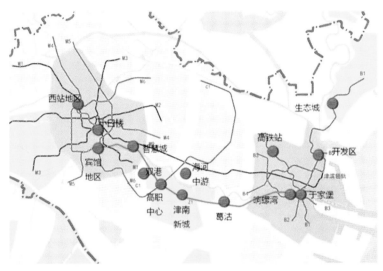

轨道基本网与中心城市重点发展地区关系图

其中滨海新区内包括市域线 Z1，城区线 C1、B1、B2、B3、B4-B5 组合线及津滨轻轨。

从客流需求、城市发展需要及轨道交通网络结构出发确定轨道交通亟需建设线路。

①市域线。

随着滨海新区核心区地位的提升，天津市城市空间结构面临着双城区一体化发展趋势，由此必将带来中心城区与滨海新区之间大量的客运需求。2015 年津滨走廊内轨道交通需承担 110 万人次／日的客流，按照海河南北岸划分，海河以北需承担 70 万人次／日，海河以南 40 万人次／日。既有津滨轻轨及城际铁路的总客运能力可以满足海河北岸的客运需求，而海河南岸需要建设 Z1 线满足客运需求。

同时海河南岸规划有多处城市热点开发地区，包括双港新家

园、高职中心、津南新城、葛沽、西沽、响螺湾等。Z1 线的建设可以带动沿线 4000 多公顷的用地开发。基本网 Z1 线 2015 年建成后直接服务人口 65 万人、工作岗位 50 万人，客流可以达到 60 万人次／日。

②城区线。

滨海新区核心区轨道交通基本网由 B1、B2、B3、B4-B5 组合线构成。其中 B1、B2 线能够强化于家堡的城市中心地位，对生态城、高铁站等地区快速发展有先导作用。B3、B4-B5 对现状开发区、老城区、胡家园等区域具有促进发展作用。对比城区线路对线网整体客流的作用，B1、B2 线大于其他基本网线路。

综上所述，规划滨海新区近期建设 Z1、B1 线北段；另外，加快启动建设 B2 线。

（三）公交系统

1. 现状概况

滨海新区与中心城区之间有轻轨线路一条，该轻轨起自中山门站，止于开发区东海路站，全长 46 千米，共设 19 站。目前日均客流量约 20 000 人次。

滨海新区共有公交线路 75 条，公交车辆 1104 台，线路总长度达 2159 千米。

其中滨海新区内部共有公交线路 51 条，公交车辆 661 台，线路总长度达 1100 千米，人均拥有公交车辆 4.9 台/万人，明显低于国内一般大城市 12 台的水平。

滨海新区至中心城区共有线路 24 条，共有公交车辆 443 台，线路总长度达 1059 千米。

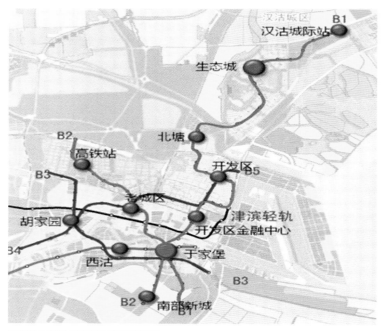

滨海核心区线网与重点发展地区关系

滨海新区公交线路一览表

项目	线路数（条）	配车数（台）	长度（千米）
塘沽城区内部	33	537	480.3
汉沽城区内部	2	20	35
塘沽至中心城区	17	220	630
汉沽至中心城区	1	16	65.4
大港至中心城区	6	207	364
塘沽至大港	1	8	40
塘沽至汉沽	2	20	89.5
塘沽郊区线	6	71	210.1
汉沽郊区线	7	5	244.4
合计	75	1104	2158.7

（1）客流规模。

津滨轻轨日均客流约 20 000 人次。

滨海新区公交线路日均客流规模约 25 万人次，线均客流为 3361 人次/日，车均客流仅 228 人次/日。

滨海新区公交线路客流情况

项目	线路数（条）	日均客流（人次）	线均客流（人次）	车均客流（人次）
塘沽城区内部	33	158 440	4801	295
汉沽城区内部	2	2964	1482	148
塘沽至中心城区	17	22 258	1309	101
汉沽至中心城区	1	1763	1763	110
大港至中心城区	6	42 993	7165	207
塘沽至大港	1	800	800	100
塘沽至汉沽	2	3100	1550	155
塘沽郊区线	6	17 803	2967	250
汉沽郊区线	7	2001	285	400
合计	75	252 124	3361	228

（2）出行比例。

居民出行调查分析结果表明，目前塘沽的公交出行比例接近20%，而大港与汉沽的公交出行比例很低，不足3%，突显出建城区规模对交通方式的影响。大港和汉沽由于建城区当量半径分别仅为 3.24 和 2.8 千米（塘沽为 6.0 千米），是步行和自行车的合理出行范围，导致两者的出行比例占 80% 以上。

现状居民出行交通方式比例

方式	塘沽	大港	汉沽
步行	31.68%	29.27%	21.81%
公交车	19.51%	2.58%	1.03%
地铁	0.01%	0.00%	0.00%
单位小汽车	2.33%	0.87%	0.62%
出租车	2.53%	0.79%	0.36%
私家车	5.24%	2.04%	0.24%
自行车	26.14%	50.93%	61.80%
助力车	1.32%	2.73%	6.60%
摩托车	1.74%	3.40%	3.12%
单位班车	8.46%	4.85%	1.79%
其他	1.04%	2.54%	2.63%
合计	100%	100%	100%

（3）存在的主要问题。

①缺乏科学合理的整体公交线网规划，公交之间线网关系需要进一步理顺。

具体突出表现在：常规公交与大容量公共交通方式（轻轨）之间的关系，不同地区间公交线网的衔接（如塘沽与开发区），部分走廊公交线网重复系数过高导致公交系统运输效率低、运力浪费等。

②公交出行比例有待于进一步提高。

虽然塘沽城区的公交出行比例接近 20%，但滨海新区整体公交水平仍然很低，尤其是滨海新区与中心城区之间，以及滨海新区内部不同组团之间公交出行比例还很低。

③公交优先措施需要进一步落实。

目前滨海新区没有保障公交优先的道路交通设施及交通管理措施，导致公交系统准点率下降，公交运营环境需要进一步提升。

2. 公共交通发展战略及发展目标

（1）发展战略。

建立公共交通占主体地位的城市客运发展模式，对滨海新区来说主要包含两个层次的战略作用：

①城市交通可持续发展战略。

通过确立公共交通主体（或主导）地位，构筑高效的城市客运交通环境，缓解城市交通拥堵，改善交通运行环境，实现城市交通的可持续发展。

②公共交通与土地利用互动发展。

以支撑客运走廊的快速大运量公共交通为主体，构筑公共交通与土地利用互动的发展关系，建立公共交通导向的城市发展模式（TOD 模式）。

基于以上两个方面，提出滨海新区公共交通发展战略为：

·建立以公共交通为主导的一体化、多种方式并存协调的可持续发展的城市客运交通模式。

·建立以公共交通为导向的城市土地利用模式，实现公共交通与土地利用的互动发展。

（2）发展目标。

公交出行比例：新区公交出行比例的规划目标为，近期 25% 以上，远期 40% 以上。

公交可达性目标：实现 1 小时通勤圈的发展目标。

①新区主要城区中心至中心城区中心区公交出行时间控制在 60 分钟以内。

②新区各功能区、塘沽城区中心区公交出行时间控制在 60 分钟以内。

③3 个主城区和各功能区内部 90% 的居民公交出行时间控制在 40 分钟以内。

公交服务水平发展目标：

①运送速度：轨道交通高峰运送速度平均达到 35 千米 / 时以上，快速公交高峰运送速度平均达到 25 ～ 30 千米 / 时以上，常规公交高峰运送速度平均达到 15 ～ 20 千米 / 时。

②站点覆盖率及步行到、离站时间：从中心城区内任意一点步行至最近的公交站点不超过 10 分钟，80% 的乘客步行距离控制在 300 米以内、5 分钟到达。

③换乘距离：大型枢纽实现零距离换乘，一般换乘站点间的间距控制在 150 米以内。

④换乘时间：枢纽站内各种公共交通方式间换乘的时间不超过 5 分钟。

3. 快速公交规划

快速公交功能定位：在滨海新区核心区内部以及核心区与其他组团间，与轨道交通共同构成公交骨架网络，在组团内发挥主导作用。

共规划快速公交线路 14 条，总长度 280 千米。

核心区快速公交线网：形成"半环 + 六射"结构，作为轨道线的补充。

· BK1 线。

环滨海核心区内快速公共客运通道，连接了开发区、海洋高新区、塘西、胡家园、西沽居住区和南部新城，全长 25 千米。

· BK2 线。

为现有有轨电车，是开发区西部南北向快速公共客运通道，全长 9 千米。

· BK3 线。

滨海核心区和海河中游北岸临河地区之间东西向快速公共客运通道，连接了于家堡、海河中游和军粮城，全长 27.5 千米。

· BK4 线。

塘沽城区与海河中游北岸中部地区之间的快速公共客运通道，连接了塘沽站、塘西、开发区西区和滨海国际机场，全长 26 千米。

· BK5 线。

塘沽区与汉沽区之间的快速公共客运通道，连接了于家堡、开发区、生态城和汉沽站，全长 27.5 千米。

· BK6 线。

天津港邮轮码头以及东疆港区对外的快速公共客运通道，连接了邮轮码头、东疆港综合配套服务区和开发区，全长 17 千米。

· BK7 线。

塘沽区与大港区之间的快速公共客运通道，连接了于家堡、南部新城和大港新城，全长 27 千米。

汉沽快速公交线网："三角"形线网结构 。

· BK8 线。

服务汉沽区南北轴向的快速公共客运通道，连接了汉沽新城、生态城和休闲旅游区，全长 18 千米。

· BK9 线。

服务汉沽区东西轴向的快速公共客运通道，连接了滨海北站、汉沽新城和汉沽站，全长 15 千米。

海河中游快速公交线网："四横三纵"方格网结构。

· BK10 线。

海河中游中部地区南北向快速公共客运通道，连接了滨海高新区、军粮城、海河中游和津南新城，全长 26 千米，滨海新区段长 14 千米。

· BK11 线。

航空城与军粮城之间的快速公共客运通道，全长 16 千米。

· BK12 线。

海河中游东部地区南北向快速公共客运通道，连接了东丽湖、开发区西区和葛沽镇，全长 28 千米。

· BK13 线。

航空城与中心城区东部地区之间的快速公共客运通道，连接了航空城、滨海国际机场、卫国道居住区和天津站，全长 26 千米，滨海新区段长 14 千米。

· BK14 线。

海河中游南岸临河地区与中心城区之间的快速公共客运通道，连接了葛沽镇、海河中游和柳林地区，全长 23 千米，滨海新区段长 4 千米。

4. 快速公交方案评价

（1）土地利用。

该方案是基于公共交通与土地利用混合发展模式提出的，有利于促进强中心的形成和组团内部的平衡发展。

（2）交通可达性。

该规划方案基本实现了 1 小时通勤圈的发展目标。

（3）线网规模。

线网总规模约 280 千米，线网密度约 0.13 千米 / 平方千米。

（4）与轨道交通的关系。

滨海快速公交线网规划图

该方案是基于轨道交通投资规模大、建设周期长、难以在较短时间内提升公共交通的服务水平出发，提出率先实现快速公交，在远期随着城市的发展当走廊客流量达到足够规模、需要更高水平的公共交通系统时再升级为轨道线路。

5. 公共交通主要枢纽布局

构建区域辐射、市域衔接和城市服务以功能型为主的枢纽体系，共规划枢纽 60 个。

客运枢纽划分一览表

枢纽类型		枢纽特征
区域辐射型		与机场、高速铁路、城际铁路车站等大型对外交通设施相结合，并与轨道交通、地面公交、出租汽车、私人交通等交通方式相衔接，服务于滨海新区对外交通与内部交通间高效、有序的转换
市域衔接型		与市郊铁路、市域公交及公路客运车站等交通设施结合，并与轨道交通、地面公交、出租汽车、私人交通等交通方式相衔接，服务于滨海新区与中心城区、各新城、中心镇之间的客流转换
城市服务型	大型综合	是指以三线及其以上轨道交通换乘站为主体的枢纽，以及由一线或二线轨道交通站点结合快速公交等其他交通设施共同形成的枢纽，服务于城市核心开发地区
	一般换乘	是指两条轨道交通相交或主要轨道交通站点与地面多条公交线路交汇的枢纽，实现轨道交通、地面公交之间的换乘衔接，服务于城市重点开发地区
	地区集散	以地面公交为主体，具有多条地面公交终端站的换乘节点，服务于轨道交通没有覆盖的城市较高强度开发地区

枢纽规划一览表

枢纽类型		规划数量（个）
区域辐射型		7
市域衔接型		6
城市服务型	大型综合	3
	一般换乘	37
	地区集散	7

公共交通枢纽布局图

（四）停车及交通管理系统

强化交通需求管理，分区域采用不同的供给标准和收费标准。在塘沽城区的中心地区，根据可能提供的停车位，对机动车拥有和使用实行适度控制。在道路资源总体不足的状况下，严格控制路上停车，促进既有停车设施的充分利用。除严格按规定配建停车位之外，塘沽城区规划布置公用停车场 200 处左右。

为方便换乘、吸引个体交通向公共交通转移，积极发展驻车换乘（P+R）系统，滨海新区 3 个城区规划驻车换乘停车场 50 处左右。在轨道交通及地面公交车站，根据需要就近设置自行车停车处。在停车收费方面实行优惠政策。

结合港区装卸车辆作业，在港区内设置专用停车场，有序组织集疏港交通与停车装卸作业；在集疏港道路与城市道路外围结合处，选取集疏港道路两侧适宜区域设置停车场，方便货运车辆的停车休憩、车辆维护，实现集疏港交通组织与货运车辆停车需求管理的有机结合。

1. 步行与自行车交通

步行交通和自行车交通在未来城市交通体系中仍是主要交通方式之一。提倡步行及自行车交通方式，实行步行者优先，为包括交通弱势群体在内的步行者及自行车使用者创造安全、便捷和舒适的交通环境。

规划、建设和政策法规制定中，为行人过街和自行车交通提供方便。应保证步道的有效宽度，城区内行人过街设施以平面形式为主，立体形式为辅。改善自行车与公共交通的换乘环境。在次干路及以上等级的道路上实现机动车与自行车之间的物理隔离，保障自行车交通安全和通畅。

2. 交通管理系统

强化交通管理系统建设，充分利用高新技术提高道路交通管理水平和道路交通安全水平。注重公共交通、步行和自行车交通的路权分配。增强全民现代化交通意识，实现城市道路交通系统的高效、安全、便捷、舒适和文明，降低交通能耗和污染。

① 加强交通管理设施建设与交通需求管理。完善道路交通标志、标线、信号灯等交通工程设施，加强基层驻地、分指挥中心以及交通安全宣传教育设施建设。在三个城区及输港道路上实施强有力的交通需求管理措施，引导小汽车交通的合理使用，鼓励市民使用绿色交通方式出行，削减城市道路交通及环境负荷。

② 加强交通法规建设，严格执法，制定交通安全发展规划，加大道路交通安全工程建设与交通安全社会宣传力度。

③ 加强交通环境综合治理，全面改善交通环境，做好机动车尾气污染、噪声和震动的防治工作，发展高效、清洁的交通工具。针对机动车增长对环境影响的状况，实行动态监测和环境影响评估。

④ 加强智能交通系统建设与管理。构筑包括公共交通指挥调度、交通诱导、紧急救援管理、交通事故快速勘察等子系统在内的智能交通系统，全面提升交通管理水平。

第三节　港城交通规划

随着滨海新区被纳入国家发展战略，滨海新区的发展将进入历史性的转折阶段，依据规划，未来天津将建成我国北方国际物流中心和北方航运中心，使得天津港对城市发展的重要性日趋突出。而天津特殊的前港后城的关系，必然导致港口发展与城市发展之间的相互影响，随着港口吞吐量的不断增加，疏港交通与城市交通之间的矛盾日益突出，如何衔接好二者之间的关系对滨海新区的发展起着十分重要的作用。

一、发展现状及问题

1. 港城交通发展现状

（1）塘沽城区交通发展现状。

现状为在滨海发展带上的主要城区是塘沽、汉沽和大港城区，其中北部的汉沽城区及南部的大港城区距离港区较远，城区交通与疏港交通的相互干扰较小。而塘沽城区由于临天津港区，疏港交通与城市交通的干扰较为突出，同时由于塘沽被海河分隔，城区的南北出行需跨越海河，也为出行带来了诸多不便。

①环线。

现状：塘沽城区的道路网络基本呈"环形＋方格网"状，由第五大街、黄海路、上海道、车站北路、宝山道组成内环线，由庐山道—第九大街、南海路、津沽公路、金光路等组成中环线，外环线则由海滨大道、杨北公路、唐津高速、津晋高速组成。

②对外通道。

东西方向：在海河北岸的主要对外通道为京津塘高速公路通往中心城区及北京，津滨高速公路、津塘公路及津滨轻轨通往中心城区；海河南岸目前仅有一条津沽公路通往中心城区。

南北方向：主要有唐津高速通往唐山方向，海滨大道通往环渤海湾主要的城市。

③跨河通道。

目前塘沽城区南北向的主要跨河通道为：东部的海滨大道、"三闸通道"（由航一路—新港船闸—渤海石油路—防潮闸—闸路—渔船闸—闸南路组成），中部的塘汉路—河北路—河南路，西部的唐津高速公路。

④区内通道。

现状在海河北侧东西向贯通外环线的主要有庐山道—第九大街，南北向由外环线至海河的主要有南海路；海河南侧东西向贯通外环线的主要有津沽公路，南北向由外环线至海河的道路目前还没有形成。

（2）疏港交通发展现状。

目前天津港用于疏港的主要交通方式有公路、铁路和管道。公路主要有对外的京津塘高速公路、唐津高速公路、津晋高速公路、津保高速公路；市域的主要有津蓟高速公路、杨北公路、第九大街、泰达大街、新港四号路、津沽公路、海滨大道等。

铁路主要有对外的津蓟—大秦到大同、京山—丰沙大到大同或内蒙古、津霸联络线—京九—石太（或朔黄）到山西、津浦线到上海；市域的疏港线路主要是北环、地方铁路李港线、东南环线；进出港区的主要线路有北疆进港一、二号线，南疆李港铁路延长线等。

2. 存在的主要问题

（1）港城平行发展，争夺空间资源，港城发展相互制约。

港口是滨海新区发展的核心战略资源，而彰显海滨特色作为新区的发展目标，长期以来港与城平行发展，缺乏有效分隔，在有限的空间里争夺资源，导致相互的空间挤压与影响：一方面造成相互制约，海港与河港缺乏后方陆域，城市缺乏高品质的滨海、滨河生活岸线，环境杂乱，滨海城市形象难以得到有效展示；另一方面，疏港交通成为制约港口发展的瓶颈，使得疏港通道与城市交通相互干扰，严重影响了城市及港口正常的秩序。

（2）疏港运输结构欠合理，缺乏与货类的有效匹配，对城市干扰较大。

依据腹地的产业、资源所确定的港口发展方向，使得煤炭、铁矿石等大宗干散货运输成为支撑港口发展的主要货类，高附加值的集装箱运输所占比重相对较低。长期以来，与远距离大宗干散货运输相匹配的铁路运输发展滞后，大幅增加了运输成本，降低了经济效益，而由此带来的公路运输压力过大、交通拥堵与环境污染严重，极大地制约着新区的健康发展。

（3）港城交通系统不完善，相互影响严重。

疏港交通系统与城市交通系统之间存在着相互结合又适当分离的关系。作为城市发展的重要依托，港口与城市之间有着千丝万缕的联系，疏港交通与城市交通是互为一体的。同时，疏港交通与城市交通又有各自独立的一面，比如疏港交通中与城市以外区域发生联系的对外运输、城市交通中与港口没有直接关系的客货运输等。目前滨海新区却存在着两个系统混合、杂乱交织的现象：对外疏港运输能力不足，且分布不合理，大多从城区中心穿越，造成城市分隔严重，城市疏港运输尤其是疏港客运又与城市交通系统缺乏有效衔接；城市交通中，由于城区道路网络的不完善而占用疏港通道，影响疏港效率，突出体现为由于跨海河通道的不足，而造成城市交通对海滨大道的过度使用。

（4）规划、建设、管理缺乏有效统一，制约空间资源的有效利用。

滨海新区核心区多家行政单位并存所造成的职能和权力的分散，使得新区基础设施与大型项目建设、道路交通管理等缺乏有效统一。在建设和管理中的各自为政造成全局观念的缺失，一方面阻碍了城市有限空间资源的合理利用，使得交通供给总体滞后于城市需求，另一方面制约着既有设施潜能的发挥，难以从交通管理的角度对疏港交通和城市交通进行合理的组织，现有道路交通设施的潜力没有被充分挖掘。

二、天津港发展规模与需求预测

综合考虑多方面因素，预计 2020 年，天津港年货物吞吐量达 7 亿吨以上，集装箱吞吐量达 2800 万标准箱。其中北港区 4 亿吨，南港区 3 亿吨（临港工业区 1 亿吨、南港工业区 2 亿吨）。

三、天津港集疏运发展目标

统筹考虑海港、空港与城市的协调发展，强调综合效率优先，以提高城市交通与疏港交通的综合效率为指导，促进港城交通协调发展，引导城市与海空港空间布局的合理拓展，发挥海空港对区域的辐射及对城市的服务作用。

四、港城协调发展规划

1. 优化港口与城市用地布局，提高空间资源的利用效率

在滨海新区总体用地布局规划的指导下，建议对局部港口与城市用地的功能进行调整，使二者有效分离，以减少相互之间的影响。港口用地方面，建议将现有南疆散货物流中心调整至临港工业区，以减少散货物流中心露天堆放的煤炭对周边城区的环境

污染；城市用地方面，建议严格控制大港城区与临海产业区之间的发展备用地的使用，预留其与临港产业区之间的绿化控制带，形成有效分隔，避免与临海产业区连成一片而形成新的港城矛盾。

2. 优化港口功能，调整疏港运输结构，提升综合运输效益

顺应世界港口的发展趋势，结合天津港自身的特点，积极发展集装箱运输业务，将天津港建成面向东北亚、辐射中西亚的国际集装箱枢纽港。对于附加值低、污染严重、与周边港口竞争激烈的煤炭运输则采取逐步缩减的方式，以减轻煤炭运输对城市环境的污染。同时要进一步优化疏港运输结构，借鉴国外港口运输的成功经验，大力发展铁路运输，尤其是铁路集装箱运输，以更好地发挥海铁联运的优势，拓展集装箱腹地。

3. 完善疏港与城市交通网络，提高综合运输效率

规划形成以主要对外通道为核心的网络化疏港交通网络，支撑港区发展，拓展港口腹地。重点从提高疏港效率（高快速路、铁路直接进港）、保障疏港安全（形成两级疏港系统）两个方面出发。

（1）公路及城市道路。

高快速路直接进港，减少高快速路南北转换，提高运输效率；构建高快速疏港系统、辅助疏港系统两级疏港体系，保障疏港安全。

①疏港主系统。

规划形成"八横两纵"的高、快速疏港网络，总集疏运能力6.4亿吨／年。其中：

北港区：京津高速（6 车道）、京港高速（12 车道）、京津塘高速（8 车道）。

临港产业区：津晋高速（4 车道）、津港快速延长线（8 车道）。

南港工业区：津石高速（8 车道）、南港高速（8 车道）、南港联络线（8 车道）。

南北方向：唐津—津汕、海滨大道。

②疏港辅助系统。

规划形成"四横两纵"的辅助疏港系统，总集疏运能力0.9亿吨／年。其中：

北港区：新杨北路、第九大街、津晋南货运通道。

南港工业区：南港进港路。

南北向：海滨大道东侧、西侧辅道。

（2）铁路。

强化进出港铁路能力，优化货运场站。规划在中心城市范围内形成"环—放"式疏港铁路骨架。

①集疏运铁路线路。

"环"由"津霸线—京山线—京山北环联络线—津蓟北环联络线—北环线—东南环线—李港铁路—周芦铁路—汉周铁路"组成。规划开通周芦线，建设汉周铁路联络线、津蓟北环联络线、京山北环联络线、东南环线复线。

"放"为直接进入港区的多条铁路疏港线。

规划共形成4条进出港铁路通道，总运输能力2.52亿吨／年。其中：

北港区：进港三线。

临港工业区：临港支线。

南港工业区：南疆一线、南疆二线。

②集疏运铁路场站。

在疏港铁路沿线设置铁路编组站，提高铁路疏港效率。规划形成 "一集两编"+5 个货运站的铁路集疏运场站布局。

集装箱站：新港集装箱编组站。

编组站：北塘西编组站、万家码头编组站。

货运站：茶淀、军粮城、北大港、南港一站、南港二站。

（3）管道运输。

支撑天津港尤其是南港区液体散货运输需求，重点强化管道运输系统与国家干线管网的衔接。

市域管道：南延由南疆港至天津石化、国家石油战略储备库的管廊，预留 150 米用地；沿海滨大道西侧、北围堤路南侧增加一条由南疆港至大港石化基地的管廊；沿津石高速延长线预留南港管廊。

对外管道：配合大炼油、大乙烯、LNG 上岸工程建设，完善覆盖天津、北京、沧州、任丘、石家庄、济南、洛阳等地的管道网络。

4. 完善城区道路交通网络，提高出行便捷度，减少对疏港交通的依赖

针对与疏港交通有冲突的主要城市交通发生区域，通过完善该区域的城区交通网络，来减少与疏港交通的相互干扰，创造便捷的城市交通出行环境。

完善滨海新区各主城区之间的联系通道。规划连接塘沽、汉沽、大港 3 个主城区的中央大道，作为区间出行的主要客运通道。沿规划的塘沽西中环线新建西中环线快速路，该快速路向北接规划的津汉快速路至汉沽，向南至大港城区、大港油田，与海滨大道共同构成塘沽、汉沽、大港 3 个主城区之间的货运通道，以减少滨海新区主城区之间客货交通对现状海滨大道的依赖，分离海滨大道的区间交通功能。

完善滨海新区核心区至中心城区的对外出行通道。规划形成由海河北侧的津滨快速路、南侧的天津大道组成的客运通道；货运则可以通过京津塘高速公路、津塘公路等完成。

完善滨海新区核心区的跨海河出行通道。除中央大道以外，规划将闸北路北延接津港路，改造渔船闸、防潮闸、新港船闸及相临道路，增强既有跨河通道的能力，以加强海河南侧渤海石油居住区与海河北侧的联系，从而减少海滨大道的城区交通压力，提高跨河出行的便捷度。

完善滨海新区核心区内出行。海河北侧，南北向临港出行通过海河大道城区段来完成，规划该段北起京津高速公路，南至北疆进港一线，规划双向 8 车道；东西向将第九大街南侧的第七大街向西延伸至新北公路，可继续接津滨高速，同时将泰达大街南侧的第二大街向西延接杭州道，形成海河北侧东西向两条主要出行通道，从而减轻疏港的第九大街和京津塘高速的城区交通压力。海河南侧，南北向临港出行通过改造闸南路、新增渔船闸东路来完成，从而减少海滨大道该段的城区交通压力；东西向则通过拓宽改造津沽公路，新增海河南侧渤海石油居住区至规划的滨海新区中心商业、商务区的两条跨河通道，提高东西向出行便捷度，减轻现状东西向疏港通道南疆大桥—津沽一线的城区交通压力。

5. 加强统一规划、建设、管理，挖掘现有设施潜力

在规划方面，严格审批，将规划与新区整体发展的一致性与否纳入审批程序，作为规划是否合格的主要参考；在建设方面，严格评估建设项目的选址、规模，要对其产生的交通影响做深入的分析与研究，并将交通影响评价纳入审批程序；在管理方面，要重点加强交通的组织与管理，通过制定系统的交通组织方案和相应的交通管理政策，挖掘道路潜力，提高道路系统的整体供应水平。

第四节　综合物流规划

一、物流系统发展现状

1. 现状概况

（1）物流运输系统。

滨海新区发展现代综合物流具有优越的交通运输条件，区域内港口、机场、铁路、公路、管道 5 种运输方式齐全，并各自在综合交通运输中承担着重要作用。

滨海新区内各种运输方式的货物运送量见下表。

滨海新区物流货运量分担表

运输方式	2000 年	2005 年	增长比值
港口	0.9582 亿吨	2.4 亿吨	2.5 倍
（其中）集装箱	171 万 TEU	480 万 TEU	2.8 倍
机场	5.3 万吨	9.3 万吨	1.8 倍
铁路	0.3079 亿吨	0.7132 亿吨	2.3 倍
公路	1.8764 亿吨	1.9639 亿吨	1.05 倍

①港口。

天津港是京津冀现代化的综合交通网络的重要节点和对外贸易的主要口岸，是华北、西北地区能源物资和原材料运输的主要中转港。天津港共有各类泊位约 140 个。有国际航线 170 条，与世界上 160 多个国家、地区的 300 多个港口通航。其中集装箱班轮航线 65 条（远洋集装箱航线 9 条），每月的航班大约 300 班。集装箱班轮在港平均停时为 21.6 小时。目前天津港已建成 20 万吨级航道。

②机场。

天津滨海国际机场是国家级一类航空口岸和 4E 级机场，也是中国北方最大的货运机场之一。天津机场的设计年起降架次 90 000 架次，跑道长 3200 米、宽 60 米，停机坪 15.4 万平方米，建有 1 万平方米货运仓库，设计年货运吞吐量为 16 万吨。

机场主要的运营航空公司有国际航空公司天津分公司、新华航空公司和东方通用航空公司等。国内航线以往返上海、广州、深圳等地航线为主；另外，还开通了香港的地区航线。国际航线方面，主要开通了俄罗斯、乌克兰、日本和韩国等地的航线。

③铁路。

天津铁路枢纽位于京山线与津浦线交汇处，为京九铁路津霸联络线（以下简称津霸联络线）和津蓟线的起点，衔接北京、山海关、上海、蓟州区及霸州 5 个方向，是一个客货混合、路港联运的大型铁路枢纽。

滨海新区内通过的铁路线有京山铁路、北环铁路、铁路东南环线、李港铁路以及黄万铁路。北塘西编组站，衔接北塘、南仓、南疆港 3 个方向，主要办理天津南疆港下海煤炭列车的到发作业和机车换挂作业及京山线货车的通过作业。塘沽、北塘、万家码头、邓善沽、东大沽等货运站，都设有大小不等的铁路货场。

④公路。

天津境内的公路四通八达，在全国公路交通中处于枢纽地位，作为为全国经济发展服务的国道系统，将东北与华北、华东、华南、西北、西南等连成整体。滨海新区内通过京津塘高速公路、唐津高速公路、津晋高速公路、津滨高速公路以及京津高速公路，能够与全市高速公路网沟通，形成与北京方向、东北方向、华东方向、华北方向以及中心城区的快速交通联系，并建成开发区、大港区货运枢纽站。

（2）物流园区（中心）及货运站。

随着天津物流业的快速发展，为适应天津港、滨海国际机场、国际保税物流发展需要，近年来，以滨海新区为重点建设了一批物流园区（中心），包括：

规划占地 5.4 平方千米的北疆集装箱物流中心正在建设，27 万平方米的示范区已正式运作。

南疆散货物流中心部分堆场已经投入运营。

保税区国际物流运作区已建成汽车展厅和现代化立体仓库，区内建成 10 万平方米的示范区，形成国际物流的集散分拨配送体系、展贸结合的市场交易体系、工贸一体的进出口加工体系。

投资 3 亿元、占地 19.5 万平方米、建筑面积 5 万平方米的邮政物流中心已竣工投入使用。

开发区国际物流园区建场 28 万平方米，并已铺设铁路专用线，将许多跨国公司和物流企业引入园区。

占地 1.2 平方千米的空港国际物流区现已正式投入运营，占地 2.5 万平方米的海关监管库已正式投入运行。

天津空港物流加工区作为天津港保税区的扩展区，是一个享有国家级保税区和开发区优惠政策，具有加工制造、保税仓储、物流配送、科技研发、国际贸易等多重功能，高度开放的外向型经济区域，当前已有若干物流加工公司落户。

除上述物流园区（中心）外，在 1996 年《天津市公路货运主枢纽》规划建成的 5 个货运枢纽站中，有 3 个位于滨海新区。其中：

邓善沽货运站（天津市塘沽滨海物流中心）于 2003 年初建成投产。经营业务正由单一的仓储向物流配送转变，经营产品主要有化工原料、食品药材、机械设备、石油化工、汽车等。2005 年完成货物储运中转量 152 万吨。

汉沽货运站 2002 年建成投产，主要经营货类为化工产品、石油制品、非金属矿石等。2005 年完成零担、快件货物运输 50 万吨，储运中转货物 80 万吨，城市物流配送 84 万吨。

北塘货运站（危险品物流中心）于 2005 年建成投产，主要为汉沽化工基地提供物流服务。2006 年上半年完成城市配送货物 26 万吨，储运中转货物 48 万吨。

另外，近年来部分企业自发建设了一批公路配货中心，进行货物的集散、储存和配载经营，同时，滨海新区及天津港区附近集中了 100 余家集装箱堆场和中转站。

（3）仓储用地。

目前，滨海新区仓储占地面积约 20.5 平方千米，其中：

塘沽区：仓储库场 200 余处，总用地面积 15.2 平方千米，主要分布于津塘、新北、塘汉、津沽公路两侧和海河沿线及塘沽火车站、于家堡、郭庄子、西沽等地，多为集疏港中转的集装箱、杂货、矿产品和工业制品。另外，还有部分煤炭临时堆放场散布于未建设用地上。在塘沽西部出现了集贸易、中转、仓储于一体的华北陶瓷批发市场。

汉沽城区：仓储用地主要分布在城区北部、天化东侧及汉北路、塘汉路两侧，总用地面积 1.8 平方千米，主要为区内轻工、水果产品加工配套的仓储业。

大港城区：仓储用地主要分布于港塘路、津港路两侧及大港南部，总用地面积 3.2 平方千米。南部主要为石化工业配套的仓储区，另外还有为万家码头配套的集疏港仓储。

海河下游工业区：共有仓储场近 130 家，多数分布零散，总用地面积 0.5 平方千米，共有铁路专用线 35 条，铁路一次接卸能力为 15 万吨，拥有码头和库厂 15 个，最大储存能力为 620 万吨，主要储存的货类有集装箱、粮油、土产品、矿产品、汽车、煤炭、焦炭、油品、杂货等。

（4）物流相关企业。

目前，天津共有物流相关企业 2.3 万家，企业注册资金总数已经超过 2000 亿元。同时，国外很多著名的物流企业也落户天津，目前德国大众中国物流中心、新加坡叶水福物流中心等一大批世界知名物流企业纷纷落户聚集保税区。物流公司已经达到 500 家，其中跨国企业达 50 家。

2. 存在的主要问题

目前，天津综合物流发展存在的问题主要表现在以下方面。

（1）物流园区（中心）布局和功能结构还有待完善。

目前在建或建成的大型物流园区（中心），都是围绕港口、机场口岸，主要从事面向国际市场的物流活动，对天津作为区域综合交通枢纽地位的支撑和巩固、对滨海新区产业的促进和发展以及对城市日常生活配送兼顾不足。

（2）现有货运场站呈"多、小、散、弱"状态，缺乏整合，与城市发展存在矛盾。

目前滨海新区货运场站数量多、规模小，设置散乱，生产能力低，不仅难以发挥规模效益，其引发的噪声、大气污染及对城区的交通干扰给城市生活环境带来不良影响，而且随着城市建设进程的加快和城市建设用地需求的增大，这些货运场站将与城市服务产业竞争良好的城市区位，同时，场站自身发展也受到空间限制。

（3）多式联运和"无缝"衔接能力不足。

目前，滨海新区内公路缺乏直接进港的快速通道；铁路疏港运输能力不足，缺少双层集装箱运输通道，而且未形成一定规模的集装箱枢纽站，不适应陆港联运需求；公路、铁路联运较为薄弱，除汉沽危险品物流中心依托铁路芦台车站建设、开发区国际物流园区引入铁路专用线外，其他公路货运枢纽、配货中心与铁路货运场站关联性不强，导致大量货物必须经过二次倒运，增加了城市交通压力，还使港口的集疏效率与物流运作效率低下。

（4）综合交通网络总供给能力不足。

滨海新区与主要集装箱货源地北京之间只有一条高速公路，且能力接近饱和；天津尚没有一条直通西部的铁路运输通道，一些远运距货物由于铁路运力紧张，不得不改用公路运输，从而增加了城市交通和疏港交通的压力，增加了物流运输成本。

二、物流系统规划目标

以国际物流为主导，重点发展国际物流和区域物流，兼顾城市配送物流，形成能够支撑滨海新区现代国际物流中心地位、符合滨海新区土地利用规划、与滨海新区综合交通网络紧密衔接的物流结点系统。

三、物流系统需求预测

1. 预测思路

滨海新区物流需求预测应与物流类型划分相对应，分别对国际物流、区域物流、城市配送物流量进行预测。考虑到滨海新区国际物流正逐步趋于成熟，国际物流结点均已经投入使用或正在建设或已经完成规划编制的实际情况，本次规划将不再对国际物流量进行预测。同时，根据物流系统规划所能达到的深度要求，本次规划也将不考虑城市配送物流需求，其物流量将结合每个配送结点的建设具体确定。

滨海新区的区域物流运输主要由公路和铁路两种方式完成，因此对于区域物流量的预测可考虑从综合运输量的角度，分别计算公路、铁路的货运量，并根据不同货类的分析，计算可能会进入区域物流结点的作业量。

2. 物流量预测

（1）公路物流量预测。

公路物流量的预测可以采用以下公式计算：

$$L_{公路} = \sum Q \times \alpha \times \gamma i \times \beta i$$

式中：$L_{公路}$——公路物流量（万吨）；

Q——扣除集装箱运量后的公路货运量（万吨）；

α——规划目标年份第三方物流（TPL）市场占全社会物流市场的比例；

γi——规划目标年份公路运输不同货类的比例；

βi——规划目标年份不同货类适合通过物流园区作业量的比例。

第三方物流自 20 世纪 80 年代末在欧美出现以来，需求旺盛，发展十分迅速，如今第三方物流完成的物流量占整个物流市场的比重越来越大，下表列出了 2002 年部分国家的第三方物流市场比重。

2002 年部分国家的第三方物流市场比重

国家	日本	美国	英国	法国	荷兰	德国
比重	80.0%	57.0%	34.5%	26.9%	25.0%	23.8%

我国目前第三方物流市场比重相对于上述几个物流产业较为发达的国家还有较大的差距，但随着我国现代物流产业的发展，我国的第三方物流市场将呈现出较快的发展速度。综合考虑滨海新区的未来经济发展水平和物流需求，2010 年、2020 年 α 取值分别为 50% 和 60%。

根据天津市 2005 年公路 OD 调查的分类货物所占比例以及滨海新区产业发展规划，预测出 2010 年、2020 年滨海新区公路货物运输分类货物所占的比例，见下表。

公路运输分货类比例

序号	货类	所占比例 γi	
		2010 年	2020 年
1	煤炭	15%	12%
2	石油	2.50%	4%
3	金属矿石	1.88%	2%
4	钢铁	9.40%	9.50%
5	矿建材料	17%	18%
6	水泥	3.72%	3.60%
7	木材	2%	1.50%
8	非金属矿石	2.30%	2.20%
9	化肥及农药	1.20%	1.10%
10	盐	0.50%	0.40%
11	粮食	4.50%	4%
12	其他	40%	42%

根据对天津市历史货运数据分析以及相关城市经验，得出不同货类适合通过物流园区作业量的比例 βi，其中"其他"货类是天津市货运枢纽（除集装箱）的主要服务对象，并最后计算出滨海新区公路物流量。

分货类适占比例 βi 及公路物流量

序号	货类	适占比例 βi		物流量（万吨）	
		2010 年	2020 年	2010 年	2020 年
1	煤炭	—	—	—	—
2	石油	—	—	—	—
3	金属矿石	—	—	—	—
4	钢铁	2%	2%	4	8
5	矿建材料	1%	1%	3	8
6	水泥	1%	1%	1	2
7	木材	2%	2%	1	1
8	非金属矿石	—	—	—	—
9	化肥及农药	3%	3%	1	1
10	盐	3%	3%	0	1
11	粮食	3%	3%	3	5
12	其他	20%	25%	160	447
合计				173	473

由上述计算可以得出，2010 年、2020 年滨海新区公路物流量分别占到公路货运总量的 4.3%、6.7%。

（2）铁路物流量预测。

铁路物流量预测以公路为参考，进行适当简化。2020 年滨海新区铁路货运量为公路货运量的 75%，而铁路地方运量占到铁路总运量的 57%，考虑到铁路货物运输以大宗散货为主的运输特征，铁路物流量占铁路货运总量按 3% 计，则可以得出 2010 年、2020 年滨海新区铁路物流量分别为 24 万吨和 54 万吨。

（3）区域物流总量。

综合公路、铁路物流量，得出 2010 年、2020 年滨海新区区域物流总量分别为 196 万吨和 527 万吨。

四、物流园区（中心）布局规划

1. 布局原则

（1）规划协调性原则。

应与天津市城市总体规划、滨海新区城市总体规划以及土地利用总体规划保持一致，适应城市产业布局和产业结构调整的需要，符合城市用地空间的统一布局，处理物流结点与其他用地之间的关系。

（2）规划延续性原则。

在天津市城市总体规划确定的物流空间布局基础上，根据滨海新区交通发展战略和综合交通网络的调整，对滨海新区物流结点进行调整和细化。同时，对于已经投入使用或正在建设或已经完成规划编制且对经济发展有重大意义的大型物流园区（中心），直接将其纳入布局之中。

（3）适度超前原则。

物流结点选址、用地规模和功能定位上，应适度超前于社会经济发展。一方面，应在综合考虑城市未来用地规划和结点服务水平的前提下，尽量布置在城市发展区、功能分区的边缘；另一方面，根据需求预测合理实用地配备设施，又要以较高起点为将来的继续发展预留空间。

（4）供给与需求一致原则。

规划的物流结点应满足国际物流、区域物流、城市配送物流 3 种物流需求。同时，不同的物流类型对应的物流结点各有不同的区位和运输要求，国际性物流结点是设有海关通道的国际中转枢纽和进出口基地，应依托港口、机场口岸，结合海港、空港、保税区以及以进出口加工为主的工业开发区建设；区域性物流园区应满足跨区域的长途运输要求，同时滨海新区产业又是其重要依托，应结合公铁多式联运枢纽以及滨海新区重要支柱产业园区建设。

2. 空间布局方案

滨海新区物流结点由物流园区、物流中心和配送中心组成。其中：物流中心辐射范围大，物流较为明确和集中，存储吞吐能力强，专业性突出；配送中心辐射范围较小，以多品种、小批量城市配送为主，储存为辅；物流园区兼具物流中心和配送中心的部分特点和功能，综合性强。

同时，每个物流结点服务范围、服务对象以及服务功能不可能严格区分，规划的物流结点所属的物流类型只能遵照功能主导性原则来划分。

（1）国际物流。

国际物流主要依托海港、空港作为京津冀国际门户枢纽的优势，建立国际性物流园区，提高国际物流竞争力。

①海港物流园区。

海港物流园区从用地上分为国际集装箱物流中心、保税物流中心、临港综合物流中心和化工物流中心。

a. 国际集装箱物流中心。

位置：位于天津港五港池以西 250 米至海滨大道、保税区以

北至六港池之间。

选址条件：规划的集装箱物流中心公、铁、水多式联运优势非常明显，位于北疆装箱港区内，紧邻规划集装箱码头作业区。

直接通达天津港主要集装箱箱源地北京的两条高速公路——京津塘高速公路和京津高速公路分别从其南北两端通过；天津港南北向主要集疏港道路——海滨大道从其西侧通过；北疆港南北向主要干道从其内部通过。

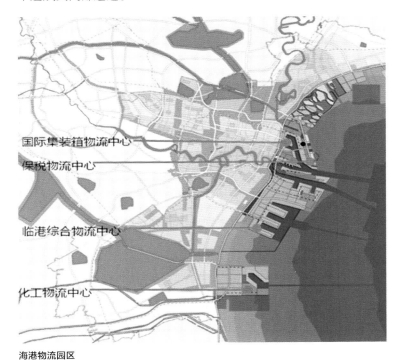

国际集装箱物流中心
保税物流中心
临港综合物流中心
化工物流中心

海港物流园区

规划的铁路集装箱专用线——进港三线通达集装箱码头，并在集装箱物流中心内设置集装箱中心站。

功能定位：建设成为面向国际市场和内陆腹地的现代化集装箱物流服务区，主要承担天津港集装箱集散、海陆中转联运、仓储、

配送、信息服务等功能。

集装箱物流中心的建设，将大大拓展天津港的陆桥运输功能，强化滨海新区向西部广大区域的辐射能力，使自身在与东北亚经济圈其他港口城市的竞争及合作中处于有利位置，实现北方国际航运中心、现代国际物流中心这一战略目标。

b. 保税物流中心。

位置：由天津港保税国际物流运作区和东疆保税物流区组成。

选址条件：保税物流中心在区位、功能和政策等方面有着特殊的优势，紧邻天津港集装箱码头泊位。天津实施保税区与天津港联动，全面提升保税区和天津港的综合竞争力。京津塘高速公路延长线、津滨快速路延长线和海滨大道快速路从其外围通过。

功能定位：充分运用天津港区和保税区优势，实现国际采购、国际配送、国际中转等三大核心功能，具备国内外货运代理、进出口贸易、集装箱货物配载、保税仓储、保税展示信息管理服务等功能。

保税物流中心将使天津港物流功能和国际贸易功能更加完善，为现代国际物流中心建设以及推动自由贸易区建设打下良好基础。

c. 临港综合物流中心。

位置：位于规划临港产业区内。

选址条件：规划的临港综合物流中心公、铁、水多式联运优势非常明显，位于规划南港区内，紧邻码头作业区。津晋高速公路和海滨大道从其外围通过，有规划的铁路临港产业区线直接通达。

功能定位：承担天津港集装箱、件杂货的海陆中转联运、加工、仓储、配送、信息服务等功能。

d. 化工物流中心。

位置：位于规划南港区内。

选址条件：规划的临港综合物流中心公、铁、水多式联运优势非常明显，位于规划南港区内，紧邻码头作业区。津石高速公路、南港高速公路和海滨大道从其外围通过，有规划的铁路南港一线和南港二线直接通达。

功能定位：承担化工产品海陆中转联运、加工、仓储、配送、信息服务等功能。

②空港物流园区。

空港综合物流在空间布局上包括空港国际物流中心和空港保税物流中心两部分。

a. 空港国际物流中心。

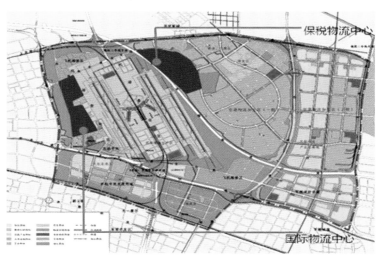

空港物流园区

位置：位于市区东部，处于机场西北端，并紧邻外环线。

选址条件：临近的天津机场将发展成为中国北方航空货运中心及东北亚航空货运集散地。

周边有京津塘高速公路、津滨快速路、津汉快速路以及中心城区外环线，能够提供高效的陆空联运。

功能定位：利用机场优势，开展国际分拨配送、转口贸易、国际中转以及空港进口货物的展示展销等服务功能。

b. 空港保税物流中心。

位置：位于空港物流加工区西端。

选址条件：用地充足，有发展余地。

空港物流加工以及周围的空客 320 制造区、开发区西区、滨海高新技术产业区等以高新技术企业、高附加值产品生产为主，航空物流需求量大。

京津塘高速公路、津汉快速路、环外快速环路从其外围通过，能够提供高效的陆空联运。

功能定位：为临空产业区、开发区西区、滨海高新技术产业区提供陆空中转联运、仓储、加工增值、配送等物流服务。

（2）区域物流。

区域物流依托滨海新区特色产业与专门货类，或重要交通枢纽场站，规划建设专业化区域性物流结点；整合综合交通运输与物流基础设施资源，强化城市地区物流配套服务，规划建设综合性区域物流结点。

①汉沽综合物流园区。

位置：位于汉沽区国道 112 高速公路与海滨大道交汇处。

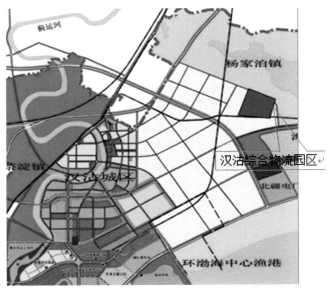

汉沽综合物流园区

选址条件：唐津高速公路、国道 112 高速公路、海滨大道高速公路分别从其外围通过，利用芦堂公路及互通立交使规划物流中心与高速公路系统实现便捷沟通。

临近天津港、汉沽化工区、规划的北疆电厂以及海水养殖加工基地、东尹、茶淀等，物流需求量大。

有大量的盐田，后备用地充足。

功能定位：滨海新区及天津面向京津冀区域东北门户枢纽，实现货物仓储、中转、分拨功能，为天津港、曹妃甸港货物集散以及汉沽区农副产品加工提供物流服务。

②塘沽综合物流园区。

塘沽综合物流园区

位置：包括开发区物流中心以及结合北塘西编组站在塘沽海洋高新区规划新建的物流中心。

选址条件：京津高速公路、唐津高速公路、蓟塘高速公路从其外围通过，利用塘沽西中环及互通立交使规划物流中心与高速公路系统实现便捷沟通。

紧靠北塘西铁路编组站，衔接北塘、南仓、南疆港3个方向货物运输；同时规划天津港进港三线在北塘西站接轨，有利于公铁联运。

功能定位：担负滨海新区与北京、西北地区货物运输组织；为滨海新区服务业及先进制造业区提供物流服务。

③大港物流中心。

大港物流中心

位置：位于大港区铁路万家码头编组站附近。

选址条件：唐津高速、津石高速、津汕高速、津淄公路等交通干道从外围通过。铁路万家码头编组站有利于公铁联运。

功能定位：担负滨海新区与黄骅、华东地区货物运输组织。

（3）城市配送物流。

配送中心处于滨海新区综合物流系统的基础层次，它的选址受企业经营决策行为影响较大，规模应依据城市经济生活配送的要求，依据客户而定，故本次规划只给出配送物流中心建议选址原则，不再给出配送物流中心具体选址。

配送物流选址原则包括：

①尽量设在城市边缘区，一方面避免同第三产业形成区位竞争，另一方面减少对城市交通和环境的影响。

②尽量靠近交通枢纽。

③尽量靠近主要商品集散地。

④尽量利用已有仓储用地及设施。

上述规划物流园区（中心）位置和功能汇总如下图和右表所示。

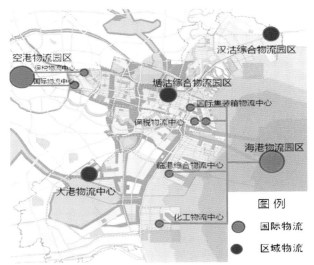

滨海新区综合物流规划图

物流园区（中心）功能汇总表

物流性质	节点名称		功能定位（2020 年）
国际物流	海港物流园区	国际集装箱物流中心	天津港集装箱集散、海陆中转联运、仓储、配送、信息服务
		保税物流中心	国内外货运代理、进出口贸易、集装箱货物配载、保税仓储、保税展示信息管理服务
		临港综合物流中心	天津港集装箱、件杂货的海陆中转联运、加工、仓储、配送、信息服务
		化工物流中心	化工产品海陆中转联运、加工、仓储、配送、信息服务
	空港物流园区	国际物流中心	国际分拨配送、转口贸易、国际中转以及空港进口货物的展示展销
		保税物流中心	为临空产业区、开发区西区、滨海高新技术产业区提供陆空中转联运、仓储、加工增值、配送等物流服务
区域物流	汉沽综合物流园区		担负滨海新区与唐山、东北地区货物运输组织；为天津港、曹妃甸港提供集疏运；为汉沽区现代农业及循环经济产业提供物流服务
	塘沽综合物流园区		担负滨海新区与北京、西北地区货物运输组织；为滨海新区服务业及先进制造业区提供物流服务
	大港物流中心		滨海新区及天津面向区域的东南门户枢纽，担负滨海新区与黄骅、华东地区货物运输组织

第四章 滨海新区交通规划提升

第一节 滨海新区综合交通规划发展战略

一、规划的编制背景

滨海新区作为一个整体进行道路交通和基础设施规划始于1994年，天津市委市政府成立滨海新区管委会统筹全区的规划和发展。管委会成立伊始组织编制了新区三年基础设施建设规划，可以说是全区的第一个交通基础设施规划。

进入2000年以后，新区社会经济快速发展，交通需求大幅增加，海港发展突飞猛进，天津港进入亿吨大港行列，同时随着城市开发建设的不断推进，交通基础设施建设亟待加速。2005年新区被纳入国家发展战略，在这一背景形势下，新区管委会于2006年组织编制滨海新区综合交通规划，2009年重点规划指挥部结合新区空间战略和总体规划，对新区综合交通进行进一步提升完善，形成阶段性成果。

二、规划重点及实施战略

（一）滨海新区战略选择的因素分析

1. 发展阶段

在2006—2010年间，滨海新区正处于加快建设阶段，城市形态与布局结构尚未成型，交通设施建设欠缺较多，区间联系不便捷，各种交通方式之间缺乏有效衔接，该发展阶段决定了各种

方式协同发展的重要性与迫切性。

2. 空间布局

滨海新区多中心、网络化的城市布局形态决定了其交通出行模式的多样化，双城之间、滨海新区核心区、双城与各功能区之间、主城区内部等不同层面的交通出行模式是具有明显差异性的。

3. 发展要求

作为落实科学发展观的排头兵，滨海新区在交通方面应充分利用新的交通技术、交通理念，体现交通系统的低碳、绿色、节能环保，集约、节约使用土地。

（二）滨海新区战略发展思路

滨海新区目前所处的发展阶段及特殊的城市空间布局特征决定了其交通发展战略选择的多样性，在新区综合交通体系发展、对外交通发展、双城及区间交通发展、区内交通发展等不同层面应采取适合的交通发展战略、模式与理念。

（三）滨海新区交通战略选择

1. 滨海新区综合交通体系——综合交通协同战略

针对滨海新区交通设施建设滞后、各种交通方式缺乏有效衔接的特征，在新区综合交通体系及对外交通方面建议采取综合交通协同战略，即全面高效地整合滨海新区各种交通系统，持续动

态地协调交通与经济社会、生态环境、城市空间的繁杂关系，最大限度地发挥综合交通的整体效应。适应对外交通、区间交通、内部交通等不同层次、不同方式的交通需求，加大交通设施整合，强化各种交通方式的衔接，实现内外交通分离、长短交通分开、快慢交通分流、客货交通分行。

2. 对外交通系统——综合交通协同 + 交通发展先导战略

针对新区对外交通尚需加强，各种对外交通方式之间缺乏有效衔接、孤立发展的现象，建议实施综合交通协同、交通发展先导战略，即强化对外铁路、公路大通道建设，提高区域可达性，同时注重综合客货运枢纽建设，通过枢纽实现海—空、海—铁、海—公、公—铁等多种交通方式之间的无缝衔接，提高对外综合运输效率，强化滨海新区的区域交通地位。

3. 双城及区间交通 —— 交通发展先导战略

针对滨海新区双城及区间交通设施建设滞后、区间联系不够便捷的现象，建议实施交通发展先导战略，即结合新区城市组团

式的城市空间布局，充分发挥交通建设对城市发展的引导与支撑作用，大力推进区间复合交通走廊与枢纽设施建设，强化区间联系，带动各功能区发展，促进城市布局的合理拓展。

4. 滨海新区核心区交通—— 公共交通优胜战略

针对滨海新区核心区公共交通发展滞后、出行比例较低、未来小汽车数量将会急剧增长的现象，建议实施公共交通优胜战略：超前建成轨道交通系统，实现与小汽车竞争，稳定中长距离大客流；通过优先发展快速公交系统，实现与个体交通竞争，吸引更多客流；通过提高出租车服务质量，实现与私家车竞争，缓解交通拥挤；通过整合公共交通体系，全面提高公共客运效率。

此外，对于生态城、滨海旅游区等新开发的重点生活型功能区，积极倡导低碳、绿色的交通理念；在集疏港通道布局方面，建议通过在滨海核心区、重点功能组团外围设置复合疏港廊道，体现集约、节约使用土地，实现可持续发展。

第二节　滨海新区综合交通发展模式及实施方案

在滨海新区总体发展战略思想指导下，于 2006 年底着手开展滨海新区交通发展模式的研究，并提出具体实施方案。

一、城市空间布局与交通发展模式
（一）城市空间布局模式
在目前的城市布局模式中，单中心集聚与多中心分散两类较

为常见，其演变的过程通常是单中心集聚—多组团放射的逐层递进，而推动这一演变的核心因素正是交通。在单中心集聚的城市布局模式下，交通体系的构建基本是围绕核心区展开，城市交通系统为典型的环—放式的结构，这一结构将大量交通流引向城市核心区，造成大城市核心区的交通高度拥挤。因此，随着城市规模的不断扩大，单中心集聚发展的必然结果就是城市的无序蔓延

与扩张，俗称摊大饼，对城市的交通、环境、居住的适宜性等均带来较大影响。

为避免城市单中心集聚发展带来的人口密度过高、用地紧张、交通拥挤和环境恶化等一系列城市病，许多国家和地区政府及城市规划专家提出了"多中心"组团式的城市布局发展模式。多中心组团式布局的城市将大城市中心区内过分集中的产业、人口和吸引大量人流的公共建筑分散布置在中心区外围的各个组团之中，组团之间以绿带分隔，此布局模式使城市各部分都能自由地扩展，其新的发展部分不会对原有城市产生破坏和干扰。因而，多中心布局被认为是大城市扩张的主要发展趋势。影响多中心、多组团城市布局的交通效率的关键在于各组团间的交通运转效率，如何通过发达的交通系统将分散的组团布局整合起来，并形成整体，是多组团布局模式下交通发展的关键所在。

（二）城市交通发展模式

总结国内外大城市交通的发展经验，可看出在长期的发展过程中，城市均根据自身的社会经济水平、区位、空间布局、交通设施水平等形成了特有的发展模式，大体分为以下三类：

一是以小汽车为主导的发展模式。该模式的机动化程度较高，个体机动车出行比例占出行总量的 50% 以上。该模式与弱中心、低密度的城市用地布局，高标准、高密度的城市道路网络，以及相对滞后的公共交通服务网络密切相关。比较典型的是北美城市，如洛杉矶。

二是小汽车和公共交通并重的发展模式。该模式体现了交通方式的均衡性，公共交通和个体机动出行比例均达到30% ~ 40%。该模式与强中心、有序拓展的城市用地布局，发达的城市道路网络，以及公共交通服务网络密切相关。比较典型的是欧洲城市，如伦敦。

三是以公共交通为主导的发展模式。该模式体现公共交通的主导性，公共交通出行比例高达 50% 以上，而个体机动出行比例小于 20%。该模式与强中心、高密集的城市用地布局，高度发达的公共交通服务网络，以及通达的城市道路网络密切相关。比较典型的是亚洲城市，如中国香港、日本东京、韩国首尔、新加坡等。

（三）城市空间布局模式与交通模式之间的关系

城市空间布局是城市交通模式选择的重要影响因素，城市空间布局与交通模式之间具有相互导向作用。城市空间布局特征与交通工具发展及出行方式结构的变化密切相关，主导交通方式影响着城市形态的拓展速度及其形式，同时城市空间布局反作用于城市交通方式的选择。

单中心集聚的城市空间模式比较常用的为公共交通为导向的出行模式，该模式可以避免将大量机动化交通引入核心区域而加剧核心区域的交通压力。

多中心布局的城市空间模式则体现在交通模式选择的多样化。在各中心城区内部，可能较适宜采用以公共交通为主导的发展模式，类似于单中心集聚；而在各中心之间，则可以根据不同的要求，采取公交主导、公交与小汽车并重、小汽车主导等多种模式。

二、滨海新区城市空间布局特征及对交通的要求

近年来，许多国际特大城市已向多中心城市区域的模式发展，这种转型是功能扩散和疏解的过程，而现代化的科学技术和城市生活空间的新理念对这种模式的成功实践起到有力支撑作用。

（一）现状空间布局——要求缩短时间距离、协调港城矛盾

滨海新区天生具备"城市区域"的特征与潜质。目前滨海新区城市空间发展的核心特征是新区南北向 90 千米面海呈带状展开，具有鲜明的海湾型城市地区特征，为典型的超大型城市尺度、多极核生长状态、多区域舒展格局。

1. 超大空间尺度——要求构筑区别于传统的交通组织模式

滨海新区区别于传统的城市区，是一个城市区域的概念，各片区之间的空间距离普遍在 30 千米左右，组团之间的超大尺度决定了传统的城市交通组织模式无法实现理想的时空通达目标，必须探求新的适应这种超大尺度空间布局的交通组织形式。

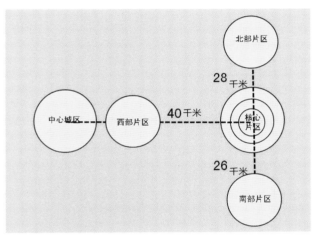

滨海新区空间分布示意图

不同交通方式出行指标分析

交通方式	运营速度（千米/时）	线路长度（千米）	出行距离（千米）
地铁、轻轨	35 ~ 40	25 ~ 30	8 ~ 10
常规公交	15 ~ 18	15 ~ 20	5 ~ 7
快速公交	22 ~ 25	15 ~ 25	8 ~ 10
快速路	40 ~ 60	—	—

2. "前港后城"布局——要求有效协调港城交通、客货交通的关系

滨海新区作为一个港口城市，是典型的前港后城、港城紧邻的布局模式。港区面海呈带状展开，以多级生态廊道分隔城市组团与片区。同时，天津港本身是比较典型的腹地型港口，绝大部

分集疏港交通来自内陆腹地，而水水中转不足 2%，疏港交通以尽端式、扇形发散通往腹地，与城市直接发生矛盾，导致滨海新区港城交通混杂的必然性与严重性。

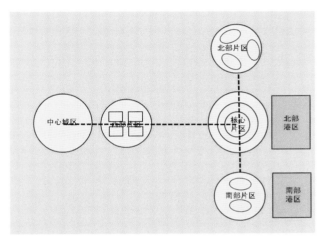

滨海新区港城分布示意图

国内主要港口运输指标（2009 年）

序号	港口名称	总吞吐量（亿吨）	集装箱吞吐量（万 TEU）	水水中转比例	陆路集疏运量（亿吨）
1	宁波—舟山	5.77	1050	25%	4.3
2	上海	4.86	2500	38%	3.0
3	天津	3.8	870	2%	3.7

（二）规划空间布局——要求体现交通组织的层级性

在"双城双港，相向拓展，一轴两带，南北生态"的战略指导下，《滨海新区总体规划（2009—2020）》提出未来滨海新区将构筑"多组团、网络化"的城市区域空间发展模式，形成"一城双港三区五组团"的城市空间结构，支撑新区轴带式发展格局。

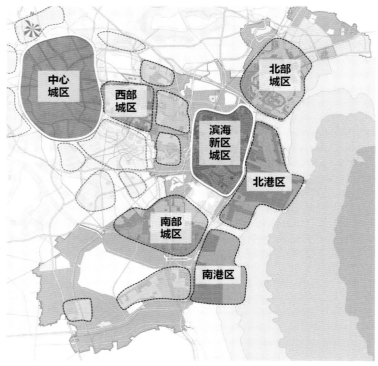

滨海新区空间布局规划图（阶段成果）

区间交通：中心城区、滨海新区核心区与各功能组团之间，要求联系顺畅，具有较好的可达性。

区内交通：滨海新区各片区内的空间布局多样化，具有明显的差异性，既有集中发展的城市区（城区型、圈层式发展结构，如滨海新区核心区），又有多组团围合而成的片区（片区型，如北部片区、南部片区、西部片区）。不同类型的区内空间布局，对交通组织模式、交通网络布局等的要求具有较大的差异性。

滨海新区应根据其特殊的空间发展布局，合理组织对外交通、双城交通、区间交通、内部交通等不同层次、不同方式的交通需求，同时要协调与疏港交通之间的关系，加大交通设施整合，强化各种交通方式的衔接，实现内外交通分离、长短交通分开、快慢交通分流、客货交通分行。

滨海新区不是传统的城市集聚区，是由多个功能组团围合而成的多中心、网络化的"城市区域"，这就决定了其交通系统组织与交通模式选择的多层级性，主要体现在以下几个方面。

对外交通：滨海新区与周边其他港口、城市之间，要有具有强大区域枢纽功能的、发达的对外交通网络，以充分发挥滨海新区的区域服务、辐射与带动功能。

双城交通：中心城区与滨海新区核心区之间，要求交通通畅、便捷，满足高效、快捷通勤的需要。

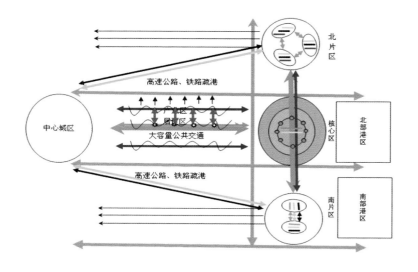

滨海新区综合交通组织示意图

三、 滨海新区综合交通发展模式

随着滨海新区国家发展战略的全面推进，要高效地整合滨海新区各种交通系统，持续动态地协调交通与经济社会、生态环境、城市空间的繁杂关系，最大限度地发挥综合交通的整体效应。

滨海新区由于特殊的空间布局形态与发展特征，其交通出行模式不局限于某一种，而应是在不同层面体现不同的交通出行模式。

因此，滨海新区在总体发展思路方面，提倡以公共交通为主导的出行模式，但分片区、分层次又具有差异性，从而充分体现滨海新区的布局特点，打造自身特有的交通发展模式。

区间出行：提供公交与小汽车出行比例相对均衡的出行结构（小汽车模式与公共交通模式并重）。在为区间公共交通提供便捷出行条件的同时，考虑区间交通对出行的机动性要求。

片内出行：整体鼓励以公共交通、自行车、步行等为主导的绿色交通出行方式，但各片区又有差异性。

滨海核心区的绿色出行比例近 80%，为典型的公共交通发展模式。滨海核心区以轨道交通为主导，应通过分区域差异化停车、交通拥挤收费等措施适度限制小汽车出行。

其他片区则根据发展要求，鼓励多样化公交出行方式。不同的功能定位与发展要求，所提倡的出行模式会有一定的差异性。比如中新生态城积极打造以公共交通为主的绿色交通系统，而临港经济区等产业园区，其机动化出行的比例会明显高于公共交通出行的比例。

滨海新区交通出行结构设想

出行方式	区间（2030 年）			片区内（2030 年）			
	双城	塘沽—汉沽	塘沽—大港	核心区	北片区	西片区	南片区
常规公交	60%	55%	55%	40%	35%	35%	36%
快速公交	0	0	0	25%	20%	20%	20%
快速路	0	0	0	11%	10%	10%	8%
小汽车	40%	44%	44%	21%	33%	33%	32%

四、滨海新区综合交通实施方案

落实综合交通协调战略，有机整合多种交通方式，实现客货交通的协调有序。构筑直达腹地、高效通畅、港城交通有效分离、内外货运协调有序的货运交通系统，打造综合货运走廊，实现土地的集约、节约利用；打造以公交为主导，区间快速、便捷，具有高可达性的多层级、差异化布局的大容量客运系统。

1. 两港提升

将海空两港打造为国际化的区域性交通枢纽，发挥滨海新区对区域的服务、辐射与带动作用。

海港方面，优化功能，打造综合性大港，突显天津港的区域引擎作用。到 2020 年实现吞吐量 7 亿吨，集装箱 2800 万标准箱。实施双港区战略，拓展空间，优化港区布局；同时实施功能整合，散货南移，优化港区功能，将北港区打造为国际航运贸易、金融服务中心。

空港方面，提升规模，向综合性门户枢纽转变。一方面，加快机场设施建设，改善集疏交通条件，构筑海—空、空—铁联运系统，提升区域职能；另一方面，搬迁杨村机场，优化空域环境，同时预留环渤海海上商务机场。至 2020 年，实现旅客吞吐量 2500 万人次、货邮吞吐量 170 万吨。

2. 两路扩能

通过打造发达的对外铁路、公路网络，扭转滨海新区在区域交通中被边缘化的趋势，提升新区的区域交通枢纽地位。

铁路方面，打造以滨海新区为核心的区域快速客运系统，连接渤海湾主要港口城市，增强滨海新区的服务辐射功能。在货运上，强化对港口的支撑，对外打通直通区域腹地（尤其是西部）的

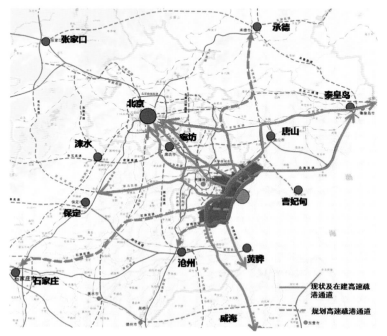

区域高速公路规划图

大通道，构成距欧亚大陆桥最近的通道；对内提高铁路集疏港比例，将铁路在天津港集疏运中的比例由现状 26% 提高至 35% 以上，并在滨海新区核心区域外围实现铁路绕城，以减少对城区的干扰。

公路方面，打通与周边港口、城市、产业区的通道，构筑以滨海新区为核心的环渤海地区网络化高速公路布局。规划形成"1 环 11 射"的高速公路网布局："1 环"为滨海新区高速环线；"11 射"为新区的 11 条对外辐射通道，其中京津方向有 3 条通道，北部方向有 3 条通道，南部方向有 3 条通道，西部方向有 2 条通道。

3. 客货分离

货运方面，形成由高速公路、普通公路、城市干道、普通铁路组成的多方式、多层级的集疏港货运网络。对外构筑 5 条集疏港的复合走廊，在各主城区外围形成 4 个保护壳，减少对城市交通的干扰。5 条集疏港复合走廊分别为北部走廊、京津走廊、津晋走廊、滨石走廊、南部走廊。在上述 5 条复合走廊内，高速公路直达区域腹地，形成高速疏港通道，普通公路与市干线公路网相连，形成通往市域及周边城市的非收费疏港道路系统；核心区内划定货运通道，禁止货运车辆随意穿行，减少对城区交通、环境的干扰。

客运方面，形成以区间快速通道为客运主骨架、城区内部差异化道路网络为补充的新区客运路网系统。规划新区客运主骨架为"3 环 9 连"："3 环"主要是在 5 条疏港廊道布局的基础上，结合 3 个城区布局，形成 3 个城区外围交通保护环，以合理组织内外交通、客货交通；"9 连"则重点强化双城、滨海新区沿海发展带的联系，兼顾中心区对滨海南北片区的辐射，其中双城联系——4 连、核心辐射——3 连、区间联络——2 连；同时结合各片区特点来完善片区内客运网络。

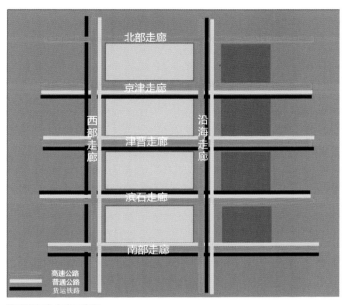

集疏港复合走廊示意图

新区客运骨架路网示意图

4. 公交优先

打造以轨道交通与快速公交为骨架的多层级公共交通系统，突出公共交通的先导地位，引导城市空间布局合理拓展。

轨道交通方面，构建快慢结合、长短有序、层级分明的4级轨道网络，实现差异化服务。其中，高速轨道服务于长距离、主城区之间的联系，利用城际（高速）铁路开行双城之间的客运轨道，实现主城区间15分钟内快速直达；快速轨道服务于中距离、重要组团之间的联系，实现30分钟内快速通达；城区轨道服务于短距离、高强度开发的主城区内的交通联系；接驳轨道服务于城区轨道未覆盖地区，以有轨电车为主，实现与快速轨道的接驳，服务组团内部。

常规公交方面，形成由区间快线、快速公交、城区公交组成的公交线网系统，同时强化综合客运枢纽建设。以客运枢纽为依托，有效衔接内外客运方式，带动用地形态与布局的调整。

第三节　滨海新区重点交通专题研究

专题研究一：滨海新区港城发展规律研究

1.国际港口发展规律

从港口发展历程看，目前国际港口已经发展至第五代。

20世纪60年代以前，国际间的贸易尚未形成规模，港口一般仅具有水陆换装的功能，提供货物装卸、仓储等服务。货物分散规模较小是这一时期的显著特点，此为所谓的第一代港口。

进入20世纪60年代，工业化进一步发展，工业生产率大幅度提高。在追求低成本运费的驱使下，大批依赖海运的原材料或生产成品企业纷纷迁址或建在港口周边，进一步取得了新的竞争优势，形成了庞大的临港产业群。由此，港口除了水陆换装的功能以外，增加了直接支撑临港工业的新功能，形成了所谓第二代港口。

20世纪80年代，随着现代服务业迅速发展和信息技术的不断升级，港口作为巨大的物资集散地，顺应社会需求，增添了使货物增值的加工、包装、配送、信息处理等现代物流功能，并吸引金融、保险、信息、法律等现代服务业向港口聚集，使得港口在城市资源配置上开始发挥重要作用，第三代港口由此形成。

20世纪90年代以后，全球经济一体化趋势进一步增强，集装箱运输方式占据了主导地位，海上轴幅式运输体系迅速形成。在这样一种运输体系下，以共同体形式存在的港口群将具有竞争优势，港口联盟开始出现，与航运企业联手形成新的网络型运输体系，使得港口或港航联盟逐渐扩展到全球领域，标志着第四代港口的形成。

所谓第五代港口是指绿色港口或低碳港口。初步定为发端于2010年左右，其相关特征还在形成中。第五代港口的主要功能在包含前面四代港口功能的同时，还着眼于港城、港镇的结合，目前其主要特征是高效、绿色、低碳。

从港口的功能来看，第一代港口主要是海运货物的装卸、仓储中心；第二代港口在第一代的基础上，增加了工业、商业活动，使港口成为具有使货物增值效应的服务中心；第三代港口适应国际经济、贸易、航运和物流发展的要求，依托现代信息技术，逐步走向国际物流中心；第四代港口在第三代的基础上，进一步强化港口参与全球供应链在港口服务、港口联盟、港口技术等方面的要求，突出港口的全球经济资源配置中心的作用；第五代港口在前面四代港口功能的基础上，侧重于港口的生态功能和可持续发展。

2.港城发展阶段

港城关系就是港口城市与所辖港口之间的相互需求、相互影响和相互制约的关系。通过对世界范围内港口城市的发展历程进行研究，得出港城的发展一般经历港城一体、港城扩张、港城分离三个阶段。

（1）港城一体阶段。

港城联系源于港口的基本功能——运输中转功能，进而产生了港口产业。港口的发展，带动了与港口中转运输相关的海运代理、金融、保险等第三产业的发展，进一步增强了对城市的影响。港口产业发展形成巨大的产业带动力，逐步形成港口城市产业的主体——大进大出的临港工业和依港而建的进出口加工业。同时，城市工业和商业的迅速发展，铁路、公路等集疏运方式的完善，也促进了港口规模的膨胀。以港口关联产业发展为纽带，港口与城市在空间形态上相互融合，开始走向一体化。这时，以港口工业的形成为标志，港口城市完成了从简单地服务于港口到积极地利用港口的转变，港口城市与港口互动，实现共同发展。

（2）港城扩张阶段。

随着港口功能的多样化发展，即从装卸到集装卸、工业、客运、旅游、综合物流等于一身的综合性港口，产业发展构成的良好城市基础设施条件产生空间集聚引力，吸引与港口无直接关系的产业在港口城市集聚。港口产业链不断延长，不断吸引关联产业在港口城市集聚，形成强大的临港产业群，并辐射扩散到周边区域，带动区域经济的发展，港口城市产业辐射能力已经超出了城市的范围。随着港口城市产业体系渐趋完善，城市经济进入多元化发展阶段，将形成港口经济以外新的经济增长点。但此时，城市的发展仍然以港口为中心，并逐步成为区域经济发展的龙头。

（3）港城分离阶段。

随着城市产业结构的优化升级和多元化产业的形成和发展，

城市经济的继续发展将主要源于自身规模的循环和累积。港口城市在进入多元化经济发展阶段以后，港口经济就成为其经济的一个组成部分，将逐渐失去主导地位，港口城市的发展在很大程度上将取决于多元化产业发展及城市经济的自增长。与此同时，随着港口货物处理专业化程度的提高，货物装卸和储存所需空间不断扩大，港口与城市发展的矛盾不断突显。在这一趋势下，港口活动逐渐迁移到了远离城区的位置，而最初在老城区的港口设施则被还原为城市功能。

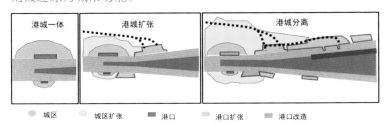

港城关系发展示意图

3. 港城关系发展案例分析

（1）海港：大连港。

大连港的老港区始建于1899年，经历了沙俄、日本侵占及苏联红军代管等长达半个多世纪的风雨，于1951年由我国政府正式接收。20世纪50至60年代，政府对老港区进行了大规模改造和扩建，使港口的能力不断提升，设施日趋完善，大连港一度成为国内的第二大港和外贸第一大港，但老港区已无法跟上当今世界航运业发展的步伐。随着经济的发展，船舶大型化、专业化、集装箱化已是航运业发展的趋势，港口的发展自然也要适应航运业的发展。可在老港区的 30 多个泊位中，最大的泊位也只能停靠 5 万吨级的船舶。建设大型化、专业化泊位要求港口具备一定的空间。处于城市包围中的老港区，已失去了发展的空间。而老港区的土地对城市而言，却是宝贵的城市用地。2005 年 5 月，大连港启动老港区拆迁工程，其原有的粮食、矿石、成品油、液体化工品、散杂货等装卸功能将陆续转移到大窑湾、矿石码头、鲇鱼湾和大连湾，老港区只保留目前的滚装客运和城域物流配送功能，原港区所形成的开发用地将建设为集金融、商贸、信息、旅游、文化、居住、休闲娱乐于一体的国际航运中心商务区。

（2）河港：伦敦港。

伦敦码头区在鼎盛时期沿泰晤士河蜿蜒 13 千米，总面积 22 平方千米，20 世纪中叶以前曾是世界上重要的港务综合区之一，雇佣工人超过 10 万人。随着经济结构的转变和传统工业的衰退，码头区逐渐萧条，码头纷纷关闭。

1981 年，伦敦市政府主持对码头区进行改造，分 3 个阶段历时 17 年，将其改造成伦敦的一个全新的金融、商业、商务区。截至 1998 年改造工程完成，该区域常住人口由 3.9 万人增加至 8.4 万人，就业岗位由 2.7 万个增加至 8.4 万个，企业数量由 1014 家增加至 2600 家。

类似的河港还有汉堡港、上海港等港口。

大连港区调整示意图

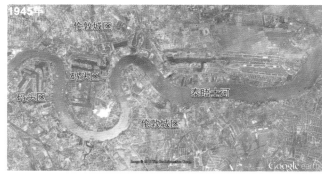

伦敦码头区演变图

4. 天津港城发展存在的问题

2009 年，相关部门提出"双港战略"以后，天津的港城关系还存在以下几方面的问题：

疏港通道运行情况

（1）港城矛盾问题依然突出。

疏港交通与城市交通干扰严重，客货混杂，相互影响问题突出。目前新区核心区货运通道中，泰达大街、津沽一线、新北路、东江路、京津高速辅道等通道均穿越核心城区，对城市交通、环境等造成较大影响。同时，货运通道穿城也造成了客货混行，运输效率受到较大影响，泰达大街、海滨大道等通道上的客车数量

均约占到了总量的 50%，京津高速及其辅道、津沽一线等道路上的客车数量也约占到了总量的 30%。

疏港通道客、货车所占比例

通道名称	客车所占比例	货车所占比例
京津高速及其辅道	32%	68%
泰达大街	49%	51%
港城大道	24%	76%
海滨大道	41%	59%
津沽一线	34%	66%
津晋高速	10%	90%

（2）集疏运压力过多集中在北区。

由于现状南港建设相对滞后，航道等级尚不足 5 万吨，其航道、码头等设施不足以承接散货南移，造成天津港新增吞吐量仍主要集中于北区。目前北疆港区的全部货运量中，仍有 20% 的货物为散杂货，东疆港区全部货物中有 51% 的货物为散杂货，南疆港区的这一比例更是达到 68%。由于散杂货南迁进度过慢，造成北部港区集疏运压力极大。

5. "双港战略"不能根治疏港问题

根据空间发展战略，北疆、东疆港区主要承担集装箱运输。根据规划，到 2020 年吞吐量为 2800 万标准箱，需 16 或 17 条集疏运高速通道。根据《天津港集疏运交通体系规划》阶段成果，2020 年规划形成疏港通道约 16 条，集疏运通道形势十分紧张。

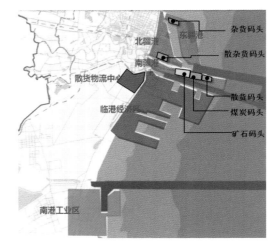

天津港散货码头分布示意图

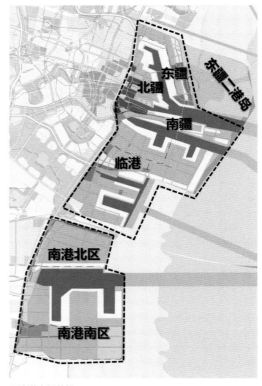

天津港空间结构

6. 港城发展面临的新形势

中共中央总书记、国家主席、中央军委主席习近平在听取京津冀协同发展工作汇报时，强调实现京津冀协同发展，是面向未来打造新的首都经济圈、推进区域发展体制机制创新的需要，是探索完善城市群布局和形态、为优化开发区域发展提供示范和样板的需要，是探索生态文明建设有效路径以及促进人口、经济、资源、环境相协调的需要，是实现京津冀优势互补、促进环渤海经济区发展、带动北方腹地发展的需要，是一个重大国家战略，要坚持优势互补、互利共赢、扎实推进，加快走出一条科学持续的协同发展路子来。

京津冀港口货类占比分布

港口	货物总量（2013年）（亿吨）	煤炭及其制品	石油及其制品	金属矿石	其他（含集装箱）
天津港	5.01	19.99%	14.88%	19.17%	45.96%
秦皇岛港	2.73	85.47%	3.54%	5.21%	5.78%
唐山港	4.46	45.25%	2.92%	38.92%	12.91%
黄骅港	1.71	94.66%	—	3.84%	1.05%

从京津冀区域的货类分布来看，目前基本形成了天津港以集装箱为主，秦皇岛港、黄骅港以煤炭为主，唐山港以矿石为主的分布格局。

基于京津冀一体化发展的国家战略要求，天津港要"打破一家独大，区域协同发展"，以天津港为核心，与唐山港、秦皇岛港、黄骅港共同构成分工明确、协作发展的环渤海港口群。

同时，随着东疆第二港岛的建设和东疆港、东疆二港岛被纳入自由贸易试验区建设中，未来东疆一、二港岛必将吸引大量客运需求，道路运输压力进一步增大。自贸区的建设将带来大量客运交通，会使原本紧张的北区交通雪上加霜。因此，需要进一步调整港区功能布局。

7. 新形势下港城关系的协调发展设想

（1）着眼区域，调整定位——货类调整要敢于舍弃。

天津港未来发展要找准自身优势，有烈士断腕的决心和魄力，果断调整发展模式，舍弃附加值不大的货类，重点发展集装箱和港航服务业，确立自身区域优势地位。

通过协调机制，统筹开发建设港口资源，依据《全国沿海港口布局规划》，明确港口分工，以天津港为核心，与唐山港、秦皇岛港、黄骅港共同构成分工明确、协作发展的环渤海港口群。其中：

天津港作为北方现代航运和物流服务中心的重要载体，发展成为面向东北亚、辐射中西亚的国际集装箱枢纽港、中国北方规模最大且开放度最高的保税港、东北亚地区的邮轮母港；

唐山港为区域能源、原材料集疏中心；

秦皇岛港和黄骅港为区域能源输出港。

（2）审视自身，优化布局。

落实空间发展战略，北港重点发展集装箱运输，南港重点发展散石油、煤炭、散杂货运输，形成南北均衡发展的格局。

北部港区：包括北疆、东疆、南疆和大沽口港区，其中北疆港区和东疆港区重点发展集装箱运输；南疆港区重点发展油气运输，逐步淘汰对城市影响较大的煤炭和矿石运输，将货运功能向南港转移；大沽口港区依托临港经济区，重点发展重型装备制造，预留集装箱发展用地。

南部港区：主要为南港工业区和独流减河北岸的南港北区，承接北部港区功能南移，重点发展重化产业及煤炭、矿石等大宗散货运输，建设集装箱码头。独流减河北岸预留发展区是天津港未来进一步发展的主要储备资源，以服务腹地物资运输为主，预留集装箱运输功能。

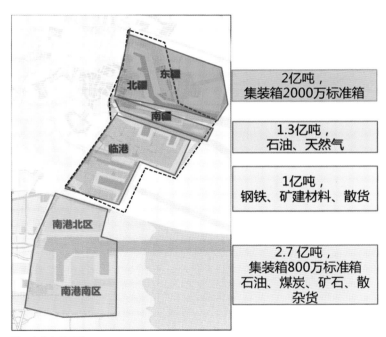

2亿吨，
集装箱2000万标准箱

1.3亿吨，
石油、天然气

1亿吨，
钢铁、矿建材料、散货

2.7亿吨，
集装箱800万标准箱
石油、煤炭、矿石、散杂货

港口功能布局思路

（3）转变思路，改善集疏运。

规划着眼区域，以港口为核心，打造港城交通一体、客货交通分离、综合运输高效、内外衔接紧密、各方式转换便捷的综合集疏运体系。

规划形成由铁路、高速公路、普通道路组成的集疏运复合廊道，直接从港口连通腹地，形成高效、直通的疏港体系。同时，复合廊道位于城区外围，形成城区外围货运保护壳，分离客货交通，疏解过境及集疏运交通，形成客货分离的交通体系。

在形成上述客货分离的交通体系基础上，进一步挖掘集疏运通道能力，规划形成"点—线"模式的新集疏运模式。在城区外围设置枢纽点，集合各方向集疏运车流，货物在枢纽点内完成通关、检验、装箱等步骤，再由专用车辆通过专用通道直接运输进港，大大提高集疏运通道的运输效率，减轻港口集疏运压力。

为支撑北疆、东疆、东疆二港岛以及自由贸易试验区建设，规划北部港区构筑客货分离的交通系统。规划客运专用通道3条，主要为观澜北路、泰达大街、新港四号路；规划货运通道4条，主要为京港高速、京津高速、十二大街、第九大街，其中京港高速、京津高速为客货混行道路。

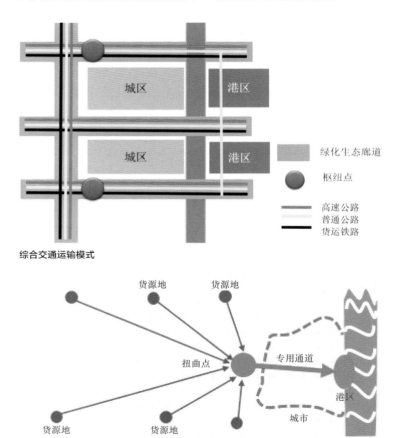

综合交通运输模式

港口集疏运"点—线"模式

北港客货分离交通组织示意图

专题研究二：天津港集疏运交通体系规划研究

一、现状存在的问题

1. 运输结构不合理，铁路运输比例偏低

目前天津港集疏港铁路运输比例偏低，仅占17%，其中集装箱的铁路运输比例仅为2%，煤炭为58%，矿石仅为28%。这与国内外港口铁路集疏运比例相差较大，例如汉堡港铁路集装箱运输比例为25%，洛杉矶铁路集装箱运输比例达到40%，秦皇岛港、黄骅港煤炭铁路运输比例达到90%以上。大量的散杂货通过公路运输，造成公路运输压力过大。从港区来看，北疆及东疆港区的货物主要为集装箱和件杂货，85%的货物通过公路集疏；南疆港以煤、矿石、原油、钢铁为主，集疏运采用公路（占51%）、铁路（占24%）、管道（占25%）等多种方式。这也造成北部港区集疏运压力较大，港城矛盾突出。

造成铁路集疏运比例偏低的原因是多方面的：

首先，与周边的唐山、秦皇岛、黄骅等港口相比，天津港缺

天津及周边港口疏港铁路通道示意图

乏直通西部腹地的铁路通道。天津连接山西、内蒙古等地均需要通过北京、石家庄等枢纽，运输能力严重饱和，造成煤炭等货类仅有58%通过铁路运输。

其次，天津枢纽内部通道能力也较为紧张。京山线、津浦线、津蓟线等铁路饱和度均达到0.9以上，目前仅有津霸线和黄万线运行状况较好，饱和度在0.6左右。但黄万线实际为神华集团的运煤专用铁路，仅为神华码头运送煤炭，不对外开放。

再次，天津港货源地的位置也造成了铁路运输比例偏低。在天津港的货源地中，京津冀共占65%，集装箱占到77%，距离天津港均在300～500千米范围内。在此距离内，铁路在运输成本、运输灵活性上无法与公路运输竞争。

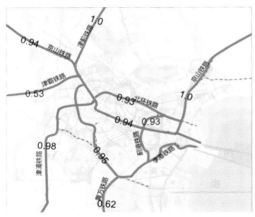

天津铁路枢纽内部线路饱和度示意图

2. 集疏港道路网络不完善，部分通道压力过大

现状天津港缺少直接联系西部、北部的高速通道。例如西部方向承担天津市域外28%的货运量，需8～10条高速车道，但现状仅有津保高速（双向四车道）一条高速通道；北部及蒙东方

向现状也无直达通道，需绕行唐津高速、海滨大道前往承德、赤峰等地区。

目前滨海新区范围内道路集疏运网络尚不完善，造成集疏港交通过于集中于少数的几条通道。在海河以北，由于第九大街、泰达大街限行，天津港集疏港车辆需要绕行京津二线及其辅道，造成新北路、京津高速辅道通行压力过大，饱和度高达1.4，车辆排队长达3千米以上；海河以南的津沽一线东段路面破损严重，通行效率极低；南北方向现状仅有海滨大道、唐津高速两条通道，由于京津二线及其辅道、津晋高速均无法直接进港，需要经过海滨大道转换，海滨大道承担着华北与东北方向的过境交通、集疏港交通、东西向转换交通、城市交通等多重功能，饱和度达到0.93，交通压力较大。

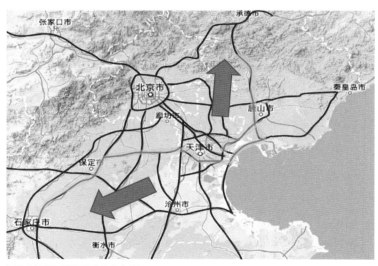

天津市域外现状高速公路分布图

3.疏港交通穿城、客货混行，缺乏专用疏港通道，运输效率低下

疏港交通与城市交通干扰严重，客货混杂，相互影响问题突出。目前新区核心区货运通道中，泰达大街、津沽一线、新北路、东江路、京津高速辅道等通道均穿越核心城区，对城市交通、环境等造成较大影响。同时，货运通道穿城也造成了客货混行，运输效率受到较大影响，泰达大街、海滨大道等通道上的客车数量均约占到了总量的50%，京津高速及其辅道、津沽一线等道路上的客车数量也约占到了总量的30%。

现状进港公路通道分布图

4. 货运设施缺乏有效管理，对疏港交通及城市环境影响较大

货车服务设施匮乏，疏港车辆乱停乱放，对道路通行能力、城市环境影响较大。由于天津港内部功能不完善，造成大量疏港货车服务功能外溢至城市核心区，缺乏管理、组织无序，对城市道路通行及环境景观产生了较大影响。经调查，现状货车的停放区域主要集中在海滨大道与泰达大街立交东北角、海滨大道高架桥下、4 号卡子门附近以及海滨大道辅道、京津高速、津塘公路等疏港通道沿线。

散杂货堆场布局分散、缺乏管理、运输无序、干扰交通、污染环境。新区现有矿粉及砂石料站点 65 家，主要集中在八处区域，包括临近港口的东海路东侧、北疆港西侧、散货物流中心三处区域，以及城区外围的新北路北侧、港塘公路东侧、茶店镇大辛庄村、港城大道两侧、板港公路南侧五处区域。由于缺乏有效管理，砂石料的堆存与运输对新区交通和环境影响较大。

新区核心区集疏港通道与规划用地关系示意图

新区核心区货车违章停车分布示意图

新区现状货运堆场分布示意图

二、需求分析

1. 港区空间布局

天津港的主体港区规划发展为南北两大港区。

北部港区：包括北疆、东疆、南疆和大沽口港区，其中北疆港区和东疆港区重点发展集装箱运输；南疆港区重点发展油气运输，逐步淘汰对城市影响较大的煤炭和矿石运输，将货运功能向南港转移；大沽口港区依托临港经济区，重点发展重型装备制造，预留集装箱发展用地。

南部港区：主要为南港工业区和独流减河北岸的南港北区，

承接北部港区功能南移，重点发展重化产业及煤炭、矿石等大宗散货运输，建设集装箱码头。独流减河北岸预留发展区是天津港未来进一步发展的主要储备资源，以服务腹地物资运输为主，预留集装箱运输功能。

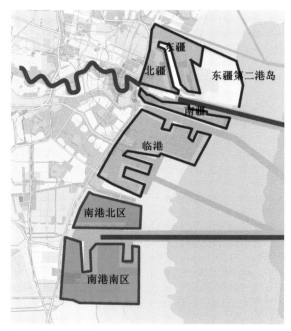

天津港空间布局规划

2. 发展趋势分析

天津港 2013 年吞吐量为 5.01 亿吨、1300 万标准箱，预测 2020 年天津港货物吞吐量将达到 7 亿吨、2800 万标准箱。

从各个货类来看，煤炭及其制品吞吐量将由 1 亿吨上升至 1.4 亿吨，石油及其制品由 0.75 亿吨上升至 0.95 亿吨，金属矿石由 0.95 亿吨下降至 0.8 亿吨，钢铁由 0.3 亿吨上升至 0.5 亿吨，集装箱由 1300 万标准箱上升至 2800 万标准箱。

天津港 2020 年吞吐量预测

年份	吞吐量（亿吨）	年均增速
2013	5.01	2008—2013 年：7.5%
2015	5.60	2013—2015 年：5.6%
2020	7.00	2015—2020 年：4.6%

天津港 2020 年分货类吞吐量预测

货类	2013 年	2020 年
煤炭及其制品	10 000 万吨	14 000 万吨
石油及其制品	7500 万吨	9500 万吨
金属矿石	9500 万吨	8000 万吨
钢铁	3000 万吨	5000 万吨
其他	20 100 万吨	33 500 万吨
其中：集装箱	1300 万 TEU	2800 万 TEU
货物合计	50 100 万吨	70 000 万吨

3.集疏运方式预测

根据《天津市域综合交通规划》，天津港集疏运未来主要发展方向为调高铁路运输比例，降低公路运输比例。具体来说，铁路由现状的 17% 提高到 36%，公路由现状的 70% 下降到 50%。

集装箱运输方面，主要加强铁路对北疆、东疆港区的支撑，铁路运输比例由现状 2% 提高到 9%；煤炭运输方面，主要构筑直通西部腹地的铁路通道，提高运输效率，铁路运输比例由 58% 提高到 95%；矿石运输方面，主要加强同周边省市的联系，铁路集疏运比例由 17% 提高到 50%。

分货类集疏运方式占比预测

项目	2013 年			2020 年		
集疏运方式	管道＋水水中转	铁路	公路	管道＋水水中转	铁路	公路
集装箱	4%	2%	94%	—	9%	91%
原油	90%	—	10%	96%	—	4%
煤炭	—	58%	42%	—	95%	5%
金属矿石	—	28%	72%	—	50%	50%
总体货物	13%	17%	70%	14%	36%	50%

4.集疏运通道需求预测

天津港未来发展的趋势是形成南北两大港区，北部重点发展集装箱运输，南部重点发展散杂货运输以及临港工业。根据这一趋势，各个规划均对天津港未来发展提出设想。结合不同的发展预测，分析未来天津港集疏运需求：

（1）《天津港总体规划》——北主南辅。

2.5亿吨，集装箱2800万标准箱，钢铁、滚装汽车

2.9亿吨，煤炭、矿石、石油

0.9亿吨，钢铁、矿建材料、散杂货

0.7亿吨，钢铁、矿建材料、散杂货

《天津港总体规划》中北主南辅的发展模式

根据《天津港总体规划》，2020 年天津港发展主要以北部港区为主，吞吐量总计为 6.3 亿吨；考虑到南部港区及其航道建设的时间进度，其吞吐总量为 0.7 亿吨。其中集装箱全部集中在北疆、东疆港区，煤炭、矿石、石油主要集中在南疆港区，临港和南港港区主要为矿建材料及少量散杂货。随着南港建设进度的推进，再逐步搬迁南疆港区的散杂货。

在《天津港总体规划》预测的发展趋势下，2020 年天津港北部港区吞吐量为 6.3 亿吨，承担集装箱、煤炭、石油、矿石等主要货类；南部港区吞吐量为 0.7 亿吨，承担少量煤炭、矿石等散杂货。按照各货类集疏运方式，北部港区需要设置 34 条集疏港车道承担 3.3 亿吨公路运量，铁路承担 2.2 亿吨运量；南部港区需要设置 2 条集疏港车道承担 0.2 亿吨公路运量，铁路承担 0.25 亿吨运量。

（2）《天津市空间发展战略》——北集南散。

根据《天津市空间发展战略》，2020 年天津港主要形成"北集南散"的发展模式。其中集装箱全部集中在北疆、东疆港区，石油和少部分煤炭、矿石在南疆港区，临港主要为钢铁、矿建材料和部分散货，南港港区主要为大部分的煤炭、矿石和少部分的石油、散杂货。北部港区吞吐量达到 5 亿吨，南部港区吞吐量达到 2 亿吨。

在《天津市空间发展战略》预测的发展趋势下，2020 年天津港北部港区吞吐量为 5 亿吨，承担全部集装箱和部分的煤炭、石油、矿石等货类；南部港区吞吐量为 2 亿吨，承担部分的煤炭、石油、矿石等散杂货。按照各货类集疏运方式，北部港区需要设置 30 条集疏港车道承担 3 亿吨公路运量，铁路承担 1.35 亿吨运量；南部港区需要设置 6 条集疏港车道承担 0.5 亿吨公路运量，铁路承担 1.1 亿吨运量。

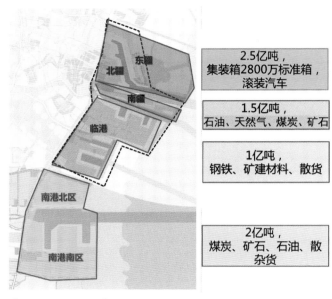

《天津市空间发展战略》中北集南散的发展模式

（3）《滨海新区总体规划修编》——南北均衡。

根据《滨海新区总体规划修编》阶段成果，结合东疆、北疆港区建设自由贸易区的新形势，2020 年天津港主要形成"南北均衡"的发展模式。在这种情况下，加快南港及其航道建设，除转移全部散杂货外，还转移部分集装箱至南港北区。集装箱主要在北疆、东疆港区和南港北区，石油和天然气主要在南疆港区，临港主要为钢铁、矿建材料和部分散货，南港南区主要为煤炭、矿石和少部分的石油、散杂货。北部港区吞吐量达到 4.3 亿吨，南部港区吞吐量达到 2.7 亿吨。

在《滨海新区总体规划修编》预测的发展趋势下，2020 年天津港北部港区吞吐量为 4.3 亿吨，承担大部分的集装箱和部分的石油、天然气、散杂货等货类；南部港区吞吐量为 2.7 亿吨，承担全部的煤炭、矿石和部分的集装箱、石油、散杂货等货类。按

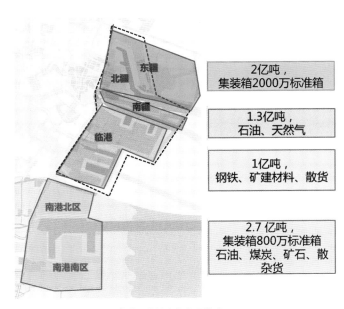

2亿吨，
集装箱2000万标准箱

1.3亿吨，
石油、天然气

1亿吨，
钢铁、矿建材料、散货

2.7亿吨，
集装箱800万标准箱
石油、煤炭、矿石、散
杂货

《滨海新区总体规划修编》中南北均衡的发展模式

天津港2020年集疏运通道需求预测

依据	项目	北部港区	南部港区
《天津港总体规划》：北主南辅	集疏运总量（亿吨）/集装箱（TEU）	6.3（集装箱2800万TEU）	0.7
	公路承担运量（亿吨）	3.3	0.2
	所需公路车道（条）	34	2
	铁路承担运量（亿吨）	2.2	0.25
《天津市空间发展战略》：北集南散	集疏运总量（亿吨）/集装箱（TEU）	5（集装箱2800万TEU）	2
	公路承担运量（亿吨）	3	0.5
	所需公路车道（条）	30	6
	铁路承担运量（亿吨）	1.35	1.1
《滨海新区总体规划修编》：南北均衡	集疏运总量（亿吨）/集装箱（TEU）	4.3（集装箱2000万TEU）	2.7（集装箱800万TEU）
	公路承担运量（亿吨）	2.6	1
	所需公路车道（条）	26	10
	铁路承担运量（亿吨）	1.05	1.4

照各货类集疏运方式，北部港区需要设置26条集疏港车道承担2.6亿吨公路运量，铁路承担1.05亿吨运量；南部港区需要设置10条集疏港车道承担1亿吨公路运量，铁路承担1.4亿吨运量。

为支撑天津港未来发展，综合考虑各种发展趋势，本次集疏运体系规划以各港区最不利的情况配建集疏运设施，即北部港区按照《天津港总体规划》的预测，公路承担3.3亿吨运量，铁路承担2.2亿吨运量；南部港区按照《滨海新区总体规划修编》的预测，公路承担1亿吨运量，铁路承担1.4亿吨运量。

三、集疏运交通体系规划

本次规划着眼于区域，以港口为核心，打造港城交通一体、客货交通分离、综合运输高效、内外衔接紧密、各方式转换便捷的综合集疏运体系。

主要实施策略：

畅达区域——打通区域通道，加强与腹地的联系；

综合走廊——形成复合廊道，与区域网络有机衔接；

货运绕城——构筑保护外壳，疏解过境及区域疏港交通压力；

直接进港——疏港通道直接进港，减少南北转换；

通道专用——建设专用线和枢纽站，提高集疏运效率。

1. 铁路集疏港体系规划

（1）区域集疏港通道。

现状天津铁路系统中，对外有西北通路、北通路、东北通路、南通路、西南通路、神华通路6条通路。其中的北通路仅能通过津蓟铁路连通大秦铁路联系蒙西及蒙东地区；神华通路目前为神华集团的内部线路，尚未对外开放路权，天津港其他货物无法通过该通路联系山西、陕西及更远地区。本次规划通过构筑直通内陆腹地的铁路通道，形成联系华北、西北的便捷通路。

① 打通津承铁路，形成天津直接向北联系张家口、赤峰方向的新通路。

② 与神华集团协商，开放朔黄铁路路权，形成天津港直通晋、陕的西部通道。

③ 建成津保铁路，沟通京广线。

区域疏港铁路通道规划示意图

在现状 5 条通路的基础上，增加经承德至蒙东方向通路，并通过开放路权打通神华通路，形成 7 条对外通路。

（2）市域集疏港通道。

市域铁路层面，规划加强同外部通路的联系，完善铁路枢纽。

① 建设津蓟铁路复线、黄万铁路复线，分别联系外部的大秦铁路与朔黄铁路，强化天津枢纽与区域对外通道的衔接。

② 建设大北环线、杨双线、汉周线、西南环线，形成中心城市外围的"C"字形货运环线，逐渐弱化环线内部的京山铁路、蓟港铁路、李港铁路的货运功能，分离客货交通。

③ 远期规划建设南港二线，支撑南港集疏运，规划形成"北进北出、南进南出、环放式"的铁路疏港结构。

④ 进港铁路层面，规划铁路线路直接进港，增强对各港区的支撑。

a. 新增进港三线、南港一线、南港二线 3 条直接进港通道，强化对港口的支撑。

b. 天津港与神华集团共建黄万铁路，支撑南疆煤炭运输，建成后取消南疆汽车运煤（42%），将其转移至铁路运输，减少交通拥堵与环境污染；远期南港 30 万吨航道形成后，将煤炭运输搬迁至南港。

c. 远期将弱化李港铁路、进港二线的货运功能，减少对城区的干扰。

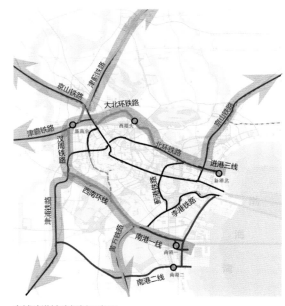

市域疏港铁路规划示意图

2. 公路集疏港体系规划

（1）区域集疏港通道。

加强同京津冀高速公路网络的衔接，实现区域内各方向有多条道路连通，保障路网的可达性和可靠性。

① 加快建设京台、唐廊、京秦高速公路，加强天津同北京方向的联系。

② 规划打通津石、津承、塘承高速公路，加强天津同承德—蒙东方向、石家庄—山西方向的联系。

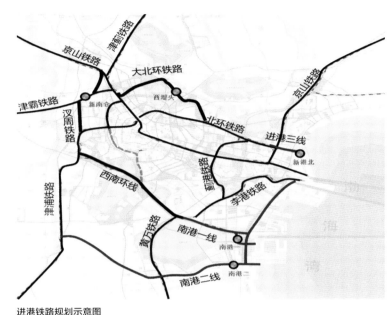

进港铁路规划示意图

区域高速公路网

上述通道完成后，对外高速通道由现状的 10 条增加至 14 条。

其中，北京方向由现状的 3 条通道增加至 5 条通道：现状为京津塘高速（双六）、京津高速（双八）、塘承—京哈高速（双六），规划新增滨保高速—京台高速（双六）、塘承—京秦高速（双六），总车道数达到 32 条。

东北方向由现状的两条通道增加至 3 条通道：现状为海滨大道—京哈高速（双六）、唐津高速—长深高速（双六），规划新增塘承—津承—大厂高速（双六），总车道数达到 18 条。

西北方向由现状的两条通道增加至 3 条通道：现状为津蓟—京藏高速（双四）、唐廊高速 / 津保高速—荣乌高速（双六），规划新增津石—石太高速（双六），总车道数达到 16 条。

东南方向保持现状 3 条通道，分别为：京沪高速（双四）、海滨大道—荣乌高速（双六）、津汕高速—长深高速（双四），总车道数为 14 条。

（2）市域集疏港通道。

① 市域高速公路。

构筑直接进港的高速疏港体系：建设京港高速、津港高速二期、滨石高速、南港高速。

形成城区外围的南北疏解通道：分离过境交通，建设津汉高速、滨海西外环高速、蓟汕联络线，形成两条南北疏解通道，分离海滨大道过境交通，缓解唐津高速交通压力。

② 市域普通公路。

高速公路两侧设置普通公路，形成集疏港辅助通道，规划新增新杨北路、津晋高速辅道、轻纺城路、红旗路等道路与外部公路衔接。

规划在滨海新区核心城区外围形成由高速公路和普通公路组成的两级疏港网络系统，构筑货运保护壳，分离港城交通。其中，

北京方向通道规划图

西北方向通道规划图

东北方向通道规划图

东南方向通道规划图

高速疏港网络由"7 横 2 纵"的高速公路组成，联系区域腹地，承接对外远距离疏港运输。7 横分别为京港高速、京津高速、京津塘高速、津晋高速、津港高速、滨石高速、南港高速，2 纵分别为塘承—唐津—津汕高速、海滨大道。

普通疏港网络由普通公路与部分城市干道组成，联系全市及周边地区，服务中短途疏港运输。横向通道有京津高速辅道、十二大街、第九大街、津塘路、津晋高速辅道、轻纺城路、红旗路；纵向通道有西外环和渤海十路。

上述集疏运通道在滨海新区核心区外围形成由高速公路和普通公路形成的货运保护环：东至海滨大道，北至京津高速及其辅道，西至西外环及其辅道，南至津晋高速及其辅道。保护环内禁止散杂货车通行，第九大街为集装箱专用通道。

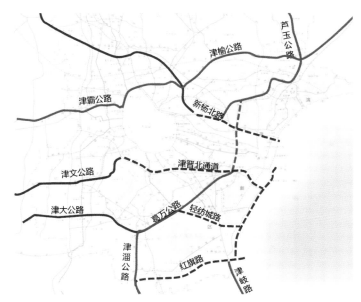

市域疏港普通公路规划图

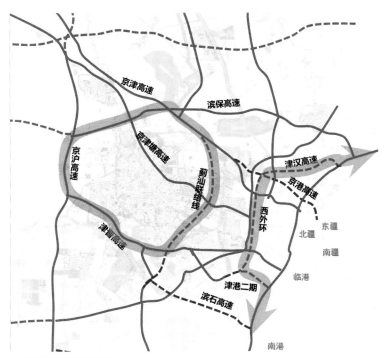

市域疏港高速公路规划图

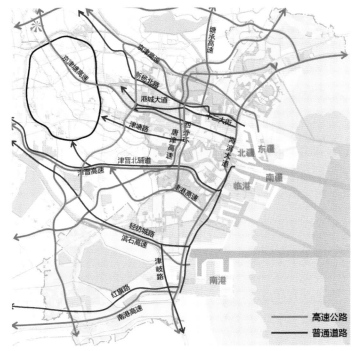

新区范围内集疏港网络

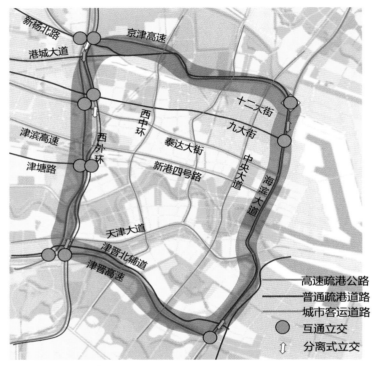

滨海核心区货运环示意图

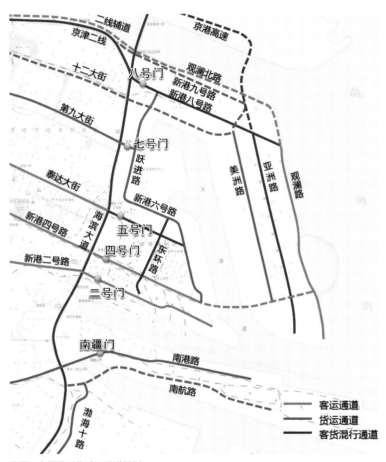

北疆、东疆港区集疏运通道规划

3.港内集疏运通道规划

为支撑北疆、东疆及东疆二港岛建设，以及自由贸易试验区的建设，规划在北部港区构筑客货分离的交通系统。

规划客运专用通道3条，主要为观澜北路、泰达大街、新港四号路；规划货运通道4条，主要为京港高速、京津高速、十二大街、第九大街，其中京港高速、京津高速为客货混行道路。

根据天津市市政工程设计院编制的《天津港东疆第二港岛综合交通规划》，上述通道能够承担未来港区发展。

（1）"点—线"集疏运模式规划。

现状集疏运交通组织采用的是"点—点"模式，货物由货源地自由组织结合进入港区，使得各方向货流无序穿越核心城区，造成港城交通矛盾突出、相互干扰严重。

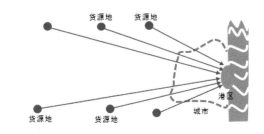

港口集疏运传统模式

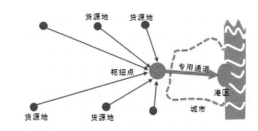

港口集疏运"点—线"模式

点—线模式是港口集疏运的一种新模式，基本设施由枢纽点、专用通道组成，枢纽点与港口之间通过专用通道等大容量、高效率的运输方式连接。点—线模式的理念和要点如上图所示，可以总结为三个字："集""转""引"。

集：把分散的货物集中到枢纽点。

如上图所示，传统的港口集疏运模式中，货物从货源地四面八方地穿过城区，然后拥挤到港口，港口的货运交通在城区显得杂乱无章，管理比较混乱，对城区的干扰较大。如天津港目前的集疏运模式，大量的货运交通从滨海新区城区穿过，港城之间的交通矛盾非常严重。而在集疏运点—线模式中，首先是把大量的、分散的货物集中到枢纽点，然后在其内部完成货物的拆拼箱、堆放、海关业务流程和车辆的停放等操作，枢纽点与货源地之间通过各种集疏运方式连接，减轻城区道路和港口道路的压力，可以对货运进行统一管理。如上海洋山深水港，从洋山港的货源地运过来的货物，必须经过临港物流园区，在里面完成了海关业务流程、堆存等一系列操作后，才能进入洋山港区。

转：由分散的运输交通向集中的疏港交通专用道转移。

在货源地运过来的货物通过各种集疏运方式集中到枢纽点后，再使用大容量的、高效的专门货运通道，连接枢纽点及港区。较传统的运输方式而言，就是把分散的货运交通向集中的疏港交通专用道转移。专用通道上的运输方式必须是大容量和高效率的，这样才能有效地减少港区货运对城区交通的干扰，同时也可以降低货车的空载率，节约了交通成本和车辆使用成本。如洋山港的东海大桥，上面行驶的集卡车的空驶率仅仅为 13%，而天津港港区外道路上的集卡车空驶率高达 30%；洛杉矶—长滩港的阿拉米达走廊，上面行驶的列车时速达到 48.3 ~ 64.5 千米 / 时，每天运送 1.3 万 TEU，约占港口日吞吐量的 1/3。

引：引导相关货运向点—线模式转移。

引导港口货源地的货物走点—线模式，包括提供一些政策的支持，改善专用通道及枢纽点的交通组织。比如为了使更多的货主使用点—线模式，港区可在经济上给予一定的补助，如对使用枢纽点和专车专道的货主减免部分货物装卸费用等；同时，也可以通过提高通关效率、缩短通关时间等方式吸引更多货主使用点—线模式。

本次规划在中心城市南北两侧分别设置一套"点—线"系统：

北部"点—线"系统：枢纽点设置在陆路港物流园区拓展区内，

大北环铁路西堤头站东侧，占地约 2 平方千米；专用线使用专用铁路、京港高速公路。

南部"点—线"系统：枢纽点设置在大港民营经济产业园发展备用地内，黄万铁路郭庄子站东侧，占地约 1 平方千米；专用线使用南港二线铁路。

上述规划公路、铁路通道建成后，将形成"1-2-3-9"的集疏运综合交通体系，包含：

1 个货运保护环——滨海核心区货运保护环；

2 套"点—线"系统——南北各一套"点—线"系统；

3 条进港铁路——进港三线、南港一线、南港二线；

9 条高速公路——"7 横 2 纵"的疏港高速公路系统。

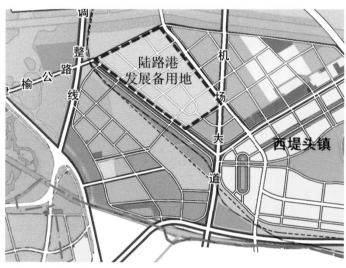

北部枢纽点设置方案

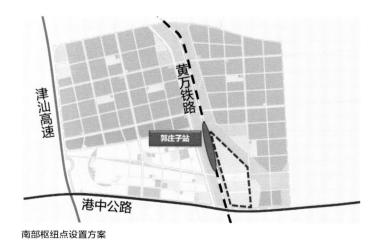

南部枢纽点设置方案

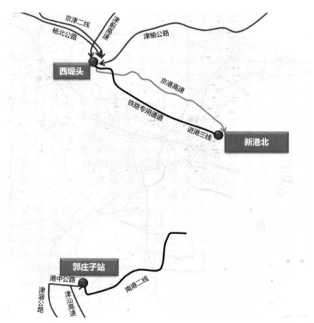

规划"点—线"系统布局示意图

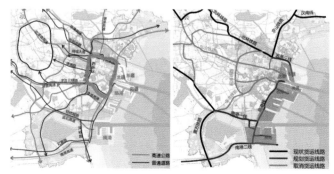

"1-2-3-9"集疏运综合交通体系

（2）管道集疏运体系规划。

天津港管道运输主要包括油类管道、燃气管道和工业管道。

油类管道主要包括向天津市域及周边区域集输、外输成品油、原油的管线，其中内部区域包括天津港南疆港区、临港经济区、三角地石化小区、南港工业区等，外输区域主要去往唐山、沧州、北京等地。

工业管道主要服务于新区内部的各功能区及大型企业，主要包括天津港南疆港区、临港经济区、三角地石化小区、南港工业区等，规划工业运输管廊亦连通天津港与上述地区，满足其工业生产需求。

统筹天津港管道运输主要管线，并与滨海新区总体规划相结合，充分考虑城市用地布局需求，在城市边缘地带，同时尽量靠近各工业区，预留一定宽度的规划管廊通道。方案如下：规划在唐津高速沿线预留 30 ~ 40 米工业管廊，在京港高速沿线预留 30 ~ 40 米工业管廊，在杨北公路沿线预留 30 米工业管廊，在海滨大道两侧各预留 60 米工业管廊，在疏港联络线沿线预留 50 米工业管廊，在西外环线沿线预留 50 米工业管廊，在津晋高速沿线预留 40 米工业管廊，在轻纺大道沿线预留 250 米工业管廊，独流减河南堤、北堤各预留 40 米工业管廊，在南港高速沿线预留 40 ~ 80 米工业管廊。

专题研究三：天津航空枢纽港发展对策研究

一、研究课题概况

1. 项目研究背景

①随着滨海新区开发开放的进一步深化，如何实现国家对北方国际航运中心与国际物流中心的定位要求，是需重点考虑的问题。而目前天津空港的定位、规模等与两个中心的要求相差甚远，急需研究其发展对策。

②如何在首都第二机场、唐山三女河机场等周边机场对天津航空运输发展产生较大影响之前，迅速地做大做强天津空港，是当前面临的迫切问题，直接关系到两个中心的建设和国家定位的落实。

③在天津市域空间战略规划与市域综合交通规划基本编制完成的情况下，如何深入落实规划成果，将天津空港的发展战略与策略进一步深化、细化，使天津航空运输发展能有效支撑国家定位的要求，是开展该课题研究的主要目的与意义所在。

2. 国内外相关研究和应用实例的启迪

课题组对世界各地航空枢纽地区的开发建设进行了广泛研究，着重分析了美洲、欧洲、亚洲的著名机场案例。对这些机场的基本情况做了介绍，重点研究了各个机场周边的产业状况。在航空枢纽建设和构筑航线结构、机场综合交通枢纽规划、临空产业发展及航空城建设等方面借鉴国内外航空枢纽管理体制建设经验。

欧美国家的航空枢纽在 20 世纪 70 年代已经基本成型，至今有关航空枢纽方面的研究不多。目前国内京沪穗三地始终在进行亚太地区的航空枢纽研究，如上海基本形成了由众多规划研究成果组成的"上海航空枢纽建设规划体系"。成都双流、深圳宝安、沈阳桃仙、武汉天河等大型机场也先后进行过构筑区域性枢纽机场的研究，力求在西南、华南、东北、中南等区域内取得航空枢纽地位，如定位为南中国货运枢纽机场的深圳机场开展了《深圳机场对放宽空域限制的需求及安全容量分析评估》《深港国际航空货运集散中心研究课题》《深圳机场集团中长期发展战略规划》和《深圳机场发展战略》系列研究。

3.研究方法与技术路线

该课题以问题和目标为双重导向，以国内外案例的横向比较与发展时序的纵向分析比较为基本研究方法，通过定性与定量相结合的综合分析方法，从多方面力图有所突破。项目技术路线如下图所示。

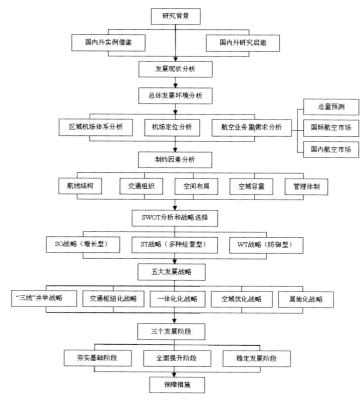

研究技术路线图

二、课题研究内容及结论

（一）天津航空运输发展的历史及现状

天津航空发展处于相对落后的状态，2008 年天津机场的旅客吞吐量、货邮吞吐量、飞机起降量分别居全国机场的第 24 位、11位和 18 位。其运量与天津人均 GDP 8000 美元的城市经济发展，以及 1176 万人的人口规模不符，运输规模明显过小、地位偏低。

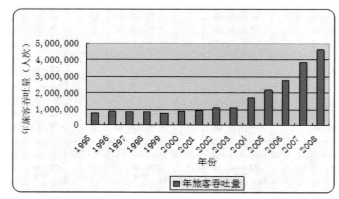

天津机场历年旅客吞吐量

（二）总体发展环境分析

1.区域机场体系

目前京津冀地区既有机场不断做大做强，并将持续增加新的机场，这些机场均将抢占区域内有限的航空市场份额。如果天津机场没有实现战略性的发展举措，区域机场体系容量的相对过剩将使天津机场局限于本地客货源。

按照民航局原计划，首都第二机场预计在 2010 年启动建设，2015 年投入使用，目前由于各种因素影响，预计将推迟 2 ~ 3 年，这给天津机场预留出宝贵的 5 ~ 8 年的发展窗口时期。在首都机场容量饱和、首都第二机场尚未启动之前的机遇期内，天津机场应抓住这一难得的发展窗口期，奠定打造大型门户枢纽机场的基础。

2．天津机场定位及落实情况

（1）各部门对机场定位的不一致影响到机场的发展。

当前，民航局、首都机场集团公司以及天津市政府三方对天津机场均有各自的定位，彼此存在较大差异，三者定位不相吻合造成天津机场发展战略与发展方向出现偏差，对机场发展有着显著的制约影响。

①民航局的定位。

民航局在 2006 年的《全国民用航空运输机场 2020 年布局和建设规划研究报告》中，将天津机场定位为中型枢纽机场。2008 年 1 月颁布实施的《全国民用机场布局规划》将其定位提升为大型枢纽机场。

②首都机场集团公司的定位。

在《首都机场集团公司"十一五"发展规划和 2020 年展望》中，天津机场的发展定位是大型枢纽机场，发展方向是环渤海区域枢纽和北方货运枢纽。

③天津市政府的定位。

根据前总理温家宝的讲话精神，天津市第九次党代会上提出将天津机场建成"中国北方国际航空物流中心、大型门户枢纽机场"。

机场的定位通常应与所在城市的定位相匹配，机场定位有利于推动城市定位的实现，而城市定位对机场定位则有着决定性的影响。天津机场定位目标是发展成为"大型门户枢纽机场"和"中国北方国际航空物流中心"，是基于满足天津中长期发展前景要求的明智抉择，并与天津的"北方经济中心""北方国际航运中心"的城市定位对应。

京津冀地区民用机场现状及预测

机场名称	机场定位	2008 年		2020 年		备注
		旅客吞吐量（人次）	货邮吞吐量（吨）	旅客吞吐量（人次）	货邮吞吐量（吨）	
北京首都机场	国际和国内复合型枢纽机场	55 938 136	1367 710	0.8 亿	180 万（2015）	现状
北京南苑机场	军民合用机场	1357 038	13 243	—	—	现状
天津滨海机场	国内干线机场、国际定期航班机场	4637 299	166 558	2500 万	170 万	现状
石家庄正定机场	国内干线机场备降机场	1043 688	15 343	330 万	20 万	现状
秦皇岛山海关机场	支线机场	52 200	150	48 万	1900	现状
邯郸马头机场	支线机场	70 779	112	50 万	1500	现状
首都第二机场（规划）	大型枢纽机场	—	—	1 亿（远景）	500 万（远景）	规划
唐山三女河机场	小型支线机场	—	—	39.8 万	3183	在建

（2）天津机场自身的高标准定位与实施措施不匹配。

目前天津航空业的发展并未在战略层面上引起足够的重视，最典型的表现是天津机场定位没有被纳入城市空间发展战略层面。从空间发展战略角度讲，最新批复的《天津空间发展战略》确定的"双城双港"战略中的"双港"仅局限于天津港的北港区和南港区，并未将天津空港列入"双港"之中，而天津海港、空港齐全是天津在整个环渤海地区的最大交通优势。相比之下，同样具备海港和空港的广州市，最新编制的《广州空港经济发展规划》，拟在广州建设面积约 2600 平方千米的全球最大的空港经济区，占据市域面积约 35%。计划将其建成国际空港门户枢纽、国家空港体制创新试验区、高端产业基地和现代化空港都会区。

目前天津机场的高标准定位与具体实施层面之间存在差异。在规划层面，首都机场集团公司、基地航空公司、口岸联检部门、天津市政府缺乏围绕以"大型门户枢纽机场"为核心共同编制的规划，缺少为全面实现定位目标而实施的强有力的协调和推动措施。

3. 天津航空发展需求分析

（1）天津航空运输总量发展需求分析。

在对历史资料分析的基础上，采用趋势外推法、波布加门公式、增长率法和指数平滑模型等方法，对天津机场未来的航空业务量进行了测算，远景旅客吞吐量和货邮吞吐量将分别达到 6500 万人次、400 万吨。

天津机场航空业务量预测表

年 份	旅客吞吐量 （万人次）	增长率 旅客吞吐量	货邮吞吐量 （万吨）	货邮吞吐量 增长率	飞机起降量 （万架次）	飞机起降量 增长率
2008	464	—	16.7	—	7.03	—
2010	688	21.8%	26	24.8%	9.0	13.0%
2015	1500	16.9%	70	21.9%	15.5	11.5%
2020	2500	10.8%	170	18.0%	25.5	10.5%

（2）天津航空运输客源市场分析。

①国际航空市场需求分析。

天津机场地处东西向的欧洲—东亚洲际航线和南北向的亚洲—北美极地航线交会之处，具有显著的区位优势。但目前天津机场客运航线通航的城市仅有韩国的首尔和济州、日本的名古屋和冲绳等少量城市，欧美国家及东亚主要城市的国际航线均未开通，其发展潜力巨大。

在国际商务客流方面，天津市目前正大力发展现代服务业。以会展经济为例，天津市会展经济发展迅速，仅 2008 年上半年就举办大小会展 68 场。这些会展将吸引大量国际商务、公务客流。

在国际休闲客流方面，由于国际旅客进出天津多是通过航空运输的方式，其发展潜力较大。天津市提出了打造旅游强市、国际旅游目的地和集散地的目标。仅 2009 年上半年就接待入境游客 704 992 人次，同比增长 13.89%，增幅排名全国第三。

在国际货运方面，由于天津市正在大力发展高新技术产业和现代化的物流业，预计各种附加值高、体积小、技术含量大的高新技术产品将越来越多，从而为天津发展航空货运提供了充足的货源。天津机场的优势在于航空货运，而优势的发挥依赖于航空物流的发展。

②国内航空市场需求分析。

从客源构成角度来看，天津作为北方经济中心，对环渤海及北方地区的经济辐射带动作用将日趋明显，商务客流将大幅增加；世界 500 强企业总部陆续进驻，高端公务客流增加迅速；同时，随着滨海新区休闲旅游区建设以及天津重点打造旅游名片的政策的实施，以休闲旅游为目的的国内航空客流也将有大幅增长。天津在国内支线航空发展趋势、基地航空公司、区位条件等方面都具有发展支线航空的条件。

（三）天津航空发展的制约因素分析

1. 航线结构不合理，驻场飞机数量有限

在航线结构方面，天津机场目前国际与国内、客运与货运、干线与支线相互之间的发展不平衡。天津机场目前拥有国航、奥凯航空、天津航空等 6 家客运航空公司，以及 1 家银河国际货运基地公司。但基地航空公司的实力有待加强，其运营规模均较小，没有一家公司的市场份额超过 12%，驻场飞机数量有限。另外，天津机场缺乏低成本航空公司、包机航空公司基地的进驻。

2. 以机场客源拓展为核心的交通运营组织有待加强

目前，天津机场以拓展客源为主的营销力度不足，最典型的表现是天津的机场巴士线仍局限于天津市区，而与机场同处滨海新区的塘沽至今未开通机场巴士。相较之下，首都机场于 2009 年底在天津滨海客运总站开通城市航站楼，石家庄正定机场也已开通至保定、邯郸等城市的机场巴士线。天津机场定位为大型门户枢纽机场，其服务范围至少应拓展到周边地区，也应在天津周边县市开通机场长途客运线。

在轨道交通方面，目前存在的问题在于京津城际非正线引入机场，其客流收集能力较正线有很大折扣。国内许多城际高速铁路线与机场的衔接采用正线直接穿越机场航站区的方式，如长春—吉林城际高铁穿越长春龙嘉机场，广州—东莞—深圳城际高铁贯穿深圳宝安机场，重庆—万洲的城际高铁贯穿重庆江北机场，甚至北京—唐山城际客运专线也直接衔接唐山三女河机场。

3. 城市空间布局与机场没有进行有效整合

天津机场地区的城市空间发展形态目前属于偏心发展态势，东部的空港物流加工区基本实现产业化和城市化的同步发展，但机场北部、西部及南部地区的发展动力不足，且开发利用未能与机场紧密衔接，机场周边用地性质与机场发展不相适应，当地经济与临空经济发展缺少协调，机场优势没有得到充分发挥。

4. 空域问题制约机场发展

以天津滨海国际机场为中心，在半径 50 千米范围以内分布着 6 个军用和民航机场（或起降场），其中军用机场 2 个，所占空域资源高达 90%，天津民用航空所占空域资源仅占总空域资源的 10% 左右。以目前的飞行模式，天津机场与杨村机场的空域使用矛盾比较突出，同时由于距离城区过近，与武清区之间的相互干扰严重。

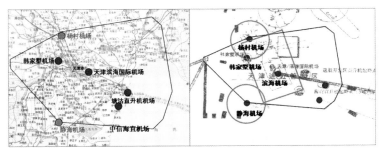

天津机场空域使用现状

5. 现行机场管理体制制约机场发展

自 2002 年天津机场划归首都机场以来，天津机场获得了不错的发展空间。随着天津航空市场的进一步发展，现行管理体制所暴露的问题日趋突出。首都机场集团下属 31 个机场中，天津是唯一与首都机场有直接竞争关系的机场，首都机场在发展航线、空域使用、资金投入等方面对天津均有诸多限制。

（四）天津航空业发展的 SWOT 分析

从自身发展的纵向时序来看，天津机场进入有史以来最佳的历史机遇期。而横向比较来看，天津机场旅客吞吐量排名全国第 24 位，与天津城市综合实力以及城市定位目标尚有不小差距，仍有很大潜力可挖，如果采取正常的发展战略，抓住首都第二机场

启用之前的窗口期，将促成天津机场的跨越式发展。

根据天津机场的战略定位、运营现状以及发展态势，建议在不同的时期有针对性地选择不同的实施战略：

①近期采取 WO 战略（扭转型战略）和 SO 战略（增长型战略）并举的战略，已经基本实现迈入 500 万人次的大型机场之列。还将立足于机场的"做大"目标，使天津机场尽快进入旅客吞吐量千万人次之列。

②中期采取 ST 战略（多种经营战略），立足于机场的"做强"目标，建立健全机场的各项功能，使机场的运营进入均衡发展阶段。

③远期则采用 WT 战略（防御型战略），在自身做大做强之后，应有能力抵御首都第二机场和首都机场的外部竞争，保证天津机场持续而稳定的发展，最终将天津机场发展为大型门户枢纽机场。

天津航空业发展的 SWOT 分析

因素	机会（Opportunity）	威胁（Threat）
	①滨海新区开发开放上升为国家战略。 ②机场周边地区的空港物流加工区发展快速。	①大量客货源流失到首都机场。 ②面临区域内首都第二机场、唐山三女河机场等的竞争。 ③面临高速铁路的竞争。
优势（Strengths）	SO 战略（增长型战略）	ST 战略（多种经营战略）
①航空航天等临空型产业发达。 ②区位交通先天条件好；拥有完备的综合交通运输体系。 ③属于内城型机场，机场周边地区将整合建成航空城。 ④运行资源相对丰富；起步虽晚但有后发优势。	①提高机场在城市空间布局和区域机场体系中的地位。 ②加强航空城规划建设，发展临空经济。 ③整合机场周边的土地利用和建设，促进临空产业结构优化升级。	①加强市场营销力度，出台航空公司优惠政策，积极引进航空公司开辟中转航线。 ②大力发展以机场为中心的零换乘、无缝中转多种方式联运体系。 ③大力开展"航空城"品牌建设，联系旅行社大力推广天津机场。
劣势（Weakness）	WO 战略（扭转型战略）	WT 战略（防御型战略）
①票价折扣率低；客货源流失严重。 ②航线结构不合理；O&D 市场规模相对比较小，通航点较少，航班频次较低。 ③专业化机场管理水平较低。 ④公共交通进出不便。 ⑤基地航空公司实力薄弱。	①加快机场基础设施建设，为跨越式发展创造条件。 ②加快机场对外集疏运交通系统建设，拓展辐射范围。 ③加强机场营销力度，提高机场服务管理质量。 ④积极开展市场调查，大力培育航线。	①狠抓内部管理，加强服务。建立"机场呼叫中心"和机场服务网站，为市民购买机票提供统一服务平台。 ②联系协调航空公司，做好城市市场和航线调研，平衡利益，稳定票价。

（五）天津航空业发展的五大战略

1. "三线"并举战略

（1）发展国际客运航线战略。

①开放客运第五航权。

天津机场现已开通国际货运第五航权，但现在国内众多机场也开通了货运第五航权，天津机场的航权优势不明显，尚需要积极向民航局申请开通国际客运第五航权，吸引国际客运航线经停天津机场。

②开通欧美地区的国际虚拟航班。

沈阳机场首创了"一票到底"的虚拟国际客运航线模式，先后开通了沈阳经京、沪、穗至亚、欧、美、澳的20多条国际航线。至今该模式已在南京、成都、西安等城市推广。天津机场也可依托上海浦东、虹桥、广州白云等机场，开通以天津机场为始发地的国际虚拟航班。

③开通国际低成本航线和城市对航空快线。

天津机场发展国际航线的重点地区是东北亚和东南亚。在亚洲长途航空公司开通天津至吉隆坡航线的基础上，尽快开通新加坡、泰国和印度等国的低成本旅游航线。应争取天津机场与东京羽田机场和首尔金浦机场三地之间国际城市对航空快线的开通。

（2）发展国际货运航线战略。

目前天津机场已开通的22条国际航线中，仅有天津至首尔、名古屋、斯维尔德洛夫斯克、乌兰巴托4条客运航线，其余18条均为货运航线。天津机场的国际货邮在货邮总量中所占比重高达65%，其航空货运将更为发达，应重点拓展欧美货运航线。

（3）发展国内支线航线战略。

在完善国内干线网络的基础上，大力强化支线网络，形成干支结合的轮辐—放射式航线结构，吸引国内各地机场的支线飞机、包机和公务飞机在天津机场的起降中转，并利用地面交通开通机场至北京市的高频率直达路线，为北京市运送中小城市的国内、国际中转客源。

2. 优化空域战略

杨村军用机场距离天津滨海国际机场直线距离34千米。杨村机场除在空域上对滨海机场造成较大影响之外，还对北京南苑机场、首都第二机场的空域产生一定的影响，同时由于距离城区过近，与武清区之间的相互干扰严重。初步拟定选址于宝坻与蓟州区方向。

3. "港""城""业""三位一体"发展战略

天津机场地区将实现高度的城市化，将形成以机场为中心的圈层式和组团式结合的机场城市，如下图所示。天津机场地区的综合开发模式应实现交通节点价值、城市功能价值、产业效益价值三者之间的两两互动，由此形成了"港"（空港）、"城"（航空城）、"业"（产业）三方面互动的动态作用机制。在航空城、临空经济和综合交通枢纽"三位一体"联动发展模式的推动下，天津机场地区将由"港小、城弱、业衰"的局面逐渐演进为"港盛、城强、业兴"的态势，以此实现天津航空城的综合开发模式。

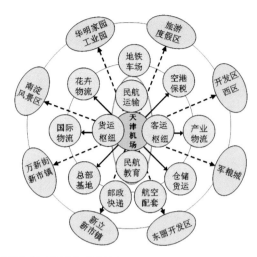

天津机场地区圈层式和组团式布局示意图

4. 综合交通枢纽化战略

天津机场作为枢纽机场，应规划其为郊区型的综合交通枢纽，形成区域性的交通换乘中心，实现旅客和货物的多式联运。

（1）陆空联运模式。

尽快在滨海新区开通多条机场巴士线路，加大中心城区机场巴士线的车次密度，并在河北、山东等地的唐山、大成、任丘、沧州、滨州、东营等周边县市航空市场营销和推介，以期实现道路交通和航空交通的陆空联运。

（2）空铁联运模式。

京津城际轨道交通支线将衔接天津机场，并与京津冀地区京津、京沪、津秦和津保等高速铁路线联网，这样天津机场的辐射范围可以最大限度地满足国内区域性高速客运交通的需求，而其所构筑的中枢航线网络则可以充分满足跨境越洋交通的需求。

（3）海空联运模式。

在海空联运方面，北京地区是我国国际游客的主要输入地和输出地，天津港邮轮母港将是国际游客进出京津冀地区的唯一海上通道。应实现天津港邮轮母港与天津机场之间的海空旅客联运，采取"海上来，飞机回"或"飞机来，海上回"旅行方式。

5. 机场属地化战略

目前天津机场与首都机场是国内唯一既具有直接竞争关系，又有彼此隶属关系的机场。由于天津机场与首都机场之间存在着竞争关系，天津机场的运营在某种程度上受到制约。假如在管理体制上对机场进行属地化改革，将促成天津机场的跨越式发展。当前天津市政府可采取"参股""托管"等各种方式逐渐参与天津机场的经营管理，中长期则可促成天津机场实现完全属地化。

（六）天津航空业发展的三大战略阶段

为了实现天津机场建设"大型门户枢纽机场"和"中国北方国际航空物流中心"的目标，应实施"三步走"的战略任务。

1. 快速发展阶段（2010—2020）

这一阶段的主要目标是夯实基础、"做大"机场，大力建设基础设施，使天津机场初步建成北方国际航空货运中心和大型枢纽机场。航站楼总面积达到33.6万平方米，实现旅客吞吐量2500万人次、货邮吞吐量150万吨的设计容量。将机场打造成综合交通枢纽，并实现天津机场地区的空间优化和产业升级。

2. 全面腾飞阶段（2021—2040）

此阶段的主要目标是"做强"机场，届时天津机场将全面建成大型门户枢纽机场和中国北方国际航空物流中心。时至2040年，天津机场将实现年旅客吞吐量6500万人次、货邮吞吐量300万吨。新建第三条跑道和第三座航站楼及50万平方米以上货运库。机场地区也将发展为临空产业聚集、城市功能齐全的航空城。

3. 稳定发展阶段（2040年以后）

2040年以后，天津机场将保持平稳发展状态，直至接近运营的容量极限，届时将考虑由天津市和唐山市共同筹建渤海湾海上机场。天津机场终端规模用地控制在20平方千米，终端建成70

万平方米的航站楼、80万平方米以上的货运库。天津机场周边地区已完全实现城市化和产业化，形成"港""城""业"全面互动的格局。

（七）天津航空发展的保障措施

1. 加快天津航空运输业的发展步伐

加强航空市场促销力度，大力培育和发展支线运输，建立高频率的城市对航线。并设立支线航线的专项补贴基金，在机场收费、地勤服务等方面对航空公司选用天津机场起降采取鼓励和倾斜的政策，吸引多家航空公司开通航线，鼓励基地航空公司将更多的飞机驻场。

2. 发挥机场的航空货运优势

应依托天津机场的交通和区位优势，合理构筑现代航空物流体系，大力引进和采用先进的物流组织、技术和管理经验，培育发展有强大竞争力的航空物流产业链，使其成为中国北方最大的国际物流分拨中心和大通关基地。

3. 强化机场的服务质量

强化天津机场的服务意识和服务环境，各口岸联检单位应建立一套便捷的作业模式，检验检疫机构实行了产地实施检验检疫、企业端软件报关等"全天候"工作制度。机场海关可实行"24小时通关""空中报关""卡车航班""陆空联运"等服务监管举措。

4. 完善天津机场的综合交通运输体系

天津机场地区处于城市交通和对外交通的结合部，应发挥其"通天达海"的优势，将天津机场建成大型立体的综合交通枢纽，并完善机场的集疏运系统，设有公交车站及停车场、长途客运站和货运站、出租汽车站、大型停车场等。

5. 加强天津机场周边地区的土地开发利用

利用大型机场的区位优势、交通运输优势和口岸优势，在机场建设的同时结合航空城和临空经济的开发。天津机场具有良好的交通条件和区位条件，应整合机场周边地区的各类功能区和建成区，借助于产业化和城市化的发展动力来推动天津机场的快速发展。

三、课题研究的创新点

①综合运用了区域规划理论、城市规划理论和机场规划理论相结合的方法，并论证天津机场的发展定位，制定了天津航空枢纽港的发展战略、发展阶段及其保障举措；

②借鉴国内外机场地区开发的经验，基于天津机场的现状条件及未来发展趋势，提出了机场、航空城和临空经济"三位一体"的机场地区综合开发模式，形成"港""业""城"三者间的互动；

③系统地提出将天津机场打造为区域性综合交通枢纽的设想及其实施方案，并规划以机场为核心，开展空铁联运、海空联运、陆空联运等多式联运模式。

四、课题研究的应用前景展望

本课题立足于战略高度和中长期发展的角度，以天津机场建设大型门户枢纽机场为总体目标，为天津机场建设航空枢纽港提供有益的参考和借鉴，对临空经济带动天津乃至环渤海地区经济提供新的思路。总体而言，本课题研究成果具有较强的理论意义与实际应用价值，可为民航部门编制《天津机场"十二五"发展规划》《天津机场总体规划》提供参考，也可供天津市编制《天津城市总体规划》《东丽区总体规划》以及天津机场周边各类功能区规划，同时可为滨海新区基础设施近期规划建设和交通管理部门行业规划提供参考。

第四节　滨海新区总体规划中关于交通规划的内容

2006 年，滨海新区被纳入国家发展战略。为落实国务院对滨海新区的战略定位，适应新阶段、新形势下又快又好的发展要求，我们首先组织开展了新设立功能区的分区规划及起步区控规的编制，启动了控规全覆盖工作。同时，着手开展新一轮滨海新区城市总体规划编制的前期研究。

2007 年，天津市第九次党代会提出了全面提升城市规划水平的要求。2008 年，天津市成立重点规划提升指挥部，集中编制以天津市城市总体规划为龙头的 119 项规划，其中 38 项是滨海新区规划。新区以城市空间发展战略和城市总体规划为龙头，推动各个层面规划的提升完善。

滨海新区综合交通规划同步开展编制，相关研究成果均纳入总体规划中，成为总体规划交通专项的重要组成部分。

一、集疏港交通

（一）公路及城市道路疏港体系

规划在滨海新区核心城区外围形成由高速公路和普通公路组成的两级疏港网络系统，构筑货运保护壳，分离港城交通。其中，高速疏港网络由"7 横 2 纵"的高速公路组成，联系区域腹地，承接对外远距离疏港运输。7 横分别为京港高速、京津高速、京津塘高速、津晋高速、津港高速、滨石高速、南港高速；2 纵分别为塘承—唐津—津汕高速、海滨大道。

普通疏港网络由普通公路与部分城市干道组成，联系全市及周边地区，服务中短途疏港运输。横向通道有京津高速辅道、

十二大街、第九大街、津塘路、津晋高速辅道、轻纺城路、红旗路；纵向通道有西外环和渤海十路。

集疏港道路规划示意图

（二）铁路疏港体系

规划强化进出港铁路能力，优化货运场站布局，在中心城市范围内形成"环线—放射线"式疏港铁路骨架。

"环线"由李港铁路—周芦铁路—汉周铁路—津霸线—京山线—京山北环联络线—津蓟北环联络线—北环线组成。

"放射线"为包含连通区域的铁路通道与直接进入港区的铁路疏港线。其中进港铁路包括规划进港三线至北疆港，规划临港铁路至临港工业区，规划南港一线、南港二线至南港工业区。对外通路包括连通东北方向的京山铁路，连通蒙东方向的津蓟铁路，连通北京方向的京山铁路，连通霸州、保定方向的津霸铁路，连通山东方向的津浦铁路，以及连通黄骅方向的黄万铁路。

规划形成"一集两编"＋5个货运站的铁路集疏运场站布局。集装箱站为新港集装箱编组站，编组站为北塘西编组站和万家码头编组站，货运站为茶淀、军粮城、北大港、南港一站、南港二站5个货运站。

集疏港铁路规划示意图

二、对外交通体系

依托海、空两港，建立便捷的对外联系通道，充分利用欧亚大陆桥桥头堡的优势，将滨海新区建设成为北方国际航运中心和国际物流中心。建设各种交通方式紧密衔接、快速转换、通达腹地的区域一体化的现代交通网络，促进区域大型交通基础设施共享。

（一）强化铁路运输能力

高速铁路方面，规划将津秦客运专线引入滨海新区，在塘沽海洋高新区设滨海站，在汉沽区茶淀镇北侧设滨海北站。

城际铁路方面，规划将京津城际铁路引入滨海新区，在军粮城镇设军粮城北站，在现状京山铁路塘沽站设站，并延伸至于家堡站。规划连接环渤海主要城市的环渤海城际铁路，北接曹妃甸，南接黄骅，线路经过滨海站，并设汉沽站、大港站、南港站。

普通铁路方面，强化区域铁路通道建设。规划滨海新区—霸州—保定—太原铁路，并接太（太原）中（中卫）铁路，形成直通西部的大通道，构成离欧亚大陆桥距离最近的通道；建设黄万铁路复线接朔黄铁路，形成通往西部能源基地的南部大通道；北延津蓟铁路，形成滨海新区—承德—赤峰—通辽铁路通道。

客货运枢纽方面，规划滨海新区形成"两主五辅"的铁路客运枢纽，其中津秦客运专线滨海站、京津城际铁路塘沽站（含于家堡站）为主客运站，京津城际铁路军粮城北站、津秦客运专线滨海北站以及环渤海城际铁路汉沽站、大港站、南港站为辅助客运枢纽。

（二）优化公路网络

高速公路方面，对接市域高速公路网，规划形成"七横四纵"的路网布局。七横为国道112线高速公路、京港高速公路、京津高速公路、京津塘高速公路、津晋高速公路、津石高速公路、南港高速公路；四纵为津宁高速公路—津汕高速公路、塘承高速公路、唐津高速公路、海滨大道。

一般干线公路方面，规划建设与周边各区县及地区联系的一般干线公路，提高新区与周边交通的可靠度。

三、城市道路

构筑结构合理、等级清晰、高效便捷的道路交通网络，满足多层次和多方式的交通需求，形成内外一体化的交通格局。

快速路方面，强化滨海新区四个城区与中心城区及相互间的交通联系，并与高速公路衔接。快速路呈"五横五纵"布局：五横为津汉快速路、津滨快速路、津塘二线快速路、天津大道、津港快速路；五纵为机场大道、汉港快速路、西中环及其延长线、塘汉快速路、海滨大道。

主干路方面，完善各城区、功能区之间主干路网络的连接，有效补充区间交通联系。主干路系统沿"T形"交通骨架展开，基本呈"方格网"状布局。

滨海新区交通骨架道路规划示意图

四、轨道交通与公共交通

（一）轨道交通

规划市域线（Z线）、城区线（地铁）两级轨道系统。滨海新区范围内轨道交通线路总长度为450千米，线网密度为0.19千米／平方千米。其中：

共规划4条市域线（Z线），构成"两横两纵"的轨道交通主骨架网络。

共规划8条城区线，包括滨海核心区（B线）及海河中游（C线）两个相对独立的线网。

滨海核心区形成以于家堡为核心的中心放射结构，共有3条市域线（Z1、Z2、Z4）、6条城区线，津滨轻轨、B1、B2线为城区骨干线，B3、B4、B5线为城区填充线，核心区内城区线总长度约180千米，规划三线换乘枢纽3座、两线换乘枢纽24座。

海河中游重点强化与双城区的快速联系，滨海新区范围内共有2条市域线（Z2、Z3）、5条城区线，津滨轻轨、M2线为城区骨干线，M4、C1、C2线为城区填充线，新区范围内城区线总长度约42千米，规划三线换乘枢纽1座、两线换乘枢纽4座。

场站规划方面，规划在每条线路两端分别设置车辆段及停车场。车辆段用地规模控制在30～50公顷；停车场用地规模控制在15～20公顷，并预留用地。

（二）公共交通

建立以公共交通为主导的一体化、多种方式并存协调的可持续发展的城市客运交通模式，建立以公共交通为导向的城市土地利用模式，实现公共交通与土地利用的互动发展。

新区公交出行比例的规划目标为：近期为25%以上，远期达到40%以上。公交可达性目标：实现1小时通勤圈发展目标，新区主要城区中心至中心城区中心区公交出行时间控制在60分钟以内，新区各功能区至塘沽城区中心区公交出行时间控制在 60 分钟以内，三个主城区和各功能区内部 90% 的居民公交出行时间控制在 40 分钟以内。公交服务水平发展目标：运送速度上，轨道交通高峰运送速度平均达到 35 千米 / 时以上，快速公交高峰运送速度平均达到 30 千米 / 时以上，常规公交高峰运送速度平均达到 15 ～ 20 千米 / 时。站点覆盖率目标：主要城区内公共交通站点 500 米半径覆盖的人口和岗位数达到 90% 以上。

　　构建快速公交系统，在滨海新区核心区内部以及核心区与其他组团间，与轨道交通共同构成公交骨架网络，在组团内发挥主导作用；共规划快速公交线路 14 条，总长度 280 千米。构建区域辐射、市域衔接和城市服务一体的、以功能型为主的枢纽体系，共规划枢纽 60 个，巩固滨海新区区域交通枢纽的功能和地位，促进城市综合交通体系的建立，实现区域交通与城市交通一体化，引导城市空间与区域空间结构协调发展。

滨海新区轨道交通规划示意图

第五节　滨海新区重点交通专项规划

自 2009 年新区重点规划指挥部成立以来，为进一步深化滨海新区综合交通规划，先后开展了《滨海新区货运设施与通道规划》《滨海新区货车服务区规划》《滨海新区公交场站规划》等专项规划，作为滨海新区综合交通规划的深化支撑。

一、滨海新区货运设施与通道规划

1. 规划背景

滨海核心城区依港建城、因港而兴，在城市边缘地带存在大量为港口服务的货场。随着滨海新区被纳入国家发展战略，城市规模不断扩张，特别是商业、居住用地不断增加，原本位于城市边缘的货场逐渐被城市生活区包围，进而产生港城用地矛盾、港城交通矛盾、土地利用集约化问题，由货场产生的噪声等消极因素也影响着生活区环境。

基于滨海新区建设成为北方国际航运中心和国际物流中心的定位，指挥部调查梳理滨海核心城区的现状货场，并进行合理规划布局，将有效缓解由货场引起的港城矛盾问题，促进滨海新区现代物流业的发展，加快滨海新区建设成为北方国际物流中心和宜居生态型新城区的步伐。

2. 现状及存在的问题

滨海新区核心区内现状共有货场 111 处，总占地面积约 21 平方千米，占核心区规划面积的 8% 左右。货场大致分布在七大片区，分别为：港城大道沿线、塘汉路—新北路沿线、塘黄路沿线、胡家园码头地区、大沽化地区、散货物流中心、开发区。

货运场站依据服务对象、交通条件，可大致划分为五种类型：港口物流型、区域转运型、工业生产服务型、城市服务型、临时性货场。

核心区现状货场分布图

目前新区货场及通道主要存在的问题如下：

①核心区内货场产生大量货运交通，而货运交通依靠城市客运道路或重要的对外道路进出，导致客货运交通冲突，产生"港城交通"矛盾。

每天进出核心区货场的车辆数量约为1.1万辆，占进出核心区货场总量的50%左右，大量货车进出核心区对城市生活环境产生严重干扰。此外核心区内现状货场约有50%位于货运通道两侧，其他货场均需通过塘汉路、新北路、新港二号路、永太路、新胡路、于庄子路等与货运道路连通，上述道路同时又是重要的客运通道或穿越城市生活区的重要道路，导致客货运车辆混行，严重影响交通系统运行，交通矛盾突出。

②核心区内货场数量多、规模较小、分布较散、占用大量城市建设用地，影响城市建成区的有序扩展。随着核心区的不断发展，货场用地与城市生活用地逐渐混合，影响城市生活环境，产生"港城用地"矛盾。

核心区范围内共分布有111处货运场站，总占地面积约21平方千米，其中67%以上的货场占地面积均小于10公顷，规模化货场数量较少。货运场站现状分布较为零散，从城市现状建成区边缘至城市中心区域均有分布，与城市生活区混合现象严重，既阻碍城市生活区的进一步扩张，又对城市环境产生较为严重的影响，产生"港城用地"矛盾。

③核心城区内货场的货物价值低、土地利用效率低下，不符合现代物流业的发展趋势，制约"北方国际航运中心和物流中心"的建设。

港口物流型货场占核心区货场占地面积的75%以上，而该类型货场堆存转运的主要是散货等低价值货物，能够创造的价值低。

调研的大部分货场仍以仓储、转运等传统物流业务为主，经营货类大而全，物流处理能力低下，其物流强度远低于物流园区，造成大量区位良好的土地被闲置浪费。

3. 货运场站与通路发展策略

（1）货运场站发展策略。

①调整核心区内现状货运场站布局，优化核心区内货运场站性质。

货运场站围绕其服务对象集聚化、规模化发展是现代物流业发展的必然趋势，因此需要对核心区内现状货运场站进行布局调整（产业区内货运场站除外），将具有大规模货运场站的货运企业调整出核心城区范围，优化各类货场站布局、形态集聚化、规模化发展态势。

核心区内规划不再新增大规模货运场站，调整现状货运场站后，仅保留物流企业总部及物流配送网点。

②注重物流平台建设，以企业搬迁改造为契机，实现物流产业升级改造。

此次货运企业的布局调整，为滨海新区货运场站的升级改造提供了良好契机。相关政府部门应加强物流平台建设，结合货运场站的集聚布局，实现货运场站由传统物流业向现代物流业升级，为国际物流中心建设打下良好基础。

（2）货运通路发展策略。

①结合货运场站的搬迁计划，多措并举，分离客货交通。

结合此次货运场站的搬迁改造，对近远期货运车辆出行路径进行优化，通过新建货运通道、采取交通管控措施等方法，逐步分离核心区内客货运交通，缓解港城交通矛盾。

②借鉴相关城市经验，对部分货运通道进行分离改造。

对于穿越生活区的重要货运通道、穿越工业区的重要客运通道，建议参考香港模式，采用全线分离或交叉口分离措施，构建复合型通道，分离客货运交通。另外，建议通过在货运通道两侧宽绿化的方式，从视觉与听觉两方面分离客货运交通。

4. 货运场站与通路优化调整方案

规划分别对港口物流型货场、城市服务型货场、工业生产服务型货场、区域转运型货场、临时性货场等进行优化调整。

按照以上各类货场的规划搬迁方案，核心区内现有货场搬迁后的总体分布情况如下页图所示。

5. 货场布局优化结果

核心区内货场布局调整完成后，仅在周边保留少量货场，约占地2平方千米，由货场引起的货运交通量将减至约1000辆/天，客货运交通矛盾进一步减小。规划保留货场几乎全部位于开发区内，货场用地与城市生活用地间的矛盾进一步弱化。

6. 货运通路布局优化

（1）货场进出道路规划。

核心区货场按规划搬迁完成后，集疏港规划中提出的第九大街、第十二大街、新杨北路等货运道路可满足核心区内规划保留的货场的进出需求。

（2）核心区货运道路优化。

上述规划确定的货运道路能够满足核心区规划保留的货场的进出需求，但存在两个方面的问题：一是规划应保留京津塘高速公路、津沽一线的疏港功能；二是第九大街局部路段（西外环至塘汉路段）的疏港功能是否有必要保留值得研究。

京津塘高速公路延长线（泰达大街段）是为集疏港修建的，是进出北疆港区最便捷的东西向通道，也是最繁忙的疏港通道。若按照集疏运规划将泰达大街调整为客运道路，将会增加货运车辆绕行核心城区的时间成本，还会引起绕行道路的交通拥堵，会间接降低天津港的核心竞争力。因此规划建议保留泰达大街疏港功能，但借鉴香港集疏港的经验，采用高架或地道的封闭形式，使货运车辆不能进出核心城区。

津沽一线是进出南疆港区最便捷的货运通道。由于短期内矿石、焦炭还需在南疆港码头上岸、下水，因此很多集疏港货车还需要通过津沽一线进出南疆港区。此外，津沽一线与李港铁路在一个货运廊道内，实际上是城市组团的边界，对城区的干扰相对较小。因此规划建议维持津沽一线的疏港功能，待远期上述问题都解决后，可以将其转变为城市客运干道。

第九大街西延线是为联系开发区东西两区而建设的客货运通道，在津秦高铁与第九大街交口北侧规划滨海站后，高铁滨海站地区规划为重要的商务办公区，故第九大街西外环至塘汉路段不再适合担当货运功能，而且使用第九大街的货车多为短途货运，局部绕行影响不显著，规划建议该段货运绕行西外环—天祥西道—塘汉路。

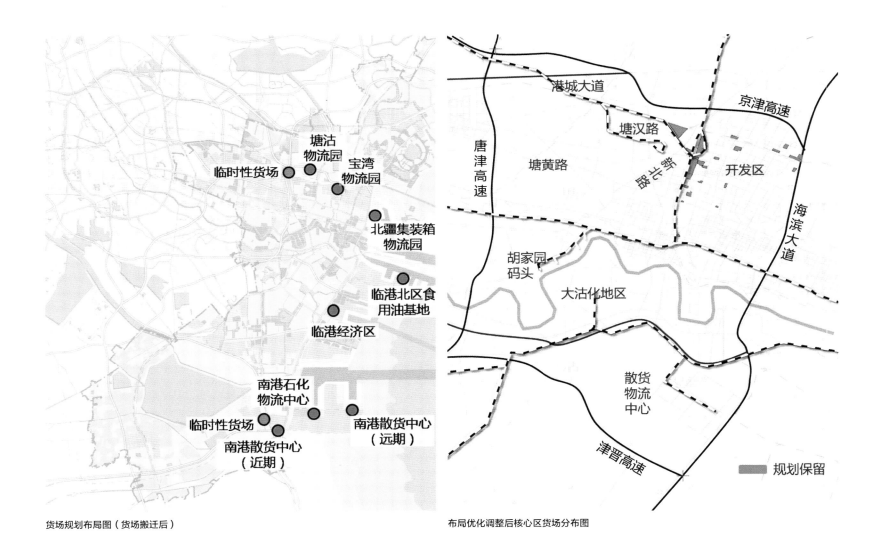

货场规划布局图（货场搬迁后）

布局优化调整后核心区货场分布图

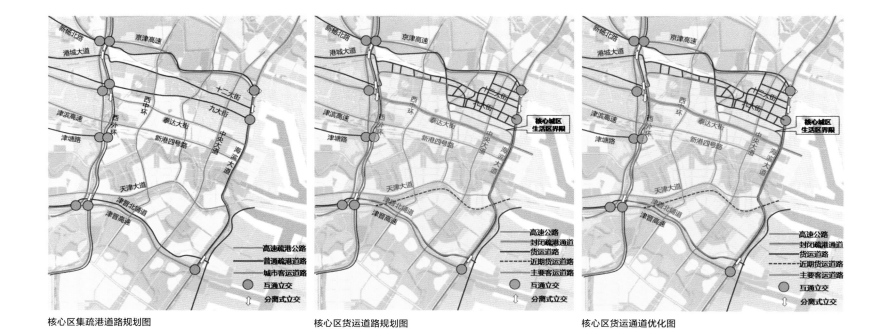

核心区集疏港道路规划图   核心区货运道路规划图   核心区货运通道优化图

二、滨海新区货车服务区规划

（一）规划背景

随着天津港货运吞吐量的不断增加，疏港交通压力不断加剧。在海河以北，由于泰达大街、第九大街限行，仅京津二线及其辅道以及泰达大街部分车道能够进港，通行压力极大，饱和度达到1.57。海河以南的津沽一线道路破损严重，通行效率极低。海河南北仅有海滨大道、唐津高速沟通，承担多重功能，通行压力极大。

同时，港口吞吐量的增加带来疏港货车数量剧增，由于缺乏必要的货车服务区，造成疏港货车乱停乱放现象严重，严重制约疏港通道能力的发挥。为进一步规范货车停放，按新区政府要求，新区规划和国土资源管理局于 2013 年组织编制了《滨海新区火车服务区规划》。

（二）规划主要结论

1. 现状情况

滨海新区现状每天进出港区的货运车辆总数达到 6.1 万辆次，由于天津港内部功能不完善，造成大量疏港货车服务功能外溢至城市核心区，缺乏管理，组织无序，对城市道路通行及环境景观产生了较大影响。经调查，现状货车的停放区域主要集中在海滨大道与泰达大街立交东北角、海滨大道高架桥下、4 号卡子门附近以及海滨大道辅道、京津高速、津塘公路等疏港通道沿线。

疏港货车沿城市出入道路随意占路停放等待货源，压缩机动车道，降低道路通行能力，存在安全隐患。同时，司机于路边餐饮、流动维修，影响城市环境景观。此外，司机由于住宿等生活需要，夜间将车停放至城市生活区，带来噪声、粉尘污染，扰民现象严重。

2. 需求分析

结合天津港规划和对疏港货车的运输特征的调研分析，疏港货车的服务需求主要分为两类：一是去往天津及周边区域的短途运输，当天往返，车辆要进行临时停放、检修、加油等，需要在普通疏港公路沿线设置小型服务区，此类车辆约占货车总数的 50%，约 1.6 万辆，所需服务区总规模约 6 公顷；二是去往天津以外区域的长途运输，由于等货需要停留一天甚至几天时间，需要在港区附近满足车辆停放、维修、加油、司机餐饮、住宿等多种服务功能，此类车辆约占货车总数的 50%，约 1.6 万辆，所需服务区总规模约 24 公顷，近期主要在北港区规划约 14 公顷，远期在临港经济区和南港工业区各规划 5 公顷。

天津港每日进出车辆数量

	小货车	大货车	拖挂车	集装箱车	合计
自然车（辆）	6213	25105	8211	21435	60964
标准车（pcu）	9319	75314	32844	85742	203220

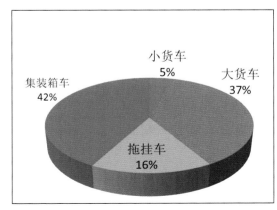

天津港 24 小时进出货运车辆构成图

天津港每日进出车辆来源

来源地	小货车	大货车	拖挂车	集装箱车	货车各方向占比
东北方向	6%	9%	9%	9%	9%
北京、内蒙古	9%	9%	14%	15%	12%
河北廊坊	4%	5%	4%	5%	5%
石家庄、山西	10%	18%	17%	14%	15%
河南	0%	4%	4%	4%	4%
南方	7%	12%	14%	15%	14%
天津	64%	43%	38%	38%	41%
合计	100%	100%	100%	100%	100%

3. 规划方案

根据疏港货车的不同需求，按照方便疏港货车使用、减小对城市干扰、集约节约用地的原则，结合港区及主要疏港通道布局，规划两类货运服务设施（见下页"疏港货车服务区选址明细表）：

一是结合对外高速疏港通道，临近港区建设综合服务区，满足疏港货车停放、维修、加油、司机餐饮、住宿等综合性需求。规划在北疆、南疆港区内，调整现状散货堆场，各规划一处综合服务区，直接服务于码头作业区；改造海滨大道桥下服务区，形成只针对等货空车的停车场，餐饮、住宿、维修、加油等功能移至桥外侧的配套服务区；在新港四号路以东、海滨大道以北整合现状矿粉堆场，新建综合服务区；临港经济区、南港工业区结合码头规划综合服务区，总规模约 28 公顷，停车面积约 24 公顷。

二是结合疏港通道，在高速公路入口处和疏港公路沿线，结合加油（气）站规划建设小型服务区，满足货运车辆临时停车、检修、加油等需求。规划沿港城大道、津晋高速建设两处小型服务区，服务于进入对外高速疏港通道的车辆；沿津沽一线、津塘公路、西中环、南堤路和轻纺经济区南侧，结合加油（气）站规划 5 处小型服务区，总规模约 12 公顷，停车面积约 6 公顷。

货运服务区选址方案图

疏港货车服务区选址明细表

项目	名称	面积（万平方米）	现状情况	土地权属	城市规划用地性质	土地规划用地性质	类别
综合服务区	新港四号路服务区	5	矿粉堆场	开发区滨海汽车储运有限公司	居住、公建、停车场	规划交通用地	港区服务区
	海滨大道服务区	8	临时停车场	滨海建投	道路	现状交通用地	港区服务区
	北疆服务区	3.1	待建设	天津港集团	公益预留用地	规划交通用地	近期港内服务区
	南疆服务区	2	已填海，未真空预压	天津港集团	公益预留用地	现状交通用地	近期港内服务区
	临港服务区	5	已填海，未真空预压	临港经济区	物流	填海	港区服务区
	南港服务区	5	待填海	南港工业区	物流	填海	港区服务区
小型服务区	港城大道服务区	4	水塘	土地中心	闲置地	特殊用地	港外服务区
	驴驹河服务区	5	盐田	土地中心	绿化	盐田	港外服务区
	西中环加油站	1	待建设	滨海建投	加油站	滩涂、苇地	改、扩建加油站
	津塘路加油站	0.5	企业	塘沽区胡家园街道	道路立交	林地	改、扩建加油站
	津沽一线加油站	0.4	加油站	塘沽区新城镇	加油站	现状城镇用地、规划城镇用地	改、扩建加油站
	轻纺经济区加油站	0.45	盐田	土地中心	加油站	盐田	改、扩建加油站
	南堤路加油站	0.5	待建设	南港工业区开发有限公司	加油站、停车场	盐田	改、扩建加油站

4. 近期建设计划

　　经过与滨海建投集团、天津港集团、新区土地中心等部门结合，初步确定将条件较为成熟的新港四号路服务区、海滨大道服务区、北疆服务区、港城大道服务区、驴驹河服务区、西中环加油站等六处服务区列入近期建设计划，相关单位需对所负责的场站进行深入规划设计，确定服务区功能、规模、实施方案、交通组织方案等，并尽快开始建设。

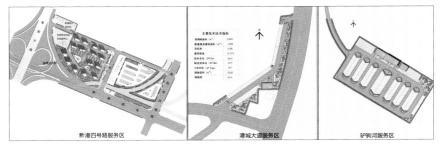

近期建设服务区效果图

货运服务区近期建设方案图

滨海新区现状综合客运交通枢纽位置示意图

三、滨海新区公交场站规划

（一）规划背景

近年来，滨海新区城市人口快速增长、城市规模不断扩张，客运交通需求快速增长，高峰期的客流大部分由公共交通所承担。中央商务区等重点发展区域的建设都以公共交通为主要的交通出行方式，滨海新区公共交通的发展将成为带动滨海新区开发开放的重要支撑。滨海新区的公交线路逐步增加，规模逐渐扩大，公交事业也在逐步落实，但是场站建设一直是薄弱环节。

为了满足滨海新区公共交通发展的长远要求，积极落实公交

优先政策，改善公交场站用地不足的现状情况，优化公交场站布局，为控制性规划落实用地提供依据，需要编制本规划。

（二）现状及问题

滨海新区现有综合客运交通枢纽 10 处，包括机场 1 处、铁路及公路长途枢纽 8 处、轨道及公交枢纽 1 处。

目前，新区客运枢纽存在以下问题：一是对外综合交通枢纽规划建设处在起步阶段，与城市公交系统衔接不足；二是缺乏组织公交线网的城市综合客运交通枢纽；三是公交场站总体规模仍显不足，影响到公交正常运营和发展；四是公交场站覆盖面不足，存在服务空白。

（三）枢纽需求分析

滨海新区公交场站用地标准

首末站 用地面积 （平方米）	停车场 用地面积 （平方米）	保养修理厂 用地面积 （平方米）	合计 （单车综合用地标准） 用地面积 （平方米）	夜间停车比例	
				首末站／枢纽站	停车场
100～120	60	35～45	195～225 （取上限）	60%	40%

（四）综合客运交通枢纽规划方案

以"双高双快"骨架交通网络建设为契机，完善对外及内部综合客运枢纽布局，强化内外交通衔接，改善公交服务水平，提升公共交通出行效率，形成覆盖城区、多层次、功能完善的一体化综合客运交通枢纽，有效提升滨海新区在区域中的枢纽地位，形成以轨道交通为骨干的线网发展模式，促进公交线网的布局由线网追随型向枢纽引导型转变。

1. 枢纽分级

借鉴国内外枢纽分级的先进经验，依据枢纽服务范围、枢纽功能、客流规模，将综合客运交通枢纽分为三级：

（1）一级枢纽——区域性枢纽。

一级枢纽是滨海新区乃至天津市作为国家级综合交通枢纽的核心组成部分，服务于区域间客运换乘及枢纽所在城区对外出行。

布局于大型铁路客站、机场等处，衔接两类以上区域及对外交通设施（即同时一体化布局公路客运中心、区域轨道等设施），形成复合型区域客运枢纽，并组织城市公交（轨道、地面公交）、

出租、社会车辆等一体化衔接与换乘。

（2）二级枢纽——城区级枢纽。

二级枢纽是城市公共交通网络的重要节点，服务于城区对外出行、城区间出行换乘、大型功能中心客流集散等，是优化城区公交线路网布局、建立城区层次分明的公交线路网结构的主要基础性设施。

布局于对外客运枢纽（铁路辅站和公路长途）、大型客流集散中心、城区间客运主要换乘点等处，提供面向城区各主要功能区及枢纽的干线运输联系，组织轨道、地面公交、出租等一体化衔接与换乘。

（3）三级枢纽——片区级枢纽。

三级枢纽是区域性枢纽、城区级枢纽的重要补充，布局于片区（组团）中心、功能区中心、骨干客运系统主要接驳站等处，组织片区（组团）、功能区内部公交线网，并建立与对外骨干公交系统的一体化衔接，是城市P+R系统的主要布局地点。

滨海新区枢纽分类及功能

枢纽等级	服务范围	枢纽功能	客流规模（人次／日）
一级枢纽	区域性枢纽（环渤海区域）	是天津作为国家级综合交通枢纽的核心组成部分，服务于区域间客运换乘及枢纽所在城区对外出行	>6 万
二级枢纽	城区级枢纽（中心城区及环城四区）	是城市公共交通网络的重要节点，服务于城区对外出行、双城间出行换乘、中心城区与环城四区间出行换乘	>3 万
三级枢纽	片区级枢纽	区域性枢纽、城区级枢纽的重要补充，布局于片区（组团）中心、组织片区（组团）内部公交线网，并建立与对外骨干公交系统的一体化衔接，是城市 P+R 系统的主要布局地点	>1 万

2. 枢纽布局模式

结合新区组团型城市布局特点，强化滨海新区公共交通服务水平，支撑城市空间的快速拓展，构建"分区式"枢纽布局模式，形成以城市核心区为中心、对外放射的线网结构。

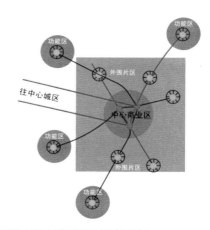

滨海新区客运交通枢纽布局模式示意图

构建核心区集散枢纽，组织双城间及核心区与功能区间对外联系线路，强化核心区对外联系。

在外围结合片区及功能区布局的特点，围绕轨道交通或骨干公交线的建设，在片区中心布设与公共交通骨架网络相结合的外围片区接驳枢纽，扩大骨干网络的服务范围，提高骨架网络的作用，方便片区中心客流集散。

3. 枢纽布局方案

滨海新区共规划综合客运交通枢纽 39 处，其中一级 3 处、二级 8 处、三级 28 处，具体方案见下页图。

① 一级枢纽。

以航空、铁路等大型对外交通设施为主，配套设置轨道、公交、小汽车、出租车、自行车等城市交通设施，规划形成滨海国际机场、滨海东站、滨海西站 3 处一级枢纽。

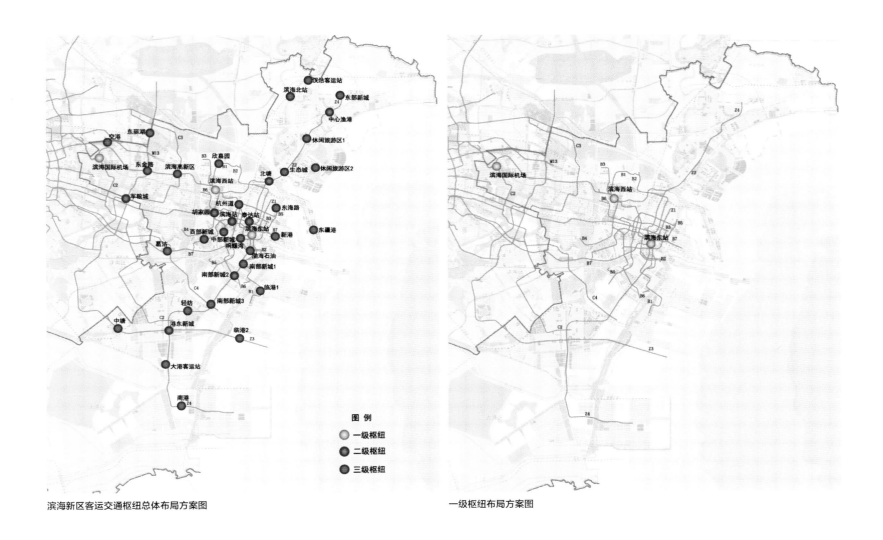

滨海新区客运交通枢纽总体布局方案图

一级枢纽布局方案图

图　例

○ 一级枢纽
● 二级枢纽
● 三级枢纽

一级枢纽方案及功能一览表

序号	名称	功能
1	滨海国际机场	集航空、城际铁路、轨道、公交、机动车等交通方式于一体，以对外为主的综合客运交通枢纽
2	滨海东站	铁路主站，集城际铁路、轨道、公交、机动车等交通方式于一体，以对外为主的综合客运交通枢纽
3	滨海西站	铁路主站，集高铁、轨道、公交、机动车等交通方式于一体，以对外为主的综合客运交通枢纽

②二级枢纽。

依托轨道交通车站，结合铁路辅站、大型公路长途客运、公交线网重要节点，共规划二级综合客运交通枢纽 8 处。

二级枢纽布局方案图

二级枢纽方案及功能一览表

序号	名称	功能
1	滨海站	普通铁路站，集城际铁路、普铁、轨道、公交、机动车等交通方式于一体，以对外为主的综合客运交通枢纽
2	军粮城	铁路辅站，集城际铁路、高速铁路、轨道、公交、机动车等交通方式于一体，以对外为主的综合客运交通枢纽
3	胡家园	滨海客运塘沽站，集公路客运、轨道、公交、机动车等交通方式于一体，以对外为主的综合客运交通枢纽
4	泰达站	滨海核心区集散枢纽，集市域轨道、轻轨、有轨电车、公交、非机动车等交通方式于一体，以服务城市为主的综合客运交通枢纽
5	北塘	滨海核心区北部换乘枢纽，集市域轨道、公交、机动车、非机动车等交通方式于一体，以服务城市为主的综合客运交通枢纽
6	中心渔港	滨海新区北部片区换乘枢纽，集市域轨道、公交、机动车、非机动车等交通方式于一体，以服务城市为主的综合客运交通枢纽
7	南部新城2	滨海核心区南部换乘枢纽，集市域轨道、城区地铁、公交、机动车、非机动车等交通方式于一体，以服务城市为主的综合客运交通枢纽
8	港东新城	滨海新区南部片区换乘枢纽，集城际铁路、市域轨道、公交、机动车、非机动车等交通方式于一体，以服务城市为主的综合客运交通枢纽

③三级枢纽。

结合片区综合商业和大型居住区等客流集散点，依托轨道车站或铁路辅站、公路长途客运，规划以轨道、公交、机动车和非机动车换乘为主体的三级枢纽 28 处，服务片区及组团内部客流，提升各片区的公交服务水平，强化轨道交通在客运体系中的骨架作用，促进地面机动车交通向轨道交通转移。

三级枢纽方案及功能一览表（续表）

序号	名称	功能
4	新港	片区换乘枢纽，集 B7 轨道线、公交、非机动车等交通方式于一体的城市综合客运交通枢纽
5	杭州道	片区换乘枢纽，城市 P+R 布局点，集 B1 和 B5 两条轨道线、公交、机动车、非机动车等交通方式于一体的城市综合客运交通枢纽
6	东海路	片区换乘枢纽，城市 P+R 布局点，集津滨轻轨和 B5 两条轨道线、公交、机动车、非机动车等交通方式于一体的城市综合客运交通枢纽
7	西部新城	片区换乘枢纽，城市 P+R 布局点，集 B7 轨道线、公交、机动车、非机动车等交通方式于一体的城市综合客运交通枢纽
8	南部新城 1	片区换乘枢纽，城市 P+R 布局点，集 B1 和 Z1 两条轨道线、公交、机动车、非机动车等交通方式于一体的城市综合客运交通枢纽
9	东疆港	片区换乘枢纽，集中运量轨道、公交、非机动车等交通方式于一体的城市综合客运交通枢纽
10	欣嘉园	片区换乘枢纽，集 B1 轨道线、公交、非机动车等交通方式于一体的城市综合客运交通枢纽
11	临港 1	片区换乘枢纽，集 B1 轨道线、公交、非机动车等交通方式于一体的城市综合客运交通枢纽
12	南部新城 3	片区换乘枢纽，城市 P+R 布局点，集 C4 和 Z4 两条轨道线、公交、机动车、非机动车等交通方式于一体的城市综合客运交通枢纽
13	轻纺	片区换乘枢纽，集 C2 和 Z4 两条轨道线、公交、非机动车等交通方式于一体的城市综合客运交通枢纽
14	中塘	片区换乘枢纽，城市 P+R 布局点，集 Z3 轨道线、公交、机动车、非机动车等交通方式于一体的城市综合客运交通枢纽
15	临港 2	片区换乘枢纽，集 Z3 轨道线、公交、非机动车等交通方式于一体的城市综合客运交通枢纽
16	大港客运站	片区换乘枢纽，集公路客运、Z4 轨道线、公交、非机动车等交通方式于一体的城市综合客运交通枢纽

三级枢纽布局方案图

三级枢纽方案及功能一览表

序号	名称	功能
1	响螺湾	城市中心集散枢纽，集 B2 和 Z1 两条轨道线、公交、非机动车等交通方式于一体的城市综合客运交通枢纽
2	中部新城	片区换乘枢纽，集 B3 和 B6 两条轨道线、公交、非机动车等交通方式于一体的城市综合客运交通枢纽
3	渤海石油	片区换乘枢纽，城市 P+R 布局点，集 B2 和 Z4 两条轨道线、公交、机动车、非机动车等交通方式于一体的城市综合客运交通枢纽

三级枢纽方案及功能一览表（续表）

序号	名称	功能
17	南港	片区换乘枢纽，城市 P+R 布局点，集 Z4 轨道线、公交、机动车、非机动车等交通方式于一体的城市综合客运交通枢纽
18	生态城	片区换乘枢纽，城市 P+R 布局点，集 Z2 和 Z4 两条轨道线、公交、机动车、非机动车等交通方式于一体的城市综合客运交通枢纽
19	旅游区 1	片区换乘枢纽，城市 P+R 布局点，集 Z2 和 Z4 两条轨道线、公交、机动车、非机动车等交通方式于一体的城市综合客运交通枢纽
20	旅游区 2	片区换乘枢纽，集中运量轨道、公交、非机动车等交通方式于一体的城市综合客运交通枢纽
21	东部新城	片区换乘枢纽，城市 P+R 布局点，集 Z4 轨道线、公交、机动车、非机动车等交通方式于一体的城市综合客运交通枢纽
22	滨海北站	铁路辅站，集高速铁路、公交、机动车等交通方式于一体，以对外为主的综合客运交通枢纽
23	汉沽客运站	滨海客运汉沽站，集公路客运、公交、机动车等交通方式于一体，以对外为主的综合客运交通枢纽
24	滨海高新区	片区换乘枢纽，城市 P+R 布局点，集 Z2 和 C3 两条轨道线、公交、机动车、非机动车等交通方式于一体的城市综合客运交通枢纽
25	东金路	片区换乘枢纽，城市 P+R 布局点，集 Z2 和 Z3 两条轨道线、公交、机动车、非机动车等交通方式于一体的城市综合客运交通枢纽
26	空港	片区换乘枢纽，城市 P+R 布局点，集轨道 C1 线、公交、机动车、非机动车等交通方式于一体的城市综合客运交通枢纽
27	东丽湖	片区换乘枢纽，城市 P+R 布局点，集轨道 C1 线、公交、机动车、非机动车等交通方式于一体的城市综合客运交通枢纽
28	葛沽	片区换乘枢纽，城市 P+R 布局点，集 Z1 和 C4 两条轨道线、公交、机动车、非机动车等交通方式于一体的城市综合客运交通枢纽

④枢纽规模及用地控制。

根据枢纽功能对各级枢纽提出分方式用地规模总体控制要求，详见下表。

各级枢纽分方式用地规模控制一览表

类型	规模控制
公交	一级及二级枢纽 6 ~ 10 条线以上，6000 ~ 8000 平方米以上；三级枢纽 4 ~ 6 条线，4000 ~ 6000 平方米以上
小汽车	三级枢纽中大型停车换乘枢纽：500 ~ 800 个泊位，15 000 平方米以上；三级枢纽中其他停车换乘枢纽：300 ~ 500 个泊位，9000 平方米以上；外围一般轨道站：150 ~ 300 个泊位，4500 平方米以上
自行车	滨海核心区内轨道站 200 ~ 500 个泊位，300 平方米以上；滨海核心区外围及其他片区轨道站 300 ~ 1000 个泊位，450 平方米以
出租车	在具有对外交通功能的枢纽布设专用进出车道及候车区

滨海新区枢纽方案规模一览表

序号	名称	级别	位置	规模（万平方米）
1	滨海国际机场	一级	滨海国际机场	650
2	滨海东站	一级	于家堡	7.7
3	滨海西站	一级	高新区滨海高铁站	8.9
4	滨海站	二级	塘沽火车站	2.3
5	军粮城	二级	天津军粮城北站	1.3
6	胡家园	二级	滨海塘沽客运站	3.8
7	泰达站	二级	洞庭路与津塘四号路交口	1.2

滨海新区枢纽方案规模一览表（续表）

序号	名称	名称	位置	规模（万平方米）
8	北塘	二级	市域轨道 Z2 与 Z4 线换乘站	1.5
9	中心渔港	二级	市域轨道 Z4 线中心渔港站	2
10	南部新城 2	二级	市域轨道 Z4 线与城区地铁 B6 线换乘站	4
11	港东新城	二级	大港城区以东市域轨道 Z4 与 Z3 线换乘站	3.2
12	响螺湾	三级	市域轨道 Z1 线与城区地铁 B2 线换乘站	0.6
13	中部新城	三级	城区地铁 B3 与 B6 线换乘站	0.6
14	渤海石油	三级	市域轨道 Z4 线与城区地铁 B2 线换乘站	1.5
15	新港	三级	城区地铁 B7 线终点站	0.6
16	杭州道	三级	城区地铁 B1 与 B5 线换乘站	1.5
17	东海路	三级	津滨轻轨终点站	3
18	西部新城	三级	城区地铁 B7 线西部新城站	1.8
19	南部新城 1	三级	市域轨道 Z4 线与城区地铁 B1 线换乘站	1.5
20	东疆港	三级	东疆港	0.8
21	欣嘉园	三级	城区地铁 B1 线欣嘉园站	0.6
22	临港 1	三级	城区地铁 B1 线临港站	0.6
23	南部新城 3	三级	市域轨道 Z4 线与城区轨道 C4 线换乘站	3
24	轻纺	三级	市域轨道 Z4 线与城区轨道 C2 线换乘站	0.6
25	中塘	三级	市域轨道 Z3 线中塘站	1.5

滨海新区枢纽方案规模一览表（续表）

序号	名称	名称	位置	规模（万平方米）
26	临港 2	三级	市域轨道 Z3 线临港站	0.6
27	大港客运站	三级	市域轨道 Z4 线大港客运站	4
28	南港	三级	市域轨道 Z4 线南港站	2.1
29	生态城	三级	市域轨道 Z4 线生态城站	1.5
30	旅游区 1	三级	市域轨道 Z4 线休闲旅游区站	1.8
31	旅游区 2	三级	结合旅游区休闲岛中心和中运量轨道交通站点	0.6
32	东部新城	三级	市域轨道 Z4 线汉沽东部新城站	1.8
33	滨海北站	三级	滨海汉沽高铁站	2.5
34	汉沽客运站	三级	滨海汉沽客运站	3
35	滨海高新区	三级	市域轨道 Z2 线与城区轨道 C3 线换乘站	1.5
36	东金路	三级	市域轨道 Z2 与 Z3 线换乘站	2.1
37	空港	三级	城区轨道 C1 线空港站	1.7
38	东丽湖	三级	城区轨道 C1 线东丽湖站	1.9
39	葛沽	三级	市域轨道 Z1 线与城区轨道 C4 线换乘站	1.5

注：枢纽可与地块结合综合开发，枢纽综合开发的规模应乘以 1.3 ~ 1.5 的系数。

　　滨海新区共规划综合客运交通枢纽 39 处，可组织公交线路约 260 条，可设置约 2 万个小汽车车位和 4.5 万个非机动车车位。规划将形成以轨道为中心的一体化交通体系，强化内外交通紧密衔接，提升滨海新区对外辐射能力；促进公交线网布局由线网追随型向枢纽引导型转变，提升交通出行效率。

第五章　滨海新区十年交通发展特色

第一节　双港记 —— 一副破解港城发展困局的良药

一、港城矛盾与双港战略

1. 天津港发展历程

天津港历史源远流长，最早可以追溯到汉代，唐代以后形成港口（内河），1860 年对外开埠，成为通商口岸。中华人民共和国成立以前，港口各种设施损坏严重，运转几乎瘫痪。1949 年中华人民共和国成立之后，经过三年恢复性建设，天津新港于 1952 年重新开港。1952 年 10 月 17 日，随着万吨巨轮"长春"号驶入天津新港，嘹亮的汽笛声宣告了天津港的新生。从此，天津港踏上了艰苦创业求生存、改革开放谋发展的不平凡道路，开启了建设世界一流大港、跨越式发展的壮丽征程。

纵观天津港的发展历程，自重新开港到今天，数十余载弹指一挥间。在党和国家领导人的亲切关怀下，在天津市政府和交通运输部的正确领导下，在广大客户和社会各界朋友的大力支持下，一代又一代天津港人解放思想、艰苦创业、锐意进取、奋力拼搏，港口货物吞吐量由开港初期的 74 万吨，发展到 2015 年的 5.4 亿吨，世界排名第四位；港区面积由不足 1 平方千米，发展到 121 平方千米。

回顾天津港的发展历程，大致可分为三个历史阶段：

（1）艰苦创业时期。

中华人民共和国建立之初，国家百废待兴、百业待举。1949 年和 1950 年，国家对新港采取积极维护方式。1951 年，中央政务院决定修建塘沽新港，成立了以交通部长为主任委员的"塘沽建港委员会"。当家做主的港口工人仅用一年多时间，就圆满完成了第一期建港工程，使几乎淤死的港口重新焕发了生机，并于 1952 年 10 月 17 日正式开港。重新开港仅一周后，中央领导就来到天津新港视察，并留下了"我们还要在全国建设更大、更多、更好的港口"的历史回音。开港初期，没有大型机械和先进工具，天津港人硬是靠人拉肩扛换来了当年 74 万吨吞吐量的骄人成绩。

1959 年，国家在遭受自然灾害、物资供应极度匮乏的情况下，开始天津港第二次港口扩建工程。至 1966 年，全港新建万吨级以上泊位 5 个，吞吐量一举突破 500 万吨，结束了天津港不能全天候接卸万吨巨轮的历史。

20 世纪 70 年代初，为了打破全国性压船压港严重的局面，周恩来同志发出"三年改变港口面貌"的号召，天津港第三期大规模扩建工程拉开帷幕。1974 年，天津港货物吞吐量首次突破 1000 万吨，成为我国北方大港。

（2）改革开放后的快速发展时期。

党的十一届三中全会以后，天津港乘改革开放的春风，积极推进体制机制改革。1984 年 6 月 1 日，经党中央、国务院批准，天津港在全国港口中率先实行了"双重领导、地方为主"的管理体制和"以港养港、以收抵支"的财政政策，揭开了中华人民共和国港口史上新的一页。天津港积极利用外资，引进新设备、新技术，提升港口现代化水平，成为我国港口对外开放的先行者。1986 年 8 月 21 日，邓小平同志视察天津港时，看到这里发生的巨大变化，高兴地讲："人还是这些人，地还是这块地，一改革，效益就上来了。"

进入 20 世纪 90 年代，天津港直面市场竞争，不断拓展经营空间，先后开创沿海港口中的数个"第一"：兴建了我国第一间商业保税仓库，开创了我国港口保税贸易业务发展的新模式；成立了国内首家中外合营码头公司，开创了国有码头与外商合资合作经营的先河，实现了港口的经营管理与国际接轨；率先进行港口企业股份制改造，"津港储运"成为全国港口第一家上市企业；开通了我国第一个港口 EDI 中心，加快了我国港口信息化发展的进程。

此外，为了适应国际船舶专业化、大型化的发展趋势，天津港加快深水航道和码头的建设，陆续建成了专业化的石油化工、煤炭、焦炭、金属矿石和大型集装箱码头，启动了南疆散货物流中心开发建设。自 1993 年起，天津港货物吞吐量连续多年以千万吨级递增，2001 年成为中国北方第一个亿吨大港，跻身世界港口 20 强之列。

（3）跨越发展时期——近十年高速发展时期。

进入 21 世纪后，特别是近十年来，天津港步入了历史上发展速度最快、发展质量最好、各项工作齐头并进的黄金时期。面对经济全球化的发展趋势，天津港主动把自身发展置身于与提高区域经济国际竞争力的大格局要求紧密结合中考虑，提出并实现了"世界一流大港"的战略构想。完成了由天津港务局向天津港集团公司的整体转制，实现了政企分开，启动了全国规模最大的 30 平方千米东疆人工港岛建设，加快转变经济发展方式，以发展四大产业为抓手深化调整产业结构，积极推进港口转型升级，逐步完成了由"国内领先"向"世界一流"的跨越，在世界港口的地位大幅提升，对城市和区域经济发展的辐射力、带动力不断增强。

2. 天津港城矛盾日趋突出

伴随着天津港的快速发展，港城矛盾与集疏港交通压力不断加剧：

（1）港区分布 "北重南轻"，造成北部疏港压力大，港城矛盾突出。

客货混行，疏港穿城；
相互干扰，双重煎熬。

疏港交通量的 88% 穿越滨海新区核心区；
京辅道高峰时每小时排队 3 千米以上。

通道名称	客车比例	货车比例
京津高速及辅道	32%	68%
泰达大街	49%	51%
港城大道	24%	76%
海滨大道	41%	59%
津沽一线	34%	66%
津晋高速	10%	90%

现状港城矛盾示意图

（2）港城空间"相互挤压"，造成通道侵蚀、用地混杂。

新港二号路、四号路等疏港通道先后被侵占；核心城区遍布仓储、物流用地，港口生产与居住混杂。

3．双港战略提出

针对日益恶化的港城矛盾与集疏港交通问题，2009年天津市空间发展战略提出"双港战略"，将北部的散货向南部港区转移，以缓解北部区域的港城矛盾与疏港压力。

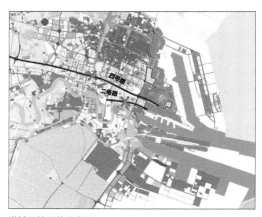

港城用地现状分布图

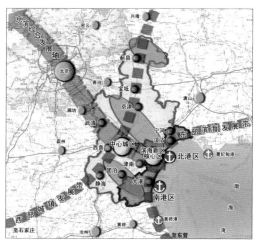

双城双港空间战略

二、优化港区布局，实施北港南移

按照"双城双港"的战略布局，加快推进南港建设，承接北部港区大宗散货南移，同时为集装箱发展预留空间。

1．将北重南轻调整为南重北轻

解决港区布局北重南轻的传统问题，将大宗干散货及部分集装箱向南部港区转移，将长期以来的"北重南轻"调整为"南重北轻"，缓解北部港区港城交通矛盾。

2．循序渐进，分步实施

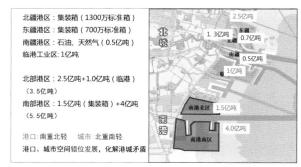

2030年规划港区吞吐量分布

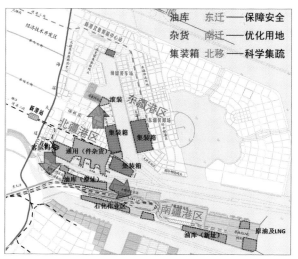

近期港区布局调整示意图

近期主要将南疆油库东迁，件杂货南迁，集装箱北移。

（1）油库东迁。

本着充分利用现有港航设施，满足相关规划要求的原则，近期将南疆港区西北侧的油库搬迁至东南侧的预留发展区（1.4平方千米），紧邻最东端的原油及 LNG 码头区，距离原油的油库区 9 千米。

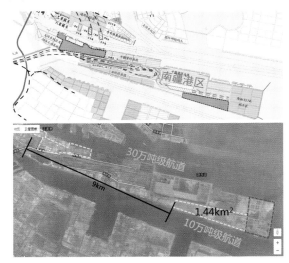

油库东迁示意图

（2）件杂货南迁。

北疆港区现有货类与临港已形成的运输主体货类具有较强相近性，配备的码头设施能力仅能承接近期部分北疆散货迁移。

码头能力：通用码头，2～7 万吨；北疆矿石船 20 万吨级，钢铁 10 万吨以内；临港能承接全部钢铁、矿建等件杂货的转移；矿石仅能承接部分（0.35～0.4 亿吨）。

配套能力：东大沽编组站，整体提供 2500～3000 万吨/年；临港现状 400 万吨/年，在建临港 I 场铁路 800～1000 万吨/年，"十三五"拟建 3 条联络线。

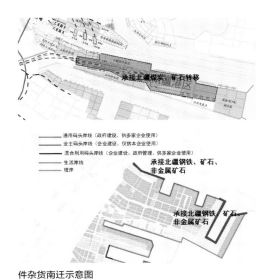

件杂货南迁示意图

（3）集装箱北移。

启动碱渣山搬迁，启动反 F 港北侧集装箱码头建设；

结合新港北集装箱中心站建设，将集装箱中心北移至进港三线附近；

紧邻港口作业区，打通港内南北向通道，将疏港通道北移，逐步取消进港二线、泰达大街疏港功能。

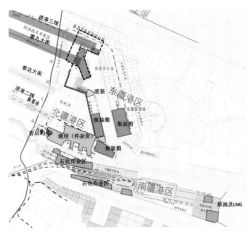

集装箱北移示意图

第二节　双城记 —— 一出交通导演的同城化剧目

一、双城及区间特征

滨海新区区别于传统的城市区，为典型的城市区域，城市空间呈多中心、多组团分散布局。2006 年天津城市总体规划确定中心城区与滨海核心区的布局结构为"一主一副"，2009 年天津空间发展战略确定中心城区、滨海核心区为"双城"。

1. 双城及双城间区域为战略重点发展区域

根据"双城双港、相向拓展、一轴两带、南北生态"的城市总体发展战略，双城及双城间区域属于战略核心地区，需要一体化交通组织。中心城区与滨海核心区、南港区之间区域，区位价值最高，发展机会较为确定。外围交通枢纽与节点地区，具有较多的发展机会，主要为产业发展适宜地区；外围区县有条件与双城共同构筑产业分工体系。

2. 双城及双城间区域是重要服务节点聚集区

小白楼、于家堡、滨海机场、天津港、铁路枢纽等不同的重要服务节点对双城及双城间的交通提出了不同的需求。

3. 双城间土地利用对海河南北两侧差别对待

双城间应根据南北两侧不同区位特征对用地进行差别化对待，同时根据交通设施规划引导土地利用发展。北部依托京津滨发展主轴，已经具备良好的发展优势，目前主要以工业用地为主，随着整体发展，对用地逐步进行提升，形成发展连绵区。南部发展机会多样，具有潜在的生态价值。应实施组团发展模式，以TOD 为导向，控制发展形态。加强生态资源控制，保护特色产业发展空间。

4. 双城间人口职住不平衡仍将存在

交通组织要充分考虑双城间人口职住不平衡的态势，提出相应交通组织模式。

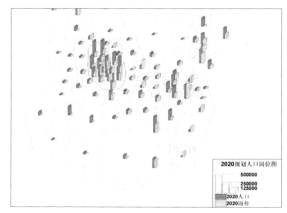

2020 年人口岗位分布预测图

二、双城及区间交通组织模式

双城间一体化组织，共同承担对外联系。港口南北布局，带动东西方向发展轴带，海河中游南北方向组织、外围地区轴带式组织，编制成网。结构具有扩展性，发展弹性大。港城冲突缓解，外围地区发展方向和职能分工明确。

线式交通与面式交通。不同的交通方式形成的交通流是不同的。交通规划需要从规划上引导居民选择合适的交通方式出行，从而促进科学合理的交通模式的形成。选择发展小汽车交通带来的将是"面式交通"，而选择发展轨道交通带来的是"线式交通"。

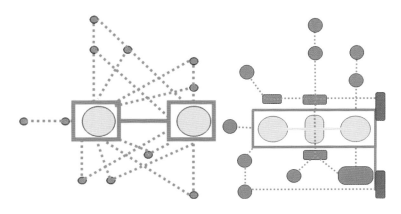

双城交通组织概念图

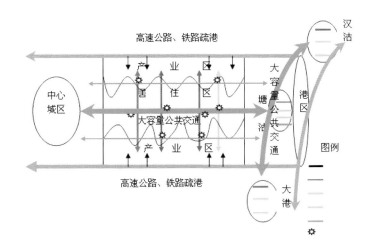

双城交通组织示意图一

双城交通模式以线式交通为主、面式交通为辅。运用"广义TOD"模式，通过建立联系区间交通的轨道、郊区铁路系统，形成高强度交通轴，形成双城间交通轴，既满足长距离、大容量、

快速便捷的出行需求，又能充分发挥交通轴对沿线组团、土地开发的引导作用，使城市沿着交通轴生长，避免低密度的土地利用模式，引导城市形成"蓝脉绿轴"的绿色生态走廊。

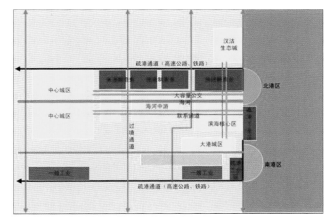

双城交通组织示意图二

发展确定性地区：线式为主、面式为辅。中心城区—滨海核心区—南港区，需要加强空间资源保护，避免低效利用，大力发展轨道交通，引导土地集约利用。

发展机会地区：近期面式、远期线式。在交通引导地区，如津滨走廊北侧、南港区后方，受核心要素影响，具有较为明确的发展前景，近期需要通过小汽车交通带动其城镇化发展，远期发展轨道交通；在职能引导地区，如外围城镇与交通节点，通过城市职能的植入引导小城镇发展，以小汽车 + 常规公交为主。

重点审视地区：线式引导、轴向拓展。津滨走廊两翼的生活型空间与产业空间冲突地区，具有较强的区位优势，但发展职能不明晰，需要从全市层面确定其未来的发展职能，并超前做好轨道交通引导轴向拓展。

双城空间组织示意图

三、双城及区间道路网络规划与实践

（一）双城道路网络

1.双城骨架路网规划

规划在双城之间形成"4横3纵"的骨架路网系统，以支撑双城之间及双城区域的发展。

（1）4横。4横分别为：津滨高速（规划为快速路）、天津大道、港城大道、津塘二线。

津滨高速（快速）路：连接中心城区和核心城区，中间串联了航空城、开发区西区，为双城之间的快速通道。规划为客运专用通道。

天津大道：海河南岸连接中心城区和核心城区的快速路，中间串联了双港组团、咸水沽组团、葛沽组团、中心商务区。规划为客运专用通道。

港城大道：由空港物流加工区中心大道和杨北路组成，连接航空城、高新区、开发区西区、北塘，为重要的客货运通道。

津塘二线：海河北侧连接中心城区与核心城区的快速路，带动海河北侧用地开发。

（2）3纵。3纵分别为：机场大道、蓟汕联络线、汉港快速。

机场大道：机场主要对外出口通道，北接京津高速，向南延伸至天津大道，是机场地区南北串接的主要通道。

蓟汕联络线：双城之间重要的区域南北通道。

汉港快速：津滨双城间中部地区的快速联系通道，是开发区西区、滨海高新区与滨海新区南部片区联系的重要通道。

双城骨架路网规划图

2.新区区间骨架路网规划

规划重点强化新区区间通道联系，以骨架路网支撑区域发展，在滨海新区区间形成"3环9连"的区间路网骨架结构，区区相连、环环相扣。其中，环线上客货混行，承担进出城交通的疏解转换，是各城区外围的保护壳；连接线是区间客运主通道，以客运为主。

（1）3环。

结合3个城区布局，形成3个城区外围交通保护环，以合理组织内外交通、客货交通。

核心区环线：港城大道、西外环辅道、海滨大道辅道、津晋北辅道。

北片区环线：海滨大道、汉沽快速环、塘汉快速、津汉高速、京港高速。

南片区环线：西外环辅道、津港二期辅道、海滨大道西侧辅道、轻纺城路。

西外环、海滨大道两条南北通道将"3环"串联。

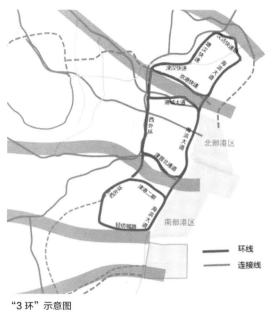

"3环"示意图

"9连"示意图

（2）9连。

强化双城、滨海新区沿海发展带的联系，兼顾中心区对滨海南北片区的辐射。

双城相向——4连（港城大道、津滨快速、津塘二线、天津大道）；

核心辐射——3连（西中环快速、中央大道、塘汉快速）；

区间联络——2连（津汉快速、津港快速）。

京港高速向西延伸至北部新区，增强滨海新区北片区与中心城区的联系。

3. 主要通道功能分析

（1）客运专用通道——"2横1纵"。

规划双城之间海河北侧的津滨高速、海河南侧的天津大道，以及新区区间中央大道为客运专用通道。津滨高速完成改造，天津大道、中央大道全面建成。

①津滨高速——双城一体的核心载体。

西起中心城区外环线，东至滨海核心区新港四号路，原为4车道，2012年改造为6车道，为中心城区与滨海核心区之间重要的客运通道。

②天津大道——海河南岸新路标。

西起中心城区外环线，东至海滨大道，是海河南岸地区客运主通道，串接小白楼、海河后5千米、海河教育园、于家堡等重点发展区域，是直接连通双城两个中心的客运通道，2010年建成通车。

③中央大道——新区第一条南北贯通的客运大通道。

北起汉沽汉蔡路，南至大港轻纺城路，共6车道，为新区第一条由南至北贯穿的大通道，2006年开建，2014年全线贯通，对于塘、汉、大三个区域的区间联系意义重大。

津滨高速

天津大道

中央大道海河隧道

（2）产业区交通大动脉——港城大道。

西起杨北路，东至海防路，共6车道，为新区北部产业区的交通主通道，串接空港经济区、开放区西区、滨海高新区、海洋高新区、北塘经济区、开发区东区，2013年建成通车，对于促进产业区生产、生活通勤出行具有十分重要的意义。

（3）第一条新区外围的南北疏解通道——西外环高速。

北起津汉高速，南至海景大道，共6车道，设有辅道，为滨海新区外围第一条南北疏解通道，实现东西向区域交通的南北转换，对于缓解唐津高速、海滨大道的压力具有十分重要的作用。

港城大道

西外环高速

（二）双城轨道网络

规划双城之间轨道有京津城际延伸线、津滨轻轨，规划轨道市域Z1、Z2线。

京津城际延长线天津站至于家堡站全长45千米，中间有军粮城站和塘沽站，运行时间20分钟。票价21元，8节编组，每列车载客约600人，高峰小时最大载客量为双向1.8万人。"双城"间高峰小时预留运能不足1万人次，拥有全天提供约7万人次的能力。津滨轻轨与中心城区地铁M2、M3在天津站形成三线换乘枢纽。

Z1线沿线用地包括居住、公共服务、教育、会展、金融商业等性质。Z2线沿线用地以交通枢纽、产业组团为主，性质较为单一。结合不同土地利用特点，采用不同轨道制式。两条线能力可达100万人次/日以上。

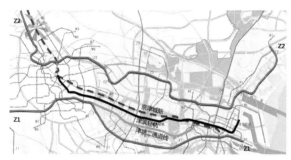

双城轨道规划图

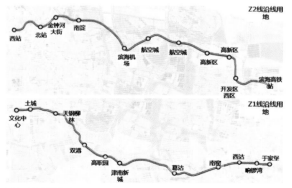

Z1、Z2线位图

第三节　走出去——畅达区域：一句壮志凌云的成长誓言

滨海新区区域枢纽地位有被边缘化的趋势，既有的对外交通设施难以承担国家赋予的功能。对此，自 2006 年滨海新区被纳入国家战略以来，相关的各层面规划均将提升滨海新区的区域交通枢纽地位作为重中之重。

客运方面，接通高速（城际）铁路，将京津城际、津秦高铁引入滨海新区并设站，可便捷通达国内八大经济区，极大增强滨海新区对外客运出行便利度，提高滨海新区区域客运地位。

货运方面，规划了直通区域腹地的铁路、公路货运大通道，承接北京非首都货运功能转移，将滨海新区打造为区域货运转运枢纽。

一、滨海新区对外交通规划成果

（一）滨海新区对外交通的发展思路

以强化海、空两港枢纽功能为核心，积极建设北方国际航运中心和国际物流中心；以完善对外综合运输通道为重点，努力构筑区域一体化对外交通运输体系；加强综合枢纽建设，通过优化内外换乘系统，提高综合换乘服务水平，实现内外交通的有机衔接。

（二）滨海新区对外交通的发展目标

依托海、空两港，建立便捷的对外联系通道，充分利用欧亚大陆桥桥头堡的优势，将滨海新区建设为北方国际航运中心和国际物流中心。建设各种交通方式紧密衔接、快速转换、通达腹地的区域一体化的现代交通网络，促进区域大型交通基础设施共享。

规划提出了"13136"的时空通达目标，即：10 分钟上快速路或公交站点；30 分钟通达中心城区，形成滨海生活圈；1 小时到达京津冀北主要城市，形成京津通勤圈；3 小时到达京津冀及相临腹地城市群，形成区域都市圈；6 小时到达环渤海主要城市及产业区，形成渤海产业圈。

1.1 小时通勤圈

在滨海新区临近的京津冀北地区，以滨海新区核心区为中心，半径约 100 千米，通过高速公路和城际快速轨道交通实现 1 小时的交通圈。该层结构中，形成以城际轨道交通为骨架、高速公路为辅助、其他干线公路为补充的客运系统，以及高速公路为主、其他干线公路为辅的货运系统。

规划完善滨海新区至北京、唐山、霸州方向的城际铁路，形成京津冀北地区的客运主骨架，实现快速客运半小时到达；加强滨海新区至北京、唐山、沧州、黄骅等方向的高速公路联系，强化滨海新区与京津冀北产业城市的联系，实现客、货运 1 小时到达。

重点强化天津与北京之间的联系，规划由公路、铁路、轨道交通组成京津之间的交通走廊。高速公路方面，改造京津塘高速公路，新建京津塘高速公路三线（南通道）；新建蓟塘高速，将京沪高速北延，现状津蓟高速三条高速、京哈高速或蓟平高速，可分别至北京的东部、北部地区。铁路方面，京津城际铁路、京沪高速铁路，规划津保高速铁路、津秦高速铁路、环渤海城际铁路，加强客运联系。

2.3 小时都市圈

京津冀作为环渤海区域最为活跃的经济区，肩负着带动环渤海其他区域发展的重任，应通过交通一体化实现京津冀区域经济一体化。

与京津冀主要城市及环渤海部分城市之间实现 3 小时直达。以滨海新区为中心，铁路和高速公路运距在 300 千米以内。客运以城际铁路和高速铁路为主，运行时间在 2 小时以内；货运以普通铁路和高速公路为主，运行时间在 3 小时以内，构筑 3 小时都市圈。

铁路方面，规划完善通往主要城市的快速轨道交通骨架，完善通往环渤海城市和产业区的铁路直通货运通道。规划连接环渤海主要城市的环渤海城际铁路，以及滨海新区至张家口、石家庄、济南、东营、葫芦岛、赤峰等的货运通道。

公路方面，构筑直达区域腹地的高速通道，实现与京津冀及环渤海主要城市的快速通达。规划形成滨海新区至石家庄、济南、葫芦岛、承德、赤峰、张家口等的高速公路。

3.6 小时经济圈

服务环渤海，形成与环渤海主要产业区及区域重要腹地的联系。

环渤海区域作为滨海新区对外公路运输的经济区域，是天津港的主要集装箱腹地。规划进一步强化与环渤海经济区域的高速公路、铁路联系，形成与环渤海区域及城市的快速、高效联系通道。

（1）构筑通往环渤海主要城市的铁路货运通道。

形成滨海新区至环渤海区域主要经济腹地的国家级干线通道和区域级直达通道。

国家级干线通道：滨海新区至东北方向的滨海新区—唐山—秦皇岛—沈阳铁路，进一步延伸至长春、哈尔滨；滨海新区至西北方向的滨海新区—张家口—呼和浩特铁路，进一步西延至乌

鲁木齐；滨海新区至西部方向的滨海新区—霸州—保定—太原铁路，接太中铁路，形成欧亚大陆桥的新通道；滨海新区至华东的滨海新区—沧州—德州—济南—徐州通道，向南延伸至南京、上海。

区域级直达通道：连接环渤海主要港口及产业区的环渤海铁路通道。

（2）加强与国家高速公路网的联系，同时加密通往环渤海区域主要经济腹地的高速公路网络。

国家级干线：西北方向，蓟塘高速接京乌高速至乌鲁木齐；西部方向，唐津高速西延，接青银高速至银川，津晋高速接荣乌高速至乌海；北部方向，唐承高速与津蓟及津汕高速的联络线接长深高速至长春；东北方向，蓟塘高速接京哈高速至哈尔滨；华东方向，津汕高速接长深高速至深圳，环渤海高速接荣乌高速至威海。

区域干线：北京方向，建设京津塘高速三线；西部能源腹地，将 112 高速西延至大同；东北及华东方向，建设环渤海高速公路。

（3）加强与环渤海区域各港口的联系。

强化内贸运输，增加与沿海主要港口的航线、航班密度，形成发达的内贸支线网络。与环渤海主要港口合作，实现优势互补，与环渤海其他中小型港口建立内贸支线，逐步发展成为天津港的喂给港。

进一步完善与环渤海主要旅游城市的海上联系。建议在已开通天津至大连、烟台等城市客运航线的基础上，增加通往天津至秦皇岛、威海、青岛等沿海旅游城市的直达客轮。

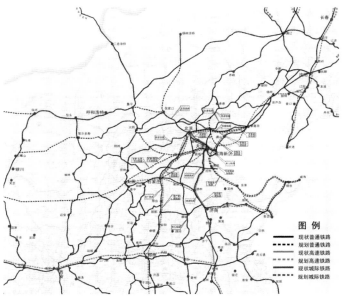

6 小时经济圈示意图

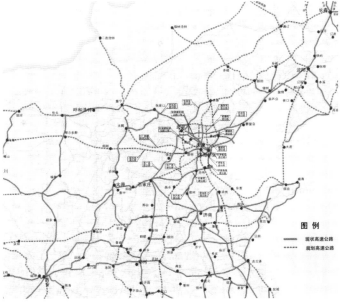

区域公路通道规划图

4.一日交流圈

辐射"三北",形成滨海新区与北方主要城市的畅通交流与往来,构筑一日交流圈。

随着环渤海区域成为中国经济增长第三极,作为环渤海区域发展引擎的滨海新区将成为国家主要交通枢纽,与国内主要城市有密切的联系,应位于国家主通道的交汇点。

(1)构筑通往主要城市的客运专线骨架。

形成滨海新区至"三北"及华东主要省会城市的3条客运专线,分别为滨海新区—保定—石家庄—广州、滨海新区—济南—上海、滨海新区—沈阳(进一步延伸至哈尔滨)。

(2)加强与"三北"主要城市的航空联系。

规划全面开通至"三北"地区省会城市的航线,提高航空覆盖率,完善与该地区的干、支线网络,吸引各地机场的支线飞机、包机和公务飞机在天津滨海国际机场的起降中转。规划开通天津西部至格尔木、库尔勒的支线航班。

5.国际出行通道

面向东北亚,加强滨海新区在东北亚的服务、辐射能力,同时为欧亚之间的联系构筑便捷的通道,形成欧亚大陆桥新的通道。

(1)构筑欧亚大陆桥新通道。

充分发挥滨海新区作为欧亚大陆桥桥头堡的作用,形成通往中亚、北亚的陆路通道,为中亚、北亚与东北亚的经济交往提供最近出海口。规划建设天津—太原的铁路,形成天津—太原—中卫—武威—乌鲁木齐—中亚五国—华沙—柏林—鹿特丹的欧亚大陆桥最近的通道。

(2)拓展海向腹地。

积极与世界主航线接轨,大力拓展国际集装箱运输。进一步加强天津与釜山、横滨港的联系，以强化天津与远东—美西的南太平洋主航线的联系；加强天津港与中国香港、新加坡等港口的联系，以强化天津与远东—澳新、西欧、波斯湾、地中海主航线的联系。

开通与东北亚主要城市的客运航线，提高天津港在东北亚的辐射力；建议在开通天津至仁川、神户等国际客轮的基础上，增开天津至日本长崎、横滨以及韩国釜山、济州等旅游城市的国际客轮。

（3）加强空中联系。

增开天津至欧洲、北美、东南亚等交往频繁地区主要城市的航线。加大与东北亚韩国、日本等国家主要城市的航班密度，以加强与东北亚的联系。

（4）对外交通规划与建设的突破点。

十年来，滨海新区在对外交通建设规划上统筹考虑对外交通薄弱造成的发展瓶颈以及国家定位对滨海新区对外交通提出的更高要求，将区域对外交通提高到空前重要的地位，提出了以对外交通为主要支撑的区域一体化的时空通达目标。

对外交通规划重点完善以"双高"（高速铁路和高速公路）为骨架的通达腹地的综合运输大通道，其中普通铁路打通通往西部的直通通道，形成欧亚大陆桥的最近通道；将津秦高铁、京津城际引入滨海新区，使高快速铁路在天津由"Y"形枢纽转化为"十"字枢纽，直接连通国内五大经济区；同时完善陆路交通大枢纽，紧密衔接内外交通体系。

①解决了长期以来制约天津尤其是天津港发展的西部铁路大通道问题。一方面使天津港在环渤海港口群主要港口中唯一没有专用铁路通道的现象成为历史；另一方面构筑了欧亚大陆桥的最近通道，使得滨海新区成为真正意义上的欧亚大陆桥桥头堡。

②解决了滨海新区长期以来客运出行困难的问题。通过将津

秦高铁引入滨海新区并设滨海高铁站，将京津城际引入于家堡并设滨海站，将京保城际提升为高速铁路，使得高速铁路在天津由"Y"形枢纽转化为"十"字枢纽，可以直接连通国内五大经济区，将出行时间缩短至原来的1/3，甚至更短；同时在滨海核心区设立滨海站（塘沽、于家堡）、滨海高铁站两大枢纽站，以及城际滨海北站（汉沽）、城际滨海南站（大港），进一步强化了滨海新区在区域客运网络中的地位。

③扩大了腹地范围。铁路、公路通道的完善使得天津港的直接腹地由原来的4个扩大至9个，为天津港的快速发展奠定了坚实的基础。

二、滨海新区对外交通建设成就

1. 建成两大铁路客运枢纽，对外出行便捷度大幅提高

建成了滨海高铁站、于家堡站两大铁路客运枢纽，津秦高铁、京津城际建成运营，极大提升与强化了滨海新区的客运服务辐射能力。

2. 建成多条对外高速通路，提升区域辐射能力

建成京津高速、海滨高速、塘承高速等多条对外高速通路，进一步强化滨海新区与北京、环渤海等区域腹地的联系，对外高速基本成网。

于家堡城际站

滨海高铁站

海滨高速

京津高速

塘承高速

第四节　离别记——客货分离：为了长大不得不付出的"代价"

一、初期港城客货交通

1984 年，天津经济技术开发区作为第一批国家级经济技术开发区率先在天津东部沿海的盐碱荒滩上建立。1991 年 5 月 12 日，国务院批准正式设立天津港保税区。1994 年 3 月，天津市人大十二届二次会议通过决议，决定在天津经济技术开发区、天津港保税区的基础上"用十年左右的时间，基本建成滨海新区"。 这也是天津东部沿海的开发区域第一次以"滨海新区"这一整体区域的概念出现。

"滨海新区"概念形成之初就是以天津港保税区、开发区、塘沽为核心区域的，天津港作为"滨海新区"的核心资源和主要发展动力，其所带来的疏港货运交通一直是城市交通规划面临的主要问题。

20 世纪 90 年代新区发展初期，城市布局较为分散，塘沽老城区、开发区、天津港之间有较大的缓冲地带，港城空间矛盾不明显。但由于集疏运通道集中在海河以北（新港四号路、泰达大街），已经出现了集疏运通道穿越城区的情况。

1994 年编制的《天津市滨海新区城市总体规划（1994—2010 ）》中首次明确提出了"疏港交通与城市交通分离"，确定了城市外围货运主要通道：

在疏港交通方面，进一步完善以铁路、公路及管道为主的集疏港交通运输体系。建设铁路进港第三通道，打通港口与西部腹地的直通铁路联系，开辟运煤专用线。建设海滨大道、津滨高速公路、津晋高速公路及津塘二线公路，改造津沽公路、津塘公路、津北公路、杨北公路。疏港交通与城市交通分离，以唐津高速公路、京津塘高速公路、津滨高速公路、津晋高速公路（津沽二线）、海滨大道为疏港主要通道，形成通畅的货运走廊。

1999 年编制的《滨海新区基础设施规划——交通规划综合报告》中，明确了塘沽、开发区等近港区域的货运通道规划原则：利用城市外围高速公路、快速干道建立集疏港货运通道，避免过境货运车辆进入市中心。同时在规划中确定了"六横三纵"的货运专用道路体系，其中六横为杨北公路（现京津高速）、十二大街、泰达大街、津塘公路（现新港四号路）、津沽公路、津沽二线（现津晋高速），三纵为海滨大道、河南路—河北路、塘沽外环线。

1997 年塘沽城区路网现状图

塘沽城区货运系统规划图

二、港城交通扩张与客货交通矛盾初显

2005 年 10 月召开的中共十六届五中全会将"推进滨海新区开发开放"写进国家"十一五"规划建议，标志着滨海新区首次被纳入国家整体发展战略。滨海新区发展进入了快车道，"十一五"期间国内生产总值年均递增 24.9%，高于全市平均增长率 6 个百分点，国内生产总值占全市的比例由 41.8% 提高至 56.4%；同时城市建成区面积也从 2005 年的 188.65 平方千米上升至 2010 年的 289.83 平方千米。

天津港在这一阶段港区不断拓展，主体港区为北疆港区和南疆港区，东疆港区、临港经济区开始填海造陆。2005 年吞吐量达到 2.4 亿吨，至 2009 年吞吐量达到 3.8 亿吨。同一时期，滨海新区城市功能不断加强，居住、商业用地范围扩展，城区与港区间缓冲地带逐渐减少；同时城市发展逐渐影响集疏运通道，新港四号路、泰达大街两侧用地的居住、商业功能与集疏运功能矛盾突出。

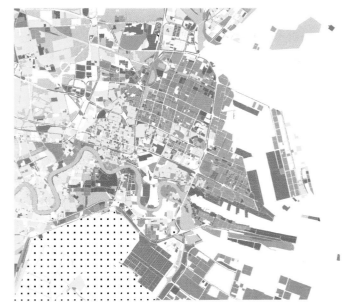

2005 年滨海新区城镇建设用地现状图

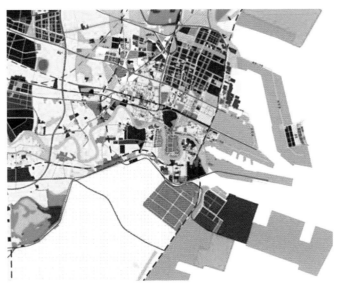

2009 年滨海新区城镇建设用地现状图

《天津滨海新区综合交通规划（2006—2020）》中提出了"港城协调"的发展原则，"既要满足集疏港交通的需要，又要为城市发展预留足够的空间"。在规划中结合用地布局，预留和控制疏港主通道，完善疏港交通系统，提出了利用城市建成区外围绿化廊道规划疏港通道，并初步提出构筑高速、普通两级疏港体系。

东西方向，主要避免对城市用地的过度分割，在滨海新区核心区与滨海休闲旅游区之间规划疏港主通道，并通过通道两侧的绿化控制减少对城区的干扰；在滨海新区核心区南侧的城市发展备用地中部预留疏港主通道，两侧通过绿化控制，作为临海产业区的疏港主通道，以避免发展备用地建设以后临海产业区无疏港通道的情况；滨海新区核心区则通过优化疏港网络组织，形成核心区的保护环线，以减少疏港交通对核心区城市交通的干扰。按照不同的服务对象，在港区外围形成两条疏解环线：第一条为服务于区域内以高速公路为主的对外疏港主环线，该环线主要为区域对外交通从滨海新区核心区外围快速进入港区服务；第二条为服务于市域的以城市道路为主的城市疏港主要环线，该环线主要为市域疏港交通从中心商业、商务区外围快速进入港区服务。同时远期预留沿港区及工业区外围的跨海通道，形成进出港区的U形疏港骨架。

南北方向，主要通过打通疏港交通瓶颈，提高南北向集疏运能力。针对南北向疏港通道少、能力不足的问题，加强对既有海滨大道的改造，从网络分流与空间分离两个方面提出改造方案。分流主要是考虑在港区内部建设平行于海滨大道的南北向的疏港专用通道，将部分转向交通引入港区内部，以分解海滨大道的疏港交通压力，而将海滨大道（京津塘高速二线至津滨大道段）改

造为城市快速路，主要承担城区与过境交通及部分市域疏港交通。规划疏港专用通道由北疆段、南疆段、临港工业区段三部分组成。空间分离主要是通过工程技术方法，将现有海滨大道的功能进行空间的分离，形成地面层与高架层两个系统，分别承担不同的功能，以提高运输效率。其中对外疏港交通、过境交通与海滨大道高架层互通，以使对外疏港交通直接高速进入港区，过境交通高速经过城区；市域疏港、城区交通与地面层互通，使得市域疏港交通快速进入港区，城区交通快速通达。

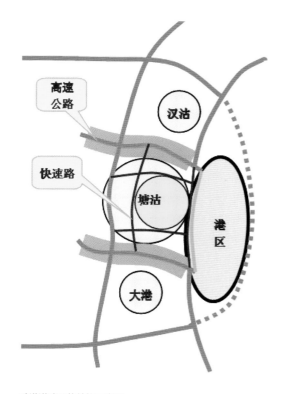

疏港道路网络结构示意图

三、港城交通分离

2010 年《天津空间发展战略》获得批复，其中提出"双城双港"的空间布局模式，港区功能开始分离。

新区居住、商业用地进一步向北、向西、向东扩展，城区内企业用地（天碱、新河船厂等）、物流用地（散货物流园区等）开始向临港、南港搬迁；港城相接区域出现居住、商业用地。

主体港区仍然集中在北疆、南疆港区，临港、东疆基本建成，南港完成围海。港区吞吐作业主要由北疆、东疆、南疆港区承担，造成北部地区集疏运压力较大，第九大街、泰达大街、津沽公路等集疏运通道路面桥梁损坏时有发生，港城矛盾十分突出。

这一阶段，结合《天津空间发展战略》中提出的"双城双港"模式，集疏港交通体系规划中一方面对北部港区集疏运体系进行进一步优化，同时对南部港区集疏运体系进行前期规划研究，保障未来交通需求。

2013 年编制的《天津港集疏运交通体系规划》提出"以港口为核心，打造港城交通一体、客货交通分离、综合运输高效、内外衔接紧密、各方式转换便捷的综合集疏运体系"。

规划形成由铁路、高速公路、普通道路组成的集疏运复合廊道，直接从港口连通腹地，形成高效、直通的疏港体系；同时，复合廊道位于城区外围，形成城区外围货运保护壳，分离客货交通，疏解过境及集疏运交通，形成客货分离的交通体系。

规划在滨海新区核心城区外围形成由高速公路和普通公路组成的两级疏港网络系统，构筑货运保护壳，分离港城交通。其中，高速疏港网络由"7 横 2 纵"的高速公路组成，联系区域腹地，承接对外远距离疏港运输。"7 横"分别为京港高速、京津高速、

2013 年滨海新区城镇建设用地现状图

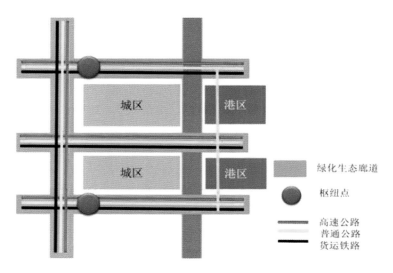

城区　　港区

绿化生态廊道

枢纽点

高速公路
普通公路
货运铁路

疏港交通体系模式

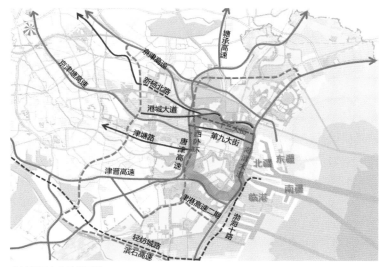

市域范围内集疏港网络

京津塘高速、津晋高速、津港高速、滨石高速、南港高速，"2纵"分别为塘承—唐津—津汕高速、海滨大道。

普通疏港网络由普通公路与部分城市干道组成，联系全市及周边地区，服务中短途疏港运输。横向通道有京津高速辅道、十二大街、第九大街、津塘路、轻纺城路、红旗路，纵向通道有西外环和渤海十路。

集疏运通道在滨海新区核心区外围形成由高速公路和普通公路形成的货运保护环，东至海滨大道，北至京津高速及其辅道，西至西外环及其辅道，南至津晋高速及其辅道。保护环内禁止散杂货车通行，第九大街为集装箱专用通道。

同时结合前期研究，在形成客货分离的交通体系基础上，进一步挖掘集疏运通道能力，规划形成"点—线"模式的新集疏运模式。在城区外围设置枢纽点，集合各方向集疏运车流，货物在枢纽点内完成通关、检验、装箱等步骤，再由专用车辆通过专用通道直接运输进港，大大提高集疏运通道运输效率，进一步减轻港口集疏运压力。

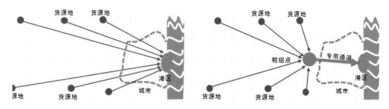

港口集疏运传统模式与"点—线"模式

规划在中心城市南北两侧分别设置一套"点—线"系统：

北部"点—线"系统：枢纽点设置在陆路港物流园区拓展区内，在大北环铁路西堤头站东侧，占地约 2 平方千米；专用线使用专用铁路、京港高速公路。

南部"点—线"系统：枢纽点设置在大港民营经济产业园发展备用地内，在黄万铁路郭庄子站东侧，占地约 1 平方千米；专用线使用南港二线铁路。

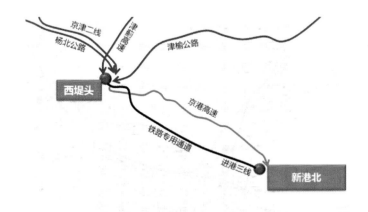

四、港城客货交通发展的自我反思

在滨海新区疏港交通规划的历程中，"港城交通分离"的规划思路一脉相承，从《天津市滨海新区城市总体规划（1994—2010）》中首次提出，到《天津滨海新区综合交通规划（2006—2020）》中提出确立"港城协调"的发展原则以及设置城市外围货运廊道、两级疏港体系，再到《天津港集疏运交通体系规划》中提出的集疏运复合廊道、城区外围货运保护壳、"点—线"疏港模式，面临新的时期、新的问题，不断对"港城交通分离"的规划思路进行丰富和发展，为滨海新区集疏运交通体系的建设、管理提供了良好的指导。

规划"点—线"系统布局示意图

第五节　话公交—— 学着慢慢长大，不再让人牵挂

一、轨道——从无到有，历经风雨的成长

（一）滨海新区轨道交通的前世今生

2004 年 3 月 28 日，滨海新区第一条轨道（津滨轻轨）投入试运营，标志着滨海新区城市交通发展进入新纪元。津滨轻轨的运营缩短了天津市区与滨海新区的时空距离，促进了津滨经济发展走廊的腾飞。2006 年滨海新区被纳入国家发展战略的确立进一步提高了新区的发展地位，单线运营的轨道交通与新区城市定位严重不符，进一步发展轨道交通的需求也逐年增强。

在国务院批复的《天津市城市总体规划（2005—2020）》中明确了在全市域进行轨道交通通道控制的要求，新区范围内为方格网状。

新区轨道交通线网规划始于 2008 年，过程中滨海新区规划与国土分局会同新区建设交通局组织相关设计单位进行了大量的论证工作。2010 年，结合滨海新区城市总体规划修改工作，滨海新区规划与国土分局组织编制了《滨海新区轨道交通线网专项规划》，先后进行了方案深化、专家咨询、对市民公示、新区政府办公会审批等一系列工作，形成最终规划方案。

新区轨道交通规划编制紧密结合全市域的轨道交通规划，并被纳入了天津市政府 2013 年批复的《天津市轨道交通线网规划（2012—2020）》。

2014 年，天津市政府向国家发改委上报的《天津市快速轨道交通建设规划（2015—2020）》充分考虑新区轨道交通建设需求，明确了 119 千米的轨道建设规模，这也标志着新区踏入了轨道交通快速发展时期。

滨海新区轨道交通线网规划方案如下所述：

规划目标：至 2020 年，在滨海新区形成与国际港口城市相适应、与中心城区之间联系便捷、布局均衡、层次齐全、功能相对完善、规模合理的轨道交通网络，使其与快速公共汽车运营系统共同发展成为城市客运交通的骨干系统。

远景建立与市域内各新城连通，遍及滨海新区各组团的轨道系统，形成以滨海新区为中心的"1 小时交通圈"，大幅提高公共交通的服务水平，使轨道交通在城市公共交通系统中的主体地位得以确立。

具体目标：

①轨道交通直接服务范围覆盖 60% 以上的人口及工作岗位；

②城市各功能片区核心、大型交通枢纽、大型居住区等客流集散点实现全覆盖；

③形成滨海新区核心区 40 分钟通勤圈、1 小时交通圈；

④轨道交通承担客流量占公共交通的 50% 以上。

规划方案：轨道线网规划根据不同层次需求，在市域范围内布设了市域线及城区线两级轨道系统，市域线为市域各组团提供点到点服务，起到支撑城市空间布局结构、提高城市中心的易达性、拉近双城区时空距离、带动外围地区发展的作用；城区线主要解决中心城区、滨海新区核心区内部出行需求。

在市域范围内规划 4 条市域线、24 条城区线，总规模 1380 千米。根据"双城双港、相向拓展、一轴两带、南北生态"总体战略要求，规划了"两横两纵"的市域线格局。为了支持双城区相向拓展的发展策略，沿"一轴两带"中的一轴"京滨发展主轴"规划市域线"两横"Z1、Z2 线连接双城。线路建成后，双城区间可以实现 1 小时通勤，充分拉近时空距离，有力支持双城双港、相向拓展的实施策略。为促进"一轴两带"中的"两带"沿海发展带及西部城镇带的形成，规划市域线"两纵"Z3、Z4 线沿城市纵向布设，有效地连接双城、双港与城市腹地的各个新城，支持城市沿滨海发展带发展，为城市未来南北向扩展预留轨道交通条件。市域线串联了市域内所有的外围新城，各区县与中心城区及滨海新区最多经过一次换乘即可到达，强化了双城区对外围新城的带动作用，满足全市联动发展的需要。

为充分发挥滨海新区的引擎、示范、服务、门户和带头作用，在滨海新区规划以核心区为中心的放射式轨道线网布局，支持滨海新区实施"一核双港、九区支撑、龙头带动"的发展策略。滨海新区规划以滨海核心区为中心，通过市域线、城区骨干线串联滨海新区九大功能区。核心区沿城市发展主轴京滨发展轴及沿海发展带对外放射的轨道交通线路，包括市域线 Z1、Z2、Z4，城区骨干线 B1、B3 以及现状津滨轻轨。各条放射线极大地增强了滨海核心区的易达性，强化了沿线土地利用强度，带动沿线土地开发，形成沿轨道轴线高密度扩展的城市发展轴。同时，规划构建与滨海核心区城市地位相适应的轨道线网，在滨海核心区形成由三条市域线、三条城区骨干线、六条城区填充线组成的轨道交通线网。线路按照城市发展的主导方向、客流主流向布设，围绕城市中心

及周边板块中心、近期开发热点地区形成轨道交通换乘枢纽，增强各级城市中心的交通可达性，激发各地区城市活力，提高土地价值，促进城市结构的演变。通过枢纽的设置，既形成地区的强开发中心，又锚固了规划的整体线网。

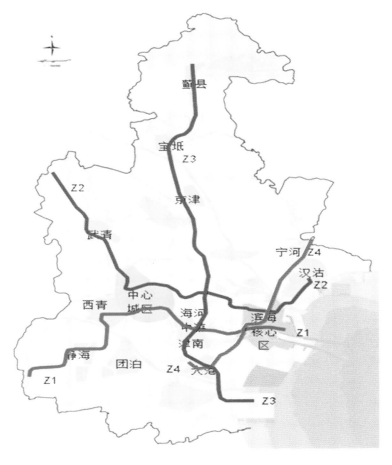

轨道交通市域线网远景规划图

滨海新区核心区内规划 3 条市域线、8 条城区线，总规模 230 千米，三线换乘枢纽 4 处，两线换乘枢纽 43 处；规划线网密度 0.85 千米 / 平方千米，站点覆盖率超过 75%。线网全网实现后，新区内公交出行比例达到 55%（轨道交通占公交比例达到 50%），可实现新区建设公交都市的目标。

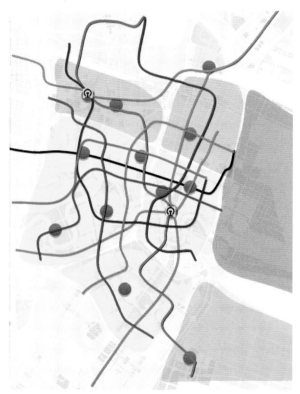

轨道交通市域线网远景规划图

（二）滨海新区轨道交通发展的反思

滨海新区近年社会经济发展迅速，但轨道交通建设远落后于其经济发展。现状仅津滨轻轨 1 条运营线路，新区内规模仅 12 千米，深圳、上海浦东等同等规模城市轨道交通运营规模均已达到上百千米。而新区现状人均 GDP 已经远超上海、深圳，建设进度远远落后，与城市发展地位不符。新区已经启动了 B1、Z4、Z2 等轨道交通线路的建设，正式迈入了轨道交通快速发展时期。

目前规划的新区轨道交通线网虽然与全市对接，范围涵盖了全市域，但随着京津冀协同发展新形势的出现，城际铁路网络的变化带来了新的外部轨道衔接条件，新区轨道网如何与区域铁路网对接，实现市域轨道、铁路一体化，是摆在新区面前急需研究解决的问题。随着国家整体的社会经济发展新常态的出现，新区的城市扩张也面临新的压力，如何激活全区联动发展，需要发挥不同功能区的协作精神。而轨道交通建设是引导城市合理发展的重要载体，外围组团的中低运量轨道交通的发展是新的发展课题。

（三）滨海新区轨道的近期建设

依据建设规划方案，新区将启动B1线（欣嘉园—临港产业区）、Z4 线（汉沽新城—中部新城）、Z2 线（滨海机场—北塘）建设，建设规模 119 千米。这三条轨道线路建成后，新区内轨道线网长度可达 131 千米，与上海浦东新区现状规模相当，将有效缩短与其他城市之间的发展差距。

B1 线是滨海核心区主客流走廊骨架线路，线路从欣嘉园至临港，长 38 千米，设站 23 处，可带动欣嘉园、滨海西站、海洋高新区、塘沽老城区、上海道、天碱、于家堡、南部新城等重点地区发展。

该线路建成后将有效改善洋货市场、河北路、上海道外滩等拥堵点位交通运行，为穿越铁路、海河等提供出行便利，同时将为于家堡 CBD、滨海西站副中心等高强度开发地区提供轨道出行支撑。

B1 线直接覆盖人口 21 万人，岗位 31 万个，建成后近期客流量可达 35 万人次 / 日。

规划 Z4 线由汉沽至南部新城，长 43 千米，设站 21 处，可带动汉沽新城、中心渔港、滨海旅游区、生态城、北塘、开发区、天碱、于家堡、南部新城等重点地区发展。

该线路沿线经过汉沽新城、中心渔港、旅游区、生态城、中部新城等地区，存有大量未开发地区，沿线可开发用地达到上千公顷，线路的建设将实现北部及南部未开发地区与于家堡、天碱等核心地区的快速联系，通过核心区带动外围地区的建设发展。

Z4 线直接覆盖人口 24 万人，岗位 23 万个，线路建成后近期客流量可达 31 万人次 / 日。

Z2 线由机场至北塘，长 37 千米，设站 10 处，可带动滨海机场、空港经济区、高新区、开发区西区、滨海西站、海洋高新区、北塘等重点地区发展。

该线的建设将实现双城半小时通达，有效串联中心城区与新区空港、高新区等产业组团，为新区提供便捷、廉价、舒适的出行条件，同时该线路实现核心区与机场、滨海西站等枢纽的直达联系，完善新区城市载体功能，提高新区城市活力，促进新区城市快速发展。

Z2 线直接覆盖人口 15 万人，岗位 25 万个，近期客流量可达 23 万人次 / 日。

轨道 B1、Z4、Z2 三条线路的建设将在新区内与津滨轻轨形成骨架网络，改善核心区交通运行，提高双城交通出行便利度，促进核心区与北部片区一体化发展，同时实现新区与航空、铁路、中心城区地铁网络有效衔接。新区内轨道交通客流可达到 100 万人次 / 日，公交出行比例约为 30%，轨道占公交出行比例约为 35%。

二、公交——历经先天不足的磨难，改革带来新生
（一）新区公交发展的历程

十年来，滨海新区常规公交发展迅速，取得了较大的成绩。公交线路由 75 条发展到 115 条，线路总长度由 2159 千米增加到 2410 千米，公交车辆由 1104 辆增加到 1382 辆，其中新能源车辆由无发展到 651 辆，日均客流规模由 25 万人次增加到 40.3 万人次，公交场站由 29 处增加到 55 处，场站占地规模由 14.29 万平方米增加到 26.76 万平方米，并且在全市率先建成了 200 对智能公交中途站和 28 处公共自行车租赁点，树立了新区公交新形象。上述发展成绩离不开新区近十年来组织编制的 10 多项相关公交规划，这些规划使得新区公交发展更具有系统性、连续性、针对性和创新性。

1.《滨海新区综合交通规划》公交规划

《滨海新区综合交通规划》自 2005 年开始编制，公交规划是其中一个重要的专题。专题中提出大力发展公共交通，积极推广以公共交通为导向的城市开发模式（TOD），全面落实公共交通优先政策，大幅提升公共交通的吸引力，重点内容如下所述。

发展战略：建立以公共交通为主导的一体化、多种方式并存、协调、可持续发展的城市客运交通模式；建立以公共交通为导向

的城市土地利用模式，实现公共交通与土地利用的互动发展。

发展目标如下。公交出行比例：新区公交出行比例的规划目标为近期 25% 以上，远期 40% 以上。公交可达性目标：实现 1 小时通勤圈发展目标，新区主要城区中心至中心城区中心区公交出行时间控制在 60 分钟以内；新区各功能区至塘沽城区中心区公交出行时间控制在 60 分钟以内；三个主城区和各功能区内部 90% 的居民公交出行时间控制在 40 分钟以内。公交服务水平发展目标：轨道交通高峰运送速度平均达到 35 千米 / 时以上，快速公交高峰运送速度平均达到 25 ~ 30 千米 / 时，常规公交高峰运送速度平均达到 15 ~ 20 千米 / 时。站点覆盖率：主要城区内公共交通站点 500 米覆盖的人口和岗位数达到 90% 以上。

规划方案：构建快速公交系统，在滨海新区核心区内部以及核心区与其他组团间，与轨道交通共同构成公交骨架网络，在组团内发挥主导作用；共规划快速公交线路 14 条，总长度 280 千米；构建区域辐射、市域衔接和城市服务以功能型为主的枢纽体系，巩固滨海新区区域交通枢纽的功能和地位，促进城市综合交通体系的建立，实现区域交通与城市交通一体化，引导城市空间与区域空间结构协调发展，共规划枢纽 60 个。

客运枢纽划分一览表

枢纽类型		枢纽特征	个数
区域辐射型		与机场、高速铁路、城际铁路车站等大型对外交通设施相结合，并与轨道交通、地面公交、出租汽车、私人交通等交通方式相衔接，服务于滨海新区对外交通与内部交通间高效、有序转换	7
市域衔接型		与市郊铁路、市域公交及公路客运车站等交通设施结合，并与轨道交通、地面公交、出租汽车、私人交通等交通方式相衔接，服务于滨海新区与中心城区、各新城、中心镇之间的客流转换	6
城市服务型	大型综合	以轨道交通设施为主体，主要有以三线及以上轨道交通换乘站为主体的枢纽，以及由一线或二线轨道交通站点结合快速公交等其他交通设施共同形成的枢纽，服务于城市核心开发地区	3
	一般换乘	两条轨道交通相交或主要轨道交通站点与地面多条公交线路交汇的枢纽，实现轨道交通、地面公交之间的换乘衔接，服务于城市重点开发地区	37
	地区集散	以地面公交为主体，具有多条地面公交终端站的换乘节点，服务于轨道交通没有覆盖的城市较高强度开发地区	7

2.《滨海新区"十二五"公交规划》

为进一步加快滨海新区公共交通事业的发展，发挥规划的先导作用，以《天津市滨海新区国民经济和社会发展第十二个五年规划纲要》为指南，以为市民提供安全、便捷、高品质的城市公共交通服务为着眼点，编制了《滨海新区"十二五"公交规划》，重点内容如下。

发展目标：到"十二五"期末，围绕"美丽滨海"建设，以"国内一流、美丽公交"为目标，初步构建多模式、一体化、安全舒适的高品质公共交通系统，形成双城及功能区间快速通达、核心城区便捷高效的公交网络，支撑滨海新区低碳、生态、宜居城区的建设。公交分担率：核心城区常规公交客流争取翻番，公共交通分担率超过30%。服务水平目标：消灭公交服务盲区，核心区基本实现居住、工作地点至最近公交站点的步行距离不超过500米。场站设施目标：初步构建一体化综合交通枢纽换乘体系，基本形成布局合理、功能完善的公交场站体系，夜间公交车辆进场率达到85%；建设完善的智能公交调度系统。

发展策略：建立多模式公共交通网络，方便市民出行；推进公交基础设施建设，提升公交服务水平；营造公交一体化运营环境，提高运输效率；完善保障机制，确保规划顺利实施。

重点方案：

（1）建立多模式公共交通网络，完善公共交通线网。

规划建设5条双城间公交快线，并通过建设两对同台同向封闭式换乘站，形成快线网络化效应，实现双城间主要节点1小时通达；

在现有6条功能区间公交快线的基础上，规划新增9条功能区间快线，完善滨海新区功能区间快线网络，实现新区功能区间主要节点1小时通达，提高各功能区公交可达性，强化核心城区对功能区的辐射带动作用，促进滨海新区公共交通的一体化发展。核心城区构建5条共99千米的快速公交网络，形成核心城区内部骨干线网，服务核心区内公交主要走廊，提升公交服务水平，保障居民安全、便捷、高效出行。

构建16条组团间干线，形成西部、北部和南部三大片区内部公交干线网络，便捷服务片区内居民出行。

在现有基础上建设80个公共自行车租赁点，基本实现核心区重点区域500米范围内全覆盖，解决"公交出行最后一千米问题"，完善公共交通接驳系统，扩大公共交通的服务范围。

（2）推进公交基础设施建设，提升公交服务水平。

在现状机场、东海路、滨海客运塘沽站、滨海客运汉沽站、滨海客运大港站、大港油田6大枢纽基础上，结合高铁、城际、轨道交通及片区中心新建9处综合交通枢纽，初步构建现代化综合交通枢纽换乘体系。

大力推广清洁环保车辆，树立公交低碳形象，新增车辆全部达到欧IV以上标准，其中新能源车辆达到公交车辆总数的80%以上。

新建、改建公交场站32处，其中公交首末站30处，公交停保场2处。公交场站占地面积由现状140 000平方米增加到398 900平方米。初步形成完善的公交场站体系，公交夜间进场率达到85%以上。

（3）营造公交一体化运营环境，提高运输效率。

制定公共交通各方式之间的换乘优惠政策，减少居民公交出行费用，有效推动以"线"向"网"的公交出行模式，引导公交出行方式的一体化，促进公交资源合理利用。

推进智能公共交通系统建设，强化公共交通出行信息的集成一体化。建立滨海新区公共交通信息中心，实现公交、轨道、出租信息的统一发布及调度；推进具备信息发布功能的公交中途站建设及手机信息查询系统建设，新建公交站亭全部实现智能化，提升公交乘客候车服务水平。

建立滨海双城间、新区内部不同公共交通运营主体间的协调机制，强化公交运营管理的一体化，为居民公交出行创造高品质的公交服务环境。

（4）完善保障措施，确保规划顺利实施。

建立健全规划实施与保障机制，更好地发挥规划对公共交通发展的指导作用。进一步深化公交体制改革，为新区公交发展提供牢固的支撑平台；加大公交资金投入，积极制定有针对性的公交财政扶持政策；加强公交企业监督考核，提高公交企业的服务与管理水平。

（二）新区公交改革带来的新生

2009 年 11 月 9 日，国务院批复同意天津市调整行政区划，撤销天津市塘沽区、汉沽区、大港区，设立滨海新区，以原三个区的行政区域为滨海新区的行政区域，标志着滨海新区正式从经济区成为统一协调的行政区。

在新区政府成立之际，新区公共交通总体发展战略为实施一系列对新区发展具有战略推动作用的举措，积极筹备建设轨道交通及大型综合交通枢纽，同时强力改善现有地面常规公交服务，抑制小汽车数量过快增长，缓解道路交通压力，以组建新公司、

开辟新线路、投入新车辆、建设新场站、提供新服务、开创新局面"六个新"为目标，本着尽快启动、尽快见效的原则，新区组织编制了《2010 年公交建设实施方案》，重点提升地面公交服务品质，以解决当前突出问题，改善居民公交出行环境，全面服务滨海新区快速发展。

1. 公交企业整合

现状滨海公交运营主体较多，经营模式混乱，财政补贴机制不健全，公交区域发展不平衡等体制弊端已成为新区公交发展的绊脚石，因此规划将机构体制整合作为新区公交提升改善的前提。规划中提出了三个方案，最终采取了将原来新区内的 5 家公交公司整合为一家，成立滨海新区公共交通有限公司（后更名为天津滨海新区公交集团），迈开了新区公交体制改革的新步伐。这一举措是后续落实各项公共交通改善措施的前提，推进了新区公共交通的快速发展。

滨海新区公共交通有限公司成立

2. 公交线网提升

规划针对新区超大型城市尺度、多极核生长状态、多区域舒展格局等鲜明的海湾型城市地区特征，提出区间构建公交快线、片区内构建公交干线 + 公交支线的网络模式。

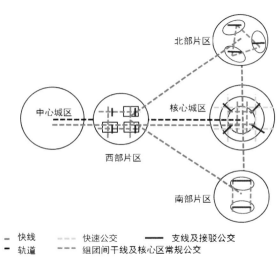

滨海新区公交线网模式发展示意图

为提升双城间公共交通吸引力，强化滨海新区各功能区之间联系，打破核心城区公交运营界线，覆盖服务盲区，强化轨道连接，开设公交线 11 条，完善提升公交线 6 条。其中双城间新开公交线路 5 条，滨海新区各功能区提升公交线 3 条、新开 1 条，核心城区在完善 3 条公交干线的基础上新开公交干线 3 条，大港城区新开公交线 2 条。其中抓住建设港城大道的契机，在港城大道上同步建设了天津市首条快速公交示范段（空港经一路—西中环快速路），全长约 18.8 千米，沿线设立了 4 对封闭式车站，开辟了天津市骨干公交发展的新起点。

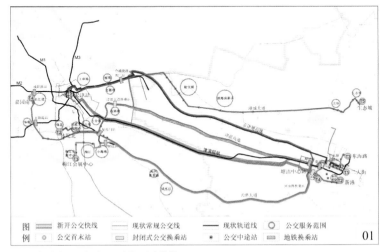

2010 年滨海新区与市区双城间公交快线

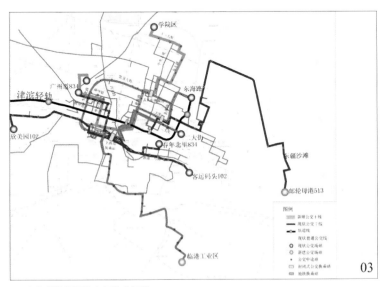

2010 年滨海新区核心区公交干线

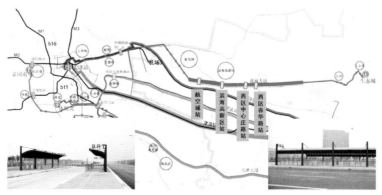

双城间公交快线

公交场站效果图

3. 枢纽场站建设

为改变现有公交场站功能单一、设施不足的问题，规划提出了 "标志性、现代化、模块式、多功能、低能耗" 的场站设计要求，以提升场站的服务水平，提高场站的运输效率。另外，规划在充分借鉴国内外大城市中途站发展经验的基础上，系统性提出了公交中途站 "标准化、功能化、信息化、模块化" 的设计理念，以有效改变现有中途站 "脏、乱、差" 的局面。新建、改建的公交中途站按照模块化统一标准建设，造型典雅并且具有强烈的现代化气息，突出表现新区高速发展前景，选用色彩和材质均体现出新区特色。其中新建公交车站的基础设施将在中心城区车站的基础上增加供乘客小憩的坐凳、垃圾箱、公用电话、报刊亭等内容，多媒体设施配置更加人性化，包括多媒体新闻导读、音乐播放、线路查询系统以及实时车辆等候时间提示等，极大改善提升滨海新区公共交通形象，缩短群众出行时间。

2010 年按照此标准建设公交场站 6 处，建设公交中途站 283 对，有效缓解了新区公交场站用地紧张的局面，改善了公交运营环境，树立了新区公交新形象。

公交中途站照片

（三）新区公交规划的不断探索

新区公交体制改革以来，公交规划进行了不断探索，如公共自行车租赁、智能中途站、新能源汽车等。

首先，由于滨海核心城区内的主要集散点均在轻轨车站周边 3 千米以内的自行车合理接驳半径内，为解决公交站台到乘客出行起终点"最后一千米"的问题，规划首次提出在天津市试点引进在国内外其他先进城市已取得良好效果的公共自行车租赁系统，推动了个体交通工具向公共服务特征转变，并且围绕新区低碳城市建设，强化了绿色公交体系规划。目前，现状已设立 28 处公共自行车站点，配置了 360 辆公共自行车，逐步实现新区公交客运、轨道交通的有效接驳和"零"换乘。

其次，在全市率先建成了智能公交中途站。2010 年，在核心区环线 518 路公交车上配置车载 GPS 定位设备，并在其运行沿线公交中途站配置乘客信息系统，显示下辆公交车辆与本站距离，为乘客提供实时信息。

此外，引入了油电混合动力的新能源公交车辆，污染排放较普通柴油车减少 60% 以上，树立新区低碳、绿色发展新形象。

公共自行车租赁点

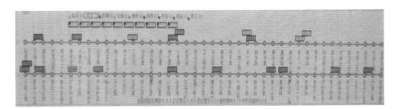

公交中途站智能化设计（一）

公交中途站智能化设计（二）

新能源公交车投入使用

第六节　　绿色行—— 生态城绿色交通实践

　　绿色交通并不是一个全新的理念，它与解决环境污染问题的可持续发展概念一脉相承。它强调的是城市交通的"绿色性"，即减轻交通拥挤，减少环境污染，促进社会公平，合理利用资源。其本质是建立维持城市可持续发展的交通体系，以满足人们的交通需求，以最少的社会成本实现最大的交通效率。

　　绿色交通体系与传统交通体系相比，具有节能、环保、低碳等优点，越来越被世界各国所重视。建设绿色交通体系，符合生态城市建设方向，与建设资源节约型、环境友好型社会，转变发展方式，促进宜居城市建设的发展目标相一致。

　　滨海新区过去十年的规划建设中，始终把构建绿色、可持续的交通体系摆在城市规划的重要位置，其中天津生态城在规划、建设绿色交通体系中的工作中具有一定代表性，也初步取得了一些效果。

一、不一样的生态城

　　我国现代化建设经过 30 年的高速发展，作为经济社会发展的主要承载体的城市，在发展中承受了不可承受之重。我国城市在发展中存在很多问题，不以生态化发展为理念的城市建设带给我们相当多的教训。城市规划者、建设者、管理者也进行了深刻反思，生态城市这一概念逐渐得到认可。

　　生态城市指的是社会、经济、自然协调发展，物质、能量、信息高效利用，技术、文化与景观充分融合，人与自然的潜力得到充分发挥，居民身心健康、生态持续和谐的集约型人类聚居地。

　　从广义上讲，生态城市是建立在人类对人与自然关系更深刻认识基础上的新的文化观，是按照生态学原则建立起来的社会、经济、自然协调发展的新型社会关系，是有效利用环境资源实现可持续发展的新的生产和生活方式。从狭义上讲，生态城市就是按照生态学原理进行城市设计，建立高效、和谐、健康、可持续发展的人类聚居环境。

　　为了适应城市化要求，建设生态城市，国内外开展了生态城市建设的理论研究与实践探索。在此背景下，中国、新加坡两国政府联合建设中新天津生态城，借鉴新加坡的先进经验，在城市规划、环境保护、资源节约、循环经济、生态建设、可再生能源利用、中水回用、可持续发展以及促进社会和谐等方面进行广泛合作。

　　2007 年 4 月，国务院总理温家宝在会见新加坡国务资政吴作栋时，双方共同提议在中国合作建设一座资源节约型、环境友好型、社会和谐型的城市。2007 年 7 月，吴仪副总理访问新加坡，与新方进一步探讨了生态城选址和建设原则。随后，国家有关部委对天津等多个备选城市进行反复比选和科学论证，在征求新加坡国家发展部的意见后，于 9 月底初步认定生态城选址在天津滨海新区。2007 年 11 月 18 日，国务院总理温家宝和新加坡总理李显龙共同签署《中华人民共和国政府与新加坡共和国政府关于在中华人民共和国建设一个生态城的框架协议》。国家建设部与新加坡国家发展部签署了《中华人民共和国政府与新加坡共和国政府关于在中华人民共和国建设一个生态城的框架协议的补充协议》。协议的签订标志着中国—新加坡天津生态城的诞生。

为此，两国政府成立了副总理级的"中新联合协调理事会"和部长级的"中新联合工作委员会"。中新两国企业分别组成投资财团，成立合资公司，共同参与生态城的开发建设。新加坡国家发展部专门设立了天津生态城办事处，天津市政府于2008年1月组建了中新天津生态城管理委员会。至此，中新天津生态城拉开了开发建设的序幕。

2014年初，天津滨海新区启动行政管理体制改革，将滨海旅游区、中心渔港经济区并入中新天津生态城管理范围，开始了复制、推广中新天津生态城经验的实践。

二、创立初期的探索（2007—2015）

2007年11月18日，温家宝总理与新加坡李显龙总理共同签署了在中国天津建设生态城的框架协议，选址位于天津滨海新区的汉沽和塘沽两区之间，距滨海新区核心区约15千米。

中新两国政府合作建设生态城具有重大意义：它是面向世界展示经济蓬勃、资源节约、环境友好、社会和谐的新型城市典范，表明中新两国在解决全球环境问题上的负责任的态度；它对深入贯彻落实科学发展观、建设生态文明、探索城市可持续发展具有重要的创新示范意义；它是落实国家对天津滨海新区战略部署的重要抓手，有利于发挥滨海新区开发开放的示范、带动和辐射作用；它是推动中新经贸合作的新亮点。

为了更好地指导中新天津生态城的发展建设，中新天津生

态城管委会委托中国城市规划设计研究院、天津市城市规划设计研究院和新加坡设计组三方团队共同组成中新天津生态城规划联合工作组，编制《中新天津生态城总体规划（2008—2020）》，与此同步编制《中新天津生态城综合交通规划》，指导中新天津生态城构建"能复制、能推广、能实施"的绿色交通体系。

1. 规划目标

贯彻城市可持续发展的理念，创建以绿色交通系统为主导的交通发展方式；实现绿色交通系统与土地利用的紧密结合和协调布局规划思想；提升公共交通和慢行交通的出行比例，限制私人小汽车交通的使用；创建低能耗、低污染、低土地占用、低政府财政负担、低市民出行费用负担、高效率、高服务品质、有利于和谐社会建设的中国新城绿色交通发展模式。

生态城的绿色交通系统兼具普通城市交通系统应有的服务特性与绿色交通体系独具的生态特性。综合这两者的要求，细化与深化总体目标的内涵以便指导生态城绿色交通系统的规划方案形成，将生态城绿色交通体系的目标诠释成以下5个分目标：

（1）环境友好。

交通排放将成为城市空气污染的主要来源之一。生态城绿色交通体系的首要目标与建设生态城的城市发展目标相契合，就是要大大降低城市交通系统运行过程中的排放。

通常来讲，交通系统的排放主要来源于机动车运行过程中的排放。而排放主要分为两种，一种为温室气体排放，一种为污染物排放。目前对机动车运行排放的主要控制焦点集中在对污染物的控制上。而控制温室气体的排放则困难得多，有助于减少温室气

体排放的能源类型相对选择较少、费用较高。因此对于控制排放而言，根本的措施在于减少机动车出行的需求，并逐步对机动车驱动能源和汽车排放进行严格管理，鼓励和推广清洁能源的使用。

（2）资源节约。

减少交通出行能耗，鼓励低能耗型交通方式出行，严格限制高耗能型个体机动化交通出行，车辆节能减排降噪标准达到国际领先水平。

减少交通设施建设对土地的占用，道路平均红线宽度小于20米，机动车道占用城市土地面积比例控制在3.5%以内。

（3）服务高效。

生态城的对外衔接主要考虑布局于生态城周边的重要交通枢纽，如津秦客运专线滨海站、京津塘城际铁路塘沽站、天津滨海国际机场、天津港客运码头等形成顺畅衔接。以这些重要的交通枢纽为接入点融入国家运输网络与世界运输网络。

通过与上述枢纽的顺畅连接，生态城能达到以下时空通达目标：

10分钟到达周边高速铁路及城际铁路枢纽站、海港、滨海新区核心区、津滨走廊产业发展带、汉沽城区及唐山市边界。

30分钟到达机场、天津市中心城区及大港、宁河、武清、宝坻等周边新城。

40分钟到达团泊、静海、蓟州区新城及廊坊市。

60分钟到达北京市、秦皇岛市。

城市内部实现公交站点周边500米半径服务范围100%覆盖，慢行网络便捷连通城市内每个地块，并与公交系统无缝衔接。

（4）出行距离合理。

随着城市的扩张和我国住房制度的改革，在城市中居民出行的距离出现了背离正常范围的过大增长。过长的不合理的出行距离导致的是交通运行的消耗、过多的排放以及出行时间过长带来的生活质量下降，与生态城的理念严重背离。

在生态城的规划中，对居民的活动进行设计，希望80%的各类出行目的可以在3千米内完成。居民步行300米以内可以到达基层社区中心，步行500米以内可以到达片区社区中心。

出行距离合理对生态城居民来说不仅意味着生活便利，而且由于通勤时间的削减，更多的时间可以用来弹性出行，有助于提高生活质量。

（5）交通结构可持续。

构建可持续的交通方式结构，内部出行中非机动方式不低于70%，公交方式不低于25%。小汽车出行占总出行量的比例不超过10%。

2. 规划理念

中新生态城总规划的定位是创建以绿色交通系统为主导的交通发展方式和城市土地利用格局，提升公共交通和慢行交通的出行比例，限制私人小汽车交通的使用。目的是创建低能耗、低污染、低土地占用、高效率、高服务品质、有利于社会公平的中国新城的发展典范。中新生态城的交通规划有以下三方面特点：

①限制小汽车使用：区内小汽车出行比例不高于10%，停车设施适量。

②内部职住平衡，对外出行需求有限，就业住房平衡指数

为 50%。

③限制过境交通：1 处快速出入口，5 处主干路出入口。

3.绿色出行指标

（1）绿色出行所占比例。

指标规定，2013 年前绿色出行所占比例不小于 30%，2020 年不小于 90%。绿色出行是节约能源、提高能效、减少污染、益于健康、兼顾效率的出行方式，包括乘坐公交车、地铁等公共交通工具，骑自行车和步行等，其所占的比例即每日采用乘坐公交车、地铁以及骑自行车和步行等出行方式的人次占总出行人次的比例。

（2）就业住房平衡指数。

指标规定，2013 年就业住房平衡指数不小于 50%。就业住房平衡指数是指中新天津生态城居民中在本地就业人数占可就业人口总数的比例，反映居民就近就业程度。该指标是中新天津生态城的创新与尝试。其设定旨在以本地生活、本地就业的形式对城市格局进行约束，合理减少出入境交通，将中新天津生态城建设成为功能全面的紧凑型城市，实现资源节约、环境友好、经济高效和社会和谐的目标。

4.绿色交通体系

（1）对外交通系统。

对外交通系统由轨道交通走廊、慢行系统出入口、城市车行出入口组成。

（2）内部交通系统。

内部交通系统由慢行系统、城市公交与机动车系统组成。

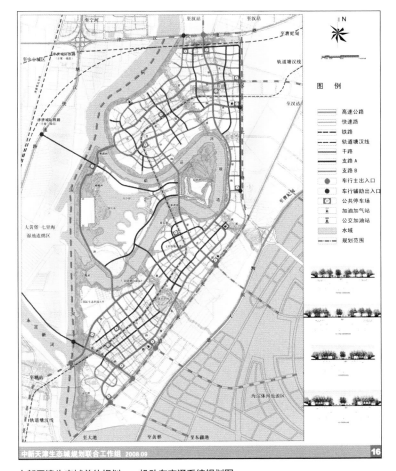

中新天津生态城总体规划——机动车交通系统规划图

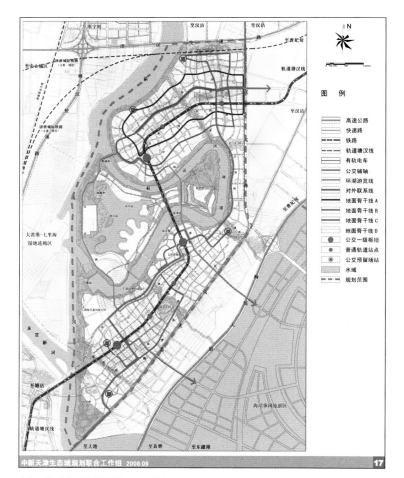

中新天津生态城总体规划——公共交通系统规划图

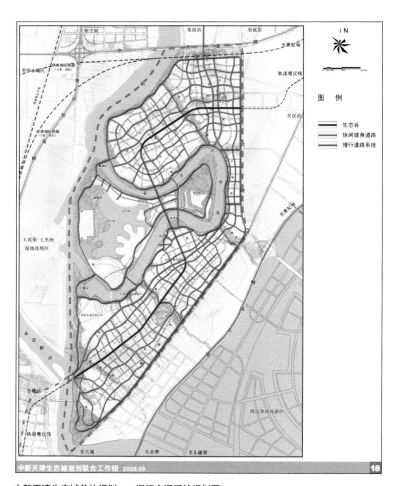

中新天津生态城总体规划——慢行交通系统规划图

5. 规划实施情况

生态城主要从减少居民日常出行需求、提供便捷而价格合理的绿色出行方式、限制高排放的汽车使用等方面促进绿色交通比例提高。

公交线路：现有公交线路 14 条，分属于滨海公交公司和生态城公交公司。滨海公交公司线路均为过境线路，沿汉北路和中央大道运行。生态城公交公司经营的 3 条线路在三区内部运行，为区内居民提供免费公交服务。

公交首末站：三区现建成 2 处公交首末站，1 处位于原生态城中央大道与和睦路交口西北角，1 处位于原中心渔港鲤鱼门路与海湾五道交口东南角。

慢行交通：沿生态谷实施独立的慢行系统，长度约 10 千米。在道路两侧设置慢行系统：生态城统一采用 5 米慢行系统，具体为内侧 2 米人行道 + 外侧 3 米非机动车道，人非共板布置。

静态交通：目前停车设施主要以配建停车为主。

三、新阶段的发展

2014 年初，天津滨海新区启动行政管理体制改革，将滨海旅游区、中心渔港经济区并入中新天津生态城管理范围，调整后中新天津生态城管理范围由原有的 34.2 平方千米扩展至 150.58 平方千米。原有三个功能区在此之前均完成各自的总体规划的编制，其中原中新天津生态城总体规划于 2008 年 9 月批复，原滨海旅游区分区规划于 2010 年 3 月批复，原中心渔港总体规划于 2006 年 3 月批复。上述规划在交通系统构建方面需要进行对接与协调。

2014 年 3 月，《国家新型城镇化规划（2014—2020）》正式颁布。规划提出，将生态文明理念全面融入我国城镇化进程，着力推进绿色发展、循环发展、低碳发展，推动形成绿色低碳的生产生活方式和城市建设运营模式。中新天津生态城作为我国重要的生态城市示范工程，需努力实现"三和三能"，为其他城市可持续发展提供示范。此外，京津冀一体化发展、未来自贸区的发展建设，将促进该区域产业结构升级，对下一阶段绿色交通体系的构建与发展提出新的要求与挑战。

为了适应新形势要求，发挥区域资源整合优势，落实新型城镇化建设要求，同时推广中新天津生态城建设的宝贵经验，特开展本次三区统筹规划工作。规划重点在原有规划内容基础上，结合近年实际建设情况，从目标体系、空间要素等方面对区域进行系统性的梳理和提升。

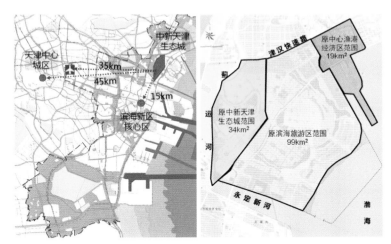

生态城区域位置示意图

1. 规划目标

本次综合交通发展目标是形成以公共交通为主导，客货交通组织有序，内外交通衔接紧密的低碳、绿色交通出行体系。由于生态城的绿色交通系统兼具普通城市交通系统应有的服务特性与绿色交通体系独具的生态特性，因此从两个角度设定其目标：

（1）服务高效。

20 分钟到达周边高速铁路及城际铁路枢纽站、海港、滨海新区核心区、津滨走廊产业发展带、汉沽城区及唐山市边界。

45 分钟到达机场、天津市中心城区及大港、宁河、武清、宝坻等周边新城。

60 分钟到达团泊、静海、蓟州区新城及廊坊市。

90 分钟到达北京市、秦皇岛市。

城市内部实现公交站点周边 500 米半径服务范围 100% 覆盖，慢行网络便捷连通城市内每个地块并与公交系统无缝衔接。

（2）绿色低碳。

绿色交通是指为了减轻交通拥堵、降低污染、促进社会公平、节省建设维护费用而发展的交通运输系统。该系统是指通过低污染的、有利于城市环境多元化的交通工具来完成社会经济活动的交通运输系统。绿色出行方式是指区域内的人出行时选择小汽车以外的污染小的交通出行方式，如步行、非机动车、公共交通等。绿色出行所占比例是指选择以上绿色出行方式的人数占总出行人数的比例。本指标只统计生态城区内的出行，对外出行不列入统计范围。本次对中新合作区和非合作区分别确定绿色出行比例目标。

合作区：不低于 90%。

非合作区：不低于 75%。

2. 规划理念

2008 年中新天津生态城总规贯彻城市可持续发展的理念，创建以绿色交通系统为主导的交通发展方式；实现绿色交通系统与土地利用的紧密结合和协调布局规划思想；提升公共交通和慢行交通的出行比例，限制私人小汽车交通的使用；创建低能耗、低污染、低土地占用、低政府财政负担、低市民出行费用负担、高

效率、高服务品质、有利于和谐社会建设的中国新城绿色交通发展模式。本次将原生态城绿色交通发展理念推广至三区，继续坚持构建以绿色交通系统为主导的发展方式。

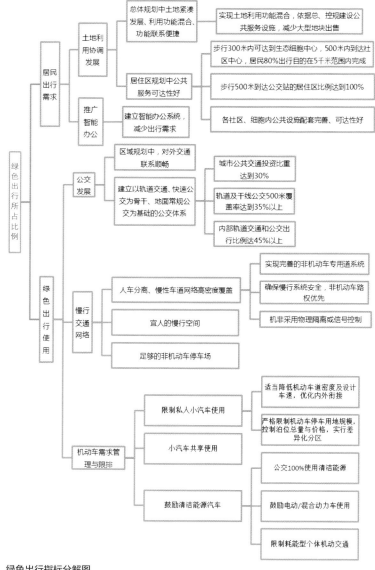

绿色出行指标分解图

3. 绿色出行指标

三区合并后，生态城职能定位又增加了新的内涵，原有的交通需求特征、交通供给条件也发生了变化。另外，新的天津生态城的绿色交通发展模式将由原有的慢行交通主导转变为公共交通主导。在此背景下，本次对原生态城绿色出行比例是否合适、能否在合并后的三区内推广实现等问题进行研究。

从交通需求角度来看，三区合并后外来旅游人口对本地交通产生了较大影响，原生态城的内向型交通转变为对外大进大出的外向型交通；另外，游客出行特征和以往本地居民为主的出行行为特征有较大不同，以休闲旅游为目的的弹性出行大比例提高；随着生态城尺度扩大，内部出行距离不可避免地有所增加。

从交通供给角度来看，三区合并后道路、轨道、静态交通条件的变化对出行特征也有反馈作用。原有的慢行交通主导的绿色出行模式已不再适合合并后的生态城，需要转变为公共交通主导的新的绿色出行模式，因此原有规划出行结构也需要调整。

从示范性和可行性两方面考虑，参考国外先进地区的交通结构并结合综合交通阶段成果，建议在合作区落实原规划确定的 90% 绿色出行比例，全区的绿色出行比例不低于 75%。即生态城的居民在区内出行时，采取绿色交通方式所占的比例不低于 75%。

规划生态城绿色出行比例

类型	步行	自行车	公交	小汽车
内部出行	25%	20%	45%	10%
对外出行	10%		50%	40%
全方式出行总量	17%	14%	47%	22%

4. 绿色出行体系

建立对外畅达、内部多级多式、衔接紧密的四级绿色出行系统，具体为：对外快速轨道、快速公交干线、公交接驳线与慢行交通系统。

（1）对外快速轨道。

通往区域、市域、新区城市中心，是生态城对外绿色出行主要方式。主要通道有环渤海城际铁路以及市域 Z4、Z2 线。

（2）快速公交干线。

快速公交干线是生态城内部公交系统的骨架。干线公交服务于城市主要客流吸引点，同时通过公交枢纽站点的衔接，与对外轨道交通线和内部常规公交线形成良好换乘。

快速公交干线原则上沿市政道路布置，建议采用快速公交（BRT）的系统形式，敷设形式以地面敷设方式为主，部分特殊区域可采用高架敷设方式。建议根据需求分阶段实施，近期采用公交专用道的形式。

（3）公交接驳线。

作为快速公交干线的补充及喂给线，串接社区中心、各组团、旅游景点，采取普通公交、无轨电车等方式。

（4）慢行交通系统。

慢行交通不仅仅是一种交通出行方式，它更是城市活动系统的重要组成部分。因此，慢行空间塑造不只是简单的慢行设施的布置和增加，而是对整体慢行空间的协调设计，创造令人身心愉悦的户外环境和慢行体验。慢行空间包括交通性的慢行空间和非交通性的慢行空间，前者一般指用于行人与自行车通过的设施，后者则可分为休闲旅游性质的慢行空间（林荫道、山间道、滨水道等）和商业性质的慢行空间（商业步行街等）。对慢行空间的整体塑造除注重交通性慢行空间的构筑之外，更应加强对非交通性慢行空间的设计和引导，致力于创造富有生机的城市慢行街区，造就生动有趣的慢行道。采取"点轴互动"的模式，将公园、绿地、广场和公共建筑作为街道特性的一部分而非各行其是、互相分离，突出街区的功能和地域特点，形成具有城市特色的重要慢行核，并使此类街道在一定城市区域内联结成网，打造城市主要慢行网络。

① 滨水绿道及专用慢行路。

沿生态谷、南湾、北海等水域建设慢行专用道，提供给城市居民步行或非机动车方式的健身游憩活动，对于通行效率的要求较低，强调滨水空间的活力、趣味性和景观的丰富多样。

② 商业区步行。

步行区的发展经历了三个阶段的演进历程：商业街的步行化改造阶段—城市中心步行区迅速扩张阶段—可持续发展时代，迈向步行化城市的新阶段，形成"步行—自行车—轨道交通系统"一体化的绿色交通模式。

目前国内基本上处于商业街的步行化改造阶段。而从第一个阶段发展到第二个阶段，即步行街向步行区转变，要必备两个条件，一是城市轨道交通（或快速公交干线）系统的结构集中于区域中心，二是围绕区域中心建立环路。

在生态城主中心沿商业区设置慢行步道，可以结合公交干线站点，设立步行区，形成"步行—自行车—快速公交干线"一体化的绿色交通模式。规划结合公共开放空间和商业中心布设人行系统，包括中央人行主轴、中央广场、局部步行街等。

③ 路侧慢行。

结合道路网布局，规划亲切的、人性化的城市街道。在道路设计中保障慢行交通的路权，设计人行道、自行车专用道，减少机非干扰、机非混行，构建完整舒适的慢行网络。本次将原生态

城慢行系统推广至三区，市政道路两侧均设 5 米宽慢行系统，形成慢性系统网络，保障行人和非机动车的路权。

滨水绿道及专用慢行路示意图

商业区步行案例

第七节　核心计——中心商务区交通出行

中心商务区是原规划的滨海新区九大功能区之一，位于天津港西侧，为塘沽中心城区东部，占地面积约 32 平方千米，东至海东路、海河，西至河南路、河北路，南至津沽一线，北至大连道、新港四号。中心商务区定位为国内外金融创新和商业商务聚集区，规划人口为 45 万人，规划岗位达 50 万个。

一、商务区交通出行——目标导向的典范

（一）交通需求分析

根据交通模型进行的相关分析，在中心商务区层面，大部分的交通需求是与滨海新区其他地区联系产生，同时无论是中心商务区还是于家堡地区层面，其巨大的开发强度将吸引相当大一部分的市域长距离的交通需求。

市域层面，滨海核心区西向是交通联系的主要方向，约占整体进出该区域的 50%；市域轨道以及 BRT 系统将承担起市域大区间的交流任务；津滨快速、天津大道、京津塘高速以及杨北公路等联系滨海新区与中心城区的高等级道路将承担较大的流量。

新区层面，主要客流联系方向为塘沽老城区—中心商务区、中心商务区—南部生活区；次要客流联系方向为中心商务区—塘沽老城区南部、中心商务区—天津经济技术开发区。

18%

62%

20%

■ 进出滨海新区

■ 进出市域

■ 区内出行

商业区步行案例

（二）交通设施分类需求分析

规划到 2020 年，所有进出中心商务区的出入口道路建设完毕，通过地面交通进出中心商务区的能力达到极限。2020 年之后，随中心商务区建设增长的需求主要依靠持续的地下轨道系统建成来满足。

商务区交通需求预测

年份	出入交通需求（单向高峰小时）	公交出行比例（含轨道）	轨道比例	地面公交比例	地面公交运输能力要求
2015	2.0 万人	25%	9%	16%	0.32 万人
2020	4.0 万人	63%	16%	47%	1.88 万人
2025	6.2 万人	76%	32%	44%	2.73 万人
2030	8.2 万人	82%	41%	41%	3.36 万人
2040	12.3 万人	89%	50%	49%	6.03 万人
2050	16.4 万人	91%	59%	32%	5.25 万人

（三）交通设施规划

为实现上述设立的交通出行目标，满足未来中心商务区的交通出行需求，规划将 3 条轨道引入中心商务区，道路必须做桥引入商务区、改变竖向标高以保障两段衔接。

1. 路网系统优化

采取"易于使用"原则，结合宏观网络布局、交通需求分析、世界经验借鉴、交通组织分析等，同时考虑远期 CBD 扩区要求，注重与南疆港战略区域的对接，对路网系统进行优化。

2. 轨道交通系统优化

通过对轨道线路的优化调整及对轨道站点的有限调整，使中心商务区的轨道交通服务能有力支持公交出行方式达到 80% 的规划目标。

①对既有廊道基于交通需求特征来优化走行路径；

②基于交通需求来考虑加密站点或其他提高站点辐射能力的方式。

商务区道路网

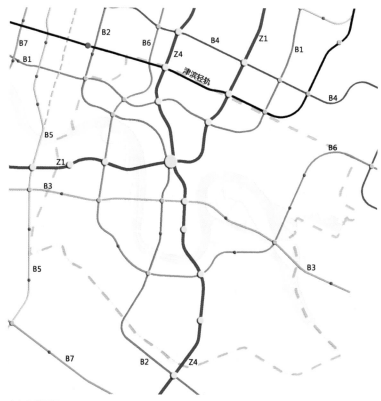

商务区轨道网

二、降低桥梁净空——调整海河通航标准的良苦用心

随着中心商务区于家堡、响螺湾的建设，海河两岸的交通联系日趋紧密。滨海核心区自身内部路网系统不完善，核心区内跨河出行的通道匮乏，仅有海河大桥、海门大桥、中心商务区海河开启桥三条跨河通道。另外海河大桥远离城市核心区，主要为疏港服务，使得海河开启桥、海门大桥成为核心区南北主要的跨河通道。由于海河下游尚有部分运输企业，运输船只的通行需要这两座桥梁不定期的开启，进一步加剧了跨河出行的难度。

与此同时，随着船舶运输的大型化，海河下游企业的运输业务量日趋萎缩，从最高占天津港吞吐量的13%，逐步削减至4%，海河下游通航的需求在大幅缩减。

此外，随着于家堡中心商务区的建设，滨海新区对海河下游两侧用地功能进行了调整优化，将其定义为居住、商业、旅游的综合服务带，调整了其运输和产业功能。

基于上述三方面的因素，为促进中心商务区建设，强化两岸的交通联系，自2008年开始，着手开展了海河下游通航标准的调整研究，主要成果如下所述：

目前，海河下游二道闸至新港船闸39.5千米的河道具备货运通航功能。其中，二道闸至河头村22.5千米河道通航标准为3000吨等级，河头村至新港船闸17千米河道在非汛期通航标准为5000吨等级。海河下游现状共有4座跨河桥梁、1座过河船闸，分别为滨海大桥、海门大桥、永太桥、海河大桥、新港船闸。

经调查，海河下游沿岸有内河航运需求的企业共16家（根据交通港口局2010年1月提供的企业名单，其中塘沽区13家、东丽区3家），运输产品主要以煤炭、钢铁、建材、化工、油品等为主。2007年以来海河港区吞吐量及其占天津港吞吐量的比重呈

明显下降趋势，2009年吞吐量为1688万吨，仅占天津港吞吐量的4%。

2007年海河港区吞吐量最高，为2272万吨，当年天津港吞吐量为3.1亿吨，海河港区占天津港比例为7.3%；1991年海河港区占天津港比例最高，为13.3%，当年海河港区吞吐量为317万吨，天津港吞吐量为2378万吨；2009年海河港区占天津港比重最低为4.4%。

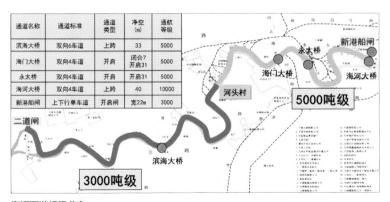

海河下游桥梁分布

海河下游沿线企业分布

三、调整海河下游通航标准的必要性

《天津市空间发展战略规划》确定的"双城双港"总体发展战略，提升了滨海新区核心区的功能定位，优化了天津港口布局。海河下游地区规划以生活、商务办公以及休闲旅游等功能为主，对内河货运航运的需求将逐渐弱化，海河港区的功能将逐步向南港工业区和临港工业区转移，海河下游将主要承担休闲旅游等客运功能。

为加强海河南北两岸的交通联系，海河下游地区规划建设18条跨河通道，其中于家堡金融商务区规划建设6座桥梁、1条隧道。为保障于家堡金融商务区和响螺湾商务区的开发建设，解决于家堡地区的跨河交通联系问题，亟需明确海河港区通航标准调整的具体方案，确定海河跨河桥梁的净空和建设形式。

目前急于建设4座桥，西中环桥、西外环桥，以及于家堡的于新道桥与安阳道桥，其中西中环桥、西外环桥年内开工，建设期2年，在下部结构施工期间（约1年）可以通航，若保证2012年西中环桥、西外环桥通车，必须在2011年底前断航。

跨海河通道规划示意图

四、专题研究及落实情况

为尽快确定海河下游通航标准的调整方案，项目组多次组织专题研究，并组织相关部门赴东丽海河码头和中国一重进行现场调研，先后走访了中国一重、天津大沽化工厂、新港船厂等多家沿岸企业，对其产品类型及运输方式进行了详细的调查。由于现状及规划的公路大件运输通道、铁路双层集装箱运输通道等陆路运输通道，不能满足中国一重等企业大件运输的需求，我们重点从维持现状通航标准跨河通道建设形式、海河裁弯取直以及海河通航标准调整后沿线企业运输问题等方面进行了研究论证。

（一）关于维持现状通航标准跨河通道建设形式

规划局组织有关部门从开启桥、高架桥、下穿隧道、螺旋桥等对维持现状3000吨级通航要求的桥梁建设形式进行了研究。

①建设开启桥：需要桥梁上下游有600米以上的直线航道以保障船舶的安全通行，于家堡地区航道弯度较大，已不具备再建开启桥梁条件。同时，建设开启桥对船泊通行、两岸交通联系、沿线企业运输等方面都会产生较大影响。

②建设高架桥及隧道：于家堡地区东西宽仅1400米，建设一般形式的高架桥、下穿隧道在技术上无法实现于家堡金融商务区与响锣湾商务区等周边地区的交通联系。

③建设螺旋桥：每座单侧占地约8公顷，占地面积过大，对已审查通过并正在建设实施的于家堡金融商务区和响锣湾商务区规划将产生较大影响。

（二）关于海河裁弯取直

在于家堡地区将海河裁弯取直，会带来新的跨河交通问题，

造成南北向 6 条干道、东西向 2 条干道的分隔；同时对于家堡高铁车站、京津城际延伸线、滨海新区规划轨道 B2 号线等产生较大影响。

（三）关于海河通航标准调整后沿线企业运输问题

经调查分析，海河下游地区有内河航运需求的企业中，部分企业具备搬迁至临港工业区或南港工业区的条件；部分企业可转变运输方式，通过公路、铁路、管道等运输方式完成其原料或产品的运输；中国一重可保留原有厂区，生产中小规格产品，在临港产业区新建厂区生产大件产品。

综上所述，为深化落实《天津市空间发展战略规划》，确保于家堡金融商务区和响螺湾商务区的开发建设，解决于家堡地区的跨河交通问题，必须降低海河港区通航标准。

同时，降低海河通航标准，也有利于降低海河跨河通道的建设成本，提升海河两岸土地价值。

（四）有关建议

按照"着眼长远、顾全大局、抓住机遇、保证重点"的原则，我们提出以下建议：

①为企业搬迁留出一定的时间，建议到 2011 年底，将海河港区通航标准调整为内河四级航道（1000 吨等级），通航净空控制为 10 米，满足海河旅游客运通航需求。

②将调整后的海河港区通航标准纳入《天津市城市总体规划》修改方案和正在修编的《天津港总体规划》，并请市有关部门与交通部等国家相关管理部门进行沟通。

③海河下游地区现状和在建桥梁（永太桥、海滨大道跨海河二桥）维持海河下游现状通航标准，新建桥梁按照净空 10 米进行

规划建设。

④建议滨海新区政府在临港工业区、临港产业区、南港工业区等区域预留充足空间，做好有关协调工作，为企业搬迁和长远发展创造有利条件，并与相关区政府协商确定因调整海河通航标准所引起的企业损失和搬迁费用的补偿标准。

⑤建议市有关部门（市发改委、市经信委、市交通港口局等）尽快研究制定相关办法和政策，积极帮助海河下游沿岸企业于 2011 年底前完成转型、搬迁。

第三部分　清洁、再生、安全可靠的市政基础设施

Part 3 Clean,Renewable,Safe and Reliable Municipal Infrastruction

第六章　滨海新区十年水资源系统市政设施规划建设

第一节　水资源篇——诠释海绵城市，保障水安全

一、滨海新区水资源利用现状

天津市历来是中国水资源重度缺乏的地区，现状多年平均条件下，天津人均当地水资源量仅为 160 立方米，为全国人均水资源占有量的 1/14，是全国人均水资源占有量最少的省市。而滨海新区人均当地水资源量为 103 立方米，几乎无可直接利用的地下水，资源型缺水极为严重。

1. 当地水资源

根据 1956—2000 年降水分析，滨海新区多年平均降水量为 565.2 毫米，多年平均地表水资源量为 1.81 亿立方米。当地地表水资源量年内分配不均匀，降水主要集中在 6—9 月的汛期，其降水量占全年的 70% ~ 80%。

根据《天津市水资源调查评价》，滨海新区范围内地表水污染严重、水质恶化，其水质指标绝大部分为地表水 V 类或劣 V 类标准。

滨海新区内无可供开采的矿化度小于 2 g/L 的浅层地下水，第四系上部为咸水体，下部为深层承压淡水，年可供开采的矿化度小于 2g/L 的地下水为 0.57 亿立方米。

2006 年滨海新区上游天然河道入境水量为 5.25 亿立方米，出境水量除引黄期间通过北大港水库向市区调水外，天然河道入海水量为 6.234 亿立方米。由于入境水量大部分集中在汛期，且蓄水设施能力有限，因此能够储存、利用的水量很少。

2. 外调水资源

受自然环境条件的限制，多年来，滨海新区居民生产生活用水主要靠外调水解决。

（1）引滦水。

目前主要的外调地表水水源为引滦水。天津市在 1983 年建成引滦入津工程后，滦河由潘家口水库蓄水后向天津市供水，成为天津市主要的水源。按保证率 75% 的年份计算，潘家口水库调节水量 19.5 亿立方米，天津市分水量 10.0 亿立方米，天津市净入水量 7.50 亿立方米；按保证率 95% 的年份计算，潘家口水库调节水量 11.0 亿立方米，天津市分水量 6.60 亿立方米，天津市净入水量 4.95 亿立方米。自 1983 年完成引滦入津工程后，天津市又陆续完成了引滦入塘、引滦入港、引滦入汉和引滦入开发区等工程。

滨海新区现状共有引滦入塘、入开发区、入汉、入港、入聚酯、

入津滨水厂、开发区备用检修7条引滦管线，总长度483千米，总供水能力3.49亿立方米/年。

另有两条外调地下水水源管线，分别引自宝坻水源地和岳龙水源地，可开采总量为0.59亿立方米/年。

（2）引黄济津。

近年来，由于滦河流域降雨量偏少、连续出现干旱，天津市城市水源地潘家口水库蓄水严重不足。为解燃眉之急，自2000—2010年，天津市先后6次实施引黄济津应急调水，渡过了缺水难关，引黄已基本成为常态。

引滦水缺少时，引黄水主要供给中心城区，引滦水优先供给滨海新区。2010年新建引黄入滨海新区供水工程，把引黄水通过海河，经北运河、引滦输水明渠至尔王庄水库，然后利用现有的引滦向滨海新区的输水管线，向汉沽、塘沽、大港等地供水，进一步增强滨海新区的供水保证。

（3）南水北调。

2014年12月，天津市南水北调中线一期工程正式通水，区域供水格局发生变化，由以引滦水源为主转变为引滦、引江双水源保障，从而使城市供水更加安全可靠。

南水北调中线为津滨水厂及滨海新区提供南水北调水源。一期工程从天津干线末端到津滨水厂分水口，长36.6千米，两根管道并行，管径均为2.6米，最大供水能力192.7万吨/日。同时新建南水北调中线至北塘水库供水管线，起点为津滨水厂分水口，终点为北塘水库，长37.1千米，两根管道并行，管径均为2.0米，供水能力69万吨/日，实现引滦、引江双水源供水，共同保障滨海新区供水安全。

根据《南水北调工程总体规划》，中线一期工程丹江口水库陶岔渠首多年平均分配给天津市水量为10.15亿立方米，总干渠和天津干线供水损失率15%，到天津收水量8.63亿立方米（口门水量）。天津干线末端以下至水厂供水管渠损失和调节水库蒸发渗漏损失合计6%，入水厂净水量多年平均8.16亿立方米。

曹庄加压泵站

南水北调北塘水库进水管

3.水源地

天津市南水北调市内配套工程重要节点北塘水库正式启用后，截至目前已累计调蓄长江水 1700 万立方米，水质保持在地表水 II 类标准。该水库正式启用为完善天津市南水北调供水体系、提高滨海新区引江供水保障能力发挥重要作用。

南水北调中线工程通水后，滨海新区初步实现了引江、引滦双水源保障，但由于缺少调蓄水库，引江水仅能通过津滨水厂供应滨海新区部分地区，供水潜能没有充分发挥。为解决这一问题，根据天津市南水北调市内配套工程规划，南水北调建设部门将滨海新区供水管线由津滨水厂延伸至塘沽北塘镇西北的北塘水库，并通过建设完善配套工程，使长江水能在水库进行调蓄，提高新区引江供水保障能力。据悉，北塘水库蓄水面积 7.3 平方千米，最大库容为 3977 万立方米，原为灌溉及养殖用水存储水库。为了使水库能适应引江水调蓄需求，建设部门在水库原有工程设施基础上，新建引江入库闸、塘沽水厂供水泵站、开发区水厂供水泵站，改造东堤泄水闸，有效保障水库与南水北调滨海新区供水管线、塘沽中法供水公司、开发区水厂的对接，将塘沽地区纳入引江供水范围。目前，工程各项建设任务已基本完成，蓄水工作正在进行中，根据工程运行管理要求，不日即可正式向滨海新区塘沽及开发区供水。

自 2014 年底南水北调中线工程正式通水以来，天津市引江供水总量已达 12 亿立方米，水质保持在地表水 II 类标准及其以上。目前，天津全市 14 个行政区、近 850 万市民用上了引江水，全市形成了一横一纵、引滦引江双水源保障的新的城市供水格局。引滦工程在天津市北部入境，结合已有供水工程，其供水范围以滨海新区核心区海河北区、北部宜居旅游片区、南部石化生态片供水区为主，优先供给北部。南水北调中线工程

在天津市西南部入境，其供水范围以滨海新区核心区海河北区、滨海新区核心区海河南区和南部石化生态片等供水区为主。到 2020 年，引滦入滨海新区供水工程总能力 136 万吨 / 日，引江中线向滨海新区供水的总能力 192.7 万吨 / 日，滨海新区外调水需求 204.4 万吨 / 日，原水管线总供水能力充足。

二、滨海新区水资源综合规划

随着天津滨海新区被纳入国家发展战略，滨海新区迎来快速发展的新阶段，对水资源的需求量也迅速增大，水资源紧缺成为制约新区发展的重要影响因素。因此，挖掘各种水源供水潜力，提升新区的水资源承载力，实现水资源的合理配置和高效利用，促进水资源、环境和经济的协调发展，成为给水规划的重中之重。

在城市总体规划阶段，我们就开展了水资源论证，分析区域的水资源承载力，在充分发掘供水潜力的基础上实现"以水定城"。主要目的是保障城市布局与水资源条件相适应、城市规模与水资源承载能力相协调，提高城市总体规划编制的科学性，实现城市健康持续发展和水资源可持续利用的双赢。后续发展过程中，结合实际需求，又陆续编制了《滨海新区水系统专项规划》《滨海新区"十二五"供水规划》《滨海新区"十二五"节约用水规划》等专项规划，完善水资源体系，充分发挥规划的建设引领作用。充分利用外调水，同时大力发展非常规水源，在高水平节水的前提下实现引滦、引江、地下水、海水、再生水等多种水源的优化配置与综合利用，提高水资源利用效率。

1.《滨海新区水系统专项规划》

新区成立伊始，新区政府即组织编制《滨海新区水系统专项规划》，提出"建立滨海新区健康水循环系统，改善水环境；提高城市水系统的社会、经济、环境综合效益，保障城市可持

续发展"的规划目标。通过水资源的优化配置，满足经济社会发展的需求，以水资源的可持续利用支持经济社会可持续发展。

规划针对新区水资源配置存在的主要问题，结合滨海新区水资源利用及供排水的实际情况，通过对城市水系统水源、供水、用水和排水等基本要素进行研究，并分析城市发展的特点及水系统在其中所起的作用和主要功能特征，提出相应的对策措施，对策框架如下图所示。

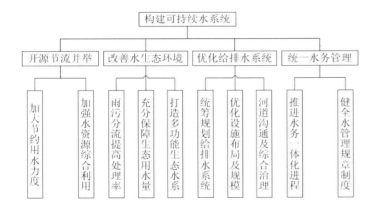

规划指出构建可持续的水系统是一项长期、复杂的系统工程，针对滨海新区水系统的具体情况和实际问题，主要从四方面入手：首先是节水优先，通过各种手段减少水资源的取用量，并进行各种水源的综合开发和合理配置；其次是坚持统筹部署的原则，对供、排水系统的布局和规模进行优化整合，同时进行河道的整治和有效沟通，完善排水系统；第三是通过各种规划、管理及工程措施逐步改善水环境，严格落实雨污分流的排水体制，在水资源配置时充分考虑现状基本被忽略的生态环境用水，同时打造集排水、雨水集蓄、生态涵养、景观等功能于一体的生态水系；最后是完善管理机制，建立一体化的水管理体制，理顺各个水务管理机构的关系，建立统一的水管理制度和标准。

2.《滨海新区"十二五"供水规划》

规划主要应对滨海新区社会经济持续高速的发展以及城市化进程的不断加快，分析现有供水系统存在的问题，提出建设措施。另外，南水北调工程在"十二五"期间通水，滨海新区水源系统将发生重大调整，势必引起城市供水结构及供水形势的相应调整。

规划按照建设资源节约型、环境友好型社会的要求，通过对供水系统进行统筹规划和优化整合，对水资源综合利用、供水系统布局、近期建设以及城市供水安全保障体系建设等方面进行全面分析，提出具体的规划目标、方案及实施对策。

按照统一调度、集中管理、统筹分配的供水模式，尽量采用多水源联合调度，各水厂基本实现引滦水、引江水双水源保障。在进行水资源优化配置时，遵循优水优用、低水低用的分质供水原则，结合用户对水质的不同需求，兼顾经济性和可操作性。

规划确定了滨海新区水资源配置的原则：

①促进经济、社会、环境三者协调发展。

②在保证水资源在不同地区、用水目标、用水人群以及近远期之间公平分配的基础上，遵循以下配置顺序：优先考虑生活用水，以保障人民生存的基本需求；在此基础上，配置生产用水，以保障经济的发展；尽可能满足生态用水，以保障生态系统的良性循环。

③在节约用水，提高水资源利用率的前提下，实现多种水资源的综合利用。根据不同用户对水质的不同需求，实行水资源梯级利用和分质供水。因地制宜地优先配置海水、再生水等非常规水源，以弥补水资源的不足。实现地表水、地下水、再生水、海水等多元水体的综合优化配置。

规划提出了滨海新区水源配置方案：

外调地表水和外调地下水优先满足城市生活和工业用水，永定新河以北地区以引滦水为主，永定新河以南地区以引江水为主，其中重点保障滨海中心商务商业区、塘沽城区等核心区域的用水需求；海水主要供沿海工业区以及石油化工、电厂等企业利用，少量高品质淡化水作为居民生活用水；再生水主要用于工业用水、市政杂用水、生活杂用水、生态用水以及农业用水；当地地表水优先解决农业用水，也可供生态用水；当地地下水仅作为农村生活用水。

通过水资源合理配置，提高用水效率和经济效益，使供水综合效益最大化。对各种水源的分配应遵循就近原则，优先并充分利用现有输配水设施，新建工程设施要布置合理，在保证经济发展和人民生活的同时，降低工程投资和管理运行费用。

从多水源开发利用、生态保护等角度综合配置水资源，维持经济、社会、环境大系统的协调发展，从而获得最佳综合效益。

3.《滨海新区"十二五"节约用水规划》

饮水思源，我们不能认为有了南水就可以从此高枕无忧了，更要居安思危，将节水真正全民化，协调有限的水资源和经济社会发展的矛盾，支持新时期新区又好又快发展，制定科学的节约用水规划。把节约用水贯穿到整个国民经济发展的全过程已成为建设美丽、生态、宜居城市的当务之急、必由之路。

节水规划编制的目的在于通过对用水现状的分析，找出存在的问题及潜力，明确节水目标，全面规划今后节水工作，对于指导和推进新区节水工作的开展，加强水资源的合理开发、科学配置、全面节约、高效利用、有效保护、综合治理，实现水资源的可持续利用，支撑我区经济社会快速发展的用水需求有重大意义。

总体目标是通过兴建节水工程，推广节水技术，强化管理水平，不断提高水资源利用效率和效益；通过发展非常规水源，合理配置水资源，缓解水资源的供需矛盾，为地区经济发展提供水

资源保障；通过制度建设，建立起节水管理的框架，使节水工作的开展有法可依、有章可循；通过能力建设、节水宣传，提高公众节水的自觉性和自律性。

规划确定了总量控制、分质供水、以节水保障供水、政府主导与全民参与的原则。总量控制，是指按照最严格的水资源管理制度，实行用水总量控制，在不突破用水总量的前提下，实现水资源合理配置及高效利用。分质供水，即充分考虑滨海新区水资源特点，合理使用包括再生水、雨水、淡化海水以及海水在内的多种非常规水源，实现优质水优用，合理配置水资源。以节水保障供水，是通过推广新技术、新工艺以及加强用水单位节水管理，提高社会整体节水水平，通过提高水资源使用效率进而以有限的水资源支撑起滨海新区经济社会的快速发展。政府主导与全民参与，重在落实目标责任并建立绩效考核制度；充分发挥市场在资源配置中的基础性作用，逐步形成市场引导的节水机制；鼓励社会公众广泛参与节水型社会建设，形成自觉节水的良好风尚。

新区"十二五"农业、工业、生活、非常规水源的节水用水规划节水技术考核指标和目标见下表。

"十二五"末滨海新区节水技术考核指标和目标

一级指标	二级指标	2010 年底水平	"十二五"目标值
综合指标	用水总量（亿立方米）	2.4269	7.15
	万元 GDP 取水量（立方米）	6.2	维持现状水平
	城镇供水管网漏损率	14.8%	12%
	污水再生率	15%	25%
	计划用水考核率	93%	97%
	节水型企业（单位）覆盖率	27%	60%
	节水型区县创建	—	达标（2013 年）
农业用水与节约指标	节约灌溉工程面积率	84.1%	90%

"十二五"末滨海新区节水技术考核指标和目标（续表）

一级指标	二级指标	2010年底水平	"十二五"目标值
工业用水与节水指标	万元工业增加值取水量（立方米）	4.33	维持现状水平
	工业用水重复利用率	94%	96%
生活用水与节水指标	节水器普及率	99%	100%
	园林绿地节水灌溉率	6.8%	35%
非常规水源利用目标	再生水（亿立方米）	0.04	0.7
	海水淡化（亿立方米）	0.23	1.44
	城市雨水（亿立方米）	0.05	0.08

结合新区实际情况，针对农业用水、工业用水、生活用水、城市绿化用水的不同特点，各行业分别制定节水对策与措施。例如，工业节水对策与措施包括如下内容。

（1）引导高耗水行业发展。

在产业发展政策的制定中，根据清洁生产标准中重点用水行业取水定额标准，提高饮料、啤酒、白酒等以水为原料的生产行业和工业产业中的高耗水行业的准入门槛。对高用水行业如石油化工、钢铁冶金、食品以及汽车制造等行业，严格执行"三同时"政策，强化用水定额，加强计划用水管理，提高污水处理回用率，推广先进的节水工艺和节水技术，提高用水效率。

（2）大力实行分质供水。

充分发挥新区多水源以及濒海特点，以"分质供水，优水优用"为原则，根据工业企业用水需求，合理配置淡化海水及再生水等非常规水，特别是提倡海水直用，减少常规水资源的使用。尤其是淡化海水因具有成本较高、含盐量较低的特点，可作为以发电等锅炉补水用水为代表的工业用高纯水和工艺用水。再生水进行深度处理后，可用于工业冷却水以及市政绿化用水。

（3）推广工业节水技术。

"十二五"期间，新区将推进产业结构调整，以高端产业聚集为目标，大力发展战略性新兴产业，壮大优势产业，改造提升传统产业，按照"节流优先、治污为本、科学开源、综合利用"的原则，专注于节水技术在火力发电厂、石油化工、装备制造、生物医药、食品加工、纺织等用水大户以及高耗水行业的推广。在火力发电厂推广海水直用、淡化海水利用以及零排放技术；在石油化工、钢铁冶金行业以提高循环水冷却倍率以及污水处理回用为主要的节水技术；在纺织、电子等行业推广逆流漂洗技术；在食品加工行业推广污水处理综合利用等技术。逐步淘汰冷却效率低、用水量大的冷却设施，推广高效循环冷却处理技术并改进水质稳定处理技术，提高浓缩倍数，淘汰浓缩倍数小于3的敞开式循环冷却水系统，推广浓缩倍数大于4的循环冷却水系统。改进高耗水行业的生产工艺，推行少水、无水新工艺，普遍实行清洁生产。推进企业水资源循环利用和工业废水处理回用；加强非常规水资源利用等工作，提高用水效率，促进工业增长与水资源的协调。

（4）加强各行业用水管理。

建立企业节水用水评估制度，选取重复用水率、非常规水利用率、用水定额等评价指标，并设置节水绩效奖惩措施，鼓励企业提高水资源利用率。加强企业用水监管，严厉打击企业私挖地下井、不装水表、逃缴水费的行为。各管理单位必须完善企业用水统计制度以及强化计量监测手段，生产用水和生活用水要分类计量，并加强二级甚至三级水表的计量；按照规定定期开展水平衡测试，在水平衡测试的基础上，进行节水潜力分析并建立用水考核指标；积极推进节水型企业的建设，提高节水型企业覆盖率，全面提高工业用水的管理水平。

加强组织领导，建立协调机制；加大政府投入，拓展融资渠道；严格绩效考核，扩大公众参与；依靠科技进步，推广节水新技术；加强宣传教育，增强节水意识。

第二节　海水淡化——向海而生，向海水要资源

利用海水之路，是对滨海新区水资源相对短缺的重要补充。

一、滨海新区海水利用现状

目前，滨海新区海水淡化主要用于工业高品质工艺用水，海水直接利用主要用于工业冷却。

海水直接利用是以海水为原水，直接替代淡水作为工业用水和生活用水等。主要包括海水直流冷却利用、海水循环冷却利用、生产及生活用海水直接利用等，现已建大港电厂海水直流冷却、大沽化工厂海水冲厕等工程。

目前滨海新区有 4 座海水淡化厂。位于开发区的新水源海水淡化厂日产淡水 1 万吨，位于大港的新泉海水淡化厂日产淡水 10 万吨，位于汉沽的北疆电厂海水淡化厂日产水能力 10 万吨，大港电厂海水淡化日产水能力 0.6 万吨。

北疆发电厂海水淡化厂淡化海水一期设计建设规模 20 万吨 / 日，已建成 10 万吨 / 日，电厂自用 2 万吨 / 日，其余外供。

大港新泉海水淡化有限公司一期建设规模 10 万吨 / 日，全部供给大港区海洋石化园区 100 万吨乙烯项目。

泰达新水源海水淡化有限公司规划建设规模 2 万吨 / 日，建成规模 1 万吨 / 日，主要供给开发区企业锅炉补给水和其他高品质水用户。

大港发电厂海水淡化采用的处理技术为多级闪蒸，目前日产海水淡化水能力为 6000 吨 / 日。海水淡化水主要为电厂锅炉补水，为厂内自用。

二、滨海新区海水利用规划

2014 年 2 月 21 日，天津市人民政府办公厅出台《天津市加快发展节能环保产业的实施意见》（津政办发〔2014〕23 号），将"海水淡化产业基地建设"列为重点任务之一，并提出"加快滨海新区海水淡化示范区建设。以北疆电厂为示范，推广电水联产海水淡化模式，建设若干海水淡化示范企业。加快推动海水淡化配套企业的发展，形成产业链条。示范推广膜法、热法和耦合法海水淡化技术，完善膜组件、高压泵、能量回收装置等关键部件及系统集成技术"。

依据相关规划，新区将以现有淡化水厂为依托，根据需求对北疆电厂淡化厂、新泉海水淡化有限公司、泰达新水源海水淡化有限公司进行扩建，同时结合现代化城市的发展对优质水源保证提出了新的要求，为海水淡化产业带来了新的契机。为此，大港区与新加坡凯发集团合作共同开发海水资源。新加坡凯发集团是专业从事大规模海水淡化、自来水和废水处理的工程建设公司。凯发大港海水淡化项目将选用双膜系统，作为海水淡化厂的核心技术。处理厂的工艺技术使用超滤膜做预处理，海水淡化系统采用国际最先进的反渗透及能源回收系统，以保证更节省能源，并提高水回收率。凯发集团拥有自主知识产权的膜制造、应用技术和素质过硬的专业队伍，设计、制造的水处理系统具有高度的集成性、稳定性和可靠性。

开工建设的海水淡化企业被命名为天津大港新泉海水淡化有限公司，位置为津歧公路东侧大港电厂对面、大港区古林街内，

占地 120 000 平方米。该项目投资 9000 万美元，建设海水处理能力一期为 10 万吨。据介绍，该海水淡化厂所淡化的海水来自大港电厂冷却发电机组所用的冷却水，通过电厂排水渠穿过津歧公路引入厂内。大港海水淡化项目的开工建设标志着天津市海水淡化事业取得突破性的进展，意味着滨海新区水资源紧缺的问题将得到有效的缓解。该项目的建成，必将成为中国综合利用海水资源的典范。

预计到 2020 年，天津市海水淡化综合利用水量达到 2.5 亿立方米以上，将成为中国海水淡化和海水直接利用规模最大的城市。海水淡化水供水模式可分为集中供水和专水专供两种。集中供水是利用市政自来水管网供水。先将海水淡化水进行适当处理，然后和自来水按一定的比例掺混，再通过市政管网输送到用水户。专水专供是将淡化海水通过专用管道直接输送至用水户。此种模式适用于用水量较大的工业用水户。

大港新泉海水淡化有限公司的供水对象为天津石化百万吨乙烯工程，临港工业区海水淡化厂主要为临港经济区内的企业供水，南港工业区海水淡化厂主要为南港工业区内的企业供水，泰达新水源海水淡化厂主要供给开发区内的工业企业用水。以上四座海水淡化厂采用专水专供的供水模式。

北疆发电厂海水淡化厂主要为北部宜居旅游区和滨海新区核心区海河北区供水。近期北疆电厂供水范围内大型集中用水企业偏少，且多属于已建成多年的企业，因此北疆发电厂海水淡化厂宜采用专水专供和集中供水相结合的模式。

三、北疆发电厂海水淡化示范项目

天津北疆发电厂是首批国家循环经济试点单位，而且是明确的国家循环经济试点单位第一批 7 个重点行业中电力行业的 3 家试点单位之一。

北疆发电厂采用"发电—海水淡化—浓海水制盐—土地节约整理—废物资源化再利用"模式，与发电项目一期工程配套建设 20 万立方米 / 日海水淡化装置，采用目前具有国际先进水平的"效率高、成本低、防腐性能好、适应性强"的低温多效海水淡化技术。利用发电余热进行海水淡化，相对于常规发电机组可提高 10% 左右的全厂热效率。

北疆海水淡化一期设计建设规模 20 万吨 / 日，已建成 10 万吨 / 日，二期新增规模 20 万吨 / 日。海水淡化指标分配方案如下表：

北疆电厂海水淡化水量分配表

区域	淡化海水量（一期）（万吨/日）	淡化海水量（二期）（万吨/日）	合计
汉沽水厂	2	8	10
泰达水厂	7	3	10
北塘热电厂（直供）	0	4	4
新区水厂	4	1	5
新河水厂	5	2	7
北疆自用	2	2	4
合计	20	20	40

北疆发电厂淡化海水主要以两种形式供水：一是直接供给工业大用户，二是通过现有管网供给生产生活用水。

通过现有管道向生产生活供水是通过与自来水厂出水掺混实现的。经专门研究，为确保供水安全，淡化水与自来水的掺混比例为 1∶3，即掺混后的混合水中淡化水占 25%，实际配置时以此为控制上限。同时为确保现有输水管道安全，进入前应进行矿化调值，使掺混后的混合水尽量与原自来水的成分接近。主要参与掺混的水厂为龙达水厂（即汉沽水厂）、泰达水厂（即开发区水厂）、塘沽新区水厂和新河水厂。

已建出水管道沿海滨大道敷设，至汉蔡路立交，折向北沿现状汉蔡路至中央大道；管道在中央大道处设分水点，分别输往汉沽、塘沽方向。远期泵站出水考虑增加津汉快速输水管道，近期管线由海滨大道折向北，沿现状汉蔡路进入汉沽龙达水厂。另一路由北疆电厂泵站出线后，沿海滨大道、中央大道、汉蔡路、京津塘二线高速公路、杨北大街登陆后进入塘沽区，淡化海水管线分别进入泰达自来水厂、塘沽区新区水厂和新河水厂，管线涉及两个区、三个功能区，全长 53 千米。

第三节　再生水规划——"贝海拾珠"，用新水源浇灌海河两岸

一、"第二水源"亟待开发

再生水是指污水经适当处理后，达到一定的水质指标，满足某种使用要求，可以进行有益使用的水。再生水工程技术可以认为是一种介于建筑物生活给水系统与排水系统之间的杂用供水技术。再生水的水质指标低于城市给水中饮用水水质指标，但高于污染水允许排入地面水体的排放标准。和海水淡化、跨流域调水相比，再生水具有明显的优势。从经济的角度看，再生水的成本最低，为 1 ～ 3 元 / 吨，而海水淡化的成本为 5 ～ 7 元 / 吨，跨流域调水的成本为 5 ～ 20 元 / 吨。从环保的角度看，污水再生利用有助于改善生态环境，实现水生态的良性循环。

再生水是城市的第二水源，城市污水再生利用是提高水资源综合利用率、减轻水体污染的有效途径之一。再生水合理回用既可以减少水环境污染，又可以缓解水资源紧缺的矛盾，是贯彻可持续发展的重要措施。污水的再生利用和资源化具有可观的社会效益、环境效益和经济效益，已经成为滨海新区解决水问题的必选。再生水资源的开发利用与资源调配也成为滨海新区"十二五"与"十三五"期间的重点工作。2010 年新建引黄入滨海新区供水工程，把引黄水通过海河，经北运河、引滦输水明渠至尔王庄水库，然后利用现有的引滦向滨海新区的输水管线向汉沽、塘沽、大港等地供水，进一步增强滨海新区的供水保证。

二、贯彻战略，结合自身推进发展

党的十八大报告指出，节约资源是保护生态环境的根本之策，推进水的循环利用。进入 21 世纪，我国城市污水处理与回用向承担城市范畴内水资源循环利用与水环境的维系作用的方向发展。

"十二五"规划中明确指出:"十二五"期间,要高度重视水资源问题,坚持具有天津特色的节水发展模式,加快南水北调、引滦水源保护等工程建设,大力发展中水回用,扩大海水淡化规模。其中,再生水开发利用又是国家大力倡导与扶植的水资源利用项目。

滨海新区缺水问题由来已久,作为华北地区重要的经济中心,在快速崛起的过程中,长期不合理开发和资源消耗产生的水资源短缺已经全面蔓延。天津市同时又是资源型缺水城市,多年平均水资源量15.7亿立方米,加上入境和外调水量,人均水资源占有量仅370立方米,是全国人均水资源占有量最少的省市。

几年来,中央电视台等多个权威媒体关注和报道了水危机,海河流域水资源开发利用率达到了100%,其中地表水开发利用率70%以上,远超国际公认的合理开发程度30%、极限开发程度40%的标准。"中国经济第三极"的光环之下是对有限水资源的超限甚至是极限透支。地表水不足,地下水补偿。海河流域大量开采地下水,不仅使得部分地区出现枯竭,还引发诸如地面下沉和塌陷等地质灾害。如不加以遏制,滨海新区或将成为北方最大的"空中城市"。

因此,滨海新区在"十二五"期间编制了《天津市滨海新区再生水专项规划(2010—2020)》《天津市滨海新区再生水近期建设方案2014—2016》以及《滨海新区海河以南片区非常规水利用专项规划》等规划。

三、由无到有的转变,由散到聚的整合——《天津市滨海新区再生水专项规划(2010—2020)》

新区建设初期,再生水资源相较于其他专业市政配套资源,建设与管理相对滞后。为填补新区再生水规划与管理工作的空白,整合新区水资源,滨海新区规划局、建设和交通局与滨海新区环保产业有限公司联合,组织编制《天津市滨海新区再生水专项规划(2010—2020)》。

规划首先对新区2010年之前的相关再生水设施进行了调研。通过对再生水现状的调研与分析,发现新区再生水系统的主要问题,可以概括为:

(1)水资源严重短缺,利用效率不均匀。

滨海新区属于典型的重度资源型缺水地区,人均水资源占有量仅为180立方米,远低于全国平均水平,生态用水严重缺乏。水资源时空分布不平均,开发利用难度较大。各地区、各行业的用水效率与节水情况存在很大差异,具体表现在:工业用水效率较高,农业用水效率相对较低;城区用水效率较高,郊区县用水效率相对较低;常规水资源利用与非常规水资源利用程度不均衡,水资源的二次利用率仍有待提高。

(2)滨海新区现状再生水厂数量少、规模小、布局分散。

2010年底,滨海新区共有现状再生水厂2座,目前总设计规模约为7.5万立方米/天,其中开发区再生水厂为2.5万立方米/天,中翔水厂为5万立方米/天且水源为水库存水,水质与普遍意义上的再生水存在差异。水厂分布在塘沽、开发区两个行政区域范围内。再生水厂设计出水水量偏低,无法满足滨海新区内的再生水水量需求。此外,由于再生水厂具有规模经济效应,再生水的单位处理费用随处理规模的增大而减小，因此，规模过小的再生水厂达不到规模化生产，制造再生水成本高。常规处理工艺陈旧落后，设计出水水量偏低，无法满足滨海新区日常所需的再生水水量。

（3）再生水管网的建设严重滞后。

滨海新区内再生水管网覆盖区域面积小，许多区域未敷设再生水管网。再生水管网的建设滞后于城市建设，设施普及率增长慢，部分地区目前仍为再生水空白区，因无法连接再生水管网而被迫使用自来水的现象屡屡发生。现状再生水管网中部分设施已超负荷使用。有些再生水管网设施与渠系不配套，或者严重老化、破损，甚至超过使用寿命，从而导致供水能力下降。

（4）缺乏统一的管理和调度。

滨海新区目前处于多龙管水的状态，未能从根本上建立统一高效的供水管理体制，现状再生水厂各自为政，供水压力、水质、管理水平、水价也不尽相同。这不但不利于按照水资源供需要求统筹调配区内各种水资源，而且容易造成管理职能分散、权责不清，大大降低了管理效率。此外，各再生水厂分别拥有独立的输配水系统，管网之间互不连通，事故状态下没有相互支持的供水体系，供水安全保障性差。各区域再生水相关设施的建设只考虑到自身的需要和发展，缺乏区域性的统筹规划，这种局面带来两个弊端：其一，各行其是的建设缺乏区域协调，容易造成供排水设施的盲目建设和重复建设，不利于基础设施区域性公建共享；其二，各地区供排水设施规模偏小，会提高单位水处理成本，不利于发挥规模经济效应。

针对以上问题，结合滨海新区水资源利用及供排水的实际情况，通过对城市系统水源、供水、用水和排水等基本要素进行研究，并分析城市发展的特点及水系统在其中所起的作用和主要功能特征，规划首先提出了构建可持续水系统的对策措施。

之后，规划又针对滨海新区综合规划中的相关指标，对再生水资源的供需量进行了测算。再生水需水量受人口发展状况、经济发展水平、人均水资源占有量、水资源开发利用程度、节水水平等因素影响，是一个随时间变化的复杂系统。为保证水量测算的科学性与准确性，测算方法选取了结构分析法中的指标法。需水预测按生活、生产、生态环境及其他用水进行预测，基本涵盖了新区所有的规划再生水回用方向。

而再生水供水量的预测则综合考虑了新区污水未来的增长量，比较多个城市再生水回用率的经济计算指标，对再生水回用量进行了计算。同时考虑其他非常规水资源的开发。

本规划采用统一再生水系统，规划区内对于水质和水压有特殊要求的企业，单独进行水处理和加压。统一再生水系统为满足供给用户所需的水量、保证配水管网足够的水压、保证不间断给水的原则，应以环状管网为主。环状管网的优点是：当任意一段管线损坏时，可用阀门和其余管线隔开，进行检修，再生水还可以从另外的管线供应用户，断水的地区可以缩小，供水可靠性增加；环状网还可以大大减轻水锤作用产生的危害；再生水管网末梢可以采用树状形式。

再生水管网的布置主要考虑安全性和经济性两方面因素。安全性指管网应布置在整个再生水区域内，要使各用水区块的用户均有足够的水量和水压，长距离的区域输水管道不宜少于两条，当其中一条管线发生事故时，另一条管线的事故给水量不应小于正常给水量的70%。经济性指管网的布置形式、敷设路径及管线管径的选择应遵循经济合理的原则，干管布置的主要方向应按再生水主要流向延伸，而再生水流向很大程度上取决于大用户和集中流量的位置。

再生水管网的布置形式，根据用户分布及用水需求，采用环状管网和枝状管网相结合的形式，兼顾城市再生水安全和再生水设施经济合理。

四、美丽滨海，从水资源回用做起——《天津市滨海新区再生水近期建设方案（2014—2016）》

2013 年第三季度，为配合天津"十二五"期间的重点民心项目——美丽天津一号工程的推动与实施，滨海新区政府针对自身发展情况，提出了指导新区建设的《美丽滨海建设纲要》，其中提到：到 2016 年污水日处理能力达到 80 万吨，再生水厂日处理能力达到 20 万吨。

2013 年底，新区建成的再生水厂共 7 座，建成规模为 11.6 万吨 / 天，而实际再生水产量不足 3.5 万吨 / 天。而随着新区建设步伐的不断前进，各行各业对水资源的需求量与日俱增，再生水资源开发利用的重要性尤为凸显。如何在如此紧迫的时间内，将再生水产量提高？滨海新区组织相关部门，编制了《滨海新区再生水近期建设工作方案（2013—2016）》。建设计划的编制和实施历程主要分为三个步骤。

首先从源头解决问题。整合各区域再生水资源，将污水处理量较大的污水处理厂（如新河再生水厂）尾水合理利用，敦促这些污水厂加快再生水厂的建设，避免再生水源的浪费。工作中还发现有污水处理厂用地或污水处理量饱和的状况，这一现象不仅造成了环境的污染，同时使水资源流失。新区针对这一问题，对污水规划进行了调整，对于部分区域的污水分区进行了划分，同时修建大型污水厂间的连通管线，"变废为宝"地将新河污水厂原

有处理不掉的污水变为北塘污水厂的再生水源，这一举措解决了北塘污水厂的再生水源问题，将规划再生水产量提升了 3.5 万吨。

其次从处理环节提升效率。国内现有污水回用率受再生水设施的限制，通常为 30% 左右。而新区多个再生水厂通过技术研发、设备更新等途径，在原有污水量的水平上，提升再生水的产率。大港瑞德赛恩公司便是其中最为典型的成功案例。该水厂在污水量并不充足的前提下，通过采购先进的再生水回用设备与自身的技术研发，污水回用率提高到了 70% 左右，远远超过国内平均水平。2014 年，该厂再生水产量已达到 1.5 万吨 / 天，2016 年提高至 2.1 万吨 / 天，自身可以满足大港石化公司对于工业用水的需求。

最后从使用环节刺激生产。2015 年，天津市人民政府办公厅印发了《天津市再生水利用管理办法》，这一文件的颁发极大地刺激了工业企业对于再生水资源的需求。此时正值建设计划的实施过程，新区政府组织相关部门及水厂对原有计划进行了完善，整理各再生水回用的大用户与区域，将再生水资源合理地分配给各个用户。再生水的巨大市场缺口刺激了原先或亏损或停运的再生水厂。再生水用户的需求减轻了再生水厂的运营压力，同时再生水资源替代了原先的自来水，企业成本明显降低，达到了水厂与企业双赢的结果。

五、规划先行，建设与招商共赢——《临港经济区（北区）中水专项规划》

都说专项规划是指导市政建设的指路星，对于临港经济区来说，中水专项规划的编制不仅可以指导临港区域的中水建设，更是它们招商引资的一大优势。

按照总体规划，临港经济区的功能定位是：建成我国重要的

化工基地、造修船基地、装备制造业基地，同时建设成为港口物流区、研发转化区、工业旅游区，最终成为海上工业新城。临港经济区将打造以"两廊、多带、多节点"为主题的绿地系统布局结构。"两廊"是海滨大道生态防护绿廊、津港快速路延长线复合生态廊道；"多带"由黄河道、长江道、珠江道、津晋高速延长线、临港经济区西路等道路防护绿带构成；"多节点"以区内现状及规划的公园绿地、景观区为节点，形成多节点分布全区的公园绿地模式。"两廊多带"与规划区外生态廊道、防护绿带、湿地水面相连通，构成滨海新区的生态网络。

近年来，随着绿化养护的要求越来越高、面积越来越大，区域绿化用水压力也越来越大。现状绿化用水水源为中水，由中翔水业（天津）有限公司提供。该水厂供水能力已基本满负荷，临港经济区位于其供水系统末端，水厂至临港的主干管道长约24千米，且沿线设分支供水，临港区域的供水水量及水压均难以保障，给绿化养护带来很大的困难。同时，随着天津碱厂、IGCC等大型工业企业的落户，这些企业十分看重中水资源对于其成本节约方面的巨大潜力，提出了大量的用水量需求和分质供水的要求。

因此，为了解决区域再生水调配问题，同时"修巢引凤"，为更多的工业企业解决用水问题，为招商提供便利，临港经济区从2014年开始，着手编制了《临港经济区（北区）中水专项规划》。规划从临港经济区实际出发，对现有企业的中水需求进行了详细的调研与分析，同时结合区域上位规划，针对现状存在的问题，结合临港工业区实际用水特点，确定中水供水对象，进行水量预测；分析可利用的水源，落实中水源头，确保供需平衡；结合道路网规划、建设时序等，合理布置中水供水管网，完善区域中水供水设施建设。

在规划编制过程中，中水水源不足的问题尤为明显，现有中水水源为中翔水厂的末端，水量与水压均无法满足临港经济区中水需求。通过规划的编制，多家中水企业瞄准了临港工业区的中水缺口，纷纷将自身的市场向临港工业区内拓展。青沅水厂就是其中的先行者。

天碱化工厂坐落于临港工业区内，作为大型化工企业，天碱化工厂一期计划每天需要至少3万吨的水量用于工业生产。如此大量的工业用水需求，若全部由自来水供应无疑是对水资源的一种浪费，而近期临港周边中水水量无法满足天碱厂区需求。为解决这一问题，临港中水专项编制过程中，编制人员整合现有资源，对多家中水企业进行了调研。这一过程中，博嘉投资公司看准了这一机遇，将大沽排污河弃水进行回收处理，同时计划在临港经济区内修建一座深度处理站，由此在水量与水质方面，都可以满足天碱厂区的需求。同时，更多的企业看中了临港经济区完善的市政配套，特别是自来水与中水双水源的配置以及完善的规划，将临港作为了他们投资建厂的首选。

临港中水规划中水加压站的建设在整个临港中水系统中扮演着至关重要的角色。由于处于中翔水厂供水的末端，受上游用户影响较大，供水的水压难以供应临港经济区如此大面积的区域，因此需要修建加压站进行二次加压。结合用地规划及现状用水情况，依托临港区域用地及其他上位规划，秉承着节约用地、保证功能、景观美化的原则，经过多次讨论与实地考察，提出两个加压站的选址方案。方案一位于海滨大道绿化带内，方案二位于胜科污水处理厂东侧。

两个加压站的选址通过调整管道系统布置，均可达到良好的供水效果，但建设、运行成本存在差距。规划选取与上位规划的相符度、建设难度、工程量、运行成本四项指标，进行技术经济比较。方案二黄河道需进行大规模的管线改造及新建，对现状管线、绿化、道路均存在较大影响，现场实施难度大；加压站位于供水分区中部，系统更为合理，运行成本偏低。方案一施工难度小，但与控规不符，需编制控规调整论证报告。经综合比较，规划选取方案二作为推荐方案。

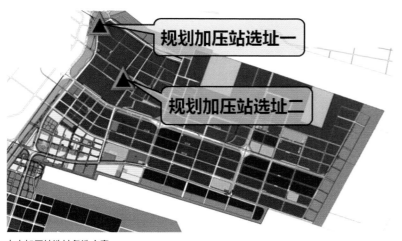

中水加压站选址备选方案

	方案一	方案二（推荐方案）
规划方案		
与用地规划是否相符	不相符 需编制控规调整论证报告	相符
建设难度	小	黄河道施工难度大
工程量	相对较小	相对较大
运行成本	加压出水水头25.7米	加压出水水头24.0米

中水加压站选址方案比选

最后，在中水管道设计中，结合现有管道布局，综合考虑用户尤其是绿化面积较大的区域，制定了管道规划的原则：

①为满足供给用户所需的水量，保证配水管网有足够的水压，保证不间断给水，应以环状管网为主，管网末梢可以采用树状形式。

②规划采用统一中水系统，市政中水水压满足绿化用水需求。规划区内对于水质和水压有特殊要求的建设项目，单独进行水处理和加压。

③管网的布置考虑安全性和经济性两方面因素。安全性指管网应布置在整个供水区域内，要使各用水区块的用户均有足够的水量和水压，长距离的区域输水管道不宜少于两条，当其中一条管线发生事故时，另一条管线的事故给水量不应小于正常给水量的70%。经济性指管网的布置形式、敷设路径及管线管径的选择应遵循经济合理的原则，干管布置的主要方向应按再生水主要流向延伸，而再生水流向很大程度上取决于大用户和集中流量的位置。

北塘再生水厂项目是滨海新区开发建设的"十大战役"之一——北塘片区综合开发的配套项目。该项目选址于北塘污水处理厂综合楼北侧，占地约12 750.8平方米，一期设计最大产水规模为（4.5×104）立方米/日，服务范围包括天津北塘热电厂、北塘片区及黄港生态开发区。

北塘再生水厂再生水处理工艺采用"浸没式超滤（UF-S）+反渗透（RO）"工艺，设计出水满足《城市污水再生利用工业用水水质》（GB/T19923—2005）和《城市污水再生利用城市杂用水水质》（GB/T18920—2002）的规定。

北塘再生水厂反渗透技术车间

天津瑞德赛恩水厂平面图

生态城污水厂及再生水厂平面图

北塘污水厂及再生水厂平面图

天津市瑞德赛恩水业有限公司投资 1.8 亿元建成的大港再生水厂正式投产供水，是天津市第一个以滨海新区生活废水作为原料的再生水项目。该项目是我国首家从市政污水深度处理回用至高压锅炉补给水的大型项目，日处理污水量达 3 万吨，年节约地下水近千万吨，成为国家发改委认可、支持的节水循环、环保样板工程。

多年来，天津石化工业用水主要依赖 100 多千米外的蓟州区地下水和引滦入港的滦河水，每年需水量 2000 万吨以上，如果长期全部采用新鲜地下水解决工业用水，将会对天津市整体发展及生态环境造成较大压力。同时，大港街一带的生活污水都是经过简单处理后，直接排向大海，既污染海水，也污染土壤。大港再生水厂将这部分城市污水收纳起来，经过深度处理后达到一级除盐水标准，用于天津石化高压锅炉的补给水。

生态城首座再生水厂计划于 2016 年完成投用。该项目是我国首座获得住建部绿色建筑认证的再生水厂。投用后，生态城非传统水源使用率将达到 50% 以上。

该再生水厂由新加坡吉宝集团与生态城共同建设，该水厂包括污水处理和污水再生两部分。污水处理厂可将城市污水由原先的 1 级 B 排放标准，提升至 1 级 A 排放标准，更加洁净环保；再生水厂位于生态城净湖旁，总占地面积 30 公顷，具备 10 万吨日污水处理能力和 2.1 万吨日可再生水处理能力，远期再生水处理能力将达到 4.2 万吨。

生态城再生水厂运用了两项国内先进的污水深度处理技术：分子膜技术和能量回收技术。分子膜技术即利用薄膜上的小分子"孔道"，只允许混合水体中的洁净水分子通过，将污染物过滤掉。能量回收技术更为创新，能够将水泵挤压水体通过薄膜产生的反冲力回收，循环挤压水体进行膜净化，实现节能 20% 的效果。通过这两项技术，污水可以直接净化为中水，实现重新利用。

项目投用后，居民日常生活污水、园区工业废水和雨雪水等城市污水，都可以通过先进的净化技术，过滤为可循环利用的中水，以供家用或城市绿化、喷泉等用途。届时，生态城雨水、再生水、海水等非传统水源使用率将达到 50%。再生水厂建成后，生态城将建成集合污水处理、再生回用、雨水收集、海水淡化等一套完善的水循环利用体系，直饮水、自来水、中水三水入户。生态城还推行植被智能节水灌溉系统，按照不同季节、不同时段、不同气候和不同植被的需要进行"菜单式"灌溉，实现良好的绿地养护效果，营造和谐自然的城市生态景观。

第四节　供水模式——提质增效，城乡供水一体化

一、供水模式

（一）区域供水模式

引滦水、南水北调相继通水后，滨海新区的供水水源得以保障。在此基础上，新区大力开展供水厂、网建设。

滨海新区现有自来水水厂 13 座，设计供水能力 99.5 万吨／日，其中地表水水厂 11 座，供水能力 88.5 万吨／日；地下水水厂 2 座，供水能力 11 万吨／日。水厂以下供水管网总长度 1580 千米，其中 600 毫米以上干管长度 177 千米。完善的供水系统作为区域基础设施的重要组成部分，在确保为新区用户提供安全可靠的供水服务中起到了非常重要的作用。

随着供水系统的不断建设和完善，滨海新区已经形成了一种统筹考虑、统一开发、统一分配水资源，按照水源水系、地理环境特征、功能区性质以及一定的行政区划确定供水区域的新型网络供水系统，即区域供水系统。

在滨海新区实行区域供水主要出于以下考虑：

①区域供水是供水事业发展的趋势之一。随着滨海新区经济的发展、城市化水平的提高以及区域性经济带的形成，作为重要基础设施的供水系统仍旧采用传统的小型化、分散化供水模式，很难满足高速发展的经济建设用水需求，很难为人们提供优质的饮用水。在供水系统深化改革的过程中，采用区域供水管理模式是一个趋势。

②可以实现区域基础设施共建共享。由于长期以来计划经济体制的影响，滨海新区各地在水厂建设中各自为政，缺乏统筹规划及与其相适应的管理机制，重复建设而又互相脱节的现象较为严重。城镇供水小而全、供水区划的人为分割，造成供水基础设施能力得不到充分发挥，不能适应现代化进程和经济社会发展需要。而区域供水模式的建立，可以彻底改变这种不合理、混乱的供水局面，实现供水基础设施共建共享，在保障供水安全的前提下减少不必要的重复投入。

③有利于合理配置水资源，提高水资源利用效率。从供水角度看，滨海新区属于严重的资源型缺水地区，要求综合利用地表水、地下水、再生水、海水及雨水等水资源，为社会经济快速发展提供保障；从用水角度看，不同的用水区块由于其自然条件、城市性质和功能定位的不同而有不同的用水需求，需从区域的角度统筹配置各种水资源，提高其利用效率，满足区域内整体水资源需求。

④有利于发挥规模经营优势，提高管理和技术水平。滨海新区现状存在着供水设施规模小、布局分散的问题，分散的小型水厂不仅不能形成规模经营的优势，还浪费了大量的土地资源，很明显是不经济的。区域供水模式通过突出大型水厂的骨干作用实现规模经营，在降低制水成本的同时提高了供水质量和管理技术水平，为滨海新区的经济社会发展和人民身体健康提供了保障。

⑤实现城镇联网供水，保障区域供水安全，提高居民生活质量。区域供水模式通过在几个供水区域间设置联络管，使各功能区供水得到充分保障，任何一个水厂及其管网发生事故都不会严重影响到功能区的安全用水。城镇一体化联网供水的模式使乡镇的居民也能享受水厂处理后的高质量供水，提高了其生活质量。同时，水厂向乡镇供水使当地地下水的使用得到进一步控制，有利于减缓滨海新区的地面沉降。

区域供水系统可以包含若干个供水分区，每个分区自成体系，可包含输水、净水、供水和配水子系统。同时，各个供水分区又通过联络干管紧密联系在一起，相互协调并存在于供水系统的整体之中。在各供水分区内部，根据用户分布及用水需求，配合新建、扩建水厂工程，建设相应的输配水管网。

（二）区域供水分区

按照"一城双港三片区"的城市空间结构，根据现状供水工程情况结合引滦、南水北调进入滨海新区的方位，并综合考虑水厂的合理规模、供水半径及供水安全等因素，把滨海新区划分为五片供水区：其中的"一城"为滨海新区核心区，以海河为界划分为南北两片供水区，其他"三片区"作为另外3个供水区。即：

①北部宜居旅游片区；

②滨海新区核心区海河北；

③滨海新区核心区海河南；

④南部石化生态片区；

⑤西部临空高新片区。

五个供水分区既相对独立，又管网互联，便于管理，确保供水安全。

（三）供水管网

根据城市性质、用户分布及用水需求，滨海新区供水管网的布置采用环状管网和枝状管网相结合的形式，兼顾城市供水安全和供水设施经济合理。

在水厂以下供水干管中，有几条跨区域供水管线已经建成供水或正在建设，包括中心城区凌庄水厂供静海的 DN800 管线（已建）和 2 根 DN1000 管线（在建），以及坐落于东丽区的津滨水厂向滨海新区供水的 5 条管线——DN1400-1000 管线供高新区（已建）、DN1400 管线供临港工业区（已建）、DN1600 管线供临港产业区（在建）、DN1800 管线供大港（在建）、DN1000 管线供生态城（在建）。

二、城乡供水一体化

区域供水不仅为城区供水，同时还向有条件的城镇供水。

经过多年的发展建设，新区城市供水建设取得了长足的发展，但受历史及经济条件等因素影响，农村供水同城市供水相比还有很大差距。长期以来，新区广大农村居民主要依靠抽取地下水饮用，由于含氟量高、地下水污染等因素，存在安全隐患。

按照建设社会主义新农村的要求和"美丽天津"建设部署，为进一步提升天津市村镇供水水平，新区组织编制《滨海新区村镇供水发展规划》。规划以《滨海新区城市总体规划（2009—2020）》等上位规划为依托，依据《天津市滨海新区"十二五"供水规划》《天津市滨海新区水系统专项规划（2008—2020）》，结合滨海新区农城化工作计划，对涉农村镇的用水需求进行了深入分析，合理布局厂网设施，制订了工程实施计划，并提出了运行管理措施，为全面提升村镇供水水平、实现城乡一体化提供了实施途径及决策依据。

与城市供水相比，农村供水主要存在水源单一、供水安全保证率低、布局分散、给水设施老化、建设标准混乱、无水质监测及应急预警装置、缺乏统一管理等问题。因此，建立配套完善的村镇供水体系、实现安全高效的供水体系、缩小城乡差距成为规划要解决的首要问题。为满足其要求，规划提出了"农村供水城市化、城乡供水一体化"的总体目标。

村镇供水的具体模式，还应与新区农城化工作紧密结合。新区城镇化包括示范小城镇建设模式、完全城市化模式、社会主义新农村建设模式三种模式。

村镇供水规划供水模式

建设模式	涉及村镇	供水范围	具体供水方式
示范小城镇建设模式	89 个村，15 万人	纳入本次村镇供水规划体系	供水至示范小城镇、示范工业园区
完全城市化模式	20 个村，4.13 万人	已纳入城市供水规划体系	—
社会主义新农村建设模式	40 个村，6.35 万人	本次规划重点供水区域	供水至各村镇

新区从 2007 年开始示范镇建设，10 个试点项目已陆续纳入天津市示范镇。现汉沽茶淀一期、太平镇一期基本完成示范镇建设，茶淀一期村民已还迁入住，太平镇一期正在做还迁入住的准备工作；塘沽新塘组团一期、汉沽大田、大港太平镇二期、小王庄、中塘等项目正在积极推进。经过五年左右的时间，109 个村全部实现城镇化后，新区户籍人口城镇化率将达到 95% 左右。暂未纳入城市化的保留村镇占比相对较少。

高度的城市化及新农村建设的要求，也对村镇供水提出了很高的要求。

村镇供水工程具有良好的工作基础，现状城市供水管网已逐渐延伸至涉农街镇外围，部分村镇已具备城市供水的管网条件。

结合农城化工作安排，全面提升村镇供水水平，利用现状良好的工作基础，全面推广城市供水管网延伸为村镇供水工程。

已纳入城镇化的现状村镇，采取城市管网延伸供水的模式。城市供水主干管网延伸至示范小城镇，结合小城镇用地规划及道路建设，逐步敷设给水管道，形成供水环网，解决示范小城镇的供水问题。

对于暂未纳入城镇化，离现状供水管道、规划主要供水区域较近，建设比较集中的村镇，由主干管道分设供水支管接入，保证主干管网环状布置，实现双水源供水。

对于暂未纳入城镇化，离现状供水管道、规划主要供水区域较远，相对独立偏远的村镇，水厂供水管网延伸难度大，延续村镇集中供水的模式。充分利用现有供水设施，提升改造现状供水设施，新建或改造供水站，采取安全可靠的处理工艺，严格控制出水水质，将其提升至国家饮用水水质标准。

已纳入城镇化的 109 个村中，除马棚口一村外，均可实现城市供水。马棚口一村地理位置特殊，地处偏远，村民多以水产养殖为生。为方便村民生产生活，村委会目前不计划搬迁，现仍有 200

户村民居住于此。故规划保留该自然村的用水需求，采取村镇集中供水模式。

暂未纳入城镇化的 40 个村中，有 37 个村通过新建供水支管，可实现城市管网延伸供水；仅洒金坨、大神堂、马棚口二村由于远离中心区，村镇建设相对独立，水厂供水管网延伸成本高、难度大，采取村镇集中供水模式。

现状地下水、滦河水双水源供水的 22 个农村居住小区，逐步取消地下水源，对现有管道系统进行改造维护，调整为完全城市供水。

建设项目包括供水设施与管网工程两部分。规划设置 2 座集中供水设施、4 座加压泵站，新建供水管道长度为 126.4 千米。

规划实施后，将全面提升村镇供水水平，实现城乡一体化，进一步提高滨海新区的供水保证率。

第五节　排水规划——激浊扬清，塑造水脉

滨海新区的排水设施，从中华人民共和国成立初期陆续开始建设，已具一定规模。但由于行政分割，各自为政，这些设施自成系统，分布很不均匀。自 2006 年滨海新区成立以来，城市规模扩大突飞猛进，排水设施略显薄弱。

雨污水系统作为新城区发展的重要基础设施，对排水防涝的安全保障性要求较高，在城市发展战略全局中具有举足轻重的作用。然而，由于滨海新区地处海河流域下游，地势低洼平坦，受地理位置和自然条件的影响，排水设施建设相对滞后。部分区域现状雨污水系统存在管道老化、排水标准低等问题，加大了城区排水压力，造成水环境的恶化，给人们生活造成诸多不便，阻碍城市的现代化和可持续发展。在贯彻落实《国务院办公厅关于做好城市排水防涝设施建设工作的通知》的基础上，建立绿色环保、优化先进的生态排水系统，以便更好地为城市发展建设服务。

《滨海新区排水专项规划》的编制是一项系统复杂的工作，历时两年，在所有参与本次规划的设计人员们的共同努力下，该项工作终于顺利完成，即将成册，是凝聚了大家智慧与无数心血的结晶。在整个筹划阶段，大家不辞辛苦，认真负责，对新区内各片区排水设施现状进行调研，全面搜集基础资料并进行现场勘查，详细分析现状、问题及具体成因。之后立足于滨海新区的规划背景，综合考虑其区位特征、人文环境、城市功能等因素，以国家法律法规、相关规划及技术规范为依据，遵循统筹兼顾、系统协调、先进性等原则，提出了切实可行的规划方案。规划方案历经多次汇报研讨，并根据各级领导提出的宝贵意见反复修改完善，以寻求最有效的治理途径。此外，还借鉴国内外经典案例，取其精华，从中汲取丰富的成功经验，再结合滨海新区的实际情况，因地制宜，采用先进的理念和技术，对雨水系统、污水排水

系统进行规划改造，力求妥善解决滨海新区雨污水系统现存问题。完善城市的排水防涝系统是一项任重而道远的工作，目前排水专项规划尚处于摸索探究阶段，在收集基础资料过程中存在着少部分区域排水资料缺失的遗憾和瑕疵。

滨海新区雨污水主干管道专项规划工作的实施具有重要意义。第一，从排水防涝功能角度，优化雨污水系统布局，建立较为完善的防涝工程体系，全面提升城市排水防涝能力，提高滨海新区水利发展水平。第二，从民生角度，满足城市居民的生活空间需求，创造更舒适和谐的城市环境，提升城市人居环境品质，塑造城市良好市容形象。第三，从保护生态角度，加强雨洪调蓄和资源化循环利用，实现生态排水、综合排水，保护水系资源，改善城市生态环境。第四，从城市人文和谐角度，构建绿色生态宜居的滨海城市，探求人与自然的和谐共生，保障滨海新区经济、社会和环境的可持续发展，实现社会经济与生态保护协调统一、和谐发展的完美共赢局面。第五，从战略发展角度，将滨海新区排水防涝设施建设规划纳入城市总体规划，贯彻落实国家对滨海新区的战略定位，为全国排水防涝设施建设改革发展提供经验和示范，在更高层次、更高领域发挥对区域发展的服务、辐射和带动作用。

滨海新区建区的十年来，对排水规划的系统分区和雨污水排放等重要问题做了有益的探索。1949 年后虽已建有几座雨水泵站，但无全区性雨水排水规划。20 世纪 80 年代以后，结合市政工程建设了一些雨水泵站和管道，但随着建成区面积的不断扩大，加重了逢雨积水情况。为此，新版排水专项规划中将城区划分为 140 个排水系统，新建地区采用三至五年暴雨频率，结合老城区现状排水情况，有条件的区域进行分流改造，无条件的区域近期实现截流，以后随道路改建、扩大管道，逐步向高标准过渡。

考虑滨海新区各功能区的地理位置、污水排水特点、再生水回用要求等多方面因素，合理划分滨海新区污水排水分区，完善建设污水收集系统和污水处理厂。2020 年滨海新区城市污水量为 7.402 亿立方米，平均日污水量为 203 万立方米。

一、雨水利用的目标与标准

（一）雨水利用的目标

滨海新区城区雨水利用目标，着重在减轻城区防洪排涝压力、缓解城市地下水水位下降趋势、控制雨水径流面源污染、改善城市生态环境，保障滨海新区经济、社会和环境的可持续发展。

编号	名称	规划规模(万m³/d)	规划用地(ha)	服务范围	服务面积(km²)	备注
1	中心渔港处理厂	15	21	中心渔港 休闲旅游区(部分)、北疆	122	含再生水厂用地
2	营城处理厂	20	19	汉沽城区、生态城、休闲旅游区(部分)	98	
3	北塘处理厂	30	30	开发区(部分)、北塘经济区、欣嘉园、塘沽区(部分)	69	含再生水厂用地
4	开发区处理厂	10	6	开发区(部分)	35	不含再生水厂用地
5	新河处理厂	33	23	塘沽区(部分)、中心商务区	65	不含再生水厂用地
6	东疆第一处理厂	4	6	东疆港(部分)	12	
7	东疆第二处理厂	3	4.5	东疆港(部分)	9	
8	北疆处理厂	2	-	东疆港	12	占地不详
9	保税区处理厂	1.5	-	保税区、天津港	11	占地不详
10	南港可污水处理厂	13	8	塘沽城区(部分)、散杂物流区	44	
11	南疆第一处理厂	1.5	-	南疆港(部分)	11	不含再生水厂用地
12	南疆第二处理厂	1	-	南疆港(部分)	11	不含再生水厂用地
13	临港工业第一处理厂	10	15	临港工业(部分)	25	
14	临港工业第二处理厂	23	-	临港工业(部分)	50	
15	临港产业区处理厂	12	12	临港产业区	40	
16	大港处理厂	8	13	大港城区、大港化工区(部分)	43	含再生水厂用地
17	港东新城处理厂	10	-	港东新城、官港	70	占地不详
18	大港石化处理厂	3	-	大港化工区(部分)	18	占地不详
19	轻纺处理厂	15	22	轻纺经济区、生活区、东扩区	48	含再生水厂用地
20	大港油田港东处理厂	10	13	大港化工区、油田生活区	62	含再生水厂用地
21	大港油田港西处理厂	4	6	大港油田港西	23	占地不详
22	南港工业第一处理厂	25	-	南港工业(部分)	54	占地不详
23	南港工业第二处理厂	30	-	南港工业(部分)	57	占地不详
24	东丽湖处理厂	-	-	东丽湖休闲度假区	20	为区外部分地区服务
25	胡家园处理厂	-	-	先进制造业区(部分)、无瑕村	10	为区外部分地区服务
26	葛沽处理厂	-	-	先进制造业区(部分)、葛沽	30	为区外部分地区服务
27	空港处理厂	-	-	临空产业区(部分)、华明镇	44	为区外部分地区服务
28	开发区西区处理厂	8	-	先进制造业区	47	占地不详
29	滨海高新区处理厂	8	12	滨海高新区	31	含再生水厂用地
30	张贵庄处理厂	-	-		65	为区外部分地区服务
总计		300			1236	

规划污水处理厂数据

根据滨海新区现状、规划用地面积及性质，结合降雨特性及雨水利用现状，确定雨水利用的目标为：对于城区雨水利用进行局部试点，为雨水利用推广做好技术、政策准备。结合滨海新区旧城改造和新城开发建设，大力推广城区雨水利用。

（二）雨水利用的标准

雨水利用标准是指所规划或设计的雨水利用工程应当能够控制和利用的降雨的重现期，重现期的确定应依据区域的地形、地质、用地状况、重要性等因素分析。同一区域中可采用不同重现期。重现期一般选用1~10年，具体参见相关规范。

重要地区或短期积水能引起严重后果的地区，重现期应适当增大，特别重要地区和次要地区或排水条件好的地区规划重现期可酌情增减。

二、雨水利用的形式与策略

（一）雨水利用基本形式

城市建设区域内雨水利用的基本形式主要包括渗入地下、拦蓄利用、调控排放三种。

渗入地下：就是通过充分利用现有的能够下渗雨水的绿地或增加可下渗面积、建设增加下渗能力的专用设施等措施，使更多的雨水尽快渗入地下的方法。使雨水渗入地下的具体措施很多，包括利用绿地、透水铺装地面、渗沟、渗井等的入渗。

拦蓄利用：是将屋顶、道路等不同下垫面的雨水进行收集，经适当处理后进入蓄水池，回用于灌溉绿地、冲厕所等城市杂用水。

调控排放：是在雨水排放系统的中下游、排出区域之前的适当位置，建设调蓄池、流量控制井和溢流堰等设施，使区域内的雨水暂时滞留在地下管道和调蓄池内，按照设定的下泄流量控制排放到下游管道。

（二）不同下垫面的雨水利用形式

建设区域内的下垫面可划分为屋顶、绿地、硬化铺装地面和城市道路四种类型，应根据区域的气象和水文地质条件，因地制宜地选择雨水利用形式。

1.屋顶雨水利用主要形式

（1）直接收集利用。

直接收集屋顶雨水，经处理后进入蓄水池，用于灌溉绿地、冲洗厕所、补充景观用水或道路喷洒等。蓄水池的容积可根据水量供需平衡状况采用日调节计算的方法确定。超过设计标准的雨水径流溢流进入外部市政管道。如果用水量稳定、较大，且不受季节影响，则该方式可以得到较高的雨水利用率。

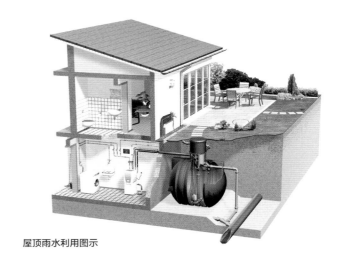

屋顶雨水利用图示

雨水处理工艺流程应根据收集雨水的水量、水质，以及回用雨水的水质要求等因素，进行技术、经济条件比较后确定。屋面雨水可选择下列工艺流程：

①屋面雨水—初期雨水弃流—景观水面。

②屋面雨水—滤网—初期雨水弃流—蓄水池沉淀—消毒—供水调节池。

③屋面雨水—滤网—初期雨水弃流—蓄水池沉淀—过滤—消毒—供水调节池。用户对水质有较高的要求时，应增加深度处理措施。回用雨水应消毒。

（2）屋顶滞留。

对于平屋顶可以考虑屋顶滞留的形式。包括屋顶绿化和屋顶滞蓄排放两种形式。

屋顶绿化是在适当的屋顶设计一定厚度和结构形式的种植层，种植适宜的植物，通过种植层消纳和利用雨水。当降雨超过设计标准时，溢流进入雨水立管。

屋顶滞蓄排放是将降落到屋顶的雨水临时滞留在屋顶上面，然后通过蒸发或者限流阀以较小流量排入雨水管道。

（3）入渗回补地下。

可通过集中或分散的方法将屋顶雨水渗入地下。集中入渗地下方式是按照降雨的设计标准，将建筑物屋顶所产雨水径流除去初期径流后全部收集，在末端建设调蓄池和有一定渗水能力的渗水设施，由渗水设施渗入地下回补地下水。分散入渗地下方式是将屋顶雨水就近分散排放到建筑物周围的绿地或渗透性地面，由此直接入渗地下。在必要时可在绿地内建设渗井等增渗设施，以增加下渗能力，减少积水时间。该方式适宜于土壤渗透性较强、下部浅层有砂层或卵石层等下渗条件较好的地区。

（4）调控排放。

调控排放是在雨水管道系统末端增设雨水调蓄池和流量控制设施，使排入外部市政雨水管道的流量减小并控制在一定的范围内，多余的雨水滞留在管道和调蓄池内。该方式的雨水收集管道设计标准可与外部市政雨水管道设计标准相同，当遇到超过设计标准降雨时再由溢流堰溢流进入市政雨水管道。

（5）屋顶雨水综合利用。

可将屋顶雨水的滞留、收集回用、下渗和调控排放有机结合，形成既能渗入地下，又有水可用，还能减少排放的综合利用方式。

2. 绿地雨水利用主要形式

（1）下凹式绿地。

对于土壤渗透性较好的绿地，可采用下凹式绿地。保证绿地与硬化地面连接处有一定的下凹深度，以便硬化铺装地面的雨水能自流入绿地。在规定重现期内，下凹式绿地不仅自身无径流外排，同时应能消纳相同面积不透水铺装地面的雨水径流。在绿地内建雨水口，将超标准降雨的径流或绿地内超过草木耐淹范围的内积水溢流至市政雨水管道。

下凹式绿地图示

（2）下凹式绿地+增渗设施。

对于土壤渗透性一般或较差的绿地，可在下凹式绿地内建设增渗设施，使其同样达到消纳绿地本身和外部相同不透水面积径流的效果。增渗设施的形式和技术参数应依据植被、土壤、地形等情况确定。绿地内植物品种和布局要与绿地入渗设施布局相结合。

3. 铺装地面雨水利用主要形式

（1）透水地面渗入地下。

对庭院、人行道和部分小流量车行道路可采用包括透水性面层和透水性垫层的透水性铺装，结构形式应依据土壤和地质条件采取相应的设计。透水地面的最低设计标准应使一年一遇暴雨不产生径流。

铺装地面高于并坡向绿地，超过下渗能力时所产生的地表径流可流入绿地。

（2）透水地面下渗收集利用。

将不透水地面的超渗雨水径流或渗透地面下层蓄积的雨水进行收集，经处理后，流入蓄水池供回用。

（3）收集后调控排放。

收集铺装地面的雨水，在雨水管道的出口处设置调蓄池和流量控制设施，基本原理同屋顶雨水的调控排放。

（4）城市道路雨水利用主要形式。

①两侧透水人行道＋下凹式绿地＋环保型道路雨水口。

该模式是将城市机动车道两侧的人行道和无机动车行驶的自行车道铺装成透水地面，并坡向两侧的下凹式绿地；机动车主干路采用环保型雨水口，将机动车道的初期雨水和较大的污染物拦截后排入下游雨水管道。

②两侧透水人行道＋下凹式绿地＋绿地雨水口。

该模式的人行道、非机动车道和绿化带的做法同上，只是将雨水口做在绿地内。硬化地面的雨水排入绿地进行滞蓄和入渗，超过标准的雨水再经绿地内雨水口排入市政雨水管道。

（三）滨海新区雨水利用策略

利用雨水时，应综合考虑雨水水量、水质以及利用要求，选择合适的收集利用方法。

1. 屋顶雨水利用策略

屋面雨水便于收集利用，污染程度较轻，处理方式简单易行，利用价值最高，对新区这样一个水资源缺乏的北方城市，屋面雨水是滨海新区目前最值得有意识利用的雨水汇流介质。

结合建筑物的新建或改扩建，建设屋面雨水利用设施，雨水储存调蓄容量则尽量利用水景的容积，对于新建小区杂用水需求量大的，鼓励开发单位建设地下调蓄设施，处理后回用于小区景观、水景等杂用水。

2. 绿地雨水利用策略

下凹式绿地是一种天然的雨水渗透设施，具有强化雨水下渗的作用。它强调从源头上治理城市雨水，实现雨水资源的城市内部消耗，恢复城市水资源自然循环路径，提高城市自净功能，因此下凹式绿地雨水蓄渗系统又称城市集雨绿色生态系统，由绿地、建筑、硬化路面、排水系统四大要素共同构成，绿地在其中占据核心地位。

绿地雨水利用图示

滨海新区除特殊地段入渗性能差、地下水位高外，大部分地区在绿地蓄渗技术的适用范围之内。因此，在绿地建设中宜逐步推广下凹式绿地。

下凹式绿地应用范围：公园、道路两侧绿化带、公共绿地以及居住面积较小的居民小区等。

3. 透水性铺装

透水性铺装是对传统混凝土、沥青铺装材料以及路面预制件的改革，在保证道路运营安全的前提下，使雨水进入路面结构，渗透到路基或土壤中，实现雨水贮蓄或回补地下水，达到削减径流总量、洪峰流量和污染负荷的效果，是一种有效的源头控制措施。主要适用于交通量小以及低污染物、沉积物负荷的路面上，如小区、公园、庭院道、人行道、轻型车辆车行道、停车场、消防和紧急通道、临时停车场、堤岸护坡以及各种体育设施等地面铺装，在滨海新区可进一步推广实施。

透水路面的设计应根据不同的土壤条件和使用要求，选择适当的面层材料、透水性基层材料，以保证路面结构层具有足够的整体强度和透水性能。

4. 城市道路雨水利用策略

城市道路特别是机动车道雨水相对较脏，水质污染严重，当雨量较小时，弃流后收集雨量有限，因此机动车道等污染严重的下垫面上的雨水不宜收集利用。结合绿地入渗及透水性铺装，城镇道路雨水可以选择"两侧透水人行道＋下凹式绿地＋环保型道路雨水口"和"两侧透水人行道＋下凹式绿地＋绿地雨水口"模式。

对于城市道路，在低洼地区、积水区、雨水泵站等利用天然洼地或人工建设调蓄设施调控排放路面雨水。

5. 与其他相关专业规划的协调

雨水利用规划实施应与区内各项建设同步进行，并与城市防洪规划、雨水系统规划、供水规划、中水规划、绿地规划等其他专业规划相协调。

城市河道、水系在满足必要的防洪安全、供水安全的前提下，按照《滨海新区排涝及水系综合治理规划》的要求，构建多自然河川，采用多自然型堤防、护岸，恢复自然河岸或打造具有自然

河岸"可渗透性"的人工护岸，充分保证河岸与河流水体之间的水分交换和调节功能，利用天然洼地设置调蓄池、人工湿地。

城市雨水排放系统，在考虑雨水尽快排除的同时，利用天然明沟、低洼积水区、雨水泵站等建设雨水调蓄设施，调控路面排放雨水，消减雨水洪峰流量，减轻城市雨水管网集中排水压力。

关于城市绿地、居住小区绿化灌溉、水景等杂用水水源，雨水回用宜与中水统一协调考虑。

（四）雨水利用分类规划

根据不同的土地利用类型，结合实施主体，将城市雨水利用分为居住区和企事业单位、城市道路和广场、城市绿地和公园三种类型。

1. 居住区和企事业单位

在居民住宅小区和企事业单位，屋面道路雨水收集入集蓄池，经除去初期径流后做综合利用，作为道路、绿地、景观水体杂用水以及回灌地下。小区地面通道应优先采用透水型路面，雨水渗入地下，既缓解市政雨水管渠系统的压力，又实现区域内雨水生态循环和再利用及水资源在本区域内的动态平衡。

在新建居民住宅区及新建企事业单位，结合规划区实际情况合理规划雨水收集设施。

2. 城市道路和广场

采用以渗透回补地下水为主的形式，即利用城市道路、广场正常的建设和改建，对广场和城市次干路、支路人行道的铺装，采用透水型地砖，增加雨水的下渗，减少地表径流。对于城市快速路、主干路等，应结合其路面及沿线的绿化，设计建设雨水利用设施。

结合海滨大道、天津大道、津汉快速路、塘汉快速路、中央大道、西中环快速路等道路两侧绿化带，合理布置雨水沉淀池、

人工湿地及清水池等雨水设施。

3. 城市绿地和公园

对于城市绿地、公园雨水利用系统的建设，可将绿地设计建设为雨水滞留设施，景观水体设计建设为雨水储存设施。绿地内雨水可采用下凹式绿地就地入渗，回补地下水。

北三河、南三河、泰丰、森林等公园的绿地，结合绿地建设设置渗井或建设生态湿地。

公园

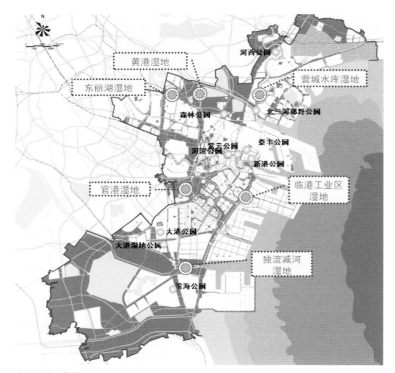

生态湿地示范图

三、滨海新区排涝规划

因大多数地区仍为雨污水合流管道，所以给众多河道带来了污染，河道的自净能力抵不住反复的摧残，众多河道成了一条条黑臭的死河。母亲河海河的黑臭一向为新区市民所关注，让河水变清、河岸变绿、景观变美，这是几代新区人的夙愿。围绕河道变清，历届政府做了不少工作。可河道环境综合整治为的是治本而不是治标，当时国内河道治理比较流行的做法是疏浚河底污泥，清理沉积污物，换一时水质改善，短时即能见效。但这是"面子工程"，河道难逃再遭污染的厄运。经过科学调查、严谨论证，有关部门决定彻底截断河道污染源，规划并建设了河道截污主干线，辅以调水等措施，等待河道慢慢变清，让河道重获新生。

水质还清工程是一个艰难的过程，必须通过污染物源头控制及水体生物净化等多种方法，逐步控制减少污染，改善水质，从而最终恢复健康的水生态环境。污染物源头控制主要是加强排放控制，通过"消减源头、推进集中处理、强化河口生态工程"等措施，采用集中与分散相结合的方式，统筹考虑、分期实施。根据《天津市滨海新区城市总体规划》，到2020年城市建设区污水管道覆盖率和处理率达到95%以上，工业废水达标排放率达到100%，通过建设和完善城市污水管网及污水处理系统，使污水污染河道和地下水源的状况得到根本改善。在农村地区主要通过小型处理设施、氧化塘等分散处理方式对农村生活污水进行收集处理，此外还通过湿地、河口生态工程等措施，对初期雨水、农业面源污染及处理厂出水等进一步净化处理，从而提高干流河道水质。

"河湖水源不足，水环境恶化"是滨海新区城市河道目前存在的重要问题之一。中华人民共和国成立初期，几条主要河道及支流水质清洁，鱼虾俱生。但进入20世纪90年代，随着城市建设和经济的迅速发展，地下水过量开采，地下水位急剧下降，河湖自然补给源减少。除输水河道及少数景观要求较高的风景观赏河道以外，其他河道平时基本无清洁水源补给，成了污水河，水生态系统遭到破坏，水环境差，严重影响了城乡居民的生活环境，与城市面貌极不相称。为了恢复河道的水生态环境，必须对河道进行清洁水源补给，以对河道基流污水进行稀释、扩散，提供或改善河道内及周边范围内生物生存条件，促进在河道流域范围内逐渐恢复或形成健康良好的自然生态系统。

滨海新区地处海河流域下游，境内自然河流与人工河道纵横交织，水系较为发达，多条重要河道流经新区入海，排水压力较大。现状滨海新区的排水为城区雨水和农田排涝相混杂的格局，但由于一直以来城市排涝和农田排涝各为一体，没有形成协调统一的排涝体系，排涝工程设施的建设已明显滞后于城市的发展建设。受自然条件和人为因素的影响，现状河流水系的自然功能和社会服务功能日益退化，加之城市雨污分流问题一直未得到有效解决，水体环境恶化问题严重。同时由于地表水量的减少，且河道淤积严重，致使水系的连通不畅，两岸生态景观较差，难以实现人水和谐，水系现状与新区的发展及定位不相适应。因此滨海新区的建设发展迫切需要保障涝水的安全排放，明确河道定位、功能及涝水出路，调整排涝工程布局，加强水系连通及生态景观建设，实现新区水生态环境的整体提升。当前，面对国内、国际发展的新阶段、新形势，为了紧紧抓住滨海新区发展的战略机遇，落实好党和国家赋予的历史使命，加快滨海新区的开发开放，保障新区安全，实现滨海新区可持续发展、宜居生态发展，对滨海新区的排水及水系进行科学合理的规划迫在眉睫、意义重大。

滨海新区地处海河流域下游，境内自然河流与人工河道纵横交织，水系较为发达。流经区内有一级河道 7 条，即海河干流、永定新河、潮白新河、蓟运河、独流减河、子牙新河、马厂减河，

境内河道总长约 188.33 千米，各河道除具有行洪功能外，还兼有排涝或蓄水、景观等功能。区内其他排涝及骨干河道 54 条，河道总长约 599.74 千米。区内大中型水库 8 座，总库容约 6.8 亿立方米。

滨海新区地势低洼平坦，大部分区域地面高程低于相应排涝口水位，因此区内涝水基本上不能自排，排涝主要经海河干流、蓟运河、潮白新河、永定新河、独流减河、子牙新河等河道入海或直接由泵站入海。区内排涝体系主要由雨水管网系统、排涝河道以及系统与河道之间的排涝泵站三部分组成，其中城区雨水由管网集中到出口泵站再排入承泄河道或直接入海。以区内现有排涝设施能力，按农田排涝标准来分析，部分排涝区排涝标准达到十年一遇，部分排涝区排涝标准大于五年一遇、不足十年一遇，绝大部分城区排涝不能达到城市排涝一年一遇的标准。

排涝压力增大的主要原因如下。

①由于滨海新区建设发展快，城市化面积迅速扩大。区域硬质地占地面积增大，调蓄雨水能力减弱，雨水没能经过调蓄就汇入雨水管道（暗渠）直接进入排涝河道，排涝流量随之增加，排涝压力加大。

②现状排涝标准偏低，水利设施老化、损坏严重，城市排涝设施建设相对滞后。部分地区目前为排涝空白区，一些低洼地区排涝设施能力不足，有的缺少排涝设施或渠系不配套，排涝设施老化、破损严重，使排涝能力下降。同时，滨海新区的城市化建设如火如荼，但水利设施建设滞后，造成局部地区的排水不畅，导致内涝。

③主要排涝河道及河口淤积严重。主要河道如海河、永定新河、独流减河的河口淤积均较严重，引起河床逐渐增高，导致河流泄洪排涝能力降低，造成汛期河道水位持续居高不下，各河出

口泄流不畅；一些骨干排涝河道淤积，致使排涝能力下降，也大大影响涝水的排泄。

④地面沉降使堤防下沉，河道排涝能力下降。自20世纪70年代以来，海河流域持续干旱。由于地下水超采严重，地面及河道堤防下沉，流域内出现了大面积的沉降漏斗区。地面及堤防沉降使河道行洪排涝能力下降，受河道高水位的顶托，影响了排入一级河道的自流口门排涝，部分口门丧失了自流排涝的能力。

⑤水库存在安全隐患，不能正常发挥效益。2006年，钱圈水库和沙井子水库经工程复核，依据规范确定水库堤坝存在安全隐患。由于限制运行，致使蓄涝量减少，影响排涝安全。

水环境污染尤为严重。滨海新区内由于历史原因，尚未完全实现雨污分流，故污水治理得不到根治，污水直接排入水体，环境污染严重。滨海新区内除引滦供水系统，其他河道水质普遍较差，几乎所有的一、二级河道都是超Ⅴ类水体。有些河道污染物超标率达到了几十倍、上百倍。如独流减河挥发酚超标48倍，永定新河砷超标18倍。根据《2009年天津市水资源公告》显示，2009年全年评价河长为1652.8千米，其中Ⅱ类69.3千米、占评价河长的4%，Ⅲ类32.2千米、占评价河长的2%，Ⅳ类68.5千米、占评价河长的4%，Ⅴ类92.1千米、占评价河长的6%，劣Ⅴ类1390.7千米、占评价河长的84%。

水系沟通不足，调度运用不畅。滨海新区大部分地区以南北向河道为骨干排涝河道，以东西向河道为连通河道。由于部分河道多年未进行治理，河坡杂草丛生、垃圾肆意堆放，不仅降低城市防洪排涝安全保障，而且无法实现水系调度及循环。

缺水问题严重。滨海新区人均本地水资源占有量仅有160立方米，不足全国人均的1/16、世界人均的1/50，即便加上外调的

水源，人均水资源占有量也只有370立方米，远低于世界公认的人均占有量1000立方米的缺水警戒线，水资源严重不足，主要反映在以下几个方面。

①城市供水保证率低。引滦入津、引黄济津工程，是当下天津主要的城市水源，滦河水和黄河水分别需奔流234千米、440千米入天津市。根据《2009年天津市水资源公告》显示，2009年引滦调水109天，调水量5.29亿立方米；2009年天津市第十次进行引黄济津应急调水，调水72天，调水量1.76亿立方米。

②缺水导致河道断流，湿地干枯。根据《天津市水系规划（2008）》资料显示，区内所有一级河道基本常年断流，大部分河道一年断流300天以上。除海河、永定新河外，其他河道干枯情况也很严重。分年代统计，从20世纪60年代到现在，河道断流持续时间呈快速增加趋势。

③河道内生态用水不足，生境条件遭到破坏。根据《2009年天津市水资源公告》显示，2009年全市地表水资源量10.59亿立方米，比上年度偏少22.19%，比多年平均偏少0.56%；全市入境水量18.32亿立方米，比上年增加1.47亿立方米；全市地下水资源量5.60亿立方米，比上年少0.31亿立方米，比多年平均值5.71亿立方米少0.11亿立方米，入海水量减少，河口生态恶化。入海水量已经由20世纪50年代年平均149亿立方米降至2009年的12.60亿立方米，减少了90%以上，且污染严重。入海水量减少使河口常年处于淤积状态，导致渔场外移，加剧了赤潮的发生。

④生物多样性退化。河流水环境质量的下降和水生态系统的受损，使生物赖以维持生存的生境质量降低或消失，生物不能适应新的生存环境而导致消失或灭绝，从而生物多样性大大减少。

为满足滨海新区排涝要求，根据区域的地形特点，在分析了

区域排涝现状及暴雨成因的基础上，确定滨海新区排涝规划总体思路：充分利用现有黄港一库、黄港二库、钱圈水库、沙井子水库、官港湖等水库、湖泊以及河道、坑塘存蓄涝水，实现以蓄代排。在最大限度存蓄利用区域内涝水资源的基础上，近海区域的多余涝水由规划泵站直接排海；其他地区多余的涝水终以骨干河道、渠道为排涝水系的河网，以海河等入海河道为排涝水系的主要框架汇集后排入渤海。同时，将海河排涝区中具备排涝调头条件的小区涝水调头排向永定新河和大沽排水河，以减轻海河干流排涝压力，保障海河排涝区的排涝安全。根据上述总体思路，规划对各排涝小区的排涝出路做出合理安排，依据需求和现状排涝设施情况对排涝区域及设施进行规划安排。

排涝分区规划原则：第一，充分考虑排涝设施的现状分布情况，发挥排涝设施的功能；第二，根据滨海新区发展规划确定的建设格局，参考其他规划成果，对排涝分区进行优化调整，保证排涝安全，减少工程投资；第三，调整海河排涝区内部分雨水排放出路，减轻海河干流排涝压力。

根据排涝规划的总体思路和规划原则，按其入海出路及排涝走向，将新区划分为12个排涝分区和1个调蓄区，即付庄排干排涝区、蓟运河排涝区、潮白新河排涝区、永定新河排涝区、海河排涝区、大沽排水河排涝区、规划盐田排涝区、独流减河排涝区、荒地排河排涝区、青静黄排水渠排涝区、子牙新河沧浪渠排涝区、渤海直排区和官港湖调蓄区。

付庄排干排涝区，主要包括杨家泊镇等汉沽北部区域。涝水通过付庄排干排入渤海。

蓟运河排涝区，主要包括汉沽城区、汉沽新城、蓟运河上游的大田、茶淀等乡镇以及中新天津生态城，各区域涝水经由各区内主要排沥河道、新挖河道或市政雨水泵站直接排入蓟运河。

潮白新河排涝区，主要辖区为内潮白新河沿岸、永定新河左岸之间的宁车沽地区，区域涝水直接排入潮白新河。

永定新河排涝区，主要包括空港经济区的北部地区、滨海高新区、黄港湿地森林公园、东丽湖、北塘镇、京津塘高速公路以北的工农村地区以及塘沽农田区，涝水主要经排涝区内的北塘排水河、新地河、中心桥北干渠、黑猪河、红排河、新河东干渠、孟港排河等河渠排入永定新河。

海河排涝区，主要包括空港经济区南部地区、冶金产业园区、胡家园地区、中心商务区大部分地区、葛沽镇、西沽、津南和东丽农田区以及部分大港城区，涝水主要经东减河、袁家河、新河东干渠、黑猪河、中心桥北干渠、八米河及马厂减河等河渠排入海河。

大沽排水河排涝区，主要包括葛沽南部地区、津南农田部分地区、中心商务区南部、塘沽盐田、散货物流区的北部地区以及部分大港城区，涝水主要由泵站及新挖河道入大沽排水河。

规划盐田排涝区，主要包括散货物流区南部、塘沽盐田以及南港生活区，区内雨水经过河湖充分调蓄利用后，经过排海河道自泵站直接排入渤海。

独流减河排涝区，主要包括中塘镇以及八米河西北的部分地区。区域涝水主要经八米河由泵站排入独流减河。

荒地排河排涝区，主要包括中塘镇八米河以东部分地区、三角地石油化工区、大港城区学海路、津歧公路、世纪大道以西南部分以及轻纺经济区，流域内涝水经由十米河、长青河、城排明渠、板桥河以及区内规划排涝河道等排入荒地排河。

青静黄排水渠排涝区，主要包括马厂减河上段沿线的小王庄和生态绿地区域、北大港水库以南的青静黄排水渠和沿线地区以及大港油田化工区，涝水通过二排干、深槽河、总干渠、团泊排水渠、兴济夹道减河等骨干排涝河道排入青静黄排水渠。

子牙新河沧浪渠排涝区，主要包括大港南部的民营工业园区和太平镇、小王庄以及沧浪渠、北排河的沿线生态绿地等地区，涝水主要由镇调水河、子牙新河以及沧浪渠等排入渤海。

渤海直排区，主要包括中心渔港和北疆电厂区域、滨海旅游区、海港物流区、天津经济技术开发区、临港经济区、南港工业区，经过小区内部河湖充分调蓄利用后，剩余涝水经过排涝明渠或雨水管道由泵站直接排入渤海。

官港湖调蓄区，主要包括官港湖周边地区。区域涝水直接排入官港湖，并进行内部调蓄。

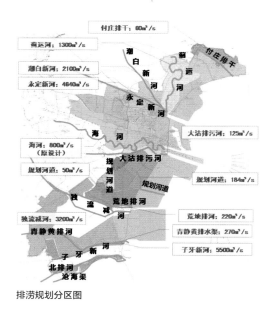

排涝规划分区图

通过计算结果比较，同时综合考虑计算公式适用条件及工程规模、投资，确定本规划采用平均排除法计算结果作为确定河道、泵站流量规模的依据。①规划实施后，滨海新区排涝标准达到规划城区五十年一遇，农田及生态绿地二十年一遇。②规划对滨海新区实现了全覆盖，既包括现状建成区，也包括规划待建区；既包括陆域地区，也包括填海造陆地区；既包括城市用地，也包括农田用地。规划滨海新区共分为 12 个排涝分区和 1 个调蓄区，即付庄排干排涝区、蓟运河排涝区、潮白新河排涝区、永定新河排涝区、海河排涝区、大沽排水河排涝区、规划盐田排涝区、独流减河排涝区、荒地排河排涝区、青静黄排水渠排涝区、子牙新河沧浪渠排涝区、渤海直排区和官港湖调蓄区。③本次规划参考了各城区及功能区内部的雨水工程规划，重点提出了各区域涝水的排放出路及保障措施。④排涝设施设置原则：滨海新区的部分排涝困难地区、排涝空白区新规划排涝河道，解决了排涝出路问题，即排海河道入海口均设挡潮闸；排涝骨干河道向排海河道、调蓄水库（湖）、渤海排放涝水，均由泵站提升；骨干河道平交处均设调水节制闸。⑤水系连通及设施设置原则：在水质较差、水系循环不畅地区设置连通河道，改善调节区域内水环境，根据河道规划设计流量更新改造或新建水闸以方便水系调度。⑥本次规划涉及现状河道 61 条，规划新挖河道 27 条；规划泵站 51 座，其中保留现状泵站 10 座，更新改造泵站 16 座，规划新建 25 座；新规划水闸 68 座。⑦至 2020 年，排涝河道治理及新挖河道投资约 87.31 亿元，更新改造及新建泵站投资约 58.29 亿元，新建闸门投资约 4.38 亿元，总投资额约 149.98 亿元。

　　具体建议如下。①本次规划以骨干排水河道、河口泵站及闸门为重点，规划中未涉及的现状水利设施，特别是一些规模较小以及农田排涝的设施，应尽量保留，同时依据相关规划及区域建设更新改造。②本次规划的河道、泵站等排涝设施，原则上按规划设计流量进行治理，但其具体参数的确定应进一步校核计算，以施工设计为准。特别是河道断面形式、98 水位标高、两岸景观设计以及沿河各种障碍的穿越，应根据工程实际实施情况进行深化设计。③本次规划重点对排涝河道及河口泵站等排涝设施进行了规划，为确保新区的排涝安全，规划要求加强各城区内部市政雨水管网及泵站的建设，实现城市市政雨水与河道水利协调一致的一体化排涝体系。④规划建议各规划城区和功能区，应考虑留有适当的河湖水面，并沟通水系，实现水系的循环和合理调度，既能调蓄雨水，增强排涝安全，改善区域内水环境，又能降低河道及泵站等排涝工程的规模，节约投资。⑤规划建议新建及改造的水利设施，根据城市发展需求及建设时序安排，近、远期结合，分期建设。⑥实现雨污分流，截污治污，严禁污水排入水系。⑦北塘排水河、大沽排水河、兴济夹道减河、团泊排水渠、青静黄排水渠、沧浪渠等跨行政区域河道，在下一阶段进一步统筹考虑上游涝水。⑧汉沽盐田区域的雨水排放因盐田制盐工艺的要求，不能与其他区域共用排涝河道，建议近期保留其专用排涝河道，远期逐步与区域规划及建设情况相结合。

第七章　滨海新区十年能源市政设施规划建设

第一节　发展与安全并重的城市燃气体系

　　城市燃气是城市能源结构和城市基础设施的重要组成部分，它为城市工业、商业和居民生活提供优质气体燃料，它的发展在城市现代化中起着极其重要的作用。城市燃气是最清洁的化石能源，加快天然气发展，提高城市燃气化水平，是优化能源结构、治理大气污染的关键措施，对于提高城市居民的生活质量、改善城市环境、提高能源利用率，具有十分重要的意义。城市燃气的安全、可靠供应对居民生活、企业生产、社会稳定有重要的影响，因此燃气的规划建设对城市的稳定发展具有十分重要的意义。

　　2006—2016 年是滨海新区全面建设小康社会的关键时期，社会经济的快速发展带来了能源需求持续增长，尤其是燃气作为最高效清洁的化石能源，其需求量亦大幅度增加。在能源供应紧张的形势下，滨海新区政府积极扩张上游气源，与中石化、中石油、中海油等沟通协调，确保了新区十年来燃气的稳定供应。同时，政府投入大量资金推动燃气基础设施的建设，鼓励并支持燃气企业的发展经营，提高了城市天然气供应水平和居民生活质量，保证了生产企业稳定，改善了城市环境。经过多年的建设与发展，滨海新区已形成一个有序建设、合理竞争的安全可靠的燃气供应系统，并将进一步完善系统的可扩张性，以便适应新形势下新区

的快速发展。

一、　优化能源结构，提高燃气供应水平

　　天津市自 1965 年开始供应液化石油气，1975 年开始从大港油田供应天然气，20 世纪 80 年代又实施了三年煤气化工程，1997 年和 1998 年在国家大力发展天然气的大好形势下，先后引进了渤海油田和陕京线天然气。目前，天然气管网已覆盖天津市的 16 个区县，基本实现了城市居民和商业建筑燃气化，形成了以天然气为主气源的供气格局，城镇燃气气化率近 100%。截至目前，全市共有 32 家燃气企业，液化石油气供应企业有 80 家。2006 年，第二煤气厂关闭，人工煤气正式退出天津市城市燃气的历史舞台。目前，天津市的燃气供应以天然气为主，液化石油气为辅。按用气量折算，天然气占 97%，液化石油气占 3%。天然气基本供应方式为管道供气，液化石油气供应方式基本为钢瓶供应。

　　目前，滨海新区燃气供应以天然气为主，液化石油气为辅，城市居民燃气气化率近 100%。2014 年底，天津市天然气年用气量达到 37.8 亿立方米，其中滨海新区天然气年用气量约 13.5 亿立方米，约占全市的 35.7%。

滨海新区的天然气来源主要有大港油田天然气、渤海油田天然气、陕北气田天然气（永清、小卞庄、大张坨三个接口）以及天津港液化天然气。大港油田天然气供应规模为2亿立方米/年，主要供应大港区、津南区等。渤海油田天然气供应规模为3亿立方米/年，主要供给塘沽地区。陕北气田天然气大张坨接口，经大港大张坨，通过港南高压向滨海新区供气，供气能力为10亿立方米/年；永清和小卞庄接口经陕津门站（第一煤气厂）由市区外环线、津汉公路、津塘二线供应市区及滨海新区，供应滨海新区能力超过10亿立方米/年。天津市滨海新区现状天然气气源除LNG外供气能力超过25亿立方米/年。天津第三煤气厂外供气规模为60万立方米/日（约2.2亿立方米/年），全部供给海河下游工业企业生产使用。

目前滨海新区液化石油气的来源主要有中石化天津炼油厂、大港炼油厂、渤西天然气分离站和两座液化石油气进出口基地等多个渠道。

同时，滨海新区政府依托国内、国际两个市场，积极配合国家有关部门做好引进国外液化天然气和管道天然气的工作，实现了中石油、中海油、中石化等多家上游企业并重的供气格局，增强了燃气供应的安全性。

滨海新区2020年天然气需求为74.4亿~104.5亿立方米。除大港油田天然气、渤海油田天然气、陕北气田天然气三个气源外，将增加中海油LNG、中石化LNG、唐山LNG气源及俄罗斯天然气气源，可使天津市气源供应能力再增加300亿立方米/年左右。

中海油天津LNG项目，由中海油天津液化天然气有限责任公司建设，一期于2013年底建成，供气规模220万吨/年（30亿立方米/年），二期于2016年底建成，供气规模达600万吨/年（80亿立方米/年），该气源主要供应滨海新区。预计到2020年，中海油天津LNG向天津市年供气量将达到30亿立方米左右。

中石化天津LNG项目，由中石化天津液化天然气有限责任公司建设，一期于2016年初建成，规模为300万吨/年，供气能力约为40亿立方米/年；二期规模扩至1000万吨/年，供气能力达到136亿立方米/年。改气源将完善天津乃至环渤海地区的供气格局，管道建成后可以实现山东管网与河北、天津管网的连接，实现大华北地区天然气资源的优化配置。

曹妃甸LNG中石油公司和北京燃气集团有限公司为建设业主，自2011年起供应天津市，规模为10亿立方米/年；之后逐年增加，2016年达到40亿立方米/年，该气源主要供应滨海新区。

俄罗斯天然气将是从陆地供应天津市的国外气源，其将通过京唐秦高压向天津市供气。

此外，可供滨海新区的燃气气源还有天津渤化天然气、中海油蒙西煤制天然气等，但还存在一定的不确定性。2020年多气源（东、南、西、北四个方向）供应天津市总能力将超过300亿立方米/年，预计滨海新区天然气需求占天津市总需求的50%左右，供应基本可满足需求。

二、 落实天然气利用政策，推动生态城市建设

城市天然气的合理和高效利用，可以优化能源结构、提高居民生活质量，是坚持可持续发展战略、创建资源节约型和环境友好型社会、推动生态城市建设、实现节能减排目标的重要措施和保障。

2007年8月，国家发展和改革委员会公布了《天然气利用政

策》并正式实施，对引导我国天然气市场健康有序发展具有重大意义。其中"坚持区别对待，明确顺序，确保天然气优先用于民用燃气，促进天然气科学利用，有序发展"的原则明确指出，天然气应在首先保证居民生活消费的前提下，科学有序地发展其他消费领域；"坚持节约优先，提高资源利用效率"则体现了建设资源节约型社会的基本国策。

滨海新区天然气利用和用户发展应根据国家的能源利用方针和政策、城市总体规划以及天津市的实际情况，遵循以下发展原则：

①保障和优先发展居民生活用气和公共服务设施等商业用气。城乡统筹发展，提高各新城、中心镇气化率。对天然气管线已到达或距离天然气管线在经济合理范围内的城镇地区，积极推进管道天然气建设；在天然气管网暂时覆盖不到的城镇及部分农村地区，积极发展利用压缩天然气或液化天然气区域供气站供气。

②稳定发展工业用户，改善城市燃气用气结构。工业领域高额、稳定的基础性用气负荷是燃气市场开拓和发展的重要支撑，同时对城市燃气的日常调峰调度有重要的积极作用。对于工业用户，应优先考虑原来使用煤、油做燃料的工业企业，用气后能显著提高产品质量、降低劳动强度、增加经济效益的企业，以及对城市燃气调峰调度和安全储备有利的协议可中断供应用户。

③大力发展天然气汽车，积极鼓励天然气分布式能源供应系统等高效化项目。随着机动车保有量的迅速增加，天津市的大气污染已经成为煤烟与机动车尾气混合型污染。天然气作为一种交通工具的清洁燃料，可有效改善燃油机动车辆尾气排放带来的城市大气环境污染问题，还可与燃油供应形成互补，提升能源供应的多样性和可靠性。天然气分布式能源供应系统利用实现了能量梯级利用，提高了天然气的综合利用效率，同时也提高了区域电力供应的经济性和安全性。

④有计划地发展季节性用户和可中断用户，提高用气低谷时段的天然气利用率。此类用户包括直燃空调用户、燃气动力空调用户、季节性工业用户等，具有低谷季节用气或可中断供应的特点。发展此类项目可以降低天然气消费的季节峰谷差，优化天然气用气结构，对城市燃气输配系统的削峰填谷和调峰调度有积极作用。

⑤根据全市环境保护需求，适度发展天然气热电厂和燃气供暖项目，包括燃煤热电厂、供热锅炉的煤（油）改气项目、热网未覆盖地区的燃气供热或过渡采暖热源等项目。该领域的用气负荷为季节性负荷，增加了冬季用气的高峰负荷。考虑到燃气供热的经济成本，在发展供热用户时应有一定的财政鼓励措施做保障。

⑥有计划地发展天然气调峰电厂。在电网中建设一定容量的燃气电厂，对优化电源结构，提高电网调峰能力，改善电网运行的可靠性、灵活性，减少污染物排放是十分必要的。燃气调峰电厂作为特大型的可调节用户，对于城市天然气的削峰填谷和调峰调度有重要作用。

三、 优化能源结构，支撑新区产业结构调整

我国"十三五"规划纲要中提到要大力发展新型能源战略部署的要求，对于现阶段城市燃气发展既带来了前所未有的机遇，又提出了挑战。同时，未来几年是滨海新区实现经济发展方式转变和产业结构优化升级的关键时期，城市的发展离不开产业的支撑。未来滨海新区将继续全面落实国家重点产业调整振兴规划，加快培育战略性新兴产业，做大做强优势支柱产业，包括航空航天、石油化工、装备制造、电子信息、生物制药、新能源新材料、

轻工纺织、国防科技等，通过产业布局调整、空间整合，打造临港"重装"、南港"重化"等产业聚集区，重点建设百万吨乙烯、中俄炼化等大型项目，产业规模进一步扩大，形成高端化、高质化和高新化的产业结构。工业天然气用户用气需求量大，其节能减排作用显著，实现环境保护价值。2014—2020 年，工业产业的发展将为燃气市场的开拓提供广阔的空间。

滨海新区的快速发展对天然气能源的需求及供应水平提出了更高的要求，同时空气污染问题的日益突出、煤改燃形势的严峻对天然气行业发展提出了新的挑战。目前滨海新区天然气占一次能源总量不到 10%，高于天津市其他区县，但低于 20% 的世界先进水平。滨海新区政府在现有能源的基础上逐步加大对天然气多领域应用的支持和鼓励政策，在燃气分布式供能、燃气汽车等领域提高发展速度并进一步扩大规模，充分发挥了天然气作为高效、清洁燃料的节能效应和环保效应。到 2017 年，天然气年用气量达到 48.8 ~ 76.2 亿立方米，占一次能源消费比例达到 10% 以上；预计到 2020 年，天然气年用气量达到 74.4 ~ 104.5 亿立方米，占一次能源消费比例达到 15% 以上。

四、建立安全可靠的燃气供应及调峰体系

（一）加强监管，推进输配管网建设，优化资源配置

城市燃气规划是城市燃气发展的指导性文件，不仅要符合城市总体规划要求，还要与城市现状燃气经营管理模式有机结合起来，并能成功引导其向有利于城市燃气事业的方向发展。

天津市取得燃气经营许可的管输企业单位共 38 家，滨海新区主要由津燃华润燃气有限公司、天津市滨达燃气有限公司、天津市大港油田滨海新能油气有限公司、中石油昆仑燃气有限公司

供气，其他企业供气规模较小，主要供给工业用户和少量民用户。

滨海新区现有多家燃气经营企业，已经形成了多家经营的局面，打破了独家垄断，给城市居民、商业、工业等燃气用户提供更多的选择，在一定程度上提高了双气源需求用户供气的安全可靠性，同时也引入了市场化经营体制，间接提高了企业管理水平及服务意识。但是多家燃气公司各自建设高压管网，地下空间资源浪费，增加了燃气系统设施及管线数量，增加了系统的复杂性。天然气高压主干管网缺乏互连互通和统一管理，影响了气源的合理调度，制约了安全合理供气。

经过多年的市场运行管理，参考其他区域多家企业运行管理模式，总结经验，形成以下供气模式：在保障安全供气的基础上，引入市场竞争机制，统一规划，有序建设。

首先，安全供气是前提，只有在安全供气的基础上，才有利于滨海新区的招商引资，利于发展经济，为区域居民及企业提供安全可靠的生活、生产环境；其次，引入市场竞争，可通过市场化经营形成长期的、动态的竞争体制，提高企业管理水平及服务效率；再次，多家经营企业增加了燃气系统设施及管线数量，增加系统复杂性的同时也加大了管理的难度，这要求政府部门从管理角度通过燃气规划引导燃气企业进入有序、有效的燃气系统建设中，从而减少重复建设和过度投资，避免燃气企业间的恶性竞争。

城市燃气输配系统的设计方案，应以力求技术方案合理、经济性强，充分体现系统安全可靠、方便运行管理为目的，同时系统尚应具有一定的弹性，具备较强的适应性和拓展能力。

鉴于滨海新区供气模式的特殊性，燃气输配系统由多家经营，管网独立，这样上下游企业可以选择不同的燃气企业，有利于实

现公平接入，同时通过市场化竞争，有利于推动燃气企业进行基础设施投资，加快站点及管道等基础设施建设。

滨海新区政府近年来不断加强对现有燃气高压管网运营企业的监管，积极推进燃气高压输配系统环网建设，以及应急状态下不同企业高压燃气输配管网之间的连通建设，不断提高滨海新区安全稳定供气的保障能力，避免燃气建设市场无序竞争，燃气资源配置得到进一步优化。

截至 2014 年底，滨海新区天然气管网长度达到 2596 千米，实现了高中压管网对滨海新区城区的全覆盖，目前仅汉沽、大港部分街镇没有管道天然气。到 2017 年，新建天然气管网 364 千米，天然气管线总长度 2185 千米；预计截至 2020 年，新建天然气管网 1092 千米，天然气管线总长度达到 3277 千米，基本形成高压A 级（4.0 MPa）环网输配管网系统，输配管网覆盖整个滨海新区，年输配能力达到 120 亿立方米。

（二）合理规划调峰设施，建立安全可靠的调峰体系

滨海新区天然气供应系统采用大型液化天然气储罐及地下高压储气井方式进行储气调峰，现有开发区、塘沽、大港 3 座储配站，设计总储气能力为 640 万立方米，现状总调峰能力 40 万立方米，调峰储备能力需进一步加强。

1. 采用外部气源与自主气源结合的应急调峰方案

冬季为用气高峰，包括采暖、热电联产在内，月用量很大，相应缺口也很大。在多气源状况和外部 LNG 接收站背景下，一部分利用与中海油、中石化公司的供应合同关系，在原基础上增供，另一部分同时建设自主气源，建设区域应急调峰站。

2. 企业管网互连互通，提高事故应急及季节调峰能力

现行供气格局中各企业管网互不相通，气源大多来自上游路经管道，大部分为单气源，供给用户有民用、商用和工业，一旦发生气源事故，缺乏保障手段。为此，提出在各供气管网间引入互连互通，作为事故应急及季节调峰的必要措施。

滨海新区政府在实践建设中积极争取上游供气企业保障季节调峰需要，规划建设天津市 LNG 调峰应急站（或地下储气库），解决事故应急调峰问题，并弥补季节间用气不平衡问题。建议根据滨海新区发展需要，规划建设一定规模的天然气调峰电厂，增加天然气使用弹性，既可更好地占有和利用天然气资源，又可缓解电力供应夏季高峰、燃气供应冬季高峰问题。重点天然气用户根据各自的具体情况，建设双燃料供应系统，提高用户的应急能力。

（三）签署《中海油天津（浮式）LNG 项目合作协议》

2011 年 12 月 26 日，中海石油气电集团有限责任公司、天津港（集团）有限公司、天津东疆保税港区管委会在天津签署《中海油天津（浮式）LNG 项目合作协议》。根据协议，中海石油气电集团、天津港集团和天津市燃气集团三方将共同投资 57 亿元人民币，在天津港南疆港区建设、运营并在东疆保税港区注册该项目，保障天津市燃气供应。

中海油天津（浮式）LNG 项目位于天津港南疆港区东南部区域，一期工程建设规模为每年 220 万吨，包括 LNG 储存船舶、码头装卸设施、储罐设施区及外输管线等设施，将采用 LNG 浮式气化船气化外输和陆上小型储罐 LNG 槽车装车外输两种模式对外供气。

协议约定，三方将发挥各自优势，积极推动项目进程，确保项目尽快投产运营，满足天津市对天然气的需求，并通过本项目的合作共同推动北方国际航运中心核心功能区建设。天津港集团将利用多年丰富的围海造陆、石化码头及配套设施建设经验，全力推进本项目的造陆工作及配套工程建设，确保本项目的顺利开展，同时承诺为本项目在 2012 年 2 月 28 日前提供具备建设 LNG 码头岸线的施工条件，为确保该项目在 2013 年 3 月 31 日前整体投产提供所必需的土地及配套设施条件。东疆保税港区管委会承诺将根据国家、天津市及滨海新区赋予东疆保税港区的相关政策，给予该项目最优惠的政策支持，同时协调口岸监管、外汇、工商、税务等政府部门，为企业提供审批、注册及后期运营等"保姆式"服务。

目前，该项目已完成吹填土方量 285 万方，形成路基围埝 1.5 千米，完成全部区域圈围，为下一步大面积吹填造陆创造了条件。据介绍，该项目后续还将开展二期工程的建设，内容包括建设常规大型陆上接收站，规模不小于每年 600 万吨，建造 4 座 16 万立方米 LNG 储罐（远期可建设 10 座），同时预留冷能利用用地，计划 2015 年建成投产。项目建成后，将满足天津市未来一段时期内对天然气的使用需求，为天津市及滨海新区的开发建设提供充足的能源保障。

（四）渤西油气处理厂迁建工程在南港工业区奠基

2012 年 12 月 18 日，中海油渤海油田渤西油气处理厂迁建工程签字与奠基仪式在天津滨海新区南港工业区举行。

渤西油气处理厂位于天津市滨海新区塘沽西沽潮音寺西南，始建于 1997 年，是渤西油田群联合开发的下游工程。目前，经济的发展和周边环境的变化，给正常生产带来了一些安全隐患。同时，南港工业区近期 10 万吨级航道及远期 30 万吨级航道将会占用渤西油田海陆管道路由海域。该项目的开工，为破解南港工业区 10 万吨级航道建设的瓶颈、加速南港工业区港区开发建设创造

了有利条件。

根据渤西油气处理厂迁建工程总体规划，中海油将在南港工业区投资新建一座油气处理厂及相应输油、输气管道，并在新厂投产后拆除原油气处理厂并弃置相应的输油、输气旧管道。

渤西油气处理厂迁建工程目前已投产试运行。项目投产后，天然气处理规模设计为 4 亿立方米 / 年，原油处理规模设计为 80 万吨 / 年，污水处理能力可达 50 万立方米 / 年。

第二节　突破雾霾的供热系统

一、积极推进煤改燃管网建设

北塘馨宇家园供热站建于 2006 年前后，拥有两台小型燃煤锅炉房，分别为 15 吨及 6 吨，主要为北塘馨宇家园小区居民供热。由于距离小区居民过近，每年到了采暖季，小区居民苦不堪言，堆煤场扬尘、锅炉排烟及震耳欲聋的噪声极大地影响了小区居民的正常生活，如下图所示。

北塘馨宇家园供热站拆除前

2013 年，随着北塘热电厂的建成并正式投产，从北塘热电厂至北塘经济区之间的一条 DN1400 供热主干管网正式通水运行。该管道不但承担了包括北塘及生态城在内的几百万平方米新建建筑的冬季采暖，同时也接管了北塘馨宇家园燃煤供热站的工作。馨宇家园实现了由热电厂供热，不但供热更有保证更温暖，而且

取消了小区周边的燃煤供热站，如下图所示。

这只是新区燃煤供热锅炉房改燃并网工作的一个缩影，从 2015 年开始，这项工作将提速开展。根据计划要求，新区将利用两年时间，彻底淘汰新区范围内的全部燃煤供热锅炉房，让居民彻底摆脱燃煤供热站烧煤带来的困扰，提升新区的大气环境质量。

北塘馨宇家园拆除燃煤锅炉房后的环境

为此，天津市渤海城市规划设计研究院早在 2013 年就开始了滨海新区供热现状情况的梳理工作，发现了其中存在的一些问题：

第一，热源结构不合理。截至 2013—2014 采暖季，滨海新区行政区燃煤供热锅炉房供热面积占比为 57.5%，热电厂供热面积占比为 31.3%，燃气地热等清洁能源供热面积占比为 11.2%。另外

在全部燃煤供热锅炉中，35 吨以下小型燃煤锅炉又占全部锅炉的 55.0%，小型燃煤锅炉房热效率、除尘及脱硫效率较低，因此存在耗煤量高及空气质量较差的问题，与"美丽滨海"建设存在一定的脱节。

第二，供热企业数量多且管理标准参差不齐。目前滨海新区行政区共有 52 座燃煤供热锅炉房，总供热面积达 3733.4 万平方米。这些锅炉房中部分为国有企业，部分为民营企业，管理标准参差不齐，存在以下问题：一是不同锅炉房供热温度存在差别，如有些建筑物室内温度超标，用户需要开窗通风，既降低了用户的热舒适性又浪费了宝贵的能源，而有些建筑物内室温却不能达标；二是企业后勤保障水平差别较大，采暖期一旦供暖系统出现故障，某些小型供热公司往往不能及时修复故障，存在供热安全隐患。

第三，锅炉房分散供热，安全保证率低。目前新区分散的燃煤供热锅炉房中，基本上全部为各供热站独立运行，即便同属一家供热公司的几座供热站，其供热管网也各自独立运行，没有实现联网运行。一旦某座供热站出现故障，那么这座供热站所负责的整片区域将无热可供，这与供热联网运行的安全运行模式相差较大。

第四，热电厂建设与管网建设不匹配。目前新区行政区内共规划五座大型民用热电厂，分别为现状北疆电厂、现状大港电厂、现状北塘热电厂、在建南疆热电厂及在建临港热电厂。目前上述五座热电厂建设进度与各自配套供热管网建设进度没有完全匹配，如南疆热电厂配套管网已建成近 5 年，但热电厂迟迟未建成，而临港热电厂即将在年内投产，配套管网却尚在筹备中。

通过近两年时间的现状调研，我们基本摸清了新区整体供热情况，特别是燃煤锅炉的分布、规模、供热范围等关键资料，同时也提前了解了相关供热企业的相关诉求，为后续即将开展的新区燃煤供热锅炉房改燃并网工作奠定了扎实的基础。

新区燃煤供热锅炉房改燃并网的"一路一策"方案编制任务由天津市渤海规划设计研究院牵头，联合天津市燃气热力规划设计院、天津市热电设计院有限公司、中国市政工程华北设计研究总院、天津市交通建筑设计院等多家曾在天津市区煤改燃工程中承担重要任务的设计团队参与，共同研究编制新区的 52 座燃煤供热锅炉房的改燃并网实施方案，情况复杂、工作量大、牵扯面广，主要从以下几个方面进行研究。

首先是指导思想的明确。本次方案编制以科学发展观为统领，坚持以人为本，以保障人民群众身体健康为出发点，大力推进生态文明建设，按照各级政府相关部门的部署，坚持政府调控与市场调节相结合、全面推进与重点突破相配合、区域协作与属地管理相协调、总量减排与质量改善相同步，形成政府统领、企业施治、市场驱动、公众参与的大气污染防治新机制，实施分区域、分阶段治理，推动产业结构优化、科技创新能力增强、经济增长质量提高，实现环境效益、经济效益与社会效益多赢，为建设美丽滨海而奋斗。

其次是规划原则的确定。本次方案编制有如下几条规划原则，分别为：①统筹兼顾，综合部署的原则；②因地制宜，科学规划的原则；③体现技术进步的原则；④以人为本，保障人民群众身体健康的原则；⑤坚持实事求是的原则；⑥坚持燃煤锅炉房优先并网的原则；⑦优先利用可再生能源替代原则；⑧规划同步原则；⑨兼顾整合原则。

第三是明确编制依据。包括如下方面：①《中华人民共和国城乡规划法》；②《天津市城市规划管理技术规定》；③《中华人民共和国大气污染防治法》；④《中华人民共和国大气污染防治条例》；⑤《天津市大气污染防治条例》；⑥《国务院关于印发大气污染防治行动计划的通知》（国发〔2013〕37号）；⑦《关于印发〈京津冀及周边地区落实大气污染防治行动计划实施细则〉的通知》（环发〔2013〕104号）；⑧《天津市人民政府关于印发天津市清新空气行动方案的通知》（津政发〔2013〕35号）；⑨《市建设交通委关于开展〈天津市淘汰燃煤供热锅炉房工作方案〉编制工作的通知》（津建公用〔2014〕93号）；⑩《美丽滨海建设纲要》。

第四是梳理现状调研资料。截至2013—2014采暖季，滨海新区行政区燃煤供热锅炉房共52座，锅炉116台。其中北部区域燃煤供热锅炉房共6座，锅炉15台，供热建筑面积636.9万平方米；中部区域燃煤供热锅炉房共20座，锅炉58台，供热建筑面积2121.2万平方米；南部区域燃煤供热锅炉房共26座，锅炉43台，供热建筑面积975.3万平方米。滨海新区行政区116台燃煤供热锅炉中，10吨及其以下锅炉台数为33台，占全部锅炉数量的28.5%；10吨以上、35吨及其以下锅炉台数为31台，占全部锅炉数量的26.5%；35吨以上锅炉台数为52台，占全部锅炉数量的45.0%。

第五是并网类锅炉房的方案研究。该类锅炉房改造难点一般为供热主干管网的路由规划，供热主干管网连接热电厂和并网锅炉房，将热电厂高温热水输送到并网锅炉房周边，替代原有燃煤供热锅炉房。供热管网一般具有管径大的特点，并网主干管网管径一般在1米以上，并且是一条供水管道、一条回水管道，再加上固定补偿等管道附属设施，路由宽度能达到4~5米，规划时必须要考虑该情况，避免出现与周边管线及设施安全间距过小的

情况。此外，并网主干管网距离一般都在10千米以上，沿途节点会十分复杂，一般要穿越铁路、高速、河道等障碍点，还要与新区规划的地铁、电力高压走廊、道路充分结合，既要考虑现状，又要考虑规划，要做到统筹协调。

中心城区某燃煤锅炉房改造前情况

中心城区某燃煤锅炉房改造后情况

第六是改燃类锅炉房的方案研究。该类锅炉房改造难点一般为配套燃气管网的路由规划，目前燃气锅炉对气源的要求压力一般为 0.4MPa 及其以上，而新区城区内部燃气管道由于建设年代较早，压力一般都在 0.1MPa 左右，无法满足燃气锅炉的要求，因此改燃锅炉需要配套新建相应压力的燃气管道。0.4MPa 燃气管道大都分布在城区周边，要引入改燃锅炉房内需要长距离穿越城区。鉴于燃气管道尤其是高压燃气管道压力大，一旦发生事故，所造成的危害也大。在路由选择时，一定要避开某些相对敏感的区域，如居民区、商场、轨道、电力设施、密闭空间（地下人防、排水涵洞等）。因此虽然高压燃气管道本身宽度比供热主干管网要小，一般在 0.5 米左右，但是其影响范围以及与周边设施的规范安全间距特别大。尤其是公路、河道等相关管理部门，都对燃气管道尤其是次高压及其以上燃气管道距离公路与河道的间距有相关明确的规定，因此我们后续在进行煤改燃燃气管道路由规划时，要严格执行相关规范，确保规划路由的合理性以及燃气管道后续运行的安全性与可靠性。

改燃并网工程整体目标实现后，会改善大气环境，同时也将提升滨海新区城市供热设施保障能力和供热服务质量，使新区的空气质量进一步改善，尤其居住在锅炉房附近的群众将会摆脱黑烟、粉尘、噪声的影响。改造后的锅炉房或者彻底取消，或者经过外檐重新装饰，达到与居民小区周边环境更加协调的要求。

二、提升城市供热水平（串联新区五大热电厂供热主干管网规划等）

天津市滨海新区供热主干管网规划设计由新区建设和交通局组织编制，新区规划和国土资源管理局、相关供热管理单位配合，天津市渤海城市规划设计研究院负责具体的规划编制工作。规划是以《天津市城市总体规划（2005—2020）》《滨海新区城市总体规划（2009—2020）》《天津滨海新区供热专项规划（2008—2020）》为依托，结合滨海新区淘汰燃煤供热锅炉工作计划，分析现状燃煤供热锅炉房规模、服务范围、对周边环境污染情况等，确定滨海新区供热分区、热电厂供热合理服务范围，提出滨海新区供热主干管网规划方案。

滨海新区自 2005 年开始共编制过多次供热专项规划，专项规划中涉及的主干管网部分一直是新区范围内供热管网环状分布的格局，即供热主干管网末端全部连接在一起，该形式虽然从理论上讲供热保障率较高，但没有考虑新区的实际特点，因此长时间没有能够实现。如何因地制宜地编制新区供热主干管网规划，做到供热主干管网布局有的放矢，合理压缩供热管网规模，这是我们本次供热主干管网规划要考虑的主要问题。

新区总共规划五座大型民用热电厂，分别为北疆电厂、北塘热电厂、南疆热电厂、临港热电厂及大港热电厂。其中北疆电厂位于新区北部，在其合理的供热半径内，主要覆盖汉沽城区及生态城北部区域。在新的供热规划中，北疆电厂主要负担新区北部片区的供热。大港热电厂位于新区南部，在其合理的供热半径内，主要覆盖大港城区、大港油田及轻纺城。在新的供热规划中，大港热电厂主要负担新区南部区域的供热。北塘热电厂、南疆热电厂及临港热电厂位于新区核心区周边，在其合理的供热半径内，主要覆盖塘沽城区、中心商务区、海洋园区等区域。在新区的供热规划中，这三座热电厂主要负担新区中部区域的供热。

在最终确定新区五大电厂的供热分区之后，我们结合新区各片区现状及规划情况，着手研究五座电厂的供热主干管网布局规划，保证供热主干管网尽量沿未来规划的负荷中心负荷，同时兼顾现状负荷分布。此外，供热主干管网布局还应与燃煤锅炉房并网改造规划相结合，供热主干管网的路由还应考虑后期实施的难易程度，尽量减少困难节点的穿越。

滨海新区北片区的北疆电厂：新建 2×DN1200 出厂供热管道，沿中央大道向西敷设，至汉蔡路后分两路，一路沿汉蔡路向北敷设，为汉沽及汉沽东扩区供热，管径为 2×DN1000；另一路继续沿中央大道向西敷设至汉北路，为旅游区供热，管径为 2×DN1000。

滨海新区中片区的北塘热电厂：一期已建 2×DN1400 出厂供热管道，分为两路，一路沿京津高速向东敷设，为北塘及生态城部分区域供热，管径为 2×DN800 ~ 2×DN1400；另一路向西向北为欣嘉园供热，管径为 2×DN800。二期新建 2×DN1200 出厂供热管道，沿塘汉路敷设至规划东江路，后分为两路，一路沿规划天祥道及西中环向西向南敷设，为海洋高新区部分区域供热，管径为 2×DN1200，并在津滨高速与西中环交口附近和南疆热电厂二期供热干管联网；另一路沿东江路、新港四号路及海滨大道敷设，沿途替代天碱热电厂及部分塘沽城区燃煤锅炉房，终点至天津港航运服务区，管径为 2×DN700 ~ 2×DN1000，并在东江路与新港四号路交口附近和南疆热电厂二期供热干管联网，在大连道与旭升路交口附近和南疆热电厂一期供热干管联网。

滨海新区中片区的南疆热电厂：一期已建 2×DN1200 出厂供热管道，沿天津大道向东敷设至海滨大道，规划利用该管道为响螺湾及西沽地区供热，并替代该片区内部分现状燃煤锅炉房；此外规划新建 2×DN1000 供热管道向北过海河为于家堡西区及天碱

地区供热，在大连道与旭升路交口附近和北塘热电厂二期供热干管联网，在天津大道与中央大道交口附近和临港热电厂供热干管联网。二期已建 2×DN1200 出厂供热管道，沿天津大道向东敷设至规划西中环，规划利用该管道为中建新城地区供热，并替代该片区内现状燃煤锅炉房；规划新建 2×DN1200 ~ 2×DN800 供热管道沿规划西中环向北过海河为海河湾新城、西部新城及塘沽老城区部分区域供热，并替代该片区内部分现状燃煤锅炉房，此外在津滨高速与西中环交口附近和北塘热电厂二期供热干管联网。

滨海新区中片区的临港热电厂：已建 2×DN500 出厂供热管道为临港生活区供热，规划新建两路出厂供热管道，一路管径为 2×DN500，为临港生活区供热；另一路沿长江道、海滨大道、物流南路、津沽一线、中央大道向西向北敷设，穿越海河至于家堡及新港地区，为散货、东沽、于家堡东区及新港片区供热，并替代该片区内部分现状燃煤锅炉房，管径为 2×DN1000 ~ 2×DN800。

滨海新区南片区的大港热电厂：已建 DN400 出厂蒸汽供热管道，沿海景大道敷设至轻纺城，为轻纺城起步区供热；规划新建两路出厂供热管道，一路管径为 2×DN1000，向南穿越独流减河，为大港油田供热（替代现状大港油田热电厂）；另一路向北敷设至大港城区，为大港城区供热，管径为 2×DN1000，并替代部分大港城区燃煤锅炉房。

此外，我们结合新区各片区的建设进度及其他相关情况，根据新区建交局及各功能区建设主管部门的相关意见及要求，对新区供热主干管网提出了分年度建设安排计划。

滨海新区供热主干管网规划的编制，为新区五大热电厂出

厂供热干管的后续建设提供了规划依据，保证了新区各大片区的供热安全性与稳定性，促进了新区热电联产供热事业的长足发展。

三、为城区发展拓展空间，天碱热电厂搬迁

在十余年的时间里，新区建成了北疆电厂、北塘热电厂、临港热电厂等多座大型热源厂，为新区大规模开发建设提供了有力的热源保证；修建了包括南疆热电厂及北塘热电厂出厂管道在内的多条大管径供热干管，新区以热电联产为主的供热格局开始逐步形成。回顾滨海新区规划工作（供热）走过的十余年历程，印象最深的莫过于天碱热电厂替代搬迁工程。

天津碱厂是中国创建最早的制碱厂，开创了中国化学工业的先河。由该厂生产的"红三角牌"纯碱，使中国生产的化工产品首次出口海外。早在 1926 年美国费城世界博览会上，永利碱厂生产的纯碱便获得了金奖和证书。在天津的近代史上，永利碱厂和南开大学、《大公报》同时被称为"天津三宝"。2011 年 6 月，天津碱厂与比利时苏威公司合资组建天津渤化永利碱业有限公司。

天津碱厂创建于 1917 年，是中国近代第一家制碱企业，是中国化工企业的摇篮，处于世界制碱行业的先进行列。1911 年，曾到日本京都帝国大学化学系留学学习化学的范旭东学成归国并决定创办中国的化学工业。1913 年，他来到塘沽实地考察，发现塘沽是得天独厚的盐碱工业基地。随后，范旭东在其兄范源廉（时任中华民国教育部长）和师友梁启超等人的支持下，景韬白、胡睿泰、李积芸、胡森林、方积琳、黄大暹为发起人，梁启超、范静生、李思浩、王家襄、刘揆一、陈国祥、左树珍、李穆、钱锦孙为赞助人，于 1914 年 7 月 20 日提出申请立案，同年 9 月 22 日获得批准建立久大精盐公司精制食盐，并在塘沽设立久大精盐厂。当时久大股东有诸多军政界人士，如黎元洪、曹锟、蔡锷和冯玉祥等。1916 年 4 月 6 日，久大精盐厂竣工投产。同年 9 月 11 日，生产出的第一批精盐由塘沽运往天津销售，之后又在湖南、湖北、安徽、江西等地打开了销路。这时的久大精盐厂开始达到日产 5 吨的能力，每年可获利五六十万元。1919 年扩建东厂后，年产量可达 62 000 多吨。久大精盐厂的建成和投产，为日后永利碱厂创办"变盐为碱"提供了原料和人才保障，尤其是在资金上为永利碱厂提供了极大的帮助。

天津碱厂原厂址坐落于天津市滨海新区（塘沽）新华路 87 号，位于滨海新区的核心区域。随着滨海新区的发展，这类大型的化工企业已经不再适合留在城区进行生产，天津市及新区研究决定对天津碱厂进行整体搬迁改造。

根据天津市新一轮的"嫁、改、调"任务，天津碱厂按照"高水平是财富，低水平是包袱"的发展理念，对企业实施脱胎换骨的改造，将从塘沽中心区域整体搬迁到临港工业区。搬迁后，新的天津碱厂将建成拥有世界最新、最先进工艺的集约型、节约型、生态型现代化化工基地，预计可实现年销售收入 55 亿元,利税 17 亿元。

根据滨海新区总体规划布局要求，原天碱地区将规划定位为滨海新区国际一流的综合商业和文化中心，将建设滨海新区文化中心等国计民生项目。

天津市滨海新区文化中心项目规划总用地面积约为 90 公顷，其中文化建筑区占地约 22 公顷，文化公园占地约 68 公顷。规划形成"两区、两廊、两心、三园、三节点"的空间结构，文化长廊串接文化建筑形成文化综合体的布局形式，由南至北形成演艺中心组团、博美图组团和文博组团。

滨海新区文化中心位于天津市滨海新区核心区，东至中央大道，南至解放路、紫云公园，西至洞庭路，北至旅顺道，将打造成滨海新区具有科技、展示、教育等多元功能的综合性文化商业区。滨海新区文化中心规划总用地 45.2 公顷，总建筑面积 51.3 万平方米，包括地上建筑面积 39.9 万平方米，地下建筑面积 11.4 万平方米，将由滨海大剧院、航天航空博物馆、现代工业博物馆、滨海美术馆、滨海青少年宫、传媒大厦等组成。总体设计方案突出建筑群概念，以建筑的总体布局规划，并结合轨道交通考虑本地区地下空间的综合开发规划。

滨海新区"五馆一廊"的创意思路是以宽 25 米、高 30 米的文化长廊将各文化场馆统领衔接。滨海东方演艺中心拟设置群星剧场、综合表演场等；滨海图书馆突出休闲阅读空间，突出多媒体网络时代；滨海现代城市与工业探索馆重点展示全球最新城市建筑成就以及现代工业科技发展趋势；滨海现代美术馆是国家版画基地；滨海市民活动中心涵盖多种公共服务功能，包括政府服务窗口、市民文化活动展示与体验空间、体育健身及电影观演厅等设施。

天津碱厂于 2005 年启动原厂址的搬迁改造工程。2005 年 12 月 18 日，天津渤海化学工业园区暨天津碱厂搬迁改造工程在天津临港工业区正式开工。2010 年，天津碱搬迁改造一期工程正式竣工。同年下半年，天碱搬迁改造二期工程正式启动。2010 年底，原厂址大部分生产系统已经搬迁至临港工业区，场内 9 台中低压锅炉正式停工，永久退出生产。

天津碱厂的搬迁除了面临资金筹措、产业升级、体制转型及人员分流安置等常规难题外，还有一个难题就是天碱热电厂的搬迁。天津热电厂位于天津碱厂旧址院内，负担向阳及新港地区 4 万多户的冬季采暖。到 2010 年以后，由于主要生产用热的大规模缩减及天碱热电厂设备的老化，负责天碱热电厂运行的永利供热公司每年都面临较大的亏损，需要新区政府进行补贴才能维持正常运行。同时，天碱周边的土地整理及路网建设也因为天碱热电厂的存在而进展缓慢。但由于周边没有可以利用的替代热源，在原址新建其他类型热源对周边影响也较大，因此天碱热电厂的搬迁方案研究工作举步维艰。

2013 年初，随着北塘热电厂投产日期的确定及临近，天碱热源搬迁替代方案逐渐明朗。新区政府正式将天碱热电厂的搬迁事宜列为当年的主要工作之一，并成立指挥部，天津市及新区主要领导亲自督办，新区规划和国土资源管理局、新区建交局等相关部门紧密配合，仅用了半年多时间，就圆满完成了天碱热电厂的热源替代工作，这在之前甚至是不敢想象的时间。

天碱热电厂热源替代的第一轮方案为，在天碱内部规划一座燃气锅炉房，供应原天碱热电厂的供热区域，以及新天碱新建区域。我院立即开展了锅炉房的选址工作，在三座备选站址中，最终选定了位于新华路立交桥东北侧的区域，该区域基本位于负荷中心，距离原供热区域及新建供热区域基本等距离，且对该区域的未来开发影响相对最小。但是，由于相关文件规定只能建燃气锅炉房，而周边又没有可以利用的次高压燃气资源，只能从周边的外围区域引入次高压燃气管道。根据与燃气公司的多次沟通，距离天碱区域最近的气源点为新港地区的 1.26Mpa 次高压燃气管道，该管道也是目前滨海新区民用天然气的主要气源之一，距离锅炉房约 5 千米。此外还需要在周边建设同等规划的燃气高压调压站一座。综合考虑锅炉房用地、高压调压站用地、次高压燃气管道路由及周边未来将有大量住宅居民的情况，为保障人民居住安全，该方案最终被否决。我院根据区领导的要求，马上投入到新的替代方案研究中去。

　　天碱热电厂热源替代的最终规划方案为，由当时仍在建的北塘热电厂对天碱热电厂进行并网改造，具体思路为：利用北塘热电厂的高温水，通过新铺设一条 2×DN1000 的大管径供热干线，将其引入天碱热电厂周边，替代天津碱厂的原供热机组，并为天碱区域新规划的区域供热。为此，首先需要新建配套供热管网主干线，该管道长度近 15 千米，将热源从位于塘沽工农村附近的北塘热电厂输送到新区的天碱热电厂内，线路长且沿线情况极为复杂；另外，由于天碱热电厂原供热区域有大量老旧蒸汽一次供热管网的存在，还需要对天碱热电厂原供热区域内部的蒸汽管网及其他老旧供热管网同时进行升级改造；部分居民小区内部的汽水换热站也需要更换设备，统一更换为水水换热器，并新建一批供热计量站点。项目复杂，牵扯面广，既有沿线的管道破路问题，又有小区内的老旧设备改造问题，涉及国计民生问题，难度大且时间要求极为紧迫。

　　通过天津市渤海城市规划设计研究院的路由规划，并经过新区各部门的统一研究分析批复，最终确定了供热主干管网工程主干线的路由走向。该管道建设沿线主要涉及如下施工难点，穿越北环铁路、塘汉路破路、天祥路企业、东江路破路、穿越第九大街高架桥、穿越鱼塘、部分民房拆迁等 10 余个节点，还涉及破绿破路等施工近 10 千米，此外还有一个关键问题，由于北塘热电厂于 2013 年冬季首年运行，供热准备的相关工作复杂艰巨，待管网敷设完成后，热源及管网运行工况复杂，管网热力平衡调试、供热调度等工作也将面临时间上的挑战。我院在编制供热主干管网工程路由规划方案时，多次去现场踏勘获取最真实的资料，并对比测绘部门的测绘图，对比沿线区域的最新规划情况，最终按照

新区政府的要求，在最短的时间内完成了该项目的路由规划方案编制工作，为后续供热管道建设打下了坚实的基础。

　　此外，天津市城市规划设计研究院在天碱热电厂替代项目中承担了大量研究工作，包括天碱热电厂替代总体方案规划研究、天碱热电厂替代供热主干管网工程的路由规划工作、天碱热电厂原供热区域供热管网改造规划咨询工作等。

　　随着未来天碱热电厂的彻底拆除，天碱地区的建设将迎来又一波高峰。天碱地区建成后将成为滨海新区"城市标志性商业中心"的重要组成部分，形成"于家堡—天碱—解放路商业中心"。未来，解放路商业区、天碱商业区、于家堡商务商业区、响螺湾休闲商业区这四个各具特色的商业板块，将服务国内外消费者，充分展现新区商业的繁荣繁华。

四、为保障滨海新区"十大战役"之北塘生态城供热，北塘热电厂供热主干管网东线建设回顾

　　北塘热电厂东线建成于 2013 年 10 月，起点为北塘热电厂，终点为北塘，并与生态城供热管道支线相接。该管道的建成为北塘区域的开发提供了强有力的采暖保证，同时也改变了生态城过去只能利用燃气采暖的局面，热电联产惠及新区的北塘及生态城居民。

　　东线管道原方案为：规划 2×DN1400 供热管道引自北塘热电厂供热管道出线点，穿越规划路二并沿规划路二东侧向南敷设，再沿现状土埝向东敷设至京津高速公路南侧，并沿京津高速南侧向东敷设至塘汉路西侧，向东穿越塘汉路，沿京津高速北侧规划辅道工程继续向东敷设至京山铁路西侧，向东依次穿越孟港排河及京山铁路，再向东穿越塘汉快速路至北塘经济区，沿北塘最南

侧规划路与京津高速之间规划预留绿带向东敷设至黄海路，为中新生态城预留一路 2 × DN1200 向北供热分支管道，然后供热管道缩径为 2 × DN1200 并继续沿北塘最南侧规划路与京津高速之间规划预留绿带向东敷设，最终到达本项目的供热管道终点，即现状东海路西侧，规划供热管道全线采用直埋敷设方式，线路全长约 7.2 千米。

后期由于外部条件所限，加之工程进度要求，由滨海新区建设交通管理局组织召开了"关于研究北塘热电厂供热主干管网建设的有关问题"会议，考虑到京津高速北侧辅道（塘汉路—京山铁路段）没有明确建设时间，且规划供热管道时间紧、任务重等情况，会议原则同意将塘汉路—京山铁路段规划供热管道由北侧规划辅道调整至南侧现状辅道下敷设，我院依据会议精神进行后续的方案深化编制工作。

生态城支线方案为：为满足中新生态城的供热需求，规划建设一条供热管道，该规划供热管道引自京津高速公路二线与北塘片区规划黄海路交口位置的规划新建 2 × DN1400 供热管道，规划供热管道规格为 2 × DN1200，沿北塘片区规划黄海路东侧绿带向北敷设，后沿北塘片区规划东海路南侧向东敷设，然后依次穿越规划东海路与现状东海路，最终与永定新河现状海挡东侧的现状供热管道相接，规划供热管道全长约 2020 米。

该管道的路由规划充分考虑供热管道的特点及施工要求，结合周边地区现状和规划用地情况，符合城市总体规划用地布局要求。按照规划道路设计路径，合理避开不良工程地质区、地形复杂区域和具有特殊安全防护要求的地区，满足设计规范，确保管道施工、运行、检修的安全性与可靠性。

供热管道的线路走向既要满足设计规范，又要充分考虑现状条件，同时还应符合城市道路交通规划，线路走向尽量避开现有建筑。依据国家相关的能源产业政策及新区政府相关要求，滨海新区到 2020 年将逐步建成五座大型热电厂，分别为北疆发电厂、北塘热电厂、南疆热电厂、临港热电厂及大港发电厂，主要承担新区行政区范围内现有燃煤锅炉房并网及新建区域的新增供热需求。

北疆发电厂位于汉沽大神堂村以西，滨保高速以东，海滨大道以北，汉南路以南。工程规划分两期建设，一期工程建设 2 × 1000 兆瓦燃煤发电超临界机组和 20 万吨 / 日海水淡化装置，二期扩建 2 × 1000 兆瓦燃煤发电超临界机组和 20 万吨 / 日海水淡化装置，并对一期进行供热改造。北疆电厂规划供热总能力为 1600 万平方米。

北塘热电厂位于塘沽创业村，京津高速以南，塘汉路以西，北环铁路以北，新河东干渠以东。工程规划分两期建设，一期工程建设 2 × 300 兆瓦机组，二期工程建设 1 套 9F 级机组。北塘热电厂规划供热总能力为 2700 万平方米。

南疆热电厂位于塘沽西南部的盐场地区，津晋高速以南，港塘快速以东。工程规划分两期建设，一期工程建设 2 × 300 兆瓦机组，二期工程建设 1 套 9F 级机组。南疆热电厂规划供热总能力为 2700 万平方米。

临港热电厂位于临港经济区，长江道以北，渤海十八路以东，渤海十六路以西，黄河道以南。工程规划分两期建设，一期工程建设 1 套 9F 一拖一燃气热电联产机组，二期工程建设 1 套 9F 一拖一燃气热电联产机组。临港热电厂规划供热总能力为 1500 万平方米。

大港发电厂位于大港南部，独流减河以北，津歧公路以西。

现状 4×320 兆瓦供热机组已完成改造，大港电厂规划供热总能力为 1000 万平方米。

北疆发电厂是国家第一批循环经济试点单位，项目采用"发电—海水淡化—浓海水制盐—土地节约整理—废弃物资源化再利用"的循环经济模式，规划建设 4 台 1000 兆瓦燃煤发电超超临界机组和 40 万吨 / 日海水淡化装置。年发电量将达 110 亿千瓦时，可基本满足目前全市用电需求。一期工程总投资约 123 亿元，2007 年 7 月 26 日正式开工，建设 2 台 1000 兆瓦发电机组和 20 万吨 / 日海水淡化装置。2009 年一期项目正式投产。

北疆发电厂一期工程采用世界最先进的"高参数、大容量、高效率、低污染"的百万千瓦等级超超临界发电机组，综合供电煤耗 256 克 / 千瓦时，比全国平均水平低 88 克 / 千瓦时；通过配套建设 20 吨 / 日海水淡化项目，浓缩海水制盐，可节省盐田面积 20 平方千米；工程采用目前国际最高标准的除尘和脱硫装置，各项环保指标均高于国家标准，废弃物全部资源化再利用，实现全面的零排放。截至 2016 下半年，北疆发电厂一期工程生产运营稳定，已累计完成发电量 600 余亿千瓦时，海水淡化方面累计安全供水 4000 多万吨。

北疆发电厂二期工程于 2013 年底取得国家发改委核准批复，经过周密的各项前期准备，于 2014 年底正式开工。作为全国首个同时采用"热电联产"和"水电联产"模式的发电企业，项目将建设 2 台 1000 兆瓦超超临界发电机组和 30 万吨 / 日海水淡化装置，并同步建设烟气超净排放环保设施，整个项目 2016 年底可实现并网发电。项目采用"发电—海水淡化—浓海水制盐—土地节约整理—废物资源化再利用"新途径，形成废水废渣废热"吃干榨净"的循环经济新模式。

北疆发电厂二期工程在一期工程探索发展循环经济模式取得初步成效的基础上，进一步提升了各项技术经济指标，采用造水比更高、效率更好、单机容量更大的海水淡化装置，并将发电工程主机参数提高至国内最高水平，使纯凝工况煤耗降至 263.3 克 / 千瓦时，兼顾供应 1000 吨 / 时采暖用气和 1400 吨 / 时工业用气。项目投产后，全厂全年平均热效率将提高到 65.6%，设备的等效利用时间可提高至 6300 小时，为滨海新区的开发开放提供强有力的水电热全方位市政保障。

北疆发电厂

第三节　建设安全可靠的城市电网

滨海新区自 2006 年被正式纳入国家整体发展战略，成为继深圳特区和上海浦东新区之后重点开发开放的区域，于 2009 年 11 月经国务院批准正式成立滨海新区政府，到如今迎来京津冀协同发展的重大国家战略，可以说这十年是天津市高速发展的十年，更是滨海新区全面开拓创新、各产业快速布局发展、城市建设日新月异的十年。随着中心商务区、中新生态城、空港经济区、北塘经济区、中心渔港、临港经济区、南港工业区等功能区块的快速崛起，滨海新区的经济带动作用和地位日益突显，成为天津经济发展最具活力的地区。

目前滨海新区城市空间结构与产业布局日益优化，如自贸区的建立，现代金融服务业的落位，重型机械装备制造、重化工业、轻纺工业等产业的结构调整，公共服务设施、重大基础设施的逐步完善，生态宜居、商住综合开发的快速建设等，特别需要一个合理坚强的供配电网络为城市转型期、高速发展期的建设提供充足的能源保障。同时电网建设还必须符合城市资源综合利用的需要，使电网的建设和城市的发展有机结合起来，既能与城市建设协调发展，又能取得合理的经济和社会效益。

作为经济社会发展风向标的电力行业，特别是电力设施的建设情况最能体现一个城市现时的运行状态，其行业规划也与城市规划紧密相关。滨海新区从 2006 至 2015 年全社会最大用电负荷增长了 124%，年均增长 6.8%；逐步构建了 500 千伏、220 千伏

高压输电以及 110 千伏高压配电等电压等级明晰、结构坚强科学的电网架构。新区目前建设有近 70 座输配电公用变电站，电源装机容量十年间增加了约 55%；10 千伏线路的电缆化率从 2006 年的 36.7% 提高到 2015 年的 59.8%。这些不光是生硬的指标数据上的变化，其背后包含的是这座年轻的城市所迸发出的强劲的发展动力。

一、破题电网与用地规划融合，打通城市主动脉——《天津市电力空间布局规划》（2005—2020）

城市电力工程专项规划是城市规划的组成部分，同时也是城市电力系统规划的组成部分。在城市规划编制体系内，其对应的编制阶段可分为电力总体规划和电力详细规划两个阶段，规划年限也应与城市规划相一致。大、中型城市可以在电力总体规划的基础上，编制电力分区规划。在电力主管部门（如国家电网公司）的规划编制体系内，按照供配电网络等级不同，主要分为供电主网架（220 千伏及其以上）专项规划、高压配电网（110 千伏及 35 千伏）专项规划、中压配电网（10 千伏）专项规划等。可以看出，从城市规划设计和管理的角度，电力专项规划的需求与应用侧重于电力设施（变电站、电力走廊等）对城市建设用地的预留和控制，保障电力设施用地的同时集约土地资源，协调其与城市用地规划的关系；而电力主管部门的专项规划主要是一种行业规划，是从

行业发展与管理、技术科学性与合理性的角度进行的，侧重于专业性、经济性和效益性。

如何将城市电力专项规划与行业规划有机结合，特别是在正处于经济产业结构转型期、城市建设高速推进的区域，将两者统筹考虑，既体现专业技术性又能够与城市用地规划相协调、集约土地资源，是一个重要并具有现实意义的问题。

天津市电力公司与城市规划管理及设计部门紧密配合，于2005年开始编制《天津市电力空间布局规划》并得到天津市政府批复，之后为配合天津市空间发展战略和总体规划的修编，结合国家电网公司特高压、直流电网规划和天津电网网架结构调整，又分别于2009年和2013年进行了两轮修改，并同样得到天津市政府批复。该规划是天津市首次将重大电力场站与电力通道从城市空间控制的角度予以落位，特别是针对滨海新区的实际情况，该规划方案的编制与新区规划是主管部门及各功能区管委会经过多次探讨，走廊空间布局方案也经过多轮优化调整，在行业建设发展特点与城市规划建设要求的碰撞与磨合中寻求平衡与统一，既保障了重要电力基础设施的建设发展空间，也尽量减小了对城市空间的割裂，体现了各片区不同的空间功能诉求。该规划实施以来，天津市及滨海新区的电网建设成效显著，受电通道建设不断加强，有力支撑了滨海新区经济社会快速发展，是指导滨海新区各层面城市规划中电力走廊预留用地布局与规模的重要依据。

二、 起承转合，织就新区电网血脉——《滨海新区高压配电网电力空间布局规划》（2009—2020）

2008年，天津市电力公司滨海供电分公司与渤海规划院合作，编制了《滨海新区高压配电网电力空间布局规划》（2009—2020）。该规划以《天津市电力空间布局规划》确定的220千伏及其以上高压输电网架为依据，结合滨海新区的实际情况及用地规划，研究确定新区110千伏和35千伏变电站的空间布局及地理接线的系统方案，特别是结合新区控制性详细规划全覆盖的工作，将高压配网等级的变电站都充分进行了用地控制与预留。

滨海新区高压配电网空间布局规划示意图

如果说《天津市电力空间布局规划》的重点是对区域供电网架进行设计，明确输电架空走廊的布局与用地需求，那么《滨海新区高压配电网电力空间布局规划》则是侧重于对高压配网级别的变电站进行空间上的布局与用地预留。在实际的城市规划和电力工程建设工作中，高压配网变电站及其进出线的路径通道往往是城市规划主管部门和电力部门容易存在争议并且需要花费大量时间、精力协同研究的问题。按照目前天津市特别是滨海新区的供配电网的电压级别配置，除了个别大型企业及超高层写字楼外，110 千伏和 35 千伏的变电站是真正将电力能源输送到千家万户、关系到民生的电源站。这部分场站数量较多，布局与用电负荷分布直接相关，电力部门根据自身的行业技术要求希望将这些场站布置在负荷中心，并且周边道路通达，适合电力主干线路的敷设；而用电负荷中心往往是一个组团、片区或者功能区中土地价值最高、建设开发量最大、规划景观要求最高的区域，常常不被允许在中心地带设置这种模块化设计、外立面较难处理并且有一定环境心理影响的场站设施。通过《滨海新区高压配电网电力空间布局规划》的编制工作，城市规划设计单位和电力部门充分地融合了彼此的规划要求，将行业的配电网专业规划通过分析、梳理整合到城市规划体系中，通过空间布局规划的方式明确了电力部门关心的场站空间布置与用地控制等内容，将行业规划落实到用地上，进而具备更强的实施性；使土地资源的利用更加高效合理，改变了电力设施用地落实困难、布置凌乱的现象。在这些年的城市建设以及电力工程实施的过程中，该规划从中观层面承上启下，发挥了巨大的指导作用。

本次规划工作中，以计算机为系统分析工具，在充分利用已有相关技术成果基础上（如"天津市中心区和滨海新区饱和负荷研究""滨海新区电网规划关键问题研究""沿中央大道隧道敷设电缆"等），应用科学的优化方法指导电网规划工作，并进一步结合滨海新区城市发展规划特点提出一系列具有针对性的改进措施。相对传统电力规划问题而言，本次滨海新区电网规划存在以下特点：

①在负荷及负荷分布预测中，能较好处理规划依据、信息不完备等问题。

常规城市电力系统规划都是基于相应城市土地规划方案已确知基础上的。本次工作中由于区域发展变化较大等原因而无法预先获知整个规划区域的城市未来土地使用方案，只能掌握规划范围内重点核心区域的开发方案信息，由此若采用常规规划方法，则由于信息空洞的存在而难以得到满意结果，甚至根本无法进行规划预测。本次工作中针对这一问题提出一种较好的解决方案。

②在配电变电站优化规划中，能考虑负荷不确定性因素对结果造成的影响。

作为配电电源点的变电站，其规划布置方案直接取决于未来配电负荷的分布。常规方法是将未来预测的负荷分布状况作为已确知的条件参与变电站的规划，其结果也是针对这个预测的确定性负荷水平下的变电站优化布置方案。在本次工作中，由于时间跨度较大，并且规划区域正处于高速发展时期，地域开发存在一定不确定性，要想准确预测其未来的负荷水平是困难的，因而基于确定性预测负荷条件下的变电站规划方案，其最优性也无法保证。常规方法于这个问题没有很好地解决，本次工作中所提出的改进措施能较好解决这一问题。

③在高压配电网络规划中，能考虑阶段实施过程并与市政路由空间布局规划相结合。网络规划不仅要考虑未来目标网架的状况，还要顾及从当前到未来这一过渡时期内的网络扩展过程，并且在规划过程中要结合市政规划中的路由规划方案而与之相符。本次规划工作将这些因素都整合到网架规划方案中，取得了较好的效果。

在本次滨海新区电网规划工作中，应用"基于不确定性的模糊多进程选位法"于常规规划方法中，具有上述三个特点并得到有较高实用性的结果方案。

滨海新区电网规划工作主体由4个模块构成，如下图所示：

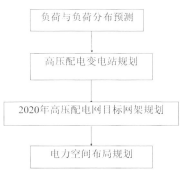

滨海新区电网规划模块及流程图

开展电力空间布局规划工作，使城市规划与电网规划有机结合，可以为城市发展和电网建设确定一个科学的指导依据。本次电力空间布局规划是在滨海新区空间战略研究调整、总体规划修编、各专项规划及区域控制性详细规划全面展开的基础上进行的。在规划编制过程中，既考虑了配网空间布局与主网的关系，又充分考虑了配网建设与城市发展的关系，注重电力建设与城市建设的协调统一。

本次工作按城市总体规划的标准，与城市上下位规划相结合，对滨海新区2270平方千米全区域电力空间布局进行了规划。其中，上位规划（空间战略研究、总体规划、专项规划）对城市的空间发展布局、功能结构调整、近远期建设发展规模及方向等都有了较为明确的定位和阐述，使得电网规划中的基础数据更为准确，负荷预测更为科学；使得规划高压配电网的空间结构和布局能够与城市用地规划切实地结合到一起，既充分合理预留电力设施用地，又集约城市土地资源，减小电力设施布局对城市空间发展的不良影响。下位规划（城市设计、控制性详细规划）对电力设施的空间布局甚至建设形式等都提出了更为具体明确的要求。通过下位规划的结合与反馈，在很大程度上提高了高压配电网空间布局规划的可实施性，避免了电力设施选址选线困难局面的出现；对变电站、高压走廊的更为细致准确的布局控制要求也为电力目标网架的合理制定、调整提供了依据。

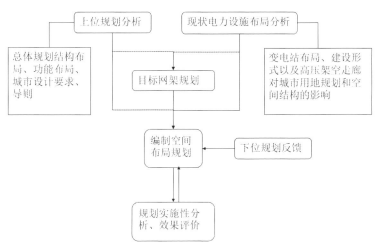

电力空间布局规划流程图

在本次规划工作中还以城市设计为辅助依据，对变电站站址及线路走廊进行优化配置，使电力设施建设与城市规划、生态环境相协调，集约利用土地资源。城市设计关注城市规划布局、城市面貌、城镇功能，尤其关注城市公共空间的开发利用，是介于城市规划、景观建筑与建筑设计之间的一种设计。在由许多建筑共同组成的群体中，城市设计处理其建筑群体中的组织关系，以及建筑物之间的空间。相对于城市规划的抽象性和数据化，城市设计更具有具体性和图形化。

城市设计这种更为强调空间关系的规划理念，对规划区域内的建筑、道路、景观、市政公用设施等都提出了除用地数据指标外更为具体全面的控制原则。电力设施的布局规划通过与各区域城市设计的结合，可以在其设置形式、布局关系上得到科学合理的优化：使变电站的布局和建设形式与建筑群、景观带的关系更为协调统一；使高压走廊的建设与周边环境相互协调，既保证电力输配的可靠性，又尽量避免对区域内整体空间关系的影响。

三、于细处寻突破，于难点见真章——《中心商务区电力专项规划》

在上述两个电力网架与空间规划的总体控制下，整个滨海新区的供配电规划网架与布局已经基本明晰。各个功能区或新建区域在实施开发建设前，需要根据具体单元或片区的控制性详细规划编制电力专项规划。该层面的电力规划是依据详细规划的指标要求，在上位网架规划的基础上细化变电站规模、布置及线路布局等，为下阶段市政管线综合规划提供依据。目前新区各功能区和重点区域都请专业的设计单位编制了电力专项规划，设计深度往往可以达到 10 千伏中压配网等级，并包括电力排管等专题方案，能够在满足城市规划要求的基础上充分指导电力设施的规划建设。下面以滨海新区中心商务区为例对电力专项规划编制过程及工作中的一些问题进行探讨。

中心商务区作为滨海新区的重要功能区，位于滨海新区核心区域，主要包括天碱地区、大沽地区、新港地区、响螺湾商务区及于家堡金融区，是滨海新区"十大战役"之一。其现状用地以工业、仓储、居住为主，规划将以响螺湾商务区和于家堡金融区为核心，重点建设外省市、央企驻滨海新区的办事机构、集团总部和研发中心，以及金融机构、金融市场、金融创新中心、金融信息中心、金融配套服务中心。该区域将由老城区、老工业区、储盐场等快速建设成为现代金融服务产业集中、商住综合开发的高密度建设区，现有电力设施已不能满足其未来发展的需要，需结合区域总体规划、城市设计、天津电网及新区配电网规划，编制中心商务区电力设施专项规划，统筹考虑该区域的电网结构和站址分布，以适应其建设发展的需求。

于家堡、响螺湾城市设计图

由于中心商务区在城市设计上采取窄街廓、密路网的地块分割及道路布局，区内道路管网密集，并且缺少区域整体的电力排管等电力主干通道的统筹规划，使得每个建设项目都得单独对35千伏或10千伏电源线进行选线，造成路径利用效率低、地下空间资源浪费、电力通道布局凌乱等问题。

相对于其他功能区按既定规划逐步落位，中心商务区土地资源更为紧张，寸土寸金，而变电站作为市政用地都为无偿划拨形式，并且居民广泛认为其存在一定的电磁污染，因此变电站选址多在实施条件不成熟的用地，为后期建设埋下隐患。规划上预留的电力设施用地很有可能因为拆迁未就绪、道路建设滞后等因素无法满足近期建设项目用电的紧迫性要求；另外，电力公司在用地负荷尚未达到一定规模时，即便是已完成选址的用地也会滞后建设变电站，导致后期建设时周边居民的反对较为强烈，给实施带来一定困难。

中心商务区用电负荷密度高，分布负荷布局复杂，居住建筑、公寓建筑、商务商业建筑等用电负荷性质多样，而且其规划建设后期调整较为灵活，造成部分区域电力设施规划建设与实际地块开发用电需求不相适应的情况（如响螺湾地区在实际建设过程中用地性质、开发强度等存在较大调整，造成原规划变电站出线紧张、电力供应困难、供电成本增加等问题）。

特别要提出的是，以响螺湾商务区及于家堡金融区为例，其大体量的商业综合体建筑密布，很多项目单个地块的开发容量在10万平方米（建筑面积）以上，单体建筑包装容量在8000千伏安以上。按照目前天津市电力公司及滨海供电分公司的供配电政策和相关技术规定，单体建筑包装容量超过8000千伏安需设置专用35千伏变电站，由上级220千伏变电站直供35千伏电源。

而开发商在地块开发建设的后续阶段往往会根据市场情况，将部分原本为租赁形式的公建调整为公寓出售。按照国家规定，出售的居住建筑需供电到户，这样原单体建筑的负荷就分为两部分：一部分为出售的公寓，需10千伏供电到户；另一部分为租赁的公建，其负荷总量也相应减少，不足8000千伏安，也需由10千伏供电。这样整体的负荷总量虽然没变，但是35千伏负荷转变为10千伏负荷，电源需由110千伏变电站提供，这为配电网规划中各电压等级的负荷确定带来很多不确定因素，并且直接影响到110千伏变电站的个数。目前响螺湾商务区已经出现10千伏负荷供电紧张、110千伏变电站不足的问题。

针对上述这些问题，城市规划设计人员在电力专项规划编制体系中寻求突破。

通过对中心商务区近期建设项目供配电工程存在问题的梳理与分析，我们发现无论是传统的电力空间布局规划还是行业主管部门的专业配电网规划，都无法满足商务区特别是响螺湾和于家堡地区高速建设、负荷集中并且增长过快的需求。目前已有的电力空间布局规划是对220千伏及其以上变电站和走廊的控制，主要是原则性上的，没有具体落位到实际用地控制中；而专业配电网规划又侧重配电网技术的优化，其场站布局和走廊路径都过于理想化，与城市用地规划矛盾较多，难以实施。这就需要一个能够充分指导近期高压配电网（110千伏及35千伏）电力设施建设，将专业规划落实到用地上的可实施性强的专项规划来填补当前规划指导欠缺的空间，充分地支撑近期电力设施的建设。

梳理商务区范围内近期（"十二五"）规划建设的220千伏、110千伏及35千伏公用变电站选址用地情况，并在用地规划编制中充分体现予以控制，以便于在周边土地出让及土地整理成本核算时充分考虑其能源配套情况，确保新建变电站能够及时选址落位、建设投运，使近期开发建设的地块有充备的供电保障。对于无供电保障或电力设施建设时序无法满足近期建设需求的项目，要控制其土地出让的进度，甚至考虑暂停该区域或地块的出让及项目落位。

电力负荷预测是城市电网规划中的基础性工作。负荷预测要求具有很强的科学性，通过搜集大量反映客观规律性的数据，采用适应地区发展规律的预测方法，选用符合实际的计算参数，以现状水平为基础资料，预测未来的负荷发展水平。预测工作应在调查分析的基础上，收集城市建设和各行业发展信息，充分研究城市的用电量和负荷的历史与现状数据，采用多种模型对系统负荷发展趋势进行测算。

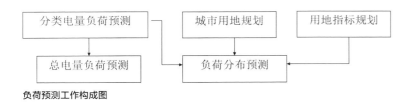

负荷预测工作构成图

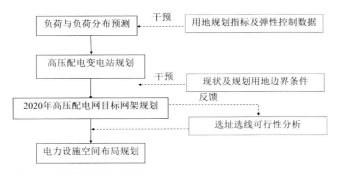

中心商务区电力设施专项规划工作模块

由于中心商务区内租售比例的不同，业态分布的不稳定性造成分电压等级负荷预测不确定性大，从而无法确定 110 千伏变电站的个数、规模及分布，给下一步电力设施的规划和建设工作带来很大困难。在本次电力设施专项规划中，通过与中心商务区管委会及已出让地块的各个开发商逐一沟通、调研，最大限度地掌握实际开发建设数据与未来经营模式，对不能确定租售模式的或尚未招商的地块，通过规划管理层面按照天津市相关规定，提出对公寓面积不超过总建筑规模 30% 的比例进行最大限度控制。负荷预测方面，优化预测指标，对用地规划指标及业态功能较为模糊或灵活性较大的区域，进行适应性分析，既满足未来建设项目用电需求，又避免余量过多造成电力资源的浪费。通过分布负荷预测结果完成 110 千伏及 35 千伏变电站的空间布局并确定其供电范围，为下一步电力设施的选址分析与规划落位提供充备的技术支撑。

四、高效智能电网，低碳绿色新城

天津生态城作为中国和新加坡两国合作建设的生态城市，2013 年 2 月成为国家住建部"试点智慧城市"，2014 年 2 月成为国家能源局"新能源应用示范园区"，当月入选"绿色建筑示范基地"。

根据中新天津生态城的城市规划及建设发展要求，滨海新区政府及电力公司于 2010 年 1 月启动了中新天津生态城智能电网综合示范工程建设，以和畅路 110 千伏变电站开工建设为标志，拉开了智能电网建设的序幕。

2011 年 9 月 19 日，中新天津生态城智能电网综合示范工程投运。该工程共包括分布式电源接入、微网系统、配电自动化、电动汽车充电设施等 12 个子项，共申请专利 70 项，发表论文 20 篇，编制各类标准规范 39 篇，开展 14 个子课题研究。其中，"面向城市区域智能电网的综合可视化平台"等 5 个子课题获得"国际领先"评价。"智能电网电能质量监测与管理分析系统"等 9 个子课题获得"国际先进"评价。该工程共取得十大创新，成为国际上覆盖区域最广、功能最齐全的智能电网项目。它以城市能源综合优化运行为目标，建设多级能源综合协调控制系统，实现风、光、气、冷、热、电不同形式能源的优化利用，使生态城区域的能源利用效率达到综合最优。中新生态城智能电网综合示范工程的建成投运标志着滨海新区智能电网建设进入领先行列。

中心商务区电力专项规划供电范围图

2013 年 4 月，中新生态城智能电网建设在生态城 30 平方千米的范围内全面启动，在中新天津生态城全面推广建设配电自动化、电力光纤到户、电动汽车充电桩，接入中央大道光伏和北部高压带光伏，安装电能质量监测终端 5 个项目，运行数据积累与完善 11 个项目。

2013 年 5 月 14 日，中共中央总书记、国家主席、中央军委主席习近平在天津考察，听取了生态城规划建设情况介绍，查看了规划实景沙盘和建设展板，并考察了智能电网综合示范工程服务中心，进一步加快了新区智能电网建设的速度，提高了电网建设水平。

2014 年 6 月 7 日，中新天津生态城获得国家发改委 1000 万元中央预算财政资金支持。2014 年 7 月 11 日，中新天津生态城入选中美能源合作项目"智能电网"成果清单。2014 年 8 月 7 日，中新天津生态城智能电网创新示范区被纳入国家电网公司试点。

近年来，随着能源危机的加剧以及人类对气候危机有了越来越清晰的认识，全球范围内新能源出现了超常规的发展态势。在经济发展过程中，我国作为世界上人口最多的发展中国家，能源消耗量不断增加，在传统的化石能源无以为继的局面下，开发可再生能源，鼓励可再生能源产业发展日益受到了高度的重视。可再生能源发电是新能源发展的核心，而风电是在技术和成本上最具竞争力的新能源形式。我国的风资源极其丰富，特别是东北、西北、西南高原以及沿海地区，其中沿海地区风速较大，风频较合适。因此，在沿海发展风电是我国能源战略调整的重点。而对于天津这个海滨城市来说，大部分的风能资源集中在塘沽、汉沽和大港等靠东部的沿海地区。

天津滨海新区处于沿海风带上，风资源好，开发前景广阔。由于风的随机多变性，现有的气象站并不能满足风资源评估和风电选址的要求。为此，天津市气象局在滨海新区设立了三座测风塔，分别位于汉沽（100 米）、塘沽（70 米）和大港（70 米）。根据三座测风塔全年的测风数据，分析风速、风向及风切变特性，详细地分析了滨海新区风资源特征。

天津市滨海新区风力发电场主要分布在东部沿海地带。到 2012 年底，已实现并网的装机总容量（22.85 万千瓦时），每年能够为滨海新区提供约 4.57 亿千瓦时的绿色电能。按每户每月用电 87 千瓦时计算（全国统一算法），新区风力发电将解决 43 万余户家庭的用电问题。加上在建的大神堂二期 6 台 2.0 兆瓦低风速风机和沙井子三期 33 台 1.5 兆瓦国产风机，滨海新区的总装机容量已达到 29 万千瓦时，与相同发电容量的火电机组相比，每年可节约标准煤近 23 万吨，减少排放二氧化碳 39.51 万吨、二氧化硫 3.51 万吨、氮氧化物 1.91 万吨、粉尘 0.15 万吨，这对于缓解当前的能源危机和环境压力具有重要的意义。

滨海新区 2012 年印发的《天津市滨海新区风电发展"十二五"规划》指出，新区将结合风能资源现状、城市用地规划、环境保护、海洋发展规划、海域陆域空间资源条件及海洋功能区划的要求，将在沿海的汉沽、大港等风能资源丰富地区，以集中开发的方式建设南、北两个规模化的风电基地。在汉沽大神堂区域建设北部风电基地，重点建设大神堂风电场及完善工程，规划 2020 年总装机容量达到 137 兆瓦；在大港独流减河、青静黄排水渠等区域建设南部风电基地，2020 年总装机容量达到 495 兆瓦。在建设大规模风电基地的同时，新区还将因地制宜地建设分散式风电场，推动分散式小型风电机组接入低压电网，为风电发展开辟广阔空间。

同时，新区将在适当的时候，开辟海上风电基地，通过示范项目建设带动海上风电技术和装备的进步，为海上风电大规模建设打好基础。"十二五"期间，加快推进了滨海新区沿海区域海上风电的规划建设，到 2015 年，新增海上风电装机容量 100 兆瓦，到 2020 年装机规模达到 200 兆瓦。

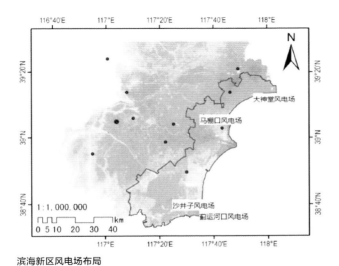

滨海新区风电场布局

滨海新区风电场分布及规模

风电场	工程期数	风机数量	单机容量	运行状态
大神堂	一期	13	2.0 兆瓦	并网
	二期	6	2.0 兆瓦	在建
沙井子	一期	33	1.5 兆瓦	并网
	二期	33	1.5 兆瓦	并网
	三期	33	1.5 兆瓦	在建
	四期	33	1.5 兆瓦	规划
马棚口	一期	33	1.5 兆瓦	并网
	二期	33	1.5 兆瓦	并网
蓟运河口	—	5	0.9 兆瓦	并网

第四部分　不断推进项目实施和完善项目管理

Part 4 Promote Project Impementation and Improve Project Management

第八章　滨海新区已实施重大基础设施概况

第一节　对外交通工程项目

1. 京津高速

（1）项目简介。

京津高速起点为北京朝阳区五环路化工桥（西直河），终点为天津滨海新区北塘街道，全长 147 千米，其中滨海新区段（津汉公路—海滨大道段）长 22 千米。

京津高速于 2008 年 7 月 16 日全线通车。主线设计为双向八车道，设计速度 100～120 千米/时。京津高速是北京和天津之间直达的第二条高速公路，是交通部规划的连接京津两市南、北、中三条高速公路中的北通道，首都放射干线公路之一，对加速京津地区一体化进程、促进环渤海地区经济快速协调发展起到促进作用。同时，京津高速可以直达天津港八号卡子门，是天津港主要的高速集疏运通道之一，承担了天津大量津港北部港区的集疏港交通量。

（2）效果图。

2. 滨海大道

（1）项目简介。

海滨大道是沿海高速的组成部分，南起大港区马棚口（津歧公路），北至天津市与河北省唐山市交界处的涧河，全长约 93 千米，分为北、中、南三段。北段全长 36.5 千米，按照双向六车道高速公路标准设计实施，设计时速为 120 千米/时，总投资 40.6 亿元；中段按城市快速路标准设计实施，双向八车道，线路长约 33 千米，设计速度 80 千米/时；南段长约 23 千米，按照双向六车道高速公路标准设计实施，设计时速为 120 千米/时，于 2010 年底全线通车。

海滨大道是天津滨海新区的交通骨干线，从河北唐山南堡到河北省黄骅市仅需 1 小时左右。该条高速公路联系了东北地区和华南地区，并联系了黄骅港、天津港、京唐港及秦皇岛港，大大缓解了唐津高速公路、津榆公路、汉南公路等公路的交通压力。另外，海滨大道还是天津港重要的集疏运转换通道。

（2）效果图。

3. 唐津高速拓宽

唐津高速公路（天津段）东北起自河北省丰南县界内的主线收费站，西南接至天津市域内的京沪高速公路，全长约126.66千米。其中，由唐山界至津汕高速公路段是"7918"国家高速公路网中9条南北纵线之一——长（春）深（圳）高速公路的组成部分，又称长深高速公路。

唐津高速公路为天津市早期建设的高速公路之一，除滨保高速公路以北段为双向六车道外，其余路段均为双向四车道。自1998年底陆续分段通车以来，唐津高速公路在天津市公路网中承担着多重交通功能，包括：东北地区与华东、华南地区间的过境交通，天津市、天津港的对外交通，以及沿线城、镇、功能区的区间交通。近年来，随着社会经济持续快速发展，特别是滨海新区开发开放被纳入到国家发展战略后，天津市域内公路客货运输需求量不断增加，并且对时效性的要求也日益提高，因此唐津高速公路的交通量长期处在持续快速增长阶段。同时，作为环渤海地区最为便捷的沿海通道，唐津高速公路通行车辆以货车为主，货车占总车型比例接近90%。大型重载车的大量使用使得唐津高速公路路面破损较快，需经常封闭局部路段进行维修，进一步恶化了通行条件，严重影响整体通行能力。2012年7月起，

天津市启动唐津高速（天津段）拓宽改造，除翻修路面外，区内全线道路加宽至双向八车道。

4. 津滨高速

（1）项目简介。

津滨高速西起天津市外环线张贵庄立交桥，东至塘沽区胡家园四号路，全长28.5千米。津滨高速规划为城市快速路，近期按照高速公路实施。双向六至八车道，设计车速为120千米／时，是天津市中心城区联系滨海新区核心区最重要的高速通道。

由于津滨高速公路为直接连接中心城区、滨海新区核心区的道路，因此它也是津塘交通走廊众多通道中最短、最快、最便捷的通道。同时，津滨高速公路沿线布设有滨海新区九大功能区中的临空产业区、滨海高新区、先进制造产业区、中心商务区四大功能区，因此也是天津城市发展轴上的主要交通通道。津滨高速始建于1998年10月，至2000年10月全线完工。首次修建按照双向四车道高速公路标准设计实施，投资11.6亿元。自2001年开通以来，交通量迅速增加，年交通量从2001年的224万辆增加至2008年的1258万辆，特别是随着滨海新区的快速发展和津滨高速公路沿线土地的开发，其交通压力越来越大。滨海新区于2009年启动津滨高速拓宽改造，并于2011年7月完工，实现双向六车道（部分路段八车道）恢复通车。

（2）效果图。

5. 宁静高速（蓟汕联络线）

（1）项目简介。

宁静高速公路（京津高速公路—津晋高速公路）位于天津市中心区东部，北接京津高速公路，向南途经北辰区、宁河区、东丽区、天津空港经济区、津南区和西青区，终点接津晋高速公路。路线长度约 41.5 千米。其中京津高速公路—津宁高速公路段（长度约 5.1 千米）按照双向六车道高速公路标准建设，津宁高速公路—津晋高速公路段（长度约 36.4 千米）按照双向八车道高速公路标准建设，设计行车速度为 100 千米／时。工程沿线共设置 7 处互通立交，4 处简易菱形立交，31 处分离式立交。跨越的金钟河、海河设置 2 处跨河大桥，津唐运河、北塘排污河、袁家河跨河桥梁均与立交桥梁合建，沿线设置小桥 2 处。另外，工程全线设置收费站 7 处，单侧服务区 2 处。

宁静高速自 2012 年开始建设，于 2016 年 11 月 28 日正式开通。宁静高速的建成通车，标志着由 6 条高速公路组成的天津市中心城区高速公路环线正式全线通车，将有效缓解外环线交通压力，促进客货运分离，优化天津市通行环境。"环城高速公路"共计 140.2 千米。其中，京津高速公路 13.6 千米，滨保高速公路 31 千米，京沪高速公路 18.5 千米，津晋高速公路 35.6 千米，蓟汕高速公路 41.5 千米。"环城高速公路"因位于中心城区外围，各条高速不仅承担自身交通功能，实现各方向高速之间相互转换，而且通过与中心城区放射线道路的紧密衔接，发挥了中心城区对外交通转换功能，屏蔽过境交通，形成中心城区外围的保护壳，还建立了环城四区之间的联系。另外，作为天津市市域"九横六纵"骨架路网中纵向干线之一、天津市域范围内南北向通道的重要组成路段，宁静高速的建成通车还将形成联系天津北部地区、海河中游、南部地区的重要通道。

（2）效果图。

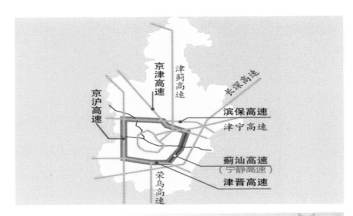

6. 京津城际

（1）项目简介。

京津城际起点为北京南站，终点为天津站，部分车次的终点站为于家堡站。正线全长 120 千米，设计时速为 350 千米，于 2005 年 7 月 4 日正式开工，2008 年 8 月 1 日正式开通运营。全线运行时间约为 33 分钟，平均运行速度为 240 千米 / 时。

京津城际延伸至于家堡工程，正线全长 44.75 千米，设计时速为 350 千米，于 2009 年 9 月 1 日开工建设，已于 2015 年 9 月 20 日正式开通。从北京到于家堡只需 60 分钟。

京津城际公交化运行特点明显，全天开行列车 100 对，最短发车间隔仅 5 分钟，其他时段间隔不超过 25 分钟。京津城际的开通，在北京和天津形成了"半小时经济圈"，促进了以城际铁路为骨干的多功能、多层次、多方位、立体式的快速高效交通网构建，对京津冀协同发展具有重要的推动促进作用，"同城效益"也将更加显现。

（2）效果图。

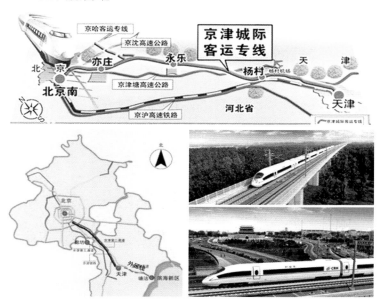

7. 塘汉路拓宽改造一期

（1）项目简介。

南起规划泰山道，北至京津高速南辅道，路线全长 1.25 千米。规划为城市主干路，设计行车速度 60 千米 / 时，红线宽度 60 米，双向六车道，主要节点为下穿北环铁路、进港铁路三线地道及灌水河桥。

（2）效果图。

8. 塘汉路拓宽改造二期

（1）项目简介。

工程分为塘汉路主线与京津高速公路延长线两侧辅道两部分。①塘汉路主线：南侧接一期终点，北侧接港城大道，城市主干路，双向六车道，设计车速 60 千米 / 时，全长 2.03 千米。②京津高速公路延长线两侧辅道：位于现状京津高速，城市主干路，双向六车道，设计车速 40 千米 / 时，全长约 2.52 千米。

（2）效果图。

9. 津秦高铁

（1）项目简介。

津秦高铁起于京沪高铁上的津沪线路所，终点是位于京哈线龙家营站和山海关站之间的龙家营线路所，正线全长 287 千米，其中天津境内为 69 千米，设计时速 350 千米，全线运行时间 71 分钟。自 2008 年 11 月 8 日开建，于 2013 年 12 月 1 日开通运营。当前每日开行 19 对 "G" 字头列车，年客运输送能力 8000 万人次。

津秦客运专线是国家中长期铁路网规划中的一部分，专线起自天津站，途经宁河区、唐山市、迁安市、滦县、卢龙县、抚宁县、北戴河，经由京山铁路引入秦皇岛站，与秦沈客运专线相连。线路开通后，天津与唐山形成了 "半小时经济圈"，与秦皇岛形成了 "一小时经济圈"。另外，津秦高铁通过天津地下直径线与京沪高铁、津保高铁联系，形成联系东北三省与华北、华东地区的高铁网络。

（2）效果图。

10. 天津铁路进港三线

（1）项目简介。

进港三线铁路自北塘西站东侧引出，向东沿北环线下穿塘汉公路、海滨大道、跃进路后引入新港北站的货运铁路线，线路长度 13.4 千米。

进港三线铁路自 2009 年 6 月开工建设，2016 年 6 月全线贯通并投入使用。该中心站初期项目 2 条铁路装卸线路及其相关配套设施建设完工，具备年 40 万标准箱的运输能力。未来待 10 条铁路装卸线全部建设后，年运输能力达到 200 万标准箱。

该项目的启用，打开了天津港又一条集疏港"快速通道"，有效突破了长期以来港口铁路疏运能力不足的瓶颈，同时畅通津蒙俄、津新欧物流通道，为"一带一路"建设提供有力支撑。

（2）效果图。

11. 于家堡站

（1）项目简介。

于家堡站位于于家堡金融区北端，是京津城际延长线的始发终到站。站房主体结构为地上 1 层、地下 3 层，车场总规模为 3 台 6 线，占地面积 9.3 万平方米。

自 2009 年 2 月 27 日正式开工建设，于 2015 年 9 月 20 日与京津城际延长线一起正式投入使用。地下建设有 200 ～ 400 个停车位，供私家车停放。同时，还借鉴"天津站模式"建设公交站以及出租车等候区。于家堡站是集运输生产、旅客服务、市政配套等多功能于一体的综合交通枢纽站，乘客可实现地铁、公交和铁路等交通工具的换乘。该工程的建成，标志着北京—天津—滨海新区快速通道的打通，从北京南站、天津站到达于家堡的时间将分别缩短至 59 分钟、22 分钟。

（2）效果图。

12. 滨海站

（1）项目简介。

滨海站位于滨海核心区，是天津滨海新区最大的地面火车站，是津秦客运专线上的中途站，也是未来京滨城际和环渤海城际的始发站。主站房分地上2层、地下1层，场站规模为8台18线，占地面积8万平方米，最高聚集人数可达2500人。

车站自2010年开始建设，于2013年12月正式开通运营。该交通枢纽重点覆盖滨海新区核心区、海河中游地区、汉沽、宁河、大港等地区，主要辐射环渤海2小时车程、500千米以内地区。随着津秦客运专线和周边地铁线及城市道路的建成，滨海站将充分发挥交通枢纽的作用，增强滨海新区辐射作用，助推新区加快开发开放的步伐。

（2）效果图。

13. 滨海北站

（1）项目简介。

滨海北站坐落于天津市汉沽区茶淀镇，是津秦高铁的中间站，处于滨海站和唐山站之间，距秦皇岛站176千米，距北戴河站157千米。主站房占地面积1.4万平方米，分地上2层、地下1层，站台规模为2台4线，车站设计客流为105万人次/年。

滨海北站于2013年10月竣工。辐射范围为滨海新区汉沽、宁河、唐山南部等地，运营后将极大方便滨海新区与环渤海地区的联系。

（2）效果图。

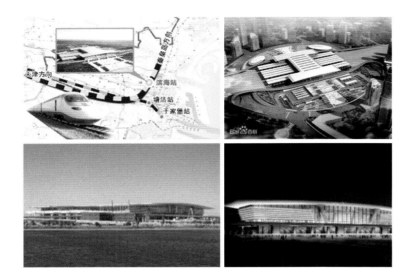

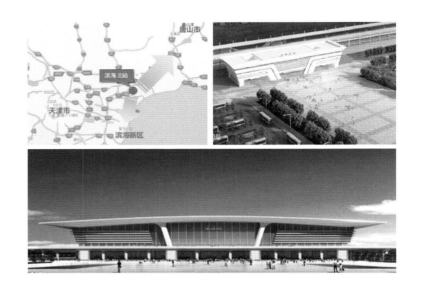

14. 新港北铁路集装箱中心站

（1）项目简介。

位于天津市滨海新区天津港北部的东疆保税港区新港八号路与海铁大道之间，对接天津港，分担南疆港站、新港站等站的集装箱货运压力。

由铁道部、天津市、中铁联合国际集装箱公司、天津港（集团）公司共同筹资，于 2010 年开工建设，2012 年建成。

首发的新港北—广州集装箱班列，实现"客车化"管理，每周开行 6 列，周二至周日开行，40 辆满编运输，全部采用 120 千米/时车底，运行时间 40 小时。

中铁天津集装箱中心站的开通运营，使天津港这个"一带一路"的重要节点，通过铁路网，连接二连浩特、阿拉山口、霍尔果斯、满洲里四个过境口岸，进而连通亚、欧，实现了天津港集装箱海铁联运功能布局的全面升级，形成了新的国际集装箱运输快速通道，提升了国内集装箱发运和接卸能力。

（2）效果图。

15. 海港——天津港

（1）项目简介。

天津港是中国北方最大的综合性港口，拥有各类泊位总数 173 个，其中万吨级以上泊位 119 个。2015 年，天津港货物吞吐量突破 5.4 亿吨，世界排名第四位；集装箱吞吐量超过 1411 万标准箱，世界排名第十位。天津港是世界等级最高的人工深水港，30 万吨级船舶可自由进出港口。目前，天津港主航道水深已达 21 米，可满足 30 万吨级原油船舶和国际上最先进的集装箱船进出港。

天津港对外联系广泛，同世界上 180 多个国家和地区的 500 多个港口有贸易往来，集装箱班轮航线达到 120 条，每月航班 550 余班，直达世界各地港口。天津港对内辐射力强，腹地面积近 500 万平方千米，占全国总面积的 52%。全港 70% 左右的货物吞吐量和 50% 以上的口岸进出口货值来自天津以外的各省、市、自治区。天津港是中国沿海港口功能最齐全的港口之一，拥有集装箱、矿石、煤炭、焦炭、原油及制品、钢材、大型设备、滚装汽车、液化天然气、散粮、国际邮轮等专业化泊位。

（2）效果图。

16. 国际邮轮母港

（1）项目简介。

天津国际邮轮母港总规划面积 120 万平方米，拥有规划岸线 1600 米。该区域依托国际邮轮码头和东疆保税港区政策，具有为海上邮轮和陆上游客服务的双重功能，规划布置了休闲娱乐、商贸会展、主题旅游和精品购物等各类项目，是以邮轮休闲和航运服务为特色，以自由贸易区为建设目标的休闲商务区。

天津国际邮轮母港超现代造型的客运大厦和拥有 2 个大型邮轮泊位的码头岸线已建成并投入使用，可停靠目前世界上最大的邮轮，年接待进出境游客能力达 50 万人次。移动式登船廊桥、多形式的行李接取方式，体现了现代化邮轮码头的便利。

同时，依托国际邮轮泊位与客运站房，邮轮母港区域内拟布置包含邮轮码头管理、港务口岸服务、出入境管理、邮轮公司办事机构、船舶代理、旅游服务和金融保险等在内的综合性写字楼，以及餐饮宾馆和商业设施，配合东疆保税港区拟后续建设国际商务采购中心、五星级酒店、大型商业设施，以及特色型旅游会展温泉度假设施，从而逐步形成与北方最大邮轮母港目标定位相适应的完善的邮轮母港复合产业体系。

（2）效果图。

17. 滨海国际机场

（1）项目简介。

天津滨海国际机场位于天津市东丽区，是中国主要的航空货运中心之一，也是天津航空与奥凯航空的枢纽机场。天津机场距北京 134 千米，距天津市中心 13 千米，距天津港 30 千米，地理位置优越，具有较强的铁路、高速公路、轨道等综合交通优势。基础设施完善，市政能源配套齐全，是国内干线机场、国际定期航班机场、国家一类航空口岸。天津机场现有跑道 2 条，第一跑道 3600 米，第二跑道 3200 米，飞行区等级 4F 级，可满足各类大型飞机全载起降。

2014 年 8 月，T2 航站楼及地下交通中心启用，滨海国际机场综合枢纽实现"双楼、双区、双跑道"运营及 6 种交通方式的任意换乘。机场年旅客吞吐能力达到 3000 万～5000 万人次，货邮保障能力达到 73 万吨。

（2）效果图。

18. 天津空港经济区

（1）项目简介。

天津空港经济区于 2002 年 10 月设立，地处天津滨海国际机场东北侧，规划面积 42 平方千米。距市区 3 千米，距港口 30 千米，距北京 110 千米，是天津临空产业区（航空城）的核心组成部分。

空港经济区以其优越的地理位置和独特的功能优势，吸引了 1000 多家企业落户，成为国内外企业的集聚区。

空港保税区位于空港物流加工区内，2005 年 5 月通过国家验收，封关运营，为国内第一家空港保税区，重点发展保税加工制造业和现代物流业。

空港经济区以航空制造、电子信息和精密机械等为特色，是滨海新区距离市区最近的经济功能区，并以国际化、人文化、生态化为发展标准，努力建设集科技园、工业园、物流园于一体（一城三园）的生态型现代工业园区。

（2）效果图。

第二节　城市交通工程项目

1. 天津大道

（1）项目简介。

天津大道西起中心城区外环线，东至滨海新区核心区中央大道，全长约 37 千米。其中，津南区段长 25 千米，塘沽区段长 12 千米。按照城市快速路标准规划实施，双向八车道，道路红线宽度 47 ~ 63 米，设计时速 80 千米。道路总投资 81 亿元，自 2008 年 12 月开建，于 2010 年 9 月 30 日建成通车。

天津大道位于海河以南，西接直通小白楼商务中心的大沽路，东端与滨海新区中心商务区主要对外道路中央大道相交，线路最为顺畅。因而对快速通达性提出较高的要求，能够满足两个商务中心（区）的出行时间不超过 45 分钟。

（2）效果图。

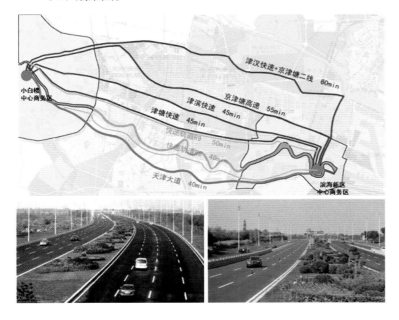

2. 港城大道

（1）项目简介。

港城大道西起津汉公路，东至塘汉快速路，由现状空港物流加工区的中心大道、纬八路、既有的杨北公路及新建道路等路段组成，全长 29.6 千米，于 2010 年 10 月建成通车。

港城大道的第一大功能就是将港城大道沿线的功能区与天津港更紧密地联系起来，充分发挥港口对本区域的带动作用，同时港城大道将三大功能区紧密联系在一起，有利于沿线地区产业链的形成。另外，港城大道还是空港物流加工区、滨海高新区、开发区西区重要的对外客运通道之一。除以上主要功能外，港城大道还兼具了连接滨海国际机场、津秦高速铁路滨海站、东疆港客运码头的功能，以及区内大件通道的功能。

（2）效果图。

3. 中央大道

（1）项目简介。

中央大道北起汉沽街汉蔡路，途经汉沽街、塘沽街、大港街，南至大港街轻纺大道，是纵贯滨海新区南北中轴线最重要的客运干道，也是滨海新区综合交通规划体系中港城交通体分离体系最为重要的一环。路线全长 52.38 千米，按照双向八至十车道城市快速路和主干路，设计车速 60 ~ 80 千米 / 时。全线自北向南共分 10 个段落，分别为汉沽段、青坨子段、永定新河大桥段、开发区段、四号路地道段、海河隧道段、大沽段、物流中心段、津晋高速互通立交段和轻纺经济区联络线段。

工程于 2007 年 11 月开工建设，最后的工程节点滨海新区中央大道海河隧道于 2015 年 1 月 23 日试通车。至此，中央大道全线贯通。中央大道沟通了滨海新区南北向交通，缓解了海滨大道及其他交通设施的压力，减轻了海河两岸的负担。

（2）效果图。

4. 滨海新区中央大道工程新港四号路地道与胜利路段项目

（1）项目简介。

滨海新区中央大道四号路地道北连开发区南海路，南接中央大道胜利路段，依次下穿新港四号路、津滨轻轨、疏港二线铁路和大连东道，采用城市主干路标准，主线设计车速 60 千米 / 时，辅道设计车速 30 千米 / 时。

（2）效果图。

新港四号路地道

5. 西中环

（1）项目简介。

规划滨海新区西中环快速，南起中部新城，与规划南中环连接，北至永定新河并与塘承高速连接。目前津塘公路以北段已通车，分三期实施，具体为：西中环及延长线快速路一期，第九大街—津塘公路，全长6.4千米，双向八车道，投资23.1亿元，2011年竣工；西中环及延长线快速路二期，第九大街—京津高速，全长5.6千米，八车道，投资17.6亿元，2011年竣工；京津高速—京港高速，全长4.96千米，八车道，投资11.3亿元，2013年竣工。

西中环快速串联京津塘高速公路、津滨高速、京津高速、津塘公路、第九大街等多条交通要道，形成四通八达的路网体系，形成疏港货运交通的南北向转换通道，减少集疏运交通对核心区的干扰，同时对提升黄港片区、海洋高新区的交通环境发挥积极作用。

（2）效果图。

6. 塘汉快速路

（1）项目简介。

塘汉快速路是滨海新区确定的"1环11射5横5纵"交通规划布局中"5纵"的重要道路。线路南起新北路，北至汉沽外环线，全长14.35千米，主要涉及滨海新区塘沽、汉沽（含北京清河农场）等区域，采用双向六车道城市快速路标准，设计行车速度80千米/时，总投资14.4亿元。2008年10月开始建设，2010年10月竣工通车，往来塘汉最快只需15分钟。

（2）效果图。

7. 滨海新区西中环及延长线快速路二期工程（京港高速公路—京津高速公路）

（1）项目简介。

道路规划为城市快速路，主线双向八车道，设计速度 80 千米 / 时。路线起始于永定新河北岸的规划京港高速公路（向北接规划的塘承高速公路），沿地坪向南，起桥跨越永定新河，在北塘水库与黄港水库之间展线，降至地坪继续向南，跨过规划路二后落地，在规划路一处设置互通式立交一座，终止于京津高速公路互通式立交修筑起点（向南接西中环快速路京津高速公路—第九大街段），道路全长约 4.956 千米。

（2）效果图。

8. 滨海新区西中环及延长线快速路二期工程（第九大街—京津高速公路段）

（1）项目简介。

道路规划为城市快速路，主线双向八车道，设计速度 80 千米 / 时。工程北起京津高速以北约 650 米，南至第九大街，与西中环一期工程衔接，主线建设长度约 5.28 千米。路线在杨北公路、北环铁路等位置设置上跨桥梁，在京津高速、第九大街等位置设置互通立交。

（2）效果图。

9. 北塘—黄港联络线项目

（1）项目简介。

本项目包含北港路、欣嘉园南路和规划次干路六三部分。北港路道路长度约 3381.7 米，城市主干路，双向六车道；欣嘉园南路道路长度约 1461.4 米，城市主干路，双向六车道；规划次干路六道路长度约 1113.4 米，城市次干道，双向四车道，包含上跨京津高速桥梁一座，桥长 373 米。

（2）效果图。

10. 滨海新区西中环及延长线快速路工程

（1）项目简介。

道路规划为城市快速路，主线双向八车道，设计速度 60 千米／时；辅道双向四车道，设计速度 40 千米／时。工程北起第九大街，向南穿越海洋高新技术开发区，跨越京津塘高速公路，下穿津滨高速公路及津滨轻轨、津山铁路，上跨津塘公路设置分离式立交，南至津塘公路分离式立交桥梁往南的落地点，建设长度约 5.58 千米。

（2）效果图。

11. 天津汉沽寨上大桥工程

（1）项目简介。

本工程为城市主干路，双向四车道，设计车速 40 千米 / 时。路线总长度为 1.05 千米，道路面积 29 979.9 平方米，桥梁长度 233.5 米，桥梁面积 7005 平方米，地道面积 1159.8 平方米。

（2）效果图。

12. 北海路下穿进港铁路二线地道工程

（1）项目简介。

本工程北起开发区第一大街，连接北海路，路线往南依次下穿津滨轻轨、新港四号路、进港铁路二线后，止于紫云东路，与港滨路相连，路线长约 942.3 米，城市主干路标准，双向六车道，设计车速 40 千米 / 时。

（2）效果图。

13. 津滨轻轨

（1）项目简介。

津滨轻轨起点为天津站，终点为东海路，正线全长 52.759 千米，共 21 个站点。首、末班车发车时间分别为 6：00、22：30，全程运行时间 64 分钟。工作日早晚高峰发车间隔约为 5 分钟，非高峰期发车间隔 7～8 分钟，全天开行列车 239 列；周六、日发车间隔 8 分钟，全天开行客运列车 234 列。

津滨轻轨始建于 2001 年 1 月 18 日，一期工程（"中山门—东海路"区间）于 2003 年 9 月 30 日建成通车，2004 年 3 月 28 日开通载客试运营；二期工程（"天津站—中山门"区间）于 2011 年 5 月 1 日开通"十一经路—中山门"区间载客试运营，2012 年 10 月 15 日开通"天津站—十一经路"区间载客试运营。

津滨轻轨是天津市区与滨海新区连接的重要轨道交通线路，也是目前唯一将两地连接的轨道线路。它满足了工作日大量的通勤客流，非工作日也有大量的旅游、业务等客流，极大地方便了市区与滨海新区之间的来往。

（2）效果图。

第三节　市政基础设施项目

1. 天津北疆发电厂

天津北疆发电厂位于汉沽营城镇大神堂村与双桥子村之间，占地面积2.2平方千米，总投资260亿元。它将采用当今世界上最先进的高参数、大容量、高效率、低污染的"超超临界发电技术"，建设4台100万千瓦的清洁燃煤发电机组，这也是百万千瓦等级的超超临界机组在我国首次使用。同时，还将配备漫滩取水、海水冷却塔等一系列高新技术设施。该项目建成投产后，年新增发电量110亿千瓦时；增加原盐产量45万吨/年，相当于节约22平方千米盐田用地。

2. 北塘热电厂

北塘热电厂位于滨海新区北部北塘创业村，是新区能源建设的重点项目，项目分两期实施。正在施工的一期工程2回出线至米兰220千伏变电站，路径架空部分5.3千米，电缆部分6.7千米，具备送电条件。该热电厂投产后，将启动2台330兆瓦供热电机组，形成约1400万平方米供暖能力，有效缓解滨海新区供热紧张局面。

天津北疆发电厂

北塘热电厂

3. 北塘污水处理厂

滨海新区北塘污水处理厂于 2011 年建设，采用较为先进的污水处理工艺，项目投资近 40 000 万元，是滨海新区"十一五"节能减排重点项目，被列入《天津滨海新区环境保护与生态环境建设行动计划（2008—2010）》。建设规模：一期规模为 15 万立方米 / 日（终期 30 万立方米 / 日）。服务面积：86.14 平方千米。使用工艺：采用 AAO+ 深床滤池处理工艺。出水水质将达到《城镇污水处理厂污染物排放标准》一级 A 标准，污泥采用机械浓缩、脱水后外运处置。滨海新区北塘污水处理厂建成后将极大地改善周围水体环境，对治理水污染、保护当地流域水质和生态平衡具有十分重要的作用。

4. 大港垃圾焚烧发电厂

大港垃圾焚烧发电厂项目选址于滨海新区南港轻纺工业园东南角市政公用设施地块内，与规划的污水处理厂、污泥干化处理厂以及再生水厂均集中布置在该地块内，形成资源循环利用，总占地面积 8.4 万平方米。据悉，该垃圾焚烧发电厂系"四厂合一"循环经济示范区项目之一，其规划处理滨海新区海河以南区域的全部生活垃圾。总建设规模为日处理生活垃圾 2000 吨，一期建设规模为日处理生活垃圾 1000 吨，年处理能力约 33.3 万吨，总占地约 4.4 万平方米。大港垃圾焚烧发电厂项目一期工程设 2 台日处理垃圾能力为 500 吨的顺推式机械炉排焚烧炉，同步建设 2 台 7.5 兆瓦抽气式汽轮发电机组，配 9 兆瓦发电机。年发电量约 1.16 亿千瓦时，年供蒸汽约 8 万吨。厂内所发电量除 25% ~ 30% 供本项目自用外，其余电量全部送入天津电网售电。

北塘污水处理厂

大港垃圾焚烧发电厂

5. 大港新泉海水淡化厂

大港新泉海水淡化厂是新加坡第一座海水淡化厂，由新加坡凯发集团负责投资、建设、运行和维护，总投资为2亿新元（约合10亿元人民币），日产淡化水13.6万吨，每立方米饮用水售价为0.78新元（约合3.9元人民币），是目前世界上淡化水售价最低的。新泉海水淡化厂自2005年9月投入使用以来，已正常运行多年，其各项指标都大大优于设计值。新泉海水淡化厂是目前全球最大型的使用反渗透膜技术的海水淡化厂之一，它的建成和长期稳定运行不仅为新加坡实现供水自给自足奠定了重要的基础，还为我国海水淡化事业的发展提供了一个重要的学习和借鉴的对象。

6. 南疆 LNG 项目

中国海油天津 LNG 项目站址位于天津港南疆港区，是国内第一个浮式 LNG 项目，是国家试点清洁能源浮式技术重点项目，是天津市重点工程，也是中国海油的重点工程。与常规 LNG 接收站相比，天津 LNG 采用浮式 LNG 接收终端实现 LNG 的快速供应，缩短工期 3～4 年，这为国内 LNG 清洁能源产业的发展开辟了全新思路。

天津 LNG 项目一期浮式工程由浮式储存气化装置（简称 FSRU）、港口码头工程、接收站和储罐工程、输气管线工程四部分组成，建设规模 220 万吨 / 年，折合天然气 30 亿立方米 / 年；扩建工程规模将不少于 600 万吨 / 年，折合天然气 80 亿立方米 / 年。

大港新泉海水淡化厂

南疆 LNG 项目

7. 临港热电厂

天津临港热电厂位于天津市滨海新区临港经济区，厂址与天津 IGCC 电站毗邻。该项目核准建设 2 套 F 级 "一拖一" 燃气蒸汽联合循环热电联产机组，分步建设，先期建设一套，于 2012 年 12 月 15 日正式开工。燃机采用 GE 公司 9FB03 机型，汽轮机低压缸设置 3S 离合器，可实现 "抽—凝—背" 三种运行方式，机组冬季纯凝工况额定功率 46.291 万千瓦。168 小时试运期间，机组平均负荷率达 100.5%，最高功率达 47.7 万千瓦，平均厂用电率 1.3%，发电气耗 0.175 标准立方米／千瓦时，热控保护投入率 100%，自动投入率 100%，电气保护投入率 100%，汽水品质全部合格，性能指标达到同类机组优良水平。该项目采用天然气清洁能源发电，燃机设有低氮燃烧器，并同步设置 SCR 脱硝装置，污水处理做到零排放。

8. 大港 1000 千伏变电站

占地 12.05 公顷的大港 1000 千伏变电站位于国家规划 1000 千伏内蒙古西—天津南、锡林郭勒盟—南京输电通道上，将把内蒙古西部电力资源引入天津市。作为国家特高压骨干网架组成部分和京津冀电网骨干网架，该变电站主要将区外特高压来电送至津冀负荷中心，是特高压骨干网架上的一个重要节点。京津冀电网是华北电网负荷中心之一，需大量接收能源基地外送电力。特高压输变电工程的建设不仅可降低对本地煤炭的依赖度、缓解京津冀雾霾状况，还可节约煤炭运输成本。天津市 1000 千伏特高压输变电工程开工前的各项准备工作已经基本完成。

临港热电厂

大港 1000 千伏变电站

9. 海河口泵站

该泵站可实现与行洪河道、河口泵站及沿海闸群的联合调度，在缓解海河排水压力、提高天津应对极端天气的能力、保障核心区域防汛安全方面发挥重大作用。据介绍，海河口泵站位于滨海新区渔航道与海河交汇处，工程设计排水能力 230 立方米／秒，工程建成后可与各外排泵站及海河防潮闸联合调度，实现强降雨时不间断排沥，全面提升海河干流行洪排沥能力。

10. 大神堂风电场

总投资 3.7 亿元的天津津能大神堂风电场选址在天津市汉沽洒金坨村以南，一期建设规模为 26 兆瓦，采用 13 台单机容量 2 兆瓦的风电机组，这 13 台风电机组将是目前国内陆基安装的单机容量最大、桨叶直径最长、科技含量最高、拥有完全自主知识产权的风机。大神堂风电场不仅是天津市首个风力发电项目，还是国内第一例采用国际先进的分布式上网的风电场，能最大限度减少电网输送环节的消耗，显著提高能源的利用效率。一期风电场每年可供给 5200 余万千瓦时的绿色电能，假设依照每户每月用电 87 千瓦时来算，可供 5 万个家庭用一年。这些绿色电能可年节省标煤 1.9 万吨、淡水 3.04 万吨、年减排二氧化碳 6 万吨。

海河口泵站

大神堂风电场

11. 新华路 220 千伏变电站

位于天津滨海新区天碱商业区的新华路 220 千伏智能变电站是天津市重点工程，将担负为中心商务区特别是于家堡金融区供电、满足地区新增负荷需求、改善滨海新区地区电网结构、解决周边电源点重载等多项重要任务。同时，新华路 220 千伏变电站地处滨海新区核心地带，设计受到征地面积小、规划要求高的制约，要求最大限度减小对周边居民区和商业区的影响，满足国网公司对智能变电站的高度要求。电源线部分从海门 220 千伏站到新华路 220 千伏站，全程采用电缆敷设穿越新区核心区域，涉及学校、加油站、铁路、军事设施等敏感区域，而且存在穿越海河、与市政同沟同期建设等复杂情况。

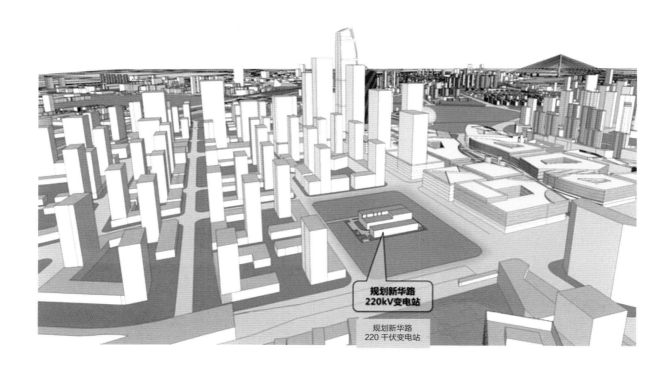

规划新华路
220kV变电站

规划新华路
220 千伏变电站

新华路 220 千伏变电站

第九章　不断完善道路和市政基础设施规划管理

第一节　管理记——规范管理的不断探索

为强化对滨海新区交通设施的管理，增强交通的引领作用，先后开展了滨海新区道路定线全覆盖、滨海新区轨道网定线、滨海新区道路竖向规划及滨海新区工业管线和市政管网普查。

一、滨海新区道路定线全覆盖

2012—2013 年，由滨海新区规划和国土资源管理局市政处牵头，天津市规划院、渤海规划院联手用近一年半的时间对滨海新区道路定线实现了全覆盖。

1. 定线工作过程

2012 年 7 月，滨海新区规划和国土资源管理局下达指令性任务。

2012 年 8 月，中心商务区道路定线经业务会审定上网。

2013 年 2—3 月，征求各个相关功能区的意见。

2013 年 6—7 月，市政处对控制网成果进行审查。

2013 年 7 月，核心片区结合详规处意见进行完善。

2013 年 9—10 月，召开专家评审会。

2013 年 11—12 月，市规划院、渤海规划院根据专家评审会意见修改后上报最终成果。

2. 定线思路

核心片区、北片区、南片区定线的依据是 2010 年 4 月滨海新区人民政府批复的控规路网，西片区定线依据为 2009 年 10 月天津市滨海新区管理委员会和天津市规划局联合批复的控规路网。

本次定线在基础路网上进行深化，主要从以下 6 个方面核查及优化控规路网：

一是土地出让情况。根据各功能区和详规处提供的土地出让界线，对出让用地与定线红线存在冲突的地方逐一分析，提出解决对策。

二是最新控规的阶段性成果。

三是轨道和铁路线位。本次定线道路与现状及规划铁路均无矛盾，道路网与轨道网相结合，轨道线基本上均沿道路布置。

四是市政设施。本次定线道路注重对高压塔基的避让，与高压线、河流等市政设施无矛盾。

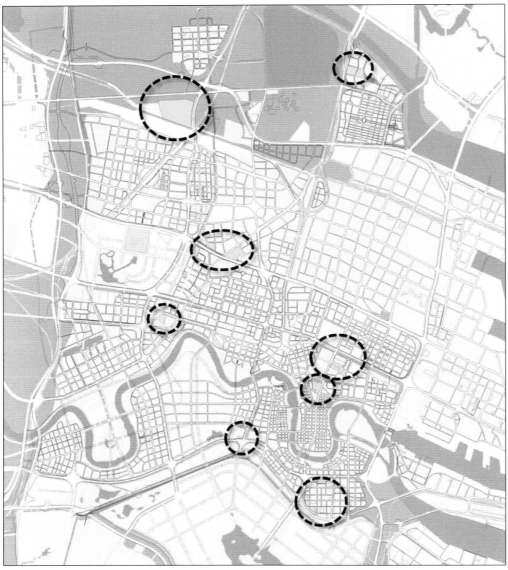

核心片区土地出让核查图

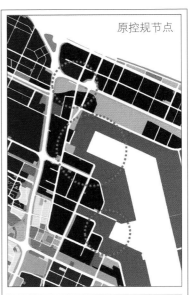

原控规节点

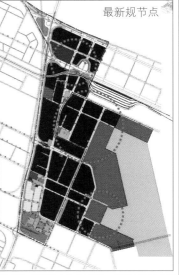

最新规节点

主要控规节点

核心片区轨道、铁路核查图

西部片区高压走廊核查图

五是最新的技术规范。原控规路网中存在道路线形不满足规范的情况，本次定线在对原有红线调整最小的前提下，线位按照规范要求进行了优化。

南部片区技术规范核查图

六是现状道路及地形情况。本次定线重点核查规划道路与现状矛盾的情况，通过调整规划道路解决与现状矛盾的问题。

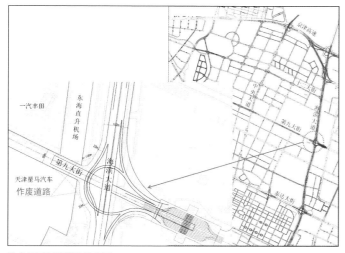

核心片区现状道路核查图

3. 定线成果

本次滨海新区定线分 4 个片区，共 152 个控规单元，总面积约 2543 平方千米，定线道路总长度约 4300 千米。

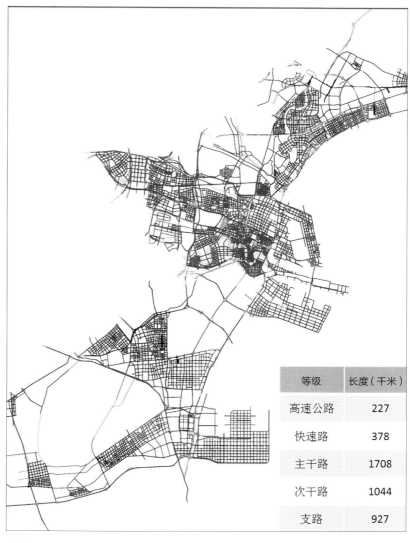

等级	长度（千米）
高速公路	227
快速路	378
主干路	1708
次干路	1044
支路	927

滨海新区道路控制网

二、滨海新区轨道定线全覆盖

与新区道路定线同步，自 2012 年起，新区着手对轨道网络进行定线全覆盖。

1. 定线工作过程

2012 年 2—4 月，以 2011 年新区政府批复的轨道网为基础进行初步线路选线规划。

2012 年 5—7 月，与铁三院、上海城建院、市政院等单位共同深化线路预可研方案。

2012 年 8—10 月，结合预可研方案对线网进行控制网落地规划。

2012 年 11 月，就方案向新区规划和国土资源管理局以及各功能区征求意见。

2012 年 12 月，形成控制网方案，向规划和国土资源管理局汇报并获同意。

2. 定线工作思路

本次定线在 2011 年市域轨道控制网基础上进行深化，主要结合以下 5 个方面完善控制网：

一是新区批复线网成果。在新区批复线网成果基础上进行单线落地规划，为线路预可方案研究提供初步方案。

二是线路预可研方案。对线网所有线路进行预可方案研究，对线路详细线站位方案进行落地。

三是项目地块规划情况。结合部分地区土地出让情况及建设项目方案进行局部调整。

四是最新控规的阶段成果。将部分线路方案与新区控规调整最新成果结合。

五是路网规划情况。轨道网与道路网相结合，轨道线基本上均沿道路布置，并与铁路无矛盾。

3. 轨道定线成果

本次滨海新区范围内定线轨道总长度约 500 千米。

滨海新区轨道网规划图

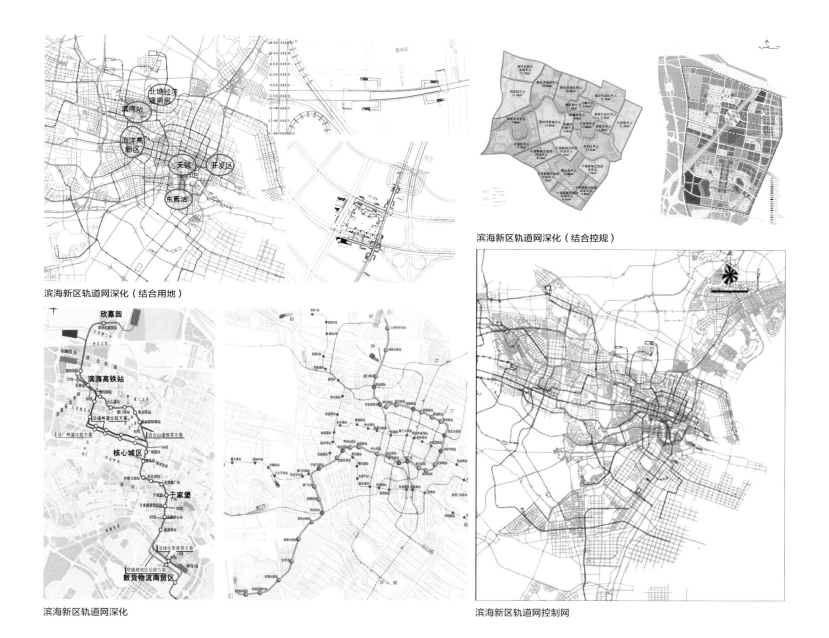

滨海新区轨道网深化（结合控规）

滨海新区轨道网深化（结合用地）

滨海新区轨道网深化

滨海新区轨道网控制网

三、滨海新区道路竖向规划

1. 工作过程

1984 年，天津市规划局做出开展中心城区道路竖向规划工作的决定，并要求每隔 5 年重新修编一次。

第 1 版规划：1989 年编制完成，范围为中心城区，1972 年大沽高程系、1989 年水准高程起算。

第 2 版规划：1994 年修编完成，范围为中心城区，1972 年大沽高程系、1993 年水准高程起算。

第 3 版规划：2005 年修编完成，范围为中心城区，1972 年大沽高程系、2003 年水准高程起算。

第 4 版规划：2008 年下达任务（业（2008）-012），在编，范围由中心城区扩大至整个市域。

2. 规划原则

（1）新建区域。

合理确定道路路基干湿状态，处理好与地下水位的关系；经济合理，避免大填大挖、土方量过大；确定道路高程时要有整体观念，要保证城市远景布局的整体性；合理利用地形地貌，结合排水系统规划，满足排水相关要求；对有通航要求的河道，跨河桥梁须满足通航要求；对有防洪要求的河道，跨河桥梁须满足防洪堤顶设计高程要求；跨铁路、道路、大件通道时，满足通行净空要求；为便于规划高程的使用和管理，道路交叉点规划高程位置直接采用道路中心线相交的交点位置，编号以道路中心桩号为准。

（2）建成区。

考虑到天津市地势平坦、建成区一般年代久、地下管线复杂的因素，除以下几种情况需做特别处理外，本次规划一般遵循维持现状高程：地下水位高，现状路面低，道路两侧建筑地坪高程较高，有提高条件；地势低洼，雨季易形成积水区，周围地区未改造；特殊建筑物功能需要。

（3）其他情况。

对正在施工和正在设计的道路交叉口规划高程，在确认与规划无矛盾的前提下，直接采用施工道路和设计道路的设计高程作为规划高程；对于已批规划中确定的道路交叉口高程，在确认与周边规划无矛盾的前提下直接将其作为规划高程；对于已批规划高程，如需进行调整，在进行论证后确定新规划高程。

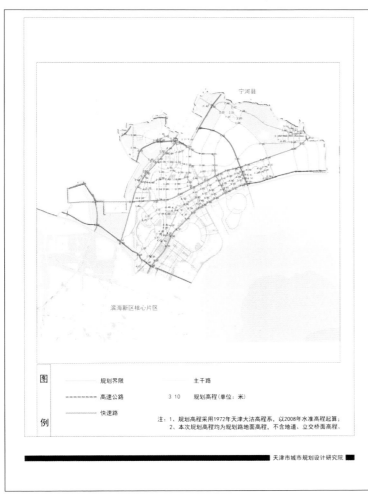

2008 年滨海新区道路竖向规划成果（北片区）

2008 年滨海新区道路竖向规划成果（核心片区）

2008 年滨海新区道路竖向规划成果（西片区）

2008 年滨海新区道路竖向规划成果（南片区）

四、滨海新区管线普查

1. 工业管线普查工作

地下管线被喻为"城市生命线"，它包括电信、电力、给水、燃气、排水、热力、工业、综合管沟八大类。这些管线深埋地下，看不见摸不着，走向纵横交错，权属错综复杂，建设年代不一，材质五花八门。据不完全统计，新区已有地下管线长度高达1万余千米，覆盖了新区全域范围，贯通了各个功能区。这些管线在给新区带来活力和发展、服务百姓生产生活的同时，也同样隐藏着易被人们忽视的隐患。特别是新区又是工业管线集中地区，各条重要工业管线所输送的物料大多是易燃、易爆、有毒的物质，一旦发生事故，将严重危害人民群众的生命财产安全。

因此，2010年12月27日经新区发改委批准立项（津滨发改投资发〔2010〕167号），新区规划和国土资源管理局及新区安全生产监督管理局开始积极筹备滨海新区工业管线及危险场站点普查工作。2011年9月，经新区政府第37次常务会议研究，成立了由蔡云鹏副区长、王盛副区长为组长，新区政府各职能部门及重点石化企业为成员的领导小组，领导小组下设普查办公室，负责本次工业管线及危险场站点普查工作领导小组的日常工作。同年11月，在新区政府召开了新区全区普查工作动员大会，由王

盛副区长出席并做动员讲话。会上滨海新区规划和国土资源管理局局长霍兵代表领导小组安排部署普查工作任务，中石油大港油田等两个权属单位代表各权属单位做了表态发言，塘沽、汉沽、大港、开发区、保税区等15家功能区管委会的主要负责同志，中石油、中石化、中海油等近百家管线权属单位的主要负责同志近150人参加。会议下发了《关于开展滨海新区工业管线及危险场站点普查工作的通知》。至此，普查工作全面铺开。

此次普查涉及塘沽、汉沽、大港、临港、南港等15个功能区及重点石化产业区域范围。普查内容主要为工业管线、危险场站点以及重要市政管线。

按照《天津市地下管线信息管理技术规程》（DB/T29—152—2010）及国家或天津市相关现行标准，制定了普查技术标准《滨海新区工业管线及危险场站点普查工作技术标准》，确保普查成果的准确和完整。动员会后，普查办公室深入各权属单位推动调研、培训、现场服务并组织开展资料调绘工作。在各权属单位的支持配合下，共接收工业管线现状调查表及危险场站点调查表近200张，并通过查阅权属单位档案资料、现场踏勘等方式将各类工业管线及危险场站点分布基本情况以示意图的形式表现出

来，形成了资料调绘一张图，初步摸清了工业管线及危险场站点的情况。紧接着，新区规划和国土资源管理局与安监局领导多次带领普查办公室成员深入各权属单位指导服务，积极动员各权属单位开展自查、实测与汇交工作。一是有数据资料并符合格式要求的权属单位，在普查办公室的培训指导下，将数据按照标准进行整理汇交，共汇交 1043 千米。二是无数据、数据不现势或不符合要求的权属单位，自筹资金进行自查实测汇交，共汇交 1189 千米。三是安排修补测并对已有竣工管线数据进行整理，共计 832 千米。

为了严把数据质量关，采取"三级检验"方式，先由资料汇交权属单位根据自己掌握的信息资源对数据的数量、走向、四至范围、属性进行内部自查；再由测绘单位对数据的精度进行检查；最后由普查办公室组织专业技术小组对数据的逻辑性、格式要求等内容进行内外业核查，外业按总量 10% 进行抽检，内业为100% 检查，尽最大努力保障数据质量。

数据入库后，先后召集管线权属单位集中验收会 7 次、现场验收会 1 次，对管线的位置、埋设方式、管径、压力、建设年代等属性进行逐千米的核对，最大限度地保证了普查数据的准确性。经过不懈努力，从 2011 年 3 月至 2013 年 6 月，历时两年多的滨海新区工业管线及危险场站点普查工作在方方面面的支持和配合下圆满完成。此次普查，共获取工业管线数据 3064 千米，危险

场站点 82 个，形成滨海新区工业管线及危险场站点数据库，并建立了滨海新区工业管线规划与安全信息系统，编制了滨海新区工业管廊带专项规划，很好地完成了普查工作。

随着我国近年来城镇化及城市建设的高速发展，地下管线规模日益庞大，其规划建设、管理维护、安全运行等问题越来越复杂。

2014 年 6 月 3 日，国务院办公厅发布《关于加强城市地下管线建设管理的指导意见》，要求 2015 年底前完成城市地下管线普查工作并建立综合信息系统。

①性能大幅降低。随着滨海新区近些年市政基础设施高速建设，新建了大量的地下管网，亟需将该部分数据梳理整合，实现数据信息化。

②勘察测绘技术的局限性。新区地下管线建设年代跨度大，专业类别及敷设方式多样，在严重缺乏原始资料的情况下以目前的测绘技术很难对特殊管材和敷设方式的管道进行准确勘测，并且勘测出的地下管线数据侧重于局部工程，数据分散，无法表现各个专业管网的系统性。

③权属管理情况复杂。新区管线实施主体众多，有各管线专业单位、各功能区管委会、大型工业企业等，各类管线从前期规划建设到后期运行管理情况复杂。

针对上述问题，新区规划局自 2014 年初开始，按照天津市的统一部署，筹备新区地下管线普查的前期工作，于 2014 年 6 月

6 日组织召开地下管线普查及信息化建设工作推动会，成立工作办公室，开展全面工作。

通过一年的紧张工作，进行了 5 轮系统性的全面培训和 1 300 多人次的现场调研，共普查管线数据总长度 25 000 余千米。其中除了对原塘沽城区管网数据进行了全部更新外，新增的管线数据规模达 23 144 千米，约占全部数据的 92%，使滨海新区完成了现状地下管线数据的整合，首次实现地下管线数据一张网。

2. 求真务实——首次从规划管理与应用的角度开展地下管线普查工作

国内绝大多数城市在组织地下管线普查工作时是由城建主管部门、地理信息中心或勘测单位作为主要的牵头和责任单位，通过实测的手段普查管线数据，按照工程项目管理的方式推动工作进行，侧重于数据属性信息的标准与全面，强调数据的客观性和个体完整性。

本次新区管线普查则是由规划主管部门牵头，由城市规划设计院负责组织实施。项目伊始便侧重于挖掘现状地下管线数据在城市规划、建设及管理等方面的价值，不仅包括点线面的基本属性，更注重数据背后所反映的整个专业管网的系统信息和趋势，符合当前运用大数据指导城市建设的思想。

普查数据按照专业进行分类，由工程规划技术人员根据各专业特点进行分析、梳理，将各专业管线的零散数据分别整合成一张网，凸显了数据的专业性与系统性。

同时，建立数据更新机制，定期收集建设工程从规划设计到施工竣工各阶段数据。通过校核整理后更新入库，从而保持数据的现势性，延长数据的生命力。

（1）协同高效、灵活处理海量数据。

本次普查工作时间紧、任务重。一方面，管线的现状管理情况复杂，共涉及 7 个管委会及天津港集团、51 家管线权属单位，组织协调难度很大。另一方面，普查范围达 2100 多平方千米，需普查管线总长度超过 2 万千米，并且原始调绘数据格式多样、标准不一，给后期数据处理入库带来诸多困难。

针对以上问题，我们在普查办公室的领导框架下，对各权属单位进行责任分工。除了运用传统的测绘方式获取管线数据外，更重要的是建立共建共享的机制，通过对配合单位开放特定数据权限，激发各管委会和管线单位的积极性。特别是对一些主要的管线权属单位（如电力公司、燃气集团、水务集团等）进行重点培训、协作、督导等工作。

在数据处理上，我们结合新区实际情况，按照汇交数据的质量，将全部数据分为准确、参考、示意三类，其中准确和参考类数据可应用于规划方案比选、物探数据校核、灾害事故排险等方面，示意类数据可为管线的探测、规划、建设提供重要参考。这种分类处理的方式在明确了数据质量定位的同时极大地提高了其实际应用价值。

（2）成果应用前置，有机纳入城市规划建设管理。

在普查成果的应用上，一方面将普查数据纳入规划审批辅助系统，通过对数据的分析，形成初步审查意见表，对各审批阶段提出合理性建议，是规划审批的辅助决策工具；另一方面利用基础数据构建各专业管网模型，通过动态模拟评价管网运行状态，对管网布局的优化、改扩建方案的实施等有极大的指导意义。

目前滨海新区地下管线普查及信息化建设工作成果已应用于新区城市规划建设管理中。从 2014 年初，已利用普查数据为新区规划主管部门出具了 20 余个项目的初步审查意见表。

同时，该成果在新区多个重点项目的规划论证阶段发挥了重要作用：

①轨道 B1 线中心北路方案与河北路方案比选；

②轨道 B1 线、Z2 线专用变电站及电源线选址选线方案论证；

③滨海新区天碱热电厂替代工程；

④中心商务区新华路 220 千伏变电站及电源线选址选线方案论证。

随着滨海新区地下管线信息系统的不断完善，定能在规划建设管理及应急防灾减灾等方面发挥更大的作用。

第二节　　总结记——滨海交通年报的诞生与成长

一、编制背景

在新区综合交通及各专项规划的指导下，新区综合交通规划建设取得了日新月异的成绩。为进一步了解掌握新区交通的发展动向、建设成效，自 2014 年起，滨海新区规划和国土资源管理局组织编制滨海新区交通发展年度报告，每两年编制一次。

二、2014 年交通发展年报

（一）交通发展综述

2014 年是滨海新区第二届人民政府履职的第一年，也是全面深化改革的开局之年。滨海新区社会经济迅速发展，交通需求增长明显。全区常住人口 289.4 万人，同比增长 3.9%。全区机动车保有量为 35.5 万辆，同比增长 7.6%，滨海核心区出行总量为 353 万人次 / 日，同比增加 6.2%。港口货运量也维持稳定增长态势，港口货物吞吐量为 5.4 亿吨，同比增长 7.8%，集装箱吞吐量为 1406 万标准箱，同比增长 8.1%。

交通基础设施建设稳步发展，但投资结构有待优化。天津港围绕"北方国际航运中心、物流中心"的要求进一步完善集疏运基础设施，南疆 26 号专业化矿石泊位及国际邮轮码头二期工程正式竣工投产，30 万吨级深水航道和复式航道正式启用，码头泊位数增加至 119 个，同比增长 3.5%。城市道路建设是完善"金融中心、文化中心"等重点地区的道路网，全年新建及改扩建道路 118 千米，

路网总长度 2232 千米，增长 5.6%。公共交通服务能力进一步提升，新区公交运营线路长度 2410 千米，同比增长 20.7%，公交运营车辆数 1382 辆，同比增长 10.5%。全区交通基础设施财政投资 235 亿元，其中对外交通及其他投资占比最大，达到 71.3%；而公共交通所占比例仅为 3.3%，远低于中心城区 23.3% 的比例。

交通运行总体平稳，但交通结构有待优化。滨海新区核心区内主要道路平均车速为 23.4 千米 / 时，与去年基本持平，城市道路交通拥堵水平维持在合理范围。公共交通发展相对滞后，津滨轻轨滨海段高峰时段已基本饱和，常规公交客流量增长缓慢。滨海新区核心区呈现非机动车向小客车、公共交通转移的趋势，非机动车出行比例为 12.3%，同比下降 0.4 个百分点；小客车、公共交通出行比例分别为 20.2%、17.8%，同比上升 0.1、0.3 个百分点。

（二）交通需求与供给

1. 交通需求

全区人口维持稳定增长态势。2014 年末全区常住人口 289.4 万人，同比增长 3.9%，略高于全市 3.0% 的增速。滨海新区人口主要集中在核心区城区、北片区城区、南片区的大港老城区以及油田区等地。其中人口最集中的地区为核心区老城区，人口密度达到 2.0 万人 / 平方千米，因此该地区也成为交通活动最集中、交通供需矛盾突出的地区。

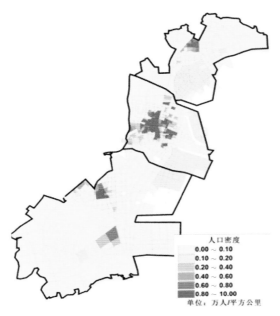

2014 年滨海新区常住人口分布图

人口密度
0.00 ~ 0.10
0.10 ~ 0.20
0.20 ~ 0.40
0.40 ~ 0.60
0.60 ~ 0.80
0.80 ~ 10.00
单位：万人/平方公里

机动车数量增长仍较为迅速。滨海新区全区机动车保有量为 35.5 万辆，同比增长 7.6%，高于全市 4.1% 的增速。全区机动车保有量为 123 辆 / 千人，低于天津市（188 辆 / 千人）、北京市（260 辆 / 千人）的平均水平，与上海市（125 辆 / 千人）基本持平。由于滨海核心区货运车辆和单位车辆增加较快，造成了滨海新区全区机动车保有量增速较快。

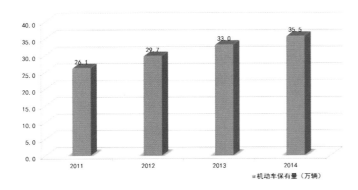

近年滨海新区机动车保有量图

核心区出行总量稳定增长。滨海核心区出行总量为 353 万人次 / 日，同比增加 6.2%；滨海核心区内部的出行总量（出行起、终点均在滨海核心区内）为 299 万人次 / 日，同比增长 6.1%；进出滨海核心区的出行总量（出行起、终点有一端在滨海核心区内）为 54 万人次 / 日，同比增长 6.7%。由于中心城区实行"限行"政策，其工作日出行总量同比下降 0.5%，滨海核心区出行总量增速大大高于中心城区。

2. 交通供给

全区社会经济持续快速增长。2014 年滨海新区国内生产总值达到 8760.2 亿元，同比增长 9.2%。

2014 年滨海新区交通基础设施财政投资 235 亿元，同比下降 13.6%。对外交通及其他投资、城市道路所占比例较大，分别为 71.3%、25.4%，均高于中心城区（61.9% 和 14.8%）；公共交通投资所占比例仅为 3.3%，远低于中心城区（23.3%）。交通基础设施投资中公共交通比例偏低，不利于公共交通的发展。

（1）道路。

道路设施建设速度趋缓。滨海新区城市道路方面的财政投资同比下降 28%，全年新建及改扩建竣工道路 118 千米，路网总长度达 2232 千米，增长 5.6%。"两个中心"（金融中心、文化中心）道路建设工作进展顺利。于家堡响螺湾金融中心于 2014 年建成 15 条道路，长 11.9 千米，中央大道下穿海河隧道于 2014 年基本完成，于 2015 年初通车；天碱地区文化中心于 2014 年建成 4 条道路，长 4.4 千米，上海道紫云地道正在建设，预计 2015 年建成通车。

滨海核心区路网密度偏低。2014 年底，滨海新区核心区路网长度为 1011 千米，路网密度为 2.32 千米 / 平方千米，并呈现"由内向外"逐步降低的规律。内环至中环、中环以外路网密度均低于规范要求的低限值（规范要求路网密度 5.4 ~ 7.1 千米 / 平方千米）。

滨海新区道路长度一览表（单位：千米）

年份	高速公路	其他公路	快速路	主干路	次支路	合计
2013 年	252	257	84	578	943	2114
2014 年	252	257	84	654	986	2232
增长情况	0	0	0	13.0%	4.6%	5.6%

滨海新区核心区道路网密度表

区域	面积（平方千米）	道路长度（千米）	道路网密度（千米/平方千米）
内环内	25.6	156.9	6.14
内环至中环	97.9	304.0	3.11
其他区域	311.5	550.1	1.77
合计	435.0	1011	2.32

注：内环是指泰达大街、海滨大道、新港二号路、上海道、车站北路围合的环线；中环是指京津高速公路、西中环、天津大道、海滨大道围合的环线；其他区域是指中环以外的地区。

滨海新区公交设施表

年份	公交线路数（条）	车辆数（辆）	公交场站数（个）
2013 年	106	1250	51
2014 年	115	1382	55
增长情况	8.5%	10.5%	7.8%

（2）公共交通。

公共交通设施水平进一步提升。常规公交线路数、运营车辆数、公交场站数同比分别增长 8.5%、10.5%、7.8%。实现"手机公交"APP 客户端查询，可提供线路站点搜索、公交车辆位置及到站距离提醒。在全市率先建成智能公交中途站 200 对，可提供车辆实时到达信息服务。设置公共自行车租赁点位 20 处，同比增长 82%。此外，轨道交通 B1 线、Z2 线、Z4 线的前期工作已经启动，滨海新区轨道交通建设已经开始提速。

（3）停车设施。

核心区停车供给相对不足。滨海新区核心区范围内现状共有路外经营性停车场 153 处，总停车面积 97.4 万平方米，总泊位数 40 094 个；核心区范围内现状共有路内经营性停车场 203 处，总泊位数 8702 个，主要分布在塘沽老城区、新港生活区、开发区生活区。核心区经营性停车场共有 48 796 个机动车泊位，为合法停车位的主体，而核心区机动车保有量为 23.3 万辆，停车供给相对不足。

（4）对外交通。

天津港码头航道发展迅速。南疆 26 号专业化矿石泊位及国际邮轮码头二期工程正式竣工投产。30 万吨级深水航道和复式航道正式启用，进出渤海湾的船舶均可自由进出天津港。码头泊位数增加至 119 个，同比增长 3.5%。

公路、铁路两网建设积极推进。铁路方面，滨海新区范围内铁路运营里程156.2千米，其中普速铁路125.6千米，客运专线30.6千米，均与去年相同；京津城际铁路延伸线正在建设，预计2015年8月开通。公路方面，滨海新区范围内公路线网总里程为509千米，其中高速公路里程252千米，与去年持平；唐津高速公路完成拓宽改造工程的建设，西外环高速公路、津港高速公路二期工程正在建设，预计2015年底完工。

（三）交通运行状况

1. 出行结构

慢行交通出行比例下降，非机动车出行有向小客车、公共交通转移的趋势。滨海核心区非机动车出行比例为11.9%，同比下降0.4个百分点；小客车、公共交通出行比例分别为20.2%、17.8%，同比上升0.1、0.3个百分点。与中心城区相比，虽然滨海核心区现状城区面积小于中心城区，平均出行距离也小于中心城区，但是其小客车出行比例高于中心城区，而非机动车出行比例远低于中心城区，出行结构不合理。

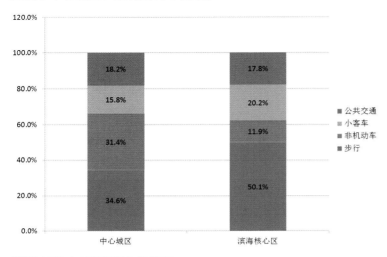

滨海核心区与中心城区出行方式对比图

滨海新区出行方式占比情况

出行方式	2013年	2014年
步行	50.1%	50.1%
非机动车	12.3%	11.9%
小客车	20.1%	20.2%
公共交通	17.5%	17.8%

2. 道路网运行

（1）路网运行速度。

道路运行情况较为平稳。滨海新区核心区内环线（泰达大街、海滨大道、新港二号路、上海道、车站北路围合的环线）内主要道路2014年工作日高峰时段平均车速为23.4千米/时，同去年相比提高0.9千米/时，变化不大。

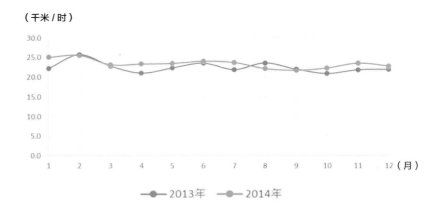

滨海核心区干路各月平均行程车速对比图

（2）道路交通量。

核心区与南北片区之间的交通量增长较为迅速。滨海新区核心区对外交通联系中，南北方向与北片区、南片区之间的交通量增长较快，同比增长分别为20.5%、14.5%；而核心区与中心城区之间的交通量增幅较小，同比仅增长2.1%。这说明随着滨海新区的进一步发展，内部各片区之间的交通联系增长相对较快。

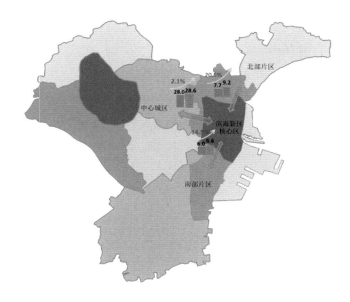

滨海新区核心区对外机动车交通量图

核心区内部道路交通拥堵仍较为集中。滨海新区核心区内部交通中，道路交通的拥堵点主要集中在跨铁路通道，其高峰时段主要通道的饱和度为0.6～0.95，交通压力较大。滨海新区核心区以海滨大道为界的"港城界面"中，联系港城的通道既承担港口货物集疏运，又承担日常通勤交通。新港七号路、京门大道、南疆公路大桥等通道的货车比例达到54%～80%，道路客货混

行现象比较突出，而新港二号路、新港四号路、京门大道等道路高峰时段交通压力较大。

滨海新区核心区非机动车交通量呈下降趋势，滨海新区核心区内部通道同比下降5.7%，进出滨海新区核心区通道同比下降23.5%。非机动车交通量呈现下降趋势，主要原因是核心区内缺乏非机动车过河、过铁路的通道，并且非机动车的通行路权得不到保障。

滨海新区核心区跨铁路通道早高峰饱和度情况

3. 公共交通运行

津滨轻轨滨海段高峰时段已经基本饱和。津滨轻轨12月日均客流13.0万人次，同比增长4.0%；高峰小时高方向断面流量为0.53万人次/小时，饱和度达到0.88，其中高断面为塘沽—泰达站段。

常规公交客流量增长缓慢。常规公交日均客流量为40.3万人次，同比增长19.6%，其中客流增长主要集中在南、北片区近年

新开线路。外围区域进出滨海核心区公交日均客流 1.33 万人次，较 2013 年同期略有减少。滨海核心区跨铁路断面公交客流量为 17.1 万人次／日，与 2013 年同期相比基本持平。

常规公交运能充沛。现状核心区跨铁路通道公交线路满载率不高，均低于 35%。

津滨轻轨早高峰断面客流分布图

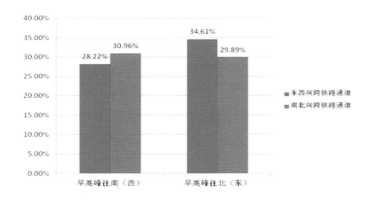

早高峰跨铁路通道断面公交满载率

4. 对外交通运行

港口货运量稳步提升，集疏运压力仍较大。2014 年度港口货物吞吐量为 5.4 亿吨，居国内第 3 位，集装箱吞吐量为 1406 万标准箱，居国内第 6 位，港口货运量维持稳定增长态势。同时，由于石油及制品运量下降较大，造成管道等方式比例下降较大；公路集疏运方式占比达 75.1%，同比增长 5.5%，公路集疏运压力进一步增加，新北路、津塘公路等公路高峰时段饱和度均超过 0.8，港城交通矛盾仍较严重。

天津港集疏运方式

年份	公路		铁路		管道及水运	
	运量（万吨）	所占比例	运量（万吨）	所占比例	运量（万吨）	所占比例
2013 年	3.5	69.6%	0.8	16.6%	0.7	13.8%
2014 年	4.1	75.1%	1.0	18.4%	0.3	6.4%

公路铁路两网客运迈入高速时代。2014 年塘沽站、滨海西站、滨海北站旅客到发量分别为 292 万人次、27.2 万人次、14.7 万人次，而京津城际铁路延伸线将于 2015 年 8 月正式运营通车，届时滨海新区的铁路客流主要由高速铁路承担。滨海新区高速公路总长度 252 千米，高速公路网密度为 11.1 千米／百平方千米，高于市域（9.3 千米／百平方千米）和北京（5.4 千米／百平方千米）。随着唐津高速拓宽改造工程竣工，新区内各条高速公路运行状况基本良好。

（四）对 2015 年的建议

目前滨海新区交通需求增长较快，并且存在港城交通矛盾、轨道交通发展滞后、出行结构不合理等问题。为了更好地满足各类交通出行需求，改善居民交通出行环境，建议如下：

1. 建立港城交通分离的集疏运体系，满足港口日益增长的物流运输需求

为解决滨海核心区港城交通矛盾的问题，规划形成核心区城区外围的集疏港通道，集疏港货运交通从城区南北两侧进出港区。建议尽快建设新港九号路、京津高速公路辅道、疏港联络线等集疏港货运通道，缓解港口集疏港通道交通拥堵的问题。

2. 加快过铁路、过海河通道建设，缓解滨海新区核心区道路交通拥堵

为了缓解滨海新区核心区过河、过铁路通道的交通拥堵问题，建议增加核心区过海河、京山铁路、进港二线铁路的通道。过河通道方面，建议尽快建成西中环、安阳路过海河桥；过铁路通道方面，建议尽快建成第二大街跨京山铁路桥梁、北海路过进港二线地道。

3. 大力发展公共交通，真正实现公交优先

积极推动滨海核心区内轨道 B1 线、Z4 线的建设，尽早建成滨海核心区内的轨道交通网络，有效提升公共交通服务水平。开展滨海新区核心区公共交通研究，探索新区特色的公共交通发展途径，提高普通公交的覆盖率，通过在河北路、上海道等有条件的主干路上开设公交专用道等措施保障公交车的通行路权，提高公共交通的服务水平和交通出行比例，真正实现公交优先的交通策略。

4. 积极发展非机动车交通，逐步建立非机动车交通网络

为解决非机动车过河、过铁路通道不足，非机动车道路交通网络不成系统，非机动车通行路权得不到有效保障等问题，建议从以下两个方面发展非机动车交通：①逐步建立非机动车交通网络，新增过河、过铁路通道中应考虑设置非机动车道、中心商务区、文化中心等重点地区的道路建设中应考虑构建完善的非机动车道路系统，并应保障非机动车交通的通行路权；②完善非机动车相关配套设施，大力推广公共租赁自行车，增加公共自行车租赁点，结合公交枢纽、商业区等地区增加非机动车停车场，为非机动车提供良好的出行环境。

5. 加快智能交通系统建设，构建智慧城市

进一步挖掘城市交通系统容量。一是建设滨海新区统一的交通运行监测调度中心，覆盖铁路、公路、城市道路、地铁、地面公交、出租车等城市交通系统，通过实施监测各系统的运营状况，科学调配系统运力；二是建设交通运行实时分析与发布系统，建立涵盖城市道路、地铁、地面公交的运行评价体系及指标，实时发布各系统运行指标，实现交通预警和诱导功能。

滨海新区交通发展概况一览表

项目	指标名称		2014 年	2013 年	同比增长
城市发展	常住人口（万人）		289.4	278.7	3.9%
	国内生产总值（亿元）		8760.2	8020.4	9.2%
交通需求	机动车保有量（万辆）		35.5	33.0	7.6%
	核心区出行总量（万人次／日）		353	332	6.2%
	出行方式	步行	50.1%	50.1%	0
		非机动车	11.9%	12.3%	−0.4%
		小客车	20.2%	20.1%	0.1%
		公共交通	17.8%	17.5%	0.3%
道路交通	干路平均行程速度（千米／时）		23.4	22.5	4.0%
公共交通	轨道交通线网长度（千米）		21	21	0
	常规公交线路数（条）		115	106	8.5%
	常规公交车辆数（辆）		1382	1250	10.5%
	轨道交通客流量（万人次／日）		5.8	5.7	1.7%
	常规公交客流量（万人次／日）		40.3	33.7	19.6%
对外交通	港口货物吞吐量（亿吨）		5.4	5.01	7.8%
	港口集装箱吞吐量（万标准箱）		1406	1301	8.1%
	铁路旅客到发量（万人次）		334.8	315.9	6.0%
	铁路货运量（万吨）		14 097.4	11 928.5	18.2%

2014 年国内主要城市交通发展指标对比

指标	滨海新区	天津	上海	北京	广州
面积（平方千米）	2157	11 919	6340	16 808	7434
常住人口（万人）	289.4	1516.81	2425.68	2151.6	1308.05
国内生产总值（亿元）	8760.2	15 722	23 560.94	21 330.8	16 706
机动车保有量（万辆）	35.5	284.9	304.06	559.1	250.4
城市公交车保有量（辆）	1382	11 012	16129	24 083	—
公交客运量（亿人次）	1.47	15.1	26.3	47.0	26.1
轨道交通长度（千米）	21	139.7	528（不含磁浮）	527	260
轨道交通客运量（亿人次）	0.21	2.98	28.27	34.1	22.8
公路里程长度（千米）	509	16 212	—	21 892	—
高速公路里程长度（千米）	252	1112	—	981	—
铁路运营里程（千米）	156	1016	456	—	—
港口货运吞吐量（亿吨）	5.4	5.4	7.55	—	4.8
港口集装箱吞吐量（万标准箱）	1406	1406	3528.5	—	1662.6

三、2016 年交通发展年报

（一）交通发展分析

2016 年是"十三五"的开局之年，滨海新区交通建设、运营管理与服务水平均取得较大的成就。一是对外枢纽运量全面增长。港口货物吞吐量达 5.5 亿吨，空港旅客吞吐量达 1687 万人次，铁路旅客到发量为 445.1 万人次。二是交通基础设施承载能力进一步提升。全区道路总长度达到 3575.9 千米，其中核心区的路网长度为 768.6 千米；津滨轻轨恢复全线运营；全区常规公交线路达到 134 条，公交运营车辆数 2184 辆。

与此同时，城市交通需求持续快速增长，城市交通发展形势不容乐观。核心区（中心商务区、开发区生活区）主干路工作日高峰时段平均车速为 20.8 千米 / 时，同比下降 8.2%；核心区高峰时段过铁路通道拥堵比例达到 44%，比上年增加 6%。

1. 客运交通需求

全区人口增速明显放缓。全区常住人口 299.4 万人，同比增长 0.8%，低于全市 1.0% 的增幅；户籍人口 128.2 万人，同比增长 3.5%，高于全市 1.7% 的增幅；外来常住人口 171.2 万人，同比减少 1.1%，高于全市 0.4% 的降幅，近年来首次出现下降。

小客车增长速度得到有效控制。全区机动车保有量为 39.0 万辆，同比增长 1.7%，占全市总量比例为 14.0%；其中小客车保有量为 31.9 万辆，同比减少 0.6%，占全市总量比例为 13.5%。全区机动车拥有率为 130.4 辆 / 千人，低于全市 178.3 辆 / 千人的水平。

受网约车等因素影响，公共交通出行比例小幅下降。津滨轻轨恢复开通后，核心区内部公共交通出行比例为 16.8%（低于中心城区的 17.6%），比 2014 年下降 1 个百分点；小客车出行比例为 22.0%（高于中心城区的 18.4%），比 2014 年提高 1.8 个百分

点；非机动车出行比例为 11.2%（远低于中心城区的 29.5%），比 2014 年下降 0.7 个百分点。

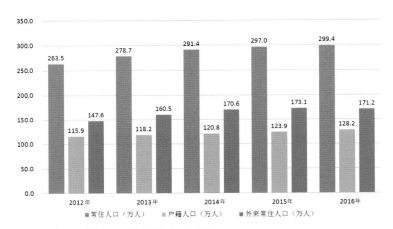

历年常住人口、户籍人口、外来常住人口变化图

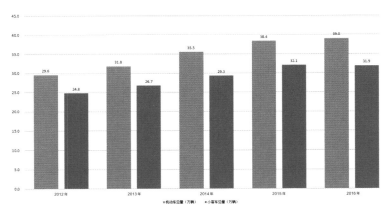

历年机动车保有量及变化率对比图

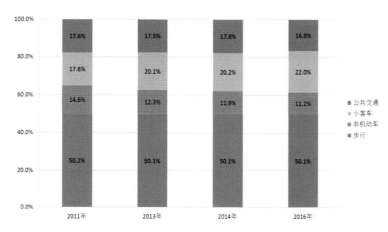

各年份核心区出行方式对比图

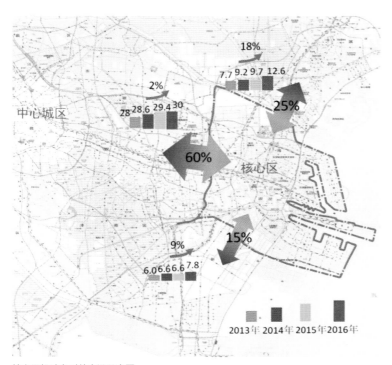

核心区机动车对外交通示意图

2. 道路交通

道路设施增长趋缓。全区道路总长度为 3575.9 千米，同比增长 2.2%。核心区的路网长度为 768.6 千米，同比增长 1.3%；路网密度为 2.7 千米 / 平方千米，低于中心城区 4.5 千米 / 平方千米的水平。

各功能区道路设施水平差别较大。开发区东区、西区、北塘、保税区、空港经济区、海洋科技园、中心商务区 7 个园区的道路网密度在 3.0 千米 / 平方千米以上；南港工业区、临港经济区的路网密度均小于 2.0 千米 / 平方千米。

各片区道路网长度（单位：千米）

区域	高速公路	其他公路	快速路	主干路	次支路	合计
核心区	68.7	19.1	71.8	170.6	438.4	768.6
北片区	38.1	74.0	11.0	101.6	245.8	470.5
南片区	36.0	99.4	0.0	147.5	417.1	700.0
西片区	42.6	13.5	0.0	135.7	235.1	427.0
滨海新区	346.3	432.4	91.1	717.6	1988.5	3575.9

分地区道路网密度

区域	建成区面积 （平方千米）	道路长度 （千米）	道路网密度 （千米/平方千米）
滨海新区	1005.0	3575.9	2.4
核心区	280.6	768.6	2.7

各功能区路网密度统计

功能区	分区	建成区面积 （平方千米）	道路长度 （千米）	道路网密度 （千米/平方千米）
经济技术开发区	东区	42.3	207.1	4.9
	西区	39.2	139.2	3.6
	南港工业区	76.8	75.1	1.0
	轻纺城	27.6	57.5	2.1
	北塘	8.3	45.6	5.5
天津港保税区	保税区	9.4	36.8	3.9
	空港经济区	48.6	204.7	4.2
滨海高新区	渤龙湖科技园	27.6	79.9	2.9
	海洋科技园	20.2	76.2	3.8
东疆保税港	东疆保税港	36.7	93.8	2.6
中新生态城	中新生态城	84.5	230.0	2.7
中心商务区	中心商务区	39.1	128.0	3.3
临港经济区	临港经济区	57.7	100.4	1.7

道路交通运行水平呈下降态势。2016年，核心区（中心商务区、开发区生活区）主要道路工作日高峰时段平均车速为20.8千米/时（低于中心城区干路网22.1千米/时的车速，中心城区快速路、主干路平均车速分别为33.4千米/时、15.6千米/时），同比下降8.2%，高于中心城区7.2%的降幅。

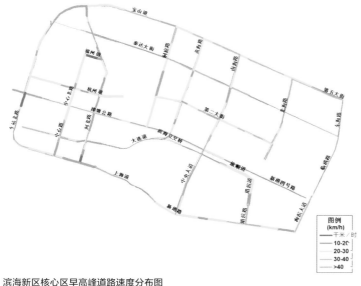

滨海新区核心区早高峰道路速度分布图

跨铁路通道能力紧张。目前跨铁路通道能力不足，早、晚高峰除第九大街、津塘公路等个别通道外，其余通道交通压力均较大，拥堵路段比例达到44%，比上年增加6%。

非机动车交通设施水平较低。滨海新区核心区内南北向跨铁路的12条通道中仅有5条通道设置非机动车道，东西向跨铁路的6条通道中仅有3条通道设置非机动车道，其余56%的通道均未设置非机动车道，导致机非交通混行，存在较大的安全隐患。

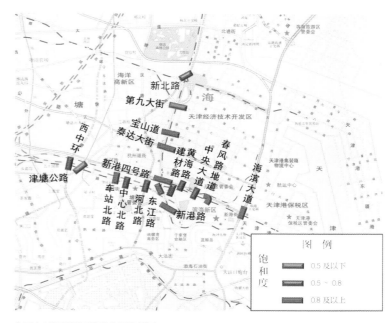

东西向过铁路断面道路交通运行图

3. 公共交通

轨道客流尚未恢复至通车前水平。2016年底，津滨轻轨恢复全线运营，日均客流10万人次，滨海新区客流3.8万人次/日，高峰发车间隔为8分钟，未恢复到2014年的5分钟水平，客流也未恢复到停运前水平。

津滨轻轨日均客流量分布（单位：万人次/日）

客流分类	2014年	2016年12月	同比增长
新区内部客流	1.1	0.4	-66.3%
新区一中心城区客流	4.7	3.4	-27.0%
中心城区内部客流	3.4	3.6	5.3%
其他客流	3.8	2.6	-30.5%
合计	13	10.0	-22.9%

常规公交设施水平进一步提升。目前新区涉及运营常规公交线路 134 条（滨海公交集团 112 条、市公交集团 22 条），同比增长 2.3%。公交运营车辆数 2184 辆（滨海公交集团 1726 辆、市公交集团 458 辆），同比增长 5.6%。全区公交车辆数 0.73 辆 / 千人，低于全市 0.82 辆 / 千人的平均水平。

常规公交服务水平有待提高。核心区常规公交站点 500 米半径面积人口和岗位覆盖率比例分别为 85% 和 87%，与中心城区的 100% 相比尚有差距。受道路条件、限高架等因素影响，核心区公交线路扎堆现象严重，上海道、河北路公交线路均超过 30 条，占核心区公交线路比例均超过 40%。

受网约车等因素影响，常规公交客流下降。常规公交客流量为 41.8 万人次 / 日，同比降低 8.9%。全区公交车日均载客 191 人次 / 辆，远低于全市 322 人次 / 辆的水平。常规公交为新区公共交通客运主体，其客流量与轨道交通比为 92 ∶ 8。

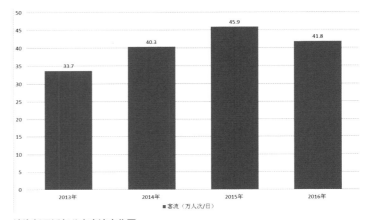

滨海新区近年公交客流变化图

4. 对外交通

港口客货运吞吐量呈现出高端化发展态势。港口货物吞吐量为 5.5 亿吨，同比仅增长 1.9%，排名全国第 3 名，与去年相同；集装箱吞吐量为 1452 万标准箱，同比增长 2.9%，增幅高于全国平均水平，排名全国第 6 名，与去年相同。港口邮轮班次达到 142 班，远高于 2015 年的 99 班，出游人数达到 71.5 万人次，同比增长达到 65.9%，为仅次于上海港的全国第二大国际邮轮母港。

空港客货运吞吐量增长迅速。机场旅客吞吐量达到 1687 万人次，继续保持较快增长，同比增长 17.9%，国内排名为第 20 名，与去年相同；货邮吞吐量 23.7 万吨，同比增长 9.2%，国内排名为第 13 名，与去年相同。

—— 现状线路
—— 新增线路

现状及新增公交线路分布图

铁路旅客到发量增长迅速。全区铁路旅客到发量为 445.1 万人次，同比增长 29.5%；全区铁路旅客到发量占全市比例为 4.9%，比 2015 年提高 0.6 个百分点，铁路枢纽功能仍较弱；于家堡站取代塘沽站成为滨海新区客流量最大的车站，其到发量占全区的比例达到 49%。

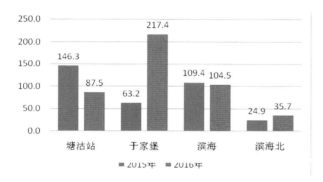

主要客运站旅客到发量对比图（单位：万人次）

（二）交通发展评估

各功能区评估范围示意图

为反映不同功能区交通基础设施发展水平，本次基于路网密度、公交站点 500 米半径面积覆盖率、路网 45 分钟可达性、公交 60 分钟可达性、主干路独立非机动车道设置率五个指标综合计算得到交通基础设施指数。

1. 交通基础设施指数

开发区东区交通指数位列所有功能区的第一位，空港经济区、中心商务区、海洋高新区紧随其后。北塘、开发区西区、生态城、海港保税区、渤龙湖科技园区属于发展的第二梯队。东疆保税港区、临港产业区、轻纺城、南港工业区发展水平相对不足。

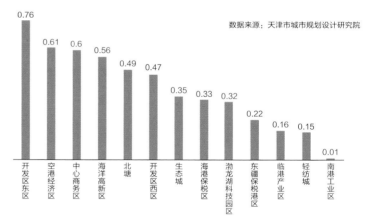

数据来源：天津市城市规划设计研究院

各功能区交通基础设施指数对比图

2. 路网密度

从各功能区道路网密度来看，与国家要求的 8 千米 / 平方千米有一定差距。北塘、开发区东区、空港经济区路网密度相对较高，分别为 5.5 千米 / 平方千米、4.9 千米 / 平方千米、4.2 千米 / 平方千米。北塘（北塘大街以南地区）、于家堡和响螺湾商务区路网密度分别为 11.8 千米 / 平方千米、10.7 千米 / 平方千米、11.1 千米 / 平方千米，属于典型的窄路密网。

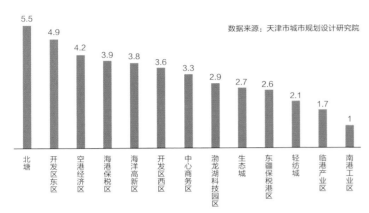

数据来源：天津市城市规划设计研究院

各功能区道路网密度对比图（单位：千米／平方千米）

3. 公交站点 500 米半径面积覆盖率

从公交站点 500 米半径面积覆盖率来看，开发区东区、中心商务区、海洋高新区相对较好，分别为 80.5%、76.7%、71.6%，但与公交都市要求的 90% 仍有一定的差距。

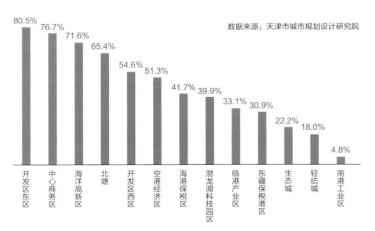

数据来源：天津市城市规划设计研究院

各功能区公交站点 500 米半径面积覆盖范围示意图

4. 机动车 45 分钟可达性

从机动车可达性来看，以功能区质心为中心，45 分钟机动车出行覆盖人口占中心城市人口的比重，空港经济区、开发区西区、海洋高新区分别占比为 61.2%、49.8%、39.6%，区位优势最明显。

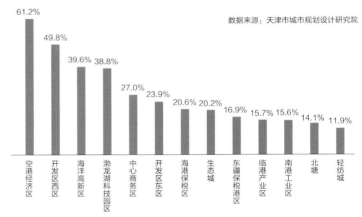

数据来源：天津市城市规划设计研究院

机动车出行 45 分钟覆盖人口占中心城市人口的比重

5. 公共交通 60 分钟可达性

从公交可达性来看，以功能区质心为中心，60 分钟公交出行覆盖人口占中心城市人口的比重，中心商务区、开发区东区、海洋高新区优势最明显，分别占比为 11.6%、9.7%、8.2%。

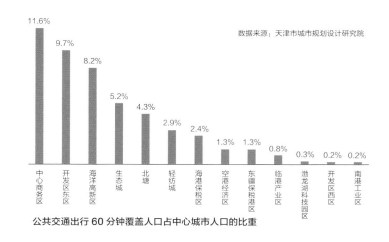

数据来源：天津市城市规划设计研究院

公共交通出行 60 分钟覆盖人口占中心城市人口的比重

2016 年交通指标与"十三五"目标对比

指标	2016 年数据	2020 年目标	2016 年比 2015 年增幅	"十三五"年平均增幅目标	完成情况
港口货物吞吐量	5.5 亿吨	6.5 亿吨	1.9%	3.8%	未达标
港口集装箱吞吐量	1452 万标准箱	1700 万标准箱	2.9%	3.8%	未达标
机场旅客吞吐量	1687 万人次	2500 万人次	17.9%	11.8%	达标
机场货邮吞吐量	23.7 万吨	60 万吨	9.2%	22.6%	未达标
核心区路网密度	2.7 千米 / 平方千米	4.0 千米 / 平方千米以上	1.4%	3.6%	未达标
公共交通出行比例	16.8%	20% 以上	−1.0%	0.4%	未达标

6. 主干路独立非机动车道设置率

对于非机动车出行环境，从主干路独立自行车道（具有机非隔离设施）设置率来看，仅开发区东区、海洋高新区、中心商务区部分主干路存在机非隔离设施，占比分别为 20.6%、4.3%、0.8%，其他各区内主干路均未设置机非隔离设施。与国家要求主、次干路均应设置独立非机动车道有较大差距。

（三）面临的挑战

1. "十三五"开局之年交通发展速度不及预期

2016 年为"十三五"开局之年，滨海新区"十三五"规划中在交通方面提出了 6 项基础指标，从 2016 年完成情况来看，仅有机场旅客吞吐量 17.9% 的年增幅超过了 11.8% 的目标值，其余 5 项指标均未达标。港口货物吞吐量和集装箱吞吐量的年增幅分别为 1.9% 和 12.9%，低于 3.8% 的目标值；机场货邮吞吐量年增幅 9.2%，低于 22.6% 的目标值；核心区路网密度年增幅 1.4%，低于 3.6% 的目标值；公共交通出行比例比 2014 年下降 1 个百分点，低于年增长 0.4 个百分点的目标值。

2. 北方国际航运中心建设相对滞后

《京津冀协同发展规划纲要》确定以海空港为依托，打造北方国际航运核心区。但海空两港的发展距离航运中心要求仍存在较大差距，主要体现在以下几方面：

一是港口运输货类有待优化，集装箱总量占比偏低，且港口布局北重南轻，北部港城交通矛盾突出。近三年来，天津港货物吞吐量在环渤海 9 个港口中占比仅为 16.2%，集装箱占比低于青岛 6.2 个百分点，为 25.5%，较 2014 年下降 0.9 个百分点。天津港自身货类占比中，集装箱仅占 28% 的比例，远低于煤炭、矿石等大宗干散货的 43%。现状吞吐量的 84% 集中于北疆、东疆、南疆等北部港区，疏港交通的 88% 穿越滨海核心区。

2014—2016 年天津港货物吞吐量

年份	货物吞吐量（万吨）	货物吞吐量在环渤海港口中占比	集装箱吞吐量（万标准箱）	集装箱吞吐量在环渤海港口中占比
2014 年	49 281	16.3%	1405	26.4%
2015 年	49 306	16.4%	1411	25.8%
2016 年	55 000	16.2%	1452	25.5%

二是高端港航服务业发展滞后，航运综合发展指数偏低。据《新华—波罗的海国际航运中心发展指数报告（2016）》，天津港综合航运中心指数仅为 52.1，远低于香港（76.1）、上海（67.8）。其中主要原因在于航运经纪服务、航运工程服务、航运经营服务、海事法律服务、航运金融服务和船舶维修服务等高端港航服务业发展速度不快，与新加坡、伦敦、香港等知名国际航运中心相比差距过大。

三是机场客运规模小、货运发展缓慢。2014 年以来，天津机场旅客吞吐量占京津冀机场群总量的比例虽不断增加，但规模依然偏小。2016 年天津机场旅客吞吐量仅占区域总量的 14%，不足首都机场的 1/5，排名全国第 20 名，与天津的城市地位不匹配；2016 年货邮吞吐量 23.7 万吨，仅为首都机场的 12%、上海机场的 6%，与"全国国际航空物流中心"的国家定位差距较大。

3. 交通基础设施仍较为薄弱

滨海新区的城市发展和交通基础设施仍处于待发展阶段，其成熟度尚未达到中心城区的水平。

道路网方面，核心区道路网密度为 2.7 千米 / 平方千米，低于中心城区 4.5 千米 / 平方千米的水平。核心区东西向跨京山铁路通道平均间距为 1.5 千米，跨海河桥梁平均间距为 3 千米，与中心城区平均间距 1 千米的水平差距较大。跨铁路非机动车通道仅有 8 条，平均间距达到 2.5 千米，与中心城区平均间距 1 千米

的水平差距较大。

公共交通方面，轨道交通线路长度为 21 千米，人均轨道长度 0.07 千米 / 万人，远低于中心城区 0.33 千米 / 万人的水平。核心区常规公交站点 500 米半径面积人口和岗位覆盖率分别为 85% 和 87%，与中心城区的 100% 相比尚有差距。

交通管理设施方面，核心区共有交通信号灯路口 576 个，电子警察 72 处，覆盖率仅为 12.5%，与中心城区 80% 的覆盖率相比存在较大差距。

4."互联网 +"、大数据等交通新技术带来新的挑战

2016 年底以来，"互联网 +"与自行车结合而产生的共享单车发展势头迅猛。共享单车确实为市民的出行带来极大的方便，但是也带来乱停乱放的问题。目前，深圳市、成都市等城市均出台了相关的管理办法，明确界定了政府、企业及市民的责任和义务，规范共享单车的管理、运营和使用。天津市及滨海新区还未出台相关管理规定。

2016 年，"互联网 +"与出租车结合出现的网约车缓解了滨海新区长期以来出租车数量不足给居民出行造成的不便，但同时给汉沽、大港区域内个体出租车（非津 E 牌照）带来较大的经营压力，存在一定的不稳定因素。新区出租车无论从数量上还是服务水平上都亟待进行提升。

（四）交通发展建议

1. 优化海空两港，提升北方国际航运中心功能

一是突出自身优势，调整发展方向，加快港口转型升级，优化集疏港交通系统。抑制煤炭、矿石等大宗散货发展，适时向周边港口转移；着力发展集装箱，确立天津港在津冀港口群中的集装箱主导地位。优化港区布局，打通天津港区域对外通道，对接北京、服务雄安新区，全力落实京津冀协同发展战略，提升后方

集疏运水平。

二是大力发展高端航运服务。依托自贸区政策优势，在北疆港城空间协调融合区，大力发展航运经纪服务、航运工程服务、航运经营服务、海事法律服务、航运金融服务和船舶维修服务等高端港航服务业，积极吸引船代、货代、融资租赁、航运保险企业入驻。着力提高天津港的航运服务水平，实现天津港由"传统运输"向"航运服务"的功能转变。

三是错位发展、做大做强滨海机场。构筑便捷的交通联系，实现滨海机场、首都机场、北京新机场之间的有机衔接，实现优势互补，通过大力发展国内中转业务，提升天津机场客运规模；着力提高天津机场航空货运功能，与区域周边机场进行错位发展，利用滨海新区"先进制造产业基地"的产业优势，打造临空产业、物流基地，为滨海机场发展航空货运提供有力支撑。

2. 着力改善公共交通服务水平，提升公共交通吸引力

大力推动轨道交通建设，提高规划建设水平。抓住轨道交通快速发展机遇期，在加快建设轨道交通的同时，着力促进轨道沿线用地与交通一体化发展。一是按照 TOD 开发的要求优化调整轨道交通站点沿线用地规划，按照住建部印发的《城市轨道沿线地区规划设计导则》的要求，在总体规划层面开展《轨道交通引导城市发展专题研究》，在控规阶段开展《轨道沿线用地调整规划》，全面提升轨道沿线土地的使用效率；二是开展轨道站点接驳设施规划，提高轨道站点接驳设施的服务水平，为居民乘坐轨道提供便利条件。

优化提升常规公交基础设施水平。一是大力发展高水平公交专用道网络，在地铁成网运营前，发挥公交主骨架的作用，提高公交运营速度和服务水平；二是优化公交线网布局，结合线路客流分布，适当调整道路限高架，均衡公交线网布局，方便乘客出行；

三是推进"干线＋支线"线网模式建设，为了解决外围功能区公交客流较小的现状，构建沿客流走廊的公交干线和服务各功能区的公交支线结构，并结合线网分级提高公交覆盖率，缩短公交发车间隔，提升公交服务水平；四是积极推进公交枢纽场站建设，保障公交运营。

3. 加大路网规划和建设力度，完善道路交通网络系统

尽快打通断头路和瓶颈路段。建议编制《滨海核心区路网完善及近期实施方案》，系统梳理道路网中存在的问题，提出完善路网衔接、打通断头路、建成次干路和支路微循环系统等有针对性的措施，并由建设主管部门按《滨海核心区路网完善及近期实施方案》要求开展建设。

充分重视非机动车等慢行交通基础设施建设工作。为扭转非机动车交通出行比例不断下降的趋势，改善非机动车等慢行交通出行环境，建议尽快建立机非分离的非机动车道路系统，优先保障非机动车、步行交通的通行权，进一步提高道路交通的安全性和舒适性。

4. 开展相关交通政策研究，积极应对交通领域新情况

为了积极应对"互联网＋"、大数据等交通新技术带来的新挑战，建议从以下方面开展工作：

一是尽快开展滨海新区综合交通调查并加大对手机等交通大数据的创新应用，为交通政策的制定提供理论和数据支撑，提高政策预判水平。

二是积极推进智能交通系统平台的研究和建设，充分利用"互联网＋"、大数据等交通新技术，提升新区交通系统的运行效率和服务水平。

三是开展共享单车、出租车有关政策的研究工作，规范共享单车的运营和使用，提升新区出租车服务水平。

2015 年国内部分大城市交通发展指标比较

城市社会发展方面						
指标	单位	滨海新区	天津市	深圳	南京	杭州	武汉
常住人口	万人	297.0	1547.0	1137.9	823.6	901.8	1060.8
户籍人口	万人	123.9	1026.9	355.0	653.4	723.6	829.3
外来常住人口	万人	173.1	520.0	782.9	170.2	178.3	231.5
全市生产总值	亿元	9270.3	16 538.2	17 503.0	9720.8	10 053.6	10 905.6
机动车拥有量	万辆	38.4	283.9	314.7	224.1	273.4	213.3
千人机动车拥有量	辆 / 千人	129.3	183.5	276.6	272.1	303.1	201.0
交通建设投资	亿元	86.9	1151.0	281.4	471.3	404.9	790.9
公共交通方面						
指标	单位	滨海新区	天津市	深圳	南京	杭州	武汉
公交车辆数	万辆	0.21	1.16	1.51	0.84	0.85	0.83
千人公交车辆数	辆 / 千人	0.73	0.72	1.33	1.02	0.95	0.78
公交日均客流量	万人次	45.9	430.1	566.8	280.5	389.9	392.0
公交车日载客	人次	218.6	370.8	375.4	333.9	432.0	472.0
轨道长度	千米	21.0	139.7	178.3	225.0	81.5	125.4
人均轨道长度	千米 / 万人	0.07	0.09	0.16	0.27	0.09	0.12
轨道日均客流量	万人次	—	75.2	307.4	196.4	61.1	155.6
轨道网客流强度	万人 / 千米	—	0.5	1.7	0.9	0.7	1.2

2015 年国内部分大城市交通发展指标比较表（续表）

道路网方面						
指标	单位	滨海核心区	天津中心城区	深圳城区	南京城区	杭州城区	武汉城区
道路总长度	千米	758.9	1517.0	6520.0	7770.7	2991.0	5496.9
路网密度	千米 / 平方千米	2.7	4.5	6.9	6.9	5.9	4.7

环渤海各港口 2014—2016 年货物吞吐量

项目	2014 年前 11 个月		2015 年前 11 个月		2016 年	
	总量（万吨）	占比	总量（万吨）	占比	总量（万吨）	占比
大连	39 256	13.0%	38 549	12.8%	42 873	12.6%
营口	31 613	10.4%	32 119	10.7%	34 702	10.2%
秦皇岛	25 224	8.3%	23 116	7.7%	18 603	5.5%
唐山	45 722	15.1%	44 599	14.8%	51 580	15.2%
天津	49 281	16.3%	49 306	16.4%	55 000	16.2%
黄骅	16 408	5.4%	15 049	5.0%	24 511	7.2%
烟台	21 794	7.2%	23 344	7.7%	26 536	7.8%
青岛	42 621	14.1%	44 580	14.8%	50 083	14.8%
日照	30 821	10.2%	30 857	10.2%	35 062	10.3%
合计	302 740	100.0%	301 519	100.0%	338 950	100.0%

环渤海各港口 2014—2016 年集装箱吞吐量

项目	2014 年		2015 年		2016 年	
	总量（万 TEU）	占比	总量（万 TEU）	占比	总量（万 TEU）	占比
大连	1013	19.0%	945	17.3%	959	16.9%
营口	577	10.8%	592	10.8%	601	10.6%
秦皇岛	41.4	0.8%	50.1	0.9%	52	0.9%
唐山	111	2.1%	152	2.8%	193	3.4%
天津	1405	26.4%	1411	25.8%	1452	25.5%
黄骅	31.4	0.6%	50.2	0.9%	60	1.1%
烟台	236	4.4%	245	4.5%	260	4.6%
青岛	1662	31.2%	1744	31.9%	1801	31.7%
日照	242	4.5%	281	5.1%	301	5.3%
合计	5318.8	100%	5470.3	100%	5677	100%

京津冀机场群 2014—2016 年旅客吞吐量

项目	2014 年		2015 年		2016 年	
	总量（万人）	占比	总量（万人）	占比	总量（万人）	占比
天津	1207	11%	1431	12%	1687	14%
北京	8613	79%	8994	78%	9439	76%
石家庄	560	5%	599	5%	721	6%
唐山	21	—	25	—	24	—

京津冀机场群 2014—2016 年旅客吞吐量（续表）

项目	2014 年		2015 年		2016 年	
	总量（万人）	占比	总量（万人）	占比	总量（万人）	占比
秦皇岛	20	—	16	—	23	—
北京南苑	493	5%	527	5%	559	4%
合计	10 914	100%	11 592	100%	12 453	100%

京津冀机场群 2014—2016 年货邮吞吐量

项目	2014 年		2015 年		2016 年	
	总量（万吨）	占比	总量（万吨）	占比	总量（万吨）	占比
天津	23.3	11%	21.7	10%	23.7	11%
北京	184.8	85%	188.9	86%	194.3	86%
石家庄	4.6	2%	4.5	2%	4.4	2%
唐山	0.09	0	0.07	0	0.08	0
秦皇岛	0.07	0	0.03	0	0.04	0
北京南苑	3.7	2%	3.7	2%	2.7	1%
合计	216.56	100%	218.9	100%	225.22	100%

图书在版编目（CIP）数据

港口城市的文明 ：天津滨海新区道路交通和市政基础设施规划实践 ／《天津滨海新区规划设计丛书》编委会编 ；霍兵主编. —— 南京 ：江苏凤凰科学技术出版社，2020.1
（天津滨海新区规划设计丛书）
ISBN 978-7-5713-0673-1

Ⅰ. ①港… Ⅱ. ①天… ②霍… Ⅲ. ①城市道路－城市规划－研究－滨海新区②市政工程－基础设施建设－城市规划－研究－滨海新区 Ⅳ. ①TU984.221.3

中国版本图书馆CIP数据核字(2019)第266671号

港口城市的文明　天津滨海新区道路交通和市政基础设施规划实践

编　　　　者	《天津滨海新区规划设计丛书》编委会
主　　　编	霍　兵
项 目 策 划	凤凰空间/陈　景
责 任 编 辑	刘屹立　赵　研
特 约 编 辑	陈　景

出 版 发 行	江苏凤凰科学技术出版社
出版社地址	南京市湖南路1号A楼，邮编：210009
出版社网址	http://www.pspress.cn
总 　经 　销	天津凤凰空间文化传媒有限公司
总经销网址	http://www.ifengspace.cn
印　　　刷	上海雅昌艺术印刷有限公司

开　　　本	787 mm×1 092 mm　1／12
印　　　张	37
版　　　次	2020年1月第1版
印　　　次	2020年1月第1次印刷

标 准 书 号	ISBN 978-7-5713-0673-1
定　　　价	468.00元

图书如有印装质量问题，可随时向销售部调换（电话：022-87893668）。